Martin Detzner

Risikoentscheidungsverhalten von Managern und das Rendite-Risiko-Paradoxon

TUDpress

Martin Detzner

Risikoentscheidungsverhalten von Managern und das Rendite-Risiko-Paradoxon

TUDpress
2012

Die vorliegende Arbeit wurde im Dezember 2010 an der Fakultät Wirtschaftswissenschaften der Technischen Universität Dresden als Dissertation eingereicht und im November 2011 erfolgreich verteidigt.

Gutachter:
Prof. Dr. Thomas Günther
Prof. Dr. Michael Schefczyk

Vorsitzender der Prüfungskommission:
Prof. Dr. Alexander Kemnitz

Bibliografische Information der Deutschen Nationalbibliothek
Die Deutsche Nationalbibliothek verzeichnet diese Publikation in der Deutschen Nationalbibliografie; detaillierte bibliografische Daten sind im Internet über http://dnb.d-nb.de abrufbar.

Bibliographic information published by the Deutsche Nationalbibliothek
The Deutsche Nationalbibliothek lists this publication in the Deutsche Nationalbibliografie; detailed bibliographic data are available in the Internet at
http://dnb.d-nb.de.

ISBN 978-3-942710-94-7

Verlag der Wissenschaften GmbH
Bergstr. 70 | D-01069 Dresden
Tel.: 0351/47 96 97 20 | Fax: 0351/47 96 08 19
http://www.tudpress.de

Gesetzt vom Autor.
Printed in Germany.

für Katrin & Benjamin Louis

Vorwort

Verhalten sich Manager in Risikosituationen rational und risikoavers, wie es die normativen Entscheidungstheorien als Verhaltensideal vorgeben? Entscheiden Manager in Risikosituationen so, wie es die Prospect-Theorie als dominierende deskriptive Entscheidungstheorie beschreibt? Stimmen das selbsteingeschätzte, das experimentell ermittelbare und das in der Unternehmenspraxis gezeigte Risikoentscheidungsverhalten von Managern überein? Welche Kontextfaktoren beeinflussen das Risikoentscheidungsverhalten von Managern? Verhalten sich Manager unter Risiko anders als Controller oder Studenten? Welche Zusammenhänge bestehen zwischen dem Risikoentscheidungsverhalten von Managern und der Unternehmensperformance? Existiert ein Rendite-Risiko-Paradoxon, das durch das Risikoentscheidungsverhalten von Managern bewirkt wird?

Zur Beantwortung dieser Fragen möchte diese Arbeit einen bescheidenen Beitrag leisten. Dafür werden, basierend auf der theoretischen Analyse der Fachliteratur zum Risikoverhalten im Management-Kontext, eine empirische Studie zum Risikoentscheidungsverhalten von über 1000 Managern durchgeführt sowie die Analyse von Bilanzdaten der Unternehmen dieser Manager vorgenommen.
Die Ergebnisse der empirischen Studie zeigen, dass zwei grundlegende Risikoverhaltenskomponenten (Risikoverhalten bei Gewinnaussichten und Risikoverhalten bei Verlustaussichten) identifiziert werden können, die eine Unterscheidung von vier bzw. fünf unterschiedlichen Grundtypen des Risikoentscheidungsverhaltens ermöglichen. Weiterhin können signifikante Zusammenhänge zwischen dem Risikoentscheidungsverhalten von Managern und dem Rendite-Risiko-Paradoxon von Unternehmen aufgezeigt werden.

Die empirische Studie zum Risikoentscheidungsverhalten von Managern, Controllern und Studenten entstand während meiner Tätigkeit als wissenschaftlicher Mitarbeiter am Lehrstuhl für Betriebliches Rechnungswesen / Controlling an der Fakultät Wirtschaftswissenschaften der Technischen Universität Dresden.
Bei allen 2540 Testteilnehmern, darunter den mehr als 1000 Managern und Controllern, möchte ich mich herzlich bedanken, da ihre Teilnahme die empirische Studie zum Risikoentscheidungsverhalten in diesem Umfang erst ermöglicht hat.
Prof. Dr. Thomas Günther danke ich für die Unterstützung bei der Studie zum Risikoentscheidungsverhalten von Managern, Controllern und Studenten, die Betreuung der Arbeit sowie die Erstellung des Erstgutachtens.
Weiterhin danke ich Prof. Dr. Michael Schefczyk für das Zweitgutachten, Prof. Dr. Alexander Kemnitz für den Vorsitz in der Promotionskommission und Prof. Dr. Udo Broll für die spontane Bereitschaft die Promotionskommission zu ergänzen.
Dr. Gleißner bin ich dankbar für die Hinweise zu dieser Arbeit und vor allem die Anregung das Thema Rendite-Risiko-Paradoxon zu untersuchen.
Für die redaktionelle Unterstützung möchte ich mich bei Dipl.-Kffr. Christine Hälsig und Dipl.-Hdl. Maik Hamann bedanken.

Ganz besonderer Dank gebührt dem, der Weisheit in das Verborgene und verständige Gedanken gibt sowie meiner einmalig wunderbaren und unendlich liebenswerten Frau Katrin. Danke für die viele Geduld und die unermüdliche Unterstützung, ohne die diese Arbeit nicht in dieser Form vorliegen würde.

„Da ich aber ansah alle meine Werke, die meine Hand gemacht hatte, und die Mühe, die ich gehabt hatte, siehe, da war es alles eitel und Haschen nach Wind ...“ Pred. 2:11

Dresden, November 2011

Inhaltsverzeichnis

Abbildungsverzeichnis

Tabellenverzeichnis

Abkürzungsverzeichnis

a.	aber
abs.	Absolut
AICPA	American Institute of Certified Public Accountants
APB	Accounting Principles Board, APB Opinion(s)
Bez.	Beziehung
BV	Book Value (Buchwert)
C	Controller (und controllingnahe Funktionen)
CAC 40	Compagnie des Agent de Change (Index der Pariser Wertpapierbörse)
CFA	Cash Flow on Assets
CFE	Cash Flow on Equity
CVA	Cash Value Added
DCF	Discounted Cash Flow
d	Differenz (von Mittelwerten)
dt.	deutsch
E	Erwartungswert
EK	Eigenkapital
Ex	Entscheidungssituation x (z. B.: E1 – Entscheidungssituation 1)
ExA	Alternative A der Entscheidungssituation x
ExB	Alternative B der Entscheidungssituation x
EVA	Economic Value Added
FASB	Financial Accounting Standards Board
FCF	Free Cash Flow
GL	Manager auf Geschäftsleitungsebene
GK	Gesamtkapital
HGB	Handelsgesetzbuch
IAS	International Accounting Standard(s)
IDW	Institut der Wirtschaftsprüfer in Deutschland
K1	Risikoentscheidungsverhalten bei Gewinnaussichten (von -1 risikoavers bis 1 risikofreudig)
K2	Risikoentscheidungsverhalten bei Verlustaussichten (von -1 risikoavers bis 1 risikofreudig)
KonTraG	Gesetz zur Kontrolle und Transparenz im Unternehmensbereich
LEVIDX	Leverage-Index (Verhältnis aus ROAE zu ROAA)
lnAT	Unternehmensgröße als natürlicher Logarithmus der Bilanzsumme (ln(Total Assets))
L1-CHELET	Liquidität 1. Grades (Cash Ratio)
L2-QR	Liquidität 2. Grades (Quick Ratio)
L3-CR	Liquidität 3. Grades (Current Ratio)
MA	Mitarbeiter
MB oder M/B	Marktwert-Buchwert-Verhältnis (Market to Book Ratio)
mittl.	mittlere (-r, -s)
MM	Manager auf mittlerer Ebene
MV	Market Value (Marktwert)
MW	Mittelwert
N	Anzahl der Datenwerte
n.	nicht
NACE	Nomenclature statistique des Activités économiques dans la Communauté Européenne (Wirtschaftszweigklassifikationen der Europäischen Union)
neg.	negativ
NOPAT	Net Operating Profit after Taxes
NPV	Net Present Value
P	Performance (Return), Performancekoeffizient (in den Regressionsgleichungen)

PE oder P/E	Kursgewinnverhältnis (KGV) (Price-Earnings-Ratio)
pos.	positiv
R	Risiko, Risikokoeffizient (in den Regressionsgleichungen)
rel.	relativ (-er, -e, -es)
ROA	Return on Assets
ROAA	Return on Average Assets
ROAE	Return on Average Equity
ROE	Return on Equity (Eigenkapitalrendite)
ROI	Return on Investment (Investmentrendite)
ROS	Return on Sales (Umsatzrendite)
SEC	Securities and Exchange Commission
SEGNUM	Anzahl der strategischen Geschäftseinheiten (Number of Industry Segments)
SFAS	Statement(s) of Financial Accounting Standards
sig., sign.	signifikant
Sig.	Signifikantz
SIC	Standard Industrial Classification
SOP	Statement(s) of Position
S&P 500	STANDARD & POOR'S 500
u.	und
Unt.	Unternehmen
US-GAAP	United States-Generally Accepted Accounting Principles
WACC	Weighted Average Cost of Capital
Zus.	Zusammenhang
zw.	zwischen

Symbolverzeichnis

γ	Schiefe
Δ	Änderung (z. B. ΔP – Änderung der Performance)
μ	Mittelwert
ϱ	Korrelationsfaktor
σ	Standardabweichung
σ^2	Varianz
$\sum$	Summe
τ	GOODMAN-KRUSKAL-τ
τ_b	KENDALL's Tau-B als nichtparametrischer Korrelationsfaktor
χ	Chi
?	Angabe fehlt in der Studie
&, $\vee$	logische UND-Verknüpfung
$\wedge$	logische ODER-Verknüpfung
$\neg$	Negation, nicht
♀	weiblich
♂	männlich
$\varnothing$	Durchschnitt, durchschnittlich
$\Rightarrow$	daraus folgt bzw. Änderung durch Bereinigung

1 Problemstellung, Einordnung und Ziele der Arbeit

1.1 Bedeutung des Risikoverhaltens im Managementkontext

Die potentielle Bedrohung von Unternehmenszielen durch Risiken wird seit den Anfängen der Betriebswirtschaftslehre in der Fachliteratur diskutiert.[1] Allein der Anteil neu hinzukommender Literatur zum Thema „Risiko" verdoppelt sich etwa alle zehn Jahre.[2]

Risiko wird aus verschiedenen Perspektiven sowohl von der ökonomischen als auch von der finanzwirtschaftlichen Theorie untersucht (z. B. TOBIN 1958, S. 65 ff.; MARKOWITZ 1952a, S. 77 ff.; SHARPE 1964, S. 425 ff.). Gestützt durch zahlreiche empirische Studien, sollte eine höhere Performance nur durch das Eingehen höherer Risiken erreichbar sein.[3] Die gleiche Sichtweise wird von der Organisations- und strategischen Managementtheorie vertreten (z. B. FISHER / HALL 1969, S. 79 ff.; AMIT / LIVNAT 1988, S. 154 ff.; RUEFLI 1990, S. 369).

Der positive Zusammenhang zwischen Performance und Risiko wurde zunächst mit rechnungswesenbasierten Gesamtrisikomaßen[4], beispielsweise mit dem Mittelwert-Varianz-Ansatz, empirisch nachgewiesen (z. B. CONRAD / PLOTKIN 1968, S. 92 ff.; COOTNER / HOLLAND 1970, S. 215 ff.; LIBBY / FISHBURN 1977, S. 272 ff.). Die in einigen Studien teilweise aufgetretenen negativen Performance-Risiko-Zusammenhänge wurden jedoch nicht weiter beachtet (z. B. HURDLE 1974, S. 482 ff.; ARMOUR / TEECE 1978, S. 119; NEUMANN / BOBEL / HAID 1979, S. 229).

Als BOWMAN (1980, S. 19 ff.) in einer empirischen Studie in der Mehrzahl der untersuchten Branchen einen negativen Zusammenhang zwischen Performance und Risiko entdeckte, bezeichnete er den gefundenen Zusammenhang als Rendite-Risiko-Paradoxon, da er sowohl der klassischen Theorie als auch den bisherigen empirischen Ergebnissen widersprach.

Ausgelöst von BOWMANs Untersuchungsergebnissen erschienen zahlreiche weitere Studien, die BOWMANs Paradoxon bestätigten (z. B. FIEGENBAUM / THOMAS 1985, S. 8; FIEGENBAUM / THOMAS 1988, S. 93 ff.; MILLER / BROMILEY 1990, S. 761 ff.; BROMILEY 1991a, S. 48; JEGERS 1991, S. 129 ff.; WISEMAN / BROMILEY 1991, S. 529 ff.; WIEMANN / MELLEWIGT 1998, S. 563 ff.; CHOU / CHOU / KO 2009, S. 195 ff.). Andere Studien (z. B. MARSH / SWANSON 1984, S. 35 f.[5]) führten das Erscheinen des Paradoxons auf bestimmte statistische Methoden, wie die Verwendung der Varianz als Risikomaß (z. B. RUEFLI 1990, S. 368 ff.) oder die Schiefe der Verteilungen (z. B. HENKEL 2000, S. 364 ff.; HENKEL 2009, S. 288 ff.) zurück.

---

[1] Beispielsweise haben bereits 1912 NICKLISCH (1912, S. 161 ff.) und 1915 LEITNER (1915, S. 7 ff.) mögliche unternehmensrelevante Risiken ausführlich diskutiert und systematisiert sowie Instrumente einer unternehmerischen Risikopolitik und Maßnahmen zur Risikominimierung aufgeführt. Für NICKLISCH (1912, S. 161) ist „die Frage nach dem Risiko, die nach den Zuständen und Verhältnissen des Vermögenskomplexes einer Unternehmung, durch die sich eine Verminderung des Vermögens ergeben kann." Nach LEITNER (1915, S. 7) sind „Unternehmungsrisiken alle unmittelbaren und mittelbaren Vermögensbestandsverluste und Vermögensaufwendungen, die einer Unternehmung infolge unvorgesehener und unabwendbarer Ereignisse drohen."

[2] Der Anteil an primärer Fachliteratur zum Thema „Risiko" bleibt mit 1,21 % bis 1,69 % an der gesamten Fachliteratur trotz eines positiven Trends jedoch relativ konstant. Die Anzahl der Artikel von Academic Journals in der EBSCO-Datenbank „Business Source Complete", die im Titel "risk" von 1893 bis 2010 enthalten: 24.480 (1,36 % von insgesamt 1.794.772 Artikeln in diesem Zeitraum); 1980-1984: 1.042 (1,38 % von 75.343); 1986-1990: 1.294 (1,43 % von 90.774); 1991-1995: 2.203 (1,33 % von 165.160); 1996-2000: 4.035 (1,21 % von 332.609); 2001-2005: 6.032 (1,37 % von 441.898); 2006-2010: 8.539 (1,69 % von 505.343).

[3] Diese Annahme eines positiven Performance-Risiko-Zusammenhangs wird in den meisten Studien zum Rendite-Risiko-Paradoxon pauschal als klassischer Performance-Risiko-Zusammenhang (bzw. Theorie etc.) bezeichnet.

[4] Accounting based total risk measures.

[5] MARSH / SWANSON (1984, S. 35 f.) erwähnen die Möglichkeit, dass das Rendite-Risiko-Paradoxon bei BOWMAN (1980) durch dessen Verwendung von Kreuztabellen bedingt sein kann.

Die Diskussion um die Richtung des linearen Zusammenhangs zwischen Performance und Risiko wurde ab 1988 mit der Studie von FIEGENBAUM / THOMAS (1988, S. 85 ff.) zu einer Debatte über die Existenz und die Ursachen eines quadratischen Zusammenhangs mit einem negativen Performance-Risiko-Zusammenhang für Unternehmen unterhalb des Branchendurchschnitts und einem positiven Performance-Risiko-Zusammenhang für Unternehmen oberhalb des Branchendurchschnitts. Seit dieser Studie galt der lineare Zusammenhang als ein Artefakt des darunter liegenden quadratischen Zusammenhangs.

Den dominierenden theoretischen Erklärungsansatz für das Rendite-Risiko-Paradoxon in den empirisch beobachtbaren quadratischen Performance-Risiko-Assoziationen auf organisationaler Ebene stellt die Prospect-Theorie von KAHNEMAN / TVERSKY (1979, S. 263 ff.) dar, obwohl diese individuelles Risikoentscheidungsverhalten beschreibt.

Forschungstheoretisch ergibt sich somit die Bedeutung von Risiko und Risikoverhalten im Management-Kontext durch die in der Fachliteratur kontrovers diskutierte Verbindung von organisationalen Performance-Risiko-Assoziationen mit individuellem Risikoverhalten des Managements (z. B. RUEFLI / COLLINS / LACUGNA 1999, S. 168 ff.).

Für die Unternehmenspraxis ist vor allem von Bedeutung, welchen Einfluss Risiko und Risikoverhalten auf die Performance[6] haben. Zukünftige Entwicklungen sind immer mit Risiko behaftet, so dass stets die Frage nach dem optimalen Risikoverhalten innerhalb des gesetzlichen Rahmens besteht.

Die rechtlichen Rahmenbedingungen für Risiko und Risikoverhalten ergeben sich in der Notwendigkeit des Vorhandenseins eines angemessenen Risikomanagement(systems) für deutsche Unternehmen (speziell mittelgroße und große Kapitalgesellschaften) aus dem ergänzend zum Handelsgesetzbuch (HGB) und Aktiengesetz (AktG) 1998 eingeführten Gesetz zur Kontrolle und Transparenz im Unternehmensbereich (KonTraG, Bundesgesetzblatt I S. 786 vom 30. April 1998) sowie seit 2007 mit den Anforderungen aus Basel II (EU-Richtlinien 2006/48/EG und 2006/49/EG) und zukünftig Basel III. Unternehmen, die an US-Börsen gelistet sind, haben zusätzlich ein Risikomanagement als internes Kontrollsystem, wie vom SARBANES-OXLEY ACT (2002) gefordert, aufzuweisen.

Die Mindestanforderungen an das Risikomanagement für Kredit- und Finanzdienstleistungsinstitute (MARISK BA) präzisieren § 25a Abs. 1a und Abs. 2 KWG bezüglich der Ausgestaltung des Risikomanagements nach § 1 Abs. 1b KWG, beziehungsweise im Sinne von § 53 Abs. 1 KWG. Demnach kommt der Beachtung des Risikoverhaltens von Managern im Rahmen des Anreizsystems auch eine elementare rechtsverbindliche Bedeutung zu: „Die Vergütungssysteme müssen so ausgerichtet sein, dass schädliche Anreize zur Eingehung unverhältnismäßig hoher Risikopositionen vermieden werden.“ (AT 7.1 Abs. 4 Satz 2 MARISK). Die Vermeidung schädlicher Anreize ist u. a. nur möglich, falls das Risikoverhalten eines Managers im Kontext (wie z. B. Gewinn- oder Verlustaussicht) bekannt ist. So können ggf. in identischen Entscheidungssituationen für risikoavers, risikoneutral oder risikofreudig entscheidende Manager völlig verschiedene Anreize optimal bzw. im Sinn von AT 7.1 Abs. 4 Satz 2 MARISK „nicht schädlich“ sein.

Entscheidend ist somit für Manager ein optimales Risikoverhalten bzw. ein angemessener Umgang mit Risiken, da das Eingehen von Risiken z. B. nach FAMA (1980, S. 289) und SHAPIRA (1995, S. 58) eine der Hauptaufgaben von Entrepreneuren bzw. Managern ist. Jedoch ist gegenüber der sehr umfangreichen Fachliteratur zum Thema „Risiko“ der Anteil an Literatur

[6] Performance ist hierbei entsprechend der Zielsysteme der Share- und Stakeholder zu verstehen.

zum „Risikoverhalten“ bzw. zum „Entscheidungsverhalten unter Risiko“, besonders im Management-Kontext, relativ gering.[7]

Der Begriff „Manager“ wird in dieser Arbeit als Oberbegriff für Führungskräfte (z. B. JESKE 2008, S. 1 ff.), Entrepreneure (z. B. BROCKHAUS 1980, S. 509 ff.), Unternehmer und Geschäftsleute („business men”, z. B. SWALM 1966, S. 123 ff.) verstanden und verwendet.[8] Muss jedoch zwischen angestellten Managern sowie unternehmensinhabenden und gleichzeitig unternehmensführenden Entrepreneuren („owner-manager”)[9] unterschieden werden, erfolgt die Verwendung der ursprünglichen Begriffe nach BROCKHAUS (1980, S. 510).

1.2 Forschungsfragen zum Risikoverhalten von Managern

Nach den klassischen wirtschaftswissenschaftlichen Theorien (vgl. z. B. TOBIN 1958, S. 65 ff.) hängt der Erfolg eines Unternehmens unter anderem davon ab, in welchem Maß Manager bereit sind, Risiken einzugehen. Verschiedene empirische Studien (z. B. HARRISON 1977, S. 173; MACCRIMMON / WEHRUNG 1986, S. 18 ff.; MARCH / SHAPIRA 1987, S. 1407 ff.; SHAPIRA 1995, S. 16 ff.) zeigen jedoch, dass Manager, denen (z. B. durch ihre Ausbildung) das normative Entscheidungsverhalten hinsichtlich der Maximierung des Erwartungsnutzens bekannt ist, in der Unternehmenspraxis völlig anders entscheiden.

Wie sieht es jedoch in der Managementpraxis aus? Versuchen Manager Risken zu vermeiden oder suchen sie für das Unternehmen attraktive Risiken, die als Chancen bezeichnet werden? Verhalten sich Manager bei Verlustaussichten anders als bei Gewinnaussichten? Entscheiden Manager eigentlich rational? Wenn nein, sichern dann „wenigstens“ die Controller in Unternehmen, dass rational entschieden wird? Gibt es ein optimales Entscheidungsverhalten in Risikosituationen?

Die Ergebnisse zahlreicher empirischer Studien zum Risikoentscheidungsverhalten von Managern (z. B. GRAYSON 1960, S. 300 ff.; SWALM 1966, S. 132 f.; LORANGE / NORMAN 1973, S. 51 ff.; FISHBURN / KOCHENBERGER 1979, S. 510; DICKSON 1981, S. 161 f.; SHAPIRA 1995, S. 63 ff.) zeigen zum Teil ein Verhalten, das von den klassischen Entscheidungstheorien und der Prospect-Theorie (als der dominierenden Erklärungstheorie zum Risikoverhalten) abweicht. WILLIAMS / ZAINUBA / JACKSON (2008, S. 59) stellen in diesem Zusammenhang fest, dass erstaunlich wenige Studien zum Risikoverhalten von Managern existieren.[10] Statt dessen werden Studien mit Forschungsfragen zum Risikoentscheidungsverhalten im Managementkontext oft mit Studenten durchgeführt (z. B. SAMUELSON / ZECKHAUSER 1988, S. 12; CAMERER / KUNREUTHER 1989, S. 272; SITKIN / WEINGART 1995, S. 1574), obwohl allgemein durch den negativen Zusammenhang zwischen dem Alter und dem Risiko und speziell seit der Studie von ALDERFER / BIERMAN (1970, S. 71 f.), die das Risikoentscheidungsverhalten von Managern und Studenten vergleicht, bekannt sein müsste, dass im Entscheidungsverhalten von Managern und Studenten signifikante Unterschiede existieren.

---

7 Die Anzahl der Artikel von Academic Journals in der EBSCO-Datenbank „Business Source Complete“, die im Titel “risk-taking“ von 1944 bis 2010 enthalten: 467; 1981-1985: 18; 1986-1990: 20; 1991-1995: 52; 1996-2000: 73; 2001-2005: 102; 2006-2010: 146; hinzu kommen 29 Artikel mit „decision-making under risk“ für den Zeitraum 1969-2010 und 73 Artikel mit „decision-making under uncertainty“ für den Zeitraum 1966-2010.

8 Bis auf den Vergleich des Risikoverhaltens von Managerinnen und Managern wird ohne jede Wertung, ausschließlich wegen der besseren Lesbarkeit der Arbeit, auf die weiblichen Formen verzichtet. Jeske (2008, S. 1) verwendet explizit die geschlechtsneutrale Form „Führungskraft“. In dieser Arbeit wird jedoch der Begriff „Manager“ bevorzugt, da dieser in der relevanten Fachliteratur und in der Unternehmenspraxis international dominiert.

9 In dieser Arbeit werden die meist englischen Originalbezeichnungen zusätzlich in Klammern angegeben, falls der dafür im Deutschen verwendete Begriff abweichend verstanden werden könnte.

10 Selbst zum strategischen Risiko (“strategic risk”) sind nur 210 Artikel in den über 1200 Zeitschriften der EBSCO-Datenbank „Business Source Complete” enthalten (Stand: 07.01.2009).

Die grundlegenden Forschungsfragen dieser Arbeit sind deshalb:

- Verhalten sich Manager in Risikosituationen rational und risikoavers, wie es die normativen Entscheidungstheorien als Verhaltensideal vorgeben?
- Entscheiden Manager in Risikosituationen so, wie es die Prospect-Theorie als dominierende deskriptive Entscheidungstheorie beschreibt?
- Stimmen das selbsteingeschätzte, das experimentell ermittelbare und das in der Unternehmenspraxis gezeigte Risikoentscheidungsverhalten von Managern überein?
- Welche Kontextfaktoren beeinflussen das Risikoentscheidungsverhalten von Managern?
- Verhalten sich Manager unter Risiko anders als Controller oder Studenten?
- Welche Zusammenhänge bestehen zwischen dem Risikoentscheidungsverhalten von Managern und der Unternehmensperformance?
- Existiert ein Rendite-Risiko-Paradoxon, das durch das Risikoentscheidungsverhalten von Managern bewirkt wird?

Die Beantwortung der Forschungsfragen erfolgt einerseits theoretisch durch Analyse der Fachliteratur zum Risikoverhalten im Managementkontext und andererseits empirisch mit der in dieser Arbeit vorgestellten Studie zum Risikoentscheidungsverhalten von 1.316 Managern sowie der Analyse von Bilanzdaten der Unternehmen dieser Manager.
Das Risikoentscheidungsverhalten der Manager wird mit dem Verhalten der Kontrollgruppen von 123 Controllern und 1.101 Studenten verglichen.

Die Ergebnisse der Studie zeigen, dass sich sowohl experimentell als auch in der Unternehmenspraxis das Risikoentscheidungsverhalten bei Gewinnen und Verlusten signifikant unterscheidet. Über den momentanen Stand der Forschung hinaus können die vier bzw. fünf Risikoverhaltensgruppen „risikoavers", „irrational", „diffus", „rational" und „risikofreudig" unterschieden werden. Vom Risikoentscheidungsverhalten der Manager kann wiederum eine Verbindung zum Rendite-Risiko-Paradoxon hergestellt werden.

1.3 Ziele und Aufbau der Arbeit

Die vorliegende Arbeit befasst sich mit der beschriebenen Problematik und verfolgt die folgenden Ziele:

Es soll sowohl theoretisch als auch empirisch ein Erklärungsbeitrag zum Risikoentscheidungsverhalten von Managern und dessen Einfluss auf Performance-Risiko-Assoziationen geleistet werden.

In diesem Kapitel wurde bereits in die Problemstellung eingeführt, eine Einordnung der Arbeit vorgenommen und die Ziele der Arbeit genannt. Nachfolgend wird das weitere Vorgehen der Arbeit vorgestellt:

Grundlegende Begriffe zum Untersuchungsgegenstand, wie rationales Verhalten, Risiko, Unsicherheit und Risikoverhalten, sowie Quantifizierungsmöglichkeiten des Risikos werden im zweiten Kapitel erläutert.

Im dritten Kapitel werden individuelle und organisationale Theorien vorgestellt, die einerseits Kernaussagen zum Entscheidungsverhalten unter Risiko enthalten, wie die Prospect-Theorie, die Regret-Theorien, die Disappointment-Theorien, die verhaltenswissenschaftliche Theorie der Unternehmung und die Threat-Rigidity-Theorie. Andererseits werden Theorien diskutiert, in denen das Risikoverhalten eine der Grundannahmen darstellt, die in dieser Arbeit hinterfragt werden, wie in den Agency-Theorien und den Kontingenz-Theorien.

Empirische Studien zum Risikoentscheidungsverhalten von Managern werden im vierten Kapitel in einer Übersicht zusammengefasst. Einflussfaktoren auf das Risikoverhalten werden dargestellt und die relevanten Zusammenhänge diskutiert. Weiterhin wird eine tabellarische Übersicht zu empirischen Studien über Performance-Risiko-Zusammenhänge wiedergegeben. Die Ergebnisse der Studien werden hinsichtlich ermittelter Performance-Risiko-Assoziationen und der Existenz eines Rendite-Risiko-Paradoxons diskutiert. Der Einfluss der verwendeten Performance- und Risikomaße und weiterer Kontextvariablen in den empirischen Studien wird dargestellt.

Im fünften Kapitel wird der Stand der Forschung kritisiert und es werden Forschungslücken abgeleitet, bevor Hypothesen aus dem theoretischen und empirischen Stand der Forschung zum individuellen und organisationalen Risikoentscheidungsverhalten abgeleitet werden.

Das Design der empirischen Studie zum Risikoentscheidungsverhalten von Managern wird im sechsten Kapitel vorgestellt. Die Wahl der Untersuchungsmethode wird begründet und der Aufbau des zur Untersuchung verwendeten Fragebogens mit 24 Entscheidungssituationen zum Risikoverhalten und Fragen zu Kontextfaktoren wird erklärt. Formale Aspekte sowie das theoretisch zu erwartende Antwortverhalten werden beschrieben.

Im siebenten Kapitel werden die Ergebnisse der empirischen Studie zum Risikoentscheidungsverhalten von Managern, Controllern und Studenten dargelegt sowie die Hypothesen überprüft. Mittels Faktorenanalyse können die 24 Entscheidungssituationen des Fragebogens auf zwei Risikoverhaltensfaktoren reduziert werden. Eine anschließende Clusteranalyse ermöglicht die Identifikation von vier bzw. fünf Risikoverhaltensgruppen aus den zwei Risikoverhaltensfaktoren. Mittels Diskriminanzanalyse kann die Ableitung der vier bzw. fünf Risikoverhaltensgruppen aus den ursprünglichen 24 Entscheidungssituationen des Fragebogens verifiziert werden. Die Überprüfung der Hypothesen zum Risikoentscheidungsverhalten erfolgt abschließend in diesem Kapitel.

Zusammenfassend werden im achten Kapitel die empirischen Ergebnisse mit den bisherigen Forschungsergebnissen verglichen und neue Erkenntnisse erläutert. Zusammenhänge zwischen Theorie und Praxis werden diskutiert und Implikationen für die Managementpraxis dargestellt. Abschließend werden die Grenzen der Arbeit aufgezeigt und weiterer Forschungsbedarf herausgestellt.

1.4 Forschungstheoretische Einordnung

In der betriebswirtschaftlichen Forschung werden im Allgemeinen deskriptive, explikative und instrumentelle Aussagen unterschieden (z. B. FRITZ 1992, S. 59 ff.). Die vorliegende Arbeit möchte deskriptive Aussagen zur Beschreibung des empirisch beobachtbaren Risikoentscheidungsverhaltens von Managern treffen sowie aus den empirischen Studienergebnissen explikative Aussagen ableiten, die Erklärungsansätze für ein bestimmtes Risikoentscheidungsverhalten im Management-Kontext ermöglichen. Die forschungstheoretische Einordnung dafür erfolgt analog zu FRITZ (1992, S. 17 ff.).

Da Beobachtungen immer die Existenz eines Systems von Erwartungen erfordern (vgl. POPPER 1959, S. 9; 1972, S. 344), ist nach dem Vorgehen des kritischen Rationalismus eine deduktive Vorgehensweise anzustreben (vgl. POPPER 1959, S. 9 ff.), die aus Theorien Hypothesen (H) ableitet, die untereinander sowie mit Beobachtungen (B) auf logische Beziehungen zu untersuchen sind. Die kritische Überprüfung der Hypothesen durch Beobachtungen (H → B) kann dabei nur durch Falsifikation erfolgen (vgl. POPPER 1959, S. 17 ff.), wobei idealerweise auf der Grundlage mindestens einer negativen Beobachtung (¬ B) die Hypothese verworfen werden kann (¬ H). In der realen Forschungspraxis müssen jedoch zusätzlich zur Hypothese (H) einschränkende Annahmen (A_1 bis A_n) getroffen werden. Die Verwerfung einer Hypothese (¬ H) auf Grund einer negativen Beobachtung (¬ B) kann somit auch auf die getroffenen Annahmen zurückzuführen sein, d. h. unter anderen Annahmen wäre es ggf. nicht zu einer negativen Beobachtung gekommen und die Hypothese wäre nicht verworfen worden (vgl. Abb. 1-1).

$$\begin{array}{c} H \rightarrow B \\ \underline{\neg B} \\ \underline{\neg H} \end{array}$$

Abb. 1-1: Ableitung einer potentiellen Beobachtung (B) aus einer Hypothese (H) und Überprüfung der Hypothese durch Falsifikation der erwarteten Beobachtung, die zur Verwerfung der Hypothese führt (in Anlehnung an: SEDLMEIER / RENKEWITZ 2008, S. 29)

$$\begin{array}{c} (H \wedge A_1 \wedge \ldots \wedge A_n \rightarrow B \\ \underline{\neg B \qquad\qquad .} \\ \neg H \vee A_1 \vee \ldots \vee A_n \end{array}$$

Abb. 1-2: Überprüfung einer Hypothese (H) unter den Annahmen A_1 bis A_n durch Falsifikation einer Beobachtung (B), die zur Verwerfung der Hypothese unter den getroffenen Annahmen A_1 bis A_n führt (in Anlehnung an: SEDLMEIER / RENKEWITZ 2008, S. 31)

Die Anwendung des kritischen Rationalismus in der sozialwissenschaftlichen Forschung ist nach KUBICEK (1975, S. 48 ff.) nur bedingt möglich, da bei der Hypothesenüberprüfung theoretisch eine fast unendlich große Anzahl von Einflussfaktoren beachtet werden muss oder einschränkende Annahmen (A) getroffen werden müssen (vgl. Abb. 1-2). „Falsche" Annahmen, Messmethoden, Messfehler etc. können jedoch zur Verwerfung bzw. Ablehnung einer an sich „richtigen" Hypothese führen. Da die Messung von Konstrukten wie „Risiko" nicht mit der Messung von als objektiv angenommen physikalischen Größen (z. B. der Lichtgeschwindigkeit) vergleichbar ist, können in der sozialwissenschaftlichen Forschung nach ANDERSON (1983, S. 21) und MARTIN (1989, S. 23) allein schon die Messinstrumente stets Verzerrungen in der Hypothesenüberprüfung bewirken. Die Einhaltung der Anforderungen des kritischen Rationalismus ist somit in der sozialwissenschaftlichen Forschung, also auch in dieser Arbeit, nur bedingt möglich.

Der wissenschaftliche Realismus geht, im Gegensatz zur Objektivität des kritischen Rationalismus, davon aus, dass latente Konstrukte nur über Indikatoren gemessen werden können, die stets fehlerbehaftet sind. Mit Hilfe vieler Einzelbeobachtungen erfolgt eine Annäherung an die objektive Wahrheit, so dass sich mittels Induktion nach RAFFÉE (1984, S. 15) Gesetzmäßigkeiten ableiten lassen. Dennoch bleibt der wissenschaftliche Realismus vorsichtig, da selbst aus der wiederholten positiven Bestätigung in der Realität kein absolut sicheres und allgemeingültiges Wissen abgeleitet werden kann (RAFFÉE 1984, S. 8 ff.).

Der von FEYERABEND (1965, S. 145 ff.) maßgeblich entwickelte theoretische Pluralismus verlangt, im Interesse des Erkenntnisfortschritts, auch bei einem allgemein akzeptierten und vielmals nicht widerlegten[11] Forschungsstand konkurrierende theoretische Ansätze zu entwickeln und kritisch miteinander zu vergleichen. FRITZ (1992, S. 27) führt in die betriebswirtschaftliche Forschung den komplementären theoretischen Pluralismus ein, der auf einen möglichst hohen Grad der Erklärung des Forschungsgegenstands durch sich ergänzende theoretische Ansätze abzielt.

Für die vorliegende Arbeit erscheint es somit forschungstheoretisch sinnvoll, auf den kritischen Rationalismus zur Hypothesenüberprüfung aufzubauen und darüber hinaus, trotz der genannten Einschränkungen, dem wissenschaftlichen Realismus folgend aus wiederkehrenden Forschungsergebnissen positive Schlussfolgerungen zu ziehen. Weiterhin werden nach dem theoretischen Pluralismus verschiedene Theorien auf ihren Erklärungsbeitrag zum Forschungsproblem geprüft.

[11] FEYERABEND (1965, S. 223 f.) schreibt „highly confirmed", das aber hier mit Rücksicht auf den in der betriebswirtschaftlichen Forschung dominierenden kritischen Rationalismus negiert wiedergegebenen wird.

2 Terminologische Basis des Untersuchungsgegenstands

2.1 Rationales Verhalten

2.1.1 Rationales Verhalten als klassisches Verhaltensideal

In der normativen Entscheidungstheorie wird rationales Verhalten mit Nutzenmaximierung (d. h. Anstreben des Maximums bzw. Optimums durch ein Individuum) gleichgesetzt. So definieren VON NEUMANN / MORGENSTERN (1944; 2004, S. 9): „The individual who attempts to obtain these respective maxima is also said to act rationally." SIMON (1959, S. 253): "The rational man of economics is a maximizer, who will settle for nothing less than the best."

SAVAGE (1954; 1972, S. 7) geht von einem rationalen Verhaltensideal aus, das auf den Axiomen von Nutzen und subjektiver Wahrscheinlichkeit beruht, und definiert in diesem Sinn rationales Handeln einfach nur als logisches Handeln. BEN-AKIVA ET AL. (1999, S. 187) definieren rationales Verhalten in diesem Sinn einfach als ein Verhalten, das vernünftig, geplant und konsistent ist.

SIMON (1986, S. 210) verweist auf die unterschiedlichen Konzepte der Rationalität in der Ökonomie und den anderen Sozialwissenschaften. Während in der Ökonomie Rationalität in Bezug auf Ergebnisse von Wahlentscheidungen definiert wird, assoziieren die anderen Sozialwissenschaften Rationalität mit den damit verbundenen Prozessen.

ARROW (1986, S. 385) beschreibt Rationalität als eine Eigenschaft, die ein Individuum nicht allein besitzen kann, sondern die vom sozialen Kontext abhängig ist. Des Weiteren ist die Annahme der Rationalität für ökonomische Theorien eigentlich nicht zwingend notwendig und nur im Idealfall möglich, weshalb sie so gut wie immer eingeschränkt wird. Obwohl es möglich wäre, ökonomische Modelle auf anderen Hypothesen als der Rationalität aufzubauen, basiert praktisch jede Theorie in der Makroökonomie zumindest teilweise auf dieser Annahme (vgl. ARROW 1986, S. 386).

DIEKMANN / VOSS (2004, S. 13) definieren nach einer umfangreichen Literaturanalyse Rationalität als „Handeln in Übereinstimmung mit den Annahmen (Axiomen) einer Entscheidungstheorie". Da mehrere Entscheidungstheorien existieren, kann es nicht „die" eine Rational-Choice-Theorie geben, sondern es existieren mehrere Rationalitätsbestimmungen. Im Unterschied zu den normativen Entscheidungstheorien halten DIEKMANN / VOSS (2004, S. 13 f.) Rationalität in den deskriptiven Theorien für entbehrlich.

2.1.2 Kritik der klassischen Rationalitätsauffassung

„Modern mainstream economic theory is largely based on an unrealistic picture of human decision making." schlussfolgert SELTEN (2002, S. 13) mit Bezug auf die klassische Rationalitätsauffassung. Zur idealen Rationalitätsauffassung von SAVAGE (1954), die auf den Axiomen von Nutzen und subjektiver Wahrscheinlichkeit statt auf einer empirischen Basis beruht, schreibt SELTEN (2001, S. 13): „... it is wrong to assume that human beings conform to this ideal."

SIMON (1959, S. 254) erklärt einerseits, dass aufgrund des relativen Desinteresses der Ökonomen an einer deskriptiven Mikroökonomie, die normative Mikroökonomie einfach annimmt, dass ein ökonomischer Akteur rational sei. Weiterhin wird angenommen, dass Wettbewerb existiert und im Wettbewerb nur die Rationalen überleben. Die klassische ökonomische Theorie der Märkte mit perfektem Wettbewerb und rationalen Agenten ist eine deduktive Theorie, die so gut wie keinen Kontakt mit empirischen Verhaltensdaten erfordert, sobald ihre Annahmen akzeptiert werden. Andererseits schlussfolgert SIMON (1959, S. 258 f.), dass Individuen ihren Nutzen maximieren wollen und dies auch tun, falls sie mit einfachen und eindeutigen Wahlentscheidungen konfrontiert werden, die sie verstehen. Dieses Entscheidungsverhalten dient normativen Mikroökonomen als Beweis für ihre Auffassung von Rationalität als Nutzenmaximierung.

Empirische Ergebnisse zeigen jedoch, dass selbst in absolut einfachen Situationen Subjekte nicht entsprechend der Nutzen-Theorie entscheiden, sondern ein kontextabhängiges Verhalten zeigen (vgl. SIMON 1959, S. 261). Bei komplexeren und eher realen Wahlentscheidungen weist die Theorie der Nutzenmaximierung erst Recht nur wenig Relevanz auf, so dass verhaltenswissenschaftliche Forscher eher an einer Beschreibung des realen Verhaltens interessiert sind (vgl. SIMON 1959, S. 258 f.).

Falls sich ein Individuum rational verhält, kann bei Zielkonflikten und Unsicherheit das Verhalten des Individuums allein aufgrund objektiver Umfeldcharakteristiken nicht eindeutig vorhergesagt werden, da das objektiv und das subjektiv wahrgenommene Umfeld differieren können (vgl. SIMON 1959, S. 256). Somit ist zur Beurteilung, ob ein Verhalten in einem Kontext „rational" ist, ein „Frame" notwendig, der die zu realisierenden Ziele, die Definition der Verhaltenssituation sowie die erforderlichen Berechnungsressourcen zur Zielerreichung enthalten muss (vgl. SIMON 1984, S. 210).

2.1.3 Begrenzte Rationalität

SELTEN (2002, S. 13 f.) erweitert das ursprünglich von SIMON (1957, S. 241 ff.) als Alternative zur klassischen Rationalitätsauffassung entwickelte Konzept der begrenzten Rationalität („bounded rationality"). Danach ist Entscheidungsverhalten ein Suchprozess, der von Anspruchsniveaus („aspiration levels") angetrieben wird. Ein Anspruchsniveau ist ein Ziel (z. B. eine Rendite oder ein Marktanteil im Sinn der Theorie der Unternehmung), das durch die Wahl von Handlungsalternativen erreichbar sein muss. Die Handlungsalternativen sind jedoch nicht pauschal gegeben, sondern müssen erst in einem Suchprozess gefunden werden. Gesucht wird so lange bis das Anspruchsniveau zufriedenstellend erreicht ist, wobei das Anspruchsniveau nicht fix ist, sondern dynamisch an die Situation angepasst wird. Das Anspruchsniveau steigt, falls Handlungsalternativen leicht gefunden werden können, und sinkt, falls Handlungsalternativen nur schwer zu akquirieren sind. Zusammenfassend kann begrenzte Rationalität als die Suche nach Alternativen, das Annehmen einer zufriedenstellenden Alternative und die Adaption des Anspruchsniveaus charakterisiert werden (SELTEN 2002, S. 13 f.).

Bei näherer Betrachtung ergeben sich zahlreiche Analogien zwischen dem Entscheidungsverhalten auf Basis der begrenzten Rationalität zur Grundstruktur des organisationalen Entscheidungsprozesses in der verhaltenswissenschaftlichen Theorie der Unternehmung von CYERT / MARCH

(1963, S. 125 ff.; 1995, S. 157 ff.). Der organisationale Entscheidungsprozesses umfasst analog zur begrenzten Rationalität: 1. eine problemorientierte Suche, bei der ein Problem die Suche nach einer zufriedenstellenden Lösung veranlasst, 2. ein organisationales Lernen, das zu einer Anpassung von Zielen in Form von Anspruchsniveaus, zur Anpassung von Beachtungsregeln, zum Erlernen des Suchverhaltens und zur Anpassung der Suchregeln analog zur problemorientierten Suche führt. Im Rahmen der „Quasi-Lösung von Konflikten", einem weiteren der vier grundlegenden Konzepte des organisationalen Entscheidungsprozesses[12], schlagen CYERT / MARCH (1963, S. 117 f.; 1995, S. 158 f.) zur Sicherung von rationalem Verhalten auf organisationaler Ebene die „lokale Rationalität" als Lösungsmöglichkeit vor. Demnach zerlegen Organisationen ihre Entscheidungsprobleme in Teilprobleme, die organisationalen Untereinheiten zugewiesen werden. Die „lokale Rationalität" besteht „tendenziell darin, dass die einzelnen Untereinheiten es nur mit einer begrenzen Anzahl von Problemen und einer begrenzten Anzahl von Zielen zu tun haben. ... Durch Delegation und Spezialisierung von Entscheidungen und Zielen reduziert die Organisation eine Situation voller komplexer, miteinander verbundener Probleme und konfliktärer Ziele auf eine Anzahl einfacher Probleme. Ob ein solches System den Konflikt tatsächlich ‚löst', hängt natürlich davon ab, ob die vom System erzeugten Entscheidungen miteinander und mit den Anforderungen der externen Umwelt übereinstimmen." (vgl. CYERT / MARCH 1995, S. 158 f.).

2.1.4 Fazit zur Rationalität

Die klassische Rationalitätsauffassung ist aus zahlreichen genannten Gründen ein Verhaltensideal, dem natürliche Individuen nicht gerecht werden können (z. B. SELTEN 2002, S. 13).

Das Konzept der begrenzten Rationalität ist nicht die Rechtfertigung von Irrationalität („Bounded rationality is not irrationality", SELTEN 2002, S. 15), sondern eine Rationalität, die durch die Suche nach Alternativen, das Annehmen einer zufriedenstellenden Alternative und die Adaption des Anspruchsniveaus charakterisiert ist (vgl. SELTEN 2002, S. 13 f.).

Das Vorhandensein von Wahlalternativen (ob real oder fiktiv) und das Annehmen von Alternativen entsprechend der Anspruchsniveaus sind Kernelemente jeder Entscheidungstheorie. Somit ist Rationalität im Sinn der begrenzten Rationalität vom in der jeweiligen Theorie definierten Anspruchsniveau abhängig.[13]

Nachdem dargelegt wurde, dass Entscheidungsverhalten u. a. die Suche und Auswahl von Alternativen entsprechend eines bestimmten Anspruchsniveaus umfasst, wird im folgenden Kapitel erläutert, wie Risiko und Unsicherheit die Bewertung der Wahlalternativen beeinflussen.

---

[12] Vgl. Kapitel 3.3.1.

[13] z. B. Maximierung des Erwartungsnutzens in der Erwartungsnutzen-Theorie (VON NEUMANN / MORGENSTERN 1944, S. 9), Maximierung des subjektiv zu erwartenden Nutzens in der subjektiven Erwartungsnutzen-Theorie (SAVAGE 1954; 1972, S. 7 ff.), Maximierung des Nutzens in Abhängigkeit des Prospects in der Prospect-Theorie (KAHNEMAN / TVERSKY 1979, S. 274 ff.), Maximierung des Nutzens bei gleichzeitiger Minimierung des Bedauerns (BELL 1982, S. 965 ff.), Minimierung des Bedauerns bzw. Maximierung des Erfreuens über eine Entscheidung (LOOMES / SUGDEN 1982, S. 820) in den Regret-Theorien oder Minimierung der Enttäuschung in der Disappointment-Theorie (BELL 1985, S. 4) usw. (vgl. DIEKMANN / VOSS 2004, S. 16).

2.2 Risiko und Unsicherheit

2.2.1 Unterscheidung von Risiko und Unsicherheit mittels Wahrscheinlichkeit

Eine der bekanntesten Definitionen von Risiko stammt von KNIGHT (1921, S. 19, 233), der Risiko als objektiv, in seiner Wahrscheinlichkeit messbar, kategorisierte und Unsicherheit als subjektiv, in seiner Wahrscheinlichkeit nicht bestimmbar, annahm.[14] Obwohl bereits ARROW (1951, S. 417, 426) und ELLSBERG (1961, S. 643) diese Unterscheidung von Unsicherheit und Risiko als verhaltenswissenschaftlich nicht haltbar verworfen haben, ist die Risikodefinition von KNIGHT (1921, S. 19, 233) immer noch häufig in der deutschen Fachliteratur als grundlegende Definition für Risiko und Unsicherheit anzutreffen (vgl. z. B. OEHLER / UNSER 2002, S. 10; LAUX 2007, S. 23; BAMBERG / COENENBERG / KRAPP 2008, S. 19).

In der englischsprachigen Fachliteratur wird Unsicherheit meist entweder als eine Komponente des Risikos aufgefasst (z. B. CAMERER / KUNREUTHER 1989, S. 284 f.; YATES / STONE 1992, S. 4; HOLTON 2004, S. 22) oder Risiko und Unsicherheit werden (weitgehend) synonym verwendet (z. B. FISHER / HALL 1969, S. 79 f.; BAIRD / THOMAS 1985, S. 231; LIPSHITZ / STRAUSS 1997, S. 149 f.)[15]. So betonen z. B. FISHER / HALL (1969, S. 79 f.), dass sie nicht zwischen Risiko und Unsicherheit unterscheiden. Sie definieren Risiko einfach als die Unfähigkeit, das Ergebnis eines zukünftigen Ereignisses mit vollständiger Sicherheit vorherzusagen.

Des Weiteren wird Wahrscheinlichkeit als Metrik für die Unsicherheit gebraucht, wobei Wahrscheinlichkeit bestenfalls eine angenommene und somit subjektive Unsicherheit quantifizieren kann (vgl. HOLTON 2004, S. 22). Die ausschließlich mögliche subjektive Auffassung von Wahrscheinlichkeit geht auf RAMSEY (1926, S. 133 ff.) zurück, dessen Arbeiten von DE FINETTI (1937) und SAVAGE (1954) aufgegriffen und bei letzterem zum subjektiven Nutzen erweitert wurden. Obwohl VON NEUMANN / MORGENSTERN (1944; 2004, S. 19) „Wahrscheinlichkeit“ als ein subjektives Konzept in der Art einer Abschätzung („in the nature of an estimation”) kannten, nutzten sie für ihr konstruiertes Individuum die alternative Interpretation von Wahrscheinlichkeit als langfristig auftretende Häufigkeit („frequency in the long run”).

Die zahlreichen Risikodefinitionen in der Managementliteratur (z. B. KNIGHT 1921; 2006, S. 197 ff.; BOWMAN 1980, S. 18; FISCHHOFF / WATSON / HOPE 1984, S. 123 ff.; MACCRIMMON / WEHRUNG 1986, S. 9 ff.; MARCH / SHAPIRA 1987, S. 1407 ff.; YATES / STONE 1992, S. 4 ff.; SHAPIRA 1995, S. 3 ff.; GLEIẞNER 2008, S. 9) können im Wesentlichen in zwei Kategorien eingeteilt werden:[16]

---

14 KNIGHT (1921, S. 19, 233) vertritt die Auffassung, dass die subjektive, in ihrer Wahrscheinlichkeit nicht messbare Unsicherheit, unbedingt vom objektiven, messbaren Risiko zu unterscheiden sei. Business-Entscheidungen sind für KNIGHT (1921, S. 231) jedoch so einzigartig, dass für sie keine statistisch, objektiv messbare Wahrscheinlichkeit ermittelbar ist. Die Grundlage der Unsicherheit in der Wirtschaft liegt zudem in dem auf die Zukunft ausgerichteten Charakter der wirtschaftlichen Prozesse (KNIGHT 1921, S. 237).

15 In der Managementpraxis kann dennoch bei der Bewertung von einzelnen Risiken eine Unterscheidung (oder Einstufung) der Unsicherheit nach ihrem Grad sehr sinnvoll sein. GLEIẞNER (2008, S. 9) unterscheidet fünf Arten der Unsicherheit, die entsprechend des Wissens um die Ursachen (Wissen um die Bekanntheit der Einflussfaktoren hinsichtlich Vollständigkeit, Einfluss und Art der Verteilung) und die Auswirkungen (von kein explizites Wissen vorhanden bis hin zu vollständiger Quantifizierbarkeit) klassifiziert werden können.

16 Risikodefinitionen, die nicht in die zwei Hauptkategorien passen: z. B. HOLTON (2004, S. 22) definiert nach ihrer Analyse der Risikodefinitionen von KNIGHT, MARKOWITZ und deren Kritiken Risiko als „exposure to a proposition of which one is uncertain“ ohne Gewinn- oder Verlustunterscheidung. WILLIAMS (1966, S. 577 f.) unterscheidet reines und spekulatives Risiko. Während bei reinem Risiko keine Chance auf einen Gewinn besteht und nur ein Verlust oder wenigstens der Status-quo erwartet werden kann, kennzeichnet ein spekulatives Risiko die Gewinnchance neben den potentiell ungünstigen Konsequenzen.

1. Risiko wird als positive und negative Abweichung von einem Referenzwert interpretiert, und
2. Risiko wird nur als negative Abweichung von einem Referenzwert aufgefasst.

Diese beiden Hauptkategorien und einige weitere Risikoauffassungen werden in den folgenden Kapiteln mit den entsprechenden Maßen näher beschrieben.

2.2.2 Auffassung des Risikos als gesamte bzw. zweiseitige Abweichung

2.2.2.1 Varianz, Standardabweichung und Variationskoeffizient

Bereits MARKOWITZ (1952a, S. 89) definiert den „variance of return" als Risikomaß. Obwohl die Varianz die komplexen Elemente des Risikos nicht erfassen kann, wählen CONRAD / PLOTKIN (1968, S. 91) und FISHER / HALL (1969, S. 79 f.) die Varianz als Risikomaß, da diese ihrer Meinung nach besonders die Unsicherheit als allgemeinen Aspekt des Risikos erfasst. FISHER / HALL (1969, S. 79 f.) definieren Risiko einfach als die Unfähigkeit, das Ergebnis eines zukünftigen Ereignisses mit vollständiger Sicherheit vorherzusagen. Unsicherheit kann als Likelihood gemessen werden, mit der das erzielte Ergebnis vom erwarteten Ergebnis abweichen wird. Sie schlagen deshalb, konsistent mit der ökonomischen Theorie, vor, Risiko als die Verteilung der Performance („corporate rates of return") zu erfassen. BOWMAN (1980, S. 18) definiert Risiko als ein Konzept, das Unsicherheit als die Wahrscheinlichkeitsverteilung erfasst, die mit dem Ergebnis („outcome") eines Ressourceneinsatzes („resource commitment") verbunden ist. Die Aggregation der Ergebnisse dieser Ressourceneinsätze bewirkt die Varianz des Gesamtergebnisses („return") sowohl über den Querschnitt („cross sectionally") als auch über die Zeit („longitudinally").[17] Während das Risiko vor dem Ressourceneinsatz („ex-ante") bedacht wird, können die Effekte und die Aggregation der zahlreichen Einsatzfaktoren („commitments") nur über die Zeit („ex-post") beobachtet werden. Damit rechtfertigt BOWMAN (1980, S. 18) die Operationalisierung der Varianz des Gewinns („profit") als Risikomaß und prägt damit die Verwendung der Gesamtrisikomaße Varianz und Standardabweichung als Risikomaße in der weiteren Forschung über Performance-Risiko-Assoziationen (z. B. FIEGENBAUM 1985, S. 7 f.; MAURER 2004b, S. B3).

Die Berechnung der Varianz $V = \sigma^2$ erfolgt als Summe der quadratischen Abweichungen der Performance jeder Periode t von der mittleren Performance $\overline{P} = \mu$ über den Zeitraum T:

$$V = \sigma^2 = \frac{1}{T}\sum_{t=1}^{T}\left(P_t - \overline{P}\right)^2 \qquad (2\text{-}1)$$

mit

$$\overline{P} = \mu = \frac{1}{T}\sum_{t=1}^{T} P_t$$

Die Standardabweichung unterscheidet sich nur durch die Skalierung

$$\sigma = \sqrt{\sigma^2} \qquad (2\text{-}2)$$

[17] Analog definiert z. B. GLEIßNER (2008, S. 9) für ein sinnvoll fundiertes Risikomanagement in der Unternehmenspraxis: „Risiko ist die aus der Unvorhersehbarkeit der Zukunft resultierende, durch ‚zufällige' Störungen verursachte Möglichkeit, von geplanten Zielen abzuweichen."

von der Varianz. Dennoch wird sie in einigen Studien der Varianz vorgezogen, da sie die gleiche Dimension[18] wie der Mittelwert der Performance aufweist (z. B. SINHA 1994, S. 228; WIEMANN / MELLEWIGT 1998, S. 563; CHOU / CHOU / KO 2009, S. 195).

Zur Normierung der Standardabweichung wird in einigen Studien auch der Variationskoeffizient als Risikomaß verwendet (z. B. JEGERS 1991, S. 216; MILLER / BROMILEY 1990, S. 758).

Der Variationskoeffizient wird folgendermaßen berechnet:

$$\text{Variationskoeffizient} = \frac{\sigma}{\mu} \tag{2-3}$$

MARKOWITZ (1952a, S. 89) weist jedoch darauf hin, dass sich weder durch die Verwendung der Standardabweichung noch durch die Verwendung des Variationskoeffizienten als Alternative zur Varianz die grundlegenden Zusammenhänge verändern.

Kritisch zu bewerten bei der Anwendung der Varianz, der Standardabweichung und des Variationskoeffizienten auf historische Unternehmenszeitreihen ist die häufig nicht gegebene Normalverteilung der Performancezeitreihe. Sie lässt die Aussagen von Signifikanztests fraglich erscheinen. Eine Erfassung des Gesamtrisikos von nicht normalverteilten Performancezeitreihen ist mit den höheren Momenten Schiefe und Kurtosis möglich.

2.2.2.2 Semivarianz

Die Varianz als Risikomaß (R) kann in die Summen der positiven und negativen Abweichungen vom Erwartungswert (E) der Performance (P) zerlegt werden. Die negative Semivarianz (R_-) enthält dann nur die Verlustkomponente und die positive Semivarianz (R_+) nur die Chancenkomponente des Risikos.

Schon LIBBY / FISHBURN (1977, S. 289) haben darauf hingewiesen, dass Manager unter Risiko meist nur die negativen Abweichungen von einem Erwartungswert verstehen. Deshalb halten sie ein Risikomodell, basierend auf der negativen Semivarianz, für angemessen.

Die negative Semivarianz (R_-) wird allgemein folgendermaßen berechnet:

$$R_- = SV(P) = E\left[(P_{SV})^2\right] = \frac{1}{T}\sum_{t=1}^{T}(\min[0, P_t - E(P)])^2 \tag{2-4}$$

Die positive Semivarianz (R_+), die nur die Chancenkomponente des Risikos abbildet, wird analog, jedoch invers zur negativen Semivarianz (R_-), berechnet:

$$R_+ = SV(P) = E\left[(P_{SV})^2\right] = \frac{1}{T}\sum_{t=1}^{T}(\max[0, P_t - E(P)])^2 \tag{2-5}$$

Bei normal verteilten Stichproben stimmen die Beträge der positiven und negativen Semivarianz überein. In diesem Fall können durch die Berechnung der negativen Semivarianz, die nach LIBBY / FISHBURN (1977, S. 289) der Risikoauffassung der meisten Manager entspricht, nicht mehr

[18] % bei der Standardabweichung statt %² bei der Varianz.

Informationen über die Verlustkomponente des Risikos gewonnen werden als mit der Varianz, da die negative Semivarianz genau der Hälfte der Varianz entspricht.

Bei nicht normal verteilten Stichproben, wie sie bei den relativ kurzen Zeitreihen für Performance-Risiko-Untersuchungen meist vorliegen (z. B. BOWMANN 1980, S. 19), lassen sich jedoch aus der Differenz oder dem Quotienten der positiven zur negativen Semivarianz Informationen über die Asymmetrie analog zur Schiefe der Verteilung gewinnen. Somit kann ein Überwiegen der Chancen- oder Verlustkomponente einer Risikoverteilung bestimmt werden.

Eine Art multivariates Semivarianzmodell benutzen HENDERSON / BENNER (2000, S. 2 f.) um die gesamte zeitliche Entwicklung eines Unternehmens unter Beachtung von evolutionären Kräften wie Reifungen und Fehlentwicklungen zu untersuchen. Zur Vermeidung von mathematischen Problemen und zur besseren Erfassung der Denkweise von Entscheidungsträgern behandeln sie Gewinne und Verluste als unterschiedliche Konstrukte, die in verschiedenen Modellen folgendermaßen geschätzt werden:

$$\text{gain magnitude}_{i,t} \mid y_{i,t} > B_t = y_{i,t} - B_t = G_1 x_{1,i,t-1} + G_2 x_{2,i,t-1} + \ldots + aS_{i,t} + e_{i,t} \quad (2\text{-}6)$$

$$\text{loss magnitude}_{i,t} \mid y_{i,t} \leq B_t = \left| y_{i,t} - B_t \right| = L_1 x_{1,i,t-1} + L_2 x_{2,i,t-1} + \ldots + bS_{i,t} + u_{i,t} \quad (2\text{-}7)$$

mit $y_{i,t}$ – Performance des Unternehmens i in der Periode t,
B_t – Referenzwert (benchmark) in der Periode t, z. B. der Branchendurchschnitt,
G – Zeilenvektor mit Koeffizienten für Gewinne,
L – Zeilenvektor mit Koeffizienten für Verluste,
x – Vektor mit Indikatoren, die in der Vorperiode ermittelt wurden,
$e_{i,t}$, $u_{i,t}$ – Fehlerterme für Unternehmen i in der Periode t,
a, b – mit S assoziierte Koeffizientenvektoren,
$S_{i,t}$ – Vektor mit Selektionsinstrumenten.

Der Vektor x enthält evolutionäre Variablen, wie das Alter eines Unternehmens, die vorherige Performance relativ zu den Erwartungen oder den Forschungs- und Entwicklungsausgaben.

Während einige Variablen Indikatoren für eine höhere Gewinnwahrscheinlichkeit bei einer niedrigeren Verlustwahrscheinlichkeit oder umgekehrt sind, können hohe Forschungs- und Entwicklungsausgaben zukünftig gleichermaßen zu hohen Gewinnen oder Verlusten führen.

2.2.3 Auffassung des Risikos als negative Abweichung

Die Varianz bedingt als Risikoauffassung die symmetrische Gleichbehandlung von Verlusten und Gewinnen, so dass ein Unternehmen, das konstant wachsende Gewinne verzeichnet, bei Anwendung der Varianz ein ebenso großes Risiko ausweist wie ein Unternehmen, das betragsmäßig gleiche konstant zunehmende Verluste realisiert (vgl. MAURER 2004b, S. B1). Das Muster der Zeitreihe der Performance wird nicht erfasst, so dass Trends nicht berücksichtigt werden (vgl. RUEFLI 1990, S. 369). Empirische Untersuchungen zeigen, dass Manager Gewinne und Verluste nicht nur quantitativ, sondern auch qualitativ als unterschiedliche Ergebnisse bewerten (z. B. MACCRIMMON / WEHRUNG 1986, S. 98 f.; HENDERSON / BRENNER 2000, S. 2.). Sie gewichten einerseits die Verlustkomponente stärker als die Chancenkomponente und orientieren sich andererseits nicht am Mittelwert einer Zeitreihe. In der Managementliteratur überwiegt die Auffassung von Risiko als negative Abweichung von einem Erwartungswert (z. B. MACCRIMMON / WEHRUNG 1986, S. 146 f.; SHAPIRA 1995, S. 44).[19]

2.2.3.1 Lower Partial Moments

Lower Partial Moments umfassen alle einseitigen verlustrisikoorientierten Streuungsmaße („Down-Side-Risikomaße"). Die Studie von MILLER / LEIBLEIN (1996, S. 101) ist die einzige Studie, die Lower Partial Moments als Risikomaß zur Analyse von Performance-Risiko-Zusammenhängen einsetzt. Die Definition lautet:

$$R = LPM(P) = E\left[(LPM_\tau)^\alpha\right] = \frac{1}{T}\sum_{t=1}^{T}\left(\min[0, P_t - P_\tau]\right)^\alpha \qquad (2\text{-}8)$$

mit

α – Ordnung,

wobei P_τ die Zielperformance („target") kennzeichnet, die sich beispielsweise an folgenden Parametern orientieren kann:

1. $P_\tau = 0$ – im Sinn einer Mindestperformance, die zumindest längerfristig erreicht werden muss, damit das Unternehmen überlebensfähig bleibt,
2. $P_\tau = P_{t-1}$ – für jedes Jahr wird die Vorjahresperformance als Maßstab gewählt,
3. $P_\tau = P_{t-1} + (P_{t-1} - P_{t-2})$ – ein konstantes Wachstum wird als Performancemaßstab gewählt,
4. $P_\tau = BP_t$ – der zu erwartende Branchendurchschnitt wird als Performancemaßstab gewählt.

Falls $P_\tau = P_{SV}$ und $\alpha = 2$ ist, dann ist das Lower Partial Moment 2. Ordnung identisch mit der negativen Semivarianz.

Das Lower Partial Moment 2. Ordnung hat jedoch gegenüber der negativen Semivarianz bei der Untersuchung von Performance-Risiko-Zusammenhängen den Vorteil, dass auch eine Zielperformance berücksichtigt werden kann, die vom eigenen Mittelwert oder dem Branchenmittelwert differiert.

2.2.3.2 Value at Risk

Der Value at Risk beschreibt einen Verlust, der mit einer bestimmten Wahrscheinlichkeit nicht überschritten wird. Er wurde ursprünglich von BAUMOL (1963, S. 176 ff.) entwickelt und ist heute eines der Standardrisikomaße im Finanzsektor. In der empirischen Studie von MARCH / SHAPIRA (1987, S. 1406) war für 80 % der zu ihrem Risikoverständnis befragten Manager die Abschätzung bzw. Berechnung des „schlimmsten" Ergebnisses bzw. des maximalen Verlusts von Bedeutung. Das zeigt, dass der Value at Risk auch im Managementbereich eine signifikante Bedeutung besitzt.

---

[19] z. B. FISCHHOFF ET AL. (1981, S. 2) definieren in diesem Sinn Risiko einfach als „existence of threats". YATES / STONE (1992, S. 4) definieren Risiko darüber hinausgehend mit folgenden kritischen Elementen: 1. potentielle Verluste, 2. die Bedeutung der Verluste und 3. die Unsicherheit über das Eintreffen der Verluste.

Der Value at Risk wird folgendermaßen berechnet:

$$R = VaR(p) = F_p^{-1}(1-\alpha) \tag{2-9}$$

mit

p – Performanceverteilung,

$(1-\alpha)$ – Konfidenzniveau (meist 95 oder 99 %),

$F_p^{-1}(1-\alpha)$ – Inverse der Verteilungsfunktion von p zum Konfidenzniveau $(1-\alpha)$.

Bei gegebener zu erwartender Performance E[P] und zugrunde gelegter Normalverteilung kann der Value at Risk als die bei einer gegebenen Wahrscheinlichkeit minimal zu erwartende Performance bestimmt werden:

$$R = VaR = E[P] - k \cdot \sigma(P) \tag{2-10}$$

mit

E[P] – Erwartungswert E der Performance P,

k – Quantil des Konfidenzniveaus (bei einem Konfidenzniveau von 95 % ist k = 1,645),

$\sigma(P)$ – Standardabweichung der Performance.

Falls die finanziellen Auswirkungen einer Vielzahl von nicht normal verteilten Einzelrisiken zu einem Gesamtrisiko aggregiert werden sollen, ist die Ermittlung des Value at Risk mittels Monte-Carlo-Simulation sinnvoll (GLEIßNER / MEIER 1999, S. 926 ff.).

2.2.3.3 Ordinales Risiko

Ein weiteres Down-Side-Risikomaß stellt das ordinale Risiko ("ordinal risk") von COLLINS / RUEFLI (1992, S. 1707 f.) dar. Es basiert auf einem informationstheoretischen Ansatz von Unsicherheit, der Risiko als Höhe und Wahrscheinlichkeit eines möglichen Verlusts interpretiert. Der Schwerpunkt des ordinalen Risikos liegt darin, ein Risikomaß für die strategische Dynamik einer Branche oder eines Marktes bereitzustellen. Da das ordinale Risiko die negative relative Veränderung der Position eines Unternehmens in einem Wettbewerbskontext erfasst, kann es nach MAURER (2004b, S. B1) als relevantes strategisches Risikomaß angesehen werden.

Das ordinale Risiko für ein Unternehmen ist definiert als die Wahrscheinlichkeit, von der derzeitigen (Performance-)Kategorie in eine niedrigere Kategorie zu fallen, wobei die Höhe der Veränderung mit einbezogen wird.

Ein Ereignis oder eine Transition der Performance in einem ordinalen System wird durch vier Parameter bestimmt: 1. das Unternehmen (I), 2. seine Reihe mit der anfänglichen Klassifikation (J), 3. seine Reihe mit der Endklassifikation und 4. den Betrachtungszeitraum (T).

Alle möglichen Ereignisse oder Transitionen, die im betrachteten System erscheinen können, werden in der Matrix $\Phi = \lfloor \Phi_{I,J,K,T} \rfloor$ erfasst.

Das ordinale Risiko eines Unternehmens i wird nach COLLINS / RUEFLI (1992, S. 1715) berechnet als:

$$HWR_{i(K/J)} = \sum_{j=1}^{n} \sum_{k>1}^{n} w_{j,k} \frac{1}{n} \left[\frac{\phi_{i,j,k}}{\phi_{.,j,.}} \right] \ln \lfloor p_{(k/j} \rfloor \tag{2-11}$$

mit

$\phi_{i,j,k}$ – Anzahl der Transitionen, die ein Unternehmen i von der Kategorie j zur Kategorie k macht,

$\phi_{.,j,.}$ – Summe aller Transitionen, die in Kategorie j beginnen für alle Einträge im System.

Obwohl das ordinale Risiko zunächst als ein vernünftiger Ansatz zur Messung des strategischen Risikos erscheinen mag, erzeugt das ordinale Risiko allein durch seine Definition bei der Anwendung als Risikomaß ein Rendite-Risiko-Paradoxon. Ein Unternehmen wird im Vergleich zu einem anderen per Definition als risikoreicher eingestuft, wenn es relativ zu dem anderen Unternehmen eine geringere Performance aufweist. Ebenso wird ein Unternehmen im Vergleich zu einem anderen per Definition als risikoreicher eingestuft, wenn es relativ zu dem andern Unternehmen einen weniger stark ansteigenden positiven Trend aufweist.

In diesem Sinn ist das ordinale Risiko mit Risikomaßen vergleichbar, die einen realen oder möglichen negativen Trend als Risiko auffassen (z. B. MACCRIMMON / WEHRUNG 1990, S. 422 ff.). JEGERS (1989, S. 914) verwendet beispielsweise einen dynamischen Trend sowie die Trendabweichung neben der Varianz als Risikomaße. Die Signifikanzen der mit dem Trend und der Trendabweichung untersuchten Performance-Risiko-Zusammenhänge sind jedoch deutlich schlechter als mit der Varianz.

2.2.4 Finanzstrukturrisiken

HURDLE (1974, S. 478) legt dar (ohne näher darauf einzugehen), dass der Verschuldungsgrad („debt to equity ratio") das finanzielle Risiko der Aktionäre beinhalten soll. MILLER / BROMILEY (1990, S. 758) argumentieren hingegen, dass der Verschuldungsgrad ein Standardmaß des finanziellen Leverage eines Unternehmens ist, das das Risiko des Konkurses eines Unternehmens reflektiert. So entdeckte JOHNSON (1989, S. 33 ff.) bei Banken unter anderem einen sprunghaften Anstieg des Verschuldungsgrades vor dem Konkurs.

HURDLE (1974, S. 478) argumentiert, dass, im Gegensatz zum Verschuldungsgrad, der das finanzielle Risiko beschreibt, der Leverage das Unternehmensrisiko wiedergibt. Leverage kann in diesem Sinn, als Alternative zur Varianz der Performance, als Risikomaß verwendet werden. BEAVER / KETTLER / SCHOLES (1970, S. 660 ff.) sowie aufgegriffen von FARRELLY / FERRIS / REICHENSTEIN (1985, S. 288) halten den Leverage für eine der sieben wichtigsten rechnungswesenbasierten Risikokennzahlen. Der Leverage wird, abweichend zur üblichen Definition, als Verhältnis von Fremdkapital zu Gesamtkapital in den Studien von BEAVER / KETTLER / SCHOLES (1970, S. 660), HURDLE (1974, S. 481) und FARRELLY / FERRIS / REICHENSTEIN (1985, S. 288) verwendet.

2.2.5 Strategisches Risiko

Viele Fragen über Risiko müssen nach BAIRD / THOMAS (1985, S. 231) über die Strategie beantwortet werden. So gibt es Zeiten im Lebenszyklus eines Unternehmens, in denen das Eingehen von Risiken normal ist, beispielsweise wenn Wachstum oder innovativer Wandel gesucht werden. BAIRD / THOMAS (1985, S. 232) weisen auch darauf hin, dass, obwohl Risiko meist als Unsicherheit, unerwartete Veränderungen oder Diskontinuität des Unternehmensumfelds aufgefasst wird, die meisten Definitionen des Risikos dennoch ereignisbasiert statt prozessbasiert sind. Unterschwellige Veränderungsprozesse des Unternehmensumfelds werden meist ignoriert. Dies verdeutlicht nach BAIRD / THOMAS (1985, S. 232) auch die Notwendigkeit eines dynamischen Ansatzes (bzw. Zugangs) zum strategischen Risiko.

BETTIS (1983, S. 413) formuliert indirekt das Problem der Quantifizierung des strategischen Risikos: „The term 'risk' is taken in modern financial theory to be a precise technical term defining the probabilistic distribution of future market returns. In the strategic management literature, however, it is often taken (among other things) as a manager's subjective judgement of the personal or organizational consequences that may result from a specific decision or action."

Das strategische Risiko untersuchen unter anderem auch WINFREY / BUDD (1997, S. 13 ff.), WISEMAN / GOMEZ-MEJIA (1998, S. 133) und FIEGENBAUM / THOMAS (2004, S. 84 ff.). Sie geben jedoch kein explizites Maß zur Berechnung des strategischen Risikos an.

2.2.6 Systematisches und unsystematisches Risiko

Analog zum Capital Asset Pricing Modell (vgl. SHARPE 1964, S. 425 ff.) in der Kapitalmarkttheorie schlagen AAKER / JACOBSON (1987, S. 278 ff.) auch in einem strategischen Kontext auf Unternehmensebene eine Unterteilung des Gesamtrisikos in ein systematisches und ein unsystematisches Risiko vor. Dem systematischen Risiko unterliegen demnach alle Unternehmen einer Branche, eines Marktes etc., während das unsystematische Risiko durch Diversifikation reduziert werden kann. Die Diversifikationsmöglichkeiten sind auf der Unternehmensebene jedoch deutlich beschränkter als auf der Kapitalmarktebene (Berechnung siehe rechnungswesenbasiertes Beta). Auch WIEMANN / MELLEWIGT (1998, S. 570) schlagen, ohne näher darauf einzugehen, analog zum systematischen Risiko in der Finanzwirtschaft, die Entwicklung von Risikomaßen zur Risiko-Steuerung und strategischen Planung vor.

Für die Bewertung des systematischen Risikos von strategischen Geschäftseinheiten schlagen AAKER / JACOBSON (1987, S. 282 f.) vor, statt des marktbasierten Betas, das das Unternehmen lediglich als Ganzes hinsichtlich des Risikos bewerten kann, entweder den Mittelwert der Betas aller Unternehmen mit ähnlichen Geschäftsfeldern zu verwenden oder die Korrelation jedes Geschäftsfeldes mit dem Gesamtmarkt abzuschätzen.

Als ein rechnungswesenbasiertes Beta für die Bewertung des systematischen Risikos von strategischen Geschäftseinheiten schlagen AAKER / JACOBSON vor, den ROI eines Geschäftsfeldes mit dem ROI des Gesamtmarktes zu vergleichen.

Das systematische und das unsystematische Risiko einer Geschäftseinheit berechnen AAKER / JACOBSON (1987, S. 284 f.) analog zum CAPM als Risikoprämie:

$$(ROI_{jt} - R_{Ft}) = \alpha_j + \beta_j \cdot (R_{mt} - R_{Ft}) + \varepsilon_{jt} \quad (2\text{-}12)$$

mit

ROI_{jt} – ROI der Geschäftseinheit j im Jahr t,
R_{Ft} – Rendite der Langzeit-Staatsanleihen (U.S. government securities) im Jahr t,
R_{mt} – mittlere Rendite aller Geschäftseinheiten der PIMS-Datenbank im Jahr t,
α_j, β_j – zu bestimmende Koeffizienten für das systematische Risiko,
ε_{jt} – Residuum, dessen σ ein Schätzer für das unsystematische Risiko darstellt.

MILLER / BROMILEY (1990, S. 757) untersuchen das rechnungswesenbasierte Beta von AAKER / JACOBSON, nutzen es aber nicht für ihre eigene Studie, da es sich für die untersuchte Fünfjahresperiode als zu instabil erwies und die erhaltenen Werte meist nicht plausibel waren.

Das unsystematische Risiko, das Shareholder auf Marktebene durch Diversifikation ihrer Portfolios weitgehend eliminieren können, kann auch auf Unternehmensebene durch Diversifikation gesenkt werden. Auf Unternehmensebene ist die Diversifikation jedoch weitaus kostspieliger als auf Marktebene (AAKER / JACOBSON 1987, S. 279 ff.).

Das unsystematische Risiko eines Unternehmens kann aus der Standardabweichung des Residuums abgeschätzt werden (AAKER / JACOBSON 1987, S. 285). Der Einfluss des unsystematischen Risikos auf den ROI ist in der Studie von AAKER / JACOBSON (1987, S. 286) allerdings wesentlich geringer als der Einfluss des systematischen Risikos.

2.2.7 Marktbasierte Risikomaße

Einige Studien über Performance-Risiko-Zusammenhänge beziehen marktbasierte Risikomaße als eine Komponente des Unternehmensrisikos in ihre Studien mit ein (z. B. MILLER / BROMILEY 1990, S. 757 f.) oder sie vergleichen markt- und rechnungswesenbasierte Risikomaße (z. B. BEAVER / KETTLER / SCHOLES 1970, S. 654 ff.; FARRELLY / FERRIS / REICHENSTEIN 1985, S. 279 ff.; AAKER / JACOBSON 1987, S. 279 ff.; RUEFLI / COLLINS / LACUGNA 1999, S. 170 ff.).

Das Beta aus dem Capital Asset Pricing Modell (CAPM) stellt das in Performance-Risiko-Studien am häufigsten verwendete Risikomaß dar (z. B. FARRELLY / FERRIS / REICHENSTEIN 1985, S. 280 ff.; AAKER / JACOBSON 1987, S. 284 f.; AMIT / LIVNAT 1988, S. 158 f.; MILLER / BROMILEY 1990, S. 757). Des Weiteren wird auch die Varianz von marktbasierten Performancemaßen zur Risikomessung eingesetzt (z. B. AMIT / LIVNAT 1988, S. 158 f.; MILLER / BROMILEY 1990, S. 757).

Ein Beispiel für den Vergleich von markt- und rechnungswesenbasierten Risikomaßen stellen die Studien von BEAVER / KETTLER / SCHOLES (1970, S. 660 ff.) sowie aufgegriffen von FARRELLY / FERRIS / REICHENSTEIN (1985, S. 280 ff.) dar, die das in Vorhersagen von Finanzanalysten wahrgenommene Risiko als ein ex-ante Risikomaß mit dem marktbasierten Beta und einem multivariaten rechnungswesenbasierten Risikomaß vergleichen. Die sieben untersuchten rechnungswesenbasierten Variablen, die sie als die wichtigsten bezeichnen, sind 1. Dividendenzahlungen, 2. Liquidität 2. Grades, 3. Unternehmensgröße, 4. Wachstum, 5. Leverage, 6. Standardabweichung des KGV und 7. Kovarianz der Unternehmenszeitreihe zum S&P 500.

Aufgrund der Regressionsergebnisse halten FARRELLY / FERRIS / REICHENSTEIN (1985, S. 286) die Analystenvorhersagen für einen guten Ersatz für das marktbasierte Beta, da die Analystenvorhersagen zu den sieben rechnungswesenbasierten Variablen eine höhere Signifikanz (R^2 = 0,66) als Beta (R^2 = 0,57) aufweisen.

2.2.8 Fazit zum Risiko

Trotz der zahlreichen Definitionen und Maße für das Konstrukt Risiko kann zusammenfassend festgestellt werden, dass zwei Risikoauffassungen im Management-Kontext dominieren. Die eine Auffassung versteht sowohl positive als auch negative Abweichungen von einem Referenzwert als

Risiko und bevorzugt deshalb die Varianz (z. B. MARKOWITZ 1952a, S. 89; FISHER / HALL 1969, S. 79 f.; BOWMAN 1980, S. 18) bzw. die Standardabweichung als symmetrisches Gesamtrisikomaß (z. B. SINHA 1994, S. 228; WIEMANN / MELLEWIGT 1998, S. 563; CHOU / CHOU / KO 2009, S. 195). Die andere Auffassung interpretiert nur die negativen Abweichungen von einer Referenz als Risiko und wählt deshalb Down-Side-Risikomaße wie die Lower Partial Moments (z. B. MILLER / LEIBLEIN 1996, S. 101) und das ordinale Risiko (z. B. COLLINS / RUEFLI 1992, S. 1715).

Für die Arbeit wird Risiko analog zu GLEIßNER (2008, S. 9) definiert: „Risiko ist die aus der Unvorhersehbarkeit der Zukunft resultierende, durch ‚zufällige' Störungen verursachte Möglichkeit, von geplanten Zielen abzuweichen." Mit dieser Definition kann die Verwendung der Varianz bzw. der Standardabweichung als Risikomaß in der eigenen empirischen Studie[20] gerechtfertigt werden.

2.3 Risikoeinstellung und -verhalten

2.3.1 Grundlegende Risikoaversion trotz beobachteter Risikoneutralität und -freude

Die klassischen Entscheidungstheorien gehen davon aus, dass Individuen ungeachtet der Gewinn- oder Verlustaussicht risikoavers handeln und einen höheren Gewinn (eine „Risikoprämie") für das Eingehen von zusätzlichem Risiko erwarten (vgl. z. B. MARKOWITZ 1952a, S. 77 ff.; TOBIN 1958, S. 65 ff.; SHARPE 1964, S. 425 ff.; ROSS 1976, S. 341 ff.).

Die klassische Entscheidungstheorie unter Risiko und Unsicherheit kombiniert das Prinzip der mathematischen Erwartung (d. h. den Erwartungswert) mit der Annahme eines abnehmenden Grenznutzens, die zusammen Risikoaversion implizieren (TVERSKY / WAKKER 1995, S. 1255).

Obwohl bereits FRIEDMAN / SAVAGE (1948, S. 279 ff.) und MARKOWITZ (1952b, S. 151 ff.) die reale Bedeutung von risikofreudigem neben risikoaversem Entscheidungsverhalten diskutieren, dominiert das bereits implizit von BERNOULLI (1738; 1954, S. 25) angenommene risikoaverse Entscheidungsverhalten in den bedeutenden wirtschaftswissenschaftlichen Theorien, wie z. B. der Portfoliotheorie von MARKOWITZ (1952a, S. 77 ff.), dem Capital Asset Pricing Model von SHARPE (1964, S. 425 ff.), der Arbitrage-Pricing-Theorie von ROSS (1976, S. 341 ff.) und teilweise der Principal-Agent-Theorie von JENSEN / MECKLING (1976, S. 305 ff.).

So stellen LAUGHHUNN / PAYNE / CRUM (1980, S. 1238) mehr als 30 Jahre nach FRIEDMAN / SAVAGE (1948, S. 279 ff.) fest, dass es immer noch eine konventionelle Praxis in der Literatur ist, risikoaverses Verhalten bei Investoren, Managern und Unternehmen anzunehmen.

2.3.2 Gemischte Nutzenfunktionen

FRIEDMAN / SAVAGE (1948, S. 279 ff.) und MARKOWITZ (1952b, S. 151 ff.) diskutieren nicht nur die reale Bedeutung von risikofreudigem neben risikoaversem Entscheidungsverhalten, sondern nehmen im Entscheidungsverhalten von Individuen risikoaverse und risikofreudige Bereiche an. Ein Individuum kann somit, abhängig vom Einkommens- oder Vermögensbereich, sowohl risikoavers als auch risikofreudig handeln. Als deutlichstes Beispiel für ein derartiges Verhalten

[20] Vgl. Kapitel 7.11.8.

nennen FRIEDMAN / SAVAGE (1948, S. 279) das Eingehen von Versicherungen trotz Spielneigung („gambling”) eines Individuums. So zeigt beispielsweise der Abschluss einer Versicherung eine Präferenz von Sicherheit vor Unsicherheit. Der Kauf eines Lotteriescheins durch das selbe Individuum zeigt umgekehrt eine Präferenz von einer bestimmten Unsicherheit vor Sicherheit. Dieses in vielen Bereichen analog anzutreffende Verhalten ist nach FRIEDMAN / SAVAGE (1948, S. 279) auch typisch für den Business-Kontext.

MARKOWITZ (1952b, S. 151 ff.) erweitert die Nutzenfunktion von FRIEDMAN / SAVAGE (1948, S. 279 ff.), indem er das momentane Vermögen eines Individuums als Referenzpunkt für dessen Entscheidungen ansetzt. Die Nutzenfunktion der Prospect-Theorie von KAHNEMAN / TVERSKY (1979, S. 279) greift die Referenzpunktabhängigkeit von Entscheidungen auf. Im Gegensatz zu MARKOWITZ (1952b, S. 154) wird jedoch Risikoaversion oberhalb und Risikofreude unterhalb des Referenzpunktes angenommen.[21]

2.3.3 Risikoverhalten, Risikoentscheidungsverhalten und deren Quantifizierung

In der englischsprachigen Fachliteratur werden die Begriffe „risk-taking“ und „decision making under risk (and uncertainty)“ meist synonym verwendet (z. B. SHAPIRA 1995, S. 58) ebenso wie in der deutschsprachigen Fachliteratur die Begriffe „Risikoverhalten“ und „Entscheidungsverhalten unter (Unsicherheit und) Risiko“. Deshalb werden sie auch in dieser Arbeit synonym verwendet und durch den Begriff „Risikoentscheidungsverhalten“ ergänzt, der beide kombiniert und den für diese Arbeit relevanten Fokus auf die Entscheidungen als Ergebnisse von Risikoverhaltensprozessen legt.[22]

BAIRD / THOMAS (1985, S. 231) erstellen vor allem auf Basis von VLEK / STALLEN (1980, S. 291 ff.) und weiteren Quellen eine Übersicht zum strategischen Risiko, die Dimensionen und Indikatoren zum Risikoverhalten wiedergibt und die in vielen Definitionen zum Risikoverhalten meist unvollständig wiederzufinden sind (z. B. SITKIN / PABLO 1992, S. 11; PABLO 1997, S. 4). Nachfolgend wird die Übersicht von BAIRD / THOMAS (1985, S. 231) ergänzt wiedergegeben (vgl. Tab. 2-1, S. 21).

So definieren SITKIN / PABLO (1992, S. 11) und PABLO (1997, S. 4) Risikoverhalten als das Entscheidungsverhalten eines Individuums in einem risikobehafteten Kontext, das durch die Höhe des mit der Entscheidung verbundenen Risikos charakterisiert werden kann. Entscheidungen sind demnach riskanter, wenn mit den potentiellen Ergebnissen („outcomes”) ein hoher Grad an Unsicherheit und/oder an Variabilität verbunden ist und/oder ein Potential für extreme Konsequenzen besteht. Als eine Determinante des Risikoverhaltens definieren SITKIN / PABLO (1992, S. 12) die Risikobereitschaft („risk propensity”) als Absicht eines Entscheiders entweder Risiken einzugehen oder zu vermeiden, wobei die aktuelle Neigung sowohl eine natürliche Vorliebe als auch historische Einflüsse reflektiert.

UNSER (1999, S. 3) definiert Risikoverhalten „als alle beobachtbaren oder messbaren menschlichen Aktivitäten, die in Entscheidungssituationen unter Risiko auftreten“. Dabei resultiert das Risikoverhalten aus der Risikowahrnehmung und Risikobewertung mit personellen und situativen Einflussfaktoren.

---

[21] Die Nutzenfunktion der Prospect-Theorie wird in Kapitel 3.2.2 wiedergegeben und ausführlicher erläutert.

[22] Definitionen zum Risikoverhalten und Risikoentscheidungsverhalten werden in Kapitel 2.3.3 wiedergegeben.

Relevante Dimension	Indikatoren für das Eingehen/Akzeptieren von Risiken	Quellen
Bereitschaft, sich einem Risiko auszusetzen bzw. ein Risiko einzugehen	• Wichtigkeit der potentiellen Ergebnisse, • Anzahl der vergleichbaren Optionen (je weniger Optionen, desto höher ist die Bereitschaft), • Korrekturmöglichkeiten (je einfacher die Korrekturmöglichkeiten, desto höher ist die Bereitschaft), • persönlicher Einfluss ist hoch	ROWE (1977); VLEK / STALLEN (1980)
Kontrollierbarkeit der Konsequenzen	• Ergebnisse können kontrolliert (in Grenzen gehalten), korrigiert oder rückgängig gemacht werden	LANGER (1975); ELSTER (1979); VLEK / STALLEN (1980)
Diskontierung der Zeit	• erwünschte Ergebnisse treten schnell(er) ein, • unerwünschte Ergebnisse treten (erst) später ein	ROWE (1977); VLEK / STALLEN (1980)
Diskontierung des Raumes	• Vorteile treten hier ein, • Risiken (Nachteile) treffen andere	ROWE (1977); VLEK / STALLEN (1980)
Wissen um die riskante Situation	• mehr Wissen um die Chancen (Vorteile) als um die Risiken (Nachteile)	VLEK / STALLEN (1980)
Größe des Einschlags	• potentieller kleiner Verlust mit hoher Wahrscheinlichkeit besser als hoher Verlust mit geringer Wahrscheinlichkeit	VLEK / STALLEN (1980)
Individuelle und Gruppennormen	• individuelle, organisationale oder Gruppennormen, die das Eingehen von Risiken fördern	VLEK / STALLEN (1980); STAW (1981); JANIS (1982)
Versunkene Kosten	• Höhe der bisherigen Investitionen (je höher die bisherigen Investitionen in etwas, desto höher die Risikoneigung)	STAW (1981)
Aufwand	• höhere Risikoakzeptanz, falls Vermeidung von Veränderungen bzw. Aktivitäten möglich ist	SAMUELSON / ZECKHAUSER (1988); RITOV / BARON (1992)

Tab. 2-1: Indikatoren für das Eingehen/Akzeptieren von Risiken in Anlehnung an BAIRD / THOMAS (1985, S. 232)

JESKE (2008) verzichtet in seiner Arbeit über das Risikoentscheidungsverhalten von Führungskräften auf eine entsprechende Definition. Er betrachtet jedoch Entscheidungsvorgänge systemtheoretisch als Interaktionsprozesse und konzentriert sich in seiner Arbeit auf den Risikobewertungsprozess und seine möglichen Einflüsse (vgl. JESKE 2008, S. 6 ff.).

PALMER / WISEMAN (1999, S. 1039) definieren neben dem individuellen Risikoverhalten auch ein organisationales Risiko(-verhalten) als ein ungenaueres ex-post Maß, das neben dem Managementverhalten auch Umfeldbedingungen reflektiert. Etwas genauer definieren BAIRD / THOMAS (1985, S. 231 f.) organisationales strategisches Risikoverhalten (“corporate strategic risk taking”) als „… corporate strategic moves that cause returns to vary, that involve venturing into the unknown, and that may result in corporate ruin-moves for which the outcomes and probabilities may be only partially known and where hard-to-define goals may not be met.“

Der von SAMUELSON / ZECKHAUSER (1988, S. 7) mit dem Zitat „To do nothing is within the power of all men.“[23] eingeführte Status quo Bias[24] beschreibt, neben der Wahl des Gewohnten, das Beibehalten einer Situation als eine weitere Form des Entscheidungsverhaltens. In Analogie zu WATZLAWICK / BEAVIN / JACKSON 1967, S. 51) kann man sich nicht „nicht“ entscheiden oder verhalten. Eine „Nichtentscheidung“ ist somit immer eine Entscheidung, den bisherigen Zustand beizubehalten.

23 Von Samuel JOHNSON ohne weitere Angaben bei SAMUELSON / ZECKHAUSER (1988, S. 7).

24 „Many people make the same choices year after year in important periodic decisions. It is the rare individual who fine-tunes such choices to changing economic circumstances, even though the transition costs may be small and the importance great.“ SAMUELSON / ZECKHAUSER (1988, S. 26).

Für YATES / STONE (1992, S. 4) ist Risiko keine objektive Eigenschaft einer Entscheidungsalternative, sondern ein subjektives Konstrukt, welches durch die Interaktion zwischen der Entscheidungsalternative und dem Entscheider entsteht. Um das Eingehen und Akzeptieren von Risiken verstehen zu können, muss Risiko immer im Kontext betrachtet werden. Isoliert betrachtet ist Risiko auf Grund seiner Natur immer abzulehnen (z. B. SLOVIC 1987, S. 280 ff.). Durch den Kontext wird deutlich, dass Risikoverhaltensprobleme eigentlich Entscheidungsprobleme sind und, dass mit den relevanten Entscheidungsoptionen neben dem Risiko auch andere kontextabhängige Erwägungen nicht vermeidbar sind. In Risikoverhaltenssituationen ist Risiko nur ein signifikanter Aspekt der verfügbaren Optionen. Eine Entscheidungssituation ist eine Herausforderung, eine erfolgreiche Entscheidung zu treffen, die mindestens so wertvoll (bzw. zufriedenstellend) sein muss, wie alle andern Optionen. Der Wert einer Entscheidung kann somit nach YATES / STONE (1992, S. 3) als folgender funktionaler Zusammenhang angegeben werden:

Wert der Entscheidung = f (Risiko, andere kontextabhängige Erwägungen) (2–13)

Auf diesem grundlegenden funktionalen Zusammenhang basieren die Auswahlsituationen zur Messung des Risikoverhaltens, die meist als binäre Entscheidungssituationen (z. B. KAHNEMAN / TVERSKY 1979, S. 263 ff.) oder seltener auch höherdimensional (z. B. SHAPIRA 1995, S. 63 f.) zusammengestellt werden.

2.3.4 Fazit zum Risikoverhalten

Zusammenfassend könnte man mit YATES / STONE (1992, S. 1) fragen, wie man Entscheidungsverhalten unter Risiko verstehen soll, wenn das darunter liegende Konstrukt Risiko so vieldeutig erscheint. Eine geschlossene Theorie zum „Risikoverhalten" existiert bisher nicht, so dass in dieser Arbeit in Anlehnung an WATZLAWICK / BEAVIN / JACKSON (1967, S. 51), SITKIN / PABLO (1992, S. 11), PABLO (1997, S. 4) und UNSER (1999, S. 3) jedes Agieren in einem unsicheren Kontext als Risikoverhalten definiert wird. Der zum Risikoverhalten in dieser Arbeit synonym verwendete Begriff des Risikoentscheidungsverhaltens legt lediglich den Fokus auf die Entscheidungen als im Idealfall beobachtbare Ergebnisse des Risikoverhaltensprozesses, der mit Auswahlsituationen verbunden ist, die mindestens eine nicht sichere Konsequenz aufweisen. Im Idealfall umfasst der Risikoverhaltensprozess in Anlehnung an BAIRD / THOMAS (1985, S. 231) und GLEIßNER (2008, S. 45 ff.) die Risikoidentifikation, -bewertung, -aggregation und -bewältigung.

Das individuelle Risikoverhalten wird in dieser Arbeit als im Idealfall beobachtbare und messbare, kontextfreie Externalisierung der internen Risikoeinstellung bzw. -neigung interpretiert, so dass im Idealfall auch die kontextfreie Selbsteinschätzung des eigenen Risikoverhaltens die Risikoeinstellung widerspiegelt.

3 Theoretische Grundlagen zum Risikoentscheidungsverhalten

3.1 Klassifikation der Theorien zum Entscheidungsverhalten

Die dominierende Differenzierung der Entscheidungstheorien geschieht hinsichtlich ihrer präskriptiven (bzw. normativen) oder deskriptiven Ausrichtung (vgl. z. B. BAMBERG / COENENBERG / KRAPP 2008, S. 1 ff.; JESKE 2008, S. 13).

Normative Entscheidungstheorien orientieren sich an einem theoretischen Entscheidungsideal und beschreiben, wie Menschen in idealer, d. h. rationaler, Weise entscheiden sollten. Deskriptive Entscheidungstheorien versuchen hingegen das tatsächlich beobachtbare Entscheidungsverhalten von Individuen zu beschreiben bzw. zu erklären.

Die bedeutendsten normativen Entscheidungstheorien sind die Erwartungsnutzen-Theorie nach VON NEUMANN / MORGENSTERN (1944; 2004, S. 15 ff.) und die subjektive Erwartungsnutzen-Theorie von SAVAGE (1954, S. 69 ff.) als deren Erweiterung.

In empirischen Studien ist jedoch eine Vielzahl von Effekten beobachtbar, die mit den normativen Entscheidungstheorien nicht erklärbar sind (vgl. Tab. 3-1).

Bezeichnung des Effekts	Ursachen und Auswirkungen	Quelle(n)
Certainty Effect (Sicherheitseffekt)	irrationales Bevorzugen von sicheren Alternativen und Übergewichtung der Wahrscheinlichkeitssteigerung von fast sicher (z. B. 99 %) zu sicher (100 %) gegenüber einer Steigerung von z. B. 49 % auf 50 %	ALLAIS (1953); KAHNEMAN / TVERSKY (1979)
Base-Rate Fallacy (bzw. Neglect)	Übergewichtung von spezifischen Informationen gegenüber der Grundgesamtheit bzw. Vernachlässigung der Grundgesamtheit	MEEHL / ROSEN (1955)
Event-matching-behavior	Auswahl einer Alternative mit dem (vermeintlich) besseren Ergebnis bei binären Zufallsprozessen	SIMON (1957)
Gambler's Fallacy, (Monte Carlo Fallacy, Fallacy of the Maturity of Chances)	Abweichungen vom Mittelwert bei (vermeintlichen) Zufallsprozessen werden ausgeglichen (z. B. nach 3 mal rot beim Roulette scheint schwarz wahrscheinlicher)	SIMON (1959); KAHNEMAN / TVERSKY (1972)
Confirmation Bias (Confirmatory Bias; Myside Bias)	Tendenz, Informationen zu suchen, zu interpretieren oder zu erinnern, so dass diese frühere Informationen oder Annahmen bestätigen	WASON (1960); PITZ / DOWNING / REINHOLD (1967); PITZ (1969); CHAPMAN (1973); LORD / ROSS / LEPPER (1979)
Ambiguity Intolerance (Unsicherheits- bzw. Mehrdeutigkeits-vermeidung)	zweideutige Optionen werden mehrdeutigen vorgezogen, auch wenn die Erwartungswerte identisch sind (z. B. 1000 zu 50 % wird einer Option mit 2000 zu 25 % oder 4000 zu 12,5 % vorgezogen)	ELLSBERG (1961)
Overconfidence Bias	Überschätzung der eigenen Urteilsfähigkeit bzw. des eigenen Könnens (z. B. glaubt die Mehrheit, besser als der Durchschnitt zu sein)	OSKAMP (1965); LANGER (1975)
Preference Reversal (Umkehreffekt)	bei der Auswahl zwischen zwei erwartungswertgleichen Optionen wird die Option mit der höheren Wahrscheinlichkeit bevorzugt, hingegen bei Einzelbewertung die Option mit dem höheren Wert	SLOVIC / LICHTENSTEIN (1968); LINDMAN (1971); LICHTENSTEIN / SLOVIC (1971)
Law of small numbers (Conjunction Fallacy)	eine kleine oder zufällig ausgewählte Stichprobe wird für repräsentativ gehalten	TVERSKY / KAHNEMAN (1971)

Tab. 3-1: Empirisch beobachtete Effekte beim Entscheidungsverhalten unter Risiko

Bezeichnung des Effekts	Ursachen und Auswirkungen	Quelle(n)
Repräsentativitäts-Heuristik (Representativeness)	Bestimmung der subjektiven Wahrscheinlichkeit eines Ereignisses oder einer Stichprobe auf Basis der Ähnlichkeit zu den charakteristischen (bzw. hervorstechenden) Eigenschaften der Grundgesamtheit	TVERSKY / KAHNEMAN (1971); KAHNEMAN / TVERSKY (1972)
Availability Bias (bzw. -Heuristik) (Verfügbarkeits-Bias bzw. -Heuristik)	Wahrscheinlichkeitsüberschätzung von Ereignissen, die häufiger präsent sind (z. B. auch durch die Medien) und leichter vorzustellen sind als andere	TVERSKY / KAHNEMAN (1973)
Anchoring / Adjustment	Dominanz der Anfangsinformation und unzureichende Einbeziehung weiterer bzw. neuer Informationen	TVERSKY / KAHNEMAN (1974)
Hindsight Bias („Ich wusste, dass es passieren wird")	Verzerrung von ex-ante und ex-post Beurteilungen von Wahrscheinlichkeiten durch das Eintreffen eines Ereignisses (erhöht sich beim Eintreffen unbewusst)	FISCHHOFF (1975); FISCHHOFF / BEYTH (1975)
Illusion of Control (Kontrollillusion)	Überschätzung der Erklärbarkeit von zufälligen Ereignissen bei aktiven Handlungsmöglichkeiten, Bevorzugung von Alternativen, über die man glaubt eine höhere Kontrolle zu haben	LANGER (1975)
Sunk-Cost Effect	Entscheidungen (z. B. zur Fortführung von Projekten) aufgrund bereits investierter Ressourcen (z. B. finanziell, zeitlich etc.)	STAW (1976); THALER (1980); FISHHOFF ET AL. (1981, S. 13)
Loss Aversion (Verlustaversion)	Verluste werden von Individuen stärker gewichtet als betragsgleiche Gewinne	KAHNEMAN / TVERSKY (1979); TVERSKY / KAHNEMAN (1986, 1991)
Framing Effect	die Darstellung (Rahmung) von Entscheidungssituationen beeinflusst, ob diese als Gewinne oder Verluste wahrgenommen werden	KAHNEMAN / TVERSKY (1979); TVERSKY / KAHNEMAN (1981)
Reference-Point Effect	Abhängigkeit der Entscheidungen von einem Bezugspunkt	CYERT / MARCH (1963); KAHNEMAN / TVERSKY (1979)
Endowment Effect (Besitztumseffekt)	Auseinanderfallen von Kauf- und Verkaufspreis (Individuen verlangen einen viel höheren Verkaufspreis für ein Gut, das sie besitzen, als sie für den Kauf des gleichen Gutes bereit wären zu zahlen)	THALER (1980)
Regret (Bedauern)	antizipiertes Bedauern einer falschen Entscheidung (das Bedauern bezieht sich auf das Ergebnis, das man bei anderer Wahl haben könnte)	SAVAGE (1954); SIMON (1959); BELL (1981, 1982); LOOMES / SUGDEN (1982)
Threat-Rigidity	in Bedrohungssituationen erfolgt ein starres (bzw. rigides) Entscheidungsverhalten	STAW / SANDELANDS / DUTTON (1981)
Disappointment (Enttäuschung)	antizipierte Enttäuschung über ein potentielles Ergebnis, das die Erwartungen nicht erfüllen könnte	BELL (1985)
Status Quo Bias	Neigung zur Zustandsbeibehaltung (Status quo) bzw. Neigung zur Wahl des Gewohnten	SAMUELSON / ZECKHAUSER (1988)
Contingent Weighting	die logische Beziehung der Ausgangsvariablen zu den Eingangsvariablen bestimmt jeweils deren Gewichtung (je näher die Beziehung desto größer die Gewichtung)	TVERSKY / SATTATH / SLOVIC (1988)
Winner's Curse	Überschätzung des Wertes einer Sache durch systematisches Versagen die Wertvorstellungen anderer in die eigene Wertabschätzung einzubeziehen	THALER (1992)
Omission Bias (Unterlassungseffekt)	Handeln wird generell als riskanter eingestuft als Nichthandeln (ähnlich Status Quo Bias)	RITOV / BARON (1992); BARON / RITOV (1994)

Tab. 3–1: Empirisch beobachtbare Effekte beim Entscheidungsverhalten unter Risiko (fortgesetzt)[25]

[25] Ausführlichere aber nicht vollständige Übersichten über „nicht-rationale" Effekte beim deskriptiven Entscheidungsverhalten sind beispielsweise in CAMERER / KUNREUTHER (1989b, S. 568 ff.), EISENFÜHR / WEBER (2003, S. 366 ff.) und FRIEDMAN / CASSAR (2004, S. 150 ff.) enthalten.

Deskriptive Entscheidungstheorien, die versuchen beobachtetes Entscheidungsverhalten zu beschreiben und Effekte zu erklären, die die normativen Grundannahmen der Erwartungsnutzen-Theorie verletzen, können nach GUL (1991, S. 669 f.) in mindestens drei verschiedene Kategorien eingeteilt werden:

Die erste Kategorie legt besonderen Wert auf eine rein deskriptive Theorie. Ziel ist dabei entweder das reale Entscheidungsverhalten von Subjekten zu beschreiben (z. B. Prospect-Theorie von KAHNEMAN / TVERSKY 1979, S. 263 ff.) oder mit den empirischen Ergebnissen konsistente funktionale Zusammenhänge zu identifizieren (z. B. Regret-Theorien von BELL 1982, S. 965 ff. und LOOMES / SUGDEN 1982, S. 807 ff. sowie die Disappointment-Theorie von BELL 1985, S. 3 ff. und weitere weniger bekannt gewordene Theorien und Modelle). Alle diese Ansätze haben neben dem deskriptiven Schwerpunkt die Skepsis der Notwendigkeit einer normativen Theorie zum Entscheidungsverhalten gemeinsam. Deshalb verletzen die genannten Theorien und Modelle meist selbst die grundlegendsten Axiome zum Entscheidungsverhalten unter Unsicherheit, wie die Transitivität, die stochastische Dominanz etc.

Die zweite Kategorie ignoriert den normativen Anspruch des Unabhängigkeits-Axioms (z. B. ALLAIS 1953, S. 270 ff. und MACHINA 1982, S. 380 ff.).

Die dritte Kategorie modifiziert das Unabhängigkeits-Axiom, indem sie es aufweicht. DEKEL (1986, S. 305 ff.), FISHBURN (1983, S. 293 ff.), YAARI (1987, S. 96 ff.) und GUL (1991, S. 670 ff.) sind dieser Kategorie zuzuordnen.

Zahlreiche normative und deskriptive Entscheidungstheorien beschreiben das Entscheidungsverhalten stets nur von einer individuellen Perspektive aus.[26] Einerseits können sie die in der Managementpraxis typischen Interaktionen zwischen mehreren Entscheidern nicht erfassen. Diese Theorien werden aber, wie beispielsweise die Prospect Theorie, die keine Interaktionen von Entscheidern betrachtet, also einen individuellen Charakter besitzt, besonders in der Literatur zum Rendite-Risiko-Paradoxon auch zur Erklärung von organisationalem Risikoverhalten verwendet.[27] Andererseits existieren zahlreiche Theorien, die zwar keine „reinen" Entscheidungstheorien darstellen, jedoch Interaktionen zwischen Entscheidern erfassen.[28]
Somit erscheint es für die Beschreibung des Risikoentscheidungsverhaltens im Management-Kontext sinnvoll, sowohl „reine" Theorien zum Entscheidungsverhalten, die keine Interaktionen von Entscheidern erfassen, also einen individuellen Charakter besitzen, als auch Theorien, deren Inhalt die Interaktion von verschiedenen Entscheidern ist, die also einen organisationalen Charakter aufweisen, zu berücksichtigen.

Von den zahlreichen in der Literatur beschriebenen Entscheidungstheorien (vgl. z. B. SINN 1989, S. 41 ff.) werden nachfolgend die in der Literatur zum Risikoverhalten von Managern dominierenden Entscheidungstheorien kurz beschrieben. Bei den Theorien, die weitere Aspekte neben dem Entscheidungsverhalten beschreiben, wird der Fokus der Beschreibung lediglich auf den entscheidungstheoretischen Teil gelegt.

[26] Vgl. Kapitel 3.2.
[27] Vgl. Kapitel 3.3.5.
[28] Vgl. z. B. Kapitel 3.3.1 und Kapitel 3.3.2.

3.2 Theorien zur Beschreibung individuellen Risikoentscheidungsverhaltens

3.2.1 Erwartungsnutzen-Theorie

Die Grundlagen der Erwartungsnutzen-Theorie hat BERNOULLI (1738; 1954, S. 24 ff.) mit der Einführung von Nutzenfunktionen als Lösungsvorschlag für das St. Petersburg-Paradoxon[29] gelegt. Der Erwartungswert, als Produkt aus Nutzen und Eintrittswahrscheinlichkeit, setzt den subjektiven Wert einer Sache (Nutzen) als dessen objektiven Wert an. Der von BERNOULLI (1738; 1954, S. 25) angenommene abnehmende Grenznutzen impliziert ein risikoaverses Verhalten.

VON NEUMANN / MORGENSTERN (1944; 2004, S. 15 ff.) nutzen das Konzept des Erwartungsnutzens als entscheidungstheoretische Grundlage für ihre Spieltheorie. Mehrere Aussagen in ihrem Werk lassen darauf schließen, dass VON NEUMANN / MORGENSTERN reales Entscheidungsverhalten keineswegs ignorieren, wie häufig in der Kritik zur Erwartungsnutzen-Theorie zu lesen ist (z. B. KAHNEMAN / TVERSKY 1979, S. 263 ff.). Mangels einer ausreichenden empirischen Basis mussten sie jedoch eine normative Entscheidungstheorie als Grundlage für ihre Spieltheorie entwickeln. Dabei etablierten sie das Konzept des Erwartungsnutzens als normative Entscheidungstheorie mit den Axiomen der vollständigen Ordnung („transitivity")[30], Stetigkeit („continuity")[31] und Unabhängigkeit („substitution")[32]. Erfüllt eine Präferenz diese Axiome, existiert eine Nutzenfunktion, deren Erwartungswert (der Erwartungsnutzen) die Präferenz abbildet (vgl. EISENFUHR / WEBER 2003, S. 231). Bei einer Entscheidung unter Risiko wird dementsprechend die Alternative mit dem höchsten Erwartungsnutzen gewählt.

Die wesentliche Erweiterung der Erwartungsnutzen-Theorie (VON NEUMANN / MORGENSTERN 1944, S. 15 ff.) stellt in der subjektiven Erwartungsnutzen-Theorie (SAVAGE 1954, S. 69 ff.) die theoretische Herleitung der subjektiven Wahrscheinlichkeiten dar, die VON NEUMANN / MORGENSTERN als objektiv gegeben voraussetzen. Die Grundlagen des subjektiven Erwartungsnutzens sind jedoch bereits bei RAMSEY (1926, S. 166 ff.) zu finden. SAVAGE leitet die Wahrscheinlichkeiten aus Präferenzaussagen ab. Dieses Vorgehen ist nach EISENFUHR / WEBER (2003, S. 220) typisch für viele deskriptive Entscheidungstheorien.

Mehrere Wahrscheinlichkeitszustände (ELLSBERG 1961, S. 643 ff.) und vage Wahrscheinlichkeiten, die häufig in der Entscheidungspraxis auftreten, werden jedoch von den Erwartungsnutzen-Theorien ignoriert (CAMERER / KUNREUTHER 1989b, S. 576).

Die Begründer der Regret-Theorie LOOMES / SUGDEN (1982, S. 805) kritisieren mit Bezug auf die Erwartungsnutzen-Theorie, dass die Analyse des Entscheidungsverhaltens nur auf einer

---

[29] Dabei handelt es sich um ein Münzwurfspiel, bei dem sich der Gewinn mit jedem Wurf verdoppelt (1, 2, 4, 8, 16, …), solange nicht die zuvor vereinbarte Seite der Münze „fällt", wodurch das Spiel beendet wird. Obwohl das Spiel einen unendlichen Erwartungswert aufweist, sind Individuen nur bereit einen geringen Betrag für das Spiel zu zahlen. Dieses Verhalten wird als St. Petersburg-Paradoxon bezeichnet, da die hypothetische Szene in einem Casino in St. Petersburg stattfindet. Der Lösungsvorschlag des Problems von BERNOULLI (1738; 1954, S. 24 ff.) besteht in der Einführung von risikoaversen Nutzenfunktionen und individuellen Referenzpunkten.

[30] Eine Nutzenfunktion U mit den Nutzen u, v, w sei gegeben sowie die Relation $u > v$ und für jede Wahrscheinlichkeit α $(0 < \alpha < 1)$ gelte: $\alpha u + (1 - \alpha)v = w$, dann erfüllt $u > v$ das Axiom der vollständigen Ordnung in U. Aus $u > v$, $v > w$ folgt $u > w$ (VON NEUMANN / MORGENSTERN 1944; 2004, S. 26 f.).

[31] $u > v > w$ impliziert die Existenz einer Wahrscheinlichkeit α mit $\alpha u + (1 - \alpha)v = w$ (VON NEUMANN / MORGENSTERN 1944; 2004, S. 26 f.).

[32] $\alpha(\beta u + (1 - \beta)v) + (1 - \alpha)v = \gamma u + (1 - \gamma)v$ mit $\gamma = \alpha\beta$ (VON NEUMANN / MORGENSTERN 1944; 2004, S. 26 f.).

geringen Anzahl von grundlegenden Axiomen von VON NEUMANN / MORGENSTERN (1944; 2004, S. 24 ff.), SAVAGE (1954, S. 17 ff.) und anderen beruht, die sich nur wenig unterscheiden und dass Individuen mit ihrem realen Entscheidungsverhalten diese Axiome systematisch verletzen. Aufgrund der Abweichungen des deskriptiven vom normativen Entscheidungsverhalten entwickelten KAHNEMAN / TVERSKY (1979, S. 274 ff.) die Prospect-Theorie, die im folgenden Kapitel vorgestellt wird.

3.2.2 Prospect-Theorie

In empirischen Studien zum Entscheidungsverhalten unter Risiko zeigen Individuen in Entscheidungssituationen mit positiven Prospects (d. h. bei Gewinnaussichten) ein überwiegend risikoaverses Verhalten, jedoch bei negativen Prospects (d. h. bei drohenden Verlusten) entgegen den Erwartungsnutzen-Theorien ein überwiegend risikofreudiges Verhalten (z. B. GRAYSON 1960, S. 300 ff.; BARNES / REINMUTH 1976, S. 807; KAHNEMAN / TVERSKY 1979, S. 263 ff.). Ein Prospect repräsentiert in diesem Zusammenhang eine referenzpunktabhängige Erwartung bzw. Perspektive oder auch Aussicht.

Auf Grund von Inkonsistenzen zwischen der normativen Erwartungsnutzen-Theorie und dem empirisch beobachtbaren Entscheidungsverhalten unter Risiko entwickelten KAHNEMAN / TVERSKY (1979, S. 263 ff.) die Prospect-Theorie als eine alternative deskriptive Theorie zur Beschreibung des Risikoentscheidungsverhaltens. Die Prospect-Theorie kann die wesentlichsten Abweichungen des beobachtbaren Entscheidungsverhaltens von der Erwartungsnutzen-Theorie erklären, wie das ALLAIS-Paradoxon[33], den Sicherheitseffekt[34] und das Framing[35]. Jedoch verletzte die funktionale Form der ursprünglichen Prospect-Theorie (KAHNEMAN / TVERSKY 1979, S. 283 f.) die stochastische Dominanz (z. B. FENNEMA / WAKKER 1997, S. 53), weshalb TVERSKY / KAHNEMAN (1992, S. 299 ff.) ihre Theorie in der kumulativen Prospect-Theorie („cumulative prospect theory") weiterentwickelten, die auch rang- und vorzeichenabhängige Wahrscheinlichkeitsverzerrungen zulässt. Ähnliche Ansätze gab es jedoch bereits von STARMER / SUGDEN (1989, S. 99 f.) und LUCE / FISHBURN (1991, S. 29 ff.).

Die Prospect-Theorie unterscheidet zwei Phasen des Entscheidungsprozesses: In der ersten Phase, der Aufbereitungsphase („editing phase"), wird eine Komplexitätsreduktion der Entscheidungssituation vorgenommen, in der mittels Kodierung („coding") in Gewinne und Verluste, Kombination („combination") von ähnlichen Prospects, Abspaltung („segregation") der risikolosen Komponenten und Streichung („cancellation") der gemeinsamen Komponenten geschieht. In der zweiten Phase, der Bewertungsphase („evaluation phase"), werden die editierten Prospects bewertet, worauf das Prospect mit dem höchsten Nutzen ausgewählt wird.

Als eine essentielle Eigenschaft der Theorie bezeichnen KAHNEMAN / TVERSKY, dass der Wert einer Sache eher in den relativen Veränderungen des Wertes liegt als im absoluten Wert.

Der Wert sollte demnach als eine Funktion mit zwei Argumenten behandelt werden: 1. dem Anfangszustand, der als Referenzpunkt dient und 2. dem Betrag der positiven oder negativen Änderung bezüglich des Referenzpunktes (KAHNEMAN / TVERSKY 1979, S. 277).

[33] Vgl. Kapitel 6.4.3.5.
[34] Vgl. Kapitel 6.4.3.1.
[35] Vgl. Kapitel 6.4.3.4.

KAHNEMAN / TVERSKY nehmen an, dass der marginale Wert von Gewinnen und Verlusten mit steigendem Betrag für positive Prospects schneller sinkt als für negative, so dass sich oberhalb des Referenzpunktes eine konkave und unterhalb des Referenzpunktes eine steilere konvexe Bewertungsfunktion ergibt.

Die angenommene S-förmige Bewertungsfunktion (vgl. Abb. 3-1) ist am Referenzpunkt am steilsten. Schon MARKOWITZ (1952b, S. 156 ff.) hielt eine Definition des Nutzens („value"), basierend auf Gewinnen und Verlusten, für geeigneter als eine Definition, die auf absoluten Erwartungswerten basiert. Die von MARKOWITZ (1952b, S. 154) angenommene Nutzenfunktion verläuft an der Stelle des Referenzpunktes jedoch relativ flach.

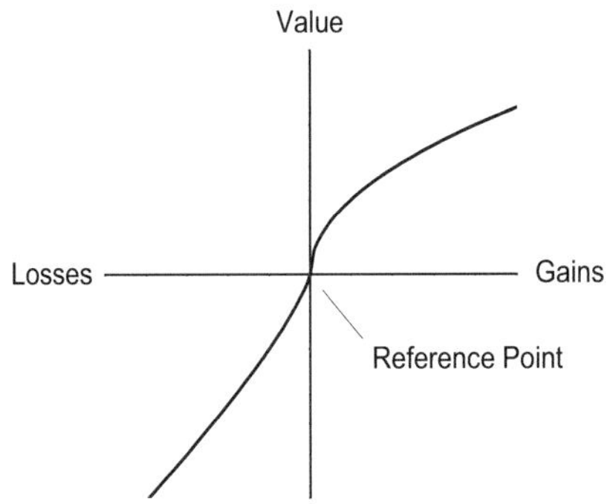

Abb. 3-1: Hypothetische Bewertungsfunktion
(in Anlehnung an: KAHNEMAN / TVERSKY 1979, S. 279)

Die Vereinfachung von Prospects in der Aufbereitungsphase („editing phase") kann dazu führen, dass ein Individuum Ereignisse mit extrem niedrigen Wahrscheinlichkeiten überbewertet oder vernachlässigt und Ereignisse mit sehr hohen Wahrscheinlichkeiten als sicher annimmt (KAHNEMAN / TVERSKY 1979, S. 282 f.). Besonders extreme Beispiele für diese Verhaltensweisen stellen die Lotterie und die Versicherung dar. In einem Diagramm, das alle Wahrscheinlichkeiten von 0 (unwahrscheinlich) bis 1 (sicher) auf einer Gewichtungsfunktion abbildet, ergibt sich bei unverzerrter (objektiver) Wahrnehmung eine Gerade und bei verzerrter (subjektiver) Wahrnehmung eine entsprechende Gewichtungsfunktion (vgl. Abb. 3-2).

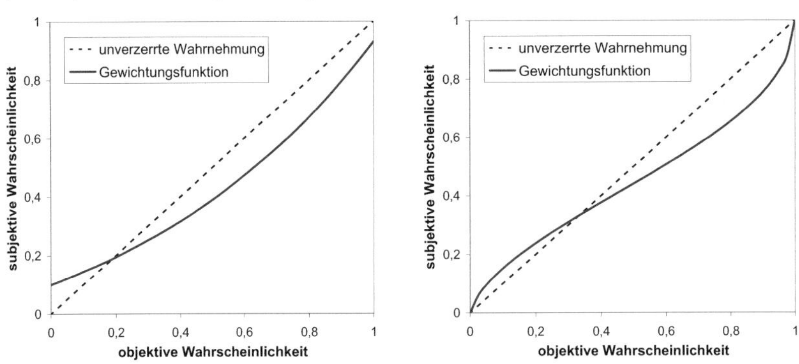

Abb. 3-2: Gewichtungsfunktion der Wahrscheinlichkeit in der originalen Prospect-Theorie (links) und in der kumulativen Prospect-Theorie (rechts)
(in Anlehnung an: KAHNEMAN / TVERSKY 1979, S. 283; TVERSKY / KAHNEMAN 1992, S. 310)

Die Gewichtungsfunktion für die Wahrscheinlichkeiten in der originalen Prospect-Theorie haben KAHNEMAN / TVERSKY (1979, S. 283) hypothetisch angenommen. Empirische Studien über den Verlauf von Gewichtungsfunktionen haben jedoch ergeben, dass sowohl bei positiven als auch bei negativen Prospects eine Überschätzung von eher unwahrscheinlichen Ereignissen ebenso typisch ist, wie eine Unterschätzung von eher wahrscheinlichen Ereignissen. Somit ergibt sich ein invers S-förmiger Verlauf der Gewichtungsfunktionen für Wahrscheinlichkeiten in der kumulativen Prospect-Theorie mit hohen Sensitivitäten an den Endpunkten und einer geringen Sensitivität in der Mitte (z. B. TVERSKY / KAHNEMAN 1992, S. 309 ff.; FENNEMA / WAKKER 1997, S. 53; TVERSKY / KAHNEMAN 2000, S. 56 f.).

Nach KAHNEMAN / TVERSKY (1979, S. 275 f.) wählt ein Entscheider, der den Wert x mit einer Wahrscheinlichkeit p und den Wert y mit einer Wahrscheinlichkeit q erwarten kann, nach der Prospect-Theorie das Prospect V(x, p; y, q) mit dem höchsten Wert. Der Wert des Prospects bestimmt sich aus der Summe der Produkte einer Bewertungsfunktion ($\upsilon(x)$, $\upsilon(y)$, …) mit der jeweils korrespondierenden Gewichtungsfunktion ($\pi(p)$, $\pi(q)$, …):

$$V(x, p; y, q) = \pi(p)\upsilon(x) + \pi(q)\upsilon(y) \tag{3-1}$$

Die Bewertungsfunktion ($\upsilon(x)$, $\upsilon(y)$, …) erfasst den subjektiven Wert eines potentiellen Ergebnisses (x, y, …) als relative Abweichung (z. B. Gewinn- oder Verlustaussicht) von einem Referenzpunkt. Die Gewichtungsfunktion ($\pi(p)$, $\pi(q)$, …) mit $p + q \leq 1$ und $\pi(p) + \pi(1 - p) \leq 1$ schreibt jeder Wahrscheinlichkeit (p, q, …) einen subjektiven Wert, das Entscheidungsgewicht („decision weight"), zu.

Zusammenfassend kann die Prospect-Theorie mit der Referenzpunktabhängigkeit und der unabhängigen Gewichtung sowohl der zu erwartenden Ergebnisse als auch deren Wahrscheinlichkeiten als eine der wichtigsten Theorien zum Entscheidungsverhalten unter Risiko (z. B. FENNEMA / WAKKER 1997, S. 53) betrachtet werden. Bereits die originale Prospect-Theorie von KAHNEMAN / TVERSKY (1979, S. 274 ff.) bildete als deskriptive Theorie das reale Entscheidungsverhalten von Individuen, besonders bei Verlustaussichten, eher ab als die normativen Erwartungsnutzen-Theorien. Die Cumulative-Prospect-Theorie („cumulative prospect theory") von TVERSKY / KAHNEMAN (1992, S. 299 ff.) generalisiert die Erwartungsnutzen-Theorie, indem sie rang- und vorzeichenabhängige Wahrscheinlichkeitsverzerrungen zulässt und empirische Abweichungen vom Erwartungsnutzen, wie z. B. den Sicherheitseffekt („certainty effect") und die Verletzung des Unabhängigkeitsaxioms („common consequence effect"), berücksichtigt. Nach FENNEMA / WAKKER (1997, S. 52 f.) stellt die kumulative Prospect-Theorie somit nicht nur eine formale Korrektur einiger Probleme der originalen Prospect-Theorie dar, sondern kann auch eine Reihe von empirischen Ergebnissen besser abbilden. Da die Prospect Theorie, wie dargestellt, nur einige der beobachtbaren Effekte des Entscheidungsverhaltens abbilden kann, wurden weitere Theorien zum Entscheidungsverhalten entwickelt, von denen die bedeutendsten Theorien nachfolgend dargestellt werden.

3.2.3 Regret-Theorien

Schon SAVAGE (1954, S. 163) beschreibt, dass Individuen nicht nur an einer Gewinnmaximierung interessiert sind, sondern auch an einer Minimierung des Bedauerns („regret") über die Differenz zwischen dem erhaltenen und dem möglichem Gewinn (vgl. SIMON 1959, S. 267).
BELL (1982, S. 961) nimmt an, dass das Verlangen von Entscheidern, nach einer Entscheidung nicht feststellen zu müssen, dass die Entscheidung falsch war, obwohl die Entscheidung mit den verfügbaren Informationen zum Zeitpunkt der Entscheidung richtig erschien, für die meisten Verletzungen der Axiome verantwortlich ist. Die mögliche Konsequenz des Entscheidungsverhaltens nennt er „decision regret". Deshalb erweitert er die VON NEUMANN / MORGENSTERN'sche Nutzenfunktion, indem er die Minimierung des Bedauerns in die Maximierung des monetären Nutzens (als „trade off") mit einbezieht (BELL 1982, S. 965 ff.). Das Bedauern wird dabei als Differenz des Wertes aus der getroffenen Entscheidung im Verhältnis zur besten Alternative operationalisiert. Diese Definition erlaubt sowohl positive als auch negative Werte (entspricht einem Erfreuen) für das Bedauern (BELL 1982, S. 963.).
Die Regret-Theorie von BELL (1982, S. 965 ff.) lässt sich vereinfacht darstellen als:

$$\text{Bedauern} = \text{Nutzen der getroffenen Entscheidung} - \text{Nutzen der besten Alternative} \qquad (3\text{-}2)$$

LOOMES / SUGDEN (1982, S. 807 ff.) entwickelten unabhängig von BELL (1981; 1982) eine weitere Regret-Theorie als eine Alternative zur Prospect-Theorie von KAHNEMAN / TVERSKY (1979, S. 274 ff.). Ihre fundamentalen Annahmen sind, ähnlich wie die von BELL (1982, S. 961), dass viele Individuen die Empfindungen Bedauern („regret") und Erfreuen („rejoice") erleben und beim Entscheiden versuchen, diese (zukünftigen) Empfindungen zu antizipieren und in ihrer (momentanen) Entscheidung zu berücksichtigen (LOOMES / SUGDEN 1982, S. 820). Sie erweitern einerseits die Prospect-Theorie um die Aspekte des Bedauerns („regret") und Erfreuens („rejoice") sowie den Nutzen des Nichthandelns. Anderseits sehen sie ein Individuum eher vor die Wahl zwischen Aktionen anstatt zwischen Prospects gestellt (LOOMES / SUGDEN 1982, S. 807 f.). Wahrscheinlichkeiten nehmen sie, wie VON NEUMANN / MORGENSTERN (1944; 2004, S. 19 f.), als gegeben an und lehnen die von KAHNEMAN / TVERSKY angenommene subjektive Gewichtung von Wahrscheinlichkeiten als „komplex und irgendwie ad hoc" ab (LOOMES / SUGDEN (1982, S. 807, 817).

Bereits LOOMES / SUGDEN (1982, S. 818 f.) bemerken kritisch zu ihrer Theorie, dass sie weder den Framing-, Kontext-, Translations- noch den Sicherheitseffekt[36] erklären kann. TVERSKY / SLOVIC / KAHNEMAN (1990, S. 210) kritisieren zusätzlich, dass die Regret-Theorien auch nicht den ursprünglich von SLOVIC / LICHTENSTEIN (1968, S. 1 ff.) gefundenen Effekt der Präferenzumkehr erklären kann.

Zusammenfassend kann zu den Regret-Theorien von BELL (1982, S. 965 ff.) und LOOMES / SUGDEN (1982, S. 807 ff.) festgestellt werden, dass sie zwar empirisch beobachtbares Entscheidungsverhalten teilweise genauer beschreiben können sowie einfacher aufgebaut und intuitiv verständlicher sind als die Prospect-Theorie. Wie dargestellt, können sie jedoch auch eine Reihe von Effekten des empirisch beobachtbaren Entscheidungsverhaltens nicht erklären.

[36] Vgl. Kapitel 6.4.3.1 bis Kapitel 6.4.3.4.

3.2.4 Disappointment-Theorien

Weitere Ansätze zur Erklärung von empirisch beobachtbarem Entscheidungsverhalten, das der rein ökonomischen Nutzenmaximierung widerspricht, sind die Disappointment-Theorien von BELL (1985, S. 3 ff.) und GUL (1991, S. 670 ff.), die beide die Erwartungsnutzen-Theorie um den Aspekt der mit der Entscheidung antizipierten möglichen Enttäuschung über das Ergebnis einer Entscheidung erweitern.

Die Disappointment-Theorie von BELL (1985, S. 5) lässt sich vereinfacht darstellen als:

$$\text{Gesamtnutzen} = \text{ökonomische Auszahlung} + \text{psychische Befriedigung} \quad (3\text{-}3)$$

Die psychische Befriedigung kann in einer Begeisterung („elation") oder in einer Enttäuschungsvermeidung („disappointment aversion") hinsichtlich des erwarteten Ergebnisses der Entscheidung bestehen (vgl. BELL 1985, S. 5).

BELL definiert Disappointment (Enttäuschung) als psychische Reaktion auf ein Ergebnis, das die vorherigen Erwartungen nicht erfüllt hat (vgl. BELL 1985, S. 1). Individuen, die enttäuschungsavers sind, adaptieren deshalb häufig eine pessimistische Sicht der Zukunft. Entscheidungen dieser Individuen können nur aufgrund der Enttäuschungsaversion risikoavers erscheinen, auch wenn deren Grundeinstellung eigentlich risikofreudig ist (vgl. BELL 1985, S. 2).

Disappointment (Enttäuschung) unterscheidet sich dadurch von Regret (Bedauern), dass sich das Bedauern auf das möglich gewesene Ergebnis einer Entscheidung durch die Wahl einer anderen Alternative bezieht, auch wenn die ursprüngliche Entscheidung mit den zu diesem Zeitpunkt vorhandenen Informationen optimal war (vgl. BELL 1985, S. 2). Beispielweise kann ein Individuum bei einer Wette auf 10 € zu 50 % eine Enttäuschung ("disappointment") erleiden, falls es den Gewinn erwartet hat und verliert. Kann ein Individuum eine Entscheidung zwischen 10 € zu 50 % und 4 € zu 100 % treffen und es wählt die 10 € zu 50 % und verliert, kann es neben der Enttäuschung über die nicht eingetroffene Erwartung seine Wahl auch bedauern („regret"). Wählt das Individuum aber statt dessen die 4 € zu 100 %, dann erfüllt sich seine Erwartung (d. h. keine Enttäuschung), aber es kann Bedauern, dass es die Chance auf 10 € nicht genutzt hat (vgl. BELL 1985, S. 2).

GUL (1991, S. 670 ff.) baut seine Disappointment-Theorie auf der Erwartungsnutzen-Theorie auf, modifiziert aber das Unabhängigkeits-Axiom, um das ALLAIS-Paradoxon[37] mit seiner Theorie erfassen zu können. Letzteres formuliert er ausdrücklich als einziges Ziel seiner Theorie, so dass ihm die Nichtbeschreibung weiterer empirisch beobachtbarer Entscheidungsverhaltenseffekte nicht vorgeworfen werden kann.

Zusammenfassend kann zu den Disappointment-Theorien von BELL (1985, S. 3 ff.) und GUL (1991, S. 670 ff.) festgestellt werden, dass sie im Gegensatz zur Erwartungsnutzen-Theorie unter anderem das ALLAIS-Paradoxon erklären können. Dennoch haben sie, ebenso wie die Regret-Theorien, nie die Bedeutung der Erwartungsnutzen-Theorie oder der Prospect-Theorie erlangt.

---

[37] Vgl. Kapitel 6.4.3.5.

3.3 Theorien zur Beschreibung organisationalen Risikoentscheidungsverhaltens

3.3.1 Verhaltenswissenschaftliche Theorie der Unternehmung

Für CYERT / MARCH (1963, S. 125 ff.; 1995, S. 157 ff.) besteht in ihrer verhaltenswissenschaftlichen Theorie der Unternehmung die Grundstruktur des organisationalen Entscheidungsprozesses aus vier grundlegenden Konzepten: 1. die Quasi-Lösung von Konflikten, die innerhalb der Organisation durch divergierende Ziele der Organisationsteilnehmer entstehen, 2. die Vermeidung von Unsicherheit, die durch das Umfeld des Unternehmens bedingt ist, 3. die problemorientierte Suche, bei der erst ein Problem die Suche nach einer zufriedenstellenden Lösung veranlasst, und 4. das organisationale Lernen, das zu einer Anpassung von Zielen in Form von Anspruchsniveaus, der Anpassung von Beachtungsregeln, zum Erlernen des Suchverhaltens (Was ist wichtig?) und zur Anpassung der Suchregeln analog zur problemorientierten Suche führen.
Unsicherheit wird in der verhaltenswissenschaftlichen Theorie der Unternehmung analog zur Kontingenz-Theorie[38] vor allem im Umfeld des Unternehmens lokalisiert. Anders als die Kontingenz-Theorie, die eine Anpassung an die Unsicherheit anstrebt, beschreibt die verhaltenswissenschaftliche Theorie der Unternehmung, in Anlehnung an nicht näher genannte Studien von CYERT / MARCH, die Vermeidung von Unsicherheit als Ziel der Unternehmung (CYERT / MARCH 1963, S. 119 f.; 1995, S. 160 ff.).
Von besonderer Bedeutung für diese Arbeit ist aus der verhaltenswissenschaftlichen Theorie der Unternehmung „das relationale Konzept" der „Vermeidung von Unsicherheit". Dabei handelt es sich nach CYERT / MARCH (1963, S. 118 f.; 1995, S. 160) um Unsicherheiten in Bezug auf Marktentwicklungen und Lieferanten, das Verhalten von Aktionären und Konkurrenten, die künftigen Maßnahmen von staatlichen Behörden etc. Statt einer Entscheidungsfindung unter Unsicherheit und Risiko nach den Regeln der Entscheidungstheorie (z. B. Ermittlung von Sicherheits-Äquivalenten bzw. Erwartungswerten) oder der Implementierung von Regeln zum Umgang mit Unsicherheiten (z. B. Spieltheorie) zeigen die Studien[39] von CYERT / MARCH (1963, S. 119; 1995, S. 160), dass Unternehmen eine Strategie der Vermeidung von Unsicherheit verfolgen. So vermeiden Unternehmen, eine langfristige Strategie zu entwickeln und Ereignisse der fernen Zukunft zu antizipieren. Stattdessen verwenden sie Entscheidungsregeln um kurzfristige Probleme zu lösen. Unterstützt werden diese Annahmen durch die Ergebnisse der Studie von HARRISON (1977, S. 171 f.), nach der der Entscheidungsprozess in Unternehmen zu sehr vereinfacht wird. Es existieren Barrieren für die Nutzung der statistischen Entscheidungsanalyse, da auf subjektiven Wahrscheinlichkeitsannahmen basierende Entscheidungsvorlagen in machtpolitisch geprägten Besprechungen des Top-Managements zu sehr angreifbar sind (vgl. HARRISON 1977, S. 172 f.).

Im Gegensatz zur Prospect-Theorie, in der das Handeln von den zukünftigen Erwartungen bestimmt wird, geht die verhaltenswissenschaftliche Theorie der Unternehmung davon aus, dass Unternehmen ihr Verhalten aufgrund ihrer Erfahrungen aus der Vergangenheit anpassen (vgl. CYERT / MARCH 1963, S. 123 ff.; 1995, S. 165; LANT / SHAPIRA 2008, S. 60). Dabei postuliert die verhaltenswissenschaftliche Theorie der Unternehmung analog zur Prospect-Theorie ein

---

[38] Vgl. Kapitel 3.3.4.

[39] CYERT / MARCH (1963, S. 119; 1995, S. 160) beschreiben nur die Ergebnisse ihrer Studien, ohne nähere Angaben zu den Studien selbst zu geben oder Verweise auf diese Studien zu nennen.

Verhalten in Abhängigkeit von Anforderungsniveaus bzw. Referenzpunkten. Den signifikanten Einfluss der Performance relativ zu einem Anforderungsniveau auf das Risikoverhalten haben z. B. nachgewiesen: LANT (1992, S. 631 ff.) experimentell mit Managern; LANT / MILLIKEN (1992, 596 ff.) mittels Bilanzdaten und Inhaltsanalyse von Bilanzen; MILLER / CHEN (1994, S. 14 ff.) mittels Bilanzdaten und Inhaltsanalyse aus einer Fachzeitschrift; MILLER / CHEN (2004, S. 109 ff.) mittels Bilanzdaten. Liegt die Performance unterhalb des Anspruchsniveaus, steigt die Risiko- bzw. Veränderungsbereitschaft und liegt die Performance oberhalb des Anspruchsniveaus, sinkt die Risiko- bzw. Veränderungsbereitschaft.

Zusammenfassend kann die verhaltenswissenschaftliche Theorie der Unternehmung von CYERT / MARCH als eine sehr umfangreiche Theorie gewürdigt werden, die das interne und externe Entscheidungsverhalten einer Organisation beschreibt. Durch unterschiedliche Ziele, Informationen und Identitäten der Organisationsmitglieder kommt es intern zu Konflikten, die, ebenso wie die Unsicherheit des externen Umfelds, die Suche nach Lösungen initiieren. Bei der problemorientierten Lösung sind die vergangene Performance und die Erfüllung von internen und externen Anspruchsniveaus sowie deren Anpassung für das organisationale Lernen von Bedeutung (vgl. ARGOTE / GREVE 2007, S. 344).

3.3.2 Agency-Theorien

Bei der Kooperation von Vertragspartnern (einer Agency-Beziehung), in der ein Agent im Auftrag eines Prinzipals entscheidet und handelt, sind in der Regel auf beiden Seiten Entscheidungen unter Unsicherheit zu treffen (vgl. z. B. ROSS 1973, S. 134; JENSEN / MECKLING 1976, S. 309 f.). Durch die verschiedenen Ziele der Kooperationspartner können in der Agency-Beziehung folgende potentielle Probleme auftreten: 1. versteckte Mängel („hidden characteristics") bei Vertragsabschluss, die zu einer Fehlauswahl der Vertragspartner („adverse selection") führen können, 2. versteckte Handlungen („hidden action") während der Vertragserfüllung, 3. in der Regel ein Informationsvorsprung („hidden information") des Agenten (der nach ROSS (1973, S. 135) auch für den Prinzipal bestehen kann), der zur Täuschung des Prinzipals (bzw. Agenten) genutzt werden kann („moral hazard") und 4. versteckte Ziele („hidden intention") des Agenten, die als Abhängigkeitsbeziehung („hold up") missbraucht werden können. Ausführlichere Darlegungen zu den Problemen in Principal-Agent-Beziehungen sind z. B. in GÜNTHER (1997, S. 43 ff.), KÜPPER (2008, S. 82 ff.), PICOT / DIETL / FRANCK (2008, S. 72 ff.), SCHREYÖGG (2008, S. 66 f.), WEBER / SCHÄFFER (2008, S. 27 ff.), COENENBERG / FISCHER / GÜNTHER (2009, S. 803 ff.) und HORVÁTH (2009, S. 117 f.) enthalten.

Aus den genannten Problemen resultieren Agency-Kosten für: 1. die Kontrolle („monitoring") des Agenten, 2. die Vertragsgestaltung und -bindung („bonding") des Agenten und 3. die Verluste der für den Prinzipal suboptimalen Entscheidungen des Agenten („residual loss", vgl. JENSEN / MECKLING 1976, S. 308).

Im Rahmen dieser Arbeit ist besonders das Risikoverhalten in Agency-Beziehungen von Interesse. Das Risikoverhalten wird in den Agency-Theorien jedoch nur marginal beachtet, wobei aufgrund des meist normativ angenommenen Entscheidungsverhaltens (rational und erwartungsnutzenbasiert) ein konsistentes (unabhängig vom Framing) risikoaverses und risikoneutrales Verhalten angenommen und die Möglichkeit eines intrinsischen (nicht anreizmotivierten) risikofreudigen Verhaltens völlig vernachlässigt wird (z. B. HOLMSTRÖM 1979, S. 74 ff.; WISEMAN / GOMEZ-MEJIA 1998, S. 133, 135; KÜPPER 2008, S. 90). So argumentiert ROSS (1973, S. 136 f.) ohne Nachweis, dass es klar sei, dass der Agent und der Prinzipal identische Risikoeinstellungen aufweisen und er ermittelt analytisch, dass bei Kooperation das Nutzenoptimum für den Prinzipal und den Agenten bei Risikoneutralität von beiden besteht bzw., dass für dieses Nutzenoptimum Risikoneutralität von beiden bestehen muss. JENSEN / MECKLING (1976, S. 349) erklären die Diversifikation (hier speziell der „owner-manager") durch risikoaverses Verhalten und optimale Portfolioauswahl (bei nicht perfekt korrelierten Assets zur Risikoreduktion). Es bleibt somit unklar, aus welcher theoretischen Quelle das in der Literatur angenommene risikoneutrale Verhalten des Prinzipals mit der Begründung, dass dieser seine Assets diversifizieren kann, abgeleitet wird (z. B. WISEMAN / GOMEZ-MEJIA 1998, S. 133). Mit der beobachteten Risikoaversion von Managern großer Aktiengesellschaften, also deskriptiv, begründen JENSEN / MECKLING (1976, S. 353) das von ihnen angenommene Risikoverhalten ihrer modellierten Agenten.

Obwohl weder bei ROSS (1973) noch bei JENSEN / MECKLING (1976) explizit auf die Zusammenhänge von Risikoverhalten und Performance eingegangen wird, schreiben WISEMAN / GOMEZ-MEJIA (1998, S. 137) den Agency-Theorien eine Beeinflussung des Risikoverhaltens auf die Performance zu.

Die empirischen Forschungsergebnisse zum Risikoverhalten in Agency-Beziehungen sind nicht eindeutig. BROCKHAUS (1980, S. 516) kann zumindest beim hypothetischen Entscheidungsverhalten keine signifikanten Unterschiede im Risikoverhalten von Entrepreneuren (d. h. Managern, die bedeutende Anteile eines Unternehmens besitzen und nicht in einem anderen Unternehmen angestellt sind) und angestellten Managern ohne signifikante Unternehmensanteile feststellen. STEWART / ROTH (2001, S. 149) fassen in einer Metaanalyse zwölf Studien zusammen, von denen fünf Studien keine signifikanten Unterschiede und sieben Studien eine höhere Risikobereitschaft bei Entrepreneuren als bei Managern feststellen. Obwohl STEWART / ROTH eigentlich zu dem Schluss kommen, dass die Forschung zum Risikoverhalten von Entrepreneuren und Managern widersprüchliche Ergebnisse und keinen Konsens ergibt, leiten sie aus ihrer Metaanalyse dennoch die Aussage ab, dass Entrepreneure eine höhere Risikobereitschaft aufweisen als Manager, besonders solche in wachstumsorientierten Unternehmen.

Zusammenfassend kann festgehalten werden, dass die Agency-Theorie zwar theoretische Argumente für ein unterschiedliches Risikoverhalten in Agency-Beziehungen liefert, deren empirische Nachweise jedoch nicht eindeutig sind. Eine weitere kritische Betrachtung der Agency-Theorien ist für diese, nur auf die Risikoverhaltensaspekte abzielende, Arbeit nicht relevant.

3.3.3 Threat-Rigidity-Theorie

STAW / SANDELANDS / DUTTON (1981, S. 501 ff.) beschreiben aufgrund empirischer Studien typische individuelle, Gruppen- und organisationale Effekte, die bei Bedrohungen auftreten. Sie postulieren bei Bedrohungen ein rigides Verhalten mit einer Restriktion der Informationsverarbeitung und einer Verschärfung der Kontrolle.

Individuelle Reaktionen bei einer Bedrohung sind psychischer Stress, Ängstlichkeit und psychische Unruhe. Die Gruppeneffekte hängen von der Attribution der Bedrohung ab, d. h., ob diese als von außen kommend wahrgenommen wird und sich die Gruppe dagegen schützen muss oder, ob die Bedrohung innerhalb der Gruppe wahrgenommen wird. Auf eine Bedrohung reagiert eine Organisation entweder mit einer Restriktion der Informationsverarbeitung wegen Informationsüberflutung, einer Reduktion der (kritischen und hinterfragenden) Kommunikationskanäle und einer Beschränkung auf etabliertes Wissen oder mit einer Konzentration der Führung, einer Zentralisation der Autorität und einer erhöhten Formalisierung bzw. einer Ressourceneinsparung zur Effizienzerhöhung.

Die Annahme eines risikoaversen Verhaltens in Bedrohungssituationen durch die Threat-Rigidity-Theorie scheint der Annahme in der Prospect-Theorie (KAHNEMAN / TVERSKY 1979, S. 278 f.) eines risikofreudigen Verhaltens bei Verlustaussichten zu widersprechen. SITKIN / WEINGART (1995, S. 1586) zeigen jedoch mit ihrem revidierten Modell der Determinanten des Risikoverhaltens, dass beide Theorien zumindest in diesem Punkt empirisch nicht widerlegt werden können. So erfolgt in riskant wahrgenommenen Situationen ein risikoaverses Entscheidungsverhalten analog zur Threat-Rigidity-Theorie. Für die Prospect-Theorie ist jedoch nicht die Risikowahrnehmung, sondern die Performancewahrnehmung im Vergleich zu einem Referenzpunkt (Framing) entscheidend (vgl. KAHNEMAN / TVERSKY 1979, S. 277 ff.). SITKIN / WEINGART (1995, S. 1586) weisen bei negativem Framing sowohl direkt ein risikofreudigeres Entscheidungsverhalten als auch eine Absenkung der Risikowahrnehmung nach, die die Situationen als weniger riskant erscheinen lässt, so dass ein risikofreudiges Verhalten erfolgt.

Als häufigste Strategie, um Risiko zu kontrollieren, gaben die Manager in der Studie von HELLIAR ET AL. (2001, S. 77) an, mehr Informationen zu sammeln. Nach einer Studie von WEBER ET AL. (2006, S. 69) besitzt die Informationsversorgung in nicht erfolgreichen Unternehmen mit 29,6 % eine deutlich höhere Gewichtung im Controllingverständnis als in erfolgreichen Unternehmen mit 18,3 %.[40] Diese Verhaltensweisen können zu dem von der Threat-Rigidity-Theorie postulierten „information overload" in Krisen führen.

MASCLET ET AL. (2009, S. 474) weisen in ihrer Studie nach, dass in Gruppen eher die risikofreudigen Individuen als die risikoaversen nachgeben, um einen Gruppenkonsens zu erzielen. Dieses Verhalten bewirkt eine höhere Risikoaversion von Gruppen als von Individuen. Weiterhin zeigen MASCLET ET AL. (2009, S. 474) konsistent mit BAKER / LAURY / WILLIAMS (2008, S. 374), dass Gruppen als „Verstärker" wirken, indem überwiegende individuelle Risikoaversion oder Risikofreude jeweils in Gruppen verstärkt wird und somit noch ausgeprägter auftritt. Der von der Threat-Rigidity-Theorie postulierte Hang zur Konformität in Gruppen wird somit auch über Krisensituationen hinausgehend nachgewiesen.

Zusammenfassend kann festgehalten werden, dass es die Intention der Threat-Rigidity-Theorie ist, Risikoverhalten nur für den Spezialfall einer Bedrohung zu beschreiben. Verschiedene empirische Ergebnisse stützen die Threat-Rigidity-Theorie.

---

[40] Controllingverständnis in erfolgreichen Unternehmen: Informationsversorgung (18,3 %), Planung und Kontrolle (25,7 %), Koordination (13,3 %) und Rationalitätssicherung (42,7 %); im Gegensatz dazu Controllingverständnis in nicht erfolgreichen Unternehmen: Informationsversorgung (29,6 %), Planung und Kontrolle (21,1 %), Koordination (18,0 %) und Rationalitätssicherung (31,3 %) nach WEBER ET AL. (2006, S. 69).

3.3.4 Kontingenz-Theorien

„Der Sammelbegriff ‚Kontingenztheorie' kennzeichnet das gemeinsame Bestreben … [der Kontingenztheorien der Organisationsstruktur], die fundamentale Abhängigkeit organisatorischer Strukturgestaltung von bestimmten Kontextbedingungen aufzuzeigen und empirisch zu belegen. Dabei liegt die Idee zu Grunde, dass die strukturelle Konfiguration den Erfordernissen der Kontextfaktoren angepasst werden muss, um die Effektivität der Organisation sicher zu stellen." SCHREYÖGG (1995, S. 10 f.)

Die Kontingenztheorie geht somit davon aus, dass organisationale Effizienz bzw. Erfolg („performance") aus der Anpassung („fit") der Organisation an unternehmensinterne und -externe Einflussfaktoren („contingencies") resultiert (z. B. DONALDSON 2001, S 1). Die wichtigsten Einflussfaktoren umfassen das Umfeld (z. B. BURNS / STALKER 1961; 1994, S. 52 ff.[41]; LAWRENCE / LORSCH 1969, S. 8 ff., S. 23 ff., S. 84 ff., S. 133 ff.), die eingesetzte Technologie (z. B. WOODWARD 1958; 1994, S. 68 ff.; PERROW 1966, S. 156 ff.), die Größe (z. B. CHILD 1972, S. 6 ff.), die Strategie (z. B. CHANDLER 1962; 1998, S. 11 ff.) sowie die Struktur der Organisation (z. B. WOODWARD 1958; 1994, S. 96 ff.; BURNS / STALKER 1961; 1994, S. 77 ff.; CHANDLER 1962; 1998, S. 8 ff.).[42]

BAIRD / THOMAS (1985, S. 236 ff.) entwerfen ein Kontingenzmodell des strategischen Risikoverhaltens von Unternehmen („contingency model of strategic risk taking"). Im Modell wird angenommen, dass interne und externe Variablen Auswirkungen auf die Strategie eines Unternehmens haben und, dass aus den damit verbundenen strategischen Problemen eine bestimmte Risikobereitschaft des Unternehmens resultiert. Die strategische Risikobereitschaft eines Unternehmens wird als Summe der allgemeinen Indikatoren des Umfeldrisikos[43], der Indikatoren des Branchenrisikos[44], der Indikatoren des organisationalen Risikos[45], der Indikatoren des strategischen Problems[46] und der Risikoindikatoren des Entscheiders[47] angenommen. Jede der fünf Kategorien stellt in der erweiterten Version des Modells eine Funktion dar, die alle Abhängigkeiten der Variablen innerhalb der Kategorien und zwischen den Kategorien abbildet. Das Modell wird von BAIRD / THOMAS nicht empirisch überprüft.

Dem Kontingenzmodell zum strategischen Risikoverhalten von Unternehmen von BAIRD / THOMAS (1985, S. 236 ff.) kann mit der generellen Kritik an den Kontingenztheorien begegnet werden, die DONALDSON (2001, S. 7) einerseits mit seiner Definition: „... a contingency is any variable that moderates the effect of an organizational characteristic on organizational performance." wiedergibt, die die Beliebigkeit der theoretisch unendlichen Anzahl an Kontingenz-

---

[41] BURNS / STALKER (1961; 1994, S. 52 ff.) diskutieren besonders das Marktumfeld und dessen Unsicherheiten.

[42] DONALDSON (2001, S 18) argumentiert hingegen, dass die zahlreichen Einflussfaktoren auf die drei grundlegenden Einflussfaktoren Aufgabenunsicherheit („task uncertainty"), Aufgabeninterdependenzen („task interdependence") und Organisationsgröße („size") zurückgeführt werden können. Für diese Arbeit ist wegen der Unsicherheitskomponente die Aufgabenunsicherheit („task uncertainty") von Bedeutung, die alle Einflussfaktoren aus der Instabilität und aus Veränderungen des Umfelds sowie aus der technologischen Entwicklung auf die eine Organisation umfasst, die wiederum mit Innovation(en) versucht auf diese Unsicherheiten zu reagieren.

[43] Environmental Variables: Economy, Governmental regulation, Technological change, Cultural values.

[44] Industry Variables: Public-profit, Capital intensity, Industry life cycle, Competition.

[45] Organizational Variables: Organizational values, Organizational life cycle, Structure, Incentives, Wealth, Market share, Information system, Group involvement in strategy formulation.

[46] Strategic Problem: Reversibility, Controllability, Outcomes, Probabilities, Variance of outcomes, Framing.

[47] Decision Maker: Self confidence, Knowledge, Risk taking, Biases, Heuristics, Preferences.

variablen kritisiert. Andererseits ist das Problem der Vielzahl von Kontingenz-Theorien, dass sie ohne grundlegende gemeinsame Paradigmen Kontingenzvariablen mit organisationalen Aspekten verbinden. Zudem werden die Paradigmen[48] in den verschiedenen Ansätzen kaum explizit dargestellt, so dass über die Grundlagen der kontingenztheoretischen Ansätze in der Literatur divergierende Meinungen existieren (z. B. KIESER / KUBICEK 1977, S. 192 ff.; SCHREYÖGG 1995, S. 159 ff.; DONALDSON 2001, S. 7 ff., S. 125 ff.). Kritisch ist ferner, dass Kontingenzansätze die Organisationsstrukturen quasi als Wirkungen von bestimmten verursachenden Kontextfaktoren interpretieren. Damit werden nur in einer Richtung wirkende Kausalbeziehungen postuliert (z. B. SCHREYÖGG 1995, S. 159 ff.; DONALDSON 2001, S. 125 ff.).

Trotz der genannten Kritikpunkte wird in empirischen Studien zum Rendite-Risiko-Paradoxon seit der Studie von BOWMAN (1980, S. 19 ff.) der Brancheneinfluss meist ohne theoretische Begründung als Kontextfaktor des organisationalen Risikos angenommen. Zahlreiche Studien untersuchen weitere Kontextfaktoren, wie die Unternehmensgröße (z. B. FARRELLY / FERRIS / REICHENSTEIN 1985, S. 283), das Wachstum (z. B. WISEMAN / BROMILEY 1991, S. 534), das Unternehmensalter (z. B. HENDERSON / BENNER 2001, S. 10 ff.) etc., ohne sich explizit auf eine Kontingenztheorie zu beziehen.

Folgende empirische Studien zum Rendite-Risiko-Paradoxon nutzen beispielsweise den Kontingenzansatz als theoretische Basis, um den Einfluss von Kontextfaktoren auf das Risiko zu erfassen: BETTIS / HALL (1982, S. 254 ff.) untersuchen den Einfluss der Diversifikation mit Bezug auf Chandler (1962) sowie den Einfluss der Strategie mit Bezug auf ANSOFF (1965), ANDREWS (1980) und PORTER (1980) und ermitteln empirisch, dass bestimmte Diversifikationsstrategien einen signifikanten Einfluss auf das Unternehmensrisiko zeigen.[49] WIEMANN / MELLEWIGT (1998, S. 554) begründen mit dem Kontingenzansatz, als theoretische Basis in ihrer Untersuchung des Rendite-Risiko-Paradoxons, den Einfluss der Kontextfaktoren Unternehmensgröße, Diversifikation, Struktur (Entscheidungsdezentralisation und Formalisierungsgrad) sowie Umfelddynamik. Einen signifikanten Einfluss auf das Unternehmensrisiko weisen WIEMANN / MELLEWIGT (1998, S. 566 ff.) für die Diversifikation und die Unternehmensgröße nach.[50]

Zusammenfassend kann festgehalten werden, dass mit den Kontingenz-Theorien zwar die Untersuchung vieler möglicher Einflussfaktoren (wie Branche, Unternehmensgröße, Struktur etc.) scheinbar theoretisch begründet werden kann, dass jedoch die theoretische Basis der Kontingenz-Theorien kritisch zu beurteilen ist.

3.3.5 Prospect-Theorie als dominierender Ansatz zur Erklärung von Performance-Risiko-Zusammenhängen und des Rendite-Risiko-Paradoxons

Obwohl die Prospect-Theorie von KAHNEMAN / TVERSKY (1979, S. 274 ff.)[51] zur Beschreibung von individuellem Risikoentscheidungsverhalten entwickelt wurde, dominiert seit BOWMAN (1982, S. 37) die Prospect-Theorie als theoretischer Ansatz zur Erklärung des Rendite-Risiko-Paradoxons bzw. des quadratischen Zusammenhangs zwischen Performance und Risiko in

[48] Theorieleitende Grundvorstellungen nach SCHREYÖGG (1995, S. 159).
[49] Vgl. Kapitel 4.2.3.5.
[50] Vgl. Kapitel 4.2.3.5 und 4.2.3.6.
[51] Die Prospect-Theorie wird in Kapitel 3.2.2 ausführlich beschrieben.

empirischen Studien über Performance-Risiko-Zusammenhänge (z. B. FIEGENBAUM 1997, S. 12 ff.; CHOU / CHOU / KO 2009, S. 194 f.).

Aus der Prospect-Theorie folgt einerseits bei einer zu erwartenden Performance oberhalb eines Referenzpunktes (z. B. einer Zielrendite) ein risikoaverses Verhalten der Entscheidungsträger, womit ein positiver Performance-Risiko-Zusammenhang erklärbar wäre. Andererseits ist nach der Prospect-Theorie bei einer zu erwartenden Performance unterhalb des Referenzpunktes ein risikofreudiges Verhalten der Entscheidungsträger zu erwarten, womit ein negativer Performance-Risiko-Zusammenhang über das Entscheidungsverhalten begründbar wäre. Ein typischer Referenzpunkt bei Managern ist nach GOODING / GOEL / WISEMAN (1996, S. 331 ff.) die mittlere Performance der Branche, die häufig als Benchmark genutzt wird.

Die erste theoriebasierte Adaption des Entscheidungsverhaltens der Prospect-Theorie zur Erklärung der Entstehung von Performance-Risiko-Zusammenhängen, wie der Mittelwert-Varianz-Funktionen (vgl. Abb. 3-3 und Abb. 3-4), stammt von FIEGENBAUM (1997, S. 13).

FIEGENBAUM verwendet die Nutzenfunktion der Prospect-Theorie zur Erklärung von Mittelwert-Varianz-Funktionen. Einen Nutzen im Sinn der Prospect-Theorie stellt die Änderung des Ergebnisses dar, das abhängig vom subjektiven Referenzpunkt als Gewinn oder Verlust interpretiert wird. Da Varianz einen quadratischen Term darstellt, wird zur mathematischen Anpassung der negative Ast der Nutzenfunktion an der horizontalen Achse gespiegelt (Abb. 3-4). FIEGENBAUM schlussfolgert, dass der steilere Anstieg der Nutzenfunktion für negative Prospects (d. h. Verlustaussichten) zu einem steileren Anstieg der Mittelwert-Varianz-Funktion unterhalb des Referenzpunktes führt.

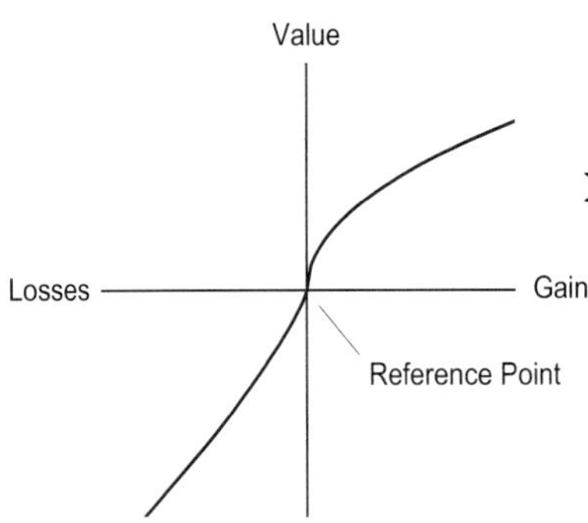

Abb. 3-3: Hypothetische Nutzenfunktion (in Anlehnung an: KAHNEMAN / TVERSKY 1979, S. 279)

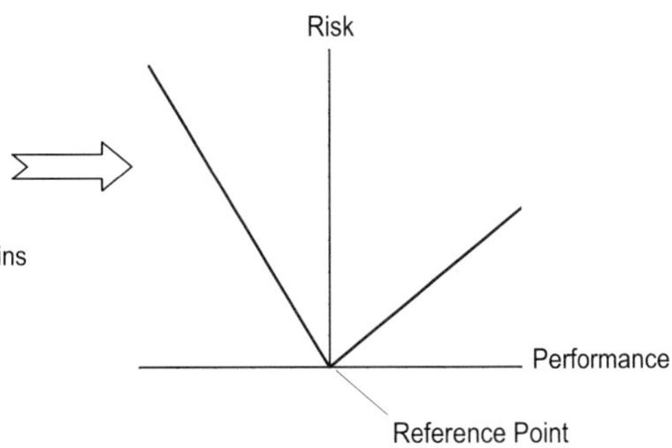

Abb. 3-4: Adaption der Nutzenfunktion der Prospect-Theorie auf eine Performance-Risiko-Funktion (in Anlehnung an: FIEGENBAUM 1997, S. 13)

Kritisch ist bei dieser Übertragung jedoch, dass, während das Risikoverhalten der Entscheidungsträger in Unternehmen auf jährlichen Referenzpunkten (z. B. dem jährlichen Branchendurchschnitt) beruht, mit dem Erklärungsansatz von FIEGENBAUM ex-post der Branchendurchschnitt über mehrere Jahre als Referenzpunkt zur Erklärung der Mittelwert-Varianz-Zusammenhänge anhand des Entscheidungsverhaltens herangezogen wird. Deshalb schlussfolgern RUEFLI / COLLINS / LACUGNA (1999, S. 168 ff.), dass in der Literatur die theoretische

Verbindung zwischen der nachträglichen (ex-post) Interpretation des Risikos mit der vorab relevanten (ex-ante) Entscheidungstheorie fehlt.

3.3.6 Fazit zur Theoriebetrachtung

Aus der Theoriebetrachtung kann geschlussfolgert werden, dass deskriptive Entscheidungstheorien das empirisch zu beobachtende Entscheidungsverhalten von Individuen besser abbilden können als die auf Verhaltensidealen beruhenden normativen Entscheidungstheorien (vgl. Kapitel 3.2). Dennoch können sie jeweils nur einige der zahlreichen Effekte des Entscheidungsverhaltens (vgl. Kapitel 3.1) erklären. In der Literatur werden zwar Ansätze diskutiert, die mehrere Theorien kombinieren, wie beispielsweise SITKIN / PABLO (1992, S. 27)[52], WISEMAN / GOMEZ-MEJIA (1998, S. 135 ff.)[53] und SHIMIZU (2007, S. 1499)[54]. Deren Bedeutung bleibt jedoch im Vergleich zu den grundlegenden Theorien gering.

Die Prospect-Theorie von KAHNEMAN / TVERSKY (1979, S. 274 ff.) stellt in der Fachliteratur die dominierende Theorie zur Erklärung von individuellem Entscheidungsverhalten unter Risiko dar (z. B. FENNEMA / WAKKER 1997, S. 53).

Als Erklärungsansatz für das Rendite-Risiko-Paradoxon hingegen werden in der Fachliteratur neben der dominierenden Prospect-Theorie von KAHNEMAN / TVERSKY (1979, S. 274 ff.) auch die verhaltenswissenschaftliche Theorie der Unternehmung von CYERT / MARCH (1963, S. 114 ff.) und der Kontingenzansatz (z. B. BAIRD / THOMAS 1985, S. 236 ff.) diskutiert. Während die verhaltenswissenschaftliche Theorie der Unternehmung relativ komplex den Einfluss von organisationalen Prozessen beschreibt, stellt die Prospect-Theorie mit ihrer Beschreibung des Entscheidungsverhaltens unter Risiko ein sehr einfaches Erklärungsmodell für das Rendite-Risiko-Paradoxon zur Verfügung. Dies könnte die Dominanz der Prospect-Theorie als theoretischen Erklärungsansatz des Performance-Risiko-Paradoxons in der Literatur erklären.

Eine kritische Betrachtung zum Stand der theoretischen Basis des Entscheidungsverhaltens, aus der die für diese Arbeit relevanten Forschungslücken abgeleitet werden, erfolgt in Kapitel 5.1.1. Im nächsten Kapitel erfolgt zunächst die Darstellung der empirischen Basis des Risikoentscheidungsverhaltens im Management-Kontext auf individueller und organisationaler Ebene.

52 SITKIN / PABLO (1992, S. 27) kombinieren die Risikoeinstellung (risikoavers oder risikofreudig) mit situativen Charakteristika (positive oder negative Wahrnehmung einer Situation) in einer 4-Feldermatrix. Damit können sie die Prospect-Theorie, die Threat-Rigidity-Theorie und weitere Ansätze in ihr Modell integrieren.

53 WISEMAN / GOMEZ-MEJIA (1998, S. 135 ff.) entwickeln ein verhaltenswissenschaftliches Agency-Modell des Risikoverhaltens von Managern („behavioral agency model of managerial risk taking"), das besonders die Erkenntnisse der Prospect-Theorie und des Modells von MARCH / SHAPIRA (1987, S. 1411) zum Risikoverhalten in die Agency-Theorie integriert. Die Risikoaversion wird durch eine Verlustaversion („loss aversion") ersetzt, mit der das risikofreudige Verhalten bei Verlustaussichten erklärt werden kann (WISEMAN / GOMEZ-MEJIA 1998, S. 135, S. 137, S. 146).

54 SHIMIZU (2007, S. 1499) versucht die Referenzpunktabhängigkeit der Prospect-Theorie mit der Adaption der verhaltenswissenschaftlichen Theorie der Unternehmung auf zurückliegende Verluste und die Risikoaversion der Threat-Rigidity-Theorie ab dem Punkt, der die Unternehmensexistenz gefährdet, in einer Theorie zu kombinieren.

4 Empirische Basis des Risikoentscheidungsverhaltens im Management-Kontext

4.1 Empirische Studien zum Risikoentscheidungsverhalten von Managern

4.1.1 Übersicht von empirischen Studien zum Risikoentscheidungsverhalten von Managern

In der Literatur sind zahlreiche Studien zum Entscheidungsverhalten von Individuen zu finden, jedoch nur relativ wenige zum Entscheidungsverhalten von Managern insbesondere unter Risiko. In Anbetracht der Bedeutung des Risikoverhaltens von Managern stellten bereits 2008 WILLIAMS / ZAINUBA / JACKSON (2008, S. 59) fest, dass erstaunlich wenige Studien zum Entscheidungsverhalten von Managern unter Risiko existieren.

Im Folgenden werden zunächst empirische Studien, die das Risikoentscheidungsverhalten von Managern untersuchen und Zusammenhänge mit Kontextvariablen herausstellen, kurz zur Übersicht in Tab. 4-1 wiedergegeben und anschließend die Ergebnisse der Studien im Zusammenhang diskutiert, bevor der Stand der Forschung kritisiert wird und Forschungslücken aufgezeigt werden.

Die Ergebnisse der empirischen Studien zum Risikoentscheidungsverhalten von Managern werden hinsichtlich der Risikoauffassungen und des Risikoentscheidungsverhaltens von Managern verglichen. Als Kontextvariablen des Risikoentscheidungsverhaltens von Managern werden der Einfluss des Alters, der Berufserfahrung, der Ausbildung, des Geschlechts, des Besitzanteils am Unternehmen (Manager versus Entrepreneure), der Einfluss der Geschäftsführer- und Gesellschafteranzahl, des Teamentscheidungsverhaltens, der Unternehmensgröße und der Performance diskutiert. Weiterhin wird das Risikoentscheidungsverhalten von Managern mit dem Risikoentscheidungsverhalten von Controllern und Studenten als Kontrollgruppen verglichen.

Die Bezeichnungen in den im Folgenden analysierten Studien zum Risikoentscheidungsverhalten von Managern werden, so weit wie möglich, im Original wiedergegeben (d. h. falls eine Studie Begriffe wie Entrepreneure oder Führungskräfte verwendet, werden diese auch entsprechend beibehalten und nicht verallgemeinernd als Manager bezeichnet).

Es werden folgende Angaben, soweit sie in den Studien verfügbar sind, dargestellt:

1. die Stichprobe hinsichtlich Umfang, Analysezeitraum und Datenbasis,
2. der Untersuchungsgegenstand mit den untersuchten Risikoverhaltensvariablen und Kontextvariablen,
3. die Untersuchungsmethoden hinsichtlich Datenerhebung und Auswertung,
4. sowie die wichtigsten Ergebnisse der Studien.

Studie				
	Stichprobe	**Untersuchungs-gegenstand**	**Untersuchungs-methode**	**Wichtigste Ergebnisse**
GRAYSON (1960)				
	• 10 (mit Vorstudie 11) US-Manager der Öl- und Gasbohr-Branche (unabhängige kleine Unternehmen: Einzelunternehmen bis 10 Mitarbeiter); Erhebung: 1957 - 1959	• bisheriges reales Risikoentscheidungsverhalten, • hypothetisches Risikoentscheidungsverhalten • Kontextvariablen: ?	• Erhebung: Interviews, 1. zwei hypothetische Fallstudien (Bohrvorhaben), 2. hypothetische Experimente mit 31 binären Entscheidungssituationen, in denen schrittweise die Wahrscheinlichkeitsgrenze erfragt wurde zwischen Investment oder nicht; • Auswertung: Häufigkeitsverteilung; Ermittlung der individuellen Nutzenfunktionen	• in den Fallstudien: höhere Risikobereitschaft bei einer eher sicheren Investition mit geringerem Ergebnis als bei einer riskanteren mit einem höheren Ergebnis; • bei den hypothetischen Entscheidungssituationen: 7 x risikofreudiges Verhalten bei Gewinn- und Verlustaussichten, 1 x risikoaverses Verhalten in Gewinn- und risikofreudiges Verhalten bei Verlustaussichten, 1 x risikoaverses Verhalten bei Gewinn- und Verlustaussichten
MEYER / WALKER / LITWIN (1961)				
	• 31 Manager (operative Bereichsleiter im verarbeitenden Gewerbe, Alter: ∅ = 42,1 (28 - 60) Jahre, Ausbildung: ∅ = 12,6 (8 - 17) Jahre, Arbeitserfahrung: ∅ = 18,9 (3 - 34) Jahre); • 31 Spezialisten (aus den Teams der Manager, Alter: ∅ = 42,7 (27 - 59) Jahre, Ausbildung: ∅ = 13,2 (10 - 17) Jahre, Arbeitserfahrung: ∅ = 18,1 (3 - 42) Jahre; Erhebung: ?, USA?	• hypothetisches Risikoverhalten; • Leistungsbereitschaft: hypothetisch aus dem Test und bewertet von Managern zwei Hierarchiestufen über den teilnehmenden Managern; • Zugehörigkeitsbedürfnis; • Kontextvariablen: Alter, Ausbildungsdauer, Arbeitserfahrung, Einkommen (Status)	• Erhebung: Risikofragebogen (binäre Entscheidungen), Fallstudien, Interviews; • Auswertung: Häufigkeitsverteilungen, Korrelationsanalysen	• Manager scheinbar risikofreudiger als Spezialisten (Aussage kann nur indirekt abgeleitet werden, da 52 % der Manager und 32 % der Spezialisten mittlere Wahrscheinlichkeiten bevorzugen, und kein Unterschied zwischen beiden bei der Anzahl derer besteht, die ein hohes Risiko (= geringe Wahrscheinlichkeiten) bevorzugen; • keine sign. Korrelation jeweils zwischen Risikopräferenz (bezüglich Extremen) im Test gezeigter und durch den Vorgesetzten bewerteter Leistungsbereitschaft
SWALM (1966)				
	• mindestens 34 US-Manager der chemischen Industrie (12 der 13 berichteten Fälle stammen aus einem der 4 größten Unternehmen des Landes in dieser Branche); Erhebung: ?	• Risikoentscheidungsverhalten in hypothetischen Businesssituationen • Kontextvariablen: ?	• Erhebung: Experimente mit binären Entscheidungssituationen; • Auswertung: Berechnung der individuellen Nutzenfunktionen	• in der Auswertung werden nur 13 Nutzenfunktionen in 3 Gruppen ohne Gesamthäufigkeitsangaben wiedergegeben, 9 x risikoaverses Verhalten in Gewinn- und risikofreudiges Verhalten bei Verlustaussichten, 1 x risikofreudiges Verhalten in Gewinn- und risikoaverses Verhalten bei Verlustaussichten; 1 x risikoaverses Verhalten bei Gewinn- und Verlustaussichten, 1 x risikofreudiges Verhalten bei Gewinn- und Verlustaussichten, 1 x relativ risikoneutrales Verhalten bei Gewinn- und Verlustaussichten

Tab. 4-1: Empirische Studien zum Risikoentscheidungsverhalten von Managern

Studie Stichprobe	Untersuchungs-gegenstand	Untersuchungs-methode	Wichtigste Ergebnisse
ALDERFER / BIERMAN (1970)			
• N_1: 47 Studenten; • N_2: 28 (bzw. 35) Studenten; • N_3: 77 US-Manager (mittleres und Topmanagement aus großen US-amerikanischen Unternehmen; Alter: 35 – 55 Jahre); Erhebung ?	• Risikoentscheidungs-verhalten zwischen 3 Portfolios mit relativ ähnlichen Mittelwerten und Varianzen aber unter-schiedlicher Schiefe (γ); • Risikoerwartung im Zusammenhang mit der Risikoentscheidung (nur bei Studenten (S) untersucht)	• Erhebung: Experiment (mit realer Auszahlung bei Gewinn und Einzahlung bei Verlust); • Auswertung: Häufigkeitsverteilung	• Risikoentscheidungsverhalten von Managern und Studenten signifikant (p = 0,03) unterschiedlich; • Vermeidung von Portfolios mit einer extremen Verlustmöglich-keit (bei Studenten noch ausge-prägter als bei Managern); • Studenten bevorzugen Port-folios mit einer extremen Gewinnmöglichkeit
CUMMINGS / HARNETT / STEVENS (1971)			
• 451 Manager (192 aus Zentral-Europa, ∅-Alter: 39,8 Jahre, ∅- Berufserfahrung: 17,0 Jahre; 28 aus Griechenland, ∅-Alter: 41,4 Jahre, ∅- Berufserfahrung: 15,0 Jahre; 84 aus Skandinavien, ∅-Alter: 39,4 Jahre, ∅- Berufserfahrung: 15,9 Jahre; 124 aus Spanien, ∅-Alter: 35,0 Jahre, ∅- Berufserfahrung: 11,1 Jahre; 23 aus den USA, ∅-Alter: 42,3 Jahre, ∅- Berufserfahrung: 16,8 Jahre); Erhebung ?	• Risikoeinstellung bzw. hypothetisches Risiko-verhalten (untersucht nach Regionen, Funktionen im Unternehmen und Anstellung in privaten bzw. öffentlichen Unternehmen); • Kontextvariablen: interpersoneller Umgang (versöhnlich – streitlustig), Kontrollauffassung (intern – extern), Vertrauen – Misstrauen,	• Erhebung: Fragebogen (mit 58 Fragen zu Persönlichkeits-eigenschaften, davon 16 zur Risikoeinstellung bzw. zum hypothetischen Risikoverhalten); • Auswertung: Summierung der codierten Antworten (1 - ja, 2 – un-entschieden, 3 – nein), Mittelwertvergleich	• auf der Skala von 16 (absolut risikofreudig) bis 48 (absolut risikoavers) sind die Manager aus Zentral-Europa (35,8), aus Skandinavien (35,7) und Griechenland (35,6) am risikoaversesten, die Manager aus Spanien zeigen sich etwas weniger risikoavers (33,4) und die Manager aus den USA (31,9) verhalten sich im Mittel risikoneutral; • Finance- und Accounting-Manager (36,6) sind im Vergleich zu anderen Managern (34,1 – 35,0) am risiko-aversesten; • Manager von privaten belgischen Unternehmen (36,0) sind risikofreudiger als Manager von öffentlichen Unternehmen (38,7)
LORANGE / NORMAN (1973)			
• 17 Skandinavische Tankerbesitzer (Fracht-schifffahrtsunternehmen); Erhebung: „mid-1970"? (Angabe in der Studie)	• Risikoeinstellung bzw. hypothetisches Risiko-verhalten in binären Entscheidungssituationen; • reales Risikoverhalten des Unternehmers bzw. des Unternehmens in der Vergangenheit an Hand der Unternehmens-strategie (Flotten-Diversifikation, Alters- und Größenverteilung der Flotte, Investitionspolitik, Auftragsakquisitionspolitik); • Kontextvariablen:	• Erhebung: Interviews; • Auswertung: Berechnung der Nutzen-funktionen, Berechnung der relativen Risikopräfe-renz unter Einbeziehung der Vermögensposition analog zum Pratt-Arrow-Maß; Regressionen, Rangkorrelationen	• 30 % hatten Schwierigkeiten im Umgang mit Wahrscheinlich-keiten; • häufigster Typ A: risikofreudig bei guter und risikoavers bei schlechter Liquiditätslage, • Typ B: risikoneutral bei guter und risikoavers bei schlechter Liquiditätslage, • Typ C: inkonsistent, am ehesten risikofreudig bei guter und risikoneutral bei schlechter Liquiditätslage; • Übereinstimmung von hypothetischem Risikoverhalten mit der Unternehmensstrategie je nach Strategiefeld bei Rang-korrelationen von 0,16 bis 0,68 (vom Betrag her)

Tab. 4–1: Empirische Studien zum Risikoentscheidungsverhalten von Managern (fortgesetzt)

Studie Stichprobe	Untersuchungs-gegenstand	Untersuchungs-methode	Wichtigste Ergebnisse
TAYLOR / DUNNETTE (1974)			
• 79 Linien-Manager (foreman bis factory managers) aus 8 Bereichen eines Unternehmens der verarbeitenden Industrie; 100 % ♂; Erhebung ?	1. Dogmatismus, 2. Risikoverhalten, 3. Intelligenz, 4. Info.-suchumfang, 5. Entscheidungszeit, 6. Info.-verarbeitung, 7. Entsch.-genauigkeit, 8. Entsch.-vertrauen, 9. Entsch.-flexibilität (Info – Information, Entsch. – Entscheidung)	• Erhebung: Fallstudie bzw. Rollenspiel (Personal-Decision-Simulation) als Manager, der Entscheidungen zu einer Promotionsaktion treffen muss; • Auswertung: Bivariate Korrelationen zwischen den untersuchten Variablen	• Korrelationen zwischen 1 und 3: 0,29*;1 und 6: -0,34**; 1 und 7: 0,23*; 1 und 8: 0,23*; • Korrelationen zwischen 2 und 4: -0,37**; 2 und 5: -0,21*; 2 und 6: -0,29**; • Korrelationen zwischen 3 und 5: -0,30**; 3 und 7: -0,30*; 3 und 9: -0,45**; (* < 0,05; ** < 0,01)
HARRISON (1977)			
• (jeweils 2 – 3) Senior-Manager (Direktoren, Bereichsleiter) aus 32 britischen Unternehmen; Erhebung ?	• Entscheidungsprozess im Unternehmen; • Kontextvariablen: ?	• Erhebung: strukturierte Interviews in den Unternehmen mit mehreren Senior-Managern, die direkt an den Vorstand berichten; • Auswertung: Verbale Beschreibung (teilweise auch mit Häufigkeiten)	• zur Entscheidungsfindung wird in allen befragten Unternehmen ein Systemanalyseansatz mit Entscheidungsbäumen genutzt, wobei jeder Pfad vollständig, aber weitestgehend ohne statistische oder subjektive Wahrscheinlichkeiten analysiert wird, • Vernachlässigung von Wahrscheinlichkeitswerten aus politischen Gründen
FISHBURN / KOCHENBERGER (1979)			
• 30 Fälle aus 5 Studien (13 aus Swalm 1966, 2 aus Halter / Dean 1971, 10 aus Grayson 1960, 3 aus Green 1963, 2 aus Barnes / Reinmuth 1976)	• Risikoverhalten oberhalb und unterhalb eines Referenzpunktes; • Kontextvariablen: ?	• Erhebung: „Metaanalyse“; • Auswertung: Transformation der Daten, Häufigkeitsanalysen	• 46 % risikoavers oberhalb u. risikofreudig unterhalb des Referenzpunktes; • 25 % risikofreudig oberhalb u. risikoavers unterhalb des Referenzpunktes; • 11 % immer risikoavers; • 18 % immer risikofreudig
LAUGHHUNN / PAYNE / CRUM (1980)			
• 224 Manager aus 53 Unternehmen verschiedener Branchen aus den USA, Kanada, Deutschland, Niederlande; Berufserfahrung: 5 - 35 Jahre; Position: Junior- bis Senior-Level; Erhebung: ?	• hypothetisches Risikoverhalten bei Verlustaussichten im privaten und Management-Kontext bei nicht-ruinösen und ruinösen Verlusten; • Kontextvariablen: Land, Branche, Position, Unternehmensangehörigkeitsdauer, Ausbildungsniveau, Ausbildungsart (technisch bzw. nicht technisch)	• Erhebung: Experiment • Auswertung: Berechnung des Downside-Risikos nach FISHBURN (1977), Häufigkeitsanalysen, Gruppenvergleiche, Regressionsmodelle für nicht-ruinöse und ruinöse Verluste mit Land, Branche, Position, Unternehmensangehörigkeitsdauer, Ausbildungsniveau, Ausbildungsart	• ca. 80 - 83 % der Manager zeigen im privaten Kontext ein risikosuchendes Verhalten bei Verlustaussichten; • im Managementkontext zeigen ca. 55 - 64 % der Manager ein risikofreudiges Verhalten bei nicht-ruinösen Verlusten; • bei ruinösen Verlusten zeigen 64 % der Manager ein risikoaverses Verhalten (nur getestet mit 75 Managern aus Deutschland und den Niederlanden)

Tab. 4–1: Empirische Studien zum Risikoentscheidungsverhalten von Managern (fortgesetzt)

Studie Stichprobe	Untersuchungs-gegenstand	Untersuchungs-methode	Wichtigste Ergebnisse
DICKSON (1981)			
• 15 „Risikomanager" (aber nicht aus dem Risikomanagement) und 14 „Nicht-Risikomanager" („normale") britische Manager aus Unternehmen der Branchen Maschinenbau, Chemie, Dienstleistungen und verarbeitende Industrie; Erhebung: ?	• Risikoverhalten bei hypothetischen monetären Gewinn- und Verlustaussichten; • Kontextvariablen: Position	• Erhebung: Fragebogen mit 12 Gewinn- und 12 Verlustaussichten, Wahl eines Sicherheitsäquivalents, um jeweils die vorgegebene zu 50 % riskante Option zu vermeiden; • Auswertung: Aufsummierung der 24 relativen Abweichungen des Sicherheitsäquivalents zum Erwartungswert; Mittelwertvergleich	• bei Gewinnaussichten kein signifikanter Unterschied im Risikoverhalten von Risiko- und Nicht-Risiko („normalen") Managern; beide Gruppen im Mittel risikoavers; • bei Verlustaussichten entscheiden die Risiko-Manager signifikant risikoaverser als die Nicht-Risiko („normalen") Manager; beide Gruppen im Mittel risikoavers; nur 2 der 15 (= ca. 13 %) Risiko-Manager und nur 4 der 14 (= ca. 29 %) Nicht-Risiko („normalen") Manager zeigen ein risikofreudiges Verhalten
ORPEN (1983)			
• 107 Manager (31 aus Indien, 36 aus den USA, 40 aus Japan); Erhebung: ?	• Risikoverhalten bei hypothetischen monetären Gewinn- und Verlustaussichten (analog zu DICKSON 1981); • Kontextvariablen: Erfolgsbedarf bzw. Leistungsbereitschaft (need for achievement)	• Erhebung: Fragebogen analog zu DICKSON (1981); • Auswertung: analog zu DICKSON (1981), Korrelationsanalysen	• bei Gewinnaussichten sind japanische (3,58) und US-amerikanische (3,56) Manager signifikant risikofreudiger als indische Manager (2,62); • bei Verlustaussichten kein signifikanter Unterschied im Risikoverhalten zwischen japanischen (3,01), amerikanischen (2,97) und indischen (2,95) Managern
LAUGHHUNN / CRUM / PAYNE (1983)			
• 188 Manager, davon 149 Manager aus LAUGHHUNN / PAYNE / CRUM (1980) und 39 seit 1980 neu befragte Manager (aus nicht-regulierten Branchen, befragt im beruflichen Kontext); Erhebung: ? (neue Gruppe nach 1980)	• hypothetisches Risikoverhalten bei Verlustaussichten im privaten und beruflichen Kontext in einer stark regulierten Branche (Telekommunikation) und in nicht-regulierten Branchen; • Kontextvariablen: Branche	• Erhebung: Experiment (Fragebogen?); • Auswertung: Berechnung des Downside-Risikos nach FISHBURN (1977), Häufigkeitsanalysen, Gruppenvergleiche, Regressionsmodelle für nicht-ruinöse und ruinöse Verluste mit Land, Branche, Position, Unternehmensangehörigkeitsdauer, Ausbildungsniveau, Ausbildungsart	• kein sign. Unterschied im Risikoverhalten von Managern aus der damals stark regulierten Telekommunikationsbranche zu anderen Branchen; • im persönlichen Kontext entscheiden 83 % der Manager aus der regulierten und 81 % der Manager aus den nicht-regulierten Branchen risikofreudig; • im beruflichen Kontext entscheiden 63 % der Manager aus der regulierten und 54 % der Manager aus den nicht-regulierten Branchen risikofreudig

Tab. 4–1: Empirische Studien zum Risikoentscheidungsverhalten von Managern (fortgesetzt)

Stichprobe	Untersuchungs-gegenstand	Untersuchungs-methode	Wichtigste Ergebnisse
PERLITZ / LÖBLER (1985)			
• 230 höhere Führungskräfte aus 20 deutschen Großunternehmen; Alter: > 30 bis < 56, Modalwert: 41 – 45 Jahre; Erhebung: ?	• Risikoverhalten bei hypothetischen Prozess- und Produktinnovationen in Chancen- und Risikosituationen; • Kontextvariablen: Alter (angegeben, aber nicht in die Analysen einbezogen)	• Erhebung: Fragebogen mit 2 Fällen (1. Prozess- und 2. Produktinnovation) mit jeweils einer risikolosen und einer risikobehafteten Alternative; • Auswertung: Häufigkeitsanalysen	• bei Prozess- und Produktinnovationen in Chancensituationen überwiegt risikoaverses Verhalten; • in Krisen- bzw. Verlustsituationen überwiegt risikofreudiges Verhalten
MACCRIMMON / WEHRUNG (1985, 1986, 1990)			
• 509 Manager (2/3 Top-Level) (375 Kanadisch aus 158 Unternehmen und 96 US-amerikanisch aus 52 Unternehmen) aus 11 Branchen, Alter: 24 - 55, ∅ = 47 Jahre; alle ♂, Unternehmensangehörigkeitsdauer: ∅ = 14 Jahre; Gehalt: ∅ = 130.000 $, Vermögen: ∅ = 300.000 $; Erhebung: 1973 - 1974	• 16 Risikomaße zu: • Risikoverhalten in beruflichen und privaten standardisierten hypothetischen Situationen, • Risikoverhalten in realen Situationen, • Risikoeinstellung; • Kontextvariablen: Alter, Abhängigkeiten, Ausbildung, Nationalität, Vermögen, Einkommen, Position, Autorität, aktuelle Beschäftigungsdauer, Unternehmensgröße, Branche	• Erhebung: Fragebogen (Ausfülldauer ca. 2 Stunden!), Interviews (90 min.); • Auswertung: 1. Bivariate Korrelationen zwischen den Variablen, 2. Faktorenanalyse der 13 Variablen zum Risikoverhalten (nur in der Veröffentlichung von 1990), 3. Bivariate Korrelationen zwischen den 6 Risikofaktoren und 4. den sozialen Faktoren, 5.Diskriminazanalyse zur Überprüfung der Gruppen	• überwiegende Risikoaversion bei Gewinnaussichten und überwiegende Risikofreude bei Verlustaussichten; • Signifikante Korrelation zwischen beruflichem und privatem Risikoverhalten; • erfolgreiche Manager (höhere Position, Autorität, Einkommen) und Manager kleinerer Unternehmen sowie mit geringerer Bildung zeigen eine höhere Risikoneigung; • ältere Manager und Manager von größeren Unternehmen (Banken) zeigen eine geringere Risikoneigung
MARCH / SHAPIRA (1987)			
• 50 Manager (10 US-amerikanisch und 40 israelisch) von 20 Unternehmen versch. Branchen; (US-Manager: 80 % Top-Management, israel. Manager: ca. 20 % Top-Management), (90 % ♂, 10 % ♀, Alter US-Manager: 32 - 60, Jahre, israelische Manager: 25 - 50 Jahre); Erhebung: 1984 – 1985	• Risikowahrnehmung; • Risikoeinstellung (-bereitschaft); • Risikoverhalten; • Kontextvariablen: Alter, Position, Nationalität (angegeben, aber nicht in die Analysen einbezogen)	• Erhebung: Interviews; • Auswertung: Häufigkeitsanalysen	• Risikoauffassungen der befragten Manager weichen teilweise erheblich von den normativen Theorien ab; • Manager zeigen im Berufsleben eine höhere Risikobereitschaft als im Privatleben, teilweise weil sie denken, dass im Berufsleben eine höhere Risikobereitschaft von ihnen erwartet wird; • Manager zeigen in verschiedenen Situationen ein unterschiedliches Risikoverhalten
COOPER / DUNKELBERG / WOO (1988)			
• 2994 Entrepreneure (maximal seit 15 Monaten im Geschäft, 64 % begannen und 30 % kauften das Unternehmen); Erhebung: 1985	• Erfolgsaussichten; • Anzahl der Partner; • Ausbildung; • Führungserfahrung (frühere); • Anfangskapital; • Kontextvariablen: Risikobereitschaft (da keine Risikostudie sondern eine Erfolgsstudie)	• Erhebung: Fragebogen oder Umfrage; • Auswertung: Häufigkeitsanalysen, Regressionsmodelle	• ca. 80 % halten ihre Chancen für überdurchschnittlich; • die eigenen Erfolgsaussichten werden signifikant besser eingeschätzt als die anderer Unternehmen mit einer vergleichbaren Ausgangssituation, d. h. Erfolg wird der eigenen Person statt den Umständen zugeschrieben

Tab. 4–1: Empirische Studien zum Risikoentscheidungsverhalten von Managern (fortgesetzt)

STUDIE Stichprobe	Untersuchungs-gegenstand	Untersuchungs-methode	Wichtigste Ergebnisse
MASTERS / MEIER (1988)			
• 50 Entrepreneure und Manager kleiner Unternehmen aus dem mittleren Westen der USA; Erhebung: ?	• hypothetisches Risikoverhalten; • Kontextvariablen: Geschlecht, Alter, Einkommen, Position (angegeben, aber nicht in die Analysen einbezogen)	• Erhebung: Fragebogen (CDQ nach WALLACH / KOGAN 1959, S. 558 f.); • Auswertung: Mittelwertvergleiche	• keine signifikanten Unterschiede im Risikoverhalten zwischen Entrepreneuren und Managern; • keine signifikanten Unterschiede im Risikoverhalten zwischen Frauen und Männern
WEHRUNG (1989)			
• 113 (127) Manager (≥ Vice-President) aus 27 Unternehmen mit Aktiva > 100 Mio. $ der Öl- und Gas-Branche und Sitz in Houston (USA) oder Calgary (Kanada), (alle ♂, Berufserfahrung als Manager in dieser Branche: ∅ = 15 Jahre); Erhebung: ?	• Risikoverhalten bei hypothetischen beruflichen Investments mit extremen Gewinn- und Verlust-möglichkeiten mit 1. Entscheidung zwischen sicherer und unsicherer Option, 2. minimal geforderte Verkaufspreise für unsichere Investments (interpretiert als Sicherheitsäquivalente); • Kontextvariablen: ?	• Erhebung: 9-seitiger Fragebogen mit 7 Entscheidungs-situationen u. Interview (insg. 4 Stunden!); • Auswertung: Häufigkeitsanalysen, Korrelationsanalysen, Berechnung der Nutzen-funktion	• für unsichere Investments mit geringen Erfolgswahrscheinlich-keiten (hier 25 %) verlangen 38,9 % (= risikofreudig), bzw. 34 % (= risikoneutral), 26,5 % (= risikoavers) der Manager einen Verkaufspreis über (bzw. gleich, unter) dem Erwartungs-wert (Ergebnisse der Entscheidungen zwischen sicherer und unsicherer Option nicht angegeben, nur minimal geforderte Verkaufspreise im Verhältnis zum Erwartungswert der unsicheren Investments)
JOHNSON / POWELL (1994)			
• N_1: 5695 US-Amerikaner (mit 89,2 % Wahrscheinlichkeit) ohne Managementausbildung, (2801 ♂, 2894 ♀); Erhebung: April 1991; • N_2: 130 US-Amerikaner mit Managementaus-bildung, davon ca. 40 % Manager und ca. 60 % Management-Studenten (Alter: 20 – 45, 84 ♂, 46 ♀); Erhebung: ?	• N_1: reales Risikoverhal-ten bei Wetten (Höhe des Einsatzes, Art der Wette) und Performance daraus (Wettgewinne im Verhält-nis zum Einsatz und pro Wette etc.); • N_2: hypothetisches Risikoverhalten im Management-Kontext, Performance (Qualität der Entscheidungsbegrün-dung, Kontrollüberzeu-gung, Selbstbestimmtheit)	• Erhebung: N_1: Daten in einem Wett-büro ohne das Wissen der Probanden erhoben; N_2: begründete Entschei-dung (benotete Abschluss-arbeit eines Kurses) für oder gegen eine risikobehaftete Investition mit einem gering-en positiven NPV, Frage-bogen zur Kontrollüberzeu-gung u. Selbstbestimmtheit; • Auswertung: Häufigkeitsanalysen, Vergleichsanalysen	• N_1: bei Individuen ohne Managementausbildung: Männer sign. risikofreudiger als Frauen, aber nicht sign. Erfolg-reicher; • N_2: bei Individuen mit Managementausbildung: keine sign. Unterschiede zwischen Männern und Frauen im Risiko-verhalten, Qualität der Entschei-dung, Kontrollüberzeugung und Selbstbestimmtheit, kein sign. Zusammenhang zwischen Note (Qualität) und Risikoverhalten.
SHAPIRA (1995)			
• 656 Manager (355 aus US-amerikanischen und 301 israelischen Unter-nehmen versch. Branchen); (48 % aus öffentlichem u. 52 % privatem Sektor), (10 % Top-, 24 % Senior-, 37 % mittleres und 29 % unteres Management), (71 % ♂, 29 % ♀, Alter: 23 - 62, ∅ = 35 Jahre); + 50 Manager aus MARCH / SHAPIRA (1987); Erhebung: ?	• Risikowahrnehmung; • Risikobereitschaft; • Selbstauskunft zum Risikoverhalten in Performancesituationen; • Risikoverständnis; • Umgang mit Risiken; weitere Variablen: • Kontrolleinfluss; • Einfluss der Fähigkeit (versus Glück); • Branche (privat, öffentlich, Finanzwesen)	• Erhebung: Interviews nur von den 50 Managern aus MARCH / SHAPIRA (1987); Fragebogen nur von den neu erhobenen 656 Managern; • Auswertung: Häufigkeitsanalysen (ohne statistische Tests!)	• positiver quadratischer Zu-sammenhang zwischen Perfor-mance und Risikoverhalten (hohe Risikobereitschaft bei hohen Gewinnen bzw. Verlusten und geringe Risikobereitschaft bei durchschnittlicher Perfor-mance); • 3 Gruppen unterscheidbar: 1. risikoneutral, 2. risiko-freudiger und 3. risikoaverser mit steigender Performance; • unterschiedlicher Umgang mit Risiken in den Branchen

Tab. 4–1: Empirische Studien zum Risikoentscheidungsverhalten von Managern (fortgesetzt)

Studie / Stichprobe	Untersuchungsgegenstand	Untersuchungsmethode	Wichtigste Ergebnisse
BUSENITZ / BARNEY (1997)			
• 125 Entrepreneure (∅ 1,7 Jahre nach Gründung eines eigenen Unternehmens; Branchen-SIC-Codes: 2800, 2900, 3000, 3500, 3600, 3700, 3800) und 95 Manager (großer Unternehmen mit > 10.000 Mitarbeitern; Branchen-SIC-Codes: 1300, 3400, 3500, 3600, 3800); Erhebung ?	• Overconfidence-Bias; • Repräsentativitäts-Heuristik; • Kontextvariablen: Alter, Bildungsniveau, sowie Risikoverhalten, Konformität nach JACKSON PERSONALITY INVENTORY (JPI, JACKSON 1976) und Aufmerksamkeit für Geschäftsmöglichkeiten; Offenheit gegenüber neuen Ideen (nach KAISH / GILAD 1991)	• Erhebung: Fragebogen mit je einem Szenario zur Messung des Overconfidence-Bias und der Repräsentativitäts-Heuristik; • Auswertung: bivariate Korrelationen, logistische Regressionen	• Overconfidence-Bias und Entscheiden nach Repräsentativität sign. häufiger bei Entrepreneuren als bei Managern; • kein Unterschied des Risikoverhaltens zwischen Entrepreneuren und Managern; • kein Einfluss des Risikoverhaltens auf das Alter, das Bildungsniveau, den Overconfidence-Bias und das Entscheiden nach Repräsentativität; • sign. Korrelation des Risikoverhaltens mit der Konformität (ϱ = -0,28) und der Aufmerksamkeit für Geschäftsmöglichkeiten (ϱ = 0,21)
PABLO (1997)			
• 60 Top-Manager der Öl-Branche (50 % „chairman", CEO oder „president", 38 % „vice-president", 12 % mittl. Management; 37 % aus der Produktion, 27 % Exploration, 22 % Finance); (100 % ♂, ∅-Alter: 50 Jahre); Erhebung: „early to mid-1990s"	• hypothetisches Risikoverhalten (als Wahrscheinlichkeitsangabe 0 - 100 % zu verkaufen oder nicht und dichotome Entscheidung); • „risk propensity" = eigenes geschäftliches Risikoverhalten und Einschätzung des Risikoverhaltens anderer Manager im Vergleich zum eigenen; • Risikopräferenz zu strategischen, finanziellen und technologischen Risiken; • bisherige Performance; • Trägheit („inertia"); • Kontextvariablen: Unternehmensgröße, Unternehmensperformance	• Erhebung: Business-Szenario zum Verkauf des Anteils an einem Joint-Venture entweder mit positivem oder mit negativem Framing; Selbstauskunft zum Risikoverhalten, zur Risikoneigung, zur bisherigen Performance und zur Trägheit; • Auswertung: Korrelationen, Regressionen	• Korrelation von 0,89 zwischen Wahrscheinlichkeitsangabe zu verkaufen und dichotomer Entscheidung; • risikofreudig bei Gewinnen und risikoavers bei Verlusten; • risikoaverses Verhalten bei existenzbedrohenden Risiken; • keine Korrelationen des im Test gezeigten Risikoverhaltens und der bisherigen Unternehmensperformance mit einer anderen untersuchten Variable; • positive Korrelationen zwischen Selbsteinschätzung der eigenen Performance und Risikoneigung sowie Risikopräferenz
STEWART ET AL. (1999)			
• 101 Entrepreneure und 324 Manager („small business owner-managers") (überwiegend von der Ostküste der USA stammend); Erhebung ?	• Risikoverhaltensneigung („risk taking propensity"); • Innovationspräferenz; • Leistungsbedürfnis; • Kontextvariablen: Alter, Ausbildungsniveau, Geschlecht, Branche	• Erhebung: Fragebogen zur Erfassung der Risikoverhaltensneigung und Innovationspräferenz mit JACKSON PERSONALITY INVENTORY (JPI; JACKSON 1976); • Auswertung: Korrelationen, Regressionen (hierarchische multinominale LOGIT-Analyse)	• höhere Risikoverhaltensneigung von Entrepreneuren gegenüber Managern; • höhere Risikoverhaltensneigung von „small business owners" gegenüber „corporate managers"; • sign. Korrelationen der Risikoverhaltensneigung mit der Innovationspräferenz (ϱ = 0,43), dem Leistungsbedürfnis (ϱ = 0,25), dem Alter (ϱ = -0,14), dem Ausbildungsniveau (ϱ = 0,10) und dem Geschlecht (ϱ = 0,10)

Tab. 4–1: Empirische Studien zum Risikoentscheidungsverhalten von Managern (fortgesetzt)

STUDIE			
Stichprobe	**Untersuchungs-gegenstand**	**Untersuchungs-methode**	**Wichtigste Ergebnisse**
WILLIAMS / NARENDRAN (1999)			
• 285 Manager aus Indien und Singapore; 85 % ♂, 38 % Seniormanager, 47 % mittleres und 14 % unteres Management, Durchschnittsalter: 38 Jahre; Erhebung ?	• Risikowahrnehmung; • Risikoeinstellung (-bereitschaft); • Risikoverhalten; • Kontextvariablen: Alter, Geschlecht, Kultur, Nationalität, organisationale Risikobereitschaft, Erfolgsdruck, Persönlichkeit (Type A) und andere	• Erhebung: Fragebogen mit 10 Business-Situationen; • Auswertung: bivariate Korrelationen, Regressionsmodelle zur Ermittlung der Einflüsse der weiteren Variablen auf das Risikoverhalten	• einen signifikanten Einfluss auf das Risikoverhalten zeigen nur Geschlecht, Nationalität, Kultur, organisationale Risikobereitschaft, Erfolgsdruck und Persönlichkeit (Type A) • kein signifikanter Zusammenhang zwischen Risikobereitschaft und Risikowahrnehmung
WILLIAMS / WONG (1999)			
• 85 Manager aus Singapore aus verschiedenen Branchen (77 % ♂, 22 % Top-Management, 51 % mittleres u. 27 % unteres Management, Durchschnittsalter: 34 Jahre; 7 % Controller); Erhebung ?	• bisherige Performance; • Framing; • Risikowahrnehmung; • Risikobereitschaft; • Risikoverhalten; • Stimmung ("mood"); • Kontextvariablen: Geschlecht	• Erhebung: Fragebogen mit 16 Entscheidungs-Situationen; • Auswertung: bivariate Korrelationen und Regressionsmodelle	• bisherige Performance beeinflusst Risikobereitschaft signifikant positiv
HELLIAR ET AL. (2001, 2002)			
• UK-Manager und Controller aus verschiedenen Branchen, • N_1: 26 Erhebung: 1997-1999, • N_2: 210 davon 29 Controller; Erhebung: 1998, • N_3: 132 davon 21 Controller; Erhebung: 1998	• Ranking von Risiken; • Risikowahrnehmung; • persönliche und organisationale Einflussfaktoren; • Einfluss der Performance in der Vergangenheit; • Framing; • Vergleich der Risikoeinstellung und des Risikoverhaltens von Managern und Controllern (nur in der Veröffentlichung von 2002)	• Erhebung: Interviews (N_1), Fragebögen (N_2 u. N_3); • Auswertung: Häufigkeitsanalysen	• Risiko, einen Verlust zu erleiden, signifikant bedeutsamer als andere Risiken; • Verluste der Vergangenheit werden von 85 % ignoriert; • entgegen der Prospect-Theorie kein risikoaverses Verhalten oberhalb eines Referenzpunktes; • Einfluss des Framings (Risikoaversion bei Gewinnaussicht und Risikofreude bei Verlustaussicht) wird bestätigt
SONFIELD ET AL. (2001)			
• 184 US-amerikanische Kleinunternehmer (Zufallssample aus allen Branchen, aber 63 % der ♂ und 81 % der ♀ aus Einzelhandel/Service, 37 % der ♂ und 19 % der ♀ aus produzierendem Gewerbe); (insgesamt: 59 % ♂, 41 % ♀; ∅-Unternehmensalter: ♂: 12 Jahre, ♀: 6 Jahre; ∅-Mitarbeiteranzahl: ♂: 26 Jahre, ♀: 10 Jahre); Erhebung: ?	• Selbstauskunft zu Strategien zum Innovations- und Risikoverhalten sowie zur Zufriedenheit (Performance); • Kontextvariablen: Alter, Geschlecht	• Erhebung: Fragebogen mit 13 Fragen zur Strategie, Nacherhebung per Interview; • Auswertung: Häufigkeits- und Vergleichsanalysen	• 40 % der Männer (♂) und 43 % der Frauen (♀) überwiegend risikovermeidend, 59 % der Männer und 57 % der Frauen überwiegend risikofreudig, die Unterschiede zwischen Männern und Frauen sind nicht signifikant; • Männer sind signifikant zufriedener mit der Performance ihres Unternehmens

Tab. 4–1: Empirische Studien zum Risikoentscheidungsverhalten von Managern (fortgesetzt)

Stichprobe	Untersuchungs-gegenstand	Untersuchungs-methode	Wichtigste Ergebnisse
JIANAKOPLOS / BEMASEK (2006)			
• 3143 (in 1989), 4299 (in 1995) und 4442 (in 2001) US-Haushalte davon ca. 17 % Selbständige; Erhebung: 1989, 1995 und 2001	• objektives Risikoverhalten: riskante Anlagen / Vermögen; • subjektives Risikoverhalten; • finanzielle Risikobereitschaft; • Kontextvariablen: Alter, Kohorte, Zeit, Vermögen, Humankapital, Gesundheit, Geschlecht, Vermögen, Selbständigkeit, Familien-situation etc.	• Erhebung: Umfrage; • Auswertung: Häufigkeitsanalysen, 2 Regressionsmodelle zur Ermittlung der Einflüsse der weiteren Variablen jeweils auf das objektive und das subjektive Risikoverhalten	• objektives finanzielles Risikoverhalten und subjektive finanzielle Risikobereitschaft nehmen mit dem Alter signifikant ab; • maximale Risikobereitschaft mit 22,5 Jahren; • Selbständige (also auch Entrepreneure) zeigen ein signifikant höheres objektives Risikoverhalten, aber keine signifikant höhere subjektive Risikobereitschaft als Angestellte und Rentner
PARHANKANGAS / HELLSTRÖM (2007)			
• 90 Investment Manager aus 58 Venture-Capital-Unternehmen (54 aus Schweden, 36 aus Finnland); Erhebung: 2004 - 2005	• Wahrnehmung von Markt- und Agencyrisiko; • Investmentphase; • High-Tech-Fokus; • Risikokontroll- bzw. -reduktionsstrategien; • Risikoneigung; • Anreize; • Vergangenheits-performance; • Investitionssumme	• Erhebung: Fragebogen; • Auswertung: Faktorenanalyse, Korrelationsanalysen, Regressionsanalysen	• signifikant höhere Risikonei-gung bei Anreizen (ϱ = 0,223), Branchenerfahrung (ϱ = 0,239), Fokus auf frühe Investment-phasen (ϱ = -0,245) und bei Syndication (ϱ = 0,223); • kein Einfluss auf die Risiko-neigung haben VC-Erfahrung, das angenommene Markt- oder Agencyrisiko, die Performance und die Investmentsumme
WILLIAMS / ZAINUBA / JACKSON (2008)			
• 149 Junior- u. Senior-Manager aus mehreren Branchen einer US-amerikanischen Stadt im Süden (Alter: ∅ = 32 Jahre; 64 ♂, 85 ♀); Erhebung ?	• bisherige Performance; • Framing; • Risikowahrnehmung; • Risikobereitschaft; • Risikoverhalten; • Ergebnisunsicherheit; • persönliche Konse-quenzen; • Kontrolle; • Kontextvariablen: Alter, Geschlecht (angegeben, aber nicht in die Analysen einbezogen)	• Erhebung: Fragebogen mit 16 realistischen Business-Szenarios; • Auswertung: bivariate Korrelationen, multivariate Regressionen	• Risikowahrnehmung hat keinen Einfluss auf das Risikoverhalten; • Risikowahrnehmung zeigt signifikant positive Abhängig-keiten von der Ergebnisun-sicherheit, der Verlustwahr-scheinlichkeit, den persönlichen Konsequenzen, dem Framing und der Risikobereitschaft; • Risikoverhalten zeigt einen signifikant negativen Einfluss des Framings und einen positiven der Gewinnaussichten
FARAGÓ / KISS / BOROS (2008)			
• N_1: 95 Entrepreneure (Alter: 25 - > 55, 86 ♂, 27 ♀); • N_2: 86 Studenten (Alter: 18 - 25, 15 ♂, 71 ♀), • N_3: 49 Straftäter (Alter: 21 - 55, alle ♂); Erhebung: 2002 und 2003	• Risikoverhalten (hypothetisches); • Kontextvariablen: Alter, Geschlecht, Ausbildung, Einkommen, Wohnort, Mitarbeiter, Prospect	• Erhebung: Fragebogen mit 10 binären Lotterien; • Auswertung: scheinbar bivariate Korrelationen zwischen den 3 Gruppen und den Geschlechtern, eventuell auch Varianzanalyse	• Aussagen teilweise wider-sprüchlich: alle 3 Gruppen sollen sich signifikant unter-scheiden, aber später wird nur noch eine nichtsignifikante höhere Risikoneigung der Entrepreneure gegenüber den Studenten festgestellt; • Risikoverhalten von Entre-preneuren und Straftätern unter-scheidet sich nicht signifikant

Tab. 4–1: Empirische Studien zum Risikoentscheidungsverhalten von Managern (fortgesetzt)

Stichprobe	Untersuchungs-gegenstand	Untersuchungs-methode	Wichtigste Ergebnisse
JESKE (2008); JESKE / WERNER (2008)			
• 66 (51) deutsche Manager der Versicherungsbranche; (4 ♀, 62 ♂; Alter: ∅ = 44 (28 - 60) Jahre; 51 % Top-Management, 32 % 2. Ebene, 17 % 3. Ebene); Erhebung: 2002	• Interviews mit Fragen zur Risikointerpretation analog SHAPIRA (1995, S. 160); • Kontextvariablen: Alter, Ausbildung, Persönlichkeitseigenschaften	• Erhebung: Interviews, Experimente mit zwei Lotterien (eine Gewinn- und eine Verlustaussicht, Zeiterfassung des Fokusses auf Ergebniswerte und Wahrscheinlichkeiten); Persönlichkeitsfragebogen; • Auswertung: Häufigkeitsanalysen, Kontingenzanalysen	• abweichend zu SHAPIRA (1986) geben nur 45 % der Manager an, Risiko als Verlustkomponente zu interpretieren; • 50 % der Manager interpretieren Risiko als gesamte Abweichung; • höherer Fokus (zeitbasiert) auf Ergebniswerten als auf Wahrscheinlichkeiten (bei Verlustaussichten noch höher als bei Gewinnaussichten); • Priorisierung des Fokusses auf Ergebniswerte gegenüber Wahrscheinlichkeiten ist persönlichkeits- und altersabhängig
BECKMANN / MENKHOFF (2008):			
• 649 Fonds-Manager, (125 ♀, 524 ♂; Herkunft: USA: 148, D: 262, Italien: 112, Thailand: 126); Erhebung: 2003 – 2004	• Vergleich der Risikoeinstellung von Fonds-Managerinnen und Managern; • Kontextvariablen: Geschlecht, Nationalität	• Erhebung: Fragebogen; • Auswertung: multivariate Regressionen, binäre Regressionen	• einige signifikante Geschlechtsunterschiede bei speziellen Fragestellungen, aber insgesamt nur schwacher insignifikanter Gendereinfluss
MACKO / TYSZKA (2009)			
• N_1: 44 Studenten mit der Absicht ein Business zu starten (20 ♂, 24 ♀), • N_2: 42 Studenten ohne die Absicht ein Business zu starten (23 ♂, 19 ♀), • N_3: 40 Studenten, die gleichzeitig Entrepreneure sind (10 ♂, 30 ♀), (N_1 – N_3: 100 % polnisch, Alter 20 – 30); • N_4: 39 Angestellte, • N_5: 41 Selbständige, (N_4 – N_5: 100 % ♂, 100 % polnisch; Alter: 26 – 55); Erhebung ?	• N_1 – N_3: Risikoverhalten, Selbsteffizienz, Optimismus; • N_4 – N_5: Risikoverhalten; • Kontextvariablen: Alter (angegeben, aber nicht in die Analysen einbezogen)	• Erhebung: N_1 – N_3: Experimente mit erfolgsabhängigen Anreizen; • N_4 – N_5: Fragebogen mit 1. riskanten Business-Szenarien ohne quantitative Angabe von Ergebnissen und Wahrscheinlichkeiten sowie 2. Lotterien mit definierten Ergebnissen und Wahrscheinlichkeiten; • Auswertung: Häufigkeitsanalysen, bivariate Korrelationen	• zwischen N_1 – N_3 keine sign. Unterschiede im Risikoverhalten; • Männer signifikant risikofreudiger als Frauen; • bei N_1 – N_3 sind Entrepreneure sign. optimistischer und selbst-effizienter; • bei N_4 – N_5 sind Selbständige (sign.) risikofreudiger als Angestellte
MASCLET ET AL. (2009)			
• 144 französische Selbständige, Angestellte und Bachelor-Studenten (ca. 43 % der 144 Testteilnehmer sind Selbständige, Angestellte); Erhebung ?	• Risikoverhalten von Individuen versus Gruppen (mit 3 Personen); • weitere Variablen: Alter, Geschlecht, Ausbildung, Familienstand, bei den Angestellten: öffentlich oder privat angestellt	• Erhebung: Experimente (Lotterien, Dauer: ∅ ca. 1 h 20 min) mit erfolgsabhängigen Anreizen (∅: 45 €); • Auswertung: Häufigkeitsanalysen, Regressionen	• höhere Risikoaversion von Gruppen als von Individuen, außer bei Eintrittswahrscheinlichkeiten der riskanteren Option > 80 %; • sign. höhere Risikoneigung von Selbständigen gegenüber Angestellten und Studenten; • bisherige Performance beeinflusst das Risikoverhalten nicht

mit: ♀ – weiblich, ♂ – männlich, ∅ – durchschnittlich, ? – in der Studie nicht angegebnen, sign. – signifikant

Tab. 4–1: Empirische Studien zum Risikoentscheidungsverhalten von Managern (fortgesetzt)

4.1.2 Ergebnisse der empirischen Studien zum Risikoentscheidungsverhalten von Managern

4.1.2.1 Risikoauffassungen von Managern

Abweichend von den normativen Risikodefinitionen in der Literatur weisen zahlreiche Studien (z. B. MacCrimmon / Wehrung 1986, S. 236; March / Shapira 1987, S. 1407; Shapira 1995, S. 44 ff.; Helliar et al. 2001, S. 35) empirisch nach, dass Manager Risiko vornehmlich mit der Gefahr, einen Verlust zu erleiden, assoziieren (vgl. Tab. 4-2).

Variablen	Zusammenhang	Quellen
Risiko = Unsicherheit	>	Shapira (1995)
Risikoauffassung als Varianz des Ergebnisses (Risiko als Verluste und Chancen)	<	MacCrimmon / Wehrung (1985, 1986, 1990); March / Shapira (1987); Shapira (1995)
Risikoauffassung nur mit Berücksichtigung der Verlust-Dimension	>	MacCrimmon / Wehrung (1985, 1986, 1990); March / Shapira (1987); Shapira (1995); Helliar et al. (2001)
Probleme mit Wahrscheinlichkeiten umzugehen	x	Lorange / Norman (1973)
Vernachlässigung von Wahrscheinlichkeiten gegenüber den Ergebniswerten	x	Swalm (1966); Harrison (1977); MacCrimmon / Wehrung (1985, 1986, 1990); March / Shapira (1987); Shapira (1995); Jeske (2008); Jeske / Werner (2008)
Ignoranz von Unsicherheit und Risiko	x	Kutsch / Hall (2005)
Risikoauffassung von der Managementfunktion im Unternehmen abhängig		MacCrimmon / Wehrung (1985, 1986, 1990); March / Shapira (1987); Shapira (1995); Helliar et al. (2001)
Einfluss der Risikowahrnehmung auf das Risikoverhalten	o	Williams / Zainuba / Jackson (2008, S. 72)

mit: > – Effekt ist mehrheitlich in der Studie aufgetreten, < – Effekt ist in der Minderheit in der Studie aufgetreten, x – Effekt wurde beobachtet, o – kein Zusammenhang beobachtet

Tab. 4-2: Zusammenfassende Übersicht zu den in den Studien gezeigten Risikoauffassungen der Manager

Manager zeigen eher eine funktionale als eine wahrscheinlichkeitstheoretische Auffassung des Risikos (z. B. MacCrimmon / Wehrung 1986, S. 96 ff., S. 176 f., S. 232 ff.; March / Shapira 1987, S. 1408 ff.; Helliar et al. 2001, S. 53). Helliar et al. (2001, S. 53) stellen im Interview-basierten Teil ihrer Studie fest, dass die meisten Manager nur eine sehr eingeengte Sicht bzw. Definition von Risiko haben, die mit Ihrer Funktion im Unternehmen korrespondiert. Die Risikodefinitionen der befragten Manager in dieser Studie können, entsprechend ihres funktionalen Hintergrundes, in vier Kategorien klassifiziert werden: 1. finanzielle Risiken, 2. Personalrisiken, 3. strategische Risiken und 4. sonstige Risiken. So erfassen beispielsweise Finanzmanager Zins- und Währungsrisiken, lassen aber Marketing-Risiken außer Acht. Umgekehrt beachten Verkaufs- und Marketing-Manager zwar Marketing-Risiken, vernachlässigen aber die Finanzrisiken (Helliar et al. 2001, S. 53).

Die von Shapira (1995, S. 51) befragten Manager halten Risiko mehrheitlich für multidimensional, was nur schwer mit einem Risikomaß erfassbar ist. Obwohl sie Risiko für quantifizierbar halten und quantitative Beschreibungen nutzen, um Risiko zu diskutieren, scheint es nur für 20 % der befragten Manager möglich, Risiko in einem Maß erfassen zu können. 54 % der von Shapira (1986 in March / Shapira 1987, S. 1407) befragten Manager sehen Unsicherheit als eine Komponente des Risikos an. In der empirischen Studie von Shapira (1986, in MARCH / SHAPIRA 1987, S. 1406 und SHAPIRA 1995, S. 44) ist für 80 % der zu ihrem Risikoverständnis befragten Manager die Abschätzung bzw. Berechnung des „schlimmsten" Ergebnisses bzw. des maximalen Verlusts von Bedeutung.

BAIRD / THOMAS (1985, S. 231) betonen mit Bezug auf die Risikodefinition von KNIGHT (1921, S. 19, S. 233), dass bei strategischen Entscheidungen Planer nur selten, wenn überhaupt, alle möglichen Resultate, die vorkommen können, oder deren Eintrittswahrscheinlichkeiten kennen. Konsistent zu diesem Problem beobachten beispielsweise MACCRIMMON / WEHRUNG (1986, S. 147 f.), SHAPIRA (1995, S. 44 ff.) und JESKE / WERNER (2008, S. 59 ff.) einen stärkeren Fokus der Manager auf Ergebniswerte als auf korrespondierende Wahrscheinlichkeiten. FISCHHOFF (1985, S. 89) kommt wahrscheinlich auch deshalb zu der Schlussfolgerung, dass Individuen mehr darüber uneins sind, was Risiko ist, als darüber, wie groß es ist.

SWALM (1966, S. 123 ff.) hinterfragt, ob ein Geschäftsmann („business man"), wie allgemein angenommen wird, immer die Alternative bevorzugt, mit der er seinen zu erwartenden Gewinn („return") maximiert. Das Entscheidungsverhalten unter Risiko von Geschäftsleuten gleicht seiner Meinung nach dem Entscheidungsverhalten unter angenommener Sicherheit, wobei Wahrscheinlichkeiten weitgehend ignoriert werden. Dies kann einerseits durch die beschränkten mentalen Verarbeitungsmöglichkeiten von Menschen bedingt sein oder andererseits daran liegen, dass Risiko meist erst spät in die Analyse integriert wird und dann noch häufig nur auf einer Ad-hoc-Basis. SWALM (1966, S. 129) vermutet, dass wenn Geschäftsleute konträr zu den klassischen Entscheidungstheorien entscheiden, es nicht daran liegen muss, dass sie unklug handeln, sondern, dass es daran liegen kann, dass die Theorien inadäquat sind und Geschäftsleute durch praktische Erfahrung etwas gelernt haben, was ihr Risikoverhalten nachhaltig beeinflusst.

Manager ein und desselben Unternehmens können in ihren Risikoeinstellungen stark variieren. Sie passen sich also der im Unternehmen herrschenden Risikoeinstellung nur teilweise an (SWALM 1966, S. 135). Nach SWALM (1966, S. 136) vermeiden Manager lieber Risiken, als sie zu suchen, auch wenn die Risiken für die Unternehmung sinnvoll wären.

LORANGE / NORMAN (1973, S. 51 f.) befragen 17 skandinavische Tankerbesitzer, die meist alleiniger Kopf eines in Familienbesitz befindlichen Frachtschifffahrtsunternehmens sind. In Interviews werden ihnen unter anderem vier binäre Entscheidungssituationen mit unterschiedlichen Wahrscheinlichkeiten (1/6, 1/3, 2/3 und 5/6) vorgelegt. 29,4 % der Tankerbesitzer haben teilweise große Probleme die Wahrscheinlichkeiten zu interpretieren.

TAYLOR / DUNNETTE (1974, S. 420 ff.) untersuchen mit Hilfe einer Fallstudie bzw. eines Rollenspiels (Personal-Decision-Simulation), in dem Entscheidungen zu einer Promotionsaktion zu treffen sind, das Risikoverhalten von 79 männlichen Linien-Managern aus acht Bereichen eines Unternehmens der verarbeitenden Industrie im Rahmen eines Managemententwicklungsprogramms. Weiterhin werden der Dogmatismus, die Intelligenz, der Informationssuchumfang, die Entscheidungszeit, die Informationsverarbeitungsrate, die Entscheidungsgenauigkeit, das Vertrauen in die eigene Entscheidung und die Entscheidungsflexibilität erhoben. Die Ergebnisse zeigen, dass risikofreudig entscheidende Manager zwar schneller auf der Basis von weniger Informationen entscheiden, dass sie jedoch diesen Informationen mehr Aufmerksamkeit widmen. Intelligenz, Dogmatismus, Entscheidungsgenauigkeit, Vertrauen in die eigene Entscheidung und Entscheidungsflexibilität zeigen keinen signifikanten Einfluss auf das Risikoverhalten.

HARRISON (1977, S. 170) befragt in 32 Unternehmen mittels strukturierter Interviews jeweils zwei bis drei Senior-Manager (Direktoren, Bereichsleiter), die direkt an den Vorstand berichten, zum Entscheidungsprozess bei komplexen, unsicheren, strategischen und planerischen Zukunftsentscheidungen in diesen Unternehmen.

In den Interviews wird folgendes Vorgehen genannt:

1. Es werden statt nur einer tendenziellen Entwicklung mehrere alternative Vorhersagen beachtet. Dabei werden nicht mehr, wie in der Vergangenheit, nur verschiedene Variationen eines Trends in den Ausprägungen „pessimistisch", „am wahrscheinlichsten" und „optimistisch" herangezogen, sondern es werden zyklische und gravierende Änderungen eines Trends evaluiert (HARRISON 1977, S. 170 f.).

2. Obwohl die befragten Unternehmen Computer nutzen und in der Theorie die statistische Entscheidungsanalyse ideal zur Quantifizierung der Unsicherheit der multiplen Vorhersagen erscheint, nutzen nur zwei der 32 befragten Unternehmen Wahrscheinlichkeiten rudimentär und mit großen Schwierigkeiten um pessimistische, wahrscheinlichste und optimistische Vorhersagen in einer Wahrscheinlichkeitsverteilung zu kombinieren. Ein anderes Unternehmen hat die Risikoanalyse für Finanzinvestitionen zugunsten der Sensitivitätsanalyse aufgegeben. Ein Unternehmensplaner hat zwar eine vollständige Wahrscheinlichkeitsanalyse erarbeitet, jedoch wurden seine Ergebnisse als „total unakzeptabel" von seinen Vorgesetzten zurückgewiesen. Die anderen Unternehmen in der Studie beschäftigen sich zwar für die Entscheidungsfindung mit wahrscheinlichkeitsbasierten statistischen Analysemethoden, diese werden aber im Wesentlichen aus folgenden Gründen abgelehnt: Die angenommene Genauigkeit von subjektiven Wahrscheinlichkeitsschätzungen ist für reale Bedingungen unrealistisch. Die erforderlichen künstlichen Entscheidungskriterien sind „total unakzeptabel" für das Senior-Management (HARRISON 1977, S. 171 f.).

MACCRIMMON / WEHRUNG (1985, S. 5 ff.; 1986, S. 51 ff.; 1990, S. 422) untersuchen mit insgesamt 16 Maßen in drei Kategorien die Risikobereitschaft („willingness to take risks"): Kategorie 1: Risikoverhalten in standardisierten hypothetischen Situationen (eine Verlustaussicht: einen Prozess wegen einer Patentverletzung zu führen oder nicht; eine Gewinnaussicht: ein Joint-Venture einzugehen oder es allein zu versuchen; privates und berufliches Riskieren von 10 % bzw. 50 % des Vermögens; Portfoliorankings), Kategorie 2: Risikoverhalten in realen Situationen (gehaltene riskante Anlagen; Schulden; abgeschlossene Versicherungen; Spielneigung; Anzahl freiwilliger Jobwechsel) und Kategorie 3: Risikoeinstellung („attitude toward taking risks" – Selbsteinschätzung der beruflichen Risikoneigung; Sensationssucht; interne versus externe Kontrollauffassung). Aus der geringen Korrelation der drei Kategorien zueinander schlussfolgern MACCRIMMON / WEHRUNG (1990, S. 432) jedoch, dass ein einziges Risikomaß nicht die ganze Komplexität des Risikoverhaltens erfassen kann. Verschiedene Risikomaße zeigen unterschiedliche Risikoeinstellungen auf, wobei Risikomaße existieren, die eine starke theoretische aber nur eine geringe praktische Validität aufweisen und umgekehrt andere Risikomaße eine hohe praktische aber nur eine geringe theoretische Validität aufweisen.

WILLIAMS / ZAINUBA / JACKSON (2008, S. 72) finden signifikant positive Abhängigkeiten der Ergebnisunsicherheit, der Verlustwahrscheinlichkeit, der persönlichen Konsequenzen, des Framings und der Risikobereitschaft zur Risikowahrnehmung. Das Risikoverhalten zeigt einen signifikant negativen Einfluss des Framings und einen signifikant positiven Einfluss der Gewinnaussichten. Es ist jedoch kein Einfluss der Risikowahrnehmung auf das Risikoverhalten festzustellen.

JESKE / WERNER (2008, S. 59 ff.) stellen in ihrer Studie mit Managern aus der Versicherungsbranche einen signifikant höheren zeitlichen Fokus der befragten Manager auf die möglichen Ergebniswerte als auf die korrespondierenden Wahrscheinlichkeiten fest. Der Effekt ist bei Verlustaussichten noch ausgeprägter als bei Gewinnaussichten. Eine Minderheit (ca. 16 %) der befragten Manager zeigt dennoch einen höheren zeitlichen Fokus auf die Wahrscheinlichkeiten als auf die möglichen Ergebniswerte. Diese Gruppe ist vom Alter her signifikant jünger (im Durchschnitt fünf Jahre) und besitzt entsprechend weniger Arbeits- und Führungserfahrung. Sie weist jeweils signifikant (auf mindestens 1 %-Niveau) einen höheren Neurotizismus, eine höhere Gewissenhaftigkeit und Zielerreichungsmotivation sowie eine geringere Verträglichkeit und ein geringeres Vertrauen in Intuition auf und empfindet den internen Konkurrenzdruck („job competitiveness") als höher.

Zusammenfassend kann festgestellt werden, dass die Manager in den Studien mehrheitlich Risiko nur unter Berücksichtigung der Verlust-Dimension auffassen. Die Risikoauffassung als Varianz des Ergebnisses (d. h. Risiko als Verluste und Chancen) wird nur von einer Minderheit der Manager vertreten. Risiko und Unsicherheit werden von der Mehrheit der Manager synonym aufgefasst und Wahrscheinlichkeiten werden gegenüber Ergebniswerten vernachlässigt. Letzteres kann auf den Contingent-Weighting-Bias (TVERSKY / SATTATH / SLOVIC 1988, S. 371 ff.) zurück geführt werden, da die monetäre Performance als Ausgangsvariable des Risikoentscheidungsverhaltens eher mit dem monetären Ressourceneinsatz assoziiert wird als mit der Wahrscheinlichkeit, die nur als Eingangsvariable, aber nicht als Ausgangsvariable, vorkommt.

4.1.2.2 Risikoentscheidungsverhalten von Managern

Die vorgestellten Studien zeigen ein sehr divergierendes Bild des Risikoentscheidungsverhaltens von Managern. Von Risikoaversion über Risikoneutralität bis hin zur Risikofreude in Gewinn- und Verlustsituationen sind alle Risikoverhaltenstypen je nach Studie in der Mehrheit oder in der Minderheit zu beobachten.

Die Ergebnisse der Studien von GRAYSON (1960, S. 300 ff.), SWALM (1966, S. 132 f.), LORANGE / NORMAN (1973, S. 53 f.), FISHBURN / KOCHENBERGER (1979, S. 510) und DICKSON (1981, S. 161 f.), die das Risikoentscheidungsverhalten in Gewinn- und Verlustsituationen separat analysieren, zeigen beispielsweise, dass bereits vor Entwicklung der Prospect-Theorie von KAHNEMAN / TVERSKY (1979, S. 274 ff.) Studienergebnisse vorlagen, die teilweise sogar in der Mehrheit der Stichproben ein von der Prospect-Theorie abweichendes Risikoentscheidungsverhalten zeigen (vgl. Tab. 4-3, S. 55).

Ein zur Prospect-Theorie mehrheitlich konsistentes Risikoentscheidungsverhalten ermitteln hingegen beispielsweise die Studien von SWALM (1966, S. 132 f.), FISHBURN / KOCHENBERGER (1979, S. 510), PERLITZ / LÖBLER (1985, S. 430 f.) und MACCRIMMON / WEHRUNG (1985, S. 5 ff.; 1986, S. 51 ff.; 1990, S. 422).

Variablen	Zusammenhang	Quellen
Risikoaversion bei Gewinnen und Verlusten	>	Dickson (1981)
	<	Grayson (1960); Swalm (1966); Fishburn / Kochenberger (1979)
Risikofreude bei Gewinnen und Verlusten	>	Grayson (1960); Wehrung (1989)
	<	Swalm (1966); Fishburn / Kochenberger (1979)
Risikoaversion bei Gewinnen und Risikofreude bei Verlusten (analog zur Prospect Theorie)	>	Swalm (1966); Fishburn / Kochenberger (1979); Perlitz / Löbler (1985); MacCrimmon / Wehrung (1985, 1986, 1990)
	<	Grayson (1960); Dickson (1981); Shapira (1995)
Risikofreude bei Gewinnen und Risikoaversion bei Verlusten (konträr zur Prospect-Theorie)	>	Lorange / Norman (1973); Pablo (1997)
	<	Swalm (1966); Fishburn / Kochenberger (1979); Shapira (1995)
Risikoneutralität	>	Shapira (1995)
	<	Swalm (1966); Lorange / Norman (1973); MacCrimmon / Wehrung (1985, 1986, 1990); Wehrung (1989)
Risikofreude bei „normalen" Verlusten (Gewinne nicht beachtet)	>	Laughhunn / Payne / Crum (1980)
Risikoaversion bei existenzgefährdenden Risiken	>	Laughhunn / Payne / Crum (1980); Pablo (1997)
Höhere Risikobereitschaft bei einer eher sicheren Investition mit geringerem Ergebnis als bei einer riskanteren mit einem höheren Ergebnis	>	Grayson (1960); Alderfer / Bierman (1970)

mit: > – Effekt ist mehrheitlich in der Studie aufgetreten, < – Effekt ist in der Minderheit in der Studie aufgetreten

Tab. 4-3: Zusammenfassende Übersicht zu dem in den Studien gezeigten Risikoverhalten der Manager

Grayson (1960, S. 10 ff.) untersucht das hypothetische Risikoverhalten von zehn US-Managern der Öl- und Gasbohr-Branche mit zwei Fallstudien zu potentiellen Ölbohrvorhaben sowie einem Experiment zu hypothetischen, monetär basierten Entscheidungssituationen. In den Fallstudien zeigen 70 % der Manager eine Risikobereitschaft zur Investition in ein weniger risikoreiches aber auch weniger Gewinn versprechendes Bohrvorhaben, aber nur 30 % der Manager zeigen eine Risikobereitschaft zur Investition in ein risikoreicheres aber auch mehr Gewinn versprechendes Bohrvorhaben (Grayson 1960, S. 213). Aus den hypothetischen, monetär basierten Entscheidungssituationen des Experiments berechnet Grayson die Nutzenfunktionen jedes einzelnen Managers. 77,8 % der Manager[55] zeigen ein risikofreudiges Verhalten bei Gewinn- und Verlustaussichten (Grayson 1960, S. 300 ff.). Das in der später entwickelten Prospect-Theorie (vgl. Kahneman / Tversky 1979, S. 274 ff.) typischerweise angenommene risikoaverse Verhalten bei Gewinnaussichten und risikofreudige Verhalten bei Verlustaussichten ist in der Studie von Grayson nur bei 11,1 % der Manager zu beobachten.[56]

Wehrung (1989, S. 115 ff.) und Pablo (1997, S. 14) untersuchen ebenfalls das Risikoverhalten von Managern aus der Öl-und-Gasbohrbranche[57]. Auch sie stellen mehrheitlich ein risikofreudiges Verhalten bei Gewinnaussichten fest. Im Gegensatz zu Grayson (1960, S. 300 ff.) und Wehrung (1989, S. 115) stellt Pablo (1997, S. 14) mehrheitlich ein risikoaverses Verhalten bei

[55] Einer der zehn Manager, die an der Fallstudie teilgenommen haben, fehlt bei dieser Auswertung.

[56] Kritisch an dieser Studie ist die geringe statistische Validität aufgrund der geringen Fallzahl.

[57] Pablo nennt nur die Öl-Branche. Da aber 27 % der teilnehmenden Manager aus dem Geschäftsfeld „exploration" stammen (vgl. Pablo 1997, S. 12), ist anzunehmen, dass Pablo die Öl- und- Gasbohrbranche meint.

Verlustaussichten fest. Somit entscheiden die Manager in der Studie von PABLO (1997, S. 14) mehrheitlich konträr zur Prospect-Theorie (vgl. KAHNEMAN / TVERSKY 1979, S. 274 ff.).

PABLO (1997, S. 14) findet weiterhin mehrheitlich (ohne nähere Angabe), analog zu den 64 % der Manager bei LAUGHHUNN / PAYNE / CRUM (1980, S. 1248), ein risikoaverses Verhalten bei existenzbedrohenden Verlusten, wie es auch von der Threat-Rigidity-Theorie (vgl. STAW / SANDELANDS / DUTTON 1981, S. 501 ff.) postuliert wird. Interessant ist, dass beide Studien den gleichen Effekt finden, obwohl die 75 Manager bei LAUGHHUNN / PAYNE / CRUM (1980, S. 1248) aus deutschen und niederländischen Unternehmen verschiedener Branchen stammen. Bei LAUGHHUNN / PAYNE / CRUM zeigen jedoch 55 % der Manager bei nicht-ruinösen Verlusten ein risikofreudiges Verhalten.

SWALM (1966, S. 132 f.) gibt nur die Nutzenfunktionen von 13 der mindestens 34 untersuchten Fälle wieder, bei denen es sich anscheinend nicht um eine repräsentative Auswahl, sondern nur um die für den Autor „interessanten" Fälle handelt. Von den berichteten 13 Fällen weisen neun ein risikoaverses Verhalten bei Gewinnaussichten und ein risikofreudiges Verhalten bei Verlustaussichten auf.[58] Die Ergebnisse der Studie von SWALM (1966, S. 134) zeigen, dass Individuen weniger gewohnt sind, mit Entscheidungen bei Verlustaussichten als mit Entscheidungen bei Gewinnaussichten umzugehen. Bei Verlustaussichten entscheiden Individuen diffuser, d. h. weniger konsistent, was von SWALM in diesem Sinn als weniger rational bezeichnet wird.

LORANGE / NORMAN (1973, S. 51) befragen 17 skandinavische Tankerbesitzer, die meist alleiniger Kopf eines in Familienbesitz befindlichen Frachtschifffahrtsunternehmens sind, in einer Zeit, als der Schifffrachtmarkt boomte. Die Ergebnisse können in drei Gruppen klassifiziert werden. Der häufigste Typ A ist risikofreudig bei guter Liquiditätslage und risikoavers bei schlechter Liquiditätslage. Typ B ist risikoneutral bei guter Liquiditätslage und risikoavers bei schlechter Liquiditätslage. Typ C ist ziemlich inkonsistent in seinen Antworten, kann aber am ehesten als risikofreudig bei guter Liquiditätslage und eher risikoneutral bei schlechter Liquiditätslage eingestuft werden (LORANGE / NORMAN 1973, S. 53 f.). Weiterhin wird das reale Risikoverhalten des Unternehmers bzw. des Unternehmens in der Vergangenheit anhand der Strategie (Flotten-Diversifikation, Alters- und Größenverteilung der Flotte, Investitionspolitik, Auftragsakquisitionspolitik) erfasst. Das mit den elf hypothetischen Entscheidungssituationen „gemessene" Risikoverhalten zeigt in Rangkorrelationen eine Übereinstimmung mit der Unternehmensstrategie von 0,16 bis hin zu 0,68, je nach Strategiefeld (LORANGE / NORMAN 1973, S. 58).

FISHBURN / KOCHENBERGER (1979, S. 503 ff.) fassen 30 „Fälle" aus fünf Studien zusammen (13 aus Swalm 1966, zwei aus HALTER / DEAN 1971, zehn aus GRAYSON 1960, drei aus GREEN 1963 und zwei Fälle aus BARNES / REINMUTH 1976[59]). Mit einer linearen Transformation wird versucht, die unterschiedlich ermittelten Nutzenfunktionen vergleichbar darzustellen. In Summe dokumentieren FISHBURN / KOCHENBERGER (1979, S. 510) folgende Risikoverhaltensarten: 46 % der Fälle sind risikoavers oberhalb und risikofreudig unterhalb des Referenzpunktes[60], 25 % sind risikofreudig oberhalb und risikoavers unterhalb des Referenzpunktes, 11 % sind immer risikoavers und 18 % sind immer risikofreudig. Kritisch an dieser „Metaanalyse" ist nicht nur die geringe Fallzahl in den verwendeten Studien, sondern auch die Inhomogenität der Studienergebnisse, die

[58] Dieses Verhalten wird auch von der Prospect-Theorie postuliert.

[59] BARNES / REINMUTH (1976) erfassen aus Auktionsdaten das Risikoverhalten von zwei Unternehmen, jedoch nicht von einzelnen Managern, weshalb diese Studie hier nicht extra erläutert wird.

[60] Dieses Verhalten wird auch von der Prospect-Theorie postuliert.

trotz der linearen Transformation der Nutzenfunktionen der verschiedenen Studien die Vergleichbarkeit der teilweise signifikant abweichenden Ergebnisse fraglich erscheinen lässt. Hinzu kommt der Umstand, dass in der Studie von Swalm (1966, S. 132 f.) nur eine Minderheit der Ergebnisse wiedergeben wird.

Zusammenfassend zeigen die wenigen Studien, die das Risikoentscheidungsverhalten von Managern bei Gewinn- und Verlustaussichten untersuchen, ein sehr divergierendes Bild des Risikoentscheidungsverhaltens von Managern. Von Risikoaversion über Risikoneutralität bis hin zu Risikofreude in Gewinn- und Verlustsituationen sind alle Risikoverhaltenstypen, je nach Studie, in der Mehrheit oder in der Minderheit zu beobachten.

4.1.3 Kontextvariablen des Risikoentscheidungsverhaltens von Managern

4.1.3.1 Übersicht der Kontextvariablen des Risikoentscheidungsverhaltens

Da die Kontextvariablen des Risikoentscheidungsverhaltens von Managern in den nächsten Kapiteln separat diskutiert werden, erfolgt in diesem Kapitel nur die tabellarische Wiedergabe der in den Studien ermittelten Kontextvariablen des Risikoentscheidungsverhaltens (vgl. Tab. 4-4).

Risikoverhalten in Abhängigkeit von:	Zusammenhang	Quellen
Alter	o	Busenitz / Barney (1997); Williams / Narendran (1999); Masclet et al. (2009)
	–	MacCrimmon / Wehrung (1985, 1986, 1990); Stewart et al. (1999); Jianakoplos / Bemasek (2006)
Berufserfahrung	o	Parhankangas / Hellström (2007)
	–	MacCrimmon / Wehrung (1986)
Ausbildungsniveau	+	MacCrimmon / Wehrung (1986); Stewart et al. (1999);
	o	Laughhunn / Payne / Crum (1980); Busenitz / Barney (1997); Williams / Narendran (1999)
	–	MacCrimmon / Wehrung (1985, 1986, 1990)
Ausbildungsrichtung	o	Laughhunn / Payne / Crum (1980)
Geschlecht (Managerinnen im Vergleich zu Managern)	=	Masters / Meier (1988); Johnson / Powell (1994); Sonfield et al. (2001); Beckmann / Menkhoff (2008); Masclet et al. (2009)
	<> (Männer risikofreudiger)	Stewart et al. (1999); Williams / Narendran (1999); Farago / Kiss / Boros (2008); Macko / Tyszka (2009)
Persönlichkeit	x	Williams / Narendran (1999); Jecke (2008); Jecke / Werner (2008)
Qualität (Note einer Abschlussarbeit)	o	Johnson / Powell (1994)
Leistungsbereitschaft	+	Stewart et al. (1999)
Innovationspräferenz	+	Stewart et al. (1999)
Erfolgsdruck	x	Williams / Narendran (1999)
Kontrolle	+	Shapira (1995)
Anreize	+	Parhankangas / Hellström (2007)
Bisherige Performance	+	MacCrimmon / Wehrung (1985, 1986, 1990); Williams / Wong (1999)
	o	Helliar et al. (2001, 2002); Parhankangas / Hellström (2007); Masclet et al. (2009)
	+/-	Shapira (1995)

Tab. 4-4: Ergebnisse der empirischen Studien zum Risikoentscheidungsverhalten im Management-Kontext

Risikoverhalten in Abhängigkeit von:	**Zusammenhang**	**Quellen**
Unternehmensgröße	o	Williams, Narendran (1999); Garrett / Covin / Slevin (2009)
	–	MacCrimmon / Wehrung (1985, 1986, 1990); Stewart et al. (1999)
Strategie (risikovermeidend bis risikofreudig)	+	Lorange / Norman (1973)
Aufmerksamkeit für Geschäftsgelegenheiten	+	Busenitz / Barney (1997)
Dogmatismus	o	Taylor / Dunnette (1974)
Intelligenz	o	Taylor / Dunnette (1974)
Informationssuchumfang	o	Parhankangas / Hellström (2007)
	–	Taylor / Dunnette (1974); MacCrimmon / Wehrung (1985, 1986, 1990)
Entscheidungszeit (sowie Verzögerung der Entscheidung)	–	Taylor / Dunnette (1974); MacCrimmon / Wehrung (1986); Shapira (1995)
Informationsverarbeitungsmenge	–	Taylor / Dunnette (1974); MacCrimmon / Wehrung (1986); Shapira (1995)
Entscheidungsgenauigkeit	o	Taylor / Dunnette (1974)
Vertrauen in eigene Entscheidung	o	Taylor / Dunnette (1974)
Entscheidungsflexibilität	o	Taylor / Dunnette (1974)
Konformität im Testantwortverhalten	-	Busenitz / Barney (1997)
Individuen versus Gruppen	<> (Gruppen risikoaverser)	Masclet et al. (2009)
Privates versus berufliches Risikoverhalten	<> (beruflich höher)	March / Shapira (1987)
	=	MacCrimmon / Wehrung (1986)
	<> (privat höher)	Laughhunn / Payne / Crum (1980); Laughhunn / Crum / Payne (1983)
Manager versus Entrepreneure	<> (Manager risikoaverser)	Ahmed (1985); Carland / Carland (1991); Carland el al. (1995); Seth / Sen (1995); Stewart et al. (1999); Jianakoplos / Bemasek (2006)
	=	Brockhaus (1980); Masters / Meier (1988); Palich / Bagby (1995); Busenitz / Barney (1997)
Manager versus Studenten	=	teilweise Helliar et al. (2001); Macko / Tyszka (2009)
	<> (Manager risikofreudiger)	Alderfer / Bierman (1970); teilweise Helliar et al. (2001); Masclet et al. (2009)
Nationalität, Kultur	<>	Cummings / Harnett / Stevens (1971); Laughhunn / Payne / Crum (1980); Orpen (1983); Williams / Narendran (1999)
Managementposition	+	Laughhunn / Payne / Crum (1980); MacCrimmon / Wehrung (1986)
	o	Williams / Narendran (1999)
Managementfunktionen	<>	Cummings / Harnett / Stevens (1971); Dickson (1981)
Branche	<>	Laughhunn / Payne / Crum (1980); Shapira (1995)
	o	Stewart et al. (1999)
	?	Williams / Narendran (1999)
Private versus öffentliche Unternehmen	<> (privat risikofreudiger)	Cummings / Harnett / Stevens (1971)

mit: + – positiver Zusammenhang zum Risikoverhalten, – – negativer Zusammenhang zum Risikoverhalten, x – Effekt wurde beobachtet, o – Effekt konnte nicht beobachtet werden, > – Effekt ist mehrheitlich in der Studie aufgetreten, < – Effekt ist in der Minderheit in der Studie aufgetreten, <> – Gruppen unterscheiden sich signifikant, = – Gruppen unterscheiden sich nicht signifikant, ? – Zusammenhang unklar

Tab. 4- 4: Ergebnisse der empirischen Studien zum Risikoentscheidungsverhalten im Management-Kontext (fortgesetzt)

Nachfolgend werden, wie bereits eingangs beschrieben, die Einflüsse der Kontextvariablen auf das Risikoentscheidungsverhalten von Managern dargestellt.

4.1.3.2 Einfluss des Alters auf das Risikoentscheidungsverhalten

Eine allgemeine Annahme ist, dass Individuen mit zunehmendem Alter konservativer in ihren Ansichten und Handlungen werden und somit auch die Risikobereitschaft mit zunehmendem Alter abnimmt (vgl. WALLACH / KOGAN 1961, S. 29 ff.; VROOM / PHAL 1971, S. 400; BROMILEY / CURLEY 1992, S. 87 ff.). Die Flexibilität nimmt mit dem Alter ab, Rigidität und Widerstand gegen Veränderungen nehmen zu (vgl. WIERSEMA / BANTEL 1992, S. 107).

Die 509 kanadischen und US-amerikanischen Führungskräfte („executives”) in der Studie von MACCRIMMON / WEHRUNG (1986, S. 259 f. bzw. 1990, S. 432) zeigen mit zunehmenden Alter eine sinkende Risikofreude bzw. eine zunehmende Risikoaversion. Diesen Effekt bestätigt die Studie von STEWART ET AL. (1999, S. 201) mit überwiegend von der Ostküste der USA stammenden 425 Entrepreneuren und Managern (ϱ = -0,14). Auch JIANAKOPLOS / BEMASEK (2006, S. 999) weisen in einer Studie zum finanziellen Risikoverhalten nach, dass sowohl das objektive Risikoverhalten (gemessen als riskante Anlagen / Vermögen) als auch die subjektiv erfragte Risikobereitschaft mit dem Alter signifikant abnehmen. Es liegt jedoch ein quadratischer Effekt vor, wobei die maximale Risikobereitschaft der im Alter von 18 bis 95 Jahren Befragten bei 22,5 Jahren liegt (vgl. JIANAKOPLOS / BEMASEK 2006, S. 996).

Dagegen finden BUSENITZ / BARNEY (1997, S. 21) in ihrer Studie mit 220 US-amerikanischen Entrepreneuren und Managern keinen signifikanten Zusammenhang zwischen dem Alter und dem Risikoverhalten. Ebenso können WILLIAMS / NARENDRAN (1999, S. 120) bei 285 indischen Managern keinen Einfluss des Alters auf die Risikopräferenzen feststellen. Auch JESKE (2008, S. 335) stellt in einer Studie mit 51 Managern aus der Versicherungswirtschaft bei einer hypothetischen Investitionsentscheidung keinen Alterseffekt fest. Bei einer hypothetischen Deinvestitionsentscheidung konzentrieren sich jedoch die älteren Manager stärker auf die Konsequenzen und die jüngeren Manager stärker auf die Wahrscheinlichkeiten der jeweiligen Alternativen. Der Alterseffekt ist in diesem Fall vom Prospect abhängig. Unter der Annahme, dass „erfahrener“ auch älter bedeutet, ermitteln auch HELLIAR ET AL. (2001, S. 61), jedoch unabhängig vom Prospect, bei erfahreneren Managern ein Entscheidungsverhalten, das sich mehr an der Höhe der möglichen Gewinne orientiert und das relativ unabhängig von den Eintrittswahrscheinlichkeiten ist.

Zusammenfassend kann festgestellt werden, dass zahlreiche Studien (z. B. MACCRIMMON / WEHRUNG 1986, S. 259 f. bzw. 1990, S. 432; STEWART ET AL. 1999, S. 201; JIANAKOPLOS / BEMASEK 2006, S. 996) eine Zunahme der Risikoaversion mit zunehmendem Alter der Manager feststellen können. Andere Studien (z. B. BUSENITZ / BARNEY 1997, S. 21; WILLIAMS / NARENDRAN 1999, S. 120) können keinen Einfluss des Alters auf das Risikoverhalten ermitteln. Die Ergebnisse der Studie von JESKE (2008, S. 335) zeigen zusätzlich, dass der Alterseffekt vom Prospect abhängig sein kann.

4.1.3.3 Einfluss der Berufserfahrung und der Ausbildung auf das Risikoentscheidungsverhalten

Alter und Berufserfahrung weisen natürlicherweise eine hohe Korrelation auf. Dennoch könnte aufgrund von enormen Altersdifferenzen beim Berufseinstieg von Handwerkern und Akademikern die Berufserfahrung eine geeignetere Größe sein, um das Risikoverhalten von verschieden lange ausgebildeten Managergruppen vergleichen zu können.

In der Studie von LAUGHHUNN / PAYNE / CRUM (1980, S. 1246 f.) zum Risikoentscheidungsverhalten bei Verlustaussichten entscheiden Senior-Manager risikoaverser und nehmen mögliche ruinöse Verluste ernster als Junior-Manager. MACCRIMMON / WEHRUNG (1986, S. 259 f.) stellen insgesamt eine höhere Risikoaversion mit zunehmender Berufserfahrung fest. Dagegen können PARHANKANGAS / HELLSTRÖM (2007, S. 198) in ihrer Studie mit InvestmentManagern der Venture-Capital-Branche keinen signifikanten Zusammenhang zwischen Risikoneigung und Berufserfahrung in dieser Branche feststellen.

HELLIAR ET AL. (2001, S. 61) finden in ihrer Studie, dass Junior-Manager mehr nach „Lehrbuch" entscheiden als erfahrenere Manager, indem sie die möglichen Ergebnisse mit den Eintrittswahrscheinlichkeiten multiplizieren. Die erfahreneren Manager entscheiden mehr nach der Höhe der möglichen Gewinne und relativ unabhängig von den Eintrittswahrscheinlichkeiten. Wie bereits beim Alterseffekt dargestellt, stellt auch JESKE (2008, S. 335) bei einer hypothetischen Deinvestitionsentscheidung fest, dass sich die älteren Manager stärker auf die Konsequenzen der jeweiligen Alternativen konzentrieren.

MACCRIMMON / WEHRUNG (1986, S. 249 f.) finden in ihrer Studie einen positiven Zusammenhang zwischen Ausbildungsniveau und Risikoverhalten. Dagegen ermitteln LAUGHHUNN / PAYNE / CRUM (1980, S. 1246 f.), dass das Ausbildungsniveau und die Ausbildungsart (technisch bzw. nicht technisch) jeweils keinen signifikanten Einfluss auf das Risikoverhalten zeigen. Auch BUSENITZ / BARNEY (1997, S. 21) sowie WILLIAMS / NARENDRAN (1999, S. 120) können in ihren Studien keinen Einfluss des Ausbildungsniveaus auf die Risikopräferenzen feststellen.

Zusammenfassend zeigen die empirischen Studien zum Einfluss der Berufserfahrung, des Ausbildungsniveaus und der Ausbildungsrichtung keine einheitlichen Ergebnisse. LAUGHHUNN / PAYNE / CRUM (1980, S. 1246 f.) sowie MACCRIMMON / WEHRUNG (1986, S. 259 f.) finden einen negativen und PARHANKANGAS / HELLSTRÖM (2007, S. 198) finden keinen Zusammenhang zwischen Berufserfahrung und Risikoverhalten. MACCRIMMON / WEHRUNG (1986, S. 249 f.) ermitteln einen negativen und LAUGHHUNN / PAYNE / CRUM (1980, S. 1246 f.), BUSENITZ / BARNEY (1997, S. 21) sowie WILLIAMS / NARENDRAN (1999, S. 120) ermitteln keinen Zusammenhang zwischen Ausbildungsniveau und Risikoverhalten.

4.1.3.4 Einfluss des Geschlechts auf das Risikoentscheidungsverhalten

Geschlechtsspezifische Unterschiede im Risikoverhalten werden von zahlreichen empirischen Studien belegt (vgl. z. B. WALLACH / KOGAN 1959, S. 560 ff.; WALLACH / KOGAN 1961, S. 29 ff.; JOHNSON / POWELL 1994, S. 131 ff.; WILLIAMS / NARENDRAN 1999, S. 117).

Die Metaanalyse von BYRNES / MILLER (1999, S. 337), die 150 Studien zum Risikoverhalten von Männern und Frauen auswertet, bestätigt im Allgemeinen, dass Männer risikofreudiger als Frauen sind. Jedoch schon WALLACH / KOGAN, (1959, S. 563 f.) weisen auf die Kontextabhängigkeit hin, wonach Männer in den meisten Kontexten, unter anderem im finanziellen Kontext, risikofreudiger als Frauen sind. So weisen auch JIANAKOPLOS / BEMASEK (2006, S. 994 f.) in einer Studie zum finanziellen Risikoverhalten nach, dass sowohl das objektive Risikoverhalten (gemessen als riskante Anlagen zum Vermögen) als auch die subjektiv erfragte Risikobereitschaft bei Männern signifikant höher ist als bei Frauen.

MASTERS / MEIER (1988, S. 33 f.) stellen im Risikoverhalten von 50 Entrepreneuren und Managern kleiner Unternehmen aus dem mittleren Westen der USA keine signifikanten Unterschiede zwischen Frauen und Männern fest. Im Gegensatz dazu weisen STEWART ET AL. (1999, S. 201 ff.) mit, überwiegend von der Ostküste der USA stammenden, 425 Entrepreneuren und Managern einen schwachen aber signifikanten Unterschied im Risikoverhalten zwischen Frauen und Männern nach.

JOHNSON / POWELL (1994, S. 128 ff.) untersuchen einerseits das reale Risikoverhalten von mehr als 5695 Individuen beim Wetten, indem sie ohne deren Wissen die Daten eines Wettbüros hinsichtlich Höhe des Einsatzes, Art der Wette und Wettgewinn im Verhältnis zum Einsatz pro Wette auswerten. Da aus vorherigen Umfragen bekannt war, dass nur 10,8 % der Bevölkerung mit Managementausbildung in Wettbüros Wetten abschließen, diente diese Stichprobe (entsprechend mit 89,2 % Wahrscheinlichkeit) als Referenzgruppe „ohne Management-ausbildung“ in dieser Studie. Andererseits wurde das hypothetische Risikoverhalten von 130 Individuen mit Managementausbildung erhoben, die im Rahmen einer Weiterbildung bzw. der normalen Universitätsausbildung den gleichen Kurs besuchten. Die Abschlussarbeit in diesem Kurs beinhaltete die begründete Entscheidung für oder gegen eine risikobehaftete Investition mit einem schmalen positiven Barwert („net present value”). Die Note der Abschlussarbeit eines Kurses wurde als Indikator der Qualität der Entscheidung(-sbegründung) herangezogen.

Während bei den Individuen ohne Managementausbildung Männer signifikant risikofreudiger als Frauen entscheiden (sowohl die Höhe der Wetteinsätze als auch die Art der Wetten betreffend), ist bei den Testteilnehmern mit Managementausbildung kein signifikanter Unterschied im Risikoverhalten zwischen Männern und Frauen feststellbar (JOHNSON / POWELL 1994, S. 131 f., S. 134 f.). Interessant ist, dass die höhere Risikobereitschaft der Männer beim Wetten nicht zu einer signifikant höheren Performance führt, als die geringere Risikobereitschaft der Frauen. Ebenso scheint im Management-Kontext kein signifikanter Zusammenhang zwischen Risikoverhalten und Performance (Qualität der Entscheidung) in Form der Note auf die Abschlussarbeit zu bestehen. Weiterhin besteht im Management-Kontext kein signifikanter Unterschied zwischen Frauen und Männern hinsichtlich Performance (Qualität der Entscheidung), Kontrollüberzeugung und Selbst-bestimmtheit. JOHNSON / POWELL (1994, S. 134 f.) schlussfolgern somit, dass Männer und Frauen, die eine vergleichbare Managementausbildung durchlaufen haben, sich nicht signifikant hinsichtlich Risikoverhalten, Performance, Kontrollüberzeugung und Selbstbestimmtheit unterscheiden.

SONFIELD ET AL. (2001, S. 168) befragen 184 US-amerikanische Kleinunternehmer zu ihren Strategien, zu ihrem Innovations- und Risikoverhalten sowie zu ihrer Zufriedenheit mit der Performance ihres Unternehmens. Die Ergebnisse zeigen, dass 40 % der Männer und 43 % der Frauen als überwiegend risikovermeidend, bzw. 59 % der Männer und 57 % der Frauen als überwiegend risikofreudig einzustufen sind. Die Unterschiede zwischen Männern und Frauen sind nicht signifikant. Männer sind zudem signifikant zufriedener mit der Performance ihres Unternehmens (vgl. SONFIELD ET AL. 2001, S. 169 f.).

Ebenso finden BECKMANN / MENKHOFF (2008, S. 381) in ihrer Studie zum Risikoverhalten von Fonds-Manager(Innen) in den USA, Deutschland, Italien und Thailand insgesamt nur einen schwachen Einfluss des Geschlechts, der mit einer Regressionsanalyse nicht signifikant nachweisbar ist. Bei einigen speziellen Fragestellungen scheinen jedoch auch signifikante Geschlechtsunterschiede zu existieren.

FARAGO / KISS / BOROS (2008, S. 2235) ermitteln in ihrer Studie eine signifikant höhere Risikoneigung der Männer sowie bei Verlustaussichten einen signifikanten Unterschied im Risikoverhalten von Frauen und Männern. Bei Gewinnaussichten stellen sie jedoch keinen Unterschied im Risikoverhalten von Frauen und Männern fest. Die Ergebnisse der Studie sind jedoch vorsichtig zu interpretieren, da die Entrepreneure und Studenten nicht getrennt untersucht werden und auch keine Kontrolle des Alterseffekts vorgenommen wird. Die Ergebnisse können somit durch den Mix von Gewinn- und Verlustaussichten bedingt sein.

Zusammenfassend kann festgestellt werden, dass, im Gegensatz zu Studien, die mit Testteilnehmern aus der Normalbevölkerung durchgeführt werden, Studien mit Managerinnen und Managern, wie z. B. MASTERS / MEIER (1988, S. 33 f.) und SONFIELD ET AL. (2001, S. 169 f.) keine signifikanten Unterschiede im Risikoverhalten von Frauen und Männern feststellen können. Im Gegensatz dazu weisen STEWART ET AL. (1999, S. 201 ff.), BECKMANN / MENKHOFF (2008, S. 381) und FARAGO / KISS / BOROS (2008, S. 2235) signifikante Unterschiede im Risikoverhalten von Frauen und Männern nach.

4.1.3.5 Einfluss des Besitzanteils am Unternehmen auf das Risikoentscheidungsverhalten – Manager versus Entrepreneure

Agency-Probleme können im Unternehmen einerseits aus der Hierarchiestufe eines Managers (Managementebene) und andererseits aus dem Besitzanteil am Unternehmen resultieren.
Manager, die bedeutende Anteile eines Unternehmens besitzen und nicht in einem anderen Unternehmen angestellt sind, werden in der Literatur meist, der Definition von Brockhaus (1980, S. 510) folgend, als Entrepreneure bezeichnet. Analog dazu werden im Folgenden Führungskräfte, die bedeutende Anteile am Unternehmen halten, als Entrepreneure und Führungskräfte, die keine (bedeutenden) Anteile am Unternehmen halten, also quasi „nur" angestellt sind, als Manager bezeichnet.

BROCKHAUS (1980, S. 516) kann zumindest beim hypothetischen Entscheidungsverhalten keine signifikanten Unterschiede im Risikoverhalten von Entrepreneuren und angestellten Managern ohne signifikante Unternehmensanteile feststellen.

MASTERS / MEIER (1988, S. 33 f.) erheben mittels Fragebogen das hypothetische Risikoverhalten von 50 Entrepreneuren und Managern kleiner Unternehmen aus dem mittleren Westen der USA. Die Ergebnisse zeigen keine signifikanten Unterschiede im Risikoverhalten zwischen Entrepreneuren und Managern. Im Gegensatz dazu weisen STEWART ET AL. (1999, S. 201 ff.) mit, überwiegend von der Ostküste der USA stammenden, 101 Entrepreneuren und 324 Managern (die gleichzeitig Eigentümer ihrer kleinen Unternehmen sind – „small business owner-managers") eine höhere Risikoneigung von Entrepreneuren gegenüber Managern nach. BUSENITZ / BARNEY (1997, S. 21) nutzen die gleiche Erhebungsmethode für die Risikoverhaltensneigung wie STEWART ET AL. (1999, S. 201 ff.). Sie können jedoch, wie MASTERS / MEIER (1988, S. 33 f.), keine signifikanten Unterschiede im Risikoverhalten zwischen Entrepreneuren und Managern feststellen.

STEWART / ROTH (2001, S. 149) fassen in einer Metaanalyse 12 Studien zusammen, von denen fünf Studien (BROCKHAUS 1980, S. 516; RAY 1994; MASTERS / MEIER 1988, S. 33 f.; RICHARD 1989; PALICH / BAGBY 1995, S. 432) keine signifikanten Unterschiede und sieben Studien (SEXTON / BOWMAN 1983, S. 213 ff.[61]; AHMED 1985, S. 781 ff.; BEGLEY / BOYD 1987, S. 101 ff.[62]; CARLAND / CARLAND 1991, S. 62 ff.; CARLAND ET AL. 1995, S. 15 ff.; SETH / SEN 1995, S. 18 ff.; STEWART ET AL. 1999, S. 201 ff.) eine höhere Risikobereitschaft bei Entrepreneuren als bei Managern feststellen können. Obwohl STEWART / ROTH eigentlich zu dem Schluss kommen, dass die Forschung zum Risikoverhalten von Entrepreneuren und Managern widersprüchliche Ergebnisse und keinen Konsens ergibt, leiten sie aus ihrer Metaanalyse dennoch die Aussage ab, dass Entrepreneure eine höhere Risikobereitschaft aufweisen als Manager, besonders Entrepreneure in wachstumsorientierten Unternehmen.

MINER / RAJU (2004, S. 8) versuchen hingegen mit einer eigenen Metaanalyse, die 14 Studien einschließt, die nicht in der Metaanalyse von STEWART / ROTH (2001) enthalten sind, zu zeigen, dass Entrepreneure (auch von wachstumsorientierten Unternehmen) risikoaverser sind. STEWART / ROTH (2004, S. 14 ff.) führen die Ergebnisse von MINER / RAJU (2004) auf methodische Probleme im Zusammenhang mit der Erfassung der Effektstärke von Studien zurück, die Variablen enthalten, die nicht relevant zu den Forschungsfragen sind und, die abhängige Stichproben, irrelevante Varianzen in den Ergebnisvariablen sowie Konfusion in den Konstrukten aufweisen. In einer erneuten Meta-Analyse, die die methodischen Kritikpunkte von MINER / RAJU (2004) berücksichtigt, können STEWART / ROTH die Ergebnisse ihrer Metaanalyse von 2001 bestätigen. Die Ergebnisse variieren jedoch in der Instrumentation.

Zusammenfassend kann festgestellt werden, dass Studien existieren, die keine signifikanten Unterschiede im Risikoverhalten zwischen Entrepreneuren und Managern finden (z. B. BROCKHAUS 1980, S. 516; MASTERS / MEIER 1988, S. 33 f.; PALICH / BAGBY 1995, S. 432; BUSENITZ / BARNEY 1997, S. 21). Andere Studien stellen jedoch eine höhere Risikobereitschaft bei Entrepreneuren als bei Managern fest (z. B. AHMED 1985, S. 781 ff.; CARLAND / CARLAND 1991, S. 62 ff.; CARLAND ET AL. 1995, S. 15 ff.; SETH / SEN 1995, S. 18 ff.; STEWART ET AL. 1999, S. 201 ff.).

[61] Studie mit Studenten.

[62] In der Studie ist jedoch keine Variable erkennbar, die das Risikoverhalten messen soll.

4.1.3.6 Einfluss der Geschäftsführer- und Gesellschafteranzahl sowie des Teamentscheidungsverhaltens auf das Risikoentscheidungsverhalten

In vielen Unternehmenssituationen werden wichtige Entscheidungen in (kleinen) Gruppen, z. B. innerhalb der Geschäftsleitung oder in Produktionseinheiten, getroffen. Daraus ergibt ich die Frage, wie die Risikopräferenzen der einzelnen Gruppenmitglieder zu einer Gruppenentscheidung aggregiert werden (MASCLET ET AL. 2009, S. 470).

Basierend auf der Annahme, dass Manager größere Risiken akzeptieren, wenn sie die Verantwortung mit Anderen teilen können, weisen frühe Studien (z. B. MARQUIS 1962, S. 8; CLARK 1974, S. 87) eine höhere Risikofreude bei Gruppen als bei Individuen nach. Auch PARHANKANGAS / HELLSTRÖM (2007, S. 198) stellen in ihrer Studie mit Investment-Managern der Venture-Capital-Branche eine höhere Risikoneigung fest, falls Investmentrisiken durch Syndication geteilt werden.

Mehrere Langzeitstudien von Fertigungs- und Hochtechnologie-Start-ups zeigen, dass Führungsteams erfolgreicher sind als Einzelgründer (zusammenfassend bei COOPER / WOO / DUNKELBERG 1988, S. 100). Dies wird von COOPER / WOO / DUNKELBERG (1988, S. 100) darauf zurückgeführt, dass, im Gegensatz zu einem Einzelgründer, mehrere Gründer normalerweise mehr Fähigkeiten und Erfahrungen aufweisen und sich gegenseitig besser unterstützen können.

Zur Kontrolle von Risiken hat für die in der Studie von HELLIAR ET AL. (2001, S. 77) befragten Manager die Konsultation von Kollegen, Experten und Übergeordneten eine relativ hohe Bedeutung.

MASCLET ET AL. (2009, S. 474) weisen konsistent mit BAKER / LAURY / WILLIAMS (2008, S. 374) nach, dass Gruppen eine höhere Risikoaversion als Individuen bei Lotterien zeigen, bei denen die riskantere Option eine geringe Eintrittswahrscheinlichkeit (< ca. 55 % bei BAKER / LAURY / WILLIAMS und < ca. 85 % bei MASCLET ET AL.) aufweist. Der Effekt schlägt bei hohen Eintrittswahrscheinlichkeiten (> 50 % bei BAKER / LAURY / WILLIAMS und > 80 % bei MASCLET ET AL.) der riskanteren Option um, so dass in diesem Fall Individuen eine höhere Risikoaversion als Gruppen zeigen. Zu beachten ist allerdings, dass es sich um die relative Risikoaversion zwischen Individuen und Gruppen handelt, da im letzteren Fall sowohl Individuen als auch Gruppen überwiegend risikofreudig entscheiden, jedoch die Gruppen im Mittel (noch) risikofreudiger als die Individuen entscheiden. Die Gruppe scheint somit als „Verstärker" zu wirken, indem überwiegende individuelle Risikoaversion oder Risikofreude jeweils in Gruppen verstärkt wird und somit noch ausgeprägter auftritt. Analog zur Threat-Rigidity-Theorie tritt ein verstärkter Hang zur Konformität auf. Allerdings geben in Gruppen eher die risikofreudigen Individuen nach als die risikoaversen um einen Gruppenkonsens zu erzielen. Dieses Verhalten erklärt die höhere Risikoaversion von Gruppen als von Individuen in der Studie von MASCLET ET AL. (2009, S. 480).

Zusammenfassend kann festgestellt werden, dass Studien einen Einfluss der Teamgröße auf das Risikoverhalten von Managern finden (z. B. BAKER / LAURY / WILLIAMS 2008, S. 374; MASCLET ET AL. 2009, S. 474). Die Zusammenhänge sind jedoch von den Risikosituationen und weiteren Kontextvariablen abhängig.

4.1.3.7 Einfluss der Unternehmensgröße auf das Risikoentscheidungsverhalten

Nach BUSENITZ / BARNEY (1997, S. 13) ist das Niveau der Unsicherheit beim Entscheiden für Entrepreneure (in kleinen relativ neu gegründeten Unternehmen) größer als für Manager großer Unternehmen, die historische Entwicklungen, die bisherige Performance und weitere Informationen in ihre Entscheidungen vermehrt einfließen lassen. In kleinen Unternehmen wirken sich zudem einzelne Risiken und Fehlentscheidungen des Managements stärker aus als in großen Unternehmen, in denen eine Art Portfolioeffekt zumindest teilweise eine Diversifikation von Risiken bewirkt (HALL / WEISS 1967, S. 319 ff.; AMIT / LIVNAT 1988, S. 154 ff.).

Die Führungskräfte ("executives") von großen Unternehmen (Umsatz > 300 Mio. $) zeigen jedoch in der Studie von MACCRIMMON / WEHRUNG (1986, S. 260 f.; 1990, S. 430 f.) ein signifikant risikovermeidenderes Entscheidungsverhalten als diejenigen von kleineren Unternehmen (Umsatz < 300 Mio. $). MACCRIMMON / WEHRUNG weisen aber darauf hin, dass in ihrer Studie die größeren Unternehmen meist Banken sind, so dass das Ergebnis durch die Branche beeinflusst bzw. bestimmt sein kann.

WILLIAMS / NARENDRAN (1999, S. 120) finden keinen signifikanten Zusammenhang zwischen Unternehmensgröße und Risikopräferenz. Ebenso stellen GARRETT / COVIN / SLEVIN (2009, S. 785) bei mittelgroßen und großen US-Unternehmen aus dem verarbeitenden Gewerbe keine signifikante Korrelation zwischen dem Risikoverhalten und der Unternehmensgröße sowie der Mitarbeiteranzahl fest.

Zusammenfassend kann festgestellt werden, dass Studien existieren, die einen Einfluss der Unternehmensgröße auf das Risikoverhalten feststellen (z. B. MACCRIMMON / WEHRUNG 1986, S. 260 f.; 1990, S. 430 f.) und andererseits Studien, die keinen Einfluss der Unternehmensgröße auf das Risikoverhalten ermitteln können (z. B. WILLIAMS / NARENDRAN 1999, S. 120; GARRETT / COVIN / SLEVIN 2009, S. 785).

4.1.3.8 Einfluss der Performance auf das Risikoentscheidungsverhalten

Nach BROCKHAUS (1986, S. 29) haben Entrepreneure ein derart hohes Vertrauen in ihre Fähigkeit, Unternehmensziele erreichen zu können, dass sie die Wahrscheinlichkeit zu scheitern als nur sehr gering annehmen. Das bestätigt unter anderem die Studie von COOPER / WOO / DUNKELBERG (1988, S. 104), die 2994 US-amerikanische Entrepreneure durchschnittlich zwölf Monate nach ihrer Unternehmensgründung bzw. Übernahme befragten. Die Erfolgsaussichten ihres eigenen Unternehmens im Vergleich zu ähnlichen Unternehmen werden in dieser Studie von 5 % der Befragten als schlechter, von 27 % als ähnlich und von 68 % als besser eingeschätzt. Die angenommenen Erfolgsaussichten divergieren jedoch deutlich von den tatsächlichen Erfolgsaussichten. Bereits zwei Jahre nach der Unternehmensgründung werden 34 bis 50 % der Unternehmen nicht mehr in der ursprünglichen Form weitergeführt, d. h. aufgegeben, umgeformt oder verkauft. Nach fünf Jahren werden 50 bis 71 %[63] der Unternehmen nicht mehr von dem Gründer bzw. den Gründern geführt (COOPER / WOO / DUNKELBERG 1988, S. 99).

[63] Die Angabe 50 bis 71 % erfolgt bei COOPER / WOO / DUNKELBERG (1988, S. 99) ohne nähere Erklärung.

Die klassische Kapitalmarkttheorie nimmt an, dass für eine höhere Performance auch höhere Risiken eingegangen werden müssen. Das in einigen Branchen empirisch nachgewiesene Performance-Risiko-Paradoxon widerlegt diese Annahme zumindest teilweise (z. B. BOWMAN 1980, S. 19 ff.; BOWMAN 1982, S. 33 ff.; FIEGENBAUM / THOMAS 1985, S. 8; FIEGENBAUM / THOMAS 1988, S. 93 ff.; MILLER / BROMILEY 1990, S. 761 ff.; JEGERS 1991, S. 129 ff.).

MACCRIMMON / WEHRUNG (1986, S. 263 f.) stellen mit verschiedenen Risikomaßen bei erfolgreichen Managern eine höhere Risikofreude fest. Analog dazu weisen SITKIN / WEINGART (1995, S. 1586) einen signifikant positiven Einfluss der bisherigen Performance auf die Risikobereitschaft nach. Allerdings basiert ihre Studie auf hypothetischen Entscheidungen von Studenten. Im Gegensatz dazu geben 85 % der Manager in der Studie von HELLIAR ET AL. (2001, S. 56) an, dass sie Verluste in der Vergangenheit ignorieren und sich auf aktuelle Aufgaben konzentrieren. Auch PARHANKANGAS / HELLSTRÖM (2007, S. 198) finden in ihrer Studie mit Investment-Managern der Venture-Capital-Branche keinen signifikanten Zusammenhang zwischen Risikoneigung und Selbsteinschätzung der bisherigen Performance.

SHAPIRA (1995, S. 63 ff.) befragt Manager danach, welches Risiko (auf einer siebenstufigen Skala von „minimum risk" über „average risk" bis hin zu „maximum risk") sie in einer bestimmten Performancesituation (auf einer sechsstufigen Skala von „You succeeded a lot and are well above the target" bis „You considerably failed and are well below the target") 1. gewählt haben würden („I would have taken"), 2. gewählt haben sollten („I should have taken") und 3. andere Manager wählen würden („Other managers would take"). Die Ergebnisse zeigen in der Gesamtstichprobe bei 1. bis 3. einen nahezu identischen positiven quadratischen Zusammenhang zwischen der hypothetischen Performance und dem hypothetischen Risikoverhalten.[64] Innerhalb der Gesamtstichprobe können drei unterschiedliche Gruppen identifiziert werden. Die erste Gruppe würde mit steigendem Erfolg immer mehr Risiko eingehen. Die zweite Gruppe ist relativ risikoneutral. Die dritte Gruppe würde mit steigendem Erfolg immer weniger Risiko eingehen und zeigt somit das für die Prospect-Theorie typische Verhalten.

Zusammenfassend ergibt sich kein einheitliches Bild aus den vorgestellten Studien, die den Einfluss der bisherigen Performance auf das Risikoverhalten untersuchen. MACCRIMMON / WEHRUNG (1986, S. 263 f.) stellen einen positiven, SHAPIRA (1995, S. 63 ff.) einen quadratischen und HELLIAR ET AL. (2001, S. 56) sowie PARHANKANGAS / HELLSTRÖM (2007, S. 198) keinen Einfluss der bisherigen Performance auf das Risikoverhalten fest.

4.1.4 Vergleich des Risikoentscheidungsverhaltens von Managern mit Kontrollgruppen

4.1.4.1 Unterschiede im Risikoentscheidungsverhalten von Managern und Controllern

Nach WEBER / SCHÄFFER (1999, S. 731 ff.) und SCHÄFFER / WEBER (2001, S. 1 ff.) besteht eine der Aufgaben von Controllern im Unternehmen in der Rationalitätssicherung der Führung. In einer Studie von WEBER ET AL. (2006, S. 31) bezeichnen 37,4 % der 618 befragten Controller die Rationalitätssicherung vor der Informationsversorgung (23,6 %), der Planung und Kontrolle (23,5 %) sowie der Koordination (15,5 %) als die häufigste Aufgabe der Controllingpraxis in

[64] SHAPIRA macht keine Angaben zu den Signifikanzen der Ergebnisse.

ihrem Unternehmen. Weiterhin dominiert das Controllingverständnis der Rationalitätssicherung in den 323 erfolgreichen Unternehmen mit 42,7 % deutlich.[65] In den 294 nicht erfolgreichen Unternehmen ist mit 31,3 % das Controllingverständnis der Rationalitätssicherung insgesamt deutlich geringer ausgeprägt (WEBER ET AL. 2006, S. 68 f.).[66]

Die Aufgabe der Rationalitätssicherung für das Management Accounting im Unternehmen ist beispielsweise auch bei SPRINKLE (2003, S. 287) und VERSTEGEN (2006, S. 1137 ff.) zu finden.

HELLIAR ET AL. (2002, S. 170) erwarten einerseits, dass Controller eine andere Risikoeinstellung und ein anderes Risikoverhalten als Manager zeigen, da sie besonders durch ihre Ausbildung mit Risikobewertungsprozessen vertraut sind. Andererseits weisen sie (vgl. HELLIAR ET AL. 2002, S. 186) mit ihrer Studie nach, dass die Risikoauffassungen von Controllern denen von Managern sehr ähnlich sind und, dass Controller teilweise vorsichtiger, teilweise aber auch risikofreudiger als Manager entscheiden.

CUMMINGS / HARNETT / STEVENS (1971, S. 298) weisen mit ihrer internationalen Studie nach, dass Finance- und Accounting-Manager am risikoaversesten im Vergleich zum Top-Management, zum Produktions- und technischen Management sowie zum Marketing- und Vertriebsmanagement sind. Außerdem glauben Finance- und Accounting-Manager viel stärker als das Top-Management an die interne Kontrollierbarkeit des Unternehmens als daran, externen nicht beeinflussbaren Einflüssen ausgeliefert zu sein.

DICKSON (1981, S. 158 f.) befragt einerseits britische Manager, die hauptsächlich mit den Risiken im Unternehmen konfrontiert sind (z. B. Manager der Versicherungsabteilung, aber keine Manager, die im Risikomanagement involviert sind), deren Aufgabe hauptsächlich darin besteht, Risiken zu vermeiden oder zu begrenzen, um einen Verlust zu vermeiden (anstatt Gewinne zu erwirtschaften, wie sonst bei Managern meist üblich). Andererseits wird jeweils aus dem gleichen Unternehmen auch ein „normaler" Manager befragt, dessen Fokus primär auf der Erwirtschaftung von Gewinnen und weniger auf Risiken liegt. Bei Gewinnaussichten ist kein signifikanter Unterschied im Risikoverhalten von Risiko- und anderen („normalen") Managern festzustellen, wobei das Entscheidungsverhalten in beiden Gruppen im Mittel risikoavers ist. Bei Verlustaussichten entscheiden die „Risiko-"Manager signifikant risikoaverser als die „normalen" (Nicht-„Risiko-") Manager, wobei das Entscheidungsverhalten in beiden Gruppen im Mittel ebenfalls risikoavers ist. Die überwiegende Risikoaversion bei Verlusten erscheint konträr zu den Ergebnissen von LAUGHHUNN / PAYNE / CRUM (1980, S. 1248), die je nach Kontext bei nicht ruinösen Verlusten ein mehrheitlich risikofreudiges Verhalten der Manager feststellten. DICKSON (1981, S. 162 f.) interpretiert die größere Risikoaversion der „Risiko-"Manager bei Verlustaussichten in der Art, dass das Wissen um Risiken zu einem größeren Respekt und zu einer größeren Vorsicht führt als zur Missachtung von Risiken.

Zusammenfassend kann festgestellt werden, dass nach WEBER ET AL. (2006, S. 68 f.) das Controllingverständnis der Rationalitätssicherung in erfolgreichen Unternehmen die deutlich dominierende Sichtweise des Controllings im Unternehmen darstellt. In nicht erfolgreichen

[65] Controllingverständnis in erfolgreichen Unternehmen: Informationsversorgung (18,3 %), Planung und Kontrolle (25,7 %), Koordination (13,3 %) und Rationalitätssicherung (42,7), nach WEBER ET AL. (2006), S. 69.

[66] Controllingverständnis in nicht erfolgreichen Unternehmen: Informationsversorgung (29,6 %), Planung und Kontrolle (21,1 %), Koordination (18,0 %) und Rationalitätssicherung (31,3 %), nach WEBER ET AL. (2006), S. 69.

Unternehmen ist das Controllingverständnis der Rationalitätssicherung insgesamt deutlich geringer ausgeprägt. Obwohl beispielsweise die Studien von CUMMINGS / HARNETT / STEVENS (1971, S. 298) und HELLIAR ET AL. (2002, S. 186) Unterschiede im Risikoentscheidungsverhalten von Managern und Controllern aufzeigen, bleibt die Frage, ob Controller auch signifikant rationaler entscheiden als Manager.

4.1.4.2 Studenten als Substitute für Manager in der experimentellen Forschung und deren Risikoentscheidungsverhalten

In empirischen Studien zum Managementverhalten werden oft Studenten als Substitute für Manager verwendet (z. B. SITKIN / WEINGART 1995, S. 1580; THALER ET AL. 1997, S. 651), obwohl seit der Studie von ALDERFER / BIERMAN (1970, S. 342 ff.) allgemein bekannt sein müsste, dass im Entscheidungsverhalten von Managern und Studenten signifikante Unterschiede existieren. In ihrer Übersicht der Verhaltensmodelle zum Risikoverhalten im Managementkontext weisen auch LIBBY / FISHBURN (1977, S. 286) bei den individuellen Unterschieden mit Bezug auf die Studie von ALDERFER / BIERMAN (1970, S. 342 ff.) auf das unterschiedliche Entscheidungsverhalten unter Risiko von Managern und Studenten hin. Studenten sind im Gegensatz zu Managern noch relativ unerfahren im Treffen von wichtigen, riskanten und realen Entscheidungen, besonders bei extremen Verlustmöglichkeiten, welche ihr persönliches Wohlergehen, ihre Karriere und ihren finanziellen Status nachhaltig beeinflussen können (WEHRUNG 1989, S. 116). Bereits SWALM (1966, S. 129) stellt fest, dass Geschäftsleute und Studenten (also die zukünftigen Geschäftsleute) mit Artikeln und Büchern zum intelligenten Umgang mit Risiken quasi überschüttet werden. Wenn Geschäftsleute trotzdem konträr zu den klassischen Entscheidungstheorien entscheiden, kann es unter anderem sein, dass Geschäftsleute durch praktische Erfahrung etwas gelernt haben, was ihr Risikoverhalten nachhaltig beeinflusst.

ALDERFER / BIERMAN (1970, S. 344 ff.) vergleichen in ihrer Studie das Risikoverhalten von 77 Managern mit dem von 75 Wirtschaftsstudenten. Die Testteilnehmer sollten sich zwischen den drei Portfolios mit relativ gleichen Mittelwerten (μ) und Varianzen (σ^2) aber unterschiedlicher Schiefe (γ) entscheiden. Am Ende des Experiments erhielten die Gewinner eine reale Auszahlung und die Verlierer mussten den entsprechenden Betrag einzahlen. Die Ergebnisse zeigen, dass das Portfolio mit einer geringeren Schadenshöhe ($ -8,34) aber einer relativ hohen Verlustwahrscheinlichkeit (25 %) gegenüber dem im Mittelwert und in der Varianz gleichen Portfolio mit einer relativ hohen möglichen Schadenshöhe ($ -58,34) aber einer nur sehr geringen Verlustwahrscheinlichkeit (1,35 %) deutlich präferiert wird. 34 % der Manager und 71 % der Studenten präferieren sogar ein, den ersten beiden Portfolios in Mittelwert und Varianz unterlegenes, drittes Portfolio nur wegen der garantierten Verlustfreiheit dieses Portfolios. Die Ergebnisse der Manager und Studenten unterscheiden sich signifikant voneinander. Seit der Studie von ALDERFER / BIERMAN (1970, S. 342 ff.) sollte somit allgemein bekannt sein, dass beim Entscheidungsverhalten von Managern und Studenten signifikante Unterschiede existieren und, dass Studenten somit in der experimentellen Forschung ohne entsprechende Adaptionen nicht als Substitute für Manager geeignet sind, um ein adäquates Managemententscheidungsverhalten abzubilden.

In hypothetischen Situationen ohne extreme Verlustmöglichkeiten scheinen einige Studien mit Managern und Studenten ähnliche Effektgrößen zu zeigen. HELLIAR ET AL. (2001, S. 59 f.)

bestätigen in ihrer Studie mit UK-Managern den von TVERSKY / KAHNEMAN (1981, S. 453) mit US-Studenten nachgewiesenen Framing-Effekt. Eine in beiden Studien identische Frage weist mit 72,7 % bzw. 72,0 % eine ähnlich hohe Risikoaversion bei Gewinnaussichten auf. Eine weitere Frage bestätigt die Risikofreude bei Verlustaussichten, wobei die Ergebnisse mit 62,8 % zu 78,0 % jedoch deutlich differieren.

Die Studie von FARAGÓ / KISS / BOROS (2008, S. 2235 f.) untersucht zwar das Entscheidungsverhalten von Entrepreneuren und Studenten, die Ergebnisse sind aber in den angegeben Signifikanzen widersprüchlich. So sollen Entrepreneure einmal signifikant und an anderer Stelle nicht signifikant risikofreudiger als Studenten sein. Auch MASCLET ET AL. (2009, S. 477) weisen eine signifikant höhere Risikoneigung von Selbständigen gegenüber Studenten nach. Interessant ist in diesem Zusammenhang besonders die Studie von MACKO / TYSZKA (2009, S. 473 ff.), die das Risikoverhalten von Studenten mit und ohne Absicht, ein Business zu gründen, sowie von Studenten, die bereits Entrepreneure sind, untersuchen. Da die Probandengruppen eine ähnliche Altersstruktur aufweisen, ist eine vom sonst dominanten Alterseffekt weitgehend unabhängige Untersuchung möglich. Die Ergebnisse der Studie zeigen jedoch keine signifikanten Unterschiede im Risikoverhalten zwischen den Gruppen.

Zusammenfassend kann festgestellt werden, dass einerseits Studien (z. B. ALDERFER / BIERMAN 1970, S. 344 ff.; MASCLET ET AL. 2009, S. 477) signifikante Unterschiede im Risikoentscheidungsverhalten zwischen Managern und Studenten feststellen. Andererseits belegen Studien (z. B. HELLIAR ET AL. 2001, S. 59 f.; MACKO / TYSZKA 2009, S. 473 ff.), dass unter bestimmten Bedingungen die Unterschiede im Risikoentscheidungsverhalten zwischen Managern und Studenten nicht auftreten bzw. eliminiert werden können.

4.2 Empirische Studien zu Performance-Risiko-Assoziationen und zum Rendite-Risiko-Paradoxon

4.2.1 Übersicht der empirischen Studien zu Performance-Risiko-Assoziationen

Empirische Studien, die allgemein Performance-Risiko-Assoziationen und speziell die mögliche Existenz eines Rendite-Risiko-Paradoxons untersuchen, werden im Folgenden kurz zur Übersicht in Tab. 4-5 wiedergegeben. Anschließend werden die Ergebnisse der Studien im Zusammenhang diskutiert. Im Gegensatz zu den empirischen Studien in Kapitel 4.1, die das individuelle Risikoentscheidungsverhalten von Managern analysieren, untersuchen die empirischen Studien zu Performance-Risiko-Assoziationen das dem Unternehmen zugeschriebene, also das organisationale Risikoverhalten.

Dabei werden die folgenden Angaben, soweit sie in den Studien verfügbar sind, dargestellt:

- die Stichprobe hinsichtlich Umfang, Datenbasis und Analysezeitraum,
- der Untersuchungsgegenstand mit den untersuchten Performance-, Risiko- und Kontrollvariablen,
- die Untersuchungsmethode,
- die wichtigsten Ergebnisse mit den ermittelten Performance-Risiko-Assoziationen und weitere gefundene Zusammenhänge.

Studie Stichprobe	Untersuchungs gegenstand	Untersuchungs-methode	Wichtigste Ergebnisse
CONRAD / PLOTKIN (1968)			
• Umfang: 783 US-Unternehmen aus 59 Branchen; • Datenbasis: COMPUSTAT; • Erhebung: 1950-1965	• **Performance:** mittlere Marktrendite und mittlerer ROA über 16 Jahre; • **Risiko:** Varianz der Marktrendite und des ROA über 16 Jahre; • **Kontextvariablen:** Branche nach SIC-Code	• Lineares Regressions-modell: $P = r \cdot R + c$	• **Performance-Risiko-Assoziationen: signifikant positiv;** ◦ bei der Analyse, die auf dem Marktwert basiert: $R^2 = 0{,}59$; ◦ bei der Analyse, die auf dem Buchwert basiert: $R^2 = 0{,}46$
FISHER / HALL (1969)			
• Umfang: 88 mittlere und große Unternehmen aus 11 Branchen; • Datenbasis: FORTUNE 500; • Erhebung: 1950-1968	• **Performance:** trendbereinigter Mittelwert des ROE (P_i), mittlere allgemeine (P_0) bzw. branchenspezifische (P_j) risikoangepasste Performance; • **Risiko:** Residuen der Trendab-weichung, der Standardabweichung (R_1) und der Schiefe (R_2); • **Kontextvariablen:** Branche	• Lineare Regressions-modelle: 1. $P_i = P_0 + r_1 \cdot R_{1,I}$, 2. $P_i = P_0 + r_2 \cdot R_{2,I}$, 3. $P_i = P_0 + r_1 \cdot R_{1,i} + r_2 \cdot R_{2,I}$, 4. $P_{ij} = P_0 + r_1 \cdot R_{1,ij} + r_2 \cdot R_{2,ij}$	• **Performance-Risiko-Assoziationen:** ◦ P und R_1 zu 0,01 sig. **positiv**; ◦ P und R_2 zu 0,1 sig. **negativ**; ◦ R^2 nur 0,156 bei Modell 3, aber bei Trennung in Branchen (Modell 4) $R^2 = 0{,}4936$
COOTNER / HOLLAND (1970)			
• Umfang: 315 US-Unternehmen aus 39 Branchen; • Datenbasis: STUDLEY-SHUPERT COMPANY INC.; • Erhebung: 1946-1960	• **Performance:** mittlerer ROA eines Unt. (P) und einer Branche (P_B); • **Risiko:** $R_B = \sigma_{\text{aller Unt. zum Branchendurchschnitt}}$, $R_1 = \sigma_{\text{der Unt.-zu Branchenzeitreihe}}$, $R_2 = \sigma_{\text{der Unternehmenszeitreihe}}$, $R_3 = \gamma_{\text{der Unternehmenszeitreihe}}$, $R_4 = \sigma_{\text{der Unternehmenszeitreihe zu Trend}}$; • **Kontextvariablen:** Branche nach SIC (teilweise mit Branchengrößen von nur 4 Unternehmen!)	• Regressionsmodelle: 1. $P_B = r_B \cdot R_B + c$, 2. $P = r_1 \cdot R_1 + c$, 3. $P = r_1 \cdot R_1 + r_2 \cdot R_2 + c$, 4. $P = r_1 \cdot R_1 + r_2 \cdot R_2 + + r_3 \cdot R_3 + c$, 5. $P = r_1 \cdot R_1 + r_2 \cdot R_2 + + r_3 \cdot R_3 + r_4 \cdot R_4 + c$, 6. $P = r_1 \cdot R_1 + r_4 \cdot R_4 + c$	• **Performance-Risiko-Assoziationen:** ◦ Modell 1: **positiv** sowie (teilw. signifikant) über die einzelnen Jahre; ◦ Modelle 2 - 6: **positiv**; ◦ Schiefe (γ) hat kaum Einfluss; ◦ R_4 in Modell 4 negativ aber in Modell 5 positiv
HURDLE (1974)			
• Umfang: 228 US-Produktions-Unternehmen aus 85 Branchen; • Datenbasis: SHEPERD; • Erhebung: 1960-1969	• **Performance:** mittlerer ROE über 10 Jahre; • **Risiko:** 1. σ_{ROE}, 2. Leverage, 3. Marktanteil, 4. rel. Umsatzwachstum, 5. Branchenkonzentration, 6. Werbungskosten, 7. Aktiva zu Umsatz, 8. Unternehmensgröße, 9. Auftragsschwankungen; • **Kontextvariablen:** Branche	• Regressionsmodelle für: 1. σ_{ROE}, 2. Verschuldungsgrad, 3. Performance, jeweils mit 2 Methoden der kleinsten Quadrate (MKQ) bestimmt	• **Performance-Risiko-Assoziationen:** ◦ sig. **positiv** bei zweistufiger MKQ aber sig. **negativ** bei gewöhnlicher MKQ; ◦ wechselnder Zusammenhang zw. ROE und D/E sowie ROE und Unternehmensgröße; • neg. Zusammenhang σ_{ROE} und Unt.größe sowie σ_{ROE} und D/E; • **erstmals in der Fachliteratur empirisch neg. Performance-Risiko-Zusammenhang diskutiert**

Tab. 4-5: Zusammenstellung der bisherigen empirischen Studien über Performance-Risiko-Assoziationen

Studie Stichprobe	Untersuchungs gegenstand	Untersuchungs-methode	Wichtigste Ergebnisse
ARMOUR / TEECE (1978)			
• Umfang: 28 US-Unternehmen der Mineralöl-Branche; • Datenbasis: FORTUNE 500; • Erhebung: 1950-1973 (bewusst nur bis zur Ölkrise)	• **Performance:** ROE; • **Risiko:** Varianz des ROE über die letzten 5 Jahre; • **Kontextvariablen:** Unternehmensgröße, Organisationsstruktur, Kapazitätsauslastung, Wachstum	• lineare Regressionen mit allen Variablen und dem ROE als abhängige Variable (Risiko war nur eine von 9 Variablen in den Regressions-modellen)	• **Performance-Risiko-Assoziationen:** nicht signifikant negativ in beiden untersuchten Zeiträumen (1956-68, 1969-73); R^2 der Regressionsmodelle nur 0,249 bzw. 0,271; • sig. pos. Zusammenhang zw. Performance und Wachstum sowie zw. Performance und einigen Organisationsformen
NEUMANN / BÖBEL / HAID (1979)			
• Umfang: 334 (64 + 270) dt. Aktiengesellschaften aus mehreren Branchen; • Datenbasis: HOPPENSTEDT, BAYER. HYPO-BANK; • Erhebung: 1965-1973	• **Performance:** ROE netto und brutto jeweils vor und nach Steuern (P_1 - P_4); • **Risiko:** trendfreie Varianz und Kovarianz zu allen dt. Unternehmen;; • **Kontextvariablen:** Branchenkonzentration, Import- , Exportrate, Unternehmensgröße, Unternehmenswachstum, Produktdifferenzierung	• Korrelationen und Lineare Regressions-modelle	• **Performance-Risiko-Assoziationen:** ◦ signifikant **positiv** bei allen 4 Performancevariablen (P_1 - P_4) mit den beiden Risikovariablen (einige negative Performance-Risiko-Zusammenhänge wurden bereinigt); • sig. positiv zw. Performance und Branchenkonzentration, Wachstum, (Differenzierung); • sig. negativ zw. Performance und Unternehmensgröße, Import-, Exportrate
BOWMAN (1980)			
Umfang: 1. 415 US-Unternehmen aus 11 Branchen; 2. 1.572 US-Unterneh-men aus 85 Branchen; • Datenbasis: VALUE LINE; • Erhebungen: 1. 1972-1976; 2. 1968-1976	• **Performance:** 1. mittlerer ROE über 5 Jahre, 2. mittlerer ROE über 9 Jahre; • **Risiko:** Varianzen des ROE über die jeweiligen Perioden; • **Kontextvariablen:** Branche	• Rangordnungsver-gleich von Rendite und Risiko der Unternehmen mit Kontingenzanalyse innerhalb jeder Branche sowie ohne Branchen-differenzierung	• **Performance-Risiko-Assoziationen:** 1. sig. **negativ bei 10 von 11** Branchen; 2. sig. **negativ bei 56 von 85** Branchen und sig. **positiv bei 21 von 85** Branchen sowie kein Zusammenhang, wenn keine Branchendifferenzierung vor-genommen wird; **-> Prägung des Begriffs: Rendite-Risiko-Paradoxon**
TREACY (1980)			
• Umfang: 1.485 US-Firmen aus 54 Branchen; • Datenbasis: COMPUSTAT; • Erhebung: 1966-1975; (unveröffentlichte Studie, die in BOWMAN (1980) zitiert wird)	• **Performance:** mittlerer ROE über 10 Jahre; • **Risiko:** Varianz des ROE über 10 Jahre; • **Kontextvariablen:** Branche (SIC-2stellig), Unternehmensgröße (average assets)	• Rangordnungsver-gleich mit dem Korrelationskoeffizienten nach SPEARMAN	• **Performance-Risiko-Assoziationen:** ◦ sig. **negativ bei 20 von 54** Branchen und sig. **positiv bei 2 von 54** Branchen; • starke negative Korrelation zwischen Unternehmensgröße und Risiko (keine Angabe zur Signifikanz); • moderate Korrelation zwischen Unternehmensgröße und ROE (keine Angabe zur Signifikanz)

Tab. 4–5: Zusammenstellung der bisherigen empirischen Studien über Performance-Risiko-Assoziationen (fortgesetzt)

Studie Stichprobe	Untersuchungs gegenstand	Untersuchungs-methode	Wichtigste Ergebnisse
BETTIS / HALL (1981, 1982)			
• Umfang: 80 in verschiedenen Branchen diversifizierte US-Firmen; • Datenbasis: COMPUSTAT; • Erhebung: 1973-1977	• **Performance:** mittlerer ROA über 5 Jahre; • **Risiko:** Varianz des ROA über 5 Jahre; • **Kontextvariablen:** Art der Diversifikation	• lineare Regression (nicht näher bezeichnet)	• **Performance-Risiko-Assoziationen:** ◦ je nach Art der Diversifikation: 1. in abhängiger Verbindung: je nach Bereinigung nicht sig. negativ oder positiv, 2. in unabhängiger Beziehung: sig. **negativ**, 3. ohne Beziehung: sig. **positiv**
BOWMAN (1982, 1984)			
• Umfang: 155 US-Unternehmen (1. Studie: 82 Unt. aus der Nahrungsmittel-Branche, 2. Studie: 46 Unt. aus der Computer-Branche, 3. Studie: 27 Unt. aus der Container-Branche); • Datenbasis: VALUE LINE, GESCHÄFTSBERICHTE; • Erhebung: 1972-1981	• **Performance:** 1. u. 3. Studie: mittlerer ROE über 5 Jahre, 2. Studie: mittlerer ROS über 3 Jahre; • **Risiko:** 1. Studie: Akquisitionsrate, 2. Studie: Analyse der Prozesse, 3. Studie: Häufigkeit der Begriffe mit „neu" (neue Aktivitäten, neue Verfahren etc.); • **Kontextvariablen:** (Branche)	• 1. und 2. Studie paarweise Binominaltests; Rangordnungsvergleich mit Korrelation nach SPEARMAN; • 3. Studie: Inhaltsanalyse (content analysis) der Geschäftsberichte auf Worthäufigkeiten	• **Performance-Risiko-Assoziationen:** ◦ sig. **negativ** in allen 3 Studien; • das Drittel der Unternehmen, das Kunden am häufigsten erwähnte, hatte den dreifachen Profit zum Drittel der Unternehmen, das Kunden am seltensten erwähnte; • **erstmals Prospect-Theorie als Erklärungsansatz für das Rendite-Risiko-Paradoxon**
MARSH / SWANSON (1984)			
• Umfang: 135 US-Unternehmen aus 13 Branchen; • Datenbasis: VALUE LINE, COMPUSTAT; • Erhebung: 1958-1981	• **Performance:** buchwertbasierter ROE (eigentlich EPS) (1963-1981): 1. zum Ende und 2. zum Anfang des Geschäftsjahres, marktwertbasierter ROE (eigentlich EPS) (1958-1981): 3. zum Quartalsende und 4. zum Folgequartal; • **Risiko:** Varianz des ROE; • **Kontextvariablen:** Branche	• Korrelationsanalysen mit teilweise sehr kleinen Branchenstichproben mit nur 4 bis 14 Unternehmen	• **Performance-Risiko-Assoziationen:** ◦ über den ges. Zeitraum und alle Branchen hinweg eine positive aber keine sig. Korrelation zwischen ROE und dessen Varianz; ◦ nur innerhalb der Machinenbau-Branche (mit 14 Unternehmen in der Stichprobe) sig. positiver Zusammenhang
FARRELLY / FERRIS / REICHENSTEIN (1985)			
• Umfang: 25 US-Unternehmen; • Datenbasis: VALUE LINE sowie 209 Analysteneinschätzungen zum Risiko; • Erhebung: 1977-1983	• **Performance:** Dividendenzahlungen (1981), Wachstum (1977-81); • **Risiko:** Dividendenzahlungen, Liquidität, Größe, Wachstum, Leverage, Standardabw. des KGV, Beta zum S&P500, Analysteneinschätzung bzw. -vorhersagen als ex-ante Risikomaß, VALUE LINE Beta	• Korrelation und Regression der 7 bilanzbasierten Risikokennzahlen jeweils mit den 2 marktbasierten Risikomaßen (Analysteneinschätzungen und VALUE LINE Beta)	• **Performance-Risiko-Assoziationen:** ◦ **negativ** zwischen Dividendenzahlungen und Analystenvorhersagen sowie VALUE LINE Beta; ◦ **negativ** zwischen Wachstum und Analystenvorhersagen; ◦ **positiv** zwischen Wachstum und VALUE LINE Beta; • Finanzreporte enthalten ex-ante Risikoinformationen, die ein adäquates Proxy für das Marktrisiko sind

Tab. 4–5: Zusammenstellung der bisherigen empirischen Studien über Performance-Risiko-Assoziationen (fortgesetzt)

Studie **Stichprobe**	**Untersuchungs gegenstand**	**Untersuchungs-methode**	**Wichtigste Ergebnisse**
BETTIS / MAHAJAN (1985)			
• Umfang: 80 in verschiedenen Branchen diversifizierte US-Firmen (1973-77); • Datenbasis: COMPUSTAT, FORTUNE 500; • Erhebung: 1973-1977	• **Performance:** mittlerer ROA über 5 Jahre; • **Risiko:** Varianz des ROA über 5 Jahre; • **Kontextvariablen:** Art der Diversifikation; 13 weitere Variablen, wie R&D-Ausgaben, KGV, Wachstum, Branchenrisiko (weitere Variablen nicht erklärt)	• lineare Regression (nicht näher bezeichnet); Clusteranalyse entsprechend Performance und Risiko	• **Performance-Risiko-Assoziationen:** ◦ bezüglich Diversifikation siehe BETTIS / HALL (1981,1982); ◦ Clusteranalyse ergibt 4 Cluster: 1. hohes Risiko bei mittlerer Performance, 2. geringes Risiko bei geringer Performance, 3. geringes Risiko bei mittlerer Performance, 4. geringes Risiko bei hoher Performance
PERLITZ / LÖBLER (1985)			
• Umfang: 212 deutsche Unternehmen aus 10 Branchen; • Datenbasis: Bonner Stichprobe, GESCHÄFTSBERICHTE; • Erhebung: 1960-1982	• **Performance:** Mittelwert des ROE über 23 Jahre; • **Risiko:** 1.: abs. Veränderung des ROE, 2.: rel. Veränderung des ROE, 3.: trendbereinigte abs. Veränderung des ROE, 4.: trendbereinigte rel. Veränderung des ROE, 5.: Varianz des ROE; • **Kontextvariablen:** Branche	• Managementbefragung zum Risikoverhalten geframt als Innovationsverhalten in Krisen- oder Chancensituationen; • Einteilung der Unternehmen jeder Branche nach Performance und Risiko über- oder unterhalb des Medians nach Rangordnung in 2 x 2 Kreuztabellen analog zu BOWMAN (1980)	• **Performance-Risiko-Assoziationen:** 1.: 1 x sig. negativ, 2.: 5 x sig. negativ, 3.: 1 x sig. negativ, 4.: 5 x sig. negativ, 5.: 1 x sig. positiv, -> Einfluss des Risikomaßes wird deutlich; • Innovationsverhalten ist von Krisen- oder Chancensituation abhängig
FIEGENBAUM / THOMAS (1985, 1986)			
• Umfang: 345 bis 700 Unternehmen (je nach Untersuchungsperiode) aus 7 Branchen; • Datenbasis: COMPUSTAT; • Erhebung: 1960-1979	• **Performance:** mittlerer ROE über verschiedene 5-jahres Perioden (1960-1964, 1965-1969, 1970-1974, 1975-1979); • **Risiko:** 1. bilanzbasiert: Varianz des ROE über die jeweiligen 5-jahres Perioden, 2. marktbasiert: Beta; • **Kontextvariablen:** Branche (SIC-2stellig), Zeit	• Einteilung der Unternehmen jeder Branche nach Performance und Risiko über- oder unterhalb des Medians nach Rangordnung in 2 x 2 Kreuztabellen analog zu BOWMAN (1980)	• **Performance-Risiko-Assoziationen:** 1. mit Varianz des ROE: 1960-1964: **positiv** in 4 der 7 Branchen; 1965-1969: **positiv** in allen 7 Branchen; 1970-1974: **negativ** in 5 der 7 Branchen; 1975-1979: **negativ** in allen 7 Branchen; -> Einfluss der Untersuchungsperiode wird deutlich; 2. mit Beta: keine Zusammenhänge in allen 4 Perioden
AAKER / JAKOBSON (1987)			
• Umfang: 5.455 strategische Geschäftseinheiten von 1.376 Unternehmen; • Datenbasis: PIMS; • Erhebung: 1970-1983	• **Performance:** ROI; Untersuchung in Perioden von 5-13 Jahren; • **Risiko:** systematisches Risiko als Beta des ROI, unsystematisches Risiko als Standardfehler der Residuen; • **Kontextvariablen:** Branche, Zeit, 13 weitere Variablen	• lineare Regression mit einem Modell analog zum CAPM	• **Performance-Risiko-Assoziationen:** ◦ durchgängig positive Beta-Faktoren; ◦ das systematische Risiko beeinflusst die Rendite stärker als das unsystematische Risiko, allerdings $R^2 < 0,1$

Tab. 4–5: Zusammenstellung der bisherigen empirischen Studien über Performance-Risiko-Assoziationen (fortgesetzt)

Studie **Stichprobe**	**Untersuchungs gegenstand**	**Untersuchungs-methode**	**Wichtigste Ergebnisse**
ALBACH (1987)			
• Umfang: 295 deutsche Industrie-aktiengesellschaften; • Datenbasis: ?; • Erhebung: 1965-1984	• **Performance:** ROE, ROI; • **Risiko:** Varianz des ROE, ROI; • **Kontextvariablen:** Diversifikation, Wachstum, Größe, Forschungs- und Entwicklungsausgaben	• grafische Analysen; nichtlineare Regressionen	• **Performance-Risiko-Assoziationen:** ◦ **negativ** – erfolgreiche Unternehmen haben ein geringeres Risiko bei höheren Renditen; ◦ erfolgreiche Unternehmen investieren: 1. in Krisenzeiten weiter, 2. nicht einseitig in Kostensenkung, 3. in den Markt, 4. in Fertigungsprozesse, 5. in Flexibilität und 6. in Schutz vor Risiken; 7. weniger in grundsätzliche organisationale Änderungen, 8. ziehen sich nicht aus Marktnischen zurück
JEMISON (1987)			
• Umfang: 43 mittelgroße US-Banken aus Indiana; • Datenbasis: Management-befragungen; • Erhebung: 1975-1979	• **Performance:** Mittelwert d. ROA über 5 Jahre; • **Risiko:** Varianz des ROA; • **Kontextvariablen:** Strategie als Produktmix, Preispolitik, operative Effizienz; Organisationsprozesse als Entscheidungsdezentralisation, Planungsinstrumente, Abteilungsunabhängigkeit	• Management-befragungen über Strategie und Organisationsprozesse; • Clusteranalyse (über euklidische Distanz)	• **Performance-Risiko-Assoziationen:** ◦ sowohl Rendite als auch Risiko hängen von der Strategie und den Organisations-prozessen ab; ◦ Prozesse, die die Rendite beeinflussen unterscheiden sich von Prozessen, die das Risiko beeinflussen
FIEGENBAUM / THOMAS (1988)			
• Umfang: 2.322 US-Industrie-Unternehmen aus 47 Branchen; • Datenbasis: COMPUSTAT; • Erhebung: 1960-1979	• **Performance:** mittlerer ROE über 5-jahres Perioden (1960-1964, 1965-1969, 1970-1974, 1975-1979), 10-jahres Perioden (1960-1969, 1970-1979) und die gesamte 20-jahres Periode (1960-79); • **Risiko:** 1. Varianz des ROE, 2. Beta; • **Kontextvariablen:** Branche (SIC-2stellig), Zeit	• getrennte Analysen der Unternehmen unter- und oberhalb des mittleren ROE in jeder Branche nach Rangordnung	• **Performance-Risiko-Assoziationen:** ◦ in 81 % der untersuchten Branchen sig. **negativ unterhalb des Branchen-durchschnitts**; ◦ in 57 % der Branchen sig. **positiv oberhalb des Branchendurchschnitts**
AMIT / LIVNAT (1988)			
• Umfang: 400 (365) Unternehmen aus mehreren Branchen • Datenbasis: COMPUSTAT; • Erhebung: 1977-1984	• **Performance:** CFA über 5 Jahre; • **Risiko:** Varianz des CFA über 5 Jahre (1977-83); Brancheneintrittsrisiko als Varianz und Spanne der Branchenperformance; • **Kontextvariablen:** Art der Diversifikation	• Korrelation nach PEARSON; Cluster-analyse anfangs mit 8 Clustern, wobei sich eine Clusteranzahl von 4 als sinnvoll erweist	• **Performance-Risiko-Assoziationen:** ◦ Unternehmen mit verbundener (related) Diversifikation besitzen eine hohe Performance und ein hohes Risiko; ◦ Unternehmen mit unverbundener (unrelated) Diversifikation dagegen eine niedrige Performance und ein niedriges Risiko

Tab. 4–5: Zusammenstellung der bisherigen empirischen Studien über Performance-Risiko-Assoziationen (fortgesetzt)

Studie Stichprobe	Untersuchungs gegenstand	Untersuchungs-methode	Wichtigste Ergebnisse
JEGERS (1989)			
• Umfang: 3.250 belgische Unternehmen aus 110 Branchen; • Datenbasis: ?; • Erhebung: 1977-1982	• **Performance:** ROE, ROA, CFE, CFA; • **Risiko:** Varianz, Trend und Trendabweichung des ROE, ROA, CFE, CFA, Brancheneintrittsrisiko als Varianz und Spanne der Branchenperformance; • **Kontextvariablen:** Branche (NACE-3stellig)	• nichtlineare Regression zur Trendermittlung; • Rangordnungs-vergleich mit Korrelation nach SPEARMAN	• **Performance-Risiko-Assoziationen:** ◦ CFE zeigt in ca. 50 % der Branchen einen **sig. positiv**en Zusammenhang mit der Varianz des CFE; ◦ ROA, ROE und CFA zeigen keinen sig. Zusammenhang mit der jeweiligen Varianz; -> Zusammenhänge sind von den Risikomaßen und Analyse-methoden abhängig
PERLITZ / LÖBLER (1989)			
• Umfang: 428 deutsche kleine und mittelständische Unternehmen aus 24 Branchen; • Datenbasis: ?; • Erhebung: ?	• **Performance:** Mittelwert d. ROE über 5 Jahre; • **Risiko:** 1. abs. Veränderung d. ROE, 2. rel. Veränderung des ROE, 3. trendbereinigte abs. Veränderung d. ROE, 4. trendbereinigte rel. Veränderung d. ROE, 5. Varianz des ROE; • **Kontextvariablen:** Branche, strateg. Gruppen	• Einteilung der Unter-nehmen jeder Branche nach Performance und Risiko zum Median mittels Rangordnung in 2 x 2 Kontingenztafeln und Korrelations-analysen	• **Performance-Risiko-Assoziationen:** ◦ in den Branchen unterschied-lich; ◦ in den strategischen Gruppen „erfolgreich" und „konsoli-dierend" meist sig. **positiv**; ◦ in der strategischen Gruppe „Wachstumskrise" meist negativ; ◦ in der strategischen Gruppe „Dauerkrise" gemischt
MILLER / BROMILEY (1990)			
• Umfang: 526 bis 746 (je nach Untersuchungsperiode) US-Unternehmen; • Datenbasis: COMPUSTAT; • Erhebung: 1978-1987	• **Performance:** mittlerer ROE, ROA über 5 und 10 Jahre; • **Risiko:** 1. Performanceschwankung (σ_{ROE}, σ_{ROA}), 2. Kapitalmarktrisiko (σ_{EPS}, μ/σ_{EPS}), 3. strategisches Risiko (D/E, Kapitalintensität); • **Kontextvariablen:** Branche (SIC-1stellig), Zeit	• Faktorenanalyse zur Reduktion der 9 Risiko-variablen auf 3; • multiple lineare Regressionen jeweils mit der Performance und dem Risiko als abhängige Variablen	• **Performance-Risiko-Assoziationen:** ◦ für ROE und ROA bei Perfor-manceschwankung **über dem Median positiv** und **unterhalb des Medians negativ**; ◦ teilweise gegensätzliche Zusammenhänge für ROE und ROA bezüglich Kapital-marktrisiko und strategischem Risiko
JEGERS (1991)			
• Umfang: 1.066 belgische Unter-nehmen aus 38 Branchen; • Datenbasis: ?; • Erhebung: 1977-1982	• **Performance:** ROE, ROA, CFE, CFA; • **Risiko:** Varianz, Trend und Trendabweichung des ROE, ROA, CFE, CFA, Brancheneintrittsrisiko als Varianz und Spanne der Branchenperformance; • **Kontextvariablen:** Branche (NACE-3stellig)	• Trennung der Unter-nehmen einer Branche in 2 Gruppen nach Performance und Rangordnungsvergleich mit Korrelation nach SPEARMAN	• **Performance-Risiko-Assoziationen:** ◦ beim ROE: 50 %, ROA: 30 %, CFE: 13 % und CFA: 0 % der Branchen sig. **negativ unterhalb des Branchendurchschnitts**; ◦ beim ROE: 53 %, ROA: 30 %, CFE: 50 % und CFA: 17 % der Branchen sig. **positiv oberhalb des Branchendurchschnitts**

Tab. 4–5: Zusammenstellung der bisherigen empirischen Studien über Performance-Risiko-Assoziationen (fortgesetzt)

Studie Stichprobe	Untersuchungs gegenstand	Untersuchungs-methode	Wichtigste Ergebnisse
COLLINS / RUEFLI (1992)			
• Umfang: 27 Unternehmen der Luftfahrt-Branche; • Datenbasis: I. P. SHARPE ASSOCIATES; • Erhebung: 1968-1985	• **Performance:** Rangposition des ROA; • **Risiko:** ordinales Risiko über 5-jahres Perioden, • **Kontextvariablen:** Zeit (13 jeweils um ein Jahr versetzte 5-jahresperioden)	• Unterteilung der Unternehmen nach dem Median in über- und unterdurchschnittlich performende Unternehmen und jeweils Korrelationsanalyse der 2 Gruppen nach KENDALL	• **Performance-Risiko-Assoziationen:** ◦ meist sig. **negativ unterhalb des Medians**; ◦ **negativ oberhalb des Medians** bis auf eine der 13 Perioden, die einen schwachen positiven Zusammenhang zeigt; • [kritisch an dieser Studie ist, dass das Risikomaß allein durch seine Definition ein Rendite-Risiko-Paradoxon erzeugt]
JOHNSON (1994)			
• Umfang: 142 US-Banken jeweils 5 Jahre vor dem Konkurs; • Datenbasis: ?; • Erhebung: ?	• **Performance:** ROE, ROA; • **Risiko:** Standardabweichung des ROE, ROA; Abweichung vom Median; • **Kontextvariablen:** Unternehmensgröße	• Unterteilung der Unternehmen nach dem Median in über- und unterdurchschnittlich performende Unternehmen und jeweils Korrelationsanalyse der 2 Gruppen nach KENDALL	• **Performance-Risiko-Assoziationen:** ◦ stark **negativ**er Zusammenhang **unterhalb des Medians**; ◦ schwach **positiv**er Zusammenhang **oberhalb des Medians**; • starker Anstieg des Verschuldungsgrads vor dem Konkurs
SINHA (1994)			
• Umfang: 341 nicht diversifizierte australische Aktiengesellschaften aus 14 Branchen; • Datenbasis: AUSTRALIAN GRADUATE SCHOOL OF MANAGEMENT DATABASE; • Erhebung: 1977-1985	• **Performance:** Mittelwert des ROA (berechnet analog zu WISEMAN / BROMILEY 1991); • **Risiko:** Standardabweichung des ROA; • **Kontextvariablen:** Branche	• lineare Regressionsmodelle der Form: $R = a + b \cdot P + \varepsilon_j$ jeweils innerhalb der Branchen und jeweils ober- und unterhalb des Branchenmedians des ROA	• **Performance-Risiko-Assoziationen:** ◦ **unterhalb des Medians** sig. **negativ**er Zusammenhang in 11 von 14 (78,6 %) Branchen, ◦ **oberhalb des Medians** sig. **positiv**er Zusammenhang in 6 von 14 (42,9 %) Branchen
MILLER / LEIBLEIN (1996)			
• Umfang: 352 bis 417 US-Produktionsunternehmen (SIC-Codes 3000 bis 3999); • Datenbasis: COMPUSTAT; • Erhebung: 1971-1991	• **Performance:** mittlerer ROA über 5 Jahre, (1972-1976, 1977-1981, 1982-1986, 1987-1991); • **Risiko:** 4 versch. Lower Partial Moments der ROA-Zeitreihen; normale und trendbereinigte Standardabweichung des ROA; • **Kontextvariablen:** Branche (SIC-2stellig); Zeit, Slack (überschüssige Ressourcen), u. a.	• Korrelationen • lineare Regressionsmodelle	• **Performance-Risiko-Assoziationen:** ◦ alle 6 Risikomaße zeigen über alle 4 Untersuchungsperioden eine sig. **negative** Korrelationen zum ROA ◦ Zusammenhänge in den Regressionen sind uneinheitlich über die Untersuchungsperioden

Tab. 4–5: Zusammenstellung der bisherigen empirischen Studien über Performance-Risiko-Assoziationen (fortgesetzt)

Studie **Stichprobe**	**Untersuchungs gegenstand**	**Untersuchungs-methode**	**Wichtigste Ergebnisse**
WIEMANN / MELLEWIGT (1998)			
• Umfang: 155 deutsche Konzerne; • Datenbasis: Fragebögen, Jahresabschlüsse und Expertenbefragungen; • Erhebung: 1968-1991	• **Performance:** mittlerer ROE bzw. ROS über 5 Jahre vor und nach Steuern; • **Risiko:** Standardabweichung des ROE, bzw. ROS über 5 Jahre; • **Kontextvariablen:** Diversifikation; Umweltdynamik (U); Formalisierung (F); Entscheidungszentralisation (E)	• Regressionen mit den Modellen: 1. $R = p \cdot P + c$ 2. $R = p \cdot P + u \cdot U + e \cdot E + c$ 3. $R = p_2 \cdot P^2 + p_1 \cdot P + c$ • Rangkorrelations-analysen nach KENDALL	• **Performance-Risiko-Assoziationen:** ◦ sig. **negativ unterhalb des Medians:** ◦ sig. **positiv oberhalb des Medians**; • große Konzerne weisen ein geringeres Risiko auf als kleine; • hochdiversifizierte Konzerne weisen ein geringeres Risiko auf als niedrigdiversifizierte; • kein sig. Einfluss von U, F u. E
HENDERSON / BENNER (2000)			
• Umfang: 736 US Unternehmen der Computer-Branche; • Datenbasis: ?; • Erhebung: 1975-1994	• **Performance:** jährliches Umsatzwachstum relativ zu den Wettbewerbern; • **Risiko:** angestrebte minus erreichte Performance; Abweichung vom Median; • **Kontextvariablen:** Unternehmensalter, -größe, momentane u. neue Produktanzahl, technologische Strategie, Unternehmensanzahl u. Gründungsintensität in der Branche	• getrennte Analyse von Gewinnen und Verlusten mit Regressionsmodellen, in die das Unternehmensalter sowohl linear als auch quadratisch eingeht	• **Performance-Risiko-Assoziationen:** ◦ **positiv**er Zusammenhang **bei jungen Unternehmen**; ◦ **negativ**er Zusammenhang **bei alten Unternehmen**; ◦ alte Unternehmen mit sig. Änderungen in ihrer Organisationsstruktur zeigen wiederum positiven Zusammenhang; ◦ risikofreudiges Verhalten, das großen Verlusten folgte, führt bei älteren Unternehmen zu hohen Gewinnen; **->** Unternehmensentwicklung und -alter beeinflussen Performance-Risiko-Zusammenhänge
DEEPHOUSE / WISEMAN (2000)			
• Umfang: 367 bzw. 695 US-Produktionsunternehmen; • Datenbasis: COMPUSTAT; • Erhebung: 1973-1987	• **Performance:** Mittelwert des ROA über 5 Jahre; • **Risiko:** Standardabweichung der Analystenvorhersagen über 5 Jahre, 3 Arten von Slack (überschüssigen Ressourcen), Verschuldungsgrad, ALTMAN's Z;	• Regressionsmodelle für Performance und Risiko mit jeweils 10 Koeffizienten (teilweise quadratisch)	• **Performance-Risiko-Assoziationen:** ◦ generell **positiver Zusammenhang**, jedoch **2 Referenzpunkte**: bei schlecht performenden Unternehmen negativ (risikofreudig), bei Unternehmen, die die Insolvenz fürchten wiederum positiver Zusammenhang (risikoavers) **-> ex-ante-Risikokonzept**
HENKEL (2002; 2003; 2009)			
• Umfang: 740 US-Unternehmen aus 27 Branchen; • Datenbasis: COMPUSTAT; • Erhebung: 1970-1979 (Untersuchungsperiode analog FIEGENBAUM / THOMAS (1986))	• **Performance:** Mittelwert des ROE über 10 Jahre; • **Risiko:** Varianz und Schiefe des ROE über 10 Jahre; • **Kontextvariablen:** Branche (SIC-2stellig)	• Kovarianz und Korrelation zwischen Mittelwert und Varianz bzw. Mittelwert und Schiefe des ROE innerhalb der Branchen	• **Performance-Risiko-Assoziationen:** ◦ ohne Korrektur der Schiefe sig. **negativ;** ◦ nach Korrektur der Schiefe **teils positiv, teils negativ** **-> statistische Einflüsse sollen das Rendite-Risiko-Paradoxon verursachen**

Tab. 4–5: Zusammenstellung der bisherigen empirischen Studien über Performance-Risiko-Assoziationen (fortgesetzt)

Studie **Stichprobe**	**Untersuchungs gegenstand**	**Untersuchungs-methode**	**Wichtigste Ergebnisse**
MAURER (2004)			
• Umfang: 34 Unternehmen des CAC 40; • Datenbasis: ?; • Erhebung: 1993-2002	• **Performance:** Rangposition des ROE; • **Risiko:** ordinales Risiko und Varianz des ROE über 5-Jahre (6 jeweils um ein Jahr versetzte 5-Jahresperioden); • **Kontextvariablen:** Zeit	• Unterteilung der Unternehmen nach dem Median des CAC 40 in über- und unterdurchschnittlich performende Unternehmen; jeweils Korrelationsanalyse der 2 Gruppen nach KENDALL	• **Performance-Risiko-Assoziationen:** ◦ mit dem ordinalen Risiko meist sig. **negativ unter- u. oberhalb des Medians** des CAC 40; ◦ mit der der Varianz des ROE meist sig. **negativ unterhab** und meist sig. **positiv oberhalb des Medians**
MILLER / CHEN (2004)			
• Umfang: 7.360 US-Unternehmen der verarbeitenden Industrie (SIC-Codes: 2000 bis 3999); • Datenbasis: COMPUSTAT; • Erhebung: 1991-2000	• **Performance:** ROA, M/B; • **Risiko:** Standardabweichung des ROA (Quartalsdaten über 2 Jahre), Altmans Z; • **Kontextvariablen:** Branche; Zeit (t, t_{-1} und t_{-2})	• Bildung von 3 Untergruppen mit Unternehmen: 1. nahe der Insolvenz, 2. unterhalb und 3. oberhalb des Branchendurchschnitts; lineare Regressionen mit 2 Modellen	• **Performance-Risiko-Assoziationen:** ◦ **generell negativ**er Zusammenhang; ◦ Unternehmen der Gruppen 1 und 2 zeigen eine höhere Risikoneigung; ◦ Unternehmen der Gruppe 3 zeigen eine geringere Risikoneigung; ◦ neg. Zusammenhang bei der 2. Gruppe am stärksten; **->** Performance- und Risikomaße beeinflussen die Zusammenhänge signifikant
DENRELL (2008)			
• Umfang: 2.179 Unternehmen der verarbeitenden Industrie und Dienstleister (SIC-Codes: 2000 bis 5999); • Datenbasis: COMPUSTAT; • Erhebung: 1990-2001	• **Performance:** Mittelwert des ROA über 2 und 12 Jahre; • **Risiko:** Standardabweichung des ROA über 2 Jahre (zum Mittelwert des ROA aus den vorherigen 2 Jahren) und Standardabweichung des ROA über 12 Jahre; • **Kontextvariablen:** Branche	• Korrelationen; • 4 Regressionsmodelle; • Simulationen	• **Performance-Risiko-Assoziationen:** ◦ über den gesamten Zeitraum: **unterhalb des Medians** sig. **negativ**er Zusammenhang und ◦ **oberhalb des Medians** sig. **positiv**er Zusammenhang
CHOU / CHOU / KO (2009)			
• Umfang: 1.: 27.416 US-Unternehmen aus 45 Branchen; 2.: 14.426 US-Unternehmen aus 45 Branchen; • Datenbasis: COMPUSTAT; • Erhebungen: 1.: 1984-2003, 2.: 1950-1983	• **Performance:** Mittelwert des ROA über 10 und 20 Jahre bei 1. Sample, sonst 1950 bis 1978 und 1950 bis 1983; • **Risiko:** Standardabweichung des ROA; • **Kontextvariablen:** Branche, (1. Sample ohne Survival-Bias)	• lineare Regressionsmodelle der Form: $R = a + b \cdot P + \varepsilon_j$ jeweils innerhalb der Branchen und für das gesamte Sample jeweils ober- und unterhalb des Branchen- bzw. Gesamtmedians	• **Performance-Risiko-Assoziationen:** ◦ **unterhalb des Medians** sig. **negativ**er Zusammenhang in 45 von 45 (**100 %**) Branchen beim ROA, ◦ **oberhalb des Medians** sig. **positiv**er Zusammenhang in 2 von 45 (**4,4 %**) Branchen und sig. **negativ**er Zusammenhang in 26 von 45 (**57,8 %**) Branchen beim ROA ◦ sig. Einflüsse der Datenbereinigungen

Tab. 4–5: Zusammenstellung der bisherigen empirischen Studien über Performance-Risiko-Assoziationen (fortgesetzt)

4.2.2 Zusammenfassung der Studienergebnisse zu Performance-Risiko-Assoziationen

Mit den verschiedenen Studien über Performance-Risiko-Zusammenhänge wird der Zeitraum von 1946 bis 2005 lückenlos abgedeckt. Die einzelnen Untersuchungsperioden variieren jedoch von fünf über zehn und 20 Jahre bis hin zu 33 Jahren (vgl. CHOU / CHOU / KO 2009, S. 204 ff.).

Die kleinste branchenübergreifende Datenbasis in einer empirischen Studie über Performance-Risiko-Zusammenhänge analysiert MAURER (2004b, S. B3) mit 34 französischen Unternehmen des CAC40. Er nennt selbst den Bias seiner Studie, nachdem der CAC40 nur eine Stichprobe von großen, erfolgreichen Aktiengesellschaften repräsentiert, also mittlere und kleine Unternehmen vernachlässigt werden. Alle anderen Studien, die ausschließlich Aktiengesellschaften analysieren, weisen diesen Größenbias auf, wenn beachtet wird, dass 50 % bis 70 % der Unternehmen in den ersten fünf Jahren und 80 % in den ersten zehn Jahren nach ihrer Gründung scheitern (HENDERSON / BENNER 2001, S. 6).

Umfangreiche Datensätze weisen die Studien von BOWMAN (1980, S. 19 f.) mit 1.987 Unternehmen, JEGERS (1989, S. 913) mit 3.250 Unternehmen und MILLER / CHEN (2004, S. 109) mit 7.360 Unternehmen auf. Mit Abstand am umfangreichsten ist die Studie von CHOU / CHOU / KO (2009, S. 195), die 27.416 Unternehmen in der Periode von 1984 bis 2003 untersucht.[67]

In den „frühen“ Studien von CONRAD / PLOTKIN (1968, S. 92 ff.), COOTNER / HOLLAND (1970, S. 215 ff.) und LIBBY / FISHBURN (1977, S. 272 ff.) zeigt sich ein positiver Zusammenhang zwischen Performance und Risiko mit dem Mittelwert-Varianz-Ansatz. Die teilweise in den Studien von HURDLE (1974, S. 482 ff.), ARMOUR / TEECE (1978, S. 119) und NEUMANN / BOBEL / HAID (1979, S. 229) aufgetretenen negativen Performance-Risiko-Zusammenhänge werden jedoch zunächst nicht weiter beachtet. BOWMAN (1980, S. 19 ff.) entdeckt in seiner empirischen Studie in der Mehrzahl der untersuchten Branchen einen negativen Zusammenhang zwischen Performance und Risiko und bezeichnet den gefundenen Zusammenhang als Rendite-Risiko-Paradoxon, da er sowohl der klassischen Theorie als auch den bisherigen empirischen Ergebnissen widersprach.

Nach BOWMAN (1980) erschienen zahlreiche weitere Studien, die BOWMANs Paradoxon bestätigten (z. B. FIEGENBAUM / THOMAS 1985, S. 8; FIEGENBAUM / THOMAS 1988, S. 93 ff.; MILLER / BROMILEY 1990, S. 761 ff.; BROMILEY 1991a, S. 48; JEGERS 1991, S. 129 ff.; WISEMAN / BROMILEY 1991, S. 529 ff.; WIEMANN / MELLEWIGT 1998, S. 563 ff.; CHOU / CHOU / KO 2009, S. 195 ff.).

Den dominierenden theoretischen Erklärungsansatz für das Rendite-Risiko-Paradoxon und die quadratischen Performance-Risiko-Zusammenhänge stellt die Prospect-Theorie von KAHNEMAN / TVERSKY (1979, S. 263 ff.) dar.

Die Diskussion um die Richtung des linearen Zusammenhangs zwischen Performance und Risiko wurde ab 1988 mit der Studie von FIEGENBAUM / THOMAS (1988, S. 85 ff.) zu einer Debatte über die Existenz und die Ursachen eines quadratischen Zusammenhangs mit einem

67 Noch umfangreicher ist eine eigene bisher noch nicht veröffentlichte Studie mit 39.837 börsennotierten Unternehmen (weltweit) aus 104 Branchen, deren Ergebnisse deshalb nur in den Fußnoten wiedergegeben werden.

negativen Performance-Risiko-Zusammenhang für Unternehmen unterhalb des Branchendurchschnitts und einem positiven Performance-Risiko-Zusammenhang für Unternehmen oberhalb des Branchendurchschnitts. Seit dieser Studie galt der lineare Zusammenhang als ein Artefakt des darunter liegenden quadratischen Zusammenhangs (Abb. 4-1).

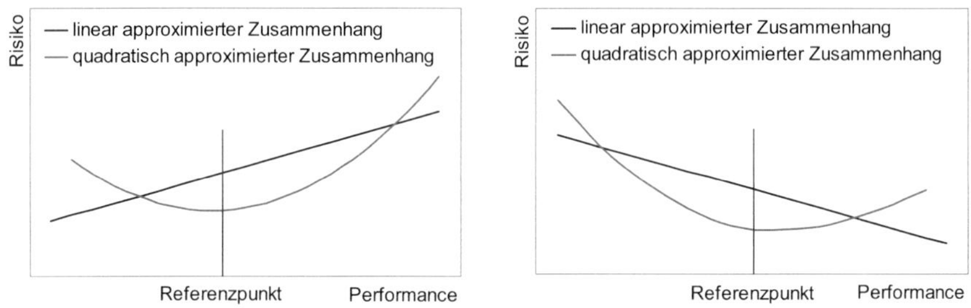

Abb. 4-1: Der klassische positive Performance-Risiko-Zusammenhang und das Rendite-Risiko-Paradoxon als lineare Approximationen der darunter liegenden quadratischen Performance-Risiko-Zusammenhänge (in Anlehnung an: FIEGENBAUM / THOMAS 1988, S. 98)

Zahlreiche Autoren blieben jedoch hinsichtlich der Ursachen des mit Mittelwert-Varianz-Analysen beobachtbaren Rendite-Risiko-Paradoxons skeptisch. MARSH / SWANSON (1984, S. 35 f.) diskutierten als Ursache für die Entstehung des Paradoxons bestimmte statistische Analysemethoden, wie beispielsweise die Verwendung der Kontingenzanalyse durch BOWMAN (1980, S. 19 ff.). RUEFLI (1990, S. 368 ff.) machte beispielsweise als Ursache die Verwendung der Varianz als Risikomaß für das Erscheinen des Paradoxons verantwortlich. HENKEL (2000, S. 364 ff.; 2009, S. 288 ff.) führte das Paradoxon auf die Schiefe der Verteilungen zurück.

Aufgrund der unterschiedlichen Performance- und Risikomaße in empirischen Performance-Risiko-Studien mit differierenden Bereinigungen der Daten, verschiedenen statistischen Methoden sowie unterschiedlich langen Datenreihen aus verschiedenen Zeitperioden mit nicht identischen Unternehmen und Branchen ist sowohl die Vergleichbarkeit der Studien als auch eine daraus abgeleitete objektive Aussage über die „realen" Performance-Risiko-Zusammenhänge schwierig. Deshalb werden im Folgenden die verschiedenen Untersuchungsmethoden und –variablen sowie mögliche Einflüsse auf die Studienergebnisse diskutiert.

4.2.3 Kontextvariablen der Performance-Risiko-Assoziationen

4.2.3.1 Einfluss der Untersuchungsperiode

Wie bereits dargestellt, zeigen Studien aus den 50-er Jahren, wie z. B. die Studie von FISHER / HALL (1969, S. 79 ff.) mit einem Untersuchungszeitraum von 1950 bis 1968, deutlich einen überwiegend positiven Performance-Risiko-Zusammenhang. Studien seit den 70-er Jahren, wie z. B. die Studie von BOWMAN (1980, S. 17 ff.) mit einem Untersuchungszeitraum von 1968 bis 1976, lassen dagegen ein Überwiegen des negativen Performance-Risiko-Zusammenhangs in den untersuchten Branchen erkennen. Studien über längere Perioden, wie z. B. die von MARCH / SWANSON (1984, S. 40 f.) mit einem Untersuchungszeitraum von 1958 bis 1981, zeigen über alle Branchen hinweg keinen eindeutigen Zusammenhang. Diese Ergebnisse sind konsistent mit denen von FAMA / FRENCH (1992, S. 427 ff.), die einen enormen Einfluss der Untersuchungsperiode auf das marktbasierte Beta feststellten.

4.2.3.2 Einfluss der Analysemethoden

Wird in Studien die Varianz, die nur über mehrere Jahre berechnet werden kann,[68] als Risikomaß verwendet, erfolgt meist auch eine Mittlung der korrespondierenden Performancevariablen über den gleichen Zeitraum. Üblich ist dabei die Bildung des arithmetischen Mittelwertes über Zeiträume von zwei[69], fünf, zehn und 20 Jahren.[70] MARCH / SWANSON (1984, S. 38) kritisieren den bei der Varianzbildung über nur fünf Jahreswerte (wie bei BOWMAN 1980, S. 19) auftretenden Stichprobenfehler, so dass sie für die Untersuchung von Mittelwert-Varianz-Zusammenhängen eine Varianzbildung über mindestens zehn Jahre empfehlen.

Geeigneter als der arithmetische Mittelwert ist die Verwendung des geometrischen Mittelwertes, wie folgendes Beispiel zeigt: Wenn der Gewinn eines Unternehmens in der Periode t+1 50 % beträgt und in der Periode t+2 ein Verlust von 50 % auftritt, dann ergibt sich als arithmetischer Mittelwert über beide Perioden ein mittlerer Gewinn von (0,5+0,5)/2 = 0 %, während das Unternehmen im Vergleich zur Ausgangssituation in der Periode t+2 real einen Verlust von (t: 100, t+1: 150, t+2: 75) 25 % erleidet und somit der reale mittlere Gewinn über den gesamten Zeitraum -12,5 % beträgt.

Kritisch bei der Verwendung des arithmetischen Mittelwertes ist zudem, dass, während absolute Verluste auf 100 % begrenzt sind, Gewinne potentiell unendlich sein können. Deshalb besitzt die arithmetische Mittelwertbildung einen Bias in positiver Richtung. Besonders bei einmaligen starken Gewinneinbrüchen kann dieser Effekt zu falschen Performance-Risiko-Zusammenhängen führen (vgl. z. B. BAUCUS / GOLEC / COOPER 1993, S. 388; HENDERSON / Benner 2001, S. 7).

Aufgrund des enormen Stichprobenfehlers, den MARCH / SWANSON (1984, S. 38) bei der Varianzbildung über nur fünf Jahreswerte, wie bei BOWMAN (1980, S. 19), kritisieren, werden in der eigenen Studie zehn Jahreswerte zur Berechnung der Varianz eines Unternehmens herangezogen. Zur Vergleichbarkeit der Ergebnisse wurde in der eigenen Studie ebenfalls der arithmetische Mittelwert über zehn Jahre verwendet.

Fragwürdig sind auch die Methoden zur Bereinigung der Daten bei BETTIS / HALL (1982, S. 259), die nach eigener Angabe Unternehmen aus der Stichprobe eliminierten, wann immer irgendein substantieller Zweifel existierte.

Gegenüber einer unterschiedlichen Gewichtung der Datensätze oder Rangkorrelation hält HENKEL (2003, S. 8) die gezielte Elimination einzelner extremer Datensätze für den besseren Kompromiss zur Bereinigung der Daten. BOWMAN begründet die Verwendung von Kontingenztabellen zur Datenanalyse damit, dass „Ausreißer" mit sehr geringem Eigenkapital bei Korrelations- und Regressionsanalysen die Ergebnisse verzerren (BOWMAN 1980, S. 23). MARCH / SWANSON (1984, S. 37) argumentieren, dass die Verwendung der Kontingenzanalyse in Form von Kreuztabellen eine Verzerrung der vorliegenden Performance-Risiko-Zusammenhänge bewirkt,

[68] In den Studien mit rechnungswesenbasierten Daten liegen meist nur Jahresdaten vor.
[69] DENRELL (2008, S. 449).
[70] Einige Studien mitteln sogar über mehr als 20 Jahre (z. B. CHOU / CHOU / KO 2009, S. 195 ff.).

die letztendlich die von BOWMAN gefundenen, überwiegend negativen Performance-Risiko-Zusammenhänge vortäuschen kann.

Frühe Studien (z. B. CONRAD / PLOTKIN 1968; FISHER / HALL 1969; COOTNER / HOLLAND 1970; HURDLE 1974; ARMOUR / TEECE 1978; NEUMANN / BÖBEL / HAID 1979) verwenden meist lineare Regressionsmodelle zur Ermittlung von Zusammenhängen zwischen Performance, Risiko und weiteren Einflussvariablen.

In aktuelleren Studien kommen teilweise auch quadratische Regressionen zwischen Performance und Risiko zur Anwendung (z. B. WIEMANN / MELLEWIGT 1998, S. 565).[71]

In der Studie von PERLITZ / LÖBLER (1989, S. 78 ff.) wird an den, mittels Kontingenzanalyse und Korrelation erhaltenen, teilweise entgegengesetzt verlaufenden Zusammenhängen deutlich, dass die Analysemethoden einen entscheidenden Einfluss auf die Richtung und die Ausprägung der Zusammenhänge zwischen Performance und Risiko haben können.

4.2.3.3 Einfluss der Performancemaße

In der englischsprachigen Literatur wird für die Performance meist der Begriff „return" verwendet, wie auch der von BOWMAN (1980, S. 17 ff.) eingeführte Begriff des Rendite-Risiko-Paradoxons („risk-return paradox") verdeutlicht. Die in der deutschen Literatur übliche Übersetzung des „risk-return-paradox" als Rendite-Risiko-Paradoxon (z. B. WIEMANN / MELLEWIGT 1998, S. 552 ff.) setzt die Gewinngröße Return (Gewinn, Erfolg, Rückfluss) mit der Verhältnisgröße Rendite gleich. Diese Übersetzung erscheint für die Anwendung auf Nichtverhältnisgrößen, wie EVA oder CVA, kritisch. Deshalb wird in dieser Arbeit für Return der Oberbegriff Performance verwendet, der nach COENENBERG (2003a, S. 429 ff.) in der externen Unternehmensrechnung durch den Jahresüberschuss oder andere absolute Gewinngrößen bestimmt wird.[72] Der von BOWMAN (1980, S. 17 ff.) eingeführte Begriff des Rendite-Risiko-Paradoxons wird jedoch aus historischen Gründen beibehalten.

Die meisten Untersuchungen zum Rendite-Risiko-Paradoxon konzentrieren sich auf die Zusammenhänge zwischen rechnungswesenbasierten Performance- und Risikomaßen aus der Sicht des Managements. (Finanz-)marktbasierte Performance- und Risikomaße, die eher die Sichtweise der Shareholder repräsentieren, spielen in der Controlling- (bzw. Management Accounting-)Literatur nur eine untergeordnete Rolle und werden meist nur zum Vergleich der Performance-Risiko-Zusammenhänge mit den rechnungswesenbasierten Maßen untersucht.

Renditebasierte Performancemaße

In Performance-Risiko-Studien stellt die Eigenkapitalrendite (ROE – Return on Equity), gefolgt von der Gesamtkapitalrendite (ROA – Return on Assets), die am häufigsten verwendete Performancevariable dar. Vereinzelt finden auch die Investmentrendite (ROI – Return on Investment), die Umsatzrendite (ROS – Return on Sales) und einige weitere renditebasierte Performancemaße Anwendung.

---

[71] Sowie in der eigenen bisher unveröffentlichten Studie.

[72] Diese Übersetzung besitzt auch den Vorteil, dass in den Regressionsmodellen die Risikovariable mit R und die return-Variable als Performance mit P bezeichnet werden kann.

Trotz verschiedener Argumentationen, welches dieser Renditemaße das geeignetste sei, weisen zahlreiche Studien darauf hin, dass die Renditemaße eine hohe Korrelation zueinander aufweisen, so dass auch die mit ihnen erzielten Analyseergebnisse nahezu identisch sind (z. B. BETTIS / HALL 1982, S. 252; BETTIS / MAHAJAN 1985, S. 789; BROMILEY 1991a, S. 37 ff.; JEGERS 1991, S. 219; WIEMANN / MELLEWIGT 1998, S. 565; DEEPHOUSE / WISEMAN 2000, S. 472).

Eigenkapitalrendite (ROE):
Als BOWMAN (1980, S. 17 ff.) Rendite-Risiko-Zusammenhänge untersuchte, stellte die Eigenkapitalrendite ein typisches Performancemaß dar, an dem sich Manager orientierten. Durch die Verhältnisbildung des absoluten Gewinns zum Eigenkapital erfolgt eine Korrektur von Größeneffekten zwischen den Unternehmen. Den Bezug zum Eigenkapital statt zum Gesamtkapital bildet die Shareholder-Perspektive ab. BOWMAN (1980, S. 19; 1982, S. 34) hielt deshalb, wie viele andere Autoren (z. B. HURDLE 1974, S. 481; FIEGENBAUM / THOMAS 1985, S. 8; JEGERS 1989, S. 914; JEGERS 1991, S. 216; WIEMANN / MELLEWIGT 1998, S. 563), den ROE[73] für das geeignete Maß zur Untersuchung von Rendite-Risiko-Zusammenhängen. Selbst die relativ aktuellen Studien von MAURER (2004b, S. B3) und HENKEL (2009, S. 293)[74] verwenden noch den ROE, ohne wertorientierte Performancemaße überhaupt in Erwägung zu ziehen.

Gesamtkapitalrendite (ROA):
COOTNER / HOLLAND (1970, S. 214)[75], BETTIS / HALL (1981, S. 18; 1982, S. 252)[76], BETTIS / MAHAJAN (1985, S. 789)[77], WISEMAN / BROMILEY (1991, S. 529), SINHA (1994, S. 228)[78], DENRELL (2008, S. 449)[79] und CHOU / CHOU / KO (2009, S. 195) bevorzugen für ihre Untersuchungen von Performance-Risiko-Zusammenhängen die Gesamtkapitalrendite (ROA – Return on Assets). Sie argumentieren, dass der ROA die Rendite direkter unter der Kontrolle des Managements reflektiert und weit verbreitet unter Managern, Analysten und Forschern ist. Des Weiteren ziehen sie den ROA dem ROE vor, da der ROE zusätzlich durch Änderungen des Verschuldungsgrades („financial leverage") beeinflusst wird (BETTIS / HALL 1982, S. 252; BETTIS / MAHAJAN 1985, S. 789; DENRELL 2008, S. 449).

JEGERS (1989, S. 91; 1991, S. 218) verwendet in seinen Studien den ROA neben dem ROE und zwei Cash-Flow-basierten Performancemaßen.

Investmentrendite (ROI):
Obwohl AAKER / JACOBSON (1987, S. 283) bekannt war, dass die Investmentrendite (ROI) die Rückflüsse (Gewinne) zeitlich nicht hinreichend auf die Investments abbildet, die sie bewirkt haben, rechtfertigen sie den Gebrauch des ROI mit der Studie von JACOBSON (1987, S. 470 ff.), die zwischen dem ROI und der Marktrendite („stock return") eine Korrelation von 0,14 ergeben hat.

---

73 Definition: ROE = after tax profit / stockholders equity.
74 Definition: ROE = income before extraordinary items / common equity (total).
75 Definition: ROA = (net income after taxes + interest) / total capitalization (book value).
76 Definition: ROA = net income after taxes but before extraordinary items / total assets.
77 Definition des ROA identisch zu BETTIS / HALL (1981, S. 18).
78 Definition: ROA = income after tax but before extraordinary items / total assets (identisch zu WISEMAN / BROMILEY 1991, S. 223).
79 Definition: ROA = income before extraordinary items / total assets.

Umsatzrendite (ROS):
BROMILEY (1991a, S. 45, 48) und WISEMAN / BROMILEY (1991, S. 529 ff.) berücksichtigen neben der Umsatzrendite (ROS) auch die Eigenkapitalrendite (ROE) und die Gesamtkapitalrendite (ROA). Mit allen drei Performancemaßen weisen sie jeweils einen negativen Zusammenhang zwischen Performance und Risiko nach.

WIEMANN / MELLEWIGT (1998, S. 563 ff.) verwenden die Umsatzrendite (ROS) neben der Eigenkapitalrendite (ROE) und weisen mit beiden einen quadratischen Performance-Risiko-Zusammenhang nach. Die mit dem ROS durch Regression in dieser Studie ermittelten Zusammenhänge sind teilweise signifikanter in R^2 als die mit dem ROE erhaltenen Zusammenhänge. Des Weiteren sind die mit dem ROS nach Steuern ermittelten Zusammenhänge in R^2 um ca. 0,15 bis 0,3 signifikanter als die mit dem ROS vor Steuern erhaltenen Zusammenhänge.[80]

Cash-Flow-basierte Performancemaße
Trotz der weiten Verbreitung von Cash Flow-basierten Performancemaßen in der Literatur verwenden nur die Studien von AMIT / LIVNAT (1988, S. 158 f.) und JEGERS (1989, S. 14; 1991, S. 216) Cash-Flow-basierte Performancemaße zur Untersuchung von Performance-Risiko-Zusammenhängen. Obwohl in der zweiten Studie von JEGERS (1991, S. 219) diese Performancemaße untereinander sowie zum ROE und ROA relativ hoch korreliert sind, zeigen nur der CFE, gefolgt vom CFA, signifikant positive Zusammenhänge zwischen Performance und Risiko.

AMIT / LIVNAT (1988, S. 158 f.) gebrauchen in ihrer Studie das Verhältnis aus einer Art operativem Cash-Flow-Ersatz zu Gesamtkapital.[81] JEGERS (1989, S. 14; 1991, S. 216) verwendet in seinen Studien das Verhältnis aus Cash Flow zu Gesamtkapital.[82]

Leider wird in den Studien nicht erwähnt, mit welcher Motivation der Cash Flow Return on Assets gerade für die Untersuchung von Performance-Risiko-Zusammenhängen verwendet wird.

Da JEGERS (1989, S. 14) in seiner ersten Studie über Performance-Risiko-Zusammenhänge mit dem Verhältnis aus Cash Flow zu Eigenkapital[83] deutlich signifikantere Ergebnisse als mit dem Verhältnis aus Cash Flow zu Gesamtkapital (CFA) sowie im Vergleich zum ROE und ROA erzielt, hält er den CFE im Vergleich zum CFA, ROE und ROA für das einzige geeignete Performancemaß für die Untersuchung von Performance-Risiko-Zusammenhängen.

Marktbasierte Performancemaße und Verhältniskennzahlen
Die bedeutende Einflussgruppe der Shareholder ist mehr an kurzfristigen marktbasierten Performance-Risiko-Beziehungen als an langfristigen Wertsteigerungen von Unternehmen interessiert (MAURER 2004b, S. B1). Marktbasierte Performancemaße, wie der Gewinn pro Aktie (EPS – Earnings per Share)[84] oder die Dividendenrendite (Dividend Yield) könnten somit einen höheren Erklärungswert als rechnungswesenbasierte Performancemaße liefern.

---

80 Bei den mit dem ROE vor und nach Steuern ermittelten Zusammenhängen ist dieser Effekt uneinheitlich.
81 Mit der Definition: CFA = Funds from Operations in Year t / Total Assets at the End of Year t-1.
82 Mit der Definition: CFA = Cash Flows + Financial Outlets after Taxes / Total Assets.
83 Definition: CFE = Cash Flows + Financial Outlets after Taxes / Equity.
84 Der Gewinn pro Aktie (EPS – Earnings per Share) stellt nach SPREMANN (2002, S. 107) eine der wichtigsten Erfolgskennzahlen über die Unternehmensperformance für Analysten und Anleger dar.

In einigen Studien zur Analyse von Performance-Risiko-Zusammenhängen (z. B. AMIT / LIVNAT 1988, S. 158 f.) werden neben den rechnungswesenbasierten Performancemaßen auch marktbasierte Performancemaße untersucht. AMIT / LIVNAT (1988, S. 158, S. 165) benutzen in ihrer Studie das Marktwert/Buchwert-Verhältnis des Eigenkapitals[85] sowie das Marktwert/Buchwert-Verhältnis der Bilanzsumme als ein Proxy für das TOBIN's q.[86]

Nach BEAVER / KETTLER / SCHOLES (1970, S. 660 ff.) sowie aufgegriffen von FARRELLY / FERRIS / REICHENSTEIN (1985, S. 279 ff.) sind Unternehmen mit niedrigen Dividendenausschüttungen risikoreicher als Unternehmen mit hohen Ausschüttungen. Da das Management stabile Dividendenausschüttungen zum Ziel hat, kann auch die Varianz der Dividendenausschüttungen als Risikomaß herangezogen werden (BEAVER / KETTLER / SCHOLES 1970, S. 666).

Zusammenfassend kann festgestellt werden, dass mit den rechnungswesenbasierten Performancemaßen ROE, ROA und ROS in den Studien nahezu identische Performance-Risiko-Zusammenhänge ermittelt werden (vgl. z. B. BROMILEY 1991a, S. 45, S. 48; WISEMAN / BROMILEY 1991, S. 529 ff.; WIEMANN / MELLEWIGT 1998, S. 563 ff.). Der signifikante Einfluss der verwendeten Performancemaße zeigt sich jedoch beispielsweise bei Studien, die neben rechnungswesenbasierten auch Cash-Flow-basierte oder marktbasierte Performancemaße verwenden (vgl. z. B. JEGERS 1989, S. 14; 1991, S. 216).[87]

4.2.3.4 Einfluss der Branche

VELIYATH (1996, S. 37) stellt beispielhaft fest, dass einige Unternehmen in der Computer- und Pharmazie-Branche erfolgreich ihr Risiko reduzieren, während sie gleichzeitig ihre Performance erhöhen. Auch OVIATT / BAUERSCHMIDT (1991, S. 1405 ff.) schlussfolgern aus ihrer Untersuchung, dass die Branchenbedingungen einen wichtigen Einfluss auf Performance und Risiko haben.[88]

Bereits BOWMAN (1980, S. 18) erkannte, dass der Vergleich der Unternehmen hinsichtlich Performance und Risiko jeweils nur innerhalb einer Branche den Vorteil gegenüber einem branchenübergreifenden Vergleich hat, dass die Berücksichtigung und Korrektur der vielen Unterschiede zwischen den Branchen bei Wachstum, Zyklizität, Kapitalintensität, Regulierung, Konzentration, Marktstruktur usw. bei der Untersuchung vernachlässigt werden können.

LAUGHHUNN / PAYNE / CRUM (1980, S. 1246 f.), LAUGHHUNN / CRUM / PAYNE (1983, S. 520), MACCRIMMON / WEHRUNG (1986, S. 262) und SHAPIRA (1995, S. 77) stellen zudem einen

[85] Definition: Market/Book-Equity = Market Value of Equity at the End of Year t / Net Worth at the End of Year t.

[86] Definition: Market/Book-Assets = Market Value of Assets / Book Value of Assets.

[87] In einer eigenen unveröffentlichten Studie mit den Performancemaßen ROE, CVA und EVA sowie den Risikomaßen Standardabweichung und Varianz der jeweiligen Performancemaße stimmen die Richtungen und Stärken der Zusammenhänge in ihrer Tendenz (positiv, negativ oder kein Zusammenhang) nur innerhalb eines Drittels der Branchen überein. So zeigt beispielsweise in der Öl- und Gasgewinnungsbranche der Mittelwert des ROE einen negativen linearen Zusammenhang zu seiner Varianz, der EVA keinen signifikanten und der CVA einen signifikant positiven linearen Zusammenhang.

[88] Diese Aussagen bestätigen auch die Ergebnisse einer eigenen bisher unveröffentlichten Studie, in der beispielsweise die Nahrungsmittelproduktions-Branche bei den Performancemaßen ROE, EVA und CVA bezüglich ihrer Varianzen einen positiven Performance-Risiko-Zusammenhang zeigt. Im Gegensatz dazu zeigen die Performancemaße ROE, EVA und CVA bezüglich ihrer Varianzen einen negativen Performance-Risiko-Zusammenhang in der Pharmazie-Branche.

Brancheneinfluss auf das Risikoentscheidungsverhalten der Manager fest, der in der Studie von LAUGHHUNN / PAYNE / CRUM (1980, S. 1246 f.) bei ruinösen Verlusten stärker ausgeprägt ist als bei nicht-ruinösen Verlusten. LAUGHHUNN / CRUM / PAYNE (1983, S. 520) stellen weiterhin fest, dass im beruflichen Kontext 63 % der Manager aus den regulierten aber nur 54 % der Manager aus den nicht-regulierten Branchen risikofreudig entscheiden.

4.2.3.5 Einfluss der Diversifikation

Unter Beachtung der Lebenszykluskurven von Produkten mit einer negativen Performance in den Entwicklungs- und Einführungsphasen und einer im Allgemeinen positiven Performance in den nachfolgenden Phasen ist in diversifizierten Unternehmen mit mehreren Produkten, die sich in verschiedenen Phasen des Lebenszyklus befinden, zu erwarten, dass sich mit zunehmender Diversifikation die Lebenszykluskurven so überlagern, dass sich eine Glättung der Unternehmensperformance und somit eine Risikoreduktion ergibt.

Den Einfluss der Art der Diversifikation auf Performance-Risiko-Zusammenhänge untersuchen BETTIS / HALL (1981, S. 17; 1982, S. 255), BETTIS / MAHAJAN (1985, S. 785 ff.), AMIT / LIVNAT (1988, S. 154 ff.) und WIEMANN / MELLEWIGT (1998, S. 554). BETTIS / HALL und BETTIS / MAHAJAN unterscheiden dabei in Unternehmen, deren Unternehmensteile in keiner direkten Beziehung („unrelated"), in unabhängiger Beziehung („related-linked") und in abhängiger Verbindung („related-constrained") zueinander stehen. AMIT / LIVNAT ermitteln hingegen durch die Art ihrer Analyse (eine Clusteranalyse) die mit der Diversifikation verbundenen Zustände von Performance und Risiko bei Unternehmen mit, in Beziehung zueinander („related diversification") und in keiner direkten Beziehung zueinander („unrelated diversification") stehenden, Unternehmensteilen.

Theoretisch sind nach ANSOFF (1966, S. 97 ff.) die Synergieeffekte bei zueinander in Beziehung stehenden Unternehmensteilen höher als bei zueinander nicht in Beziehung stehenden Unternehmensteilen. Deshalb ist bei der Diversifikation von zueinander in Beziehung stehenden Unternehmensteilen eine höhere Performance als bei der Diversifikation von zueinander nicht in Beziehung stehenden Unternehmensteilen zu erwarten.

Bezüglich der Auswirkung der Diversifikation auf das Risiko ist zu erwarten, dass zueinander nicht in Beziehung stehende Unternehmensteile normalerweise eine geringere Korrelation der Performancezeitreihen aufweisen als die zueinander in Beziehung stehenden Unternehmensteile. Analog zur Portfoliotheorie nach MARKOWITZ (1952a, S. 80 ff.) ist demnach ein geringeres Risiko bei Unternehmen mit nicht in Beziehung zueinander stehenden Unternehmensteilen gegenüber Unternehmen mit in Beziehung zueinander stehenden Unternehmensteilen zu erwarten.

BETTIS / HALL (1981, S. 19; 1982, S. 260) und BETTIS / MAHAJAN (1985, S. 785 ff.) ermitteln mittels linearer Regressionen einen signifikant positiven Zusammenhang zwischen Performance und Risiko bei Unternehmen, deren Unternehmensteile in keiner direkten Beziehung („unrelated") zueinander stehen. Bei unabhängiger Beziehung („related-linked") zwischen den Unternehmensteilen finden sie einen signifikant negativen Zusammenhang. Unternehmen mit Unternehmensteilen in abhängiger Verbindung („related-constrained") zeigen keinen Zusammenhang.

AMIT / LIVNAT (1988, S. 154 ff.) finden auf Basis einer Clusteranalyse heraus, dass Unternehmen, bei denen die diversifizierten Unternehmensteile in keiner direkten Beziehung zueinander stehen („unrelated diversification"), eine niedrige Performance bei niedrigem Risiko zeigen und, dass Unternehmen, bei denen die diversifizierten Unternehmensteile in einer Beziehung zueinander stehen („related diversification"), eine hohe Performance und ein hohes Risiko aufweisen. Diese Ergebnisse entsprechen einerseits dem klassischen positiven Performance-Risiko-Zusammenhang. Andererseits tritt analog zur Portfoliotheorie nach MARKOWITZ (1952a, S. 80 ff.) eine Risikoreduzierung auf, da die nicht in Beziehung zueinander stehenden Unternehmensteile normalerweise eine geringere Korrelation der Performancezeitreihen zueinander aufweisen als die zueinander in Beziehung stehenden Unternehmensteile. Anhand der Performance zeigt sich, dass die Synergieeffekte bei zueinander in Beziehung stehenden Unternehmensteilen höher sind, als bei zueinander nicht in Beziehung stehenden Unternehmensteilen.

FARRELLY / FERRIS / REICHENSTEIN (1985, S. 288) operationalisieren die Anzahl der strategischen Geschäftseinheiten eines Unternehmens zur Messung des Einflusses der Diversifikation auf Performance und Risiko. Sie können jedoch keine signifikanten Zusammenhänge feststellen.[89] Im Gegensatz dazu weisen WIEMANN / MELLEWIGT (1998, S. 566 ff.) nach, dass hochdiversifizierte deutsche Konzerne ein signifikant geringeres Risiko als niedrigdiversifizierte Unternehmen aufweisen. Allerdings weisen die hochdiversifizierten Unternehmen auch eine signifikant geringere Performance auf als die niedrigdiversifizierten Unternehmen.

4.2.3.6 Einfluss der Unternehmensgröße und des Wachstums

In einigen Studien über Performance-Risikozusammenhänge werden die Unternehmensgröße und das Wachstum als Einflussgrößen auf Performance und Risiko untersucht, wobei die Definitionen variieren. FARRELLY / FERRIS / REICHENSTEIN (1985, S. 288) operationalisieren die Unternehmensgröße als Logarithmus der Bilanzsumme („asset size").

Die Unternehmensgröße sollte einerseits unter Berücksichtigung der Skalenökonomie und der meist größeren Marktmacht großer Unternehmen einen positiven Effekt auf die Performance besitzen. Große Unternehmen sind in der Regel stärker diversifiziert als kleine, woraus indirekt aus der Größe ein geringeres Risiko für große Unternehmen als für kleine abgeleitet werden kann. Andererseits sind kleine Unternehmen meist effizienter.

Die meisten empirischen Studien (z. B. WIEMANN / MELLEWIGT 1998, S. 567; HENDERSON / BENNER 2001, S. 33) finden einen negativen Zusammenhang zwischen Unternehmensgröße und Performance.[90] Für WIEMANN / MELLEWIGT (1989, S. 570) bleibt allerdings, trotz ihrer tief greifenden Studie, unklar, warum die Unternehmensgröße das Risiko beeinflusst.

---

[89] In einer eigenen unveröffentlichten Studie zwischen der Anzahl der strategischen Geschäftseinheiten als Indikator für den Grad der Diversifikation sind keine signifikanten Zusammenhänge zum ROE, EVA und CVA feststellbar.

[90] In einer eigenen unveröffentlichten Studie ist nur beim CVA ein schwacher aber signifikanter positiver Zusammenhang zur Unternehmensgröße, operationalisiert als Logarithmus der Bilanzsumme analog zu FARRELLY / FERRIS / REICHENSTEIN (1985, S. 288), feststellbar. Ebenfalls schwach positiv aber nicht signifikant ist der Zusammenhang zwischen Unternehmensgröße und ROE, während der EVA einen nicht signifikanten negativen Zusammenhang zur Unternehmensgröße aufweist.

Das Unternehmenswachstum stellt einerseits relativ zu den anderen Unternehmen einer Branche einen Indikator für das Eingehen von Risiken durch das Management dar.[91] Andererseits wird ein schnelles Wachstum, egal wie initiiert, das Unternehmensrisiko auf organisationaler Ebene erhöhen. Einen Indikator für die Finanzierung des Wachstums stellt die Änderung des Verschuldungsgrades dar.

4.2.3.7 Einfluss der Unternehmensentwicklung und des Unternehmensalters

HENDERSON / BENNER (2000, S. 1) haben untersucht, wie sich die Beziehungen zwischen Rendite und Risiko mit der Zeit verändern, wenn sich Unternehmen, Branchen und Technologien entwickeln. Alle früheren Studien haben nach HENDERSON / BENNER übersehen, welche wichtige Rolle die zeitliche Entwicklung („evolution") bei der Etablierung von Performance-Risiko-Beziehungen spielt. Bisherige Studien haben sich fast ausschließlich auf relativ große und alte Aktiengesellschaften konzentriert und dabei die vielen kleinen und jungen Unternehmen ignoriert, die Risiken, in der Absicht zu wachsen, eingegangen aber auf ihrem Weg gescheitert sind. Somit sind die bisherigen Studien nicht nur unvollständig, sondern sie besitzen auch einen Bias und sind eventuell sogar irreführend.

Da der Reifungsprozess eines Unternehmens nach HANNAN / FREEMAN (1984, S. 149 ff.) die Kompetenz und Variabilität der Routinen in einem Unternehmen bestimmt, ist es erforderlich, zur Überwindung dieser Probleme die evolutionären Pfadabhängigkeiten, wie z. B. die Organisationsentwicklung („organizational aging"), zu modellieren oder Änderungen am organisatorischen Kern eines Unternehmens zu beachten. Der diesbezüglich neue Ansatz von HENDERSON / BENNER (2000, S. 2 f.) ist eine Art multivariates Semivarianzmodell, das die gesamte zeitliche Entwicklung eines Unternehmens unter Beachtung von evolutionären Kräften, wie Reifungen und Fehlentwicklungen, untersucht und zur Vermeidung von mathematischen Problemen und zur besseren Erfassung der Denkweise von Entscheidungsträgern Gewinne und Verluste als unterschiedliche Konstrukte behandelt.[92]

HENDERSON / BENNER (2000, S. C4 ff. sowie ausführlicher 2001, S. 22 ff.) stellen die Ergebnisse ihrer Analyse der US-amerikanischen PC-Branche von ihren Anfängen 1974 bis 1994[93] in einer Neun-Feldermatrix dar. Diese Neun-Feldermatrix kann analog einer Portfoliomatrix zu einer Vier-Feldermatrix komprimiert werden (vgl. Abb. 4-2).

In der Vier-Feldermatrix liegen junge Unternehmen oben rechts und zeigen einen positiven Performance-Risiko-Zusammenhang. Alte Unternehmen zeigen einen negativen Performance-Risiko-Zusammenhang und liegen demnach in der Vier-Feldermatrix oben links.

Ein Anstieg der Anzahl der Unternehmen in der Branche führt in der Untersuchung von HENDERSON / BENNER zu einer Verschlechterung der Performance. Unternehmen mit signifikanten Änderungen in ihrer Organisationsstruktur können mit großen Gewinnen und

---

91 In einer eigenen unveröffentlichten Studie wird das Unternehmenswachstum als linearer Trend der Unternehmensgröße über fünf Jahre operationalisiert. Das Unternehmenswachstum zeigt in der Studie einen signifikanten positiven Einfluss auf die Varianz des ROE, EVA und CVA. Der gleiche Zusammenhang ist zwischen den Größenschwankungen und den Varianzen des ROE, EVA und CVA feststellbar.

92 Vgl. Kapitel 2.2.2.2.

93 Während dieser Zeit traten 736 Unternehmen in diese Branche ein, wovon 576 Unternehmen (ca. 73 %) scheiterten.

Verlusten nach der Veränderung in der Vier-Feldermatrix in der gleichen Zelle wie junge Unternehmen eingeordnet werden.

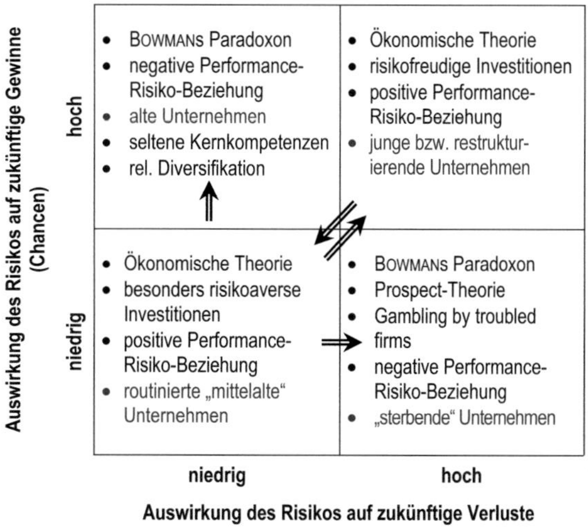

Abb. 4-2: Lebenszyklus-Risikoauswirkung auf zukünftige Gewinne und Verluste

Aus der Vier-Feldermatrix lassen sich typische Risiko-Lebenszykluskurven für Unternehmen ableiten (vgl. Abb. 4-3).

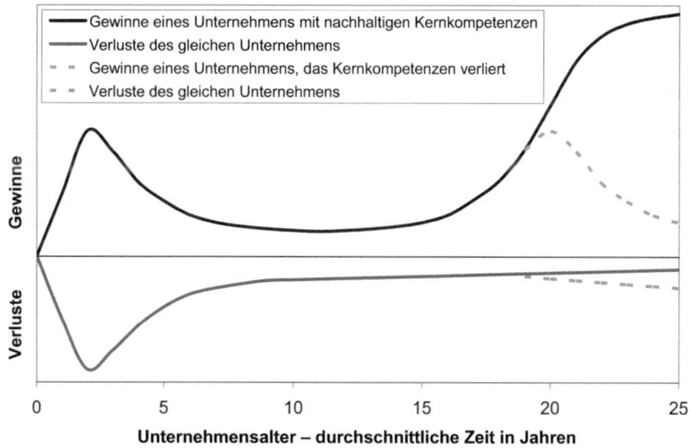

Abb. 4-3: Risiko-Lebenszykluskurven

Junge Unternehmen sind mit ihren hohen Investitionen durch einen positiven Performance-Risiko-Zusammenhang gekennzeichnet. Die relativ schnell einsetzende Entwicklung von Routinen führt einerseits mit dem zunehmenden Alter eines Unternehmens zur zunehmenden Reduktion von Gewinnen und Verlusten aber andererseits auch zur zunehmenden Expertise.

Die relativ höheren Gewinne im Vergleich zu den Wettbewerbern entwickeln sich nur langsam, da nachhaltige Kernkompetenzen erst schrittweise in einem komplexen sozialen System aufgebaut werden können oder pfadabhängige Fähigkeiten, die auf einem Lernen nach dem

Prinzip „Versuch und Irrtum" basieren, erst erworben werden müssen (HENDERSON / BENNER 2000, S. C3).

Mit der langsamen Entwicklung nachhaltiger Kernkompetenzen im höheren Alter eines Unternehmens nehmen mit höherer Reproduzierbarkeit und Expertise deshalb auch die unerwünschten Ergebnisse, also auch die Verluste, weiter ab.

Im Gegensatz dazu zeigen die Gewinne einen U-förmigen Verlauf über das Unternehmensalter, mit stark ansteigenden Gewinnen bei ganz jungen Unternehmen und abnehmenden Gewinnen durch zunehmende Routine bei noch relativ jungen Unternehmen sowie einem Ansteigen der Gewinne mit höherem Alter durch die Entwicklung nachhaltiger Kernkompetenzen. Das Minimum der U-Kurve liegt bei ca. 11,6 Jahren (HENDERSON / BENNER 2000, S. C4).

Eine wichtige Schlussfolgerung aus den Ergebnissen der Studie von HENDERSON / BENNER ist, dass sich Performance-Risiko-Beziehungen entwickeln, d. h., dass sie nicht invariante Eigenschaften von Märkten, von Unternehmen oder vom Entscheidungsverhalten von Managern etc. sind.

5 Kritik am Stand der Forschung und Ableitung von Hypothesen

5.1 Kritik am Stand der Forschung zum Risikoentscheidungsverhalten von Managern und der Forschung zu Performance-Risiko-Assoziationen

5.1.1 Kritik an der theoretischen Basis

5.1.1.1 Kritik der Entscheidungstheorien

Zur Kritik an den in den Kapiteln 3.2 und 3.3 vorgestellten Theorien zur Erklärung des Risikoentscheidungsverhaltens im Management-Kontext und zur Erklärung des Rendite-Risiko-Paradoxons wird auf die Zusammenfassungen in den entsprechenden Kapiteln verwiesen, in denen die Theorien vorgestellt werden. [94]

Die Kritik an der normativen Erwartungsnutzen-Theorie beschränkt sich auf deren deskriptive Anwendung zur Erklärung von empirisch beobachtbarem Entscheidungsverhalten, was beispielsweise bereits von KAHNEMAN / TVERSKY (1979, S. 263) mit Bezug auf FRIEDMAN / SAVAGE (1948) und ARROW (1971) kritisiert wurde. Da sich die normativen Entscheidungstheorien an einem Verhaltensideal orientieren, kann deren Nichtbeschreibung des von diesem Ideal abweichenden empirisch beobachtbaren Verhaltens auch nicht kritisiert werden. Zu kritisieren ist lediglich die unangemessene deskriptive Verwendung der normativen Entscheidungstheorien zur Erklärung von empirisch beobachtbarem Verhalten.

Wegen der dominierenden Stellung der Prospect-Theorie in der Fachliteratur zur Beschreibung von individuellem Risikoentscheidungsverhalten und als theoretischer Ansatz zur Erklärung des Rendite-Risiko-Paradoxons, wird nachfolgend die Prospect-Theorie erneut aufgegriffen. Die vertiefende kritische Betrachtung dieser Theorie ermöglicht es im weiteren Verlauf der Arbeit Forschungslücken abzuleiten und, darauf aufbauend, einen Beitrag zur tiefgreifenderen Analyse des Risikoentscheidungsverhaltens von Managern zu leisten.

5.1.1.2 Kritik an der Prospect-Theorie

Beispielsweise zeigen die Ergebnisse der Studien von GRAYSON (1960, S. 300 ff.), SWALM (1966, S. 132 f.), LORANGE / NORMAN (1973, S. 53 f.), FISHBURN / KOCHENBERGER (1979, S. 510) und DICKSON (1981, S. 161 f.), dass bereits vor Entwicklung der Prospect-Theorie von KAHNEMAN / TVERSKY (1979, S. 274 ff.) Studienergebnisse vorlagen, die teilweise sogar in der Mehrheit ein von der Prospect-Theorie abweichendes Risikoentscheidungsverhalten zeigen. Weiterhin wurde die Prospect-Theorie von KAHNEMAN / TVERSKY (1979, S. 274 ff.) aus experimentellen Ergebnissen des Entscheidungsverhaltens von Studenten unter Laborbedingungen abgeleitet. Deshalb blieb KAHNEMAN / TVERSKY die von der Threat-Rigidity-Theorie (STAW / SANDELANDS / DUTTON 1981, S. 501 ff.) beschriebene und nur im Management-Kontext zu beobachtende Risikoaversion bei bestimmten Bedrohungen verborgen.

Die Prospect-Theorie wurde zur Beschreibung von individuellem Risikoentscheidungsverhalten entwickelt. Sie dominiert aber seit BOWMAN (1982, S. 37) als theoretischer Ansatz zur Erklärung des Rendite-Risiko-Paradoxons bzw. des quadratischen Zusammenhangs zwischen Performance

[94] Vgl. Kapitel 3.2.3 bis 3.3.4.

und Risiko in empirischen Studien über Performance-Risiko-Zusammenhänge.[95] Kritisch ist bei dieser Übertragung jedoch, dass, während das Risikoverhalten der Entscheidungsträger in Unternehmen auf jährlichen Referenzpunkten (z. B. der Vorjahresperformance oder dem Branchendurchschnitt) beruht, mit dem Erklärungsansatz von FIEGENBAUM (1997, S. 13) ex-post der Branchendurchschnitt über mehrere Jahre als Referenzpunkt zur Erklärung der Mittelwert-Varianz-Zusammenhänge herangezogen wird. Deshalb schlussfolgern RUEFLI / COLLINS / LACUGNA (1999, S. 168 ff.), dass in der Literatur die theoretische Verbindung zwischen der nachträglichen (ex-post) Interpretation des Risikos mit der vorab relevanten (ex-ante) Entscheidungstheorie fehlt.

5.1.2 Kritik an der empirischen Forschung zum Risikoentscheidungsverhalten im Management-Kontext

5.1.2.1 Mangelnde statistische Validität

Die Ergebnisse der Studien von GRAYSON (1960, S. 10 ff.) mit zehn Managern, LORANGE / NORMAN (1973, S. 51) mit 17 Managern, FISHBURN / KOCHENBERGER (1979, S. 503 ff.) mit 30 Fällen aus verschiedenen Studien und DICKSON (1981, S. 158 f.) mit 29 Managern weisen eine mangelnde statistische Validität aufgrund der geringen Teilnehmerzahlen auf.

SHAPIRA (1995, S. 35 ff.) verzichtet komplett auf statistische Tests zur Signifikanzprüfung der durchgeführten Häufigkeitsanalysen, so dass die Aussagekraft seiner Studienergebnisse generell fraglich bleibt.

Durch eine Veränderung der Versuchsbedingungen können die Differenzen beim Risikoverhalten im privaten und im beruflichen Kontext bei LAUGHHUNN / PAYNE / CRUM (1980, S. 1245) und LAUGHHUNN / CRUM / PAYNE (1983, S. 519) einfach nur durch die Höhe der möglichen Verluste bestimmt sein, da neben der Vertausendfachung zwischen möglichen privaten und beruflichen Verlusten auch die weitere Vertausendfachung der möglichen Verluste im beruflichen Kontext die Risikobereitschaft der Manager signifikant mindert.

5.1.2.2 Mangelnde interne Validität

Generell ist kritisch zu prüfen, ob die Experimente das Risikoverhalten überhaupt angemessen erfassen, die Kontextvariablen angemessen berücksichtigen und, ob die Stichproben (falls mehrere erhoben werden) konsistent zueinander sind.

In der Studie von WEHRUNG (1989, 119 ff.) werden Manager mittels eines neunseitigen Fragebogens mit sieben Entscheidungssituationen (zwei reine Gewinnaussichten, zwei reine Verlustaussichten, drei Gewinn- und Verlustaussichten) jeweils um eine Entscheidung zur Fortsetzung bzw. zur Angabe eines minimalen Verkaufspreises (interpretiert als Sicherheitsäquivalent) für einen Anteil an einem hypothetischen Joint-Venture gebeten. Die wiedergegebenen Ergebnisse weisen jedoch keinen direkten Bezug zu den eigentlichen Entscheidungssituationen auf.

---

[95] z. B. FIEGENBAUM (1997, S. 13) und CHOU, CHOU, KO (2009, S. 194 f.).

Zahlreiche Studien kombinieren verschiedene Stichproben (z. B. FISHBURN / KOCHENBERGER 1979, S. 503 ff.; LAUGHHUNN / PAYNE / CRUM 1980, S. 1241; LAUGHHUNN / CRUM / PAYNE 1983, S. 519; MACCRIMMON / WEHRUNG 1985, S. 5; SHAPIRA 1995, S. 35 ff.) ohne zu prüfen, ob diese konsistent zueinander sind oder die Einflüsse bei den Analysen zu kontrollieren.

Kritisch an den Studien von LAUGHHUNN / PAYNE / CRUM (1980, S. 1241 f.) bzw. LAUGHHUNN / CRUM / PAYNE (1983, S. 518 f.) sind der Vergleich von Stichproben aus verschiedenen Zeiträumen, die teilweise unterschiedliche Verteilung der Managementebenen und Länderzusammensetzung in den Stichproben, unterschiedliche Berufserfahrungen zwischen den Stichproben (durch die auch auf unterschiedliche Altersverteilungen geschlossen werden kann) sowie die nicht kontrollierte Verwendung von Stichproben aus Zufallsbefragungen und Managementseminaren.

JOHNSON / POWELL (1994, S. 128 ff.) vergleichen das reale Risikoverhalten einer Gruppe ohne Managementausbildung mit dem hypothetischen Risikoverhalten einer anderen Gruppe mit Managementausbildung. Das unterschiedliche Risikoverhalten zwischen den Gruppen führen sie jedoch allein auf die Managementausbildung zurück. Ferner fehlt bei ihnen eine Kontrolle des Alterseffekts.

In der Studie von ALDERFER / BIERMAN (1970, S. 342 ff.) werden Manager und Studenten mit identischen möglichen Verlusten und Gewinnen konfrontiert, die für die Studenten allein aufgrund der Einkommenssituation eine andere Bedeutung als für die Manager aufweisen können. Idealerweise hätte eine Ermittlung und Angleichung des Nutzens dieser Summen für die Manager und die Studenten vorgenommen werden müssen.

Der Effekt des Alters auf die Risikoeinstellung und das Risikoverhalten ist in allen Studien, die diesen Effekt valide untersuchen, konsistent negativ (z. B. LAUGHHUNN / PAYNE / CRUM 1980, S. 1246 f.). Da das Alter einen signifikanten Einfluss auf das Risikoverhalten aufweist, ist die Kontrolle dieser Kontextvariable bei der Untersuchung des Risikoverhaltens besonders wichtig. So stellen BELLU / DAVIDSSON / GOLDFARB (1990, S. 201)[96] scheinbar eine höhere Risikoaversion von Entrepreneuren gegenüber Managern (alles Männer) in Italien und Israel fest. Sie beachten jedoch nicht, dass dieses Ergebnis durch den signifikanten Altersunterschied (44 zu 30 Jahre in Italien bzw. 48 zu 33 Jahre in Israel) bedingt sein kann. Trotz des gleichen Untersuchungsdesigns stellt BELLU (1993, S. 338)[97] bei US-amerikanischen Entrepreneurinnen und Managerinnen (alles Frauen) keinen signifikanten Unterschied im Risikoverhalten fest, obwohl die Entrepreneurinnen mit einem Altersdurchschnitt von 44 Jahren signifikant älter sind als die Managerinnen mit durchschnittlich 33 Jahren.

Ebenso vorsichtig sind die Ergebnisse von FARAGO / KISS / BOROS (2008, S. 2233 ff.) zu interpretieren, die Entrepreneure und Studenten nicht getrennt untersuchen und auch keine Kontrolle des Alterseffekts vornehmen. FARAGO / KISS / BOROS (2008, S. 2235) stellen in ihrer Studie eine signifikant höhere Risikoneigung der Männer fest, die jedoch auch durch den Mix von Gewinn- und Verlustaussichten bedingt sein kann.

---

[96] Die Studie untersucht das Risikoverhalten nur als untergeordneten Aspekt und die Ergebnisse sind wegen der fehlenden Kontrolle des Alterseffekts nicht verifizierbar, weshalb auf eine ausführliche Darstellung dieser Studie in der Übersicht verzichtet wird.

[97] Die Studie untersucht das Risikoverhalten nur als untergeordneten Aspekt und die Ergebnisse sind wegen der fehlenden Kontrolle des Alterseffekts nicht verifizierbar, weshalb auf eine ausführliche Darstellung dieser Studie in der Übersicht verzichtet wird.

Andere Studien wie z. B. RAY (1994, S. 165 ff.)[98], der das Risikoverhalten von Entrepreneuren und Managern vergleicht, geben wichtige Kontrollvariablen, wie das Alter, überhaupt nicht an, so dass keine Aussagen über die Qualität der Studienergebnisse möglich sind.

5.1.2.3 Mangelnde externe Validität

Bei Studien, die nur das hypothetische Risikoverhalten erheben, ist die Übertragung der Studienergebnisse auf die Managementpraxis fraglich. Dies trifft beispielsweise auf folgende Studien zu: GRAYSON (1960, S. 10 ff.), CUMMINGS / HARNETT / STEVENS (1971, S. 289), DICKSON (1981, S. 158 f.), MACCRIMMON / WEHRUNG (1985, S. 5 ff.; 1986, S. 51 ff.; 1990, S. 422), MASTERS / MEIER (1988, S. 33), WEHRUNG (1989, S. 119) und SHAPIRA (1995, S. 60 ff.). Weiterhin sind die Übertragbarkeit und die Vergleichbarkeit der Studien fraglich, wenn in den Experimenten verschiedene Testverfahren verwendet werden. Analog existiert für Feldstudien, die nur eine Teilstichprobe (z. B. Manager aus nur einer Branche) erheben, das Problem der Übertragbarkeit auf andere Teilstichproben bzw. auf die Grundgesamtheit der Manager.

Zusammenfassend sind somit aufgrund mangelnder statistischer, interner und/oder externer Validität die Ergebnisse der aufgeführten Studien zum Risikoentscheidungsverhalten und dessen Kontextvariablen kritisch zu betrachten. Es wird deutlich, dass eine Studie neben den richtigen Testmethoden auch über eine ausreichende Anzahl an Testteilnehmern verfügen muss, um über eine ausreichende statistische Validität verfügen zu können. Für die interne Validität ist besonders die Beachtung bzw. Kontrolle der Kontextvariablen von Bedeutung. Die Studien mit Laborexperimenten benötigen für die externe Validität eine Anbindung an die Unternehmenspraxis.

5.1.3 Kritik am Stand der Forschung zu Performance-Risiko-Assoziationen

5.1.3.1 Mangelnde statistische Validität

Die Ergebnisse der Studien von ARMOUR / TEECE (1978) mit 28 Unternehmen, FARRELLY / FERRIS / REICHENSTEIN (1985) mit 25 Unternehmen, COLLINS / RUEFLI (1992) mit 27 Unternehmen sowie MAURER (2004a) mit 34 Unternehmen weisen eine mangelnde statistische Validität aufgrund der geringen Stichprobengrößen auf.

MARSH / SWANSON (1984, S. 35 f.) diskutieren als Ursache für die Entstehung des Paradoxons bestimmte statistische Analysemethoden, wie beispielsweise die Verwendung der Kontingenzanalyse durch BOWMAN (1980, S. 19 ff.). RUEFLI (1990, S. 368 ff.) macht beispielsweise die Verwendung der Varianz als Risikomaß für das Erscheinen des Paradoxons verantwortlich. HENKEL (2000, S. 364 ff.; 2009, S. 288 ff.) führt das Paradoxon auf die Schiefe der Verteilungen zurück.

[98] Da neben den fehlenden Altersangaben auch die Vergleichsgruppen sehr inhomogen erhoben wurden, würde die detaillierte Beschreibung dieser Studie keine zuverlässigen Ergebnisse zum Vergleich des Risikoverhaltens von Entrepreneuren und Managern liefern, so dass auf eine detaillierte Beschreibung in der Übersicht verzichtet wird.

5.1.3.2 Mangelnde interne Validität

Die meisten Risikomaße, die das strategische Management dominieren, sind nach RUEFLI / COLLINS / LACUGNA (1999, S. 167) nur aus den Finanzwissenschaften und der statistischen Entscheidungstheorie übernommen. Deshalb kritisieren einige Autoren (z. B. BAIRD / THOMAS 1990, S. 21 ff.; MILLER / LEIBLEIN 1996, S. 775) die geringe Validität der Risikokonzepte, die die strategische Management-Literatur dominieren. Andere (z. B. CHAKRAVARTHY 1986, S. 437 ff.; RUEFLI / COLLINS / LACUGNA 1999, S. 168 ff.) haben die inkonsistenten und nicht beweiskräftigen empirischen Ergebnisse kritisiert, die aus diesen abgeleiteten Risikomaßen resultieren. RUEFLI (1990, S. 368) findet beispielsweise, dass das Rendite-Risiko-Paradoxon meistens bei Verwendung des Mittelwert-Varianz-Ansatzes auftritt. Es zeigt sich auch, dass besonders die unterschiedlichen Risikomaße für die widersprüchlichen Ergebnisse verantwortlich sein könnten (z. B. MAURER 2004b, S. B2). Den enormen Einfluss der Risikomaße auf die erhaltenen Performance-Risiko-Zusammenhänge zeigen besonders die Studien von PERLITZ / LÖBLER (1985, S. 433 ff.; 1989, S. 72 ff.) und MAURER (2004b, S. B4). Während PERLITZ / LÖBLER verschiedene Trendmaße sowie die Varianz verwenden, analysiert MAURER die Varianz im Vergleich zum ordinalen Risiko. Die mit den verschiedenen Risikomaßen erhaltenen Zusammenhänge unterscheiden sich teilweise erheblich in Richtung und Ausprägung. Auch MILLER / LEIBLEIN (1996, S. 775) schlussfolgern aus den Ergebnissen mit ihren Regressionsmodellen, dass Studien mit verschiedenen Risikomaßen unterschiedliche Zusammenhänge erhalten.

MILLER / BROMILEY (1990, S. 758) argumentieren, dass die verschiedenen Risikomaße für die gegensätzlichen Ergebnisse in den Studien verantwortlich sein könnten, da die verschiedenen Risikomaße unterschiedliche Dimensionen des Risikos messen.

BETTIS / HALL (1981, S. 18; 1982, S. 252) sowie BETTIS / MAHAJAN (1985, S. 789) bemerken in ihren Studien kritisch, jedoch ohne näher darauf einzugehen, dass alle renditebasierten Performancemaße unter den gleichen Grundproblemen der jahresabschlussbasierten Informationen leiden. Diese Grundprobleme der renditebasierten Performancemaße werden ausführlich von GÜNTHER (1997, S. 50 ff., S. 211 ff.) sowie COPELAND / KOLLER / MURRIN (2002, S. 12) diskutiert. Die renditeorientierten Kennzahlen berücksichtigen nicht, ob die gesamten Kapitalkosten verdient wurden und damit der Unternehmenswert gesteigert wurde. Sie sind vergangenheitsbezogen[99], beruhen auf einperiodischen statischen Renditedefinitionen sowie auf Buchwerten statt auf Zahlungsströmen. Zusätzlich berücksichtigt die Eigenkapitalrendite (ROE) nicht die Kapitalstruktur. Die Umsatzrendite (ROS) vernachlässigt den notwendigen Kapitaleinsatz (z. B. COPELAND / KOLLER / MURRIN 2002, S. 12). In der Regel erfolgt eine Überbewertung der Rendite durch die Investmentrendite (ROI) (z. B. GÜNTHER 1997, S. 53).[100]

[99] Die Vergangenheitsbezogenheit der renditebasierten Performancemaße ist jedoch bei der in der Literatur üblichen ex-post Bewertung von Performance-Risiko-Zusammenhängen (z. B. BOWMAN 1980, S. 18 f.) unkritisch. Die Nichtberücksichtigung von Risiken durch die renditebasierten Performancemaße ist gerade für die Analyse von Performance-Risiko-Zusammenhängen positiv zu bewerten, da somit Scheinkorrelationen zwischen Performance und Risiko vermieden werden.

[100] Ein bisher in Performance-Risiko-Untersuchungen nicht beachtetes Cash Flow-basiertes Performancemaß stellt der Cash Flow Return on Investment (CFROI) dar. Der CFROI vermeidet nach STELTER (1999, S. 233) weitgehend die Schwachstellen renditebasierter Performancemaße. Er ist frei von buchhalterischen Verzerrungen (Abschreibungspolitik etc.) und Inflationseinflüssen. Der CFROI berücksichtigt die Nutzungsdauer der gebundenen Mittel und ermöglicht den Vergleich von unterschiedlich strukturierten Bereichen sowie mit Investitionen. WAGENHOFER (1999, S. 195) weist jedoch mit Bezug auf HACHMEISTER (1997, S. 556 ff.) darauf

Obwohl BOWMAN (1982, S. 33) schon 1982 als mögliche Erklärung für das Rendite-Risiko-Paradoxon den Fokus des Managements auf Wertsteigerung anführt und das Paradigma der Wertorientierung seit über einem Jahrzehnt eine wichtige Rolle in der Management-Literatur spielt[101], wurde bisher keine Studie veröffentlicht, die Performance-Risiko-Zusammenhänge mittels Residualgewinngrößen[102] in „reiner Form" als Economic Value Added (EVA)[103] oder als Cash Value Added (CVA)[104] untersucht.[105]

Bis auf JEGERS (1989, S. 913; 1991, S. 217), der den NACE-Code[106] verwendet, erfolgt die branchenbezogene Untersuchung von Performance-Risiko-Zusammenhängen in den Studien mit der Unterteilung nach dem SIC-Code[107] (z. B. FIEGENBAUM / THOMAS 1985, S. 8; FIEGENBAUM / THOMAS 1988, S. 93 ff.; JEGERS 1989, S. 913; MILLER / BROMILEY 1990, S. 757 ff.; JEGERS 1991, S. 217). Da der SIC-Code jedoch historisch gewachsen ist, sind neuere Branchen, wie Computer-Hardware (als Electronic Computing Equipment mit SIC: 3573) und Computer-Software (als Computer Programming and Software mit SIC: 7372), nicht gemeinsam der IT-Branche untergeordnet. Einerseits ist „Office and Computing Machines" (SIC: 357) paradoxerweise „Machinery, Except Electrical" (SIC: 35) zugeordnet. Andererseits sind „Computer and Data Processing Services" (SIC: 737) unter Vernachlässigung der privaten Softwareanwender den „Business Services" (SIC 73) untergeordnet. An diesem Beispiel wird deutlich, dass bei einer Branchenanalyse mit pauschaler Unterteilung in nur zwei oder drei SIC-Code-Stellen ggf.

---

hin, dass der CFROI nicht immer als guter Schätzer des internen Zinssatzes eines Investitionsprojektes geeignet ist und somit seine Eignung als Kennzahl zur Kontrolle der periodischen Wertsteigerung fraglich ist. Des Weiteren berücksichtigt der CFROI, wie alle Cash Flow-basierten Performancemaße, nicht, ob die Kapitalkosten verdient wurden.

101 Das besonders in den letzten zehn Jahren durch die Arbeiten von OHLSON (1995) in der Managementliteratur populär gewordene Residualgewinn-Modell wurde ursprünglich bereits in den 30er Jahren entwickelt. In die deutschsprachige Literatur wurde es von LÜCKE (1955) in den 50er Jahren als Alternative zu einer auf Cash Flows basierten Investitionsrechnung eingeführt.

102 Nach einer Studie von FRANCIS / OLSSON / OSWALD (2000, S. 57) besitzt das Residualgewinn-Modell einen Erklärungsgehalt von 71 % der Unternehmenswerte am Kapitalmarkt im Gegensatz zu einem Erklärungsgehalt von 35 % bei der Discounted-Cash-Flow-Methode. Ein Grund dafür liegt im Anteil des Restwertes am Gesamtwert, der beim Discounted-Cash-Flow-Modell durchschnittlich bei immerhin 82 % liegt und beim Residualgewinn-Modell durchschnittlich nur 21 % beträgt (AAA FINANCIAL ACCOUNTING STANDARDS COMMITTEE 2001, S. 165 f.). Bei der Untersuchung der Performance-Risiko-Zusammenhänge kann die Berücksichtigung des Risikos im Residualgewinnmodell Scheinkorrelationen verursachen. Sollte aber nach Studien, wie der von FAMA / FRENCH (1992, S. 433), kein systematischer, zeitlich stabiler Zusammenhang zwischen dem Beta und der Performance von Unternehmen existieren, dann wird lediglich eine zusätzliche unsystematische Streuung der Residualgewinne bewirkt, die die Performance-Risiko-Zusammenhänge nicht systematisch beeinflusst. Faktoren, die alle Unternehmen einer Branche gleichermaßen betreffen, wie die Inflation, können für die vergleichende (relative) Analyse von Performance-Risiko-Zusammenhängen vernachlässigt werden.

103 Der von STERN / STEWART & CO. entwickelte Economic Value Added (EVA) (STEWART 1991, S. 136 ff.) ist nach einer Studie von KPMG über die Shareholder Value Konzepte unter den DAX 100 Unternehmen mit einem Anteil von 37,5 % die mit Abstand am häufigsten verwendete Shareholder Value Kennzahl (ADERS 2001, S. 15).

104 Nach STRACK / VILLIS (2001, S. 67) stellt der Cash Value Added (CVA) eine Weiterentwicklung des EVA dar, da er die Differenz zwischen der Kapitalrenditegröße Cash Flow Return on Investment (CFROI) und den Kapitalkosten (WACC) in Bezug auf das gesamte investierte Kapital (die Bruttoinvestitionsbasis = Gross Investment) zu historischen Anschaffungs- und Herstellungskosten erfasst.

105 Die verbreitetsten residualgewinnbasierten Performancemaße Economic Value Added (EVA) und Cash Value Added (CVA) wurden wahrscheinlich erstmals in einer eigenen bisher unveröffentlichten Studie zur empirischen Analyse von Performance-Risiko-Zusammenhängen verwendet.

106 Nomenclature statistique des Activités économiques dans la Communauté Européenne – Wirtschaftszweigklassifikationen der Europäischen Union.

107 Der SIC-Code (Standard Industrial Classification) ist gestaffelt aufgebaut. Die gröbste Unterteilung ist mit einer SIC-Code-Stelle und die feinste mit vier Stellen möglich.

Wirtschaftszweige für die Untersuchungen in Branchen zusammengefasst werden, die weniger gemeinsam haben als andere Branchen, die getrennt untersucht werden.

5.1.3.3 Mangelnde externe Validität

Die Vergleichbarkeit der Studien erscheint teilweise fraglich, da die Studien nicht nur unterschiedliche Performance- und Risikomaße mit differierenden Bereinigungen der Daten und verschiedenen statistischen Methoden verwenden, sondern auch auf unterschiedlich langen Datenreihen aus verschiedenen Zeitperioden mit nicht identischen Unternehmen und Branchen beruhen.

Signifikante Einflüsse auf die Performance-Risiko-Zusammenhänge zeigen die verschiedenen Performance- und Risikomaße sowie die zahlreichen Kontextvariablen, wie beispielsweise der Brancheneinfluss.

5.2 Forschungslücken als Fazit aus der Kritik zum Stand der Forschung

Aus der Kritik zum Stand der Forschung können die folgenden zwei Forschungslücken abgeleitet werden:

1. Das Ziel der deskriptiven Entscheidungstheorien ist, das empirisch beobachtbare Verhalten möglichst genau zu beschreiben. Deshalb müssen sich die deskriptiven Entscheidungstheorien und besonders die Prospect Theorie, als dominierende deskriptive Theorie zum Entscheidungsverhalten, auch daran messen lassen, wie gut sie dies vermögen.

Mit der Prospect-Theorie beabsichtigen KAHNEMAN / TVERSKY (1979, S. 274 ff.) das Entscheidungsverhalten von Individuen bei Gewinn- und Verlustaussichten zu beschreiben. Die empirischen Ergebnisse, die KAHNEMAN / TVERSKY (1979, S. 263 ff.) präsentieren, erwecken den Anschein, dass es sich dabei um die signifikante Mehrheit der Individuen handelt und das Entscheidungsverhalten der Minderheit ignoriert werden kann. Weiterhin werden die Entscheidungssituationen nach Prospect getrennt analysiert, obwohl bei zwei binären Entscheidungssituationen, beispielsweise E1: (3.000; 1 zu 4.000; 0,8) und E2: (-3.000; 1 zu -4.000; 0,8), vier Antwortkombinationen möglich sind: 1. Die Wahl von (3.000; 1) und (-4.000; 0,8), so wie es die Prospect-Theorie postuliert, 2. die Wahl von (3.000; 1) und (-3.000), 3. die Wahl von (4.000; 1) und (-3.000; 1) sowie 4. die Wahl von (4.000; 1) und (-4.000; 0,8). Letztere drei Möglichkeiten werden von der Prospect-Theorie ignoriert. Die getrennte Analyse der Prospects führt zur Ignorierung der dritten Gruppe und zur Vereinnahmung bzw. Hinzuzählung der Antwort (3.000; 1) der zweiten Gruppe und zur Vereinnahmung bzw. Hinzuzählung der Antwort (-4.000; 0,8) der vierten Gruppe zu den Antworthäufigkeiten der ersten Gruppe, die der Prospect-Theorie entspricht.

Die Darstellung des Sachverhalts in einer Kreuztabelle (vgl. Abb. 5-1, S. 98) veranschaulicht, dass die getrennte Analyse der Prospects einer Auswertung nur der Häufigkeit der Zeilen- und Spaltensummen entspricht. Erst die kombinierte Erfassung des Entscheidungsverhaltens von Individuen bei positiven und negativen Prospects zeigt, dass vier bzw. fünf unterschiedliche Gruppen bezüglich des Risikoentscheidungsverhaltens identifiziert werden können.

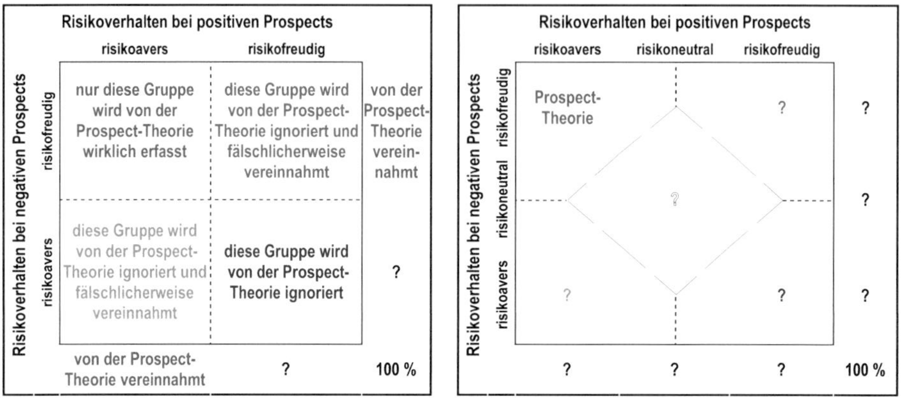

Abb. 5-1: Die vier bzw. fünf möglichen Risikoverhaltensgruppen bei Kombination des positiven und negativen Prospects (Gewinn- und Verlustaussichten)

Die Forschungslücke besteht in diesem Punkt somit einerseits darin, die vier bzw. fünf unterschiedlichen Gruppen bezüglich des Risikoentscheidungsverhaltens zu identifizieren und andererseits darin, die Häufigkeiten von Managern in diesen Gruppen empirisch zu ermitteln und innerhalb von verschiedenen Managementfunktionen und mit anderen Individuen (z. B. Studenten) zu vergleichen. Weiterhin bestehen noch Forschungslücken bei den Einflüssen der Kontextvariablen (wie Position und Funktion im Unternehmen) auf das Risikoverhalten im Management-Kontext.

2. Wie bereits in Kapitel 3.3.5 dargestellt, dominiert die Prospect-Theorie, die zur Beschreibung von individuellem Risikoentscheidungsverhalten entwickelt wurde, seit BOWMAN (1982, S. 37) als theoretischer Ansatz zur Erklärung des Rendite-Risiko-Paradoxons bzw. des quadratischen Zusammenhangs zwischen Performance und Risiko. Kritisch ist bei dieser Übertragung jedoch, dass mit dem Mittelwert-Varianz-Ansatz der Referenzpunkt (meist der Branchendurchschnitt über mehrere Jahre) erst ex-post ermittelt wird. Die ex-ante Referenzpunkte des Managements werden somit bei der Analyse nicht nur nicht beachtet, sondern sie sind auch unbekannt, da das individuelle Risikoverhalten des Managements nicht ermittelt wird. Die Existenz des Rendite-Risiko-Paradoxons ist deshalb in der Fachliteratur immer noch umstritten.

Die Forschungslücke besteht in diesem Punkt somit einerseits darin, die Zusammenhänge zwischen dem Risikoentscheidungsverhalten von Managern, der Performance und der Varianz der Performance des Unternehmens zu ermitteln und andererseits darin, die Referenzpunkte im Risikoentscheidungsverhalten von Managern festzustellen.

Zusammenfassend kann aufgrund des Stands der Forschung mit einer fortgeschrittenen Theorieentwicklung zum Risikoentscheidungsverhalten und einer breiten empirischen Basis zum Risikoverhalten von Managern geschlussfolgert werden, dass nach BORTZ / DÖRING (2006, S. 52) eine explanative bzw. hypothesenprüfende Untersuchungsmethode am ehesten geeignet ist, um einen Beitrag zur Schließung der Forschungslücken zu leisten. Deshalb werden nachfolgend zunächst Hypothesen formuliert, bevor das weitere Vorgehen zur Überprüfung der Hypothesen diskutiert wird.

5.3 Aus den Theorien zum Risikoentscheidungsverhalten abgeleitete Hypothesen

5.3.1 Hypothese 1 zur grundlegenden Risikoaversion von Managern

Wie in Kapitel 2.3.1 dargestellt, gehen die klassischen Entscheidungstheorien davon aus, dass Individuen ungeachtet der Gewinn- oder Verlustaussicht risikoavers handeln und einen höheren Gewinn, eine „Risikoprämie", für das Eingehen von zusätzlichem Risiko erwarten (vgl. z. B. MARKOWITZ 1952a, S. 77 ff.; TOBIN 1958, S. 65 ff.; SHARPE 1964, S. 425 ff.; ROSS 1976, S. 341 ff.). Obwohl bereits FRIEDMAN / SAVAGE (1948, S. 279 ff.) und MARKOWITZ (1952b, S. 151 ff.) die reale Bedeutung von risikofreudigem neben risikoaversem Entscheidungsverhalten diskutieren, stellen LAUGHHUNN / PAYNE / CRUM (1980, S. 1238) mehr als 30 Jahre nach FRIEDMAN / SAVAGE (1948, S. 279 ff.) fest, dass es immer noch eine konventionelle Praxis in der Literatur ist, risikoaverses Verhalten bei Investoren, Managern und Unternehmen anzunehmen. Inzwischen sind wiederum 30 Jahre vergangen und immer noch wird dem Managementnachwuchs in der Finanzierungstheorie mit der Portfoliotheorie, dem Capital-Asset-Pricing-Model (CAPM), der Arbitrage-Pricing-Theorie usw. die grundlegende Risikoaversion gelehrt. Falls den Studenten (dem Managementnachwuchs), entgegen dem weitaus komplexeren realen Risikoverhalten, die rein normative Annahme der Risikoaversion in diesen Theorien nicht ausreichend bewusst wird, kann es sein, dass sie die Risikoaversion als Handlungsmaxime übernehmen, bzw. frühere Managementgenerationen diese übernommen haben und in der Managementpraxis entsprechend risikoavers handeln.

Deshalb erscheint es sinnvoll folgende Hypothese zu überprüfen:

Hypothese 1: ***Wenn sich Manager zwischen mehreren, verschieden risikoreichen Alternativen entscheiden müssen, dann wählen sie nicht die Alternative mit dem geringsten Risiko, d. h. sie verhalten sich nicht risikoavers.***

Neben der durch eine Ausbildung in den Finanzwissenschaften erlernten (sozialisierten) Risikoaversion kann auch eine generelle Risikoaversion bei Managern vorhanden sein. Ein Vergleich der Risikoeinstellung bzw. des Risikoverhaltens von Managern mit und ohne betriebswirtschaftlicher Ausbildung kann eine Unterscheidung zwischen genereller und erlernter Risikoaversion ermöglichen (vgl. Hypothese 10c).

5.3.2 Hypothese 2 zum rationalen Verhalten in Risikoentscheidungssituationen

Die Erwartungsnutzen-Theorien gehen unter der Annahme eines risikoaversen Verhaltens davon aus, dass bei einer Entscheidung unter Risiko die Alternative mit dem höchsten Erwartungswert präferiert wird (VON NEUMANN / MORGENSTERN 1944, S. 9). Wie bereits in Kapitel 2.1.1 dargestellt, gilt die Nutzenmaximierung bei Entscheidungen als rationales Verhalten. Sollte dieses Axiom zutreffen, dürfte die folgende Hypothese nicht verworfen werden:

Hypothese 2: ***Manager verhalten sich nicht rational in dem Sinn, dass sie bei verschieden risikoreichen Alternativen nicht die Alternative mit dem höchsten Erwartungswert wählen.***

5.3.3 Hypothesen 3a-b zum prospectabhängigen Risikoentscheidungsverhalten analog zur Prospect-Theorie

Die Prospect-Theorie von KAHNEMAN / TVERSKY (1979, S. 274 ff.) beschreibt auf theoretischer Ebene das Entscheidungsverhalten der bisher angenommenen Mehrheit der Individuen, das in empirischen Studien z. B. von KAHNEMAN / TVERSKY (1979, S. 265 ff.) beobachtet wurde. Dabei ignoriert die Prospect-Theorie einerseits das Entscheidungsverhalten der bisher als Minderheit angenommenen Anzahl der Individuen. Damit werden bei positiven und negativen Prospects quasi nur die Zeilen- und Spaltensummen des Risikoverhaltens ermittelt und diese fälschlicherweise der Gruppe, die bei positiven Prospects risikoavers und bei negativen Prospects risikofreudig entscheidet, zugeschrieben (vgl. Kapitel 5.2).

Die Erklärung des Entscheidungsverhaltens mit der Prospect-Theorie ist nur sinnvoll, wenn diese das Verhalten der überwiegenden Mehrheit der Individuen beschreibt. Eine Überprüfung der empirischen Basis der Prospect-Theorie von KAHNEMAN / TVERSKY (1979, S. 274 ff.) im Managementkontext erscheint deshalb sinnvoll.[108]

Die zu prüfenden Hypothesen ergeben sich aus den Annahmen der Prospect-Theorie, die einerseits ein risikovermeidendes Verhalten bei Gewinnaussichten postuliert, woraus sich die zu prüfende Hypothese ergibt:

Hypothese 3a: Wenn Manager eine Entscheidungssituation als positives Prospect (d. h. als Gewinnaussicht) interpretieren, dann verhalten sie sich nicht risikoavers.

Die Prospect-Theorie postuliert andererseits ein risikofreudiges Verhalten bei Verlustaussichten, woraus die zu prüfende Hypothese folgt:

Hypothese 3b: Wenn Manager eine Entscheidungssituation als negatives Prospect (d. h. als Verlustaussicht) interpretieren, dann verhalten sie sich nicht risikofreudig.

5.3.4 Hypothese 4 zum Risikoentscheidungsverhalten bei extremen Verlusten analog zur Threat-Rigidity-Theorie

Wird als „Threat" (Bedrohung) ein extremer, möglicher Weise unternehmensgefährdender Verlust und die daraus folgende Rigidität als ein jedes mögliche Risiko vermeidendes, quasi risikoaverses, Entscheidungsverhalten angenommen, kann ein eventuelles Nichtzutreffen der Threat-Rigidity-Theorie im Managementkontext mit folgender Hypothese überprüft werden:

Hypothese 4: Es ist kein Unterschied im Entscheidungsverhalten von Managern bei geringen bzw. moderaten Verlustaussichten und extremen, möglicherweise unternehmensgefährdenden, Verlustaussichten festzustellen.

---

108 Des Weiteren sind in einer eigenen unveröffentlichten Studie in mehreren Branchen negative quadratische Zusammenhänge zwischen der Performance und deren Varianz bzw. Standardabweichung aufgetreten, die nicht mittels Prospect Theorie erklärbar sind.

5.3.5 Hypothese 5 zum Bedauern der getroffenen Risikoentscheidung analog zu den Regret-Theorien

Ein nicht rationales im Sinne eines erwartungswert-maximierenden Entscheidungsverhaltens (wie z. B. Risikoaversion, trotz einer vom Erwartungswert her attraktiveren riskanten Option oder Risikofreude, trotz einer vom Erwartungswert her attraktiveren sichereren Option) kann durch ein antizipiertes, d. h. ein mögliches ex-post Bedauern, welches ex-ante in einer Entscheidung berücksichtigt wird, bedingt sein. Eine Überprüfung der Regret-Theorien kann deshalb mit folgender Hypothese erfolgen:

Hypothese 5: Manager entscheiden ohne ein ex-post mögliches Bedauern über ihre Entscheidungen zu antizipieren, wenn sie Entscheidungen unter Risiko treffen.

5.3.6 Hypothese 6 zur Enttäuschung über die getroffene Risikoentscheidung analog zu den Disappointment-Theorien

Ein nicht rationales im Sinne eines erwartungswert-maximierenden Entscheidungsverhaltens (wie z. B. Risikoaversion, trotz einer vom Erwartungswert her attraktiveren riskanten Option oder Risikofreude, trotz einer vom Erwartungswert her attraktiveren sichereren Option) kann durch eine antizipierte, d. h. eine mögliche ex-post Enttäuschung, welche ex-ante in einer Entscheidung berücksichtigt wird, bedingt sein. Eine Überprüfung der Disappointment-Theorien kann deshalb mit folgender These erfolgen:

Hypothese 6: Manager entscheiden ohne eine ex-post mögliche Enttäuschung über ihre Entscheidungen zu antizipieren, wenn sie Entscheidungen unter Risiko treffen.

5.3.7 Hypothesen 7a-b zum Einfluss der Managementebene und des Besitzanteils am Unternehmen analog zu den Agency-Theorien

Wie in Kapitel 3.3.2 und 4.1.3.5 dargestellt, können Agency-Probleme im Unternehmen einerseits aus der Hierarchiestufe eines Managers (Managementebene) und andererseits aus dem Besitzanteil am Unternehmen resultieren.

Für eine Überprüfung der von den Agency-Theorien postulierten Risikoeinstellung bzw. des Risikoverhaltens von Managern ist zunächst festzustellen, ob es sich primär um Prinzipale (Eigentümer und Manager eines Unternehmens zugleich) oder Agenten (nur angestellte Manager ohne signifikante Unternehmensanteile) handelt. Manager, die bedeutende Anteile eines Unternehmens besitzen und nicht in einem anderen Unternehmen angestellt sind, werden in der Literatur meist, der Definition von BROCKHAUS (1980, S. 510) folgend, als Entrepreneure bezeichnet.

Über den Besitzanteil der Führungskräfte am Unternehmen soll somit untersucht werden, ob das in der Agency-Literatur (z. B. WISEMAN / GOMEZ-MEJIA 1998, S. 133) angenommene risikoneutrale Verhalten von Prinzipalen (als Unternehmensinhaber bzw. Entrepreneure) und das risikoaverse Verhalten von Agenten (als angestellte Manager) verifiziert werden kann.

Unternehmensinhaber bzw. -eigentümer, besonders von Einzelunternehmen, sind gravierender von Risiken und eigenen Fehlentscheidungen betroffen als angestellte Manager, so dass sich dies auch in deren Risikoverhalten widerspiegeln sollte (JENSEN / MECKLING 1976, S. 305 ff.).

Weiterhin zeigen empirische Ergebnisse, wie in Kapitel 4.1.3.5 dargestellt, dass Studien existieren, die keine signifikanten Unterschiede im Risikoverhalten zwischen Entrepreneuren und Managern finden (z. B. BROCKHAUS 1980, S. 516; MASTERS / MEIER 1988, S. 33 f.; PALICH / BAGBY 1995, S. 432; BUSENITZ / BARNEY 1997, S. 21). Andere Studien stellen eine höhere Risikobereitschaft bei Entrepreneuren als bei Managern fest (z. B. AHMED 1985, S. 781 ff.; CARLAND / CARLAND 1991, S. 62 ff.; CARLAND ET AL. 1995, S. 15 ff.; SETH / SEN 1995, S. 18 ff.; STEWART ET AL. 1999, S. 201 ff.).

Die zu überprüfenden Hypothesen werden deshalb folgendermaßen formuliert:

Hypothese 7a: Es besteht kein Zusammenhang zwischen dem Risikoentscheidungsverhalten von Managern und ihrem Besitzanteil am Unternehmen.

Hypothese 7b: Es besteht kein Zusammenhang zwischen dem Risikoentscheidungsverhalten von Managern und ihrer Hierarchiestufe im Unternehmen.

5.4 Hypothesen zu den individuellen Kontextfaktoren des Risikoentscheidungsverhaltens

5.4.1 Hypothese 8 zum Zusammenhang zwischen Risikoeinstellung und -verhalten

Wie in Kapitel 4.1.2.1 und 4.1.4.1 dargestellt, zeigen empirische Studien, dass die Risikoauffassungen und das Risikoentscheidungsverhalten von Managern teilweise erheblich divergieren. Manager zeigen eher eine verlustorientierte und weniger eine wahrscheinlichkeitstheoretische Auffassung des Risikos (z. B. MACCRIMMON / WEHRUNG 1986, S. 96 ff., S. 176 f., S. 232 ff.; MARCH / SHAPIRA 1987, S. 1408 ff.; HELLIAR ET AL. 2001, S. 53). Von Risikoaversion über Risikoneutralität bis hin zu Risikofreude in Gewinn- und Verlustsituationen sind alle Risikoverhaltenstypen, je nach Studie, in der Mehrheit oder in der Minderheit zu beobachten. WILLIAMS / ZAINUBA / JACKSON (2008, S. 72) finden jedoch keinen Einfluss der Risikowahrnehmung auf das Risikoverhalten.

Deshalb erscheint es sinnvoll, den Zusammenhang zwischen Risikoverhalten und Selbsteinschätzung des Risikoverhaltens, die in dieser Arbeit als Risikoeinstellung bezeichnet wird, mit folgender Hypothese zu testen:

Hypothese 8: Zwischen der Risikoeinstellung und dem Risikoentscheidungsverhalten von Managern besteht kein Zusammenhang.

5.4.2 Hypothese 9 zum Einfluss des Alters

Wie in Kapitel 4.1.3.2 dargestellt, können zahlreiche Studien (z. B. MACCRIMMON / WEHRUNG 1986, S. 259 f. bzw. 1990, S. 432; STEWART ET AL. 1999, S. 201; JIANAKOPLOS / BEMASEK 2006, S. 996) eine Zunahme der Risikoaversion mit zunehmendem Alter der Manager feststellen. Andere Studien (z. B. BUSENITZ / BARNEY 1997, S. 21; WILLIAMS / NARENDRAN 1999, S. 120) ermitteln keinen Einfluss des Alters auf das Risikoverhalten.

Der Alterseffekt auf das Risikoentscheidungsverhalten ist somit als wichtige Kontextvariable mit der folgenden Hypothese zu überprüfen:

Hypothese 9: Zwischen dem Alter und dem Risikoentscheidungsverhalten von Managern besteht kein Zusammenhang.

Die Ergebnisse der Studie von JESKE (2008, S. 335) zeigen zusätzlich, dass der Alterseffekt vom Prospect abhängig sein kann.

5.4.3 Hypothesen 10a-c zum Einfluss der Berufserfahrung, des Ausbildungsniveaus und der Ausbildungsrichtung

Die in Kapitel 4.1.3.3 dargestellten empirischen Studien zum Einfluss der Berufserfahrung, des Ausbildungsniveaus und der Ausbildungsrichtung zeigen keine einheitlichen Ergebnisse. LAUGHHUNN / PAYNE / CRUM (1980, S. 1246 f.) finden einen negativen und PARHANKANGAS / HELLSTRÖM (2007, S. 198) einen positiven Zusammenhang zwischen Berufserfahrung und Risikoverhalten. MACCRIMMON / WEHRUNG (1986, S. 258 f.) ermitteln einen negativen und LAUGHHUNN / PAYNE / CRUM (1980, S. 1246 f.), BUSENITZ / BARNEY (1997, S. 21) sowie WILLIAMS / NARENDRAN (1999, S. 120) stellen keinen Zusammenhang zwischen Ausbildungsniveau und Risikoverhalten fest.

Somit erscheint es sinnvoll, folgende Hypothesen zu überprüfen:

Hypothese 10a: Zwischen der Berufserfahrung und dem Risikoentscheidungsverhalten von Managern besteht kein Zusammenhang.

Hypothese 10b: Zwischen dem Ausbildungsniveau und dem Risikoentscheidungsverhalten von Managern besteht kein Zusammenhang.

Hypothese 10c: Zwischen der Ausbildungsrichtung (kaufmännisch oder technisch) und dem Risikoentscheidungsverhalten von Managern besteht kein Zusammenhang.

5.4.4 Hypothese 11 zum Einfluss des Geschlechts

In Kapitel 4.1.3.4 ist dargelegt, dass im Gegensatz zu Studien, die mit Testteilnehmern aus der Normalbevölkerung durchgeführt werden, Studien mit Managerinnen und Managern, wie z. B. MASTERS / MEIER (1988, S. 33 f.), SONFIELD ET AL. (2001, S. 169 f.), keine signifikanten Unterschiede im Risikoverhalten von Frauen und Männern feststellen können. Es existieren jedoch auch Studien, wie z. B. STEWART ET AL. (1999, S. 201 ff.), BECKMANN / MENKHOFF (2008, S. 381) und FARAGO / KISS / BOROS (2008, S. 2235), die signifikante Unterschiede im Risikoverhalten von Frauen und Männern nachweisen. Demzufolge erscheint es sinnvoll, folgende Hypothese zum Einfluss des Geschlechts auf das Risikoentscheidungsverhalten zu testen:

Hypothese 11: Im Risikoentscheidungsverhalten von Managerinnen und Managern besteht kein geschlechtsspezifischer Unterschied.

5.5 Hypothesen zum Vergleich des Risikoentscheidungsverhaltens von Managern mit Kontrollgruppen

5.5.1 Hypothese 12 zum Vergleich des Risikoverhaltens von Managern und Controllern

Wie in Kapitel 4.1.2.1 dargestellt, zeigen Manager eher eine funktionale Auffassung des Risikos (z. B. MACCRIMMON / WEHRUNG 1986, S. 96 ff., S. 176 f., S. 232 ff.; MARCH / SHAPIRA 1987, S. 1408 ff.; HELLIAR ET AL. 2001, S. 53).

Weiterhin zeigen beispielsweise die in Kapitel 4.1.4.1 dargestellten Studien von CUMMINGS / HARNETT / STEVENS (1971, S. 298) und HELLIAR ET AL. (2002, S. 186) Unterschiede im Risikoentscheidungsverhalten von Managern und Controllern auf.

Da nach WEBER / SCHÄFFER (1999, S. 731 ff.) und SCHÄFFER / WEBER (2001, S. 1 ff.) eine der Aufgaben von Controllern im Unternehmen in der Rationalitätssicherung der Führung besteht, sollte die folgende Hypothese verworfen werden können:

Hypothese 12: Zwischen dem Risikoentscheidungsverhalten von Managern und Controllern besteht kein Unterschied.

5.5.2 Hypothesen 13a-b und 14a-b zum Vergleich des Risikoverhaltens von Managern und Studenten sowie Controllern und Controlling-Studenten

Die reine Berufserfahrung von Managern gegenüber BWL-Studenten könnte unabhängig vom Alterseffekt Unterschiede in der Risikobereitschaft und im Risikoverhalten bewirken.

Die in Kapitel 4.1.4.2 dargestellten Studien (z. B. ALDERFER / BIERMAN 1970, S. 344 ff.; MASCLET ET AL. 2009, S. 477) können signifikante Unterschiede im Risikoentscheidungsverhalten zwischen Managern und Studenten feststellen. Bei Elimination des Altereffekts, wie beispielsweise in der Studie von MACKO / TYSZKA (2009, S. 473 ff.) sind jedoch keine Unterschiede im Risikoentscheidungsverhalten zwischen Managern und Studenten zu beobachten. Auch bei bestimmten hypothetischen Entscheidungssituationen, wie z. B. bei HELLIAR ET AL. (2001, S. 59 f.), sind zumindest bei Gewinnaussichten keine Unterschiede im Risikoentscheidungsverhalten zwischen Managern und Studenten feststellbar.

Da der in dieser Arbeit eingesetzte Fragebogen auf hypothetischen Entscheidungssituationen basiert, erscheint es sinnvoll die folgenden Hypothesen zu überprüfen:

Hypothese 13a: Zwischen dem Risikoentscheidungsverhalten von Managern und BWL-Studenten besteht kein Unterschied.

Eine Überprüfung der Zusammenhänge zwischen dem Risikoentscheidungsverhalten von Controllern und Controlling-Studenten erlaubt Aussagen, in wie weit die Controllingpraxis das Entscheidungsverhalten verändert und ob eine experimentelle Forschung mit Controlling-Studenten Aussagen über das Risikoverhalten von Controllern ermöglichen kann.

Hypothese 13b: Zwischen dem Risikoentscheidungsverhalten von Controllern und Controlling-Studenten besteht kein Unterschied.

Bei der betriebswirtschaftlichen Hochschulausbildung wird den BWL-Studenten beigebracht, unnötige Risiken erkennen und vermeiden zu können, sowie vorteilhafte Risiken (d. h. Chancen) zu entdecken und einzugehen. Mit zunehmender Studiendauer und Studienrichtung sollte sich somit das Risikoverhalten der Studenten entwickeln, so dass die folgenden Hypothesen überprüft werden sollten:

Hypothese 14a: Zwischen dem Risikoentscheidungsverhalten von Bachelor- und Masterstudenten in der Betriebswirtschaftslehre besteht kein Unterschied.

Hypothese 14b: Zwischen der Studienrichtung und dem Risikoentscheidungsverhalten von Studenten besteht kein Zusammenhang.

5.6 Hypothesen zu den organisationalen Kontextfaktoren des Risikoentscheidungsverhaltens

5.6.1 Hypothesen 15a-c zum Einfluss der Geschäftsführer- und Gesellschafteranzahl sowie des Teamentscheidungsverhaltens

Wie in Kapitel 4.1.3.6 dargestellt, stellen beispielsweise die Studien von BAKER / LAURY / WILLIAMS (2008, S. 374) und MASCLET ET AL. (2009, S. 474) einen Einfluss der Teamgröße auf das Risikoentscheidungsverhalten von Managern fest. Die Zusammenhänge sind jedoch von den Risikosituationen und weiteren Kontextvariablen abhängig. Somit ist es sinnvoll, den Einfluss der Geschäftsführer- und Gesellschafteranzahl sowie des Teamentscheidungsverhaltens auf das Risikoverhalten mit folgenden Hypothesen zu prüfen:

Hypothese 15a: Zwischen der Geschäftsführeranzahl im Unternehmen und dem Risikoentscheidungsverhalten von Managern besteht kein Zusammenhang.

Hypothese 15b: Zwischen der Gesellschafteranzahl im Unternehmen und dem Risikoentscheidungsverhalten von Managern besteht kein Zusammenhang.

Hypothese 15c: Zwischen dem Teamentscheidungsverhalten und dem Risikoentscheidungsverhalten von Managern besteht kein Zusammenhang.

Da auch mehrere Geschäftsführer jeweils allein als im Team entscheiden können, wird eine Selbstauskunft über das eigene Teamentscheidungsverhalten von den Testteilnehmern als Kontrollvariable erhoben.

5.6.2 Hypothesen 16 und 17 zum Einfluss der Unternehmensgröße und des Unternehmenswachstums

Die in Kapitel 4.1.3.7 vorgestellten Studien zum Einfluss der Unternehmensgröße auf das Risikoentscheidungsverhalten zeigen unterschiedliche Ergebnisse. Beispielsweise finden MACCRIMMON / WEHRUNG (1986, S. 260 f.; 1990, S. 430 f.) einen negativen Zusammenhang, während andere Studien keinen Einfluss der Unternehmensgröße auf das Risikoverhalten nachweisen können (z. B. WILLIAMS, NARENDRAN 1999, S. 120; GARRETT / COVIN / SLEVIN 2009, S. 785).

Deshalb erscheint es sinnvoll, den Einfluss der Unternehmensgröße auf das Risikoverhalten mit folgenden Hypothesen zu prüfen:

Hypothese 16: ***Zwischen der Unternehmensgröße und dem Risikoentscheidungsverhalten von Managern besteht kein Zusammenhang.***

Die Operationalisierung der Unternehmensgröße als Umsatz, Mitarbeiteranzahl und Bilanzsumme erfolgt nach der Empfehlung der Europäischen Kommission zur Definition von kleinsten, kleinen und mittelständischen Unternehmen (EU 2003, L 124/39).

In Kapitel 4.1.3.5 wird dargelegt, dass STEWART / ROTH (2001, S. 149) aus einer Metaanalyse ableiten, dass Entrepreneure in wachstumsorientierten Unternehmen eine höhere Risikobereitschaft als Manager aufweisen. MINER / RAJU (2004, S. 8) zeigen hingegen mit einer weiteren Metaanalyse, dass selbst Entrepreneure von wachstumsorientierten Unternehmen risikoaverser sind.

Somit zeigt sich zwar, dass ein Zusammenhang zwischen dem Unternehmenswachstum und dem Risikoverhalten von Managern besteht. Die Richtung des Zusammenhangs ist jedoch nicht eindeutig. Somit erscheint es sinnvoll, folgende Hypothese zu testen:

Hypothese 17: ***Zwischen dem Unternehmenswachstum und dem Risikoentscheidungsverhalten von Managern besteht kein Zusammenhang.***

5.6.3 Hypothese 18 zum Einfluss des Unternehmensalters

Wie in Kapitel 4.2.3.7 dargestellt, ermitteln HENDERSON / BENNER (2000, S. C4 ff. sowie ausführlicher 2001, S. 22 ff.) einen Einfluss des Unternehmensalters auf das Unternehmensrisiko. Unter der Annahme, dass Manager mit ihren Entscheidungen das Unternehmensrisiko beeinflussen und, dass mit fortschreitendem Unternehmensalter andere Ressourcen für diese Entscheidungen verfügbar sind (vgl. BUSENITZ / BARNEY 1997, S. 13), erscheint es sinnvoll folgende Hypothese zu testen:

Hypothese 18: ***Zwischen dem Unternehmensalter und dem Risikoentscheidungsverhalten von Managern besteht kein Zusammenhang.***

5.6.4 Hypothese 19 zum Einfluss der Branche

Wie in Kapitel 4.2.3.4 dargestellt, weist die Branche einen signifikanten Einfluss auf das als Varianz der Performance operationalisierte Unternehmensrisiko auf. VELIYATH (1996, S. 37) stellt beispielhaft fest, dass einige Unternehmen in der Computer- und Pharmazie-Branche erfolgreich ihr Risiko reduzieren, während sie gleichzeitig ihre Performance erhöhen.

Die Studien von LAUGHHUNN / PAYNE / CRUM (1980, S. 1246 f.), MACCRIMMON / WEHRUNG (1986, S. 262) und SHAPIRA (1995, S. 77) stellen z. B. einen Brancheneinfluss auf das Risikoentscheidungsverhalten von Managern fest, der in der Studie von LAUGHHUNN / PAYNE / CRUM (1980, S. 1246 f.) bei ruinösen Verlusten stärker ausgeprägt ist als bei nicht-ruinösen Verlusten.

Somit handelt es sich bei der Branche um eine Einflussvariable, die mit folgender Hypothese untersucht werden sollte:

Hypothese 19: ***Das Risikoentscheidungsverhalten von Managern in verschiedenen Branchen unterscheidet sich nicht.***

5.6.5 Hypothesen 20a-b zum Einfluss der Performance

CYERT / MARCH (1963, S. 123 ff.; 1995, S. 165 ff.) nehmen in der verhaltenswissenschaftlichen Theorie der Unternehmung (vgl. Kapitel 3.3.1) an, dass Unternehmen ihr Verhalten in Abhängigkeit von Anforderungsniveaus aufgrund ihrer Erfahrungen aus der Vergangenheit anpassen. Einen signifikanten Einfluss der Unternehmensperformance relativ zu einem Anforderungsniveau auf das Risikoverhalten weisen z. B. LANT / MILLIKEN (1992, 596 ff.), MILLER / CHEN (1994, S. 14 ff.) und MILLER / CHEN (2004, S. 109 ff.) nach.

Wie in Kapitel 4.1.3.8 dargestellt, weisen auch auf individueller Ebene beispielsweise MACCRIMMON / WEHRUNG (1986, S. 263 f.) einen positiven und SHAPIRA (1995, S. 63 ff.) einen quadratischen Einfluss der Performance auf das Risikoverhalten nach. Im Gegensatz dazu geben 85 % der Manager in der Studie von HELLIAR ET AL. (2001, S. 56) an, dass sie Verluste in der Vergangenheit ignorieren und sich auf die aktuellen Aufgaben konzentrieren. Somit erscheint es sinnvoll, folgende Hypothesen zu überprüfen:

Hypothese 20a: ***Die Managementeinschätzung der Performance des eigenen Unternehmens im Vergleich zum Branchendurchschnitt unterscheidet sich im Mittel nicht signifikant.***

Hypothese 20b: ***Zwischen der Selbsteinschätzung der Unternehmensperformance und dem Risikoentscheidungsverhalten von Managern besteht kein Zusammenhang.***

Wegen der zu den Befragungszeitpunkten (November 2007 und Februar 2008) für die Manager in ihrem Umfang nicht zu erwartenden Veränderung der wirtschaftlichen Situation ab dem zweiten Halbjahr 2008 durch die Finanz- und Wirtschaftskrise, ist ein Test der Hypothesen nur mit den Performancekennzahlen bis 2007 sinnvoll. Es wird angenommen, dass die Performancekennzahlen (z. B. der Jahresüberschuss) 2008 wesentlich signifikanter durch die Finanz- und Wirtschaftskrise bestimmt sind als durch das vor der Krise erfragte Risikoentscheidungsverhalten der Manager.

5.6.6 Hypothesen 21a-b zu Zusammenhängen zwischen Performance und Varianz der Performance mit dem Risikoentscheidungsverhalten von Managern

Wie in Kapitel 5.2 dargestellt, besteht eine Forschungslücke im nicht eindeutigen Zusammenhang zwischen dem Risikoentscheidungsverhalten des Managements, der Varianz der Unternehmensperformance über die Zeit als Risikomaß und der Unternehmensperformance. Um diesbezüglich einen Beitrag zur Forschung leisten zu können, sind folgende Hypothesen zu überprüfen:

Hypothese 21a: Es besteht kein Zusammenhang zwischen dem Risikoentscheidungsverhalten von Managern und der Unternehmensperformance.

Hypothese 21b: Es besteht kein Zusammenhang zwischen dem Risikoentscheidungsverhalten von Managern und der Varianz der Unternehmensperformance.

Mit Hypothese 21a soll getestet werden, ob ein, durch das Risikoverhalten von Managern verursachtes, Rendite-Risiko Paradoxon existieren könnte.

5.6.7 Zusammenfassung der Hypothesen

In Tab. 5-1 werden die zu testenden Hypothesen in Kurzform zur Übersicht tabellarisch wiedergegeben.

Nummer	Hypothesen (in Kurzform)
Aus den Theorien zum Risikoentscheidungsverhalten abgeleitete Hypothesen	
H1	Manager verhalten sich nicht risikoavers.
H2	Manager verhalten sich nicht rational.
H3a	Manager verhalten sich bei Gewinnaussichten nicht risikoavers.
H3b	Manager verhalten sich bei Verlustaussichten nicht risikofreudig.
H4	Manager zeigen das gleiche Risikoverhalten bei moderaten und existenzgefährdenden Verlustaussichten.
H5	Manager entscheiden, ohne ein Bedauern („regret") über ihre Entscheidungen zu antizipieren.
H6	Manager entscheiden, ohne eine Enttäuschung („disappointment") über ihre Entscheidungen zu antizipieren.
Hypothesen zu den individuellen Kontextfaktoren des Risikoentscheidungsverhaltens	
H7a	Der Besitzanteil am Unternehmen hat keinen Einfluss auf das Risikoverhalten von Managern.
H7b	Die Hierarchiestufe im Unternehmen hat keinen Einfluss auf das Risikoverhalten von Managern.
H8	Zwischen Risikoeinstellung und -verhalten von Managern besteht kein Zusammenhang.
H9	Das Alter hat keinen Einfluss auf das Risikoverhalten von Managern.
H10a	Die Berufserfahrung hat keinen Einfluss auf das Risikoverhalten von Managern.
H10b	Das Ausbildungsniveau hat keinen Einfluss auf das Risikoverhalten von Managern.
H10c	Die Ausbildungsrichtung hat keinen Einfluss auf das Risikoverhalten von Managern.
H11	Das Geschlecht hat keinen Einfluss auf das Risikoverhalten von Managern.
Hypothesen zum Vergleich des Risikoentscheidungsverhaltens von Managern mit Kontrollgruppen	
H12	Zwischen dem Risikoverhalten von Managern und Controllern besteht kein Unterschied.
H13a	Zwischen dem Risikoverhalten von Managern und BWL-Studenten besteht kein Unterschied.
H13b	Zwischen dem Risikoverhalten von Controllern und Controlling-Studenten besteht kein Unterschied.
H14a	Zwischen dem Risikoverhalten von Bachelor- und Masterstudenten besteht kein Unterschied.
H14b	Die Studienrichtung hat keinen Einfluss auf das Risikoverhalten von Studenten.
Hypothesen zu den organisationalen Kontextfaktoren des Risikoentscheidungsverhaltens	
H15a	Die Geschäftsführeranzahl im Unternehmen hat keinen Einfluss auf das Risikoverhalten von Managern.
H15b	Die Gesellschafteranzahl im Unternehmen hat keinen Einfluss auf das Risikoverhalten von Managern.
H15c	Das Teamentscheidungsverhalten hat keinen Einfluss auf das Risikoverhalten von Managern.
H16	Die Unternehmensgröße hat keinen Einfluss auf das Risikoverhalten von Managern.
H17	Das Unternehmenswachstum hat keinen Einfluss auf das Risikoverhalten von Managern.
H18	Das Unternehmensalter hat keinen Einfluss auf das Risikoverhalten von Managern.
H19	Die Branche des Unternehmens hat keinen Einfluss auf das Risikoverhalten von Managern.
H20a	Die Einschätzung der Performance des eigenen Unternehmens entspricht dem Branchendurchschnitt.
H20b	Die Selbsteinschätzung der Unternehmensperformance hat keinen Einfluss auf das Risikoverhalten von Managern.
H21a	Es besteht kein Zusammenhang zwischen dem Risikoverhalten von Managern und der Unternehmensperformance. (Es existiert kein, durch das Risikoverhalten von Managern verursachtes, Rendite-Risiko-Paradoxon.)
H21b	Es besteht kein Zusammenhang zwischen dem Risikoverhalten von Managern und der Varianz der Unternehmensperformance.

Tab. 5-1: Übersicht der Hypothesen

Bevor die Hypothesen überprüft werden, werden nachfolgend zunächst die Untersuchungsmethoden und die Methoden zur Datenanalyse vorgestellt.

6 Untersuchungsmethoden und Methoden zur Datenanalyse

6.1 Untersuchungsmethoden

HERZOG (1996, S. 31 ff.) klassifiziert die grundlegenden Forschungsmethoden in „experiment" und „nonexperiment", je nachdem, ob die Studie eine manipulierte Variable enthält. „Nonexperiment" unterteilt er weiter in "observation study" (mit "observational measures") und "survey research" (mit "self-report measures"). "Observation studies" werden ferner in die "explorative casual observation" und "field observation" sowie die hypothesenprüfende "systematic observation" unterteilt.

Die Wahl der Untersuchungsmethode ist nach HERZOG (1996, S. 32) vom Ziel des Untersuchers und nach BORTZ / DÖRING (2006, S. 49 ff.) vom Stand der Forschung und der Validität der Untersuchungsart (d. h. der Gültigkeit bzw. Aussagekraft der zu erwartenden Untersuchungsergebnisse) abhängig:

1. In einem relativ unerforschten Untersuchungsbereich sind explorative Untersuchungsmethoden, wie Feldbeobachtungen (Feldforschung), offene Befragungen, Einzelfallanalysen („case studies") etc. angemessene Untersuchungsmethoden zur Hypothesenfindung und Theoriebildung. Die Exploration kann theoriebasiert, methodisch, empirisch-quantitativ und empirisch-qualitativ erfolgen (z. B. BORTZ / DÖRING 2006, S. 356 ff.). HERZOG (1996, S. 31) führt als explorative Untersuchungsmethoden „casual observation" und „field observation" an. MILLER (1992, S. 22) beschreibt in diesem Zusammenhang die Methoden „sample survey", „combined survey", „field study" und „case study". In der Management-Accounting-Forschung führen BIRNBERG / SHIELDS / YOUNG (1990, S. 34) als die drei üblichen Feldforschungsmethoden Fallstudien, Feldstudien und Feldexperimente, basierend auf Archivdaten, Interviews, Berichten und Beobachtungen, an.

2. Soll eine Population (Grundgesamtheit) hinsichtlich verschiedener Merkmale ohne das primäre Ziel der Theorieüberprüfung beschrieben werden, ist eine deskriptive Untersuchungsmethode mit Stichprobenerhebungen und -analysen zu wählen. Die Stichproben können zufällig, geschichtet, klumpenartig, mehrstufig oder wiederholt sein (BORTZ / DÖRING 2006, S. 394 ff.). MILLER (1992, S. 21) und BIRNBERG / SHIELDS / YOUNG (1990, S. 34) unterscheiden weiterhin bei den deskriptiven Untersuchungsmethoden („descriptive surveys" bzw. „survey research") die „cross-sectional studies" und die „longitudinal studies".

3. Sind hingegen aufgrund des Stands der Theorieentwicklung bzw. von Untersuchungen zum Forschungsgegenstand begründete Hypothesen ableitbar, ist eine explanative bzw. hypothesenprüfende Untersuchungsmethode anzustreben (BORTZ / DÖRING 2006, S. 390 ff.). Die formalen Hypothesen können Zusammenhänge, Unterschiede, Veränderungen und Einzelfälle untersuchen (BORTZ / DÖRING 2006, S. 390 ff.). Die hypothesenprüfende Untersuchungsmethode nennt HERZOG (1996, S. 41) „systematic observation". MILLER (1992, S. 23) nennt sie „prediction study".

Bei der auf dem Stand der Forschung aufbauenden Wahl der Untersuchungsart ist für die Gültigkeit (Validität) bzw. Aussagekraft der zu erwartenden Untersuchungsergebnisse sowohl die interne als auch die externe Validität zu beachten. Interne Validität ist gegeben, wenn die Untersuchungsergebnisse kausal eindeutig interpretierbar sind. Externe Validität liegt vor, wenn die unter bestimmten Bedingungen gewonnenen Untersuchungsergebnisse hinreichend generalisierbar sind (vgl. BORTZ / DÖRING 2006, S. 52; HERZOG 1996, S. 161 ff.).

Die interne und externe Validität, die als Gütekriterien von CAMPBELL / STANLEY (1963) eingeführt werden, ebenso wie die Untersuchungsvarianten experimentell (mit zufälligen Gruppen) versus quasiexperimentell (mit natürlichen Gruppen) und Felduntersuchungen (in natürlicher Umgebung) versus Laboruntersuchungen („künstliche" Umgebung zur Kontrolle von Störvariablen) sind in ihrem Zusammenhang in Abb. 6-1 dargestellt. MILLER (1992, S. 23) unterscheidet hingegen bei den kontrollierten Experimenten die Typen „laboratory experiment", „natural experiment" und „field experiment".

		Experimentell	**Quasiexperimentell**
Felduntersuchung	Interne Validität	hoch	niedrig
	Externe Validität	hoch	hoch
Laboruntersuchung	Interne Validität	hoch	niedrig
	Externe Validität	niedrig	niedrig

Abb. 6-1: Validität der kombinierten Untersuchungsvarianten nach BORTZ / DÖRING (2006, S. 58)

BIRNBERG / SHIELDS / YOUNG (1990, S. 36 f.) geben in ihrer speziell die Management-Accounting-Forschung berücksichtigenden Klassifizierung der Untersuchungsmethoden Feldforschung, Laborexperimente und Befragungen[109] die in Abb. 6-2 dargestellten Charakteristika, wie Vor- und Nachteile der Methoden, an.

Letztendlich ist generell eine qualitative oder quantitative Untersuchungsmethode möglich. Der Untersuchungsgegenstand des Risikoentscheidungsverhaltens erfordert jedoch nach SPÖHRING (1989, S. 98 ff.) und LAMNEK (1993, S. 244) eine quantitative Untersuchungsart.[110]

	Feldforschung	**Laborexperimente**	**Befragungen**
Forschungsanwendung			
primär	Exploration	(Kausal-)Test von Theorien	Exploration
sekundär	Description		Test von Theorien
Kontext			
(Umgebung)	vollständig natürlich	künstlich	unvollständig natürlich
	unvollständig natürlich	durch etwas stimuliert	
	ggf. gestört durch Forscher		
Erhebungsmethoden			
	subjektive Selbsteinschätzung	subjektive Selbsteinschätzung	subjektive Selbsteinschätzung
	sichtbarer Beobachter	sichtbarer Beobachter	
	unsichtbarer Beobachter	unsichtbarer Beobachter	
	Archivdaten		
	öffentliche Daten		
Kontrolle			
(durch den Forscher)	niedrig	hoch	niedrig bis mittel
Validität			
statistisch	niedrig	hoch	mittel
intern	niedrig	hoch	niedrig bis mittel
konstruktbezogen	niedrig bis hoch	niedrig bis hoch	niedrig bis hoch
extern	niedrig bis hoch	niedrig bis hoch	mittel

Abb. 6-2: Vergleich empirischer Forschungsmethoden nach BIRNBERG / SHIELDS / YOUNG (1990, S. 36 f.)

[109] Die Übersetzung „Befragung" für das bei BIRNBERG / SHIELDS / YOUNG (1990, S. 36) im Original lautende „survey" ergibt sich aus der angegeben Erhebungsmethode „subjective self-report".

[110] Im Gegensatzpaar „Verhalten" und „Erleben" wird „Verhalten" ebenso wie „messen" und „Stichprobe" dem quantitativen Ansatz und „Erleben" ebenso wie „beschreiben" und „Einzelfall" dem qualitativen Ansatz zugeschrieben. Dies ist jedoch kritisch zu hinterfragen, da Risikoverhalten durchaus auch qualitativ beschrieben werden kann.

Aufgrund der Anforderungen sowie der dargestellten Vor- und Nachteile der Untersuchungsmethoden erfolgt im folgenden Kapitel die Auswahl der für den Untersuchungsgegenstand geeignetsten Untersuchungsmethoden.

6.2 Auswahl der Untersuchungsmethoden

6.2.1 Untersuchung auf drei Ebenen

Von den im vorherigen Kapitel vorgestellten Untersuchungsmethoden ist aufgrund des Stands der Forschung mit einer fortgeschrittenen Theorieentwicklung zum Risikoentscheidungsverhalten und einer breiten empirischen Basis zum Risikoverhalten von Managern nach BORTZ / DÖRING (2006, S. 52) eine explanative bzw. hypothesenprüfende Untersuchungsmethode zu wählen.

Von den Untersuchungsarten ist nach BORTZ / DÖRING (2006, S. 58) die experimentelle Felduntersuchung diejenige, die die höchste interne und externe Validität aufweist und die somit für die Untersuchung des Risikoentscheidungsverhaltens von Managern am geeignetsten ist. SWALM (1966, S. 129) beschreibt jedoch treffend das finanzielle Problem, das mit einer experimentellen Felduntersuchung des Risikoverhaltens von Managern verbunden ist: „Idealer Weise hätten wir gern real handelnde Subjekte mit realen Summen in realen Situationen untersucht. Aber, wir konnten nicht erwarten, dass selbst das vermögendste Unternehmen uns erlaubt hätte, wiederholte Millionen-Dollar-Experimente durchzuführen, ... Deshalb waren wir gezwungen, einige Geschäftsleute zu fragen, wie sie sich in bestimmten ihnen beschriebenen Risikosituationen verhalten würden."

Somit verbleiben für die Untersuchung nur einzelne Methoden, die entweder eine hohe interne aber dafür nur eine geringe externe Validität oder umgekehrt eine geringe interne aber dafür eine hohe externe Validität aufweisen. Zur gleichzeitigen Gewährleistung einer hohen internen und externen Validität haben CAMPBELL / FISKE (1959, S. 85 ff.) die Kombination verschiedener Untersuchungsmethoden vorgeschlagen, die auch als „mixed methods" oder „method triangulation" in der Management-Accounting-Literatur, beispielsweise von ATKINSON ET AL. (1997, S. 98 ff.), LILLIS / MUNDY (2005, S. 127 ff.), MODELL (2005, S. 231 ff.; 2009, S. 208 ff.; 2010, S. 124 ff.), empfohlen und von BIRNBERG / SHIELDS / YOUNG (1990, S. 34) ausdrücklich gefordert werden. Deshalb werden in dieser Arbeit zur gleichzeitigen Gewährleistung einer hohen internen und externen Validität Untersuchungsmethoden kombiniert.

Nach den Forschungsmethodenklassifikationen von HERZOG (1996, S. 31) kann auf den drei Hauptebenen: Experiment, Datenerhebung („observation study") und Selbstauskunft („survey research") sowie nach BIRNBERG / SHIELDS / YOUNG (1990, S. 35 ff.) mittels Feldforschung, Laborexperiment und Befragung das Risikoentscheidungsverhalten von Managern erhoben werden. Nachfolgend werden dementsprechend die in dieser Arbeit gewählten drei Untersuchungsmethoden vorgestellt, die in Kombination eine hohe interne und externe Validität der Untersuchung sicher stellen sollen:

1. Mit der Kombination von Befragung und Experiment kann das Risikoentscheidungsverhalten von Managern quasi auf Laborebene mit einer hohen internen aber einer nur geringen externen

Validität erfasst werden, falls die Manager kontextfrei (d. h. losgelöst von der eigenen Unternehmenssituation) entscheiden.[111]

2. Performance- und Risikodaten aus den Bilanzen der Unternehmen der Manager liefern Archivdaten als eine Form der Felddaten mit hoher externer aber nur geringer interner Validität, da auf die Varianz der Performance eines Unternehmens neben dem Risikoverhalten des Managements eine Vielzahl weiterer Einflüsse wirken.

3. Eine Befragung zur Selbstauskunft zum eigenen Risikoentscheidungsverhalten der Manager stellt eine Verbindung zwischen dem 1. experimentell ermittelten und dem 2. in der Unternehmenspraxis gezeigten Risikoverhalten her, wobei interessant ist, ob die Selbstauskunft entweder mehr das experimentell ermittelte Risikoentscheidungsverhalten oder mehr das Risikoentscheidungsverhalten in der Unternehmenspraxis widerspiegelt.[112]

Da die Übereinstimmung von in hypothetischen und in realen Situationen ermitteltem Entscheidungsverhalten sowie die Anreizgestaltung bei Experimenten von grundlegender Bedeutung für diese Arbeit sind, werden sie im folgenden Kapitel ausführlicher diskutiert.

6.2.2 Die Eignung von Experimenten – Entscheidungsverhalten in realen und hypothetischen Situationen

WISEMAN / LEVIN (1996, S. 249) weisen nach, dass zwischen hypothetischen und realen jeweils monetären und zeitbasierten Entscheidungen über einen großen Bereich von Erwartungswerten kein signifikanter Unterschied besteht. Somit schlussfolgern WISEMAN / LEVIN (1996, S. 243) auch auf Basis der bisherigen Literatur, dass eine Entscheidung, die eine Person unter hypothetischen Bedingungen trifft, ein valider Indikator für eine Entscheidung unter realen Bedingungen im gleichen Kontext ist.

MACCRIMMON / WEHRUNG (1986, S. 197; 1990, S. 426) weisen eine signifikante Korrelation zwischen dem hypothetischen beruflichen und dem hypothetischen privaten Risikoverhalten von Managern nach, wobei die berufliche Risikoneigung etwas höher ist als die private.

Somit kann davon ausgegangen werden, dass mit einem Experiment ein valider Indikator für das reale Risikoverhalten erhalten werden kann, wenn die Kontextabhängigkeit beachtet wird.

Des Weiteren vergleichen FELLNER / MACIEJOVSKY (2007, S. 341 ff.) in ihrer Studie das Entscheidungsverhalten bei hypothetischen binären Lotterien mit dem Risikoverhalten in 26 experimentellen Märkten und weisen nach, dass beide systematisch korreliert zueinander sind.

Somit sind Lotterien durchaus geeignet, um das Risikoverhalten von Individuen in weitaus komplexeren Situationen abschätzen zu können.

Weiterhin stellen MASCLET ET AL. (2009, S. 474) keinen Unterschied im Entscheidungsverhalten fest, wenn die Testteilnehmer alle Entscheidungssituationen (hier Lotterien) nacheinander oder gleichzeitig präsentiert bekommen.

[111] So z. B. die Kritik von SIMON (1984, S. 212): Studien zum Entscheidungsverhalten mit Laborexperimenten lassen die Frage aufkommen, ob sie auf reale Situationen verallgemeinert werden können.

[112] So z. B. die Kritik von SIMON (1984, S. 212): Studien, die Befragungen durchführen, lassen Fragen nach der Wahrheitstreue (veridicality) der Antworten aufkommen.

Nicht nur in der akademischen sondern auch in der unternehmensinternen Forschung, z. B. in den ECONOMICS LABORATORIES des IBM T.J. WATSON RESEARCH CENTERS, den HEWLETT-PACKARD LABORATORIES ETC., werden reale Business-Entscheidungen mit Experimenten simuliert (vgl. BOLTON / KWASNICA 2002, S. 1). HEWLETT-PACKARD veränderte allein auf der Grundlage eines Experiments in seinem HEWLETT-PACKARD EXPERIMENTAL ECONOMICS LABORATORY zum angenommenen Entscheidungsverhalten von Einzelhändlern seine realen Marketingstrategien (CHARNESS / CHEN 2002, S. 62 ff.; CHEN 2005, S. 133 ff.).

Eine umfangreiche Übersicht zum Wesen sowie zu den Stärken und Schwächen der experimentellen Forschung ist bei SPRINKLE (2003, S. 287 ff.), CALLAHAN / GABRIEL / SAINTY (2006, S. 59 ff.) und HIRSCH (2008, S. 117 ff.) zu finden.

6.2.3 Anreizgestaltung

Einerseits sind finanzielle Anreize („incentives") für die Teilnehmer an Experimenten zu einem Grundsatz in der experimentellen Forschung geworden, da Entscheidungen für die Teilnehmer eine gewisse Bedeutung haben müssen (z. B. SMITH 1976, S. 247 ff.; SMITH 1982, S. 923 ff.; HERTWIG / ORTMANN 2001, S. 383 ff.).

Andererseits sind auch die Verschiebungen der Antworten hinsichtlich einer mit steigenden Anreizen eventuell nur künstlich hervorgerufenen höheren Rationalität in den Antworten bekannt (SMITH / WALKER 1993, S. 245 ff.).

GNEEZY / RUSTICHINI (2000, S. 793 ff.) sowie RYDVAL / ORTMANN (2004, S. 317 ff.) zeigen hingegen, dass steigende finanzielle Anreize nicht zwangsläufig zu einer höheren Performance der Testteilnehmer führen. Teilnehmer mit zu geringen finanziellen Anreizen zeigen in Experimenten eine schlechtere Performance als Teilnehmer, die ohne jeden finanziellen Anreiz nur intrinsisch motiviert sind. Finanzielle Anreize sollten somit optimalerweise „genug" sein. Falls dieses „genug" nicht explizit bestimmt werden kann, stellt der Verzicht auf finanzielle Anreize bei gleichzeitig gegebener intrinsischer Motivation zur freiwilligen Teilnahme am Experiment den optimalen Anreiz dar.

FEHR / GOETTE (2005, S. 15 ff.) und POKORNY (2008, S. 255 f.) weisen sogar eine schlechtere Performance der Testteilnehmer oberhalb des optimalen Anreizes nach.

CAMERER / HOGARTH (1999, S. 22) schlussfolgern aus der Analyse von 74 Experimenten (teilweise auch zum Entscheidungsverhalten unter Risiko), dass im Allgemeinen finanzielle Anreize die mittlere Performance der Experimentteilnehmer nicht beeinflussen.

Zudem weisen RYDVAL / ORTMANN (2004, S. 319) nach, dass die Fähigkeiten der Testteilnehmer Unterschiede in der Performance bei Experimenten viel stärker bestimmen als die Höhe der finanziellen Anreize. BAKER / LAURY / WILLIAMS (2008, S. 374) widerlegen ebenfalls den Payoff-Effekt bei Lotterien, indem sie bei einer um den Faktor 10 erhöhten Basisauszahlung keine signifikante Änderung der Risikoaversion feststellen können.

FEHR / GÄCHTER (2002, S. 15) zeigen, dass finanzielle Anreize die ursprünglich vorhandene intrinsische Motivation zur freiwilligen Kooperation untergraben können. Da die Festlegung eines einheitlichen oder angemessen abgestuften finanziellen Anreizes für Manager verschiedener Hierarchiestufen aus teilweise in der Größe erheblich differierenden Unternehmen nicht möglich ist sowie die Fehlmotivation durch einen zu geringen finanziellen Anreiz bzw. das Untergraben der intrinsische Motivation zur freiwilligen Kooperation vermieden werden soll, wurde gemäß GNEEZY / RUSTICHINI (2000), FEHR / GÄCHTER (2002) und RYDVAL / ORTMANN (2004) bei der Risikobefragung der Manager explizit auf finanzielle Anreize verzichtet. Zur Vergleichbarkeit der Manager mit den Studenten wurde auch bei den Studenten auf finanzielle Anreize verzichtet. Lediglich eine Gruppe von Studenten erhielt in Kombination mit einem weiteren Test bei einem zeitlichen Aufwand von ca. einer Stunde einen performanceabhängigen finanziellen Anreiz in Höhe von durchschnittlich 10 Euro, der nach GNEEZY / RUSTICHINI (2000) und RYDVAL / ORTMANN (2004) als nicht zu gering bzw. genug gelten kann.

Neben der intrinsischen Motivation können die Anreize zur Selbstbestätigung bzw. zum Lernen über sich selbst durch die individuelle und vergleichende Auswertung des Risikotests als nichtmonetäre Anreize auf die Testteilnehmer gewirkt haben.

6.2.4 Fazit zu den Untersuchungsmethoden

Zur Gewährleistung einer hohen internen und externen Validität der Untersuchung werden drei Untersuchungsarten angewandt und deren Ergebnisse kombiniert.

Die drei Untersuchungsebenen sind:

1. ein Fragebogen zur experimentellen Ermittlung des Risikoentscheidungsverhaltens von Managern,
2. die Ermittlung von Performance- und Risikodaten aus den Bilanzen der Unternehmen der Manager und
3. eine Selbstauskunft zum eigenen Risikoentscheidungsverhalten der Manager.

6.3 Stichprobenauswahl

6.3.1 Beachtung der Stichprobengröße

Die Auswahl der Stichprobe hinsichtlich Größe, Zufälligkeit, Verteilung etc. ist unter anderem elementar für die statistische Validität der Untersuchung (vgl. z. B. COOK / CAMPBELL 1979, S. 37 ff.; BIRNBERG / SHIELDS / YOUNG 1990, S. 38 f.; HERZOG 1996, S. 41; WESTERMANN 2000, S. 297 ff.).

In dieser Arbeit soll nach der Empfehlung von COHEN (1988 S. 4 f.) der Fehler, eine richtige Nullhypothese abzulehnen (α-Fehler), 5 % und der Fehler, eine falsche Nullhypothese abzulehnen (β-Fehler), 20 % betragen. Um auch einen ausreichend hohen Power für schwache Effektstärken zu erhalten, ist eine möglichst hohe Datensatzanzahl notwendig. Mit 1.000 Datensätzen können mit den in dieser Arbeit genutzten Analysemethoden[113] auch bei Effektstärken von nur 0,2 Powerwerte von über 0,995 erreicht werden (COHEN 1988, S. 31 f., S. 86 f., S. 119 f., S. 154 f., S. 188 f., S. 236 f., S. 311 ff., S. 452 f.). Deshalb ist es sinnvoll, dass die Stichprobe der Manager einen Umfang von mindestens 1.000 aufweist.

[113] Vgl. Kapitel 7.4.

6.3.2 Beachtung der Unternehmensgröße und Branche bei der Stichprobenauswahl

Da MacCrimmon / Wehrung (1985, S. 260 ff.) in ihrer sehr umfangreichen Studie einen signifikanten Einfluss der Unternehmensgröße und der Branche auf das Risikoverhalten der befragten Manager nachweisen, müssen diese bei der Auswahl der Unternehmen für die Befragung berücksichtigt werden.

Nach der Empfehlung der Europäischen Kommission zur Definition von kleinsten, kleinen und mittelständischen Unternehmen erfolgt die Größeneinteilung von Klein- und mittelständischen Unternehmen (KMU) hinsichtlich Umsatz, Mitarbeiterzahl und Bilanzsumme folgendermaßen (EU 2003, L 124/39):

Unternehmenskategorie	Mitarbeiteranzahl		Umsatz		Bilanzsumme
Kleinstunternehmen (micro)	< 10	und	≤ 2 Mio. €	oder	≤ 2 Mio. €
Kleine Unternehmen (small)	< 50	und	≤ 10 Mio. €	oder	≤ 10 Mio. €
Mittlere Unternehmen (medium-sized)	< 250	und	≤ 50 Mio. €	oder	≤ 43 Mio. €

Tab. 6-1: Unternehmenskategorien nach EU (2003)

Ein Unternehmen gehört einer der angegebenen Kategorien an, wenn seine Mitarbeiteranzahl nicht größer als der Maximalwert dieser Kategorie ist und, wenn entweder der Umsatz oder die Bilanzsumme den Maximalwert dieser Kategorie nicht überschreiten.[114]

Die Definition der Europäischen Kommission für KMU umfasst somit drei Größenklassen von kleinsten über kleine bis hin zu mittelständischen Unternehmen bis maximal 249 Mitarbeiter, während das Institut für Mittelstandsforschung (IfM) Bonn nur zwei Größenklassen der kleinen und mittelständischen Unternehmen unterscheidet und die maximale Mitarbeiterzahl für den Mittelstand auf 499 Beschäftigte festlegt (Günterberg / Wallau 2008, S. 1):

Unternehmensgröße	Beschäftigte		Umsatz
Klein	< 10	und	≤ 1 Mio. €
mittel	10 – 499	und	1 – < 50 Mio. €
Mittelstand (KMU)	< 500		< 50 Mio. €
groß	≥ 500	und	≥ 50 Mio. €

Tab. 6-2: Unternehmenskategorien des IfM

Nach der KMU-Definition des IfM Bonn zählen 99,7 % der deutschen Unternehmen zu den kleinen und mittleren Unternehmen, die in Deutschland 37,5 % aller Umsätze generieren und 70,6 % aller Mitarbeiter beschäftigten (Günterberg / Wallau 2008, S. 7 f.).
Die Klassifizierung von Unternehmen nach dem Handelsgesetzbuch (HGB) verliert durch den Übergang zum IFRS zunehmend an Bedeutung und wird deswegen in dieser Arbeit nicht mehr berücksichtigt.

Aufgrund der feineren Abstufung der Größenklassen nach der Empfehlung der Europäischen Kommission im Vergleich zur KMU-Definition des IfM Bonn wird in dieser Arbeit die

[114] Die Mitarbeiteranzahl ist ohne Auszubildende zu ermitteln. Maximal 25 % des Unternehmens dürfen im Besitz von Unternehmen sein, die diese Kriterien nicht erfüllen.

Einteilung der Größenklassen nach der Empfehlung der Europäischen Kommission zur Definition von kleinsten, kleinen und mittelständischen Unternehmen (EU 2003, L 124/39) verwendet.

Für eine Zielstichprobe von 1.000 Managern in der Studie müssen bei einer erwarteten Rücklaufquote von ca. 10 % entsprechend 10.000 Manager befragt werden. Für die Auswahl der nach den Größenkategorien zu befragenden Unternehmen, ist jedoch deren reale prozentuale Verteilung zu beachten, damit auch mit den prozentual nur sehr gering vertretenen Größenkategorien, wie den mittleren und großen Unternehmen, statistisch sinnvolle Auswertungen möglich sind (vgl. Tab. 6-3).

Unternehmenskategorie	Mitarbeiter-anzahl-kategorie	Unternehmen in Deutschland in dieser Kategorie[115]	Umsatz-kategorie	Unternehmen in Deutschland ab 17.500 € Umsatz	Unternehmen in Deutschland ab 100.000 € Umsatz
Kleinstunternehmen (micro)	< 10	3.250.928 91,5 %	≤ 2 Mio. €	2.959.731 94,2 %	1.409.069 88,6 %
Kleine Unternehmen (small)	< 50	237.636 6,7 %	≤ 10 Mio. €	136.938 4,4 %	136.938 8,6 %
Mittlere Unternehmen (medium-sized)	< 250	51.383 1,4 %	≤ 50 Mio. €	33.573 1,1 %	33.573 2,1 %
Große Unternehmen	> 250	11.293 0,3 %	> 50 Mio. €	10.267 0,3 %	10.267 0,7 %
Gesamt	> 250	3.551.240 100,0 %	> 50 Mio. €	3.140.509 100,0 %	1.589.847 100,0 %

Tab. 6-3: Unternehmenskategorien nach EU (2003) und Anzahl der Unternehmen in Deutschland in diesen Kategorien

Da bei einer Befragung, die sich beispielsweise an den realen Umsatzverteilungen orientiert, bei den kleinen Unternehmen nur 44 Manager (4,4 % von 1.000), bei den mittleren Unternehmen nur 11 Manager (1,1 % von 1.000) und bei den großen Unternehmen gar nur drei Manager (0,3 % von 1.000) in der Stichprobe zu erwarten sind, müssen diese Kategorien in der Befragung überrepräsentiert werden und die Kleistunternehmen entsprechend unterrepräsentiert werden. Sinnvoll erscheint für die statistischen Auswertungen eine Gleichverteilung der Kategorien, so dass in jeder Kategorie ca. 250 Manager vertreten sind.

Weiterhin werden nur Manager aus Unternehmen mit einem Umsatz ab 100.000 € befragt, um die Befragung von Nebentätigkeiten und Notwendigkeits-Selbständigen („necessity entrepreneurship") nach REYNOLDS ET. AL (2002, S. 4 ff.) abzugrenzen, die sich nicht als Manager oder Entrepreneure verstehen, die jedoch Marktchancen nutzen („opportunity entrepreneurship"), um ein Unternehmen zu gründen oder zum Wachstum zu verhelfen.

Eine spezifische Branchenauswahl oder -gewichtung erfolgt für die Studie nicht, da es aus der bisherigen Forschung zum Risikoentscheidungsverhalten keinen Anhaltspunkt für die Notwendigkeit eines solchen Vorgehens gibt.

[115] Vgl. STATISTISCHES BUNDESAMT (2008b).

6.4 Design des Fragebogens für die empirische Studie zum Risikoverhalten

6.4.1 Erfassung von Performance und Risiko auf drei verschiedenen Ebenen

Der Fragebogen und die anschließenden Datenbankauswertungen sollen, neben Kontextfaktoren, Performance und Risiko auf verschiedenen Ebenen erfassen können (vgl. Abb. 6-3). Diese Ebenen sind 1. das „hypothetische" Risikoentscheidungsverhalten im Fragebogen bei einer vorgegebenen hypothetischen Performance (mittels 24 hypothetischer Entscheidungssituationen), 2. die „subjektive" Ebene mit der Selbsteinschätzung der Performance des Unternehmens und die Selbsteinschätzung des Risikoentscheidungsverhaltens der Manager (wobei Manager, die gleichzeitig alleinige Inhaber des Unternehmens sind quasi das Risikoentscheidungsverhalten des Unternehmens bestimmen) und 3. die „reale", „objektive" Unternehmensperformance (z. B. als Jahresüberschuss, Residualgewinn, ROE, ROA, ROS) sowie das „reale", „objektive" Unternehmensrisiko (z. B. als Standardabweichung oder Varianz der Performance).

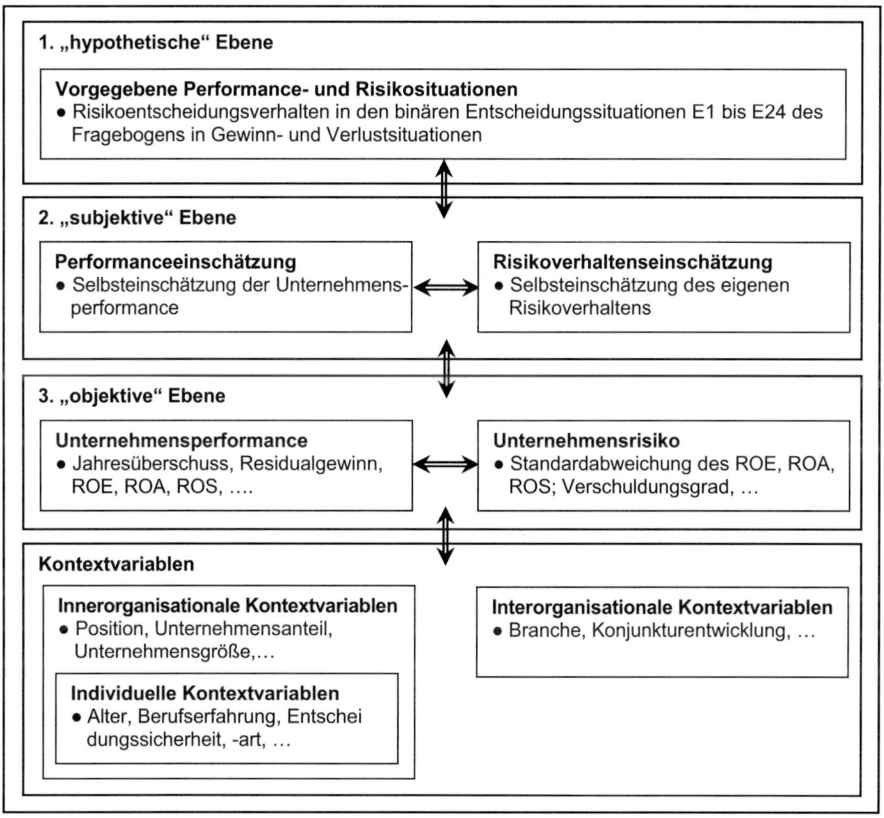

Abb. 6-3: Ebenen der Datenerhebung

6.4.2 Die 24 Fragen zum hypothetischen Risikoentscheidungsverhalten

Zur Überprüfung der empirischen Basis der Prospect-Theorie wird ein Fragebogen mit 24 binären Entscheidungssituationen (E1 bis E24) entworfen (vgl. Tab. 6-4). Die Entscheidungssituationen E1 bis E19 werden von KAHNEMAN / TVERSKY (1979, S. 265 ff.) übernommen, da KAHNEMAN / TVERSKY mit den Antwortverteilungen auf diese Entscheidungssituationen die Prospect-Theorie begründen. E20 ist mit E1 inhaltlich identisch aber formal verschieden, da die Alternativen vertauscht präsentiert werden. E20 dient damit als Kontrollfrage, ob der Fragebogen von Testteilnehmern inhaltlich konform ausgefüllt wird, denn dann müssten, außer bei Risikoneutralität, E1 und E20 identisch beantwortet werden. E21 bis E24 werden von PERLITZ / LÖBLER (1985, S. 428 f.) in den Fragebogen aufgenommen, um das Risikoentscheidungsverhalten in relativen Größen (Renditen) unabhängig von den absoluten Erwartungswerten erfassen zu können, die für Manager aus kleinen Unternehmen eine andere Bedeutung als für Manager aus großen Unternehmen haben könnten.

Entscheidungs-situation	Alternative A	Alternative B	basierend auf	in Quelle
E1	(3.000; 1)	(4.000; 0,8)	P3	KAHNEMAN / TVERSKY (1979, S. 265 ff.)
E2	(-3.000; 1)	(-4.000; 0,8)	P3'	
E3	(3.000; 0,25)	(4.000; 0,2)	P4	
E4	(-3.000; 0,25)	(-4.000; 0,2)	P4'	
E5	((3.000; 1); 0,25)	((4.000; 0,8); 0,25)	P10	
E6	1.000 + (500; 1)	1.000 + (1.000; 0,5)	P11	
E7	2.000 + (-500; 1)	2.000 + (-1.000; 0,5)	P12	
E8	(2.400; 1)	(2.500; 0,33) (2.400; 0,66)	P1	
E9	(2.400; 0,34)	(2.500; 0,33)	P2	
E10	(3.000; 0,9)	(6.000; 0,45)	P7	
E11	(-3.000; 0,9)	(-6.000; 0,45)	P7'	
E12	(3.000; 0,02)	(6.000; 0,01)	P8	
E13	(-3.000; 0,02)	(-6.000; 0,01)	P8'	
E14	(4.000; 0,25) (2.000; 0,25)	(6.000; 0,25)	P13	
E15	(-4.000; 0,25) (-2.000; 0,25)	(-6.000; 0,25)	P13'	
E16	(5; 1)	(5.000; 0,001)	P14	
E17	(-5; 1)	(-5.000; 0,001)	P14'	
E18	(0; 1)	(100; 0,65) (-100; 0,35)	WILLIAMS (1966) IN: KAHNEMAN / TVERSKY (1979, S. 268)	
E19	(-100; 1)	(-200; 0,8)		
E20	(4.000; 0,8)	(3.000; 1)	E1 (invertiert – als Kontrollfrage)	
E21	(10 %; 1)	(15 %; 0,75)	PERLITZ / LÖBLER (1985, S. 428 f.)	
E22	(-10 %; 1)	(-15 %; 0,75)		
E23	(10 %; 1)	(45 %; 0,25)		
E24	(-10 %; 1)	(-45 %; 0,25)		

Tab. 6-4: Entscheidungssituationen im Fragebogen zum Entscheidungsverhalten unter Risiko

Nachfolgend werden zunächst die mit den 24 Entscheidungssituationen im Fragebogen hinterfragten Effekte beim Risikoentscheidungsverhalten kurz beschrieben, bevor danach die weiteren Fragen des Fragebogens erläutert werden.

6.4.3 Mit den Entscheidungssituationen hinterfragte Effekte

6.4.3.1 Sicherheitseffekt sowie Regret- und Disappointment-Aversion

Die Entscheidungssituation E1 für absolute Werte sowie die Entscheidungssituationen E21 und E23 für relative Werte (Renditen) untersuchen den sog. Sicherheitseffekt („certainty effect"). Demnach werden Ergebnisse, die lediglich wahrscheinlich sind, gegenüber Ergebnissen, die sicher sind, unterschätzt. Dies führt zu Risikoaversion bei Wahlsituationen, die als eine Option sichere Gewinne beinhalten, und zu Risikofreude bei Wahlsituationen, die als eine Option sichere Verluste enthalten (KAHNEMAN / TVERSKY 1979, S. 263).

Der Notation in den folgenden Entscheidungssituationen entspricht:

Alternative: (zu erwartender Wert; Wahrscheinlichkeit des Eintreffens)
[Ergebnisse der Studie von KAHNEMAN / TVERSKY (1979, S. 266 ff.)]

Entscheidungssituation E1:

A: (3.000; 1) und B: (4.000; 0,8)
[80 %] [20 %]

Obwohl der Erwartungswert eine zu 80 % wahrscheinliche Auszahlung von 4.000 (die Wahrscheinlichkeit keiner Auszahlung beträgt 20 %) mit 0,8 · 4.000 = 3.200 höher bewertet als eine sichere Auszahlung von 3.000, entscheiden sich bei KAHNEMAN / TVERSKY (1979, S. 266) 80 % der Probanden für die sichere Auszahlung. Bei einem sicheren Gewinn zeigen somit 80 % der Probanden ein risikoaverses Verhalten, das der Erwartungswert-Nutzen-Theorie widerspricht. Bereits WILLIAMS (1966, S. 578) stellt fest, dass Individuen eine Tendenz zeigen, ihre momentane Situation beizubehalten.

Auf Unternehmensebene übertragen, kann die Alternative A als ein sicherer Gewinn interpretiert werden, der am Ende einer Periode erhalten wird, wenn kein zusätzliches Risiko eingegangen wird. Bei Alternative B ist die negative Auswirkung des im Verhältnis zum sicheren Gewinn möglichen Wertverlustes von -3.000 (= 0 - 3.000) beim Eingehen des 20 %-igen Risikos für die Entscheidungsträger höher als die positive Auswirkung der viel wahrscheinlicheren zusätzlichen Chance von 1.000 (= 4.000 - 3.000).

Wird jedoch aus der risikolosen Alternative E1A (Entscheidungssituation E1 Alternative A) eine risikobehaftete Alternative E3B,[116] erfolgt trotz unverändertem Verhältnis des Erwartungswertes zwischen beiden Alternativen eine völlig andere Verteilung der Entscheidungen der Probanden, wie Entscheidungssituation E3 verdeutlicht.

Entscheidungssituation E3:[117]

A: (3.000; 0,25) und B: (4.000; 0,2)
[35 %] [65 %]

Wenn beide Alternativen A und B risikobehaftet sind, erfolgt bei Entscheidungssituation E1 die Auswahl durch die Probanden zu 65 % konsistent mit der Erwartungswert-Nutzen-Theorie, nach

[116] Die Wahrscheinlichkeiten von E3A und E3B werden gegenüber E1A und E1B gleichermaßen mit 0,25 multipliziert.

[117] Die Entscheidungssituation E2 des Fragebogens wird hier wegen der passenderen Logik später erklärt.

der Alternative B mit 4.000 · 0,2 = 800 einen höheren Erwartungswert besitzt als Alternative A mit einem Erwartungswert von 3.000 · 0,25 = 750.

Andere Erklärungsansätze für die Diskrepanzen im Entscheidungsverhalten zwischen den Entscheidungssituationen E1 und E3 liefern die Regret-Theorien (BELL 1982, S. 965 ff.; LOOMES / SUGDEN 1982, S. 807 ff.) sowie die Disappointment-Theorien (BELL 1985, S. 3 ff.; GUL 1991, S. 670 ff.).

Nach den Regret-Theorien ist das potentielle Bedauern darüber, die falsche Wahl getroffen zu haben (operationalisiert in der Ergebnisdifferenz), bei Entscheidungssituation E1 mit Option E1A (= 3.000), $E1B_0$[118] (= 0) und $E1B_1$[119] (= 4.000) wesentlich höher als bei Entscheidungssituation E3 mit Option $E3A_0$ (= 0) und $E3A_1$ (= 750), $E3B_0$ (= 0) und $E3B_1$ (= 800). Somit wird ein Entscheidungsverhalten, das auf die Vermeidung von Bedauern ausgerichtet ist, in Entscheidungssituation E1 eine wesentlich größere Rolle spielen als in Entscheidungssituation E3.

Nach der Disappointment-Theorie von BELL (1985, S. 4 f.), der dieses Beispiel explizit behandelt, ist die potentielle Enttäuschung bei der Wahl der Option B in Entscheidungssituation E1 weitaus höher (4.000 zu 0) als bei Entscheidungssituation E3 (800 zu 0), weshalb allein auf Grund der Enttäuschungsaversion weniger Probanden die Option E1B wählen sollten als die Option E3B.

6.4.3.2 Reflektionseffekt und Threat-Rigidity

Werden aus den sicheren Gewinnen (wie in Entscheidungssituation E1) sichere Verluste (wie in Entscheidungssituation E2), dann erfolgt eine Reflexion, die wiederum der Erwartungswert-Nutzen-Theorie widerspricht.

Entscheidungssituation E2:

A: (-3.000; 1)	und	B: (-4.000; 0,8)
[8 %]		[92 %]

Sogar 92 % der Probanden bevorzugen einen zu 80 % wahrscheinlichen Verlust von 4.000 (Erwartungsnutzen: 0,8 · -4.000 = -3.200) gegenüber einem sicheren Verlust von 3.000 (Erwartungsnutzen: -3.000). 92 % der Probanden zeigen sich somit bei drohenden Verlusten risikofreudig. Auf die Erscheinung von Risikofreude bei der Wahl von negativen Prospects wird schon von MARKOWITZ (1952b, S. 154) hingewiesen. Die Untersuchungen von LAUGHHUNN / PAYNE / CRUM (1980, S. 1238) über Risikopräferenzen von 224 Managern bei Unternehmen mit unterdurchschnittlicher Performance („below target returns") weisen allerdings auch daraufhin, dass zwar bei nicht ruinösen Verlusten 71 % der Manager risikofreudig entscheiden, dass aber bei potentiell ruinösen Verlusten das Verhalten wieder mehrheitlich in Risikoaversion umschlägt.

Auf Unternehmensebene übertragen kann die Alternative A als ein sicherer Verlust interpretiert werden, der am Ende einer Periode erhalten wird, wenn kein zusätzliches Risiko eingegangen wird. Alternative B kann als eine Realinvestition von 1.000 (= 4.000 - 3.000) interpretiert werden,

[118] Die „0" bezeichnet das negative Ergebnis, nichts gewonnen zu haben.
[119] Die „1" bezeichnet das positive Ergebnis, den maximalen Gewinn erhalten zu haben.

die wenigstens eine 20 %-ige Wahrscheinlichkeit auf Erfolg (konkret: ein Erfolg von 4.000, der möglicherweise die letzte Rettung ist) besitzt, so dass ein Verlust am Ende der Periode vermieden werden kann.

6.4.3.3 Isolationseffekt sowie Regret- und Disappointment-Aversion

Um Entscheidungen zwischen Wahlmöglichkeiten zu vereinfachen, vernachlässigen Individuen oft Komponenten, die die Alternativen gemeinsam besitzen und richten ihren Fokus stattdessen auf Komponenten, die die Alternativen unterscheiden (KAHNEMAN / TVERSKY 1979, S. 271).

Da ein Paar von Prospects auf verschiedene Weise in gemeinsame und unterschiedliche Komponenten zerlegt werden kann, führen verschiedene Zerlegungen gegebenenfalls zu unterschiedlichen Präferenzen, wie das folgende Beispiel verdeutlicht.

Entscheidungssituation E5:

In einer zweistufigen Entscheidungssituation besteht nach der ersten Stufe, die keine Gewinn- oder Verlustmöglichkeiten enthält, eine Wahrscheinlichkeit von 75 %, dass die zweite Stufe nicht erreicht wird und eine Wahrscheinlichkeit von 25 %, dass die zweite Stufe erreicht wird. Für die zweite Stufe ist zwischen Alternative A und B zu entscheiden, wobei die Auswahl vor Beginn der ersten Entscheidungssituation getroffen werden muss, d. h. bevor das Ergebnis der ersten Stufe bekannt ist:

A: (3.000; 1) und B: (4.000; 0,8)
[78 %] [22 %]

Letztendlich beträgt die Chance 4.000 zu gewinnen $0{,}25 \cdot 0{,}8 = 0{,}2$ und 3.000 zu gewinnen $0{,}25 \cdot 1 = 0{,}25$. Dieses zu erwartende Ergebnis ist identisch mit Entscheidungssituation E3. Dennoch entscheiden die Probanden konträr zu Entscheidungssituation E3 aber konsistent mit Entscheidungssituation E1. Dies legt den Schluss nahe, dass die Probanden die erste Stufe der Entscheidungssituation ignorieren, die für beide Entscheidungsalternativen gleich ist.

Die Umkehrung von Präferenzen auf Grund der Abhängigkeit der Ereignisse verletzt die Annahmen der entscheidungstheoretischen Analyse, dass die Wahl zwischen Alternativen nur durch die Wahrscheinlichkeiten der Endzustände bestimmt wird (KAHNEMAN / TVERSKY 1979, S. 272).

Weitere Erklärungsansätze für die Diskrepanzen im Entscheidungsverhalten zwischen den Entscheidungssituationen E3 und E5 liefern die Regret-Theorien (BELL 1982, S. 965 ff.; LOOMES / SUGDEN 1982, S. 807 ff.) sowie die Disappointment-Theorien (BELL 1985, S. 3 ff.; GUL 1991, S. 670 ff.).

Nach BELL (1985, S. 5) wachsen die Erwartungen dramatisch an, nachdem die erste Stufe abgeschlossen ist, so dass die Angst wächst, das bereits Erreichte zu verlieren.

Nach den Regret-Theorien ist das potentielle Bedauern darüber, in der zweiten Stufe der Entscheidungssituation E5 (analog zur Entscheidungssituation E1) die falsche Wahl getroffen zu haben, mit Option E5A (= 3.000), $E5B_0$ (= 0) und $E5B_1$ (= 4.000) wesentlich höher als bei Entscheidungssituation E3 mit Option $E3A_0$ (= 0) und $E3A_1$ (= 750), $E3B_0$ (= 0) und $E3B_1$

(= 800). Somit spielt ein Entscheidungsverhalten, welches auf die Vermeidung von Bedauern ausgerichtet ist, in Entscheidungssituation E5 (analog zur Entscheidungssituation E1) eine wesentlich größere Rolle als in Entscheidungssituation E3.

Nach der Disappointment-Theorie von BELL (1985, S. 4 f.), der dieses Beispiel explizit behandelt, ist die potentielle Enttäuschung bei Wahl der Option B in der zweiten Stufe der Entscheidungssituation E5 weitaus höher (4.000 zu 0) als bei Entscheidungssituation E3 (800 zu 0), weshalb allein auf Grund der Enttäuschungsaversion weniger Probanden die Option E5B wählen sollten, als die Option E3B.

6.4.3.4 Framing-Effekt

Auch der Bezugsrahmen („framing") bzw. die Präsentation der potentiellen Ergebnisse einer Entscheidungssituation können die Entscheidung beeinflussen (KAHNEMAN /TVERSKY 1979, S. 273). Die folgenden Entscheidungssituationen verdeutlichen die teilweise differierende Auswahl durch die Individuen bei verschiedenartiger Wiedergabe der möglichen Ergebnisse.

Entscheidungssituation E6:

Unabhängig vom Anfangszustand werden 1.000 als „Bonus" dazugegeben. Des Weiteren ist zwischen Alternative A und B zu entscheiden:

A: (500; 1) und B: (1.000; 0,5)
[84 %] [16 %]

Entscheidungssituation E7:

Unabhängig vom Anfangszustand werden 2.000 als „Bonus" dazugegeben. Des Weiteren ist zwischen Alternative A und B zu entscheiden:

A: (-500; 1) und B: (-1.000; 0,5)
[31 %] [69 %]

Entscheidungssituation E7 ist aus Entscheidungssituation E6 abgeleitet, wobei der „Bonus" um 1.000 erhöht und gleichzeitig 1.000 von allen Erwartungswerten subtrahiert wird.

Werden beide Entscheidungssituationen bezüglich ihres Endzustands betrachtet:

E6A = (1.500; 1) = E7A und E6B = (2.000; 0,5; 1.000; 0,5) = E7B,

dann zeigt sich, dass beide entsprechend der Erwartungswert-Nutzen-Theorie identisch sind. Auch WILLIAMS (1966 in: KAHNEMAN / TVERSKY 1979, S. 268) stellt empirische Ergebnisse vor, bei denen eine Translation der Ergebnisse eine dramatische Verschiebung von Risikoaversion zu Risikofreude bewirkt.

Die Nichtbeachtung der Ausgangssituation (des Bonus) impliziert, dass der Wert bzw. der Nutzen in der relativen Veränderung des Wertes liegt, statt in den zu erwartenden Endwerten, die die Anfangswerte implizit beinhalten (KAHNEMAN / TVERSKY 1979, S. 273).

Auf Unternehmensebene übertragen, ist folgende Interpretation vorstellbar: Ein Unternehmen erreicht am Ende einer Periode entweder den sicheren Gewinn von 1.500, oder kann durch eine zusätzliche Investition von 500 den Gewinn mit 50 %-iger Wahrscheinlichkeit auf 2.000 steigern, bzw. riskiert ebenfalls mit 50 %-iger Wahrscheinlichkeit den Totalverlust der Investitionssumme, wodurch der Periodengewinn nur noch 1.000 beträgt. Entscheidend für die Bewertung der Performance ist jedoch nicht der absolute Gewinn, sondern der Branchendurchschnitt, der entweder bei 1.000 oder bei 2.000 liegen wird. Ist eher ein Branchendurchschnitt von 1.000 zu erwarten (Entscheidungssituation E6), dann sichert Alternative B dem Entscheidungsträger einen sicheren Gewinn oberhalb des Branchendurchschnitts zu, während Alternative A das Risiko des Erreichens einer nur durchschnittlichen Performance beinhaltet. Die Situation ändert sich für den Entscheidungsträger grundlegend, wenn ein Branchendurchschnitt von 2000 zu erwarten ist (Entscheidungssituation E6). Dann bleibt er mit der sicheren Alternative B auch sicher unterhalb des Branchendurchschnitts. Nur Alternative A beinhaltet noch eine Chance, den Branchendurchschnitt zu erreichen.

6.4.3.5 ALLAIS-Paradoxon

Das Unabhängigkeitsaxiom („common consequence effect") der Erwartungsnutzen-Theorie (VON NEUMANN / MORGENSTERN 1944; 2004, S. 24 ff.) postuliert, dass das Hinzufügen oder die Wegnahme von gemeinsamen potentiellen Ergebnissen einer Entscheidung die Präferenz des Entscheiders nicht verändert. Die folgenden Entscheidungssituationen E8 und E9 stellen eine Modifikation der ursprünglich von ALLAIS (1953, S. 526 ff.) verwendeten Entscheidungssituationen durch KAHNEMAN / TVERSKY (1979, S. 265 f.) dar. Entscheidungssituationen E8 und E9 unterscheiden sich durch das gemeinsame potentielle Ergebnis (2.400; 0,66), welches von beiden Optionen A und B in Entscheidungssituation E8 subtrahiert wird, um Entscheidungssituation E9 zu erhalten.

Entscheidungssituation E8:

A: (2.400; 1)	und	B: (2.500; 0,33) oder (2.400; 0,66)
[82 %]		[18 %]

Entscheidungssituation E9:

A: (2.400; 0,34)	und	B: (2.500; 0,33)
[17 %]		[83 %]

Nach KAHNEMAN / TVERSKY (1979, S. 266) zeigen 61 % der Probanden eine Präferenzumkehr im Wesentlichen von Option A in Entscheidungssituation E8, die 82 % der Probanden wählen, zu Option B in Entscheidungssituation E9, die nur 83 % der Probanden bevorzugen. KAHNEMAN / TVERSKY (1979, S. 266) nennen diesen Effekt Sicherheitseffekt („certainty effect") ebenso wie auch die Präferenzumkehr von Entscheidungssituation E1 zu E3. In der Literatur wird dieser Effekt jedoch überwiegend als ALLAIS-Paradoxon bezeichnet, da ALLAIS (1953, S. 526 ff.) die Verletzung des Unabhängigkeitsaxioms als Erster experimentell nachweist.

6.4.3.6 Verlauf der Nutzenfunktion, Mehrdeutigkeitsaversion

Weisen beide Alternativen einer Entscheidungssituation zwar gleiche Erwartungswerte aber unterschiedlich zusammengesetzte Wahrscheinlichkeiten auf, ist entscheidend, ob die Nutzenfunktion eines Entscheiders konkav oder konvex verläuft (KAHNEMAN / TVERSKY 1979, S. 278). Ein risikoaverser Entscheider wird wegen des abnehmenden Grenznutzens seiner Nutzenfunktion bei Entscheidungssituation E14 die Option A präferieren, während ein risikofreudiger Entscheider Option E14B bevorzugen wird. Zu beachten ist allerdings nach ELLSBERG (1961, S. 656 ff.), dass Entscheider Mehrdeutigkeit bzw. Unsicherheit vermeiden und, dass es deshalb trotz Risikoaversion zu einer Präferenzverschiebung zur eindeutigeren Option B kommen kann.

Entscheidungssituation E14:

A: (4.000; 0,25) oder (2.000; 0,25) [82 %] und B: (6.000; 0,25) [18 %]

Entscheidungssituation E15:

A: (-4.000; 0,25) oder (-2.000; 0,25) [30 %] und B: (-6.000; 0,25) [70 %]

Die Ergebnisse von KAHNEMAN / TVERSKY (1979, S. 278) zeigen zumindest beim positiven Prospect (Entscheidungssituation E14), dass bei den meisten Individuen in diesem Fall die Risikoaversion deutlich stärker ausgeprägt ist als die Mehrdeutigkeits- bzw. Unsicherheitsvermeidung. Das Ergebnis beim negativen Prospect (Entscheidungssituation E15) kann durch überwiegende Risikofreude oder die Mehrdeutigkeits- bzw. Unsicherheitsvermeidung geprägt gewesen sein.

6.4.3.7 Verzerrungen bei extrem niedrigen Wahrscheinlichkeiten

Die Vereinfachung von Prospects kann dazu führen, dass ein Individuum Ereignisse mit extrem niedrigen Wahrscheinlichkeiten überbewertet oder vernachlässigt und Ereignisse mit sehr hohen Wahrscheinlichkeiten als sicher annimmt (KAHNEMAN / TVERSKY 1979, S. 282 f.). Diese Verhaltensweisen werden mit Entscheidungssituation E16, die einer Lotterie, und Entscheidungssituation E17, die einer Versicherung entspricht, untersucht.

Entscheidungssituation E16:

A: (5.000; 0,001) [72 %] und B: (5; 1) [28 %]

Entscheidungssituation E17:

A: (-5.000; 0,001) [17 %] und B: (-5; 1) [83 %]

Die Ergebnisse zeigen einerseits, dass Individuen gleichzeitig risikofreudig und risikoavers sein können. Andererseits wird deutlich, dass eine Präferenz für eine Chance mit einem hohen Wert aber mit nur sehr geringer Eintrittswahrscheinlichkeit (z. B. Lotterie) und ein Sicherheitsbedürfnis vor hohen Verlusten, auch wenn diese sehr unwahrscheinlich sind, sich nicht ausschließen.

6.4.3.8 Renditen versus Absolutwerte als potentielle Ergebnisse

Die Entscheidungssituationen E21 bis E24 basieren auf der Studie von PERLITZ / LÖBLER (1985, S. 428 f.), die das Risikoentscheidungsverhalten von Managern bei hypothetischen Prozessinnovationen (E21 und E22) mit relativ geringen Renditen und Produktinnovationen (E23 und E24) mit relativ hohen Renditen in Chancen- und Krisensituationen untersucht. Da die Entscheidungssituationen Renditen als potentielle Ergebnisse enthalten, erscheint es sinnvoll, zu testen, ob sich das Risikoverhalten von Managern bei Absolutwerten, wie in E1 bis E20, und bei Renditen, wie in E21 bis E24, signifikant unterscheidet.

Entscheidungssituation E21:

A: (10 %; 1) und B: (15 %; 0,75)
[61 %] [39 %]

Entscheidungssituation E22:

A: (-10 %; 1) und B: (-15 %; 0,75)
[15 %] [85 %]

Entscheidungssituation E23:

A: (10 %; 1) und B: (45 %; 0,25)
[75 %] [25 %]

Entscheidungssituation E24:

A: (-10 %; 1) und B: (-45 %; 0,25)
[29 %] [71 %]

Die Ergebnisse von PERLITZ / LÖBLER (1985, S. 430 f.) zeigen sowohl bei positiven als auch bei negativen Prospects eine zunehmende Risikoaversion, je höher und unwahrscheinlicher die riskante Option ist. Kritisch ist jedoch, dass für einige Manager die Rendite von 10 % unter der geforderten Minimalperformance („hurdle rate") liegen kann und für andere eine Rendite von 45 % unvorstellbar hoch sein kann.

Prinzipiell zeigen die Umfrageergebnisse von PERLITZ / LÖBLER (1985, S. 430 f.) mit Renditen eine erstaunlich hohe Übereinstimmung mit den Ergebnissen von KAHNEMAN / TVERSKY (1979, S. 266) bei Absolutwerten, wie beispielsweise in E1 und E2.

6.4.4 Formale Aspekte

Um den Einfluss von formalen Aspekten messen zu können, wurden fünf Fragebogentypen mit identischen Entscheidungssituationen erstellt. Fragebogentypen 1 und 2 enthalten explizit alle Chancen und Risiken mit einem Erwartungswert von 0, jeweils mit der Angabe des Wahrscheinlichkeitswertes. Bei den Fragebogentypen 3, 4 und 5 werden alle Chancen und Risiken mit einem Erwartungswert von 0 weggelassen. In den Fragebogentypen 1 und 3 stellt A jeweils die risikolosere und B die risikoreichere Alternative dar, während dies bei den Fragebogentypen 2 und 4 umgekehrt ist. Fragebogentyp 5 ist ein Online-Fragebogen für die Studenten, bei dem die Anordnung der Alternativen in der Form der Fragebogentypen 3 und 4 zufällig erfolgte.

Entscheidungssituation E1, die die Alternativen (3.000; 1) und (4.000; 0.8) enthält, wird somit in den fünf verschiedenen Fragebogentypen folgendermaßen präsentiert:

Fragebogentyp 1:	A: 3.000 zu 100 %	B: 4.000 zu 80 % 0 zu 20 %
Fragebogentyp 2:	A: 4.000 zu 80 % 0 zu 20 %	B: 3.000 zu 100 %
Fragebogentyp 3:	A: 3.000 zu 100 %	B: 4.000 zu 80 %
Fragebogentyp 4:	A: 4.000 zu 80 %	B: 3.000 zu 100 %
Fragebogentyp 5:	A: 3.000 zu 100 % oder A: 4.000 zu 80 %	B: 4.000 zu 80 % B: 3.000 zu 100 %

Um die interne Reliabilität des Fragebogens überprüfen zu können, wird die Entscheidungssituation E1 mit vertauschten Optionen A und B als Entscheidungssituation E20 ein weiteres Mal im Fragebogen präsentiert. Falls ein Testteilnehmer ein Risikoentscheidungsverhalten aufweist, das sich signifikant von einem risikoneutralen Verhalten unterscheidet, zeigt eine konsistente Beantwortung von E1 und E20 die interne Reliabilität des Fragebogens.

Eine Abschätzung des Non-Response-Bias bei den per Briefpost oder E-Mail versendeten Fragebögen ist durch den Vergleich mit den Antworten bei den direkten Befragungen bei Managementseminaren möglich, da bei diesen die Response-Rate bei 100 % liegt.

6.4.5 Hypothetisches Antwortverhalten

Aus den zuvor dargestellten Theorien zum Entscheidungsverhalten unter Risiko können die entsprechend theoriekonformen Antworten auf die 24 Entscheidungssituationen abgeleitet werden (vgl. Tab. 6-5).

Entscheidungssituationen des Risikofragebogens	Prospect (1 – positiv – Gewinnaussicht; -1 – negativ – Verlustaussicht)	Erwartungswerte (EW) für die Alternativen A und B	Entscheidung für max. Erwartungswert nach Erwartungsnutzen-Theorie (= rational)	Entscheidung für max. Sicherheit (= risikovermeidend)	Entscheidung für max. mögl. Ergebnis (= risikofreudig)	Entscheidung nach Prospect Theorie (risikoavers bei Gewinnaussichten; risikofreudig bei Verlustaussichten)
E1 (3.000 sicher oder 4.000 zu 80 %) A: (3.000; 1) oder B: (4.000; 0,8)	1	A 3.000 B 4.200	B	A	B	A
E2 (-3.000 sicher oder -4.000 zu 80 %) A: (-3.000; 1) oder B: (-4.000; 0,8)	-1	-3.000 -4.200	A	A	B	B
E3 (Wahrscheinlichkeiten von E1 durch 4) A: (3.000; 0,25) oder B: (4.000; 0,2)	1	750 800	B	A	B	A
E4 (Wahrscheinlichkeiten von E2 durch 4) A: (-3.000; 0,25) oder B: (-4.000; 0,2)	-1	-750 -800	A	A	B	B
E5 (zweistufig wie E1 oder E3 interpretierbar) A: ((3.000; 1); 0,25) oder B: ((4.000; 0,8); 0,25)	1	750 800	B	A	B	A
E6 (sicherer Gewinn von 1000 und Entscheidung) A: 1.000 + (500; 1) oder B: 1.000 + (1.000; 0,5)	1	1.500 1.500	–	A	B	A
E7 (sicherer Gewinn von 1000 und Entscheidung) A: 2.000 + (-500; 1) oder B: 2.000 + (-1.000; 0,5)	-1	1.500 1.500	–	A	B	B
E8 (Alternative B ist mehrdeutig) A: (2.400; 1) oder B: (2.500; 0,33), (2.400; 0,66)	1	2.400 2.409	B	A	B	A
E9 (= E7 minus jeweils 2.400 zu 0,66) A: (2.400; 0,34) oder B: (2.500; 0,33)	1	816 825	B	A	B	A
E10 (3.000 zu 90 % oder 6.000 zu 45 %) A: (3.000; 0,9) oder B: (6.000; 0,45)	1	2.700 2.700	–	A	B	A
E11 (-3.000 zu 90 % oder -6.000 zu 45 %) A: (-3.000; 0,9) oder B: (-6.000; 0,45)	-1	-2.700 -2.700	–	A	B	B
E12 (3.000 zu 2 % oder 6.000 zu 1 %) A: (3.000; 0,02) oder B: (6.000; 0,01)	1	60 60	–	A	B	A
E13 (-3.000 zu 2 % oder -6.000 zu 1 %) A: (-3.000; 0,02) oder B: (-6.000; 0,01)	-1	-60 -60	–	A	B	B
E14 (Alternative A ist mehrdeutig) A: (4.000; 0,25), (2.000; 0,25) oder B: (6.000; 0,25)	1	1.500 1.500	–	A	B	A
E15 (Alternative A ist mehrdeutig) A: (-4.000; 0,25), (-2.000; 0,25) oder B: (-6.000; 0,25)	-1	-1.500 -1.500	–	A	B	B
E16 („Lottospielerfrage") A: (5; 1) oder B: (5.000; 0,001)	1	5 5	–	A	B	A
E17 („Versicherungsfrage") A: (-5; 1) oder B: (-5.000; 0,001)	-1	-5 -5	–	A	B	B
E18 (Alternative B ist mehrdeutig) A: (0; 1) oder B: (100; 0,65),(-100; 0,35)	1 -1	0 30	B	A	B	A
E19 (sicherer Verlust von 100 oder -200 zu 80 %) A: (-100; 1) oder B: (-200; 0,8)	-1	-100 -160	A	A	B	B
E20 (E20 = E1, nur A und B vertauscht dargestellt) A: (3.000; 1) oder B: (4.000; 0,8)	1	3.000 3.200	B	A	B	A
E21 (sichere Rendite von 10 % oder 15 % zu 75 %) A: (10 %; 1) oder B: (15 %; 0,75)	1	10 % 11.25 %	B	A	B	A
E22 (Verlust von -10 % oder -15 % zu 75 %) A: (-10 %; 1) oder B: (-15 %; 0,75)	-1	-10 % -11.25 %	A	A	B	B
E23 (sichere Rendite von 10 % oder 45 % zu 25 %) A: (10 %; 1) oder B: (45 %; 0,25)	1	10 % 11.25 %	B	A	B	A
E24 (Verlust von -10 % oder -45 % zu 25 %) A: (-10 %; 1) oder B: (-45 %; 0,25)	-1	-10 % -11.25 %	A	A	B	B

Tab. 6-5: Hypothesen zum Entscheidungsverhalten bei den 24 Entscheidungssituationen nach Risikoverhaltenstyp

Da die Alternativen der Entscheidungssituationen E6, E7 sowie E10 bis E17 gleiche Erwartungswerte aufweisen, ist bei diesen Entscheidungssituationen die Wahl jeder der Alternativen bei einer neutralen Risikoeinstellung gleichermaßen rational.

Entscheidungen für die Alternative B in E1, E3, E5, E8, E9, E18, E20, E21 und E23 können entweder Entscheidungen nach dem höchsten Erwartungswert oder dem höchsten Risiko sowie für beides gleichzeitig sein. Ebenso können Entscheidungen für die Alternative A in E2, E4, E19, E22 und E24 entweder Entscheidungen nach dem höchsten Erwartungswert oder dem geringsten Risiko sowie für beides gleichzeitig sein. Diese Überlagerungen von Risikoverhaltensaspekten müssen bei den Analysen der Antworten entsprechend berücksichtigt werden.

6.4.6 Erfassung von Kontextfaktoren im Fragebogen

Aufgrund der in Kapitel 4 dargestellten teilweise nicht konformen Einflüsse von zahlreichen in bisherigen Studien festgestellten Einflussfaktoren auf die Risikoeinstellung und das Risikoentscheidungsverhalten, werden nachfolgende Kontextfaktoren erhoben.

Die Testteilnehmer werden um folgende weitere Angaben im Fragebogen gebeten (vgl. Anhang A1):

- Ausfülldatum (freies Eingabefeld, außer beim Onlinefragebogen, da dort das Datum automatisch erfasst wird),
- Alter (freies Eingabefeld),
- Berufserfahrung (freies Eingabefeld),
- Geschlecht („männlich" oder „weiblich"),
- Nationalität (freies Eingabefeld),
- Unternehmensname (freies Eingabefeld),
- Position im Unternehmen (freies Eingabefeld),
- Abteilung (freies Eingabefeld),

Weiterhin werden in Anlehnung an das von ROHRMANN (1978, S 226 ff.) und HILLSON (2005, S. 3 ff.) empirisch ermittelte Verständnis von Merkmalsausprägungen sowie deren Relation zueinander, auf einer fünfstufigen LIKERT-Skala (LIKERT 1932, S. 14 f.) folgende Faktoren erhoben:

- Einschätzung des eigenen Risikoverhaltens bzw. der eigenen Risikoeinstellung („Ich halte mich für:" „sehr risikovermeidend", „risikovermeidend", „risikoneutral", „risikofreudig", „sehr risikofreudig"),
- Einschätzung der Entscheidungssicherheit („Bei meinen Entscheidungen war ich:" „völlig unsicher", „überwiegend unsicher", „ca. zu gleichen Teilen sicher und unsicher", „überwiegend sicher", „immer sicher"),
- Einschätzung der Entscheidungsgrundlage („Meine Entscheidungen erfolgten:" „immer nach Gefühl", „überwiegend nach Gefühl", „ca. zu gleichen Teilen nach Gefühl und nach Erwartungswert", „überwiegend nach dem höchsten Erwartungswert", „immer nach dem höchsten Erwartungswert") und

- Einschätzung der Unternehmensperformance im Vergleich zu den Wettbewerbern („Wie schätzen Sie die Situation Ihres Unternehmens im Vergleich zu den Wettbewerbern ein:" „sehr viel schlechter", „schlechter", „ähnlich", „besser", „sehr viel besser").

Mit den Fragen nach der Entscheidungssicherheit und der Entscheidungsgrundlage soll der Kontrollaspekt erfasst werden. Der Kontrollaspekt ist hierbei die Annahme eines Managers, dass sein Eingehen von Risiken das Erreichen bestimmter zukünftiger Ergebnisse bewirkt (z. B. SHAPIRA 1995, S. 46 ff.; LANT / SHAPIRA 2008, S. 61).

Die Frage nach der Selbsteinschätzung der Unternehmensperformance soll aufzeigen, ob die Manager bei den hypothetischen Entscheidungssituationen im Fragebogen losgelöst von der eigenen aktuellen Unternehmenssituation entscheiden und wie stark die reale und die angenommene Unternehmensperformance das hypothetische und das reale Risikoentscheidungsverhalten bestimmen.

Weiterhin wird am Ende des Fragebogens der Wunsch nach einer Auswertung erfragt. Falls dieser besteht, wird um die Angabe der Kontaktdaten gebeten, da der Fragebogen, wie zugesichert, sonst völlig anonym ist.

Im Online-Fragebogen werden zusätzlich noch folgende Angaben erhoben:

- (Führungs-)Ebenen im Unternehmen über der eigenen (freies Eingabefeld),
- Ebenen im Unternehmen unter der eigenen (freies Eingabefeld),
- Teamentscheidungsverhalten („Entscheidungen treffe ich:" „immer allein", „überwiegend allein", „ca. zu gleichen Teilen allein und im Team", „überwiegend im Team", „immer im Team").

Angaben zum Unternehmen sollen, bis auf die freiwillige Angabe des Unternehmensnamens, nicht mit dem Fragebogen erhoben werden, da diese auch in nachfolgenden Datenbankrecherchen ermittelt werden können. Weiterhin sollen die angeschriebenen Manager durch den so kurz wie möglich gehaltenen zweiseitigen Fragebogen ohne die Abfrage von eventuell vertraulichen Unternehmensangaben zusätzlich motiviert werden, den Fragebogen auszufüllen.

6.4.7 Erfassung von Kontextfaktoren in Datenbankrecherchen

In Datenbankrecherchen (überwiegend Handels- und Unternehmensregister) können von den Unternehmen, deren Namen die Manager im Fragebogen angegeben bzw. bei denen aus der Antwortadresse auf das Unternehmen geschlossen werden kann, zusätzlich aus den Registerdaten und den Jahresabschlüssen folgende Daten für die Jahre 2005, 2006 und 2007[120] erhoben werden:

[120] Bei den 41 Geschäftsführern bzw. Vorständen, die den Fragebogen von Ende November 2007 bis Anfang Januar 2008 ausgefüllt haben, wird angenommen, dass ihnen zum Zeitpunkt der Befragung das zu erwartende Unternehmensergebnis für 2007 bereits annähernd bekannt war. Für die sieben Unternehmen, deren Geschäftsführer bzw. Vorstände vor 2007 befragt wurden, erfolgt die Erhebung der Unternehmensdaten entsprechend für die drei Jahre vor der Befragung.

- Mitarbeiteranzahl,
- Umsatz,
- Gewinn,
- Bilanzsumme,
- Stammkapital bzw. gezeichnetes Kapital,
- Eigenkapital,
- Gesellschaftsform des Unternehmens,
- Branche in der das Unternehmen hauptsächlich tätig ist,
- Jahr der Gründung des Unternehmens,
- Jahr der Umgründung des Unternehmens,
- Anzahl der Geschäftsführer bzw. Vorstände im Unternehmen,
- Anzahl der Unternehmen, in denen der befragte Manager eine geschäftsführende Position ausübt,
- Anzahl der Tochtergesellschaften,
- Besitzanteile am Unternehmen,
- Besitzanteile am Unternehmen bei Familienmitgliedern.

Die Stichprobenerhebung erfolgt mit einer Gelegenheitsteilstichprobe, mit einer selektiven Teilstichprobe und mit einer Zufallsstichprobe, um aus deren Unterschieden auf den Unit Non Response Error schließen zu können.
Der Online-Fragebogen ist so gestaltet, dass nur vollständige Fragebögen zurück gesandt werden können, um in dieser Teilstichprobe den Item Non Response Error zu eliminieren. Ob dieser „Zwang" zum vollständigen Ausfüllen des Fragebogens zu einem Unit Non Response Error führt, kann durch einen Vergleich mit den anderen Teilstichproben geprüft werden.

Als Kontrollgruppe dienen Studenten, die bei Vorlesungen und Seminaren mit und ohne Anreizen befragt wurden. Befragt wurden Bachelor- und Masterstudenten verschiedener Fachrichtungen und speziell Studenten, die im Master-Studiengang Controlling als Studienfach gewählt haben.

Zusammenfassend kann festgehalten werden, dass mit dem Fragebogen und den nachfolgenden Datenbankrecherchen, neben den Fragen zum Risikoentscheidungsverhalten, alle relevanten soziodemographischen Einflussvariablen zu den Managern und Unternehmen erhoben wurden. Die Analyse des Unit Non Response Errors soll mittels verschiedener Teilstichproben und die Vermeidung des Item Non Response Errors soll zumindest in einer Teilstichprobe sichergestellt werden.

7 Ergebnisse der empirischen Studie zum Risikoentscheidungsverhalten und Überprüfung der Hypothesen

7.1 Umfang und Art der Stichprobe

7.1.1 Teilstichprobe Weiterbildungsseminare Januar 2005 bis Juni 2007

Von Januar 2005 bis Juni 2007 wurden 146 Manager überwiegend mittlerer Ebenen (eine, zwei oder drei Ebenen unterhalb des Vorstandes bzw. der Geschäftsleitung) und 44 Controller mittels eines zweiseitigen Fragebogens (s. Anhang A1) direkt bei Weiterbildungsveranstaltungen befragt (vgl. Tab. 7-1).

Die Fragebögen wurden bis auf drei Fälle in E5 und jeweils einem Fall in E20, E23 und E24 von allen in den jeweiligen Seminaren anwesenden Managern und Controllern vollständig ausgefüllt, so dass der Item Non Response Error in E5 bei 2,6 % und in E20, E23 und E24 jeweils bei 0,5 % liegt.

7.1.2 Teilstichprobe Befragung per Brief November 2007

Im November 2007 wurden aus einer lehrstuhlinternen Datenbank 370 ausgewählte Manager (aller Managementebenen) und 200 Controller per Brief angeschrieben, dem der gleiche wie in den Weiterbildungsveranstaltungen zuvor verwendete Fragebogen beilag und dessen Anschreiben einen Link zu einem um Kontrollvariablen erweiterten Online-Fragebogen enthielt. Sieben Briefe waren nicht zustellbar.

Der Rücklauf betrug insgesamt bei den Managern 61 Fragebögen, wovon 58 auswertbar waren (Rücklaufquote: 15,7 %) und bei den Controllern 43 Fragebögen (Rücklaufquote: 19,0 %). Vier völlig anonym zurückgesandte Fragebögen konnten weder den Managern noch den Controllern zugeordnet werden (vgl. Tab. 7-1).

Die Fragebögen wurden bis auf einen Fall in E15 von allen Testteilnehmern vollständig ausgefüllt, so dass der Item Non Response Error in E15 insgesamt bei 0,5 % liegt. Die Item Non Response Errors der Kontrollvariablen können aus den Differenzen der Datensätze der jeweiligen Kontrollvariable zum Risikoverhalten bei den entsprechenden Analysen entnommen werden.

7.1.3 Teilstichprobe Befragung per E-Mail Februar 2008

Im Februar 2008 wurden 10.000 zufällig ausgewählte Manager (Vorstände und Geschäftsführer) von Unternehmen mit einem Umsatz von 100.000 Euro bis 1 Mrd. Euro per E-Mail angeschrieben. Die E-Mail enthielt einen Link zu einer herunterladbaren PDF-Version des Fragebogens und einen Link zu dem erweiterten Online-Fragebogen.

987 E-Mails waren nicht zustellbar und weitere 11 Manager teilten mit, dass sie aufgrund der Unternehmenspolitik oder aus Zeitgründen den Fragebogen nicht ausfüllen können. Der Rücklauf der 9013 zustellbaren Fragebögen betrug 1149 (Rücklaufquote: 12,7 %). 1004 Fragebögen wurden von Managern, 36 von Controllern bzw. Managern mit controllingnahen Funktionen, wie CFO, und 16 unbekannt (die aber mit hoher Wahrscheinlichkeit den Managern zugeordnet werden können) ausgefüllt (vgl. Tab. 7-1).

Erhebung	Antwortart		Position GL	BL	AL	C	Unbek.	Gesamt
Januar 2005 bis Juni 2007 direkt bei Seminaren	Fragebogen direkt bei den Seminaren von den Managern **vor Ort ausgefüllt**	**Anzahl**	**7**	**85**	**16**	**44**	**38**	**190**
		% innerhalb der Antwortart	3,7 %	44,7 %	8,4 %	23,2 %	20,0 %	**100,0 %**
		% innerhalb der Position	,6 %	61,6 %	61,5 %	35,8 %	63,3 %	**13,2 %**
		% der Gesamtzahl	,5 %	5,9 %	1,1 %	3,1 %	2,6 %	**13,2 %**
November 2007 per Brief, der den zweiseitigen **Fragebogen** und im Anschreiben einen **Link zum Online-Fragebogen** enthielt (Brief enthielt keinen frankierten Rückumschlag)	Fragebogen aus dem Brief ausgefüllt, und per **Brief** zurückgesandt	**Anzahl**	**19**	**7**	**0**	**14**	**2**	**42**
		% innerhalb der Antwortart	45,2 %	16,7 %	,0 %	33,3 %	4,8 %	**100,0 %**
		% innerhalb der Position	1,7 %	5,1 %	,0 %	11,4 %	3,3 %	**2,9 %**
		% der Gesamtzahl	1,3 %	,5 %	,0 %	1,0 %	,1 %	**2,9 %**
	Fragebogen aus dem Brief ausgefüllt, und per **Fax** zurückgesandt	**Anzahl**	**16**	**2**	**2**	**6**	**1**	**27**
		% innerhalb der Antwortart	59,3 %	7,4 %	7,4 %	22,2 %	3,7 %	**100,0 %**
		% innerhalb der Position	1,5 %	1,4 %	7,7 %	4,9 %	1,7 %	**1,9 %**
		% der Gesamtzahl	1,1 %	,1 %	,1 %	,4 %	,1 %	**1,9 %**
	Fragebogen aus dem Brief ausgefüllt, eingescannt und per **E-Mail** zurückgesandt	**Anzahl**	**1**	**0**	**0**	**5**	**1**	**7**
		% innerhalb der Antwortart	14,3 %	,0 %	,0 %	71,4 %	14,3 %	**100,0 %**
		% innerhalb der Position	,1 %	,0 %	,0 %	4,1 %	1,7 %	**,5 %**
		% der Gesamtzahl	,1 %	,0 %	,0 %	,3 %	,1 %	**,5 %**
	Langer Link aus dem Anschreiben abgetippt und **Online-Fragebogen** ausgefüllt	**Anzahl**	**5**	**3**	**3**	**13**	**0**	**24**
		% innerhalb der Antwortart	20,8 %	12,5 %	12,5 %	54,2 %	,0 %	**100,0 %**
		% innerhalb der Position	,5 %	2,2 %	11,5 %	10,6 %	,0 %	**1,7 %**
		% der Gesamtzahl	,3 %	,2 %	,2 %	,9 %	,0 %	**1,7 %**
Februar 2008 per E-Mail, die einen **Link zur PDF-Version des Fragebogens** und einen **Link zum Online-Fragebogen** enthielt	PDF-Version heruntergeladen, ausgedruckt, ausgefüllt und per **Brief** zurückgesandt	**Anzahl**	**5**	**0**	**1**	**2**	**0**	**8**
		% innerhalb der Antwortart	62,5 %	,0 %	12,5 %	25,0 %	,0 %	**100,0 %**
		% innerhalb der Position	,5 %	,0 %	3,8 %	1,6 %	,0 %	**,6 %**
		% der Gesamtzahl	,3 %	,0 %	,1 %	,1 %	,0 %	**,6 %**
	PDF-Version heruntergeladen, ausgedruckt, ausgefüllt und per **Fax** zurückgesandt	**Anzahl**	**67**	**4**	**0**	**3**	**2**	**76**
		% innerhalb der Antwortart	88,2 %	5,3 %	,0 %	3,9 %	2,6 %	**100,0 %**
		% innerhalb der Position	6,1 %	2,9 %	,0 %	2,4 %	3,3 %	**5,3 %**
		% der Gesamtzahl	4,7 %	,3 %	,0 %	,2 %	,1 %	**5,3 %**
	PDF-Version heruntergeladen, ausgedruckt, ausgefüllt, eingescannt und per **E-Mail** zurückgesandt	Anzahl	**9**	**0**	**0**	**0**	**0**	**9**
		% innerhalb der Antwortart	100,0 %	,0 %	,0 %	,0 %	,0 %	**100,0 %**
		% innerhalb der Position	,8 %	,0 %	,0 %	,0 %	,0 %	**,6 %**
		% der Gesamtzahl	,6 %	,0 %	,0 %	,0 %	,0 %	**,6 %**
	Online-Fragebogen ausgefüllt (konnte nur vollständig ausgefüllt online versandt werden)	Anzahl	**959**	**37**	**4**	**36**	**16**	**1052**
		% innerhalb der Antwortart	91,2 %	3,5 %	,4 %	3,4 %	1,5 %	**100,0 %**
		% innerhalb der Position	87,8 %	26,8 %	15,4 %	29,3 %	26,7 %	**73,1 %**
		% der Gesamtzahl	66,6 %	2,6 %	,3 %	2,5 %	1,1 %	**73,1 %**
	Online-Fragebogen teilweise unvollständig ausgefüllt, ausgedruckt und per **Fax** zurückgesandt	Anzahl	**4**	**0**	**0**	**0**	**0**	**4**
		% innerhalb der Antwortart	100,0 %	,0 %	,0 %	,0 %	,0 %	**100,0 %**
		% innerhalb der Position	,4 %	,0 %	,0 %	,0 %	,0 %	**,3 %**
		% der Gesamtzahl	,3 %	,0 %	,0 %	,0 %	,0 %	**,3 %**
	Gesamt	**Anzahl**	**1092**	**138**	**26**	**123**	**60**	**1439**
		% innerhalb der Antwortart	**75,9 %**	**9,6 %**	**1,8 %**	**8,5 %**	**4,2 %**	**100,0 %**
		% innerhalb der Position	**100,0 %**	**100,0 %**	**100,0 %**	**100,0 %**	**100,0 %**	**100,0 %**
		% der Gesamtzahl	**75,9 %**	**9,6 %**	**1,8 %**	**8,5 %**	**4,2 %**	**100,0 %**

mit: GL – Geschäftsleitung; BL – Bereichsleiter; AL – Abteilungsleiter; C – Controller; Unbek. – Position nicht angegeben

Tab. 7-1: Verteilung der Antworten der Testteilnehmer nach Position und Antwortart

Die Online-Fragebögen waren alle auswertbar, da nur bezüglich der 24 Entscheidungssituationen vollständig ausgefüllte Fragebögen online versandt werden konnten. Vier Online-Fragebögen wurden per Fax zurückgesandt, zwei davon, weil sie jeweils wegen einer nicht ausgefüllten

Entscheidungssituation (E15, E23) nicht online versendbar waren. Alle per Brief, Fax und E-Mail zurückgesandten Fragebögen der herunterladbaren PDF-Version des Fragebogens waren auswertbar. Lediglich 12 Fragebögen dieser Antwortarten wurden nicht vollständig ausgefüllt (fehlende Angaben: 1.: E3; 2.: E3 und E4; 3.: E3 und E4; 4.: E3, E4 und E7; 5.: E4 und E23; 6.: E12 und E13; 7.: E14 und E22; 8.: E15; 9.: E18; 10.: E22 und E24; 11.: E24; 12.: E24). Die Item Non Response Errors betragen für die Variablen E3 und E4 mit vier fehlenden Werten, die Variable E24 mit drei fehlenden Werten, die Variablen E15, E22 und E23 mit zwei fehlenden Werten und die Variablen E7, E12, E13, E14 und E18 mit einem fehlenden Wert 0,35 %, 0,26 %, 0,17 % und 0,09 %. Die Item Non Response Errors der Kontrollvariablen können aus den Differenzen der Datensätze der jeweiligen Kontrollvariable zum Risikoverhalten bei den entsprechenden Analysen entnommen werden.

7.1.4 Zusammenfassung der Manager- und Controller-Teilstichproben

Insgesamt wurden 1256 auswertbare Fragebögen von Managern ohne Controllingfunktion und 123 Fragebögen von Controllern bzw. Managern mit controllingnahen Funktionen beantwortet. Bei 60 Fragebögen ist die Funktion bzw. Position unbekannt.

1123 Fragebögen stammen von Managern, die bei der Frage nach ihrer Abteilung im Unternehmen, diese als Geschäftsleitung angeben, wovon 1092 keine Controllingfunktion, wie CFO oder kaufmännischer Geschäftsführer, besitzen. 1026 Manager bezeichnen ihre Position eindeutig als Geschäftsführer und 48 Manager bezeichnen sie als Vorstand. Zwölf Geschäftsführer sind zusätzlich Vorstand in einem weiteren kleineren Unternehmen (hinsichtlich Umsatz und Mitarbeiteranzahl). Sieben Vorstände sind zusätzlich Geschäftsführer in einem weiteren kleineren Unternehmen. 233 Geschäftsführer geben an, dass sie auch alleinige Gesellschafter (bzw. Inhaber des Unternehmens) sind. 132 Unternehmen sind Familienunternehmen, in denen alle bzw. alle weiteren Anteile am Unternehmen von Familienmitgliedern des befragten Managers gehalten werden. Bei 25 weiteren Unternehmen halten Familienmitglieder des befragten Managers, dieser eingeschlossen, zumindest die Mehrheit am Unternehmen.

164 Testteilnehmer können dem Management auf mittlerer Ebene zugeordnet werden, wovon aufgrund der Positionsangabe 128 Bereichs- und 26 Abteilungsleiter sind. Die zehn Testteilnehmer, die ihre Position als Prokurist angeben, sowie die acht Testteilnehmer, die ihre Position als Assistent der Geschäftsleitung angeben, werden ebenfalls zu den Managern auf mittlerer Ebene gezählt.

In der Literatur werden zahlreiche Methoden zur Ermittlung des Unit Non Response Errors diskutiert (vgl. z. B. DANIEL 1975, S. 294 ff.; DOOLEY / LINDNER 2003, S. 102 f.; DILLMAN 2007, S. 194 ff.). DOOLEY / LINDNER (2003, S. 109) empfehlen unter anderem die Regression mit dem Antwortdatum zur Bestimmung des Unit Non Response Errors. Die Regressionen des Antwortdatums der Fragebögen zur Risikoeinstellung und zum Risikoentscheidungsverhalten[121] zeigen keine sich mit dem Antwortdatum signifikant ändernde Risikoeinstellung und kein sich mit dem Antwortdatum signifikant änderndes Risikoentscheidungsverhalten.

DOOLEY / LINDNER (2003, S. 109) empfehlen als weitere Methode zur Ermittlung des Unit Non Response Errors den Vergleich der Antworten aus einer Studie mit vorher bekannten Antworten.

[121] Untersucht wird, ob auf den Funktions- bzw. Positionsebenen jeweils zwischen den Teilstichproben auf 5 %-Niveau Unterschiede in den Mittelwerten der Risikoverhaltenskomponenten K1 und K2 (vgl. 7.6.3) unter Beachtung des Alters als Kovariate bestehen.

Somit ist es für die Abschätzung des Unit Non Response Errors von Vorteil, dass die Teilstichproben der Seminare (2005 bis 2007) sowie der Befragungen Ende 2007 und Anfang 2008 unterschiedlich zusammengesetzt sind. Die Teilstichproben der Seminare (2005 bis 2007) und der Befragungen Ende 2007 stellen ausgewählte Stichproben dar. Die Teilstichprobe der Befragung Anfang 2008 stellt eine Zufallsstichprobe dar. Die Rücklaufquote bei den Seminaren (2005 bis 2007) beträgt im Gegensatz zu den anderen Teilstichproben nahezu 100 %.

Mittels Varianzanalyse können die zu den verschiedenen Zeitpunkten erhobenen Teilstichproben jeweils auf gleicher Funktions- bzw. Positionsebene auf Unterschiede im Risikoentscheidungsverhalten untersucht werden. Es können keine auf 5 %-Niveau signifikanten Unterschiede festgestellt werden, so dass statistisch eine gemeinsame Auswertung der Teilstichproben zulässig ist. Weiterhin kann aus dem Nichtbestehen von signifikanten Unterschieden zwischen den verschieden ausgewählten Teilstichproben der Seminare (2005 bis 2007) und den Ende 2007 und Anfang 2008 durchgeführten Befragungen geschlossen werden, dass die Annahme der Repräsentativität der Teilstichproben jeweils für die Grundgesamtheit der Manager und Controller nicht verworfen werden kann.

7.2 Stichprobe der Studenten als Kontrollgruppe

Zur Validierung des Fragebogens und als Kontrollgruppe wurden 1101 Studenten der Technischen Universität Dresden bei Vorlesungen befragt (vgl. Tab. 7-2).

Erhebung	Antwortart		Geschlecht			Gesamt
			männlich	weiblich	unbekannt	
Diplom-Studenten mit Vertiefung in Controlling (CoC 2005)	Papier-Fragebogen direkt in einer Vorlesung vor Ort ausgefüllt	**Anzahl**	1	0	103	**104**
		% innerhalb der Studie	1,0 %	,0 %	99,0 %	**100,0 %**
		% innerhalb d. Geschlechts	,2 %	,0 %	51,8 %	**9,4 %**
		% der Gesamtzahl	,1 %	,0 %	9,4 %	**9,4 %**
Diplom-Studenten mit Vertiefung in Controlling (CoC 2006)	Papier-Fragebogen direkt in einer Vorlesung vor Ort ausgefüllt	**Anzahl**	79	66	0	**145**
		% innerhalb der Studie	54,5 %	45,5 %	,0 %	**100,0 %**
		% innerhalb d. Geschlechts	14,4 %	18,6 %	,0 %	**13,2 %**
		% der Gesamtzahl	7,2 %	6,0 %	,0 %	**13,2 %**
Diplom-Studenten mit Vertiefung in Controlling (CoC 2007)	Papier-Fragebogen direkt in einer Vorlesung vor Ort ausgefüllt	**Anzahl**	51	38	0	**89**
		% innerhalb der Studie	57,3 %	42,7 %	,0 %	**100,0 %**
		% innerhalb d. Geschlechts	9,3 %	10,7 %	,0 %	**8,1 %**
		% der Gesamtzahl	4,6 %	3,5 %	,0 %	**8,1 %**
Bachelor-, Master- und Diplom-Studenten verschiedener Fachrichtungen (EW 2007)	**Online-Version** des Fragebogens	**Anzahl**	98	31	0	**129**
		% innerhalb der Studie	76,0 %	24,0 %	,0 %	**100,0 %**
		% innerhalb d. Geschlechts	17,9 %	8,8 %	,0 %	**11,7 %**
		% der Gesamtzahl	8,9 %	2,8 %	,0 %	**11,7 %**
Bachelor-Studenten der Wirtschaftswissenschaften (KLR 2007)	Papier-Fragebogen direkt in einer Vorlesung vor Ort ausgefüllt	**Anzahl**	270	179	71	**520**
		% innerhalb der Studie	51,9 %	34,4 %	13,7 %	**100,0 %**
		% innerhalb d. Geschlechts	49,3 %	50,6 %	35,7 %	**47,2 %**
		% der Gesamtzahl	24,5 %	16,3 %	6,4 %	**47,2 %**
Bachelor-, Master- und Diplom-nicht-Wirtschafts-Studenten (Fremd-KLR 2007)	Papier-Fragebogen direkt in einer Vorlesung vor Ort ausgefüllt	**Anzahl**	49	40	25	**114**
		% innerhalb der Studie	43,0 %	35,1 %	21,9 %	**100,0 %**
		% innerhalb d. Geschlechts	8,9 %	11,3 %	12,6 %	**10,4 %**
		% der Gesamtzahl	4,5 %	3,6 %	2,3 %	**10,4 %**
	Gesamt	**Anzahl**	**199**	**548**	**354**	**1101**
		% innerhalb der Studie	**18.1 %**	**49.8 %**	**32.2 %**	**100.0 %**
		% innerhalb d.	**100.0 %**	**100.0 %**	**100.0 %**	**100.0 %**
		% der Gesamtzahl	**18.1 %**	**49.8 %**	**32.2 %**	**100.0 %**

Tab. 7-2: Verteilung der Teilstichproben der Studenten

Die Befragungen erfolgten mit der Papierversion des Fragebogens oder Online im Vorfeld einer Studie zu Energiemarktauktionen (EW 2007).

Wirtschaftsstudenten mit der Vertiefungsrichtung Controlling haben in drei aufeinanderfolgenden Jahrgängen (CoC 2005 bis 2007) den Fragebogen ausgefüllt. Weiterhin wurden Bachelor-Studenten der Wirtschaftswissenschaften (KLR 2007) und Bachelor-, Master- und Diplom-Studenten, die keine wirtschaftswissenschaftliche Fachrichtung studieren (Fremd-KLR 2007), jeweils in der Vorlesung Kosten- und Leistungsrechnung befragt.

7.3 Klassifikationen der befragten Unternehmen

7.3.1 Umsatzverteilung der Unternehmen

Von 921[122] der 1439 Testteilnehmer (= 64,0 %), konkret von 693 der 1098 Manager auf Geschäftsleitungsebene (= 63,1 %), von 114 der 164 Manager auf mittlerer Ebene (= 69,5 %) und von 103 der 123 Controller (= 83,7 %) sind Umsatzangaben zum Unternehmen verfügbar. Bei den 921 Unternehmen der gesamten Stichprobe, für die Umsatzzahlen verfügbar sind, handelt es sich um 783 rechtlich verschiedene Unternehmen. Sieben Unternehmen sind mit mehreren Managern auf mittlerer Ebene vertreten. Nur ein Unternehmen ist mit drei Managern auf Geschäftsleitungsebene vertreten.

Unternehmens-kategorie		Position				Unternehmen in D[123]
		GL	MM	C	Gesamt	
Kleinst- (Mikro-) unternehmen mit < 2 Mio. € Umsatz	Anzahl	292	6	12	310	1.409.069
	% innerhalb der Kategorie	94,2 %	1,9 %	3,9 %	100,0 %	
	% innerhalb der Position	42,2 %	5,3 %	11,7 %	34,1 %	
	% der Gesamtzahl	32,2 %	,7 %	1,3 %	34,1 %	88,6 %
Klein-unternehmen mit 2 – 10 Mio. € Umsatz	Anzahl	201	3	16	220	136.938
	% innerhalb der Kategorie	91,4 %	1,4 %	7,3 %	100,0 %	
	% innerhalb der Position	29,0 %	2,6 %	15,5 %	24,1 %	
	% der Gesamtzahl	22,1 %	,3 %	1,8 %	24,1 %	8,6 %
Mittlere Unternehmen mit 10 – 50 Mio. € Umsatz	Anzahl	142	8	13	163	33.573
	% innerhalb der Kategorie	87,1 %	4,9 %	8,0 %	100,0 %	
	% innerhalb der Position	20,5 %	7,0 %	12,6 %	17,9 %	
	% der Gesamtzahl	15,6 %	,9 %	1,4 %	17,9 %	2,1 %
Große Unternehmen mit > 50 Mio. € Umsatz	Anzahl	58	97	62	217	10.267
	% innerhalb der Kategorie	26,7 %	44,7 %	28,6 %	100,0 %	0,7 %
	% innerhalb der Position	8,4 %	85,1 %	60,2 %	23,8 %	
	% der Gesamtzahl	6,4 %	10,6 %	6,8 %	23,8 %	0,7 %
Gesamt	**Anzahl**	693	114	103	910	**1.589.847**
	% innerhalb der Kategorie	76,2 %	12,5 %	11,3 %	100,0 %	
	% innerhalb der Position	100,0 %	100,0 %	100,0 %	100,0 %	
	% der Gesamtzahl	76,2 %	12,5 %	11,3 %	100,0 %	**100,0 %**

mit: GL – Manager auf Geschäftsleitungsebene; MM – Manager auf mittlerer Ebene (Bereichs- und Abteilungsleiter); C – Controller (und controllingnahe Funktionen)

Tab. 7-3: Umsatzverteilung der Unternehmen in der Studie

[122] Von 11 Testteilnehmern, deren Unternehmen samt Umsatz bekannt sind, fehlen die Positionsangaben, so dass nur 910 hinsichtlich Umsatzkategorie und Position ausgewertet werden können.

[123] Unternehmen in Deutschland mit einem Umsatz ≥ 100.000 € (Statistisches Bundesamt 2008b).

692 der 694 Manager auf Geschäftsleitungsebene, 55 der 114 Manager auf mittlerer Ebene und 67 der 103 Controller, für deren Unternehmen Mitarbeiterzahlen verfügbar sind, gehören rechtlich verschiedenen Unternehmen an.

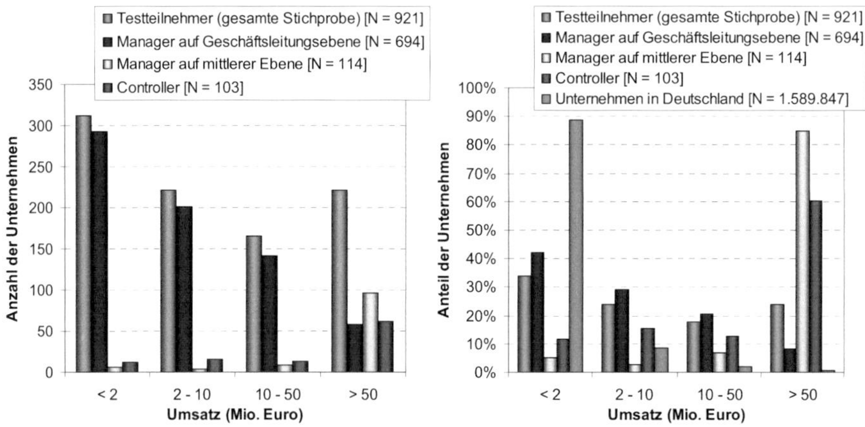

Abb. 7-1: Absolute und relative Umsatzverteilung der Unternehmen in der Studie

In der Studie stammen 91,6 % der Manager auf Geschäftsleitungsebene aus Unternehmen, die nach ihrem Umsatz Kleinst-, kleine bzw. mittlere Unternehmen (KMU) sind. Mit einem Anteil von 42,2 % sind in der Studie die Manager auf Geschäftsleitungsebene in Kleinstunternehmen nur ca. halb so häufig repräsentiert wie im Vergleich zur Umsatzverteilung aller deutschen Unternehmen (mit einem Anteil an Kleinstunternehmen ab einem Umsatz von 100.000 Euro mit 88,6 %). Um statistisch sinnvolle Vergleichsaussagen zwischen den Umsatzkategorien erzielen zu können, ist es jedoch sinnvoll, dass die größeren Unternehmen, die in der Umsatzverteilung aller deutschen Unternehmen prozentual weniger vertretenen sind, in der Studie überrepräsentiert sind. Eine exakte Abbildung der Umsatzverteilung aller deutschen Unternehmen in der Studie hätte beispielsweise zur Folge gehabt, dass nur 0,7 % der Manager aus großen Unternehmen stammen dürften und somit nur fünf (= 0,7 % von 694) statt 58 Manager in dieser Umsatzkategorie vertreten wären, womit keine statistisch sinnvollen Aussagen für diese Umsatzkategorie möglich wären.

Manager auf mittlerer Ebene und Controller sind natürlicherweise in größeren (umsatzstärkeren) Unternehmen häufiger vertreten als in kleineren Unternehmen, so dass in der Studie 85,1 % der Manager auf mittlerer Ebene und 60,2 % der Controller aus großen Unternehmen stammen (vgl. Tab. 7-3 sowie Abb. 7-1).

Bei der zum Vergleich angegebenen Gesamtzahl der Unternehmen in Deutschland ist zu beachten, dass nur Unternehmen ab einem Umsatz von 100.000 € Umsatz erfasst sind.

7.3.2 Mitarbeiteranzahlverteilung in den Unternehmen

Von 926[124] der 1439 Testteilnehmer (= 64,4 %), konkret von 697 der 1098 Manager auf Geschäftsleitungsebene (= 63,8 %), von 115 der 164 Manager auf mittlerer Ebene (= 70,1 %) und von 103 der 123 Controller (= 83,7 %) sind Mitarbeiterzahlen zum Unternehmen verfügbar. Bei den 926 Unternehmen der gesamten Stichprobe, für die Mitarbeiterzahlen zum Unternehmen verfügbar sind, handelt es sich um 791 rechtlich verschiedene Unternehmen. Sieben Unternehmen sind mit mehreren Managern auf mittlerer Ebene vertreten. Nur ein Unternehmen ist mit drei Managern auf Geschäftsleitungsebene vertreten. Drei Unternehmen sind mit mehreren Controllern in der Stichprobe vorhanden. 695 der 697 Manager auf Geschäftsleitungsebene, 56 der 115 Manager auf mittlerer Ebene und 67 der 103 Controller, für deren Unternehmen Mitarbeiterzahlen verfügbar sind, stammen aus rechtlich verschiedenen Unternehmen.

Unternehmens-kategorie		Position				Unternehmen in D[125]
		GL	MM	C	Gesamt	
Kleinst- (Mikro-) unternehmen mit ≤ 9 Mitarbeitern	Anzahl	208	3	5	**216**	3.250.928
	% innerhalb der Kategorie	96,3 %	1,4 %	2,3 %	**100,0 %**	
	% innerhalb der Position	29,8 %	2,6 %	4,9 %	**23,6 %**	
	% der Gesamtzahl	22,7 %	,3 %	,5 %	**23,6 %**	91,5 %
Klein-unternehmen mit 10 – 49 Mitarbeitern	Anzahl	274	9	19	**302**	237.636
	% innerhalb der Kategorie	90,7 %	3,0 %	6,3 %	**100,0 %**	
	% innerhalb der Position	39,3 %	7,8 %	18,4 %	**33,0 %**	
	% der Gesamtzahl	29,9 %	1,0 %	2,1 %	**33,0 %**	6,7 %
Mittlere Unternehmen mit 50 – 249 Mitarbeitern	Anzahl	164	11	18	**193**	51.383
	% innerhalb der Kategorie	85,0 %	5,7 %	9,3 %	**100,0 %**	
	% innerhalb der Position	23,5 %	9,6 %	17,5 %	**21,1 %**	
	% der Gesamtzahl	17,9 %	1,2 %	2,0 %	**21,1 %**	1,5 %
Große Unternehmen ≥ 250 Mitarbeitern	Anzahl	51	92	61	**204**	11.293
	% innerhalb der Kategorie	25,0 %	45,1 %	29,9 %	**100,0 %**	
	% innerhalb der Position	7,3 %	80,0 %	59,2 %	**22,3 %**	
	% der Gesamtzahl	5,6 %	10,1 %	6,7 %	**22,3 %**	0,3 %
Gesamt	**Anzahl**	**697**	**115**	**103**	915	**3.551.240**
	% innerhalb der Kategorie	**76,2 %**	**12,6 %**	**11,3 %**	100,0 %	
	% innerhalb der Position	**100,0 %**	**100,0 %**	**100,0 %**	100,0 %	
	% der Gesamtzahl	**76,2 %**	**12,6 %**	**11,3 %**	100,0 %	**100,0 %**

mit: GL – Manager auf Geschäftsleitungsebene; MM – Manager auf mittlerer Ebene (Bereichs- und Abteilungsleiter); C – Controller (und controllingnahe Funktionen)

Tab. 7-4: Mitarbeiterverteilung der befragten Unternehmen in der Studie

In der Studie stammen 92,7 % der Manager auf Geschäftsleitungsebene aus Unternehmen, die nach ihrer Mitarbeiteranzahl Kleinst-, kleine bzw. mittlere Unternehmen (KMU) sind (vgl. Tab. 7-4 sowie Abb. 7-2).

[124] Von 11 Testteilnehmern, deren Unternehmen mit Mitarbeiteranzahl bekannt sind, fehlen die Positionsangaben, so dass nur 915 hinsichtlich Mitarbeiteranzahl und Position ausgewertet werden können.

[125] Vgl. STATISTISCHES BUNDESAMT (2008b).

Unternehmen mit Controllern, die nur bis zu neun Mitarbeiter aufweisen, sind hauptsächlich im Controllingbereich für andere Unternehmen tätig.

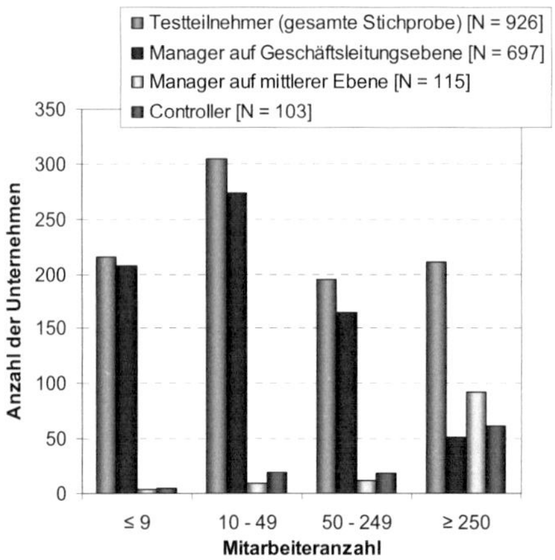

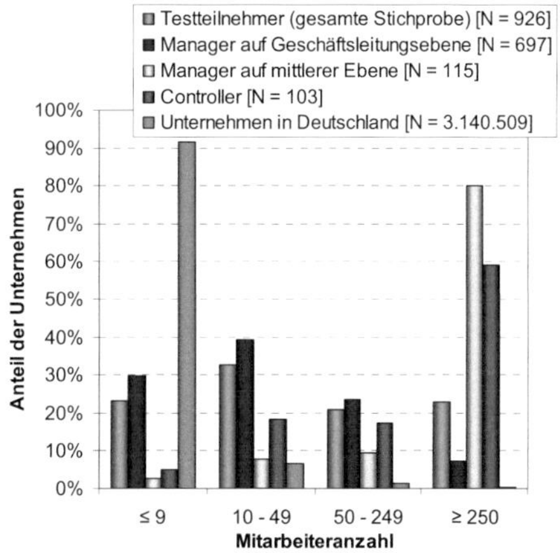

Abb. 7-2: Absolute und relative Anzahl der Mitarbeiter in den Unternehmen in der Studie

Manager auf mittlerer Ebene und Controller sind natürlicherweise in größeren Unternehmen häufiger vertreten als in kleineren Unternehmen, so dass in der Studie 80,0 % der Manager auf mittlerer Ebene und 59,2 % der Controller aus großen Unternehmen stammen (vgl. Tab. 7-4 sowie Abb. 7-2).

Die zum Vergleich angegebene Gesamtanzahl an Unternehmen in Deutschland umfasst alle Unternehmen unabhängig vom Umsatz.

7.3.3 Gesellschaftsformenverteilung

68 der 1439 Testteilnehmer, die den Namen ihres Unternehmens im Fragebogen nicht angaben, nannten zumindest die Gesellschaftsform des Unternehmens, so dass diese von 981 der 1439 Unternehmen (= 68,2 %) bekannt ist.

Wie Tab. 7-5 und Abb. 7-3 verdeutlichen, stammen 69,0 % der Manager auf Geschäftsleitungsebene in der Studie aus GmbHs, so dass diese etwa dreimal so häufig repräsentiert sind wie der Anteil an GmbHs im Vergleich zur Gesamtzahl an Unternehmen ab 100.000 € Umsatz in Deutschland. Obwohl die Vorstände von Aktiengesellschaften mit einem Anteil von 4,6 % der Manager auf Geschäftsleitungsebene ebenfalls überrepräsentiert sind, ist die absolute Anzahl von 35 Vorständen für Vergleiche mit den Geschäftsführern von GmbHs relativ gering.

Sowohl absolut als auch relativ sind OHGs und Einzelunternehmen in der Studie deutlich unterrepräsentiert.

Die in der Studie vertretenen Manager auf mittlerer Ebene und die Controller stammen zu über 95 % aus Aktiengesellschaften, GmbHs, KGs und GmbH & Co. KGs.

Gesellschaftsform		Position				Unternehmen
		GL	MM	C	Gesamt	in D[126]
AG	Anzahl	35	49	51	**135**	6620
	% innerhalb der GF	25,9 %	36,3 %	37,8 %	**100,0 %**	
	% innerhalb der Position	4,6 %	42,2 %	47,7 %	**13,8 %**	
	% der Gesamtzahl	3,6 %	5,0 %	5,2 %	**13,8 %**	0,4 %
GmbH	Anzahl	523	58	36	**617**	374.080
	% innerhalb der GF	84,8 %	9,4 %	5,8 %	**100,0 %**	
	% innerhalb der Position	69,0 %	50,0 %	33,6 %	**62,9 %**	
	% der Gesamtzahl	53,3 %	5,9 %	3,7 %	**62,9 %**	23,5 %
KG und GmbH & Co. KG	Anzahl	135	7	18	**160**	112.981
	% innerhalb der GF	84,4 %	4,4 %	11,3 %	**100,0 %**	
	% innerhalb der Position	17,8 %	6,0 %	16,8 %	**16,3 %**	
	% der Gesamtzahl	13,8 %	,7 %	1,8 %	**16,3 %**	7,1 %
OHG	Anzahl	9	1	1	**11**	152.218[127]
	% innerhalb der GF	81,8 %	9,1 %	9,1 %	**100,0 %**	
	% innerhalb der Position	1,2 %	,9 %	,9 %	**1,1 %**	
	% der Gesamtzahl	,9 %	,1 %	,1 %	**1,1 %**	9,6 %
Einzelunternehmen	Anzahl	56	1	1	**58**	905.208
	% innerhalb der GF	96,6 %	1,7 %	1,7 %	**100,0 %**	
	% innerhalb der Position	7,4 %	,9 %	,9 %	**5,9 %**	
	% der Gesamtzahl	5,7 %	,1 %	,1 %	**5,9 %**	56,9 %
Gesamt	**Anzahl**	**758**	**116**	**107**	**981**	**1.589.847[128]**
	% innerhalb der GF	**77,3 %**	**11,8 %**	**10,9 %**	**100,0 %**	
	% innerhalb der Position	**100,0 %**	**100,0 %**	**100,0 %**	**100,0 %**	
	% der Gesamtzahl	**77,3 %**	**11,8 %**	**10,9 %**	**100,0 %**	**100,0 %**

mit: GL – Manager auf Geschäftsleitungsebene; MM – Manager auf mittlerer Ebene (Bereichs- und Abteilungsleiter); C – Controller (und controllingnahe Funktionen); GF – Gesellschaftsform

Tab. 7-5: Gesellschaftsformen der Unternehmen in der Studie

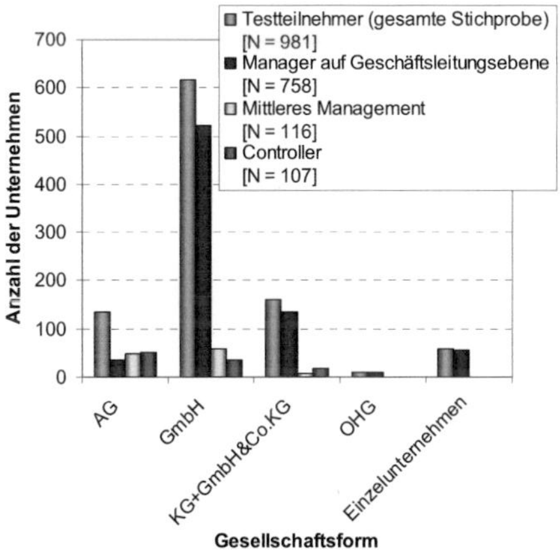

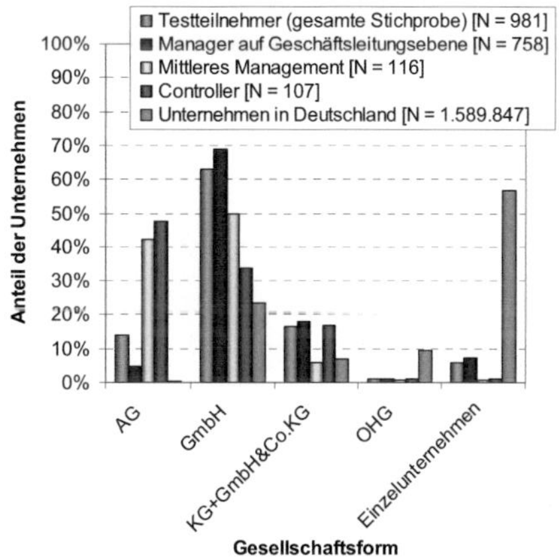

Abb. 7-3: Absolute und relative Anzahl der Gesellschaftsformen der Unternehmen in der Studie

126 Unternehmen in Deutschland mit einem Umsatz $\geq$ 100.000 € (STATISTISCHES BUNDESAMT 2008b).

127 OHGs und GbRs.

128 Hier nicht aufgeführt sind: Erwerbs- und Wirtschaftsgenossenschaften, Betriebe gewerblicher Art von Körperschaften des öffentlichen Rechts und sonstige Rechtsformen.

7.3.4 Branchenverteilung

Die Klassifikation der Wirtschaftszweige nach ISIC Rev. 4 (Internationale Systematik der Wirtschaftszweige der Vereinten Nationen), nach NACE Rev. 2 (Systematik der Wirtschaftszweige in der Europäischen Gemeinschaft nach EG-Verordnung Nr. 1893/2006) und nach WZ2008 (Klassifikation der deutschen Wirtschaftszweige des Statistischen Bundesamtes) sind auf den Ebenen der 21 Abschnitte A-U und der 88 Abteilungen 01-99 identisch (vgl. STATISTISCHES BUNDESAMT 2008a, S. 3). Das mittelgrobe SNA/ISIC-Aggregat A*38 ermöglicht unter anderem eine Unterteilung des Abschnitts C – Verarbeitendes Gewerbe, welches 24 Abteilungen (10 – 33) umfasst, in 13 Branchen (vgl. STATISTISCHES BUNDESAMT 2008a, S. 52 f.).[129]

Mit der Nennung des Unternehmensnamens und/oder der Branchenangabe können 1263 der 1439 Unternehmen (87,8 %) in 29 Branchen klassifiziert werden. 133 Unternehmen ohne Namens- oder Branchenangabe können als dem verarbeitenden Gewerbe zugehörig klassifiziert werden, da an dieser Branche in der 2008er-Umfrage die Fragebögen zuerst versendet wurden und alle anonymen Rückläufe vor der Versendung an weitere Branchen von dieser Branche stammen müssen.

Tab. 7-6 zeigt die Hauptbranchenverteilung der Unternehmen in der Studie. Alle Branchen mit weniger als zehn Testteilnehmern werden nicht einzeln aufgeführt, sondern als „Sonstige" zusammengefasst, da mit der geringen Anzahl von Testteilnehmern in diesen Branchen keine statistisch sinnvollen Aussagen über die jeweilige Branche möglich sind.

Eine weitere Unterteilung des verarbeitenden Gewerbes ist aufgrund der hohen Datensatzanzahl in Tab. 7-7 enthalten. Eine Unterteilung in alle 74 in der Studie vorkommenden Abteilungen (von den 88 möglichen Abteilungen 01-99) ist im Anhang A4 enthalten.

Der hohe Anteil von Testteilnehmern aus dem verarbeitenden Gewerbe ist einerseits durch deren überwiegende Häufigkeit bei den direkten Befragungen in den Seminaren begründet und andererseits, wie bereits beschrieben, darauf zurückzuführen, dass 133 Unternehmen ohne Namens- oder Branchenangabe als dem verarbeitenden Gewerbe zugehörig klassifiziert werden können, da an diese Branche in der 2008er-Umfrage die Fragebögen zuerst versendet wurden und alle anonymen Rückläufe vor der Versendung an weitere Branchen von dieser Branche stammen müssen.

Der überproportionale Anteil an Controllern in der Branche CH (Metallerzeugung und -verarbeitung) resultiert aus dem Primärbranchencode der Unternehmen. Da diese speziellen Unternehmen fast ebenso umfangreich in der Branche CK (Maschinenbau) aktiv sind, relativiert sich die Verzerrung.

[129] Die damit ebenfalls mögliche Unterteilung der Abschnitte J – Information und Kommunikation, M – Erbringung von freiberuflichen, wissenschaftlichen und technischen Dienstleistungen und Q – Gesundheits- und Sozialwesen ist aufgrund der geringen Datensatzanzahl in diesen Abschnitten bei der vorliegenden Studie nicht sinnvoll.

	Branche		Position				Unternehmen in D[130]
			GL	MM	C	Gesamt	
C	Verarbeitendes Gewerbe	Anzahl	554	92	74	**720**	192.984
		% in B	76,9 %	12,8 %	10,3 %	**100,0 %**	
		% in P	55,7 %	69,2 %	64,3 %	**57,9 %**	
		% in G	44,6 %	7,4 %	6,0 %	**57,9 %**	12,1 %
D	Energieversorgung	Anzahl	10	2	2	**14**	14.063
		% in B	71,4 %	14,3 %	14,3 %	**100,0 %**	
		% in P	1,0 %	1,5 %	1,7 %	**1,1 %**	
		% in G	,8 %	,2 %	,2 %	**1,1 %**	
E	Wasserversorgung; Abwasser- und Abfallentsorgung und Beseitigung von Umwelt-verschmutzungen	Anzahl	9	0	1	**10**	
		% in B	90,0 %	,0 %	10,0 %	**100,0 %**	
		% in P	,9 %	,0 %	,9 %	**,8 %**	
		% in G	,7 %	,0 %	,1 %	**,8 %**	,7 %
F	Baugewerbe	Anzahl	87	3	3	**93**	196.091
		% in B	93,5 %	3,2 %	3,2 %	**100,0 %**	
		% in P	8,7 %	2,3 %	2,6 %	**7,5 %**	
		% in G	7,0 %	,2 %	,2 %	**7,5 %**	12,3 %
G	Handel; Instandhaltung und Reparatur von Kraftfahrzeugen	Anzahl	114	5	9	**128**	425.896
		% in B	89,1 %	3,9 %	7,0 %	**100,0 %**	
		% in P	11,5 %	3,8 %	7,8 %	**10,3 %**	
		% in G	9,2 %	,4 %	,7 %	**10,3 %**	26,8 %
H	Verkehr und Lagerei	Anzahl	51	2	4	**57**	70.322
		% in B	89,5 %	3,5 %	7,0 %	**100,0 %**	
		% in P	5,1 %	1,5 %	3,5 %	**4,6 %**	
		% in G	4,1 %	,2 %	,3 %	**4,6 %**	
J	Information und Kommunikation	Anzahl	54	3	6	**63**	
		% in B	85,7 %	4,8 %	9,5 %	**100,0 %**	
		% in P	5,4 %	2,3 %	5,2 %	**5,1 %**	
		% in G	4,3 %	,2 %	,5 %	**5,1 %**	4,4 %
K	Erbringung von Finanz- und Versicherungs-dienstleistungen	Anzahl	69	7	8	**84**	5.495
		% in B	82,1 %	8,3 %	9,5 %	**100,0 %**	
		% in P	6,9 %	5,3 %	7,0 %	**6,8 %**	
		% in G	5.6 %	.6 %	.6 %	**6.8 %**	.3 %
M	Erbringung von freiberuflichen, wissenschaftlichen und technischen Dienstleistungen	Anzahl	17	4	5	**26**	383.328
		% in B	65.4 %	15.4 %	19.2 %	**100.0 %**	
		% in P	1.7 %	3.0 %	4.3 %	**2.1 %**	
		% in G	1,4 %	,3 %	,4 %	**2,1 %**	
N	Erbringung von sonstigen wirtschaftlichen Dienstleistungen	Anzahl	19	2	0	**21**	
		% in B	90.5 %	9.5 %	.0 %	**100.0 %**	
		% in P	1.9 %	1.5 %	.0 %	**1.7 %**	
		% in G	1,5 %	,2 %	,0 %	**1,7 %**	24,1 %
	Sonstige (B - Bergbau und Gewinnung von Steinen und Erden, I - Gastgewerbe, L - Grundstücks- und Wohnungswesen, O - Öffentliche Verwaltung, Verteidigung, P - Erziehung und Unterricht Sozialversicherung, Q - Gesundheits- und Sozialwesen)	Anzahl	11	13	3	**27**	301.668
		% in B	40,7 %	48,1 %	11,1 %	**100,0 %**	
		% in P	1,1 %	9,8 %	2,6 %	**2,2 %**	
		% in G	,9 %	1,0 %	,2 %	**2,2 %**	19,0 %
	Gesamt	**Anzahl**	**995**	**133**	**115**	**1243**	**1.589.847**
		% in B	**80.0 %**	**10.7 %**	**9.3 %**	**100.0 %**	
		% in P	**100.0 %**	**100.0 %**	**100.0 %**	**100.0 %**	
		% in G	**80,0 %**	**10,7 %**	**9,3 %**	**100,0 %**	**100,0 %**

mit: GL – Manager auf Geschäftsleitungsebene; MM – Manager auf mittlerer Ebene (Bereichs- und Abteilungsleiter); C – Controller (und controllingnahe Funktionen); B – Branche; P – Position; G –Gesamt

Tab. 7-6: Hauptbranchenverteilung der Unternehmen in der Studie

[130] Unternehmen in Deutschland mit einem Umsatz ≥ 100.000 € (Statistisches Bundesamt 2008b).

Branche			Position GL	MM	C	Gesamt	Unternehmen in D[131]
CA	Herstellung von Nahrungs- und Genussmitteln, Getränken und Tabakerzeugnissen	Anzahl	37	0	2	**39**	40.959
		% in B	94.9 %	,0 %	5.1 %	**100,0 %**	
		% in P	3,7 %	,0 %	1,7 %	**3,1 %**	
		% in G	3,0 %	,0 %	,2 %	**3,1 %**	
CB	Herstellung von Textilien, Bekleidung, Leder, Lederwaren und Schuhen	Anzahl	11	0	2	**13**	10.978
		% in B	84,6 %	,0 %	15,4 %	**100,0 %**	
		% in P	1,1 %	,0 %	1,7 %	**1,0 %**	
		% in G	,9 %	,0 %	,2 %	**1,0 %**	
CC	Herstellung von Holzwaren, Papier, Pappe und Waren daraus, Herstellung von Druckerzeugnissen	Anzahl	55	5	2	**62**	22.772
		% in B	88,7 %	8,1 %	3,2 %	**100,0 %**	
		% in P	5,5 %	3,8 %	1,7 %	**5,0 %**	
		% in G	4,4 %	,4 %	,2 %	**5,0 %**	
CE	Herstellung von chemischen Erzeugnissen	Anzahl	20	21	0	**41**	5.585
		% in B	48.8 %	51.2 %	.0 %	**100.0 %**	
		% in P	2.0 %	15.8 %	.0 %	**3.3 %**	
		% in G	1.6 %	1.7 %	.0 %	**3.3 %**	
CG	Herstellung v. Gummi- u. Kunststoffwaren sowie v. Glas u. Glaswaren, Keramik, Verarbeitung v. Steinen u. Erden	Anzahl	44	3	3	**50**	19.241
		% in B	88,0 %	6,0 %	6,0 %	**100,0 %**	
		% in P	4,4 %	2,3 %	2,6 %	**4,0 %**	
		% in G	3,5 %	,2 %	,2 %	**4,0 %**	
CH	Metallerzeugung und -bearbeitung, Herstellung von Metallerzeugnissen	Anzahl	63	1	34	**98**	53.045
		% in B	64,3 %	1,0 %	34,7 %	**100,0 %**	
		% in P	6,3 %	,8 %	29,6 %	**7,9 %**	
		% in G	5,1 %	,1 %	2,7 %	**7,9 %**	
CI	Herstellung von Datenverarbeitungsgeräten, elektronischen und optischen Erzeugnissen	Anzahl	41	0	1	**42**	35.438
		% in B	97.6 %	.0 %	2.4 %	**100.0 %**	
		% in P	4.1 %	.0 %	.9 %	**3.4 %**	
		% in G	3.3 %	.0 %	.1 %	**3.4 %**	
CJ	Herstellung von elektrischen Ausrüstungen	Anzahl	18	2	3	**23**	
		% in B	78,3 %	8,7 %	13,0 %	**100,0 %**	
		% in P	1,8 %	1,5 %	2,6 %	**1,9 %**	
		% in G	1,4 %	,2 %	,2 %	**1,9 %**	
CK	Maschinenbau	Anzahl	46	10	7	**63**	24.736
		% in B	73,0 %	15,9 %	11,1 %	**100,0 %**	
		% in P	4,6 %	7,5 %	6,1 %	**5,1 %**	
		% in G	3,7 %	,8 %	,6 %	**5,1 %**	
CL	Fahrzeugbau	Anzahl	9	36	4	**49**	3.930
		% in B	18,4 %	73,5 %	8,2 %	**100,0 %**	
		% in P	,9 %	27,1 %	3,5 %	**3,9 %**	
		% in G	,7 %	2,9 %	,3 %	**3,9 %**	
CM	Sonstige Herstellung von Waren, Reparatur und Installation von Maschinen und Ausrüstungen	Anzahl	73	7	12	**92**	21.499
		% in B	79,3 %	7,6 %	13,0 %	**100,0 %**	
		% in P	7,3 %	5,3 %	10,4 %	**7,4 %**	
		% in G	5,9 %	,6 %	1,0 %	**7,4 %**	
	Sonstige (CD - Kokerei und Mineralölverarbeitung, CF - Herstellung von pharmazeutischen Erzeugnissen)	Anzahl	6	0	2	**8**	
		% in B	75,0 %	0,0 %	25,0 %	**100,0 %**	
		% in P	0,6 %	0,0 %	1,7 %	**0,6 %**	
		% in G	0,5 %	0,0 %	0,2 %	**0,6 %**	

mit: GL – Manager auf Geschäftsleitungsebene; MM – Manager auf mittlerer Ebene (Bereichs- und Abteilungsleiter); C – Controller (und controllingnahe Funktionen); B – Branche; P – Position; G –Gesamt

Tab. 7-7: Branchenverteilung der Unternehmen in der Studie innerhalb des verarbeitenden Gewerbes

[131] Unternehmen in Deutschland mit einem Umsatz ≥ 100.000 € (STATISTISCHES BUNDESAMT 2008b).

7.3.5 Gesamtwirtschaftliche Situation

Die Performancekennzahlen für 2007 der am Test teilnehmenden Unternehmen[132] in Tab. 7-8 und Tab. 7-9 zeigen im Mittel eine positive Entwicklung im Jahr vor der Befragung. Im Vergleich zu 2006 sind die Umsätze und Mitarbeiterzahlen im Mittel um 12,4 % bzw. 6,4 % angestiegen. Bis auf die Dienstleister (K – Erbringung von Finanz- und Versicherungsdienstleistungen; M – Erbringung von freiberuflichen, wissenschaftlichen und technischen Dienstleistungen; N – Erbringung von sonstigen wirtschaftlichen Dienstleistungen) und die Hersteller von Datenverarbeitungsgeräten sowie elektronischen und optischen Erzeugnissen (CI) werden im Jahr 2007 im Mittel Gewinne erwirtschaftet (ROE = 18,9 %, ROA = 4,2 % und ROS = 2,5 %). Dennoch scheint allgemein eine positive Grundstimmung vorzuherrschen, da in allen Branchen im Mittel die Manager die Performance des eigenen Unternehmens für besser halten als die Performance der Wettbewerber.[133] Dies bestätigt trotz des negativen Trends seit Anfang 2007 auch die Lage des Geschäftsklimas des ifo Geschäftsklimaindex[134] mit über dem langjährigen Durchschnitt liegenden Werten zu den Zeitpunkten der Befragung im November 2007 und im Februar 2008. Die Geschäftserwartungen für die kommenden sechs Monate befinden sich allerdings mit negativem Trend nur noch auf dem langjährigen Durchschnittsniveau (vgl. BORGER 2008, S. 1).

Zusammenfassend schauen die am Test teilnehmenden Manager auf Geschäftsleitungsebene somit im Mittel auf eine positive Vergangenheit zurück und beurteilen im Mittel die eigene Performance als überdurchschnittlich im Vergleich zu den Wettbewerbern. Dies bestätigt, trotz des negativen Trends, auch die Lage des ifo Geschäftsklimaindex mit über dem langjährigen Durchschnitt liegenden Werten zu den Zeitpunkten der Befragung. Die Geschäftserwartungen für die kommenden sechs Monate befinden sich allerdings mit negativem Trend nur noch auf dem langjährigen Durchschnittsniveau.

---

132 Nachfolgend sind nur die Unternehmen aufgeführt, bei denen ein Manager auf Geschäftsleitungsebene an der Befragung teilgenommen hat.

133 Der Durchschnittswert in der Studie von 0,323 liegt zwischen 0 – durchschnittlich und 0,5 – besser als die Wettbewerber (weitere Stufen sind 1 – sehr viel besser als die Wettbewerber; -1 – sehr viel schlechter als die Wettbewerber; -0,5 – schlechter als die Wettbewerber).

134 Der ifo Geschäftsklimaindex erhebt monatlich bei rund 7.000 Unternehmen der gewerblichen Wirtschaft (verarbeitendes Gewerbe, Bauhauptgewerbe, Großhandel, Einzelhandel) die Lage und die Geschäftserwartungen für die kommenden sechs Monate.

	Branche nach WZ2008		ROE 2007	ROA 2007	ROS 2007	Gesamtkapitalwachstum (GK 2007/ GK 2006)	Eigenkapitalquote (EK 2007 /GK 2007)	Veränderung Eigenkapitalquote (EK/GK 2007 / EK/GK 2006)	Umsatzentwicklung (Umsatz 2007 / Umsatz 2006)	Mitarbeiteranzahlentwicklung (MA 2007 / MA 2006)	Umsatz/MA 2007 / Umsatz/MA 2006	Selbsteinschätzung der eigenen Performance in der Branche
B	Bergbau und Gewinnung von Steinen und Erden	μ	,056	,005	,011	,156	,224	,017	-,070	,035	-,103	,200
		σ	,0729	,0431	,0168	,4094	,2210	,0951	,1391	,0606	,1850	,5701
		N	3	4	3	4	3	3	3	4	3	5
C	Verarbeitendes Gewerbe	μ	,218	,056	,032	,151	,331	,010	,142	,056	,084	,302
		σ	,2905	,1212	,0773	,2787	,2044	,0915	,2407	,2083	,2477	,3445
		N	251	302	279	324	283	278	275	347	269	562
D	Energieversorgung	μ	,203	,071	,071	,162	,294	-,011	,149	,001	,149	,364
		σ	,2409	,1191	,0739	,3316	,1593	,0965	,3321	,0234	,3338	,3233
		N	5	8	7	10	8	8	9	10	9	11
E	Wasserversorgung; Abwasser- u. Abfallentsorgung u. Beseitigung von Umweltverschmutzungen	μ	,203	,113	,060	,126	,308	,011	,055	-,006	,100	,300
		σ	,3727	,1356	,0578	,1981	,0780	,0810	,1487	,1522	,2763	,2582
		N	6	8	7	8	7	7	7	8	7	10
F	Baugewerbe	μ	,154	,035	,026	,109	,250	-,004	,060	,038	,014	,328
		σ	,2763	,1205	,0694	,3895	,1743	,1155	,3201	,2512	,3392	,3219
		N	41	52	47	53	44	44	45	58	50	87
G	Handel; Instandhaltung und Reparatur von Kraftfahrzeugen	μ	,219	,011	,008	,134	,276	-,014	,096	,083	,045	,338
		σ	,2833	,1268	,0632	,3077	,2075	,1291	,2468	,2624	,2417	,3137
		N	52	66	60	68	61	59	63	84	63	117
H	Verkehr und Lagerei	μ	,151	,034	,022	,118	,270	,006	,112	-,004	,104	,269
		σ	,3818	,1130	,0743	,3057	,2431	,1152	,2249	,1755	,2583	,3203
		N	26	33	30	33	32	29	26	34	26	52
J	Information und Kommunikation	μ	,207	,070	,044	,153	,320	,019	,180	,114	,095	,370
		σ	,3530	,1017	,0571	,2695	,1604	,1362	,2935	,2720	,4086	,3248
		N	21	26	22	26	24	24	16	29	15	54
K	Erbringung von Finanz- und Versicherungs-dienstleistungen	μ	,066	,014	-,006	,200	,377	,000	,134	,136	,036	,486
		σ	,3782	,1871	,1465	,3634	,2156	,1303	,2122	,3705	,3989	,3182
		N	36	38	32	40	40	40	27	49	29	70
L	Grundstücks- und Wohnungswesen	μ	,080	,059		,134	,744	-,076		,000		,333
		σ										,2887
		N	1	1		1	1	1		1		3
M	Erbringung von freiberuflichen, wissenschaftlichen und technischen Dienstleistungen	μ	,095	-,002	-,028	,075	,296	-,154	,048	,152	-,048	,389
		σ	,1493	,1000	,1407	,3576	,1175	,3819	,1390	,1339	,1608	,3234
		N	6	10	8	10	6	6	6	7	6	18
N	Erbringung von sonstigen wirtschaftlichen Dienstleistungen	μ	,042	-,062	,000	,009	,315	-,016	,155	,130	-,076	,184
		σ	,1677	,1687	,0272	,1986	,1660	,0610	,3826	,3434	,1590	,3420
		N	9	12	9	12	9	9	7	11	6	19
	Insgesamt	**μ**	**,189**	**,042**	**,025**	**,143**	**,316**	**,002**	**,124**	**,064**	**,067**	**,323**
		σ	**,3030**	**,1282**	**,0814**	**,3006**	**,2030**	**,1123**	**,2513**	**,2378**	**,2752**	**,3370**
		N	**457**	**560**	**504**	**589**	**518**	**508**	**484**	**642**	**483**	**1011**

mit: μ – Mittelwert der Teilstichprobe; σ – Standardabweichung in der Teilstichprobe; N – Anzahl der Datensätze

Tab. 7-8: Performancekennzahlen der Unternehmen nach Branchen

	Branche innerhalb des verarbeitenden Gewerbes (WZ2008)		ROE 2007	ROA 2007	ROS 2007	Gesamtkapitalwachstum (GK 2007/ GK 2006)	Eigenkapitalquote (EK 2007 /GK 2007)	Veränderung Eigenkapitalquote (EK/GK 2007 / EK/GK 2006)	Umsatzentwicklung (Umsatz 2007 / Umsatz 2006)	Mitarbeiteranzahlentwicklung (MA 2007 / MA 2006)	Umsatz/MA 2007 / Umsatz/MA 2006	Selbsteinschätzung der eigenen Performance in der Branche
CA	**Herstellung von Nahrungs- und Genussmitteln, Getränken und Tabakerzeugnissen**	μ	,167	,025	,003	,176	,386	-,019	,127	,036	,179	,351
		σ	,2430	,0980	,1041	,3570	,2136	,0936	,2208	,2411	,2720	,4059
		N	19	22	20	24	18	18	20	24	17	37
CB	**Herstellung von Textilien, Bekleidung, Leder, Lederwaren und Schuhen**	μ	,054	,031	,015	,020	,419	,010	,078	-,019	,111	,250
		σ	,1725	,0817	,0520	,0634	,1714	,0628	,2103	,0537	,2012	,2635
		N	8	10	10	11	9	9	7	11	7	10
CC	**Herstellung v. Holzwaren, Papier, Pappe u. Waren daraus, Herst. v. Druckerzeugnissen**	μ	,191	,044	,034	,123	,298	,025	,124	,061	,046	,277
		σ	,2902	,0719	,0749	,3088	,1866	,0658	,2678	,2348	,2615	,3292
		N	31	35	31	38	33	32	29	42	31	56
CD	**Kokerei und Mineralöl-verarbeitung**	μ	,065		,016				-,124	,082	-,187	,500
		σ							,3598	,0218	,3489	,0000
		N	1		1				2	2	2	2
CE	**Herstellung von chemischen Erzeugnissen**	μ	,275	,072	,032	,082	,313	,009	,176	,077	,064	,447
		σ	,2603	,0723	,0326	,2126	,1624	,0418	,2345	,1293	,0984	,2836
		N	11	11	10	11	11	11	13	14	12	19
CF	**Herstellung von pharma-zeutischen Erzeugnissen**	μ	,157	,072	,091	,034	,447	,035	,046	,220	-,088	,400
		σ	,2369	,1072	,0889	,1263	,2986	,0885	,3454	,4464	,3434	,2236
		N	3	4	4	4	4	4	4	5	5	5
CG	**Herst. v. Gummi-, Kunststoff, Glas u. Glaswaren, Keramik, Verarb. v. Steinen u. Erden**	μ	,194	,017	,029	,162	,354	-,030	,099	,075	-,004	,283
		σ	,2197	,1665	,0599	,2941	,2309	,1224	,2633	,2005	,1873	,3749
		N	24	34	26	36	29	28	28	40	27	46
CH	**Metallerzeugung und -bearbeitung, Herstellung von Metallerzeugnissen**	μ	,309	,082	,040	,171	,327	,034	,160	,058	,100	,280
		σ	,3167	,0972	,0646	,2268	,1936	,0965	,2267	,1846	,2225	,3297
		N	33	45	44	47	40	39	44	49	43	66
CI	**Herst. v. Datenverarbeitungs-geräten, elektronischen und optischen Erzeugnissen**	μ	,212	,033	,018	,176	,372	-,010	,161	,099	,037	,312
		σ	,2847	,1339	,0804	,3462	,2368	,1055	,2202	,2436	,2042	,3139
		N	24	29	28	32	29	29	25	31	24	40
CJ	**Herstellung von elektrischen Ausrüstungen**	μ	,334	,105	,047	,134	,320	,032	,173	-,038	,239	,278
		σ	,3382	,0990	,0476	,3438	,2265	,0618	,2077	,1315	,3120	,4278
		N	12	15	15	16	14	12	12	18	13	18
CK	**Maschinenbau**	μ	,282	,091	,047	,171	,312	,020	,158	,047	,119	,304
		σ	,2553	,0865	,0576	,2413	,2013	,0690	,2473	,2299	,2641	,3013
		N	32	32	34	36	35	35	39	42	37	51
CL	**Fahrzeugbau**	μ	,292	,102	,069	,147	,293	,057	,155	,235	,071	,333
		σ	,2911	,1015	,0548	,2186	,1459	,0745	,3746	,4405	,2270	,2582
		N	5	6	5	6	6	6	3	5	3	6
CM	**Sonstige Herst. von Waren, Reparatur und Installation von Maschinen und Ausrüstungen**	μ	,147	,050	,023	,160	,302	,005	,157	,039	,094	,311
		σ	,3423	,1565	,1065	,2701	,1973	,0992	,2441	,1556	,2685	,3382
		N	48	59	51	63	55	55	49	64	48	74
C	**Verarbeitendes Gewerbe (insgesamt)**	**μ**	**,218**	**,056**	**,032**	**,151**	**,331**	**,010**	**,142**	**,056**	**,084**	**,302**
		σ	**,2905**	**,1212**	**,0773**	**,2787**	**,2044**	**,0915**	**,2407**	**,2083**	**,2477**	**,3445**
		N	**251**	**302**	**279**	**324**	**283**	**278**	**275**	**347**	**269**	**562**

mit: μ – Mittelwert der Teilstichprobe; σ – Standardabweichung in der Teilstichprobe; N – Anzahl der Datensätze

Tab. 7-9: Performancekennzahlen der Unternehmen nach Branchen im verarbeitenden Gewerbe

7.4 Vorgehen bei der Datenanalyse und den Hypothesentests

Abb. 7–4 zeigt das Vorgehen bei der Datenanalyse. Die 24 Entscheidungssituationen zum Risikoentscheidungsverhalten aus dem Fragebogen werden zunächst einer Dimensionsreduktion mittels Faktoren- und Clusteranalyse unterzogen, die wiederum mittels einer Diskriminanzanalyse validiert wird. Anschließend erfolgt, je nach Skalenniveau der Daten, die Hypothesenprüfung mit Varianz-, Kontingenz-, Korrelations-, und Regressionsanalysen.

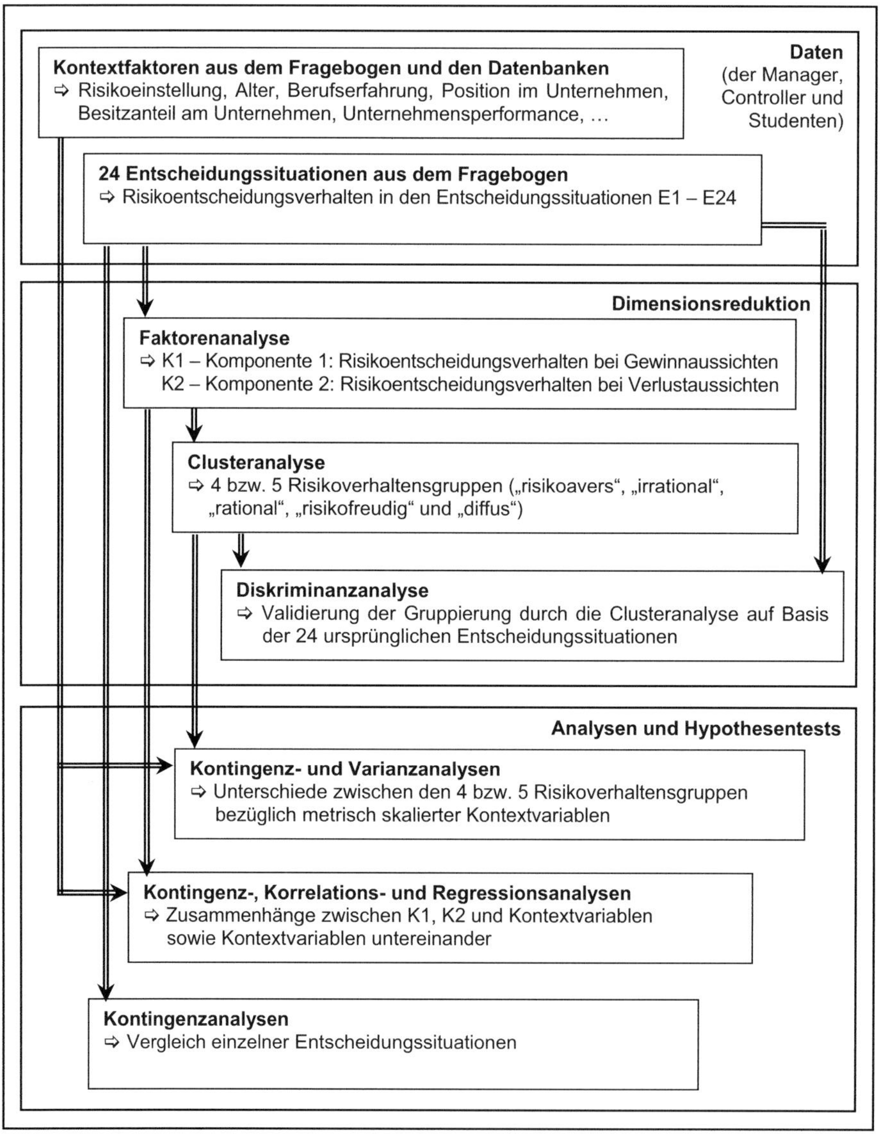

Abb. 7-4: Vorgehen bei der Datenanalyse und den Hypothesentests

Die Überprüfung der Hypothesen kann auf drei „Ebenen" der Datenaggregation vorgenommen werden:

1. mit den Mittelwerten der Antworten auf die einzelnen 24 Entscheidungssituationen,
2. mit den aus den 24 Entscheidungssituationen mittels Faktorenanalyse aggregierten zwei Risikoverhaltenskomponenten K1 (für das Risikoverhalten bei Gewinnaussichten) und K2 (für das Risikoverhalten bei Verlustaussichten) und
3. mit den vier (bzw. fünf) Risikoverhaltensgruppen, die durch Clusteranalyse aus der Kombination von K1 und K2 gebildet werden können.

Für die Analysemethoden ist vor allem das Skalenniveau der Variablen von Bedeutung.

Mittels Kontingenzanalyse und χ^2-Test (vgl. z. B. COHEN 1988, S. 215 ff.) werden getestet: 1. Unterschiede zwischen den Mittelwerten der Antworten auf die einzelnen 24 Entscheidungssituationen bei paarweisen Vergleichen, 2. Unterschiede zwischen den Teilstichproben der Manager (nach Positionen und Besitzanteilen), Controller und Studenten sowie 3. Unterschiede zwischen den vier (bzw. fünf) Risikoverhaltensgruppen, falls die zweite Variable ebenfalls nominal skaliert ist.

Die Unterschiede zwischen den Teilstichproben der Manager (nach Positionen und Besitzanteilen), der Controller und der Studenten sowie die Unterschiede zwischen den vier (bzw. fünf) Risikoverhaltensgruppen können mittels Diskriminanzanalyse und F-Test analysiert werden, falls die abhängige Variable normalverteilt[135] und metrisch skaliert ist (vgl. z. B. COHEN 1988, S. 273 ff.).

Zusammenhänge von mindestens ordinal skalierten Variablen zu den zwei Risikoverhaltenskomponenten K1 und K2 werden mittels nichtparametrischer Korrelation nach KENDALL's Tau-B (τ_b) überprüft, da eine äquidistante Skalierung des Risikoentscheidungsverhaltens innerhalb der Risikoverhaltenskomponenten K1 und K2 nicht vorausgesetzt werden kann.

Falls abhängige und unabhängige Variablen normalverteilt und metrisch skaliert sind, können Zusammenhänge mittels Regressionsanalysen sowie F-Test und t-Test ermittelt werden (vgl. z. B. COHEN 2003, S. 41 ff.).

Die Signifikanz von Abweichungen zu bestimmten Testwerten (z. B. 0, 0,5 oder 1) kann mittels t-Test getestet werden, falls die zu untersuchende Variable normalverteilt und metrisch skaliert ist (vgl. z. B. COHEN 1988, S. 145 ff.).

Der Modell-Fit der Strukturgleichungsmodelle kann mittels χ^2-Test erfolgen (vgl. z. B. COHEN 2003, S. 472 ff.). Weitere Modell-Fit-Testmethoden werden im Kapitel 7.12 vorgestellt.

[135] Die Tests auf Normalverteilung erfolgen mit dem KOLMOGOROW-SMIRNOW-Test.

7.5 Ergebnisse der einzelnen Entscheidungssituationen und deren Interpretation

Da die Alternative A in jeder der 24 Entscheidungssituationen die risikovermeidende und die Alternative B die risikofreudige Alternative darstellt, können die Antworten der Testteilnehmer für Alternative A als 0 und Alternative B als 1 codiert werden.
Alle 24 Entscheidungssituationen sind nach dem KOLMOGOROV-SMIRNOV-Anpassungstest auf mindestens 1 %-Niveau normalverteilt, so dass die Verwendung von t-Tests für Mittelwertvergleiche zwischen den Variablen auf 5 %-Niveau zulässig ist.
Der Mittelwert der Antworten aller Testteilnehmer[136] (bzw. einer entsprechenden Untergruppe) auf eine Entscheidungssituation ermöglicht einen Vergleich des Antwortverhaltens zwischen den Entscheidungssituationen und den Testteilnehmergruppen (vgl. Tab. 7-10 bis Tab. 7-14). So zeigt der Mittelwert von 0,28 bei Entscheidungssituation E1 für alle Testteilnehmer, dass sie zu 28 % risikofreudig und zu 72 % (= 100 % - 28 %) risikovermeidend entscheiden. Der Mittelwert von 0,72 bei Entscheidungssituation E2 bedeutet dementsprechend, dass 72 % der Testteilnehmer risikofreudig und 28 % (= 100 % - 72 %) risikovermeidend entscheiden.

Wären die Antworten auf die einzelnen Entscheidungssituationen rein zufällig erfolgt, dürften die Antwortmittelwerte statistisch nicht signifikant von 0,5 abweichen. Alle 24 Antwortmittelwerte auf die einzelnen Entscheidungssituationen bei allen Testteilnehmern sowie 21 der 24 Antwortmittelwerte bei den Managern auf Geschäftsleitungsebene weichen jedoch statistisch signifikant (auf 5 %-Niveau) von 0,5 ab.

Die Manager auf mittlerer Ebene entscheiden im Mittel in den Entscheidungssituationen E3, E8, E9, E12, E15, E16, E21 und E23 signifikant risikofreudiger und nur in E14 signifikant risikoaverser als die Manager auf Geschäftsleitungsebene (vgl. Tab. 7-11 bis Tab. 7-14).

Die Controller entscheiden im Mittel in den Entscheidungssituationen E3, E8, E20, E21 und E23 signifikant risikofreudiger und in E14 und E19 signifikant risikoaverser als die Manager auf Geschäftsleitungsebene.

Signifikante Unterschiede im mittleren Entscheidungsverhalten der Manager auf Geschäftsleitungsebene, je nach Besitzanteil, existieren in den Entscheidungssituationen E1, E2, E3, E5, E8, E9, E10, E14, E15, E16, E18, E21 und E24.

In den Entscheidungssituationen E4, E6, E11, E13, E17 und E22 sind keine signifikanten Unterschiede im Entscheidungsverhalten der Manager mit unterschiedlichem Besitzanteil am Unternehmen sowie zwischen den Positionen Manager auf Geschäftsleitungsebene, Manager auf mittlerer Ebene und den Controllern feststellbar.

Die Tests der Zwischensubjekteffekte und auf Univariate sind im Anhang A5-1 enthalten.

136 Als Testteilnehmer werden nachfolgend nur die Manager und Controller bezeichnet. Ist zusätzlich die Kontrollgruppe der Studenten für die Analysen relevant, wird im Einzelfall explizit darauf verwiesen, dass diese in die Analysen eingeschlossen werden.

Entscheidungssituationen des Risikofragebogens (mit Entscheidungen für: Option A (Wert; Wahrscheinlichkeit) oder Option B (Wert; Wahrscheinlichkeit))		Manager ohne (= 0 %) Unternehmensanteile [N = 157]	Manager mit Minderheitsbeteiligung (< 50 %) [N = 91]	Manager mit Mehrheitsbeteiligung (≥ 50 %) [N = 99]	Manager, die gleichzeitig Inhaber (= 100 %) sind [N = 228]	Manager mit unbekanntem Unternehmensanteil [N = 365]	Manager mit Mehrheitsanteilen (> 50 %) der Familie [N = 147]	**Manager auf Geschäftsleitungsebene [N = 1092]**	**Manager auf mittlerer Ebene [N = 123]**	Controller [N = 123]	Gesamt [N = 1439]
E1 (3.000 sicher oder 4.000 zu 80 %)	μ	,20	,29	,26	,27	,26	,34	**,27**	,35	,31	**,28**
A: (3.000; 1) oder B: (4.000; 0,8)	σ	,399	,454	,442	,447	,438	,475	**,442**	,478	,464	**,447**
E2 (-3.000 sicher oder -4.000 zu 80 %)	μ	,77	,73	,79	,71	,68	,75	**,72**	,70	,66	**,72**
A: (-3.000; 1) oder B: (-4.000; 0,8)	σ	,422	,449	,411	,455	,466	,436	**,448**	,459	,476	**,450**
E3 (Wahrscheinlichkeiten von E1 durch 4)	μ	,78	,67	,66	,58	,62	,69	**,65**	,77	,78	**,68**
A: (3.000; 0,25) oder B: (4.000; 0,2)	σ	,419	,473	,477	,495	,486	,464	**,477**	,424	,416	**,468**
E4 (Wahrscheinlichkeiten von E2 durch 4)	μ	,43	,48	,44	,45	,39	,40	**,42**	,45	,46	**,43**
A: (-3.000; 0,25) oder B: (-4.000; 0,2)	σ	,497	,502	,499	,498	,488	,492	**,494**	,499	,501	**,495**
E5 (zweistufig wie E1 oder E3 interpretierbar)	μ	,45	,37	,45	,38	,35	,45	**,40**	,41	,40	**,40**
A: ((3.000; 1); 0,25) oder B: ((4.000; 0,8); 0,25)	σ	,499	,486	,500	,486	,478	,499	**,489**	,494	,492	**,491**
E6 (sicherer Gewinn von 1.000 und Entscheidung)	μ	,47	,42	,46	,51	,49	,51	**,49**	,45	,42	**,47**
A: 1.000 + (500; 1) oder B: 1.000 + (1.000; 0,5)	σ	,501	,496	,501	,501	,501	,502	**,500**	,499	,496	**,499**
E7 (sicherer Gewinn von 1000 und Entscheidung)	μ	,58	,58	,61	,55	,56	,58	**,57**	,63	,51	**,58**
A: 2.000 + (-500; 1) oder B: 2.000 + (-1.000; 0,5)	σ	,495	,496	,491	,498	,497	,495	**,495**	,483	,502	**,494**
E8 (Alternative B ist mehrdeutig)	μ	,37	,33	,23	,28	,25	,33	**,29**	,43	,41	**,32**
A: (2.400; 1) oder B: (2.500; 0,33), (2.400; 0,66)	σ	,484	,473	,424	,449	,433	,471	**,453**	,497	,495	**,466**
E9 (= E7 minus jeweils 2.400 zu 0,66)	μ	,78	,76	,78	,75	,74	,81	**,76**	,83	,83	**,78**
A: (2.400; 0,34) oder B: (2.500; 0,33)	σ	,413	,431	,418	,433	,438	,391	**,424**	,377	,378	**,416**
E10 (3.000 zu 90 % oder 6.000 zu 45 %)	μ	,17	,14	,11	,19	,16	,21	**,17**	,20	,18	**,18**
A: (3.000; 0,9) oder B: (6.000; 0,45)	σ	,379	,352	,316	,391	,371	,411	**,376**	,398	,385	**,382**
E11 (-3.000 zu 90 % oder -6.000 zu 45 %)	μ	,54	,56	,53	,54	,52	,52	**,53**	,59	,54	**,54**
A: (-3.000; 0,9) oder B: (-6.000; 0,45)	σ	,500	,499	,502	,500	,500	,501	**,499**	,494	,501	**,498**
E12 (3.000 zu 2 % oder 6.000 zu 1 %)	μ	,75	,70	,68	,71	,73	,78	**,73**	,80	,85	**,75**
A: (3.000; 0,02) oder B: (6.000; 0,01)	σ	,434	,459	,470	,453	,445	,416	**,445**	,398	,363	**,435**
E13 (-3.000 zu 2 % oder -6.000 zu 1 %)	μ	,39	,36	,43	,40	,34	,37	**,37**	,32	,34	**,37**
A: (-3.000; 0,02) oder B: (-6.000; 0,01)	σ	,490	,483	,498	,491	,474	,485	**,484**	,469	,476	**,483**
E14 (Alternative A ist mehrdeutig)	μ	,59	,52	,56	,61	,70	,58	**,62**	,35	,39	**,56**
A: (4.000; 0,25), (2.000; 0,25) oder B: (6.000; 0,25)	σ	,493	,502	,499	,488	,461	,495	**,486**	,480	,490	**,496**
E15 (Alternative A ist mehrdeutig)	μ	,31	,42	,30	,21	,23	,31	**,27**	,43	,34	**,30**
A: (-4.000; 0,25), (-2.000; 0,25) oder B: (-6.000; 0,25)	σ	,463	,496	,459	,410	,420	,465	**,444**	,497	,477	**,457**
E16 („Lottospielerfrage“)	μ	,55	,67	,44	,51	,53	,47	**,52**	,63	,62	**,55**
A: (5; 1) oder B: (5.000; 0,001)	σ	,499	,473	,499	,501	,500	,501	**,500**	,483	,488	**,498**
E17 („Versicherungsfrage“)	μ	,35	,44	,43	,39	,37	,39	**,38**	,37	,30	**,38**
A: (-5; 1) oder B: (-5.000; 0,001)	σ	,479	,499	,498	,488	,483	,489	**,487**	,485	,460	**,485**
E18 (Alternative B ist mehrdeutig)	μ	,79	,78	,85	,85	,75	,80	**,79**	,84	,76	**,79**
A: (0; 1) oder B: (100; 0,65),(-100; 0,35)	σ	,409	,418	,360	,360	,435	,401	**,405**	,366	,431	**,405**
E19 (sicherer Verlust von 100 oder -200 zu 80 %)	μ	,37	,38	,39	,43	,39	,36	**,39**	,43	,28	**,39**
A: (-100; 1) oder B: (-200; 0,8)	σ	,484	,489	,491	,496	,489	,482	**,489**	,497	,449	**,488**
E20 (E20=E1, nur A und B vertauscht dargestellt)	μ	,31	,35	,34	,31	,32	,39	**,33**	,36	,44	**,34**
A: (3.000; 1) oder B: (4.000; 0,8)	σ	,462	,480	,477	,465	,467	,489	**,471**	,482	,498	**,475**
E21 (sichere Rendite von 10% oder 15% zu 75%)	μ	,29	,27	,25	,23	,27	,36	**,27**	,38	,38	**,30**
A: (10 %; 1) oder B: (15 %; 0,75)	σ	,454	,449	,437	,422	,442	,482	**,446**	,486	,488	**,457**
E22 (Verlust von -10 % oder -15 % zu 75 %)	μ	,59	,59	,60	,60	,53	,50	**,56**	,61	,50	**,56**
A: (-10 %; 1) oder B: (-15 %; 0,75)	σ	,493	,494	,493	,491	,500	,502	**,497**	,489	,502	**,496**
E23 (sichere Rendite von 10% oder 45% zu 25%)	μ	,22	,26	,17	,22	,20	,21	**,21**	,33	,33	**,24**
A: (10 %; 1) oder B: (45 %; 0,25)	σ	,413	,439	,379	,413	,403	,407	**,408**	,470	,470	**,425**
E24 (Verlust von -10 % oder -45 % zu 25 %)	μ	,44	,36	,47	,36	,37	,48	**,40**	,46	,43	**,41**
A: (-10 %; 1) oder B: (-45 %; 0,25)	σ	,498	,483	,502	,481	,484	,501	**,491**	,500	,497	**,493**

mit: μ – Mittelwert der Teilstichprobe; σ – Standardabweichung innerhalb der Teilstichprobe

Tab. 7-10: Mittelwerte und Standardabweichungen der Antworten auf die einzelnen Entscheidungssituationen

Gruppe I		Vergleichs-gruppe J	E1 I – J	E1 Sig.	E2 I – J	E2 Sig.	E3 I – J	E3 Sig.	E4 I – J	E4 Sig.	E5 I – J	E5 Sig.	E6 I – J	E6 Sig.
0 %	**Manager ohne**	< 50 %	-,090	,135	,041	,496	,110	,075	-,058	,377	,074	,259	,050	,452
	(= 0 %)	≥ 50 %	-,065	,262	-,023	,700	**,125***	,038	-,018	,774	-,009	,885	,013	,839
	Unternehmens-	100 %	-,072	,122	,064	,175	**,208***	,001	-,021	,691	,069	,178	-,038	,465
	anteile	? %	-,056	,193	**,088***	,043	**,164***	,001	,039	,412	**,095***	,045	-,010	,828
		F > 50 %	**-,144***	,005	,023	,660	,097	,069	,030	,596	-,018	,748	-,026	,649
		MM	**-,139***	,006	,069	,179	,012	,817	-,018	,746	,033	,551	,034	,548
		C	-,097	,075	**,113***	,040	,009	,869	-,042	,488	,044	,456	,060	,321
< 50 %	**Manager mit**	0 %	,090	,135	-,041	,496	-,110	,075	,058	,377	-,074	,259	-,050	,452
	Minderheits-	≥ 50 %	,024	,715	-,063	,338	,014	,833	,040	,583	-,083	,249	-,037	,615
	beteiligung	100 %	,017	,761	,023	,684	,098	,091	,038	,542	-,005	,938	-,088	,157
	(< 50 %) am	? %	,033	,532	,047	,377	,054	,321	,097	,096	,021	,718	-,061	,305
	Unternehmen	F > 50 %	-,055	,363	-,018	,767	-,013	,835	,089	,183	-,092	,163	-,076	,255
		MM	-,050	,404	,028	,642	-,098	,111	,040	,541	-,041	,531	-,016	,808
		C	-,008	,900	,072	,254	-,101	,120	,016	,812	-,029	,669	,010	,883
≥ 50 %	**Manager mit**	0 %	,065	,262	,023	,700	**-,125***	,038	,018	,774	,009	,885	-,013	,839
	Mehrheits-	< 50 %	-,024	,715	,063	,338	-,014	,833	-,040	,583	,083	,249	,037	,615
	beteiligung	100 %	-,007	,897	,086	,114	,083	,137	-,002	,972	,078	,188	-,051	,396
	(≥ 50 %) am	? %	,009	,859	**,111***	,032	,040	,450	,058	,308	,104	,064	-,024	,679
	Unternehmen	F > 50 %	-,079	,179	,046	,440	-,027	,652	,049	,452	-,009	,888	-,039	,546
		MM	-,074	,203	,091	,117	-,112	,060	,001	,997	,042	,504	,021	,746
		C	-,032	,602	**,135***	,028	-,115	,069	-,023	,730	,054	,422	,047	,489
100 %	**Manager, die**	0 %	,072	,122	-,064	,175	**-,208***	,001	,021	,691	-,069	,178	,038	,465
	gleichzeitig	< 50 %	-,017	,761	-,023	,684	-,098	,091	-,038	,542	,005	,938	,088	,157
	Inhaber (= 100 %)	≥ 50 %	,007	,897	-,086	,114	-,083	,137	,002	,972	-,078	,188	,051	,396
	sind	? %	,016	,670	,024	,524	-,043	,267	,060	,153	,026	,534	,028	,512
		F > 50 %	-,072	,130	-,041	,391	**-,111***	,024	,051	,331	-,087	,092	,012	,822
		MM	-,067	,151	,005	,916	**-,196***	,001	,002	,963	-,036	,479	,072	,163
		C	-,025	,623	,049	,334	**-,199***	,001	-,021	,703	-,024	,657	,099	,080
? %	**Manager mit**	0 %	,056	,193	**-,088***	,043	**-,164***	,001	-,039	,412	**-,095***	,045	,010	,828
	unbekanntem	< 50 %	-,033	,532	-,047	,377	-,054	,321	-,097	,096	-,021	,718	,061	,305
	Unternehmens-	≥ 50 %	-,009	,859	**-,111***	,032	-,040	,450	-,058	,308	-,104	,064	,024	,679
	anteil	100 %	-,016	,670	-,024	,524	,043	,267	-,060	,153	-,026	,534	-,028	,512
		F > 50 %	**-,088***	,045	-,065	,140	-,067	,138	-,009	,854	**-,113***	,019	-,016	,747
		MM	-,083	,053	-,019	,653	**-,152***	,001	-,057	,224	-,062	,187	,045	,350
		C	-,041	,385	,025	,601	**-,155***	,001	-,081	,120	-,050	,330	,071	,178
F > 50 %	**Manager mit**	0 %	**,144***	,005	-,023	,660	-,097	,069	-,030	,596	,018	,748	,026	,649
	Mehrheitsanteilen	< 50 %	,055	,363	,018	,767	,013	,835	-,089	,183	,092	,163	,076	,255
	(> 50 %) der	≥ 50 %	,079	,179	-,046	,440	,027	,652	-,049	,452	,009	,888	,039	,546
	Familie am	100 %	,072	,130	,041	,391	**,111***	,024	-,051	,331	,087	,092	-,012	,822
	Unternehmen	? %	**,088***	,045	,065	,140	,067	,138	,009	,854	**,113***	,019	,016	,747
		MM	,005	,920	,046	,376	-,085	,109	-,048	,393	,051	,361	,060	,292
		C	,047	,395	,090	,105	-,088	,123	-,072	,236	,063	,298	,087	,159
MM	**Manager auf**	0 %	**,139***	,006	-,069	,179	-,012	,817	,018	,746	-,033	,551	-,034	,548
	mittlerer Ebene	< 50 %	,050	,404	-,028	,642	,098	,111	-,040	,541	,041	,531	,016	,808
	(Bereichs- und	≥ 50 %	,074	,203	-,091	,117	,112	,060	,000	,997	-,042	,504	-,021	,746
	Abteilungsleiter)	100 %	,067	,151	-,005	,916	**,196***	,001	-,002	,963	,036	,479	-,072	,163
		? %	,083	,053	,019	,653	**,152***	,001	,057	,224	,062	,187	-,045	,350
		F > 50 %	-,005	,920	-,046	,376	,085	,109	,048	,393	-,051	,361	-,060	,292
		C	,042	,442	,044	,418	-,003	,959	-,024	,693	,011	,847	,026	,663
C	**Controller**	0 %	,097	,075	**-,113***	,040	-,009	,869	,042	,488	-,044	,456	-,060	,321
	(und	< 50 %	,008	,900	-,072	,254	,101	,120	-,016	,812	,029	,669	-,010	,883
	controllingnahe	≥ 50 %	,032	,602	**-,135***	,028	,115	,069	,023	,730	-,054	,422	-,047	,489
	Funktionen)	100 %	,025	,623	-,049	,334	**,199***	,001	,021	,703	,024	,657	-,099	,080
		? %	,041	,385	-,025	,601	**,155***	,001	,081	,120	,050	,330	-,071	,178
		F > 50 %	-,047	,395	-,090	,105	,088	,123	,072	,236	-,063	,298	-,087	,159
		MM	-,042	,442	-,044	,418	,003	,959	,024	,693	-,011	,847	-,026	,663
Manager auf Geschäfts-		MM	-,072	,061	,021	,584	**-,121***	,002	-,025	,558	-,016	,698	,044	,301
leitungsebene (insgesamt)		C	-,030	,487	,065	,133	**-,124***	,006	-,048	,311	-,005	,919	,070	,144

Tab. 7-11: Vergleich der mittleren Antworten auf die Entscheidungssituationen E1 bis E6

Gruppe I		Vergleichs-gruppe J	E7 I – J	E7 Sig.	E8 I – J	E8 Sig.	E9 I – J	E9 Sig.	E10 I – J	E10 Sig.	E11 I – J	E11 Sig.	E12 I – J	E12 Sig.
0 %	**Manager ohne**	< 50 %	-,007	,912	,042	,495	,014	,803	,030	,547	-,031	,647	,048	,400
	(= 0 %)	≥ 50 %	-,030	,637	**,152***	,011	,005	,932	,073	,136	,006	,921	,075	,181
	Unternehmens-	100 %	,034	,515	**,100***	,039	,022	,605	-,011	,775	,005	,918	,029	,521
	anteile	? %	,023	,622	**,128***	,004	,031	,433	,014	,703	,025	,610	,018	,669
		F > 50 %	,010	,861	,059	,266	-,039	,419	-,034	,431	,019	,746	-,030	,542
		MM	-,038	,495	-,058	,271	-,064	,172	-,026	,544	-,033	,555	-,078	,113
		C	,088	,144	-,046	,415	-,064	,204	,010	,832	,009	,881	**-,105***	,047
< 50 %	**Manager mit**	0 %	,007	,912	-,042	,495	-,014	,803	-,030	,547	,031	,647	-,048	,400
	Minderheits-	≥ 50 %	-,023	,751	,110	,104	-,009	,880	,043	,440	,037	,614	,027	,676
	beteiligung	100 %	,041	,508	,058	,318	,009	,868	-,042	,378	,036	,565	-,020	,718
	(< 50 %) am	? %	,031	,599	,086	,114	,017	,720	-,016	,713	,055	,351	-,031	,549
	Unternehmen	F > 50 %	,017	,795	,017	,780	-,052	,346	-,065	,203	,049	,463	-,079	,174
		MM	-,031	,636	-,100	,104	-,078	,156	-,056	,261	-,003	,965	**-,126***	,028
		C	,096	,168	-,088	,174	-,078	,179	-,021	,697	,040	,570	**-,153***	,011
≥ 50 %	**Manager mit**	0 %	,030	,637	**-,152***	,011	-,005	,932	-,073	,136	-,006	,921	-,075	,181
	Mehrheits-	< 50 %	,023	,751	-,110	,104	,009	,880	-,043	,440	-,037	,614	-,027	,676
	beteiligung	100 %	,064	,286	-,053	,347	,018	,723	-,085	,065	-,001	,986	-,046	,379
	(≥ 50 %) am	? %	,054	,341	-,024	,651	,027	,572	-,059	,170	,018	,750	-,057	,247
	Unternehmen	F > 50 %	,040	,533	-,093	,124	-,043	,424	**-,108***	,030	,012	,851	-,105	,062
		MM	-,008	,900	**-,210***	,001	-,069	,198	**-,099***	,042	-,040	,536	**-,153***	,006
		C	,119	,079	**-,198***	,002	-,068	,225	-,064	,219	,003	,968	**-,180***	,002
100 %	**Manager, die**	0 %	-,034	,515	**-,100***	,039	-,022	,605	,011	,775	-,005	,918	-,029	,521
	gleichzeitig	< 50 %	-,041	,508	-,058	,318	-,009	,868	,042	,378	-,036	,565	,020	,718
	Inhaber (= 100 %)	≥ 50 %	-,064	,286	,053	,347	-,018	,723	,085	,065	,001	,986	,046	,379
	sind	? %	-,010	,808	,029	,460	,009	,798	,025	,430	,019	,649	-,011	,761
		F > 50 %	-,024	,651	-,040	,410	-,061	,163	-,023	,564	,013	,801	-,059	,194
		MM	-,072	,160	**-,157***	,001	**-,086***	,043	-,015	,706	-,039	,453	**-,107***	,017
		C	,055	,328	**-,146***	,005	-,086	,064	,021	,621	,004	,946	**-,134***	,006
? %	**Manager mit**	0 %	-,023	,622	**-,128***	,004	-,031	,433	-,014	,703	-,025	,610	-,018	,669
	unbekanntem	< 50 %	-,031	,599	-,086	,114	-,017	,720	,016	,713	-,055	,351	,031	,549
	Unternehmens-	≥ 50 %	-,054	,341	,024	,651	-,027	,572	,059	,170	-,018	,750	,057	,247
	anteil	100 %	,010	,808	-,029	,460	-,009	,798	-,025	,430	-,019	,649	,011	,761
		F > 50 %	-,013	,780	-,069	,126	-,070	,084	-,048	,192	-,006	,904	-,048	,254
		MM	-,062	,190	**-,186***	,001	**-,095***	,016	-,040	,268	-,058	,223	**-,096***	,021
		C	,065	,214	**-,174***	,001	**-,095***	,029	-,004	,917	-,015	,769	**-,123***	,007
F > 50 %	**Manager mit**	0 %	-,010	,861	-,059	,266	,039	,419	,034	,431	-,019	,746	,030	,542
	Mehrheitsanteilen	< 50 %	-,017	,795	-,017	,780	,052	,346	,065	,203	-,049	,463	,079	,174
	(> 50 %) der	≥ 50 %	-,040	,533	,093	,124	,043	,424	**,108***	,030	-,012	,851	,105	,062
	Familie am	100 %	,024	,651	,040	,410	,061	,163	,023	,564	-,013	,801	,059	,194
	Unternehmen	? %	,013	,780	,069	,126	,070	,084	,048	,192	,006	,904	,048	,254
		MM	-,048	,394	**-,117***	,027	-,025	,591	,008	,847	-,052	,363	-,047	,340
		C	,078	,199	-,105	,064	-,025	,618	,044	,343	-,010	,877	-,074	,161
MM	**Manager auf**	0 %	,038	,495	,058	,271	,064	,172	,026	,544	,033	,555	,078	,113
	mittlerer Ebene	< 50 %	,031	,636	,100	,104	,078	,156	,056	,261	,003	,965	**,126***	,028
	(Bereichs- und	≥ 50 %	,008	,900	**,210***	,001	,069	,198	**,099***	,042	,040	,536	**,153***	,006
	Abteilungsleiter)	100 %	,072	,160	**,157***	,001	**,086***	,043	,015	,706	,039	,453	**,107***	,017
		? %	,062	,190	**,186***	,001	**,095***	,016	,040	,268	,058	,223	**,096***	,021
		F > 50 %	,048	,394	**,117***	,027	,025	,591	-,008	,847	,052	,363	,047	,340
		C	**,127***	,035	,012	,834	,000	,998	,036	,434	,043	,481	-,027	,603
C	**Controller**	0 %	-,088	,144	,046	,415	,064	,204	-,010	,832	-,009	,881	**,105***	,047
	(und	< 50 %	-,096	,168	,088	,174	,078	,179	,021	,697	-,040	,570	**,153***	,011
	controllingnahe	≥ 50 %	-,119	,079	**,198***	,002	,068	,225	,064	,219	-,003	,968	**,180***	,002
	Funktionen)	100 %	-,055	,328	**,146***	,005	,086	,064	-,021	,621	-,004	,946	**,134***	,006
		? %	-,065	,214	**,174***	,001	**,095***	,029	,004	,917	,015	,769	**,123***	,007
		F > 50 %	-,078	,199	,105	,064	,025	,618	-,044	,343	,010	,877	,074	,161
		MM	**-,127***	,035	-,012	,834	,000	,998	-,036	,434	-,043	,481	,027	,603
Manager auf Geschäfts-		MM	-,051	,222	**-,147***	,001	**-,076***	,032	-,033	,310	-,043	,306	**-,096***	,009
leitungsebene (insgesamt)		C	,075	,114	**-,136***	,002	-,075	,058	,003	,932	-,001	,986	**-,124***	,003

Tab. 7-12: Vergleich der mittleren Antworten auf die Entscheidungssituationen E7 bis E12

Gruppe I		Vergleichs-gruppe J	E13 I – J	E13 Sig.	E14 I – J	E14 Sig.	E15 I – J	E15 Sig.	E16 I – J	E16 Sig.	E17 I – J	E17 Sig.	E18 I – J	E18 Sig.
0 %	**Manager ohne**	< 50 %	,033	,612	,073	,256	-,109	,071	-,107	,104	-,074	,252	,022	,680
	(= 0 %)	≥ 50 %	-,031	,626	,045	,477	,019	,752	,102	,113	-,080	,203	-,048	,358
	Unternehmens-	100 %	-,005	,917	-,010	,842	**,098***	,038	,045	,388	-,036	,480	-,050	,236
	anteile	? %	,051	,277	**-,098***	,035	,079	,071	,029	,538	-,016	,728	,051	,190
		F > 50 %	,018	,747	,009	,865	-,013	,810	,086	,132	-,028	,617	,001	,975
		MM	,057	,300	**,234***	,001	**-,123***	,016	-,096	,086	-,014	,797	-,044	,330
		C	,050	,391	**,210***	,001	-,043	,436	-,061	,311	,053	,370	,031	,531
< 50 %	**Manager mit**	0 %	-,033	,612	-,073	,256	,109	,071	,107	,104	,074	,252	-,022	,680
	Minderheits-	≥ 50 %	-,063	,373	-,029	,687	,127	,055	**,209***	,004	-,006	,932	-,070	,235
	beteiligung	100 %	-,038	,530	-,083	,168	**,206***	,001	**,152***	,014	,038	,526	-,072	,152
	(< 50 %) am	? %	,018	,753	**-,172***	,003	**,187***	,001	**,137***	,020	,058	,313	,029	,546
	Unternehmen	F > 50 %	-,015	,822	-,064	,326	,096	,113	**,194***	,004	,046	,479	-,021	,702
		MM	,024	,706	**,161***	,012	-,015	,806	,011	,867	,060	,351	-,066	,212
		C	,018	,791	**,136***	,044	,066	,298	,046	,504	,127	,061	,009	,878
≥ 50 %	**Manager mit**	0 %	,031	,626	-,045	,477	-,019	,752	-,102	,113	,080	,203	,048	,358
	Mehrheits-	< 50 %	,063	,373	,029	,687	-,127	,055	**-,209***	,004	,006	,932	,070	,235
	beteiligung	100 %	,025	,665	-,055	,350	,079	,148	-,057	,339	,044	,450	-,002	,970
	(≥ 50 %) am	? %	,081	,142	**-,143***	,010	,060	,244	-,073	,200	,064	,249	**,099***	,032
	Unternehmen	F > 50 %	,049	,442	-,035	,578	-,031	,598	-,016	,807	,052	,411	,049	,347
		MM	,087	,161	**,190***	,002	**-,142***	,015	**-,198***	,002	,066	,292	,004	,945
		C	,081	,219	**,165***	,012	-,061	,319	**-,163***	,016	**,133***	,044	,079	,152
100 %	**Manager, die**	0 %	,005	,917	,010	,842	**-,098***	,038	-,045	,388	,036	,480	,050	,236
	gleichzeitig	< 50 %	,038	,530	,083	,168	**-,206***	,001	**-,152***	,014	-,038	,526	,072	,152
	Inhaber (= 100 %)	≥ 50 %	-,025	,665	,055	,350	-,079	,148	,057	,339	-,044	,450	,002	,970
	sind	? %	,056	,171	**-,088***	,030	-,019	,617	-,015	,715	,020	,633	**,101***	,003
		F > 50 %	,023	,649	,020	,702	**-,110***	,021	,042	,427	,008	,881	,051	,228
		MM	,062	,215	**,244***	,001	**-,221***	,001	**-,141***	,006	,022	,667	,005	,897
		C	,056	,306	**,220***	,001	**-,140***	,006	-,106	,058	,089	,105	,080	,076
? %	**Manager mit**	0 %	-,051	,277	**,098***	,035	-,079	,071	-,029	,538	,016	,728	-,051	,190
	unbekanntem	< 50 %	-,018	,753	**,172***	,003	**-,187***	,001	**-,137***	,020	-,058	,313	-,029	,546
	Unternehmens-	≥ 50 %	-,081	,142	**,143***	,010	-,060	,244	,073	,200	-,064	,249	**-,099***	,032
	anteil	100 %	-,056	,171	**,088***	,030	,019	,617	,015	,715	-,020	,633	**-,101***	,003
		F > 50 %	-,033	,490	**,108***	,022	**-,091***	,039	,057	,241	-,012	,803	-,049	,209
		MM	,006	,894	**,333***	,001	**-,202***	,001	**-,126***	,008	,002	,964	**-,095***	,013
		C	-,001	,999	**,308***	,001	**-,121***	,011	-,090	,083	,069	,175	-,020	,635
F > 50 %	**Manager mit**	0 %	-,018	,747	-,009	,865	,013	,810	-,086	,132	,028	,617	-,001	,975
	Mehrheitsanteilen	< 50 %	,015	,822	,064	,326	-,096	,113	**-,194***	,004	-,046	,479	,021	,702
	(> 50 %) der	≥ 50 %	-,049	,442	,035	,578	,031	,598	,016	,807	-,052	,411	-,049	,347
	Familie am	100 %	-,023	,649	-,020	,702	**,110***	,021	-,042	,427	-,008	,881	-,051	,228
	Unternehmen	? %	,033	,490	**-,108***	,022	**,091***	,039	-,057	,241	,012	,803	,049	,209
		MM	,039	,484	**,225***	,001	**-,111***	,032	**-,183***	,001	,014	,803	-,046	,319
		C	,032	,584	**,200***	,001	-,030	,585	**-,147***	,016	,081	,174	,029	,554
MM	**Manager auf**	0 %	-,057	,300	**-,234***	,001	**,123***	,016	,096	,086	,014	,797	,044	,330
	mittlerer Ebene	< 50 %	-,024	,706	**-,161***	,012	,015	,806	-,011	,867	-,060	,351	,066	,212
	(Bereichs- und	≥ 50 %	-,087	,161	**-,190***	,002	**,142***	,015	**,198***	,002	-,066	,292	-,004	,945
	Abteilungsleiter)	100 %	-,062	,215	**-,244***	,001	**,221***	,001	**,141***	,006	-,022	,667	-,005	,897
		? %	-,006	,894	**-,333***	,001	**,202***	,001	**,126***	,008	-,002	,964	**,095***	,013
		F > 50 %	-,039	,484	**-,225***	,001	**,111***	,032	**,183***	,001	-,014	,803	,046	,319
		C	-,006	,915	-,025	,674	,080	,141	,035	,557	,067	,253	,075	,123
C	**Controller**	0 %	-,050	,391	**-,210***	,001	,043	,436	,061	,311	-,053	,370	-,031	,531
	(und	< 50 %	-,018	,791	**-,136***	,044	-,066	,298	-,046	,504	-,127	,061	-,009	,878
	controllingnahe	≥ 50 %	-,081	,219	**-,165***	,012	,061	,319	**,163***	,016	**-,133***	,044	-,079	,152
	Funktionen)	100 %	-,056	,306	**-,220***	,001	**,140***	,006	,106	,058	-,089	,105	-,080	,076
		? %	,000	,999	**-,308***	,001	**,121***	,011	,090	,083	-,069	,175	,020	,635
		F > 50 %	-,032	,584	**-,200***	,001	,030	,585	**,147***	,016	-,081	,174	-,029	,554
		MM	,006	,915	,025	,674	-,080	,141	-,035	,557	-,067	,253	-,075	,123
Manager auf Geschäfts-		MM	,038	,350	**,258***	,001	**-,161***	,001	**-,128***	,003	,016	,697	-,049	,156
leitungsebene (insgesamt)		C	,032	,488	**,234***	,001	-,081	,064	-,093	,053	,083	,074	,026	,495

Tab. 7-13: Vergleich der mittleren Antworten auf die Entscheidungssituationen E13 bis E18

Gruppe I		Vergleichs-gruppe J	E19 I – J	E19 Sig.	E20 I – J	E20 Sig.	E21 I – J	E21 Sig.	E22 I – J	E22 Sig.	E23 I – J	E23 Sig.	E24 I – J	E24 Sig.
0 %	**Manager ohne (= 0 %) Unternehmens-anteile**	< 50 %	-,021	,749	-,041	,516	,007	,912	-,007	,913	-,036	,520	,067	,306
		≥ 50 %	-,019	,761	-,033	,592	,030	,613	-,010	,880	,057	,296	-,036	,569
		100 %	-,055	,276	-,007	,884	,056	,237	-,010	,847	,004	,930	,080	,120
		? %	-,019	,691	-,012	,787	,023	,598	,062	,195	,021	,604	,066	,164
		F > 50 %	,005	,926	-,087	,111	-,080	,129	,085	,139	,011	,816	-,038	,500
		MM	-,052	,351	-,054	,320	-,092	,074	-,013	,817	**-,113***	,018	-,018	,750
		C	,106	,074	**-,118***	,042	-,096	,085	,080	,187	**-,103***	,046	,005	,939
< 50 %	**Manager mit Minderheits-beteiligung (< 50 %) am Unternehmen**	0 %	,021	,749	,041	,516	-,007	,912	,007	,913	,036	,520	-,067	,306
		≥ 50 %	,002	,983	,008	,907	,023	,729	-,002	,973	,093	,132	-,103	,152
		100 %	-,035	,568	,034	,568	,049	,384	-,003	,965	,040	,447	,013	,836
		? %	,002	,971	,029	,609	,016	,760	,069	,238	,057	,251	-,001	,985
		F > 50 %	,026	,692	-,046	,468	-,086	,157	,092	,167	,048	,402	-,105	,110
		MM	-,031	,633	-,012	,843	-,099	,101	-,006	,930	-,077	,169	-,085	,192
		C	,127	,063	-,077	,248	-,102	,108	,087	,209	-,067	,260	-,063	,363
≥ 50 %	**Manager mit Mehrheits-beteiligung (≥ 50 %) am Unternehmen**	0 %	,019	,761	,033	,592	-,030	,613	,010	,880	-,057	,296	,036	,569
		< 50 %	-,002	,983	-,008	,907	-,023	,729	,002	,973	-,093	,132	,103	,152
		100 %	-,036	,539	,026	,654	,026	,633	,000	,996	-,053	,297	,116	,051
		? %	,001	,992	,021	,704	-,007	,897	,072	,206	-,036	,454	,102	,069
		F > 50 %	,024	,701	-,054	,382	-,110	,066	,095	,146	-,046	,406	-,002	,976
		MM	-,032	,607	-,021	,737	**-,122***	,038	-,003	,959	**-,170***	,002	,019	,770
		C	,125	,060	-,085	,191	**-,126***	,043	,090	,186	**-,160***	,006	,041	,542
100 %	**Manager, die gleichzeitig Inhaber (= 100 %) sind**	0 %	,055	,276	,007	,884	-,056	,237	,010	,847	-,004	,930	-,080	,120
		< 50 %	,035	,568	-,034	,568	-,049	,384	,003	,965	-,040	,447	-,013	,836
		≥ 50 %	,036	,539	-,026	,654	-,026	,633	,000	,996	,053	,297	-,116	,051
		? %	,037	,371	-,005	,898	-,033	,390	,072	,085	,017	,629	-,014	,739
		F > 50 %	,061	,239	-,080	,110	**-,136***	,005	,095	,071	,007	,867	**-,118***	,023
		MM	,004	,938	-,046	,345	**-,148***	,002	-,003	,953	**-,117***	,007	-,098	,055
		C	**,161***	,003	**-,111***	,039	**-,152***	,003	,090	,108	**-,107***	,025	-,075	,174
? %	**Manager mit unbekanntem Unternehmens-anteil**	0 %	,019	,691	,012	,787	-,023	,598	-,062	,195	-,021	,604	-,066	,164
		< 50 %	-,002	,971	-,029	,609	-,016	,760	-,069	,238	-,057	,251	,001	,985
		≥ 50 %	-,001	,992	-,021	,704	,007	,897	-,072	,206	,036	,454	-,102	,069
		100 %	-,037	,371	,005	,898	,033	,390	-,072	,085	-,017	,629	,014	,739
		F > 50 %	,024	,616	-,075	,106	**-,103***	,021	,023	,639	-,010	,813	**-,104***	,030
		MM	-,033	,478	-,041	,363	**-,115***	,008	-,075	,113	**-,134***	,001	-,084	,074
		C	**,125***	,015	**-,105***	,035	**-,119***	,013	,018	,733	**-,124***	,005	-,061	,235
F>50%	**Manager mit Mehrheitsanteilen (> 50 %) der Familie am Unternehmen**	0 %	-,005	,926	,087	,111	,080	,129	-,085	,139	-,011	,816	,038	,500
		< 50 %	-,026	,692	,046	,468	,086	,157	-,092	,167	-,048	,402	,105	,110
		≥ 50 %	-,024	,701	,054	,382	,110	,066	-,095	,146	,046	,406	,002	,976
		100 %	-,061	,239	,080	,110	**,136***	,005	-,095	,071	-,007	,867	**,118***	,023
		? %	-,024	,616	,075	,106	**,103***	,021	-,023	,639	,010	,813	**,104***	,030
		MM	-,057	,309	,034	,534	-,012	,812	-,098	,086	**-,125***	,010	,020	,716
		C	,101	,093	-,030	,602	-,016	,775	-,005	,936	**-,114***	,028	,043	,478
MM	**Manager auf mittlerer Ebene** (Bereichs- und Abteilungsleiter)	0 %	,052	,351	,054	,320	,092	,074	,013	,817	**,113***	,018	,018	,750
		< 50 %	,031	,633	,012	,843	,099	,101	,006	,930	,077	,169	,085	,192
		≥ 50 %	,032	,607	,021	,737	**,122***	,038	,003	,959	**,170***	,002	-,019	,770
		100 %	-,004	,938	,046	,345	**,148***	,002	,003	,953	**,117***	,007	,098	,055
		? %	,033	,478	,041	,363	**,115***	,008	,075	,113	**,134***	,001	,084	,074
		F > 50 %	,057	,309	-,034	,534	,012	,812	,098	,086	**,125***	,010	-,020	,716
		C	**,157***	,008	-,064	,264	-,004	,948	,093	,122	,010	,838	,022	,707
C	**Controller** (und controllingnahe Funktionen)	0 %	-,106	,074	**,118***	,042	,096	,085	-,080	,187	**,103***	,046	-,005	,939
		< 50 %	-,127	,063	,077	,248	,102	,108	-,087	,209	,067	,260	,063	,363
		≥ 50 %	-,125	,060	,085	,191	**,126***	,043	-,090	,186	**,160***	,006	-,041	,542
		100 %	**-,161***	,003	**,111***	,039	**,152***	,003	-,090	,108	**,107***	,025	,075	,174
		? %	**-,125***	,015	**,105***	,035	**,119***	,013	-,018	,733	**,124***	,005	,061	,235
		F > 50 %	-,101	,093	,030	,602	,016	,775	,005	,936	**,114***	,028	-,043	,478
		MM	**-,157***	,008	,064	,264	,004	,948	-,093	,122	-,010	,838	-,022	,707
Manager auf Geschäfts-leitungsebene (insgesamt)		MM	-,031	,458	-,030	,464	**-,104***	,007	-,042	,322	**-,125***	,001	-,054	,198
		C	**,127***	,007	**-,094***	,040	**-,108***	,014	,051	,286	**-,114***	,005	-,032	,504

Tab. 7-14: Vergleich der mittleren Antworten auf die Entscheidungssituationen E19 bis E24

7.5.1 Risikoverhaltenseffekte in den Entscheidungssituationen

7.5.1.1 Analyse von Risikoverhaltenseffekten

In diesem Kapitel wird untersucht, ob die in Kapitel 6.4.3 mit den Entscheidungssituationen hinterfragten Effekte bei Managern empirisch bestätigt werden können.

Unter den Alternativen der Entscheidungssituationen ist jeweils in eckigen Klammern angegeben, welcher Prozentanteil in der Studie sich für diese Alternative entschieden hat.

7.5.1.2 Sicherheitseffekt sowie Regret- und Disappointment-Aversion

Wie bereits dargestellt, untersuchen die Entscheidungssituation E1 für absolute Werte sowie die Entscheidungssituationen E21 und E23 für relative Werte (Renditen) den Sicherheitseffekt. Danach werden Ergebnisse, die lediglich wahrscheinlich sind, gegenüber Ergebnissen, die sicher sind, unterschätzt.

Entscheidungssituation E1:

A: (3.000; 1) und B: (4.000; 0,8)
[72,3 %] [27,7 %]

Entscheidungssituation E21:

A: (10 %; 1) und B: (15 %; 0,75)
[70,3 %] [29,7 %]

Entscheidungssituation E23:

A: (10 %; 1) und B: (45 %; 0,25)
[76, 3 %] [23,7 %]

			E21		Gesamt
			A: (10 %; 1)	B: (15 %; 0,75)	
E1	A: (3.000; 1)	Anzahl	822	219	1.041
		% innerhalb von E1	79,0 %	21,0 %	100,0 %
		% innerhalb von E21	81,3 %	51,2 %	72,3 %
		% der Gesamtzahl	57,1 %	15,2 %	72,3 %
	B: (4.000; 0,8)	Anzahl	189	209	398
		% innerhalb von E1	47,5 %	52,5 %	100,0 %
		% innerhalb von E21	18,7 %	48,8 %	27,7 %
		% der Gesamtzahl	13,1 %	14,5 %	27,7 %
Gesamt		Anzahl	1011	428	1.439
		% innerhalb von E1	70,3 %	29,7 %	100,0 %
		% innerhalb von E21	100,0 %	100,0 %	100,0 %
		% der Gesamtzahl	70,3 %	29,7 %	100,0 %
Test-Statistik		**Verfahren**		**Wert**	**Signifikanz**
		χ^2 nach PEARSON		136,500	0,001
		KENDALLS τ_b		0,308	0,001

Tab. 7-15: Kontingenzanalyse für die Entscheidungssituationen E1 und E21

Die Ergebnisse der Studie zeigen, dass eine signifikante Mehrheit der Manager gemäß dem Sicherheitseffekt entscheidet und zwar relativ unabhängig von der Verwendung von Absolutwerten oder Renditen (vgl. Tab. 7-15). 79 % der Testteilnehmer, die E1A wählen, wählen auch E21A (umgekehrt 81,3 %).

71,6 % (= 57,1 % + *14,5 %*) der Testteilnehmer entscheiden bei den Entscheidungssituationen E1 und E21 konstant risikoavers (57,1 %) bzw. konstant risikofreudig (*14,5 %*).

Die Ergebnisse von E21 zu E24 zeigen ferner eine zunehmende Risikoaversion, je höher und unwahrscheinlicher die riskante Option ist. Die Rendite von 10 % scheint somit für die Mehrheit der Manager nicht unter einer geforderten Minimalperformance („hurdle rate") zu liegen. Es kann dabei nicht ausgeschlossen werden, dass eine Rendite von 45 % für die Mehrheit der Manager unrealistisch ist.

Wird jedoch aus der risikolosen Alternative E1A durch Multiplikation der Wahrscheinlichkeit mit 0,25 eine risikobehaftete Alternative E3A, dann erfolgt trotz unverändertem Verhältnis des Erwartungswertes zwischen beiden Alternativen eine signifikant abweichende Verteilung der Entscheidungen der Testteilnehmer, wie Entscheidungssituation E3 verdeutlicht.

Entscheidungssituation E3:

A: (3.000; 0,25) [32,5 %] und B: (4.000; 0,2) [67,5 %]

Wenn beide Alternativen A und B risikobehaftet sind, erfolgt bei Entscheidungssituation E3 die Auswahl der Testteilnehmer zu 67,5 % konsistent mit der Erwartungsnutzen-Theorie, nach der Alternative B mit 4.000 · 0,2 = 800 einen höheren Erwartungswert besitzt als Alternative A mit einem Erwartungswert von 3.000 · 0,25 = 750.

			E3		Gesamt
			A: (3.000; 0,25)	B: (4.000; 0,2)	
E1	A: (3.000; 1)	Anzahl	353	684	1.037
		% innerhalb von E1	34,0 %	66,0 %	99,6 %
		% innerhalb von E3	76,1 %	70,4 %	72,3 %
		% der Gesamtzahl	24,6 %	47,5 %	72,3 %
	B: (4.000; 0,8)	Anzahl	111	287	398
		% innerhalb von E1	27,9 %	72,1 %	100,0 %
		% innerhalb von E3	23,9 %	29,6 %	27,7 %
		% der Gesamtzahl	7,7 %	*20,0 %*	27,7 %
Gesamt		Anzahl	464	971	1.435[137]
		% innerhalb von E1	32,3 %	67,7 %	100,0 %
		% innerhalb von E3	100,0 %	100,0 %	100,0 %
		% der Gesamtzahl	32,3 %	67,7 %	100,0 %
Test-Statistik		**Verfahren**		**Wert**	**Signifikanz**
		χ^2 nach PEARSON		4,977	0,026
		KENDALLS τ_b		0,059	0,022

Tab. 7-16: Kontingenzanalyse für die Entscheidungssituation E1 und E3

137 Vier Testteilnehmer treffen bei E3 keine Entscheidung. Wie bereits dargestellt, mussten die 1076 Online-Fragebögen vollständig ausgefüllt werden, um online versandt werden zu können. Somit bestand nur bei den restlichen 363 Fragebögen die Möglichkeit, diese unvollständig ausgefüllt zurückzusenden.

Von den Testteilnehmern, die bei Entscheidungssituation E1 risikoavers entscheiden (d. h. für E1A), zeigen 66,0 % der Testteilnehmer bei Entscheidungssituation E3 mit ihrer Entscheidung für E3B ein risikofreudiges Verhalten. Umgekehrt ändern nur 27,9 % der Testteilnehmer, die sich bei Entscheidungssituation E1 risikofreudig (d. h. für E1B) entscheiden, ihr Risikoverhalten in Entscheidungssituation E3 mit ihrer Entscheidung für E3A hin zu einem risikoaversen Verhalten. 24,6 % der Testteilnehmer zeigen ein konstant risikoaverses und *20,0 %* ein konstant risikofreudiges Entscheidungsverhalten (vgl. Tab. 7-16).

7.5.1.3 Reflexionseffekt und Threat-Rigidity

Werden aus den sicheren Gewinnen (wie in Entscheidungssituation E1) sichere Verluste (wie in Entscheidungssituation E2), dann erfolgt eine sog. Reflexion des Entscheidungsverhaltens. Dies führt zu einem überwiegend risikofreudigen Entscheidungsverhalten, welches wiederum dem rationalen Entscheiden nach der Erwartungsnutzen-Theorie widerspricht.

Entscheidungssituation E2:

A: (-3.000; 1) und B: (-4.000; 0,8)
[28,1 %] [71,9 %]

Entscheidungssituation E22:

A: (-10 %; 1) und B: (-15 %; 0,75)
[43,6 %] [56,4 %]

Entscheidungssituation E24:

A: (-10 %; 1) und B: (-45 %; 0,25)
[58,6 %] [41,4 %]

			E2 A: (-3.000; 1)	E2 B: (-4.000; 0,8)	Gesamt
E1	A: (3.000; 1)	Anzahl	233	808	1.041
		% innerhalb von E1	22,4 %	77,6 %	100,0 %
		% innerhalb von E2	57,5 %	78,1 %	72,3 %
		% der Gesamtzahl	16,2 %	56,2 %	72,3 %
	B: (4.000; 0,8)	Anzahl	172	226	398
		% innerhalb von E1	43,2 %	56,8 %	100,0 %
		% innerhalb von E2	42,5 %	21,9 %	27,7 %
		% der Gesamtzahl	12,0 %	*15,7 %*	27,7 %
Gesamt		Anzahl	405	1.034	1.439
		% innerhalb von E1	28,1 %	71,9 %	100,0 %
		% innerhalb von E2	100,0 %	100,0 %	100,0 %
		% der Gesamtzahl	28,1 %	71,9 %	100,0 %
Test-Statistik		**Verfahren**		**Wert**	**Signifikanz**
		χ^2 nach PEARSON		61,795	0,001
		KENDALLS τ_b		-0,207	0,001

Tab. 7-17: Kontingenzanalyse für die Entscheidungssituationen E1 und E2

Von den Testteilnehmern, die sich beim positiven Prospect E1 risikoavers entscheiden (d. h. für E1A), ändern 77,6 % ihr Entscheidungsverhalten beim negativen Prospect E2 hin zur Risikofreude mit ihrer Entscheidung für E2B. Allerdings ändern auch 43,2 % der Testteilnehmer, die sich beim positiven Prospect E1 risikofreudig entscheiden (d. h. für E1A) ihr Entscheidungsverhalten beim negativen Prospect E2 hin zur Risikoaversion mit ihrer Entscheidung für E2A. 16,2 % der Testteilnehmer zeigen unabhängig vom Prospect ein konstant risikoaverses und *15,7 %* ein konstant risikofreudiges Entscheidungsverhalten (vgl. Tab. 7-17).

Tab. 7-18 zeigt die Änderungen im Entscheidungsverhalten bei verschiedenen potentiellen Verlusthöhen.

			E24		
			A: (-10 %; 1)	B: (-45 %; 0,25)	Gesamt
E22	A: (-10 %; 1)	Anzahl	488	136	624
		% innerhalb von E22	78,2 %	21,8 %	99,7 %
		% innerhalb von E24	58,0 %	22,9 %	43,5 %
		% der Gesamtzahl	34,0 %	9,5 %	43,5 %
	B: (-15 %; 0,75)	Anzahl	353	457	810
		% innerhalb von E22	43,6 %	56,4 %	99,9 %
		% innerhalb von E24	42,0 %	77,1 %	56,5 %
		% der Gesamtzahl	24,6 %	*31,9 %*	56,5 %
Gesamt		Anzahl	841	593	1.434
		% innerhalb von E22	58,6 %	41,4 %	100,0 %
		% innerhalb von E24	100,0 %	100,0 %	100,0 %
		% der Gesamtzahl	58,6 %	41,4 %	100,0 %
Test-Statistik		**Verfahren**		**Wert**	**Signifikanz**
		χ^2 nach PEARSON		174,239	0,001
		KENDALLS τ_b		0,349	0,001

Tab. 7-18: Kontingenzanalyse für die Entscheidungssituationen E22 und E24

Der mit 45 % der Rendite relativ hohe mögliche Verlust bei E24B könnte von den Managern bereits als existenzgefährdend angesehen werden, so dass analog zu LAUGHHUNN / PAYNE / CRUM (1980, S. 1248) bei 43,6 % der Manager eine Verhaltensänderung von Risikofreude bei nichtkatastrophalen Verlusten (wie in E22) hin zu Risikoaversion bei katastrophalen Verlusten (wie in E24) erfolgt. Die „Gegenbewegung" von 21,8 % der Manager, die bei E22 risikoavers entscheiden, hin zu risikofreudigem Verhalten mit der Verlustzunahme bei E24 ist andererseits konsistent mit der Prospect-Theorie (vgl. Tab. 7-18).

65,9 % (= 34,0 % + *31,9 %*) der Testteilnehmer scheint die Änderung der Höhe des Verlustes zwischen den Entscheidungssituationen E22 und E24 in ihrer Entscheidung nicht zu beeinflussen, da 34,0 % der Testteilnehmer konstant risikoavers und *31,9 %* konstant risikofreudig in beiden Entscheidungssituationen entscheiden.

7.5.1.4 Isolationseffekt sowie Regret- und Disappointment-Aversion

Nach KAHNEMAN / TVERSKY (1979, S. 271) vernachlässigen Individuen oft Komponenten, die bei Alternativen gleich sind, um die Wahlmöglichkeiten zu vereinfachen. Der Fokus wird stattdessen auf Komponenten gerichtet, die die Alternativen unterscheiden.

Da ein Paar von Prospects (Gewinn- bzw. Verlustaussichten) auf verschiedene Weise in gemeinsame und unterschiedliche Komponenten zerlegt werden kann, führen verschiedene Zerlegungen gegebenenfalls zu unterschiedlichen Präferenzen, wie E5 verdeutlicht.

Entscheidungssituation E5:

In der zweistufigen Entscheidungssituation besteht nach der ersten Stufe, die keine Gewinn- oder Verlustmöglichkeiten enthält, eine Wahrscheinlichkeit von 75 %, dass die zweite Stufe nicht erreicht wird, und eine Wahrscheinlichkeit von 25 %, dass die zweite Stufe erreicht wird. Für die zweite Stufe ist zwischen Alternative A und B zu entscheiden, wobei die Auswahl vor Beginn der ersten Entscheidungssituation getroffen werden muss, d. h. bevor das Ergebnis der ersten Stufe bekannt ist.

A: (3.000 zu 100 %) [59,6 %] und B: (4.000 zu 80 %) [40,4 %]

Letztendlich beträgt die Chance 3.000 zu gewinnen $0{,}25 \cdot 1 = 0{,}25$ und 4.000 zu gewinnen $0{,}25 \cdot 0{,}8 = 0{,}2$. Dieses zu erwartende Ergebnis ist identisch mit Entscheidungssituation E3.

Nur 22,7 % der Testteilnehmer zeigen ein konstant risikoaverses bzw. *30,5 %* ein konstant risikofreudiges Entscheidungsverhalten bei den Entscheidungssituationen E3 und E5. Diese 53,2 % der Testteilnehmer scheinen somit die Entscheidungssituation zweistufig wahrzunehmen und zu verarbeiten, im Gegensatz zu den 46,5 % (= 36,9 % + 9,6 %) der Testteilnehmer, die bei Entscheidungssituation E3 und E5 ein abweichendes Verhalten zeigen (vgl. Tab. 7-19).

			E5: A: 1. (1; 0,25), 2. (3.000; 1) ⇒ (3.000; 0,25)	E5: B: 1. (1; 0,25), 2. (4.000; 0,8) ⇒ (4.000; 0,2)	Gesamt
E3	A: (3.000;0,25)	Anzahl	326	138	464
		% innerhalb von E1	70,3 %	29,7 %	100,0 %
		% innerhalb von E3	38,2 %	23,9 %	32,4 %
		% der Gesamtzahl	22,8 %	9,6 %	32,4 %
	B: (4.000; 0,2)	Anzahl	528	439	967
		% innerhalb von E1	54,6 %	45,4 %	100,0 %
		% innerhalb von E3	61,8 %	76,1 %	67,6 %
		% der Gesamtzahl	36,9 %	*30,7 %*	67,6 %
Gesamt		Anzahl	856	579	1.435
		% innerhalb von E1	59,7 %	40,3 %	100,0 %
		% innerhalb von E3	100,0 %	100,0 %	100,0 %
		% der Gesamtzahl	59,7 %	40,3 %	100,0 %
Test-Statistik		**Verfahren**		**Wert**	**Signifikanz**
		χ^2 nach PEARSON		31,941	0,001
		KENDALLS τ_b		0,149	0,001

Tab. 7-19: Kontingenzanalyse für die Entscheidungssituation E3 und E5

Ein Vergleich des Entscheidungsverhaltens bei den Entscheidungssituationen E1 und E5 zeigt, dass 49,5 % der Testteilnehmer ein konstant risikoaverses bzw. *17,4 %* ein konstant risikofreudiges Entscheidungsverhalten zeigen. 66,9 % (= 49,5 % + *17,4 %*) der Testteilnehmer scheinen somit die erste Stufe der Entscheidungssituation E5, die für beide Entscheidungsalternativen gleich ist, zu ignorierten, wie bereits KAHNEMAN / TVERSKY (1979, S. 272) postulieren.

			E5 **A: 1. (1; 0,25), 2. (3.000; 1) ⇒ (3.000; 0,25)**	**B: 1. (1; 0,25), 2. (4.000; 0,8) ⇒ (4.000; 0,2)**	**Gesamt**
E1	**A: (3.000;1)**	Anzahl	710	329	1039
		% innerhalb von E1	68,3 %	31,7 %	100,0 %
		% innerhalb von E5	82,9 %	56,8 %	72,3 %
		% der Gesamtzahl	49,5 %	22,9 %	72,3 %
	B: (4.000; 0,8)	Anzahl	146	250	396
		% innerhalb von E1	36,9 %	63,1 %	100,0 %
		% innerhalb von E5	17,1 %	43,2 %	27,6 %
		% der Gesamtzahl	10,2 %	*17,4 %*	27,6 %
Gesamt		Anzahl	856	579	1.435
		% innerhalb von E1	59,7 %	40,3 %	100,0 %
		% innerhalb von E5	100,0 %	100,0 %	100,0 %
		% der Gesamtzahl	59,7 %	40,3 %	100,0 %
Test-Statistik		**Verfahren**		**Wert**	**Signifikanz**
		χ^2 nach PEARSON		117,951	0,001
		KENDALLS τ_b		0,287	0,001

Tab. 7-20: Kontingenzanalyse für die Entscheidungssituation E1 und E5

Ein Vergleich der Aussagen aus Tab. 7-19 und Tab. 7-20 zeigt, dass nicht zugleich 53,2 % der Testteilnehmer (gleiches Risikoverhalten bei E3 und E5) und weitere 66,7 % der Testteilnehmer (gleiches Risikoverhalten bei E1 und E5) konsistent handeln können. Erst wenn die individuellen Antworten auf die Entscheidungssituationen E1, E3 und E5 zusammen betrachtet werden, zeigt sich, wie viele Testeilnehmer bei E5 konsistent zu E1 oder E3 entscheiden (vgl. Tab. 7-21).

18,8 % der Testteilnehmer entscheiden bei E1, E3 und E5 immer risikoavers und weitere *13,5 %* immer risikofreudig. Ob diese 32,3 % (= 18,8 % + *13,5 %*) der Testteilnehmer E5 einstufig oder zweistufig interpretieren, ist aus ihrem Antwortverhalten auf E1, E3 und E5 nicht ermittelbar. Weitere 5,7 % der Testteilnehmer entscheiden bei E1 und E3 risikoavers und bei E5 plötzlich risikofreudig. Umgekehrt entscheiden 6,3 % der Testteilnehmer bei E1 und E3 risikofreudig und bei E5 plötzlich risikoavers. Das Verhalten dieser 12 % (= 5,7 % + 6,3 %) ist nur sinnvoll, falls ihr Risikoverhalten relativ risikoneutral ist, sie aber aufgrund der dualen Struktur der Entscheidungssituationen quasi gezwungen waren (nur mehr oder minder zufällig) eine Wahl zu treffen. Ebenso könnte zumindest ein Teil dieser Testteilnehmer den Fragebogen auch relativ „planlos" (z. B. motivationslos oder überfordert) ausgefüllt haben. Somit verbleiben 34,3 % (= 30,4 % + 3,9 %) der Testteilnehmer, für die hier festgestellt werden kann, dass sie scheinbar, wie KAHNEMAN / TVERSKY (1979, S. 272) es postulieren, in Entscheidungssituation E5 die erste Stufe, die für beide Optionen identisch ist, ignorieren. Für weitere 20,8 % (= 3,8 % + 17,0 %) der

Testteilnehmer kann festgestellt werden, dass sie scheinbar in Entscheidungssituation E5 beide Stufen in ihrer Entscheidung berücksichtigen.

					E3: A (3.000; 0,25)	E3: B (4.000; 0,2)	Gesamt
E5	A: 1. (1; 0,25), 2. (3.000; 1) ⇒ (3.000; 0,25)	E1	A (3.000; 1)	Anzahl	271	437	708
				% der Gesamtzahl	18,8 %	30,4 %	49,2 %
			B (4.000; 0,8)	Anzahl	55	91	146
				% der Gesamtzahl	3,8 %	6,3 %	10,1 %
	B: 1. (1; 0,25), 2. (4.000; 0,8) ⇒ (4.000; 0,2)	E1	A (3.000; 1)	Anzahl	82	245	327
				% der Gesamtzahl	5,7 %	17,0 %	22,7 %
			B (4.000; 0,8)	Anzahl	56	194	250
				% der Gesamtzahl	3,9 %	13,5 %	17,4 %
Gesamt				Anzahl	464	967	1.431
				% der Gesamtzahl	32,2 %	67,2 %	99,4 %

		Verfahren	Wert	Signifikanz
Test-Statistik	für E5 = A	χ^2 nach PEARSON	,019	0,891
		KENDALLS τ_b	0,005	0,891
	für E5 = B	χ^2 nach PEARSON	,558	0,445
		KENDALLS τ_b	0,031	0,445

Tab. 7-21: Kontingenzanalyse für die Entscheidungssituation E1, E3 und E5

Weitere Erklärungsansätze für die Diskrepanzen im Entscheidungsverhalten zwischen den Entscheidungssituationen E1, E3 und E5 liefern, wie bereits dargestellt, die Regret-Theorien (BELL 1982, S. 965 ff.; LOOMES / SUGDEN 1982, S. 807 ff.) sowie die Disappointment-Theorien (BELL 1985, S. 3 ff.; GUL 1991, S. 670 ff.). Somit können die Unterschiede zwischen den Entscheidungssituationen E1, E3 und E5 auch auf Regret- oder Disappointment-Aversion zurück geführt werden. Da sich beide Effekte bei diesen Entscheidungssituationen überschneiden, ist eine Aussage über den jeweiligen Einfluss des antizipierten Bedauerns und der antizipierten Enttäuschung auf die Entscheidungen nicht möglich.

7.5.1.5 Framing-Effekt

Der Bezugsrahmen („framing") bzw. die Präsentation der potentiellen Ergebnisse einer Entscheidungssituation beeinflusst nach KAHNEMAN / TVERSKY (1979, S. 273) die Entscheidung.

Entscheidungssituation E6:

Unabhängig vom Anfangszustand wird ein „Bonus" von 1.000 gegeben. Des Weiteren ist zwischen Alternative A und B zu entscheiden:

A: (500 zu 100 %) und B: (1.000 zu 50 %)
[52,7 %] [47,3 %]

Entscheidungssituation E7:

Unabhängig vom Anfangszustand wird ein „Bonus" von 2.000 gegeben. Des Weiteren ist zwischen Alternative A und B zu entscheiden:

A: (-500 zu 100 %) und B: (-1.000 zu 50 %)

[42,0 %] [58,0 %]

Die Entscheidungssituation E7 ist aus der Entscheidungssituation E6 abgeleitet, wobei der „Bonus" um 1.000 erhöht und gleichzeitig 1.000 von allen Erwartungswerten subtrahiert wird.

Werden beide Entscheidungssituationen bezüglich ihres Endzustands bzw. Erwartungswertes betrachtet:

E6A = (1.500; 1) = E7A und E6B = (2.000; 0,5; 1.000; 0,5) = E7B,

dann zeigt sich, dass beide, entsprechend der Erwartungsnutzen-Theorie, identisch sind.

			E7		
			A: 2.000 + (-500;1)	**B: 2.000 + (-1.000; 0,5)**	**Gesamt**
E6	**A: 1.000 + (500; 1)**	Anzahl	362	395	758
		% innerhalb von E6	47,8 %	52,2 %	100,0 %
		% innerhalb von E7	59,9 %	47,4 %	52,6 %
		% der Gesamtzahl	25,2 %	27,5 %	52,6 %
	B: 1.000 + (1.000; 0,5)	Anzahl	242	439	681
		% innerhalb von E6	35,5 %	64,5 %	100,0 %
		% innerhalb von E7	40,1 %	52,6 %	47,4 %
		% der Gesamtzahl	16,8 %	*30,5 %*	47,4 %
Gesamt		Anzahl	604	834	1.438
		% innerhalb von E6	42,0 %	58,0 %	100,0 %
		% innerhalb von E7	100,0 %	100,0 %	100,0 %
		% der Gesamtzahl	42,0 %	58,0 %	100,0 %
Test-Statistik		**Verfahren**		**Wert**	**Signifikanz**
		χ^2 nach PEARSON		22,208	0,001
		KENDALLS τ_b		0,124	0,001

Tab. 7-22: Kontingenzanalyse für die Entscheidungssituationen E6 und E7

Von den Testteilnehmern, die sich in der positiv „geframten" Entscheidungssituation E6 risikoavers entscheiden (d. h. für E6A), ändern 52,2 % ihr Entscheidungsverhalten in der erwartungswertgleichen aber negativ „geframten" Entscheidungssituation E7 hin zur Risikofreude mit ihrer Entscheidung für E7B. Analog dazu ändern 35,5 % der Testteilnehmer, die sich in Entscheidungssituation E6 risikofreudig entscheiden (d. h. für E6A) ihr Entscheidungsverhalten bei E7 hin zur Risikoaversion mit ihrer Entscheidung für E7A (vgl. Tab. 7-22). Bezogen auf die Gesamtanzahl entscheiden 27,5 % der Testteilnehmer analog zur Prospect-Theorie in positiv „geframten" Entscheidungssituationen (wie E6) risikoavers und in negativ „geframten" Entscheidungssituationen (wie E7) risikofreudig. Dem entgegengesetzt entscheiden 16,8 % der Testeilnehmer. Insgesamt entscheiden in diesem Fall somit nur 44,3 % (= 27,5 % + 16,8 %) der befragten Manager abhängig vom Framing der Entscheidungssituation.

25,2 % der Testteilnehmer zeigen unabhängig vom Framing ein konstant risikoaverses und *30,5 %* ein konstant risikofreudiges Entscheidungsverhalten (vgl. Tab. 7-22). Insgesamt entscheidet in diesem Fall somit die Mehrheit von 55,7 % (= 25,2 % + *30,5 %*) der befragten Manager unabhängig vom Framing der Entscheidungssituation.

7.5.1.6 ALLAIS-Paradoxon

Wie in 6.4.3.5 dargestellt, postuliert das Unabhängigkeitsaxiom („common consequence effect") der Erwartungsnutzen-Theorie (VON NEUMANN / MORGENSTERN 1944; 2004, S. 24 ff.), dass das Hinzufügen oder die Wegnahme von gemeinsamen potentiellen Ergebnissen einer Entscheidung die Präferenz des Entscheiders nicht verändert. Die Entscheidungssituationen E8 und E9 stellen eine Modifikation der ursprünglich von ALLAIS (1953, S. 526 ff.) verwendeten Entscheidungssituationen durch KAHNEMAN / TVERSKY (1979, S. 265 f.) dar. Die Entscheidungssituationen E8 und E9 unterscheiden sich um das gemeinsame potentielle Ergebnis (2.400; 0,66), das von beiden Optionen A und B in Entscheidungssituation E8 subtrahiert wird, um Entscheidungssituation E9 zu erhalten.

Entscheidungssituation E8:

A: (2.400; 1) [68,1 %] und B: (2.500; 0,33) oder (2.400; 0,66) [31,9 %]

Entscheidungssituation E9:

A: (2.400; 0,34) [22,2 %] und B: (2.500; 0,33) [77,8 %]

Wie im ALLAIS-Paradoxon postuliert (ALLAIS 1953, S. 526 ff.) und u. a. von KAHNEMAN / TVERSKY (1979, S. 266) bestätigt, wechseln 74,6 % der Testteilnehmer, die sich bei Entscheidungssituation E8 risikoavers für die sichere Option entscheiden (d. h. für E8A), zur Option E9B (vgl. Tab. 7-23).

			E9 A: (2.400; 0,34)	E9 B: (2.500; 0,33)	Gesamt
E8	A: (2.400; 1)	Anzahl	249	731	980
		% innerhalb von E8	25,4 %	74,6 %	100,0 %
		% innerhalb von E9	77,8 %	65,3 %	68,1 %
		% der Gesamtzahl	17,3 %	50,8 %	68,1 %
	B: (2.500; 0,33, 2.400; 0,66)	Anzahl	71	388	459
		% innerhalb von E8	15,5 %	84,5 %	100,0 %
		% innerhalb von E9	22,2 %	34,7 %	31,9 %
		% der Gesamtzahl	4,9 %	27,0 %	31,9 %
Gesamt		Anzahl	320	1.119	1.439
		% innerhalb von E8	22,2 %	77,8 %	100,0 %
		% innerhalb von E9	100,0 %	100,0 %	100,0 %
		% der Gesamtzahl	22,2 %	77,8 %	100,0 %
Test-Statistik		**Verfahren**		**Wert**	**Signifikanz**
		χ^2 nach PEARSON		17,860	0,001
		KENDALLS τ_b		0,111	0,001

Tab. 7-23: Kontingenzanalyse für die Entscheidungssituationen E8 und E9

7.5.1.7 Verlauf der Nutzenfunktion, Mehrdeutigkeitsaversion

Weisen beide Alternativen einer Entscheidungssituation zwar gleiche Erwartungswerte aber unterschiedlich zusammengesetzte Wahrscheinlichkeiten auf, dann ist entscheidend, ob die Nutzenfunktion eines Entscheiders konkav oder konvex verläuft (KAHNEMAN / TVERSKY 1979, S. 278). Ein risikoaverser Entscheider wird wegen des abnehmenden Grenznutzens seiner Nutzenfunktion bei Entscheidungssituation E14 Option A präferieren, während ein risikofreudiger Entscheider Option E14B bevorzugen wird. Zu beachten ist allerdings nach ELLSBERG (1961, S. 656 ff.), dass Entscheider Mehrdeutigkeit bzw. Unsicherheit vermeiden und es deshalb trotz Risikoaversion zu einer Präferenzverschiebung zur eindeutigeren Option B kommen kann.

Entscheidungssituation E14:

A: (4.000; 0,25) oder (2.000; 0,25) [43,8 %] und B: (6.000; 0,25) [56,2 %]

Entscheidungssituation E15:

A: (-4.000; 0,25) oder (-2.000; 0,25) [72,1 %] und B: (-6.000; 0,25) [27,9 %]

Die Ergebnisse von E14 und E16 sind im Mittel konträr zu den Ergebnissen von KAHNEMAN / TVERSKY (1979, S. 278). Bei Entscheidungssituation E14 scheinen die Manager ähnlich unsicher zu sein, wie bei E6. Da bei Entscheidungssituation E15 72,1 % der Manager die mehrdeutigere bzw. unsichere Option A wählen, liegt zumindest bei dieser Entscheidungssituation im Mittel keine überwiegende Mehrdeutigkeits- bzw. Unsicherheitsvermeidung vor.

7.5.1.8 Verzerrungen bei extrem niedrigen Wahrscheinlichkeiten

Die Vereinfachung von Prospects kann dazu führen, dass ein Individuum Ereignisse mit extrem niedrigen Wahrscheinlichkeiten überbewertet oder vernachlässigt und Ereignisse mit sehr hohen Wahrscheinlichkeiten als sicher annimmt (KAHNEMAN / TVERSKY 1979, S. 282 f.). Diese Verhaltensweisen werden mit Entscheidungssituation E16, die einer Entscheidung für oder gegen eine Lotterie, und Entscheidungssituation E17, die einer Entscheidung für oder gegen eine Versicherung entspricht, untersucht.

Entscheidungssituation E16:

A: (5 zu 100 %) [45,2 %] und B: (5.000 zu 0,1 %) [54,8 %]

Alternative A und B sind hinsichtlich ihres Erwartungswertes gleich. Alternative A bietet einen geringen sicheren Wert. Alternative B bietet dagegen einen relativ hohen Wert, dessen Eintrittswahrscheinlichkeit aber sehr gering ist.

Entscheidungssituation E17:

A: (-5 zu 100 %) [62,3 %] und B: (-5.000 zu 0,1 %) [37,7 %]

Alternative A und B sind ebenfalls hinsichtlich ihres Erwartungswertes gleich. Dennoch entscheiden sich 62,3 % der Manager für Alternative A, die als Kauf einer Versicherungspolice interpretiert werden kann. 37,7 % der Manager entscheiden sich für Alternative B und gehen das Risiko eines sehr unwahrscheinlichen Verlustes ein.

			E17		Gesamt
			A: (-5; 1)	B: (-5.000; 0,001)	
E16	A: (5; 1)	Anzahl	329	322	651
		% innerhalb von E16	50,5 %	49,5 %	100,0 %
		% innerhalb von E17	36,7 %	59,4 %	45,2 %
		% der Gesamtzahl	22,9 %	22,4 %	45,2 %
	B: (5.000; 0,001)	Anzahl	568	220	788
		% innerhalb von E16	72,1 %	27,9 %	100,0 %
		% innerhalb von E17	63,3 %	40,6 %	54,8 %
		% der Gesamtzahl	39,5 %	15,3 %	54,8 %
Gesamt		Anzahl	897	542	1.439
		% innerhalb von E16	62,3 %	37,7 %	100,0 %
		% innerhalb von E17	100,0 %	100,0 %	100,0 %
		% der Gesamtzahl	62,3 %	37,7 %	100,0 %
Test-Statistik		**Verfahren**		**Wert**	**Signifikanz**
		χ^2 nach PEARSON		70,471	0,001
		KENDALLS τ_b		-0,221	0,001

Tab. 7-24: Kontingenzanalyse für die Entscheidungssituationen E16 und E17

Von den Testteilnehmern, die sich bei Entscheidungssituation E16 risikofreudig für die hohe aber eher unwahrscheinliche Chance entscheiden (d. h. für E16A), zeigen 72,1 % mit ihrer Entscheidung für E17A ein risikoaverses Verhalten, d. h. eine „Angst“ vor einem ebenso wenig wahrscheinlichen Verlust (vgl. Tab. 7-24).

7.5.1.9 Konsistenz der Entscheidungen

Um die Konsistenz der Entscheidungen der einzelnen Testteilnehmer überprüfen zu können, wird die Entscheidungssituation E1 noch einmal als E20 aber mit in der Reihenfolge vertauschten Optionen gestellt.

Entscheidungssituation E1:

A: (3.000; 1) und B: (4.000; 0,8)

[72,3 %] [27,7 %]

Entscheidungssituation E20:

A: (4.000; 0,8) und B: (3.000; 1)

[44,0 %] [66,0 %]

Von den Testteilnehmern, die bei Entscheidungssituation E1 risikoavers entscheiden (d. h. für E1A), zeigen nur 67,7 % der Testteilnehmer auch bei Entscheidungssituation E20 mit ihrer

Entscheidung für E20B ein risikoaverses Verhalten. Von den Testteilnehmern, die bei Entscheidungssituation E1 risikofreudig entscheiden (d. h. für E1B), zeigen nur *63,5 %* der Testteilnehmer auch bei Entscheidungssituation E20 mit ihrer Entscheidung für E20A ein risikofreudiges Verhalten (vgl. Tab. 7-26).

			E20invers		**Gesamt**
			B: (3.000; 1)	**A: (4.000; 0,8)**	
E1	**A: (3.000; 1)**	Anzahl	643	398	1041
		% innerhalb von E1	61,8 %	38,2 %	100,0 %
		% innerhalb von E20	79,9 %	62,9 %	72,4 %
		% der Gesamtzahl	44,7 %	27,7 %	72,4 %
	B: (4.000; 0,8)	Anzahl	162	235	397
		% innerhalb von E1	40,8 %	*59,2 %*	100,0 %
		% innerhalb von E20	20,1 %	37,1 %	27,7 %
		% der Gesamtzahl	11,3 %	*16,3 %*	*27,7 %*
Gesamt		Anzahl	805	633	1.438
		% innerhalb von E1	56,0 %	44,0 %	100,0 %
		% innerhalb von E20	100,0 %	100,0 %	100,0 %
		% der Gesamtzahl	56,0 %	*44,0 %*	100,0 %
Test-Statistik		**Verfahren**		**Wert**	**Signifikanz**
		χ^2 nach PEARSON		205,064	0,001
		KENDALLS τ_b		0,378	0,001

Tab. 7-25: Kontingenzanalyse für die Entscheidungssituationen E1 und E20

73,0 % (= 55,5 % + *17,5 %*) der Testteilnehmer entscheiden bei den Entscheidungssituationen E1 und E20 konstant risikoavers (55,5 %) bzw. konstant risikofreudig (*17,5 %*). 27,0 % (= 16,9 % + 10,1 %) der Testteilnehmer zeigen ein abweichendes Entscheidungsverhalten zwischen den inhaltlich identischen Entscheidungssituationen E1 und E20.

			E20		**Gesamt**
			B: (3.000;1)	**A: (4.000; 0,8)**	
E1	**A: (3.000;1)**	Anzahl	798	243	1.041
		% innerhalb von E1	76,7 %	23,3 %	100,0 %
		% innerhalb von E20	84,6 %	49,1 %	72,4 %
		% der Gesamtzahl	55,5 %	16,9 %	72,4 %
	B: (4.000; 0,8)	Anzahl	145	252	397
		% innerhalb von E1	36,5 %	*63,5 %*	100,0 %
		% innerhalb von E20	15,4 %	50,9 %	27,6 %
		% der Gesamtzahl	10,1 %	*17,5 %*	*27,6 %*
Gesamt		Anzahl	943	495	1.438
		% innerhalb von E1	65,6 %	34,4 %	100,0 %
		% innerhalb von E20	100,0 %	100,0 %	100,0 %
		% der Gesamtzahl	65,6 %	*34,4 %*	100,0 %
Test-Statistik		**Verfahren**		**Wert**	**Signifikanz**
		χ^2 nach PEARSON		205,064	0,001
		KENDALLS τ_b		0,378	0,001

Tab. 7-26: Kontingenzanalyse für die Entscheidungssituationen E1 und E20

Der einfachste und sicher berechtigte Erklärungsversuch für das inkonsistente Entscheidungsverhalten von 27 % der Testteilnehmer ist, von einem relativ risikoneutralen Entscheidungsverhalten bei diesen Managern auszugehen, die aufgrund der dualen Struktur der Entscheidungssituationen „gezwungen" sind (nur mehr oder minder zufällig) eine Wahl zu treffen. Wie schon bei den Zusammenhängen zwischen E1, E3 und E5 festgestellt wurde, scheinen einige Manager den Fragebogen relativ „planlos" (z. B. motivationslos oder überfordert) ausgefüllt zu haben.

7.5.2 Fazit

Die Kontingenzanalyse der Entscheidungssituationen zeigt zahlreiche interessante Effekte auf. Eine detaillierte Analyse aller möglichen Paarungen der 24 in der Studie untersuchten Entscheidungssituationen erscheint an dieser Stelle nicht sinnvoll. Deshalb werden in Tab. 7-27 zusammenfassend die Korrelationen zwischen den 24 Entscheidungssituationen dargestellt. Es wird dabei deutlich, dass es sinnvoll ist, die 24 Entscheidungssituationen zu aggregieren, um robustere Aussagen über das Risikoentscheidungsverhalten der befragten Manager treffen zu können. Dafür eignet sich die Methode der Faktorenanalyse, die im nächsten Kapitel angewandt wird.

			E1	E2	E3	E4	E5	E6	E7	E8	E9	E10	E11	E12	E13	E14	E15	E16	E17	E18	E19	E20	E21	E22	E23
E1	μ ,277																								
	σ ,4475																								
	N 1439																								
E2	μ ,719	τb	-,207**																						
	σ ,4499	p	,001																						
	N 1439	N	1439																						
E3	μ ,677	τb	,059*	,053*																					
	σ ,4679	p	,026	,044																					
	N 1435	N	1435	1435																					
E4	μ ,431	τb	-,061*	,243**	-,016																				
	σ ,4953	p	,021	,001	,542																				
	N 1435	N	1435	1435	1434																				
E5	μ ,403	τb	,287**	-,083**	,149**	,006																			
	σ ,4908	p	,001	,002	,001	,809																			
	N 1435	N	1435	1435	1431	1431																			
E6	μ ,473	τb	,052*	,067*	,026	,041	,103**																		
	σ ,4995	p	,049	,011	,316	,120	,001																		
	N 1439	N	1439	1439	1435	1435	1435																		
E7	μ ,580	τb	-,040	,169**	,080**	,122**	,049	,124**																	
	σ ,4937	p	,126	,001	,003	,001	,063	,001																	
	N 1438	N	1438	1438	1435	1435	1434	1438																	
E8	μ ,319	τb	,100**	-,069**	,050	-,028	,133**	,074**	,078**																
	σ ,4662	p	,001	,009	,056	,291	,001	,005	,003																
	N 1439	N	1439	1439	1435	1435	1435	1439	1438																
E9	μ ,778	τb	,009	-,045	,163**	-,095**	,067*	,075**	,024	,111**															
	σ ,4160	p	,723	,089	,001	,001	,011	,004	,367	,001															
	N 1439	N	1439	1439	1435	1435	1435	1439	1438	1439															
E10	μ ,177	τb	,132**	,015	,088**	-,018	,099**	,187**	,023	,088**	,056*														
	σ ,3820	p	,001	,563	,001	,502	,001	,001	,393	,001	,035														
	N 1439	N	1439	1439	1435	1435	1435	1439	1438	1439	1439														
E11	μ ,542	τb	-,037	,213**	,002	,113**	,016	-,014	,283**	-,002	,015	-,041													
	σ ,4984	p	,165	,001	,949	,001	,539	,587	,001	,928	,571	,120													
	N 1439	N	1439	1439	1435	1435	1435	1439	1438	1439	1439	1439													
E12	μ ,746	τb	-,025	,058*	,154**	,014	,030	,118**	,088**	,039	,237**	,108**	,006												
	σ ,4353	p	,345	,029	,001	,608	,260	,001	,001	,135	,001	,001	,833												
	N 1438	N	1438	1438	1434	1434	1434	1438	1437	1438	1438	1438	1438												
E13	μ ,369	τb	,011	,084**	-,032	,106**	,048	,032	,127**	-,022	,024	,034	,188**	-,002											
	σ ,4826	p	,686	,001	,233	,001	,068	,228	,001	,400	,362	,197	,001	,953											
	N 1438	N	1438	1438	1434	1434	1434	1438	1437	1438	1438	1438	1438	1438											
E14	μ ,562	τb	,095**	,027	-,006	-,012	,058*	,074**	,005	-,195**	,023	,116**	,006	,072**	,060*										
	σ ,4963	p	,001	,312	,831	,650	,029	,005	,860	,001	,385	,001	,807	,007	,024										
	N 1438	N	1438	1438	1434	1434	1434	1438	1437	1438	1438	1438	1438	1437	1437										
E15	μ ,296	τb	,015	,029	,067*	,034	,074**	,018	,105**	,105**	,045	,032	,158**	,056*	,153**	-,225**									
	σ ,4567	p	,568	,266	,011	,202	,005	,494	,001	,001	,090	,221	,001	,035	,001	,001									
	N 1435	N	1435	1435	1431	1431	1431	1435	1434	1435	1435	1435	1435	1434	1434	1434									
E16	μ ,548	τb	-,040	,058*	,088**	,030	-,012	,140**	,098**	,020	,065*	,063*	-,003	,170**	-,010	,016	,079**								
	σ ,4979	p	,125	,027	,001	,261	,655	,001	,001	,450	,014	,016	,904	,001	,706	,536	,003								
	N 1439	N	1439	1439	1435	1435	1435	1439	1438	1439	1439	1439	1439	1438	1438	1438	1435								
E17	μ ,377	τb	,064*	,072**	-,042	,154**	,082**	,053*	,127**	-,006	,009	,034	,136**	,008	,174**	,036	,078**	-,221**							
	σ ,4847	p	,015	,006	,110	,001	,002	,044	,001	,826	,741	,202	,001	,772	,001	,172	,003	,001							
	N 1439	N	1439	1439	1435	1435	1435	1439	1438	1439	1439	1439	1439	1438	1438	1438	1435	1439							
E18	μ ,793	τb	,101**	,047	,082**	-,016	,087**	,074**	,113**	,055*	,091**	,066*	,052*	,046	,070**	,092**	,040	,050	,148**						
	σ ,4050	p	,001	,074	,002	,541	,001	,005	,001	,039	,001	,012	,048	,084	,008	,001	,133	,057	,001						
	N 1438	N	1438	1438	1434	1434	1434	1438	1437	1438	1438	1438	1438	1437	1437	1437	1434	1438	1438						
E19	μ ,392	τb	-,019	,221**	,021	,131**	,037	,091**	,163**	-,003	-,043	,093**	,087**	,052*	,075**	,052*	,062*	,066*	,154**	,079**					
	σ ,4884	p	,470	,001	,416	,001	,163	,001	,001	,917	,102	,001	,001	,048	,004	,049	,019	,012	,001	,003					
	N 1439	N	1439	1439	1435	1435	1435	1439	1438	1439	1439	1439	1439	1438	1438	1438	1435	1439	1439	1438					
E20	μ ,344	τb	,378**	-,142**	,064*	-,063*	,266**	,126**	,021	,089**	,024	,215**	-,068**	,005	,062*	,091**	,006	-,044	,072**	,110**	-,044				
	σ ,4753	p	,001	,001	,015	,018	,001	,001	,427	,001	,363	,001	,010	,860	,019	,001	,818	,097	,006	,001	,092				
	N 1438	N	1438	1438	1434	1434	1434	1438	1437	1438	1438	1438	1438	1437	1437	1437	1434	1438	1438	1437	1438				
E21	μ ,297	τb	,308**	-,083**	,124**	-,027	,229**	,169**	,089**	,142**	,074**	,212**	-,049	,041	,004	,118**	,024	,066*	,068**	,163**	,016	,352**			
	σ ,4573	p	,001	,002	,001	,300	,001	,001	,001	,001	,005	,001	,064	,123	,881	,001	,360	,012	,010	,001	,535	,001			
	N 1439	N	1439	1439	1435	1435	1435	1439	1438	1439	1439	1439	1439	1438	1438	1438	1435	1439	1439	1438	1439	1438			
E22	μ ,564	τb	-,074**	,292**	,026	,135**	-,013	,046	,222**	-,001	-,005	,036	,262**	,032	,100**	,037	,065*	,080**	,109**	,104**	,287**	-,086**	-,097**		
	σ ,4960	p	,005	,001	,326	,001	,628	,084	,001	,956	,858	,178	,001	,227	,001	,164	,014	,002	,001	,001	,001	,001	,001		
	N 1437	N	1437	1437	1433	1433	1433	1437	1436	1437	1437	1437	1437	1436	1436	1437	1433	1437	1437	1436	1437	1436	1437		
E23	μ ,237	τb	,136**	-,068*	,136**	-,031	,145**	,141**	,083**	,117**	,074**	,247**	,005	,088**	,012	,022	,103**	,151**	-,012	,090**	,049	,127**	,272**	,002	
	σ ,4252	p	,001	,010	,001	,239	,001	,001	,002	,001	,005	,001	,846	,001	,638	,412	,001	,001	,643	,001	,066	,001	,001	,929	
	N 1436	N	1436	1436	1432	1433	1432	1436	1435	1436	1436	1436	1436	1435	1435	1435	1432	1436	1436	1435	1436	1435	1436	1434	
E24	μ ,414	τb	-,009	,156**	,038	,086**	,041	,041	,195**	-,001	,050	,072**	,240**	,047	,100**	,002	,118**	,026	,194**	,142**	,181**	-,020	,032	,349**	-,031
	σ ,4927	p	,742	,001	,150	,001	,118	,124	,001	,984	,059	,007	,001	,074	,001	,925	,001	,320	,001	,001	,001	,443	,230	,001	,248
	N 1435	N	1435	1435	1431	1431	1431	1435	1434	1435	1435	1435	1435	1434	1434	1434	1431	1435	1435	1434	1435	1434	1435	1434	1432

Entscheidungssituationen mit positiven Prospects sind in der Spalte „hellgrau" hinterlegt. Die Entscheidungssituation E18 mit positiven und negativen Prospects ist in der Spalte mit einem dunkleren „grau" hinterlegt.

Tab. 7-27: Bivariate Korrelationen zwischen den 24 Entscheidungssituationen

7.6 Faktorenanalyse zur Dimensionsreduktion

7.6.1 Eignung der Daten für eine Faktorenanalyse

Mittels einer Faktorenanalyse werden aus den Antworten auf die 24 Entscheidungssituationen die dominierenden Komponenten bzw. Faktoren des Risikoentscheidungsverhaltens 1. für die Manager und Controller (insgesamt 1439 Datensätze) und 2. für die Manager und Controller sowie die 1101 Studenten (insgesamt 2540 Datensätze) bestimmt.[138]

Zunächst ist zu prüfen, ob die Daten dafür geeignet sind. Der KAISER-MEYER-OLKIN-Test (measure of sampling adequacy – MSA) ergibt mit dem Datenmaterial der 1439 Manager und Controller einen MSA-Wert von 0,727 bzw. MSA-Wert von 0,718, wonach die Stichproben nach BACKHAUS ET. AL. (2006, S. 276) als „ziemlich gut" und nach KAISER / RICE (1974, S. 112) als „middling" für eine Faktorenanalyse geeignet sind.

Weiterhin zeigt der Screeplot (vgl. Abb. 7-5) acht Komponenten, die einen Eigenwert > 1 aufweisen. Da jede Komponente, die einen Eigenwert > 1 aufweist, einen größeren Erklärungsanteil an der Gesamtvarianz aufweist als eine der Ausgangsvariablen[139], lohnt sich rein statistisch eine Faktorenanalyse zur Dimensionsreduktion mit diesen Komponenten, die nachfolgend dargestellt wird.

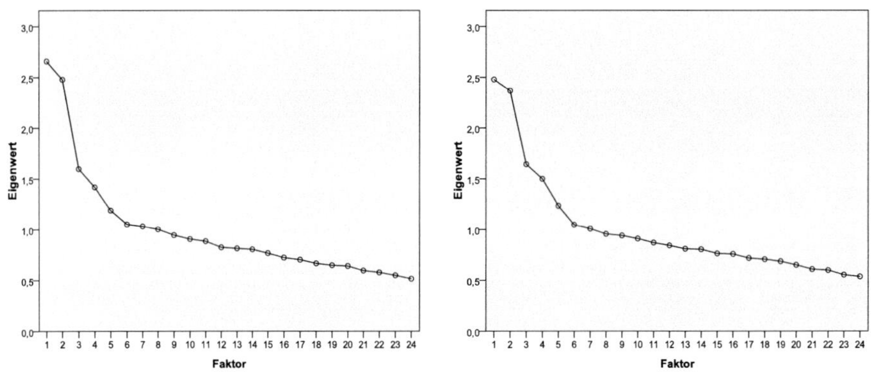

Abb. 7-5: Screeplots der Faktoren mit den Daten der Manager und Controller (links) und den Daten der Manager, Controller und Studenten (rechts)

In den Screeplots der Manager auf Geschäftsleitungsebene und der Controller heben sich die ersten beiden Faktoren deutlich von den weiteren 22 Faktoren ab (vgl. Abb. 7-6).
Deutlich weniger differenziert zeigt sich das Risikoentscheidungsverhalten der Manager auf mittlerer Ebene und der Studenten in den Screeplots (vgl. Abb. 7-7).

---

138 Die Ergebnisse der Faktorenanalyse mit allen 2540 Testteilnehmern (1316 Manager, 123 Controller und 1101 Studenten) werden nur bei den Vergleichen des Risikoentscheidungsverhaltens der Manager und Controller mit den Studenten genutzt. Bei allen anderen Analysen (nur mit den Managern und Controllern) werden die Ergebnisse der Faktorenanalyse genutzt, die nur mit den 1316 Managern und den 123 Controllern erzielt wurden.

139 Eine der 24 Entscheidungssituationen trägt in diesem Fall durchschnittlich 1/24 = 4,17 % zur Gesamtvarianz bei.

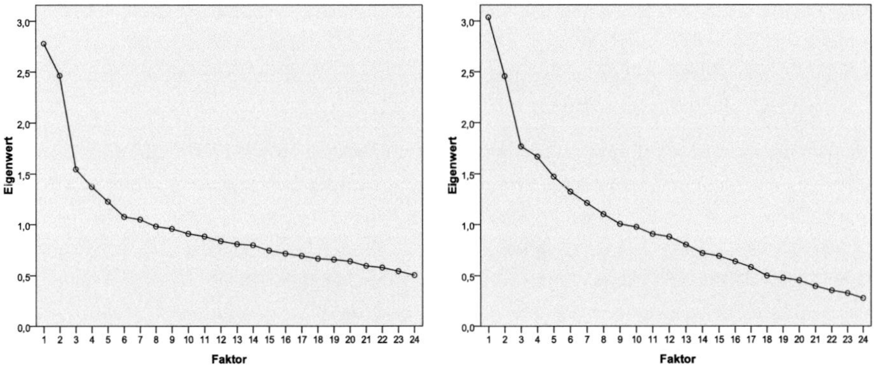

Abb. 7-6: Screeplots der Faktoren nur mit den Daten der Manager (links) und nur mit den Daten der Controller (rechts)

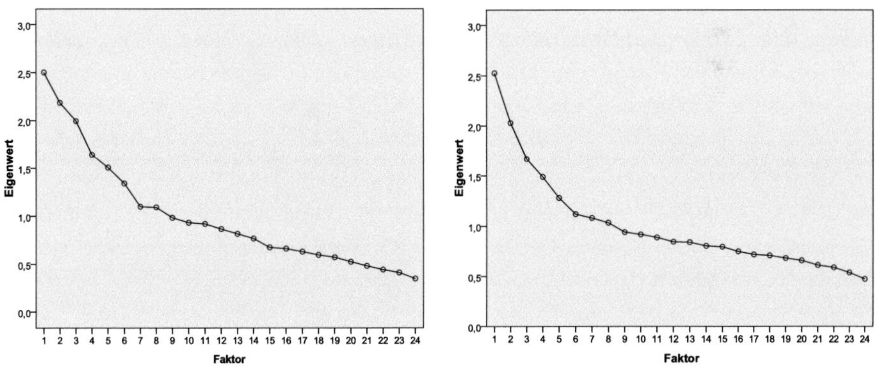

Abb. 7-7: Screeplots der Faktoren nur mit den Daten der Manager auf mittlerer Ebene (links) und nur mit den Daten der Studenten (rechts)

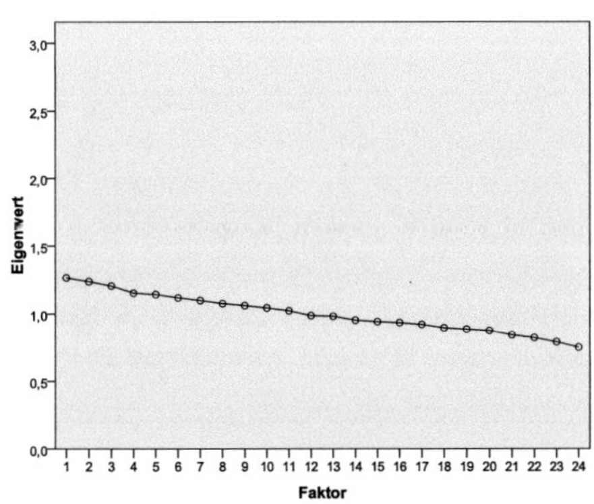

Abb. 7-8: Screeplot bei 1000 zufälligen Antworten auf die 24 Entscheidungssituationen zum Vergleich

Trotz der Ähnlichkeit der Screeplots der Manager auf mittlerer Ebene und der Studenten mit einer Zufallsverteilung von 1.000 zufälligen Antworten auf die 24 Entscheidungssituationen (vgl. Abb. 7-8), unterscheidet sich das Risikoentscheidungsverhalten der Manager auf mittlerer Ebene

(KMO- bzw. MSA-Wert = 0,598; χ^2 = 535,507, Signifikanz nach Bartlett = 0,001) und der Studenten (KMO- bzw. MSA-Wert = 0,683; χ^2 = 2373,271, Signifikanz nach Bartlett = 0,001) signifikant von einem zufälligen Entscheidungsverhalten (KMO- bzw. MSA-Wert = 0,496; χ^2 = 234,663, Signifikanz nach Bartlett = 0,966).

Die Faktorenanalyse wird mittels Hauptkomponentenanalyse durchgeführt, da diese bei den Analysen mit dem vorhandenem Datenmaterial gegenüber den anderen Methoden, wie ungewichtete oder verallgemeinerte kleinste Quadrate, Maximum-Likelihood, Hauptachsen-Faktorenanalyse, Alpha- oder Image-Faktorisierung, die höchsten erklärten Varianzen in den Komponenten bzw. Faktoren erreicht. Des Weiteren werden durch die Anwendung der verschiedenen Faktorenanalysemethoden die Ergebnisse der Hauptkomponentenanalyse bestätigt aber nicht erweitert oder sogar widerlegt.

7.6.2 Analyse der Komponenten mit einem Eigenwert > 1

Werden in die Faktorenanalyse alle acht Komponenten eingeschlossen, die einen Eigenwert > 1 aufweisen, können diese acht Komponenten zwar zusammen 51,7 % der Gesamtvarianz erklären, aber der Varianzerklärungsanteil der Komponenten 3 bis 8 liegt nur wenig über dem Erklärungsanteil einer der ursprünglichen Entscheidungssituation (vgl. Tab. 7-28 ohne Rotation und Tab. 7-29 mit Rotation).

Die in Tab. 7-28 (ohne Rotation) und in Tab. 7-29 (mit Rotation) dargestellten Koeffizienten zeigen einerseits, wie die Komponenten aus den 24 Entscheidungssituationen berechnet werden. Andererseits ermöglichen sie eine Interpretation der Komponenten. So zeigt sich im Vorzeichen der Komponente 2 der nichtrotierten Lösung das Prospect der Entscheidungssituation.[140] In der rotierten Lösung deutet Komponente 1 das Risikoentscheidungsverhalten bei positiven Prospects und Komponente 2 bei negativen Prospects an. Zur weiteren Interpretation der Komponenten werden in Tab. 7-30 (ohne Rotation) und in Tab. 7-31 (mit Rotation) die acht Komponenten (aus der Faktorenanalyse mit der Datenbasis der Manager und Controller) mit Entscheidungskriterien korreliert, die aus den ursprünglichen 24 Entscheidungssituationen abgeleitet werden können.

Die Ergebnisse in Tab. 7-30 (s. S. 173) zeigen eine signifikante Korrelation zwischen der Komponente 1 und den Beträgen der Wertdifferenzen aus Option A und B. Die Komponente 2 korreliert einerseits (wie bereits deutlich an den Koeffizienten in Tab. 7-28 erkennbar ist) direkt zum Prospect[141] und andererseits indirekt zu dem Prospect, das sich in den Vorzeichen der Werte und Erwartungswerte der Optionen A und B und der Codierung[142] bei der Entscheidung zum höchsten Erwartungswert verbirgt. Komponente 6 korreliert, wie Komponente 1, zu den Beträgen der Wertdifferenzen aus Option A und B und zusätzlich zu den Wahrscheinlichkeiten in den Optionen A und B. Komponente 8 korreliert zum Verhältnis der Werte der Optionen A und B.

140 Ein negatives Vorzeichen weisen die Koeffizienten der Entscheidungssituationen mit positivem Prospect auf und ein positives Vorzeichen zeigen die Koeffizienten der Entscheidungssituationen mit negativem Prospect.

141 Codierung: +1 bei positivem und -1 bei negativem Prospect.

142 Codierung: 0 – falls Option A den maximalen Erwartungswert aufweist, also für E2, E4, E19, E22 und E24; 0,5 bei den Entscheidungssituationen, bei denen der Erwartungswert in beiden Optionen gleich ist, also für E6, E7 und E10 bis E17; 1 – falls Option B den maximalen Erwartungswert aufweist, also für E1, E3, E5, E8, E9, E18, E20, E21 und E23.

Entscheidungssituationen des Risikofragebogens	Daten-basis	Komponenten aus der Faktorenanalyse (Eigenwert > 1) 1	2	3	4	5	6	7	8
E1 (3.000 sicher oder 4.000 zu 80 %)	M+C	,124	-,201	-,212	-,027	-,014	-,128	-,136	,119
A: (3.000; 1) oder B: (4.000; 0,8)	*M+C+S*	*,259*	*-,043*	*-,149*	*-,057*	*,020*	*-,212*	*,024*	
E2 (-3.000 sicher oder -4.000 zu 80 %)	M+C	,074	,228	,059	,146	-,113	-,002	,110	,233
A: (-3.000; 1) oder B: (-4.000; 0,8)	*M+C+S*	*-,143*	*,203*	*,025*	*,163*	*-,091*	*,077*	*,045*	
E3 (Wahrscheinlichkeiten von E1 durch 4)	M+C	,110	-,048	,212	-,044	,198	-,169	-,018	,555
A: (3.000; 0,25) oder B: (4.000; 0,2)	*M+C+S*	*,085*	*,069*	*,249*	*-,032*	*,266*	*-,095*	*,143*	
E4 (Wahrscheinlichkeiten von E2 durch 4)	M+C	,060	,148	-,079	,050	-,260	,273	,223	,459
A: (-3.000; 0,25) oder B: (-4.000; 0,2)	*M+C+S*	*-,059*	*,135*	*-,094*	*,019*	*-,201*	*,372*	*,212*	
E5 (zweistufig wie E1 oder E3 interpretierbar)	M+C	,157	-,129	-,113	-,093	,019	-,070	-,022	,378
A: ((3.000; 1); 0,25) oder B: ((4.000; 0,8); 0,25)	*M+C+S*	*,208*	*,033*	*-,094*	*-,017*	*,059*	*-,157*	*,186*	
E6 (sicherer Gewinn von 1000 und Entscheidung)	M+C	,146	-,037	,110	,159	-,198	,223	,235	-,217
A: 1.000 + (500; 1) oder B: 1.000 + (1.000; 0,5)	*M+C+S*	*,102*	*,111*	*,062*	*,193*	*-,147*	*,372*	*-,195*	
E7 (sicherer Gewinn von 1000 und Entscheidung)	M+C	,170	,130	,033	-,066	-,035	,011	-,169	,034
A: 2.000 + (-500; 1) oder B: 2.000 + (-1.000; 0,5)	*M+C+S*	*-,002*	*,221*	*-,011*	*-,013*	*,016*	*-,156*	*,241*	
E8 (Alternative B ist mehrdeutig)	M+C	,088	-,078	,094	-,342	-,126	-,160	,312	-,114
A: (2.400; 1) oder B: (2.500; 0,33), (2.400; 0,66)	*M+C+S*	*,113*	*,063*	*,134*	*-,295*	*-,107*	*,108*	*-,233*	
E9 (= E7 minus jeweils 2.400 zu 0,66)	M+C	,083	-,051	,232	-,072	,502	,116	,179	-,070
A: (2.400; 0,34) oder B: (2.500; 0,33)	*M+C+S*	*,065*	*,072*	*,260*	*-,071*	*,417*	*,176*	*,075*	
E10 (3.000 zu 90 % oder 6.000 zu 45 %)	M+C	,158	-,094	,058	,158	-,172	,054	,157	-,255
A: (3.000; 0,9) oder B: (6.000; 0,45)	*M+C+S*	*,153*	*,088*	*,038*	*,190*	*-,168*	*,181*	*-,225*	
E11 (-3.000 zu 90 % oder -6.000 zu 45 %)	M+C	,113	,187	-,077	-,144	,103	,049	-,363	,020
A: (-3.000; 0,9) oder B: (-6.000; 0,45)	*M+C+S*	*-,056*	*,214*	*-,106*	*-,139*	*,061*	*-,222*	*,321*	
E12 (3.000 zu 2 % oder 6.000 zu 1 %)	M+C	,101	-,002	,303	,089	,277	,245	,206	,083
A: (3.000; 0,02) oder B: (6.000; 0,01)	*M+C+S*	*,032*	*,095*	*,276*	*,100*	*,311*	*,234*	*,016*	
E13 (-3.000 zu 2 % oder -6.000 zu 1 %)	M+C	,104	,087	-,159	-,077	,084	,541	-,251	-,116
A: (-3.000; 0,02) oder B: (-6.000; 0,01)	*M+C+S*	*,019*	*,123*	*-,183*	*-,093*	*-,037*	*,311*	*,443*	
E14 (Alternative A ist mehrdeutig)	M+C	,059	-,034	-,097	,499	,203	,089	-,210	,003
A: (4.000; 0,25), (2.000; 0,25) oder B: (6.000; 0,25)	*M+C+S*	*,054*	*-,020*	*-,152*	*,441*	*,220*	*-,019*	*,250*	
E15 (Alternative A ist mehrdeutig)	M+C	,101	,052	,067	-,417	-,081	,205	-,132	-,075
A: (-4.000; 0,25), (-2.000; 0,25) oder B: (-6.000; 0,25)	*M+C+S*	*,034*	*,135*	*,101*	*-,372*	*-,188*	*,000*	*,043*	
E16 („Lottospielerfrage")	M+C	,073	,009	,368	,094	-,201	,021	-,353	-,039
A: (5; 1) oder B: (5.000; 0,001)	*M+C+S*	*,041*	*,084*	*,332*	*,148*	*-,204*	*-,139*	*,169*	
E17 („Versicherungsfrage")	M+C	,122	,081	-,310	-,047	,168	,170	,387	-,067
A: (-5; 1) oder B: (-5.000; 0,001)	*M+C+S*	*,028*	*,127*	*-,302*	*-,146*	*,208*	*,350*	*-,163*	
E18 (Alternative B ist mehrdeutig)	M+C	,149	-,006	-,049	,045	,233	-,219	-,028	-,220
A: (0; 1) oder B: (100; 0,65),(-100; 0,35)	*M+C+S*	*,117*	*,116*	*-,040*	*,037*	*,188*	*-,027*	*-,258*	
E19 (sicherer Verlust von 100 oder -200 zu 80 %)	M+C	,133	,141	-,016	,133	-,188	-,201	,219	-,031
A: (-100; 1) oder B: (-200; 0,8)	*M+C+S*	*-,025*	*,194*	*-,074*	*,194*	*-,133*	*-,164*	*-,230*	
E20 (E20 = E1, nur A und B vertauscht dargestellt)	M+C	,145	-,202	-,190	,021	-,040	,026	-,059	,054
A: (3.000; 1) oder B: (4.000; 0,8)	*M+C+S*	*,265*	*-,007*	*-,144*	*,027*	*,024*	*-,010*	*-,027*	
E21 (sichere Rendite von 10 % oder 15 % zu 75 %)	M+C	,185	-,184	-,053	,047	-,094	-,032	-,043	,032
A: (10 %; 1) oder B: (15 %; 0,75)	*M+C+S*	*,271*	*,021*	*-,046*	*,019*	*-,074*	*-,047*	*,046*	
E22 (Verlust von -10 % oder -15 % zu 75 %)	M+C	,133	,220	,004	,059	-,015	-,336	-,057	-,083
A: (-10 %; 1) oder B: (-15 %; 0,75)	*M+C+S*	*-,102*	*,242*	*-,050*	*,088*	*,016*	*-,287*	*-,177*	
E23 (sichere Rendite von 10 % oder 45 % zu 25 %)	M+C	,154	-,115	,151	-,018	-,218	,055	-,134	-,109
A: (10 %; 1) oder B: (45 %; 0,25)	*M+C+S*	*,175*	*,088*	*,145*	*,038*	*-,294*	*-,066*	*,113*	
E24 (Verlust von -10 % oder -45 % zu 25 %)	M+C	,152	,159	-,066	-,040	,153	-,305	-,013	-,178
A: (-10 %; 1) oder B: (-45 %; 0,25)	*M+C+S*	*-,035*	*,219*	*-,077*	*-,079*	*,187*	*-,185*	*-,312*	
Statistiken									
Stichprobeneignung nach KAISER-MEYER-OLKIN		bei M+C: ,727				*bei M+C+S: ,718*			
Bartlett-Test auf Sphärizität – Ungefähres χ^2		bei M+C: 3489,921				*bei M+C+S: 5685,130*			
Bartlett-Test auf Sphärizität – Signifikanz nach BARTLETT		bei M+C:,001				*bei M+C+S: ,001*			
Rotierte Summe der quadriert. Ladungen – % der Varianz	M+C	11,020	10,328	6,625	5,882	4,959	4,389	4,305	4,180
Rotierte Summe der quadriert. Ladungen – % der Varianz	*M+C+S*	*10,324*	*9,862*	*6,850*	*6,248*	*5,144*	*4,363*	*4,199*	
Rotierte Summe der quadriert. Ladungen – Kumulierte %		bei M+C: 51,689				*bei M+C+S: 46,990*			

Extraktionsmethode: Hauptkomponentenanalyse; M+C – Datenbasis der Faktorenanalyse: Manager und Controller;
M+C+S – Datenbasis der Faktorenanalyse: Manager, Controller und Studenten

Tab. 7-28: Koeffizientenmatrix der Faktorenanalysen ohne Rotation für die acht Hauptkomponenten mit der Datenbasis der Manager und Controller und die sieben Hauptkomponenten mit der Datenbasis der Manager, Controller und Studenten

Entscheidungssituationen des Risikofragebogens	Datenbasis	Komponenten aus der Faktorenanalyse (Eigenwert > 1) 1	2	3	4	5	6	7	8
E1 (3.000 sicher oder 4.000 zu 80 %)	M+C	,355	,023	-,090	-,111	-,036	-,009	-,051	-,007
A: (3.000; 1) oder B: (4.000; 0,8)	*M+C+S*	*,344*	*,034*	*-,001*	*-,072*	*-,106*	*-,007*	*-,069*	
E2 (-3.000 sicher oder -4.000 zu 80 %)	M+C	-,057	,114	,009	,036	-,062	-,070	,365	,035
A: (-3.000; 1) oder B: (-4.000; 0,8)	*M+C+S*	*-,164*	*,150*	*-,079*	*-,008*	*,133*	*,089*	*,154*	
E3 (Wahrscheinlichkeiten von E1 durch 4)	M+C	,253	,042	-,335	,366	,019	-,170	,249	,185
A: (3.000; 0,25) oder B: (4.000; 0,2)	*M+C+S*	*,063*	*,029*	*-,009*	*,370*	*-,143*	*,110*	*-,031*	
E4 (Wahrscheinlichkeiten von E2 durch 4)	M+C	,066	-,158	,021	-,008	,018	,042	,630	-,090
A: (-3.000; 0,25) oder B: (-4.000; 0,2)	*M+C+S*	*-,110*	*-,106*	*,011*	*-,072*	*,186*	*-,010*	*,437*	
E5 (zweistufig wie E1 oder E3 interpretierbar)	M+C	,368	-,009	-,185	,065	,045	-,027	,187	-,005
A: ((3.000; 1); 0,25) oder B: ((4.000; 0,8); 0,25)	*M+C+S*	*,288*	*,040*	*-,060*	*,030*	*-,134*	*,059*	*,078*	
E6 (sicherer Gewinn von 1000 und Entscheidung)	M+C	-,096	-,065	,478	,026	,012	,011	,078	-,042
A: 1.000 + (500; 1) oder B: 1.000 + (1.000; 0,5)	*M+C+S*	*-,073*	*-,056*	*,013*	*,021*	*,497*	*-,046*	*,064*	
E7 (sicherer Gewinn von 1000 und Entscheidung)	M+C	,046	,156	-,024	-,002	,028	,182	,063	,132
A: 2.000 + (-500; 1) oder B: 2.000 + (-1.000; 0,5)	*M+C+S*	*,080*	*,196*	*-,026*	*,063*	*-,154*	*,143*	*,195*	
E8 (Alternative B ist mehrdeutig)	M+C	,022	,055	,125	,027	,487	-,153	-,049	-,095
A: (2.400; 1) oder B: (2.500; 0,33), (2.400; 0,66)	*M+C+S*	*,015*	*-,033*	*,410*	*,036*	*,133*	*-,070*	*-,076*	
E9 (= E7 minus jeweils 2.400 zu 0,66)	M+C	-,084	-,006	-,005	,552	,022	,038	-,192	-,144
A: (2.400; 0,34) oder B: (2.500; 0,33)	*M+C+S*	*-,031*	*-,074*	*,008*	*,524*	*-,033*	*-,102*	*,023*	
E10 (3.000 zu 90 % oder 6.000 zu 45 %)	M+C	-,012	,023	,420	-,037	-,003	-,058	-,044	-,015
A: (3.000; 0,9) oder B: (6.000; 0,45)	*M+C+S*	*,029*	*,017*	*,013*	*-,046*	*,418*	*,014*	*-,045*	
E11 (-3.000 zu 90 % oder -6.000 zu 45 %)	M+C	,042	,167	-,210	-,033	-,039	,359	-,044	,112
A: (-3.000; 0,9) oder B: (-6.000; 0,45)	*M+C+S*	*,099*	*,215*	*,004*	*,029*	*-,329*	*,082*	*,252*	
E12 (3.000 zu 2 % oder 6.000 zu 1 %)	M+C	-,102	-,092	,117	,501	-,057	,023	,091	-,027
A: (3.000; 0,02) oder B: (6.000; 0,01)	*M+C+S*	*-,106*	*-,051*	*-,074*	*,457*	*,135*	*-,040*	*,015*	
E13 (-3.000 zu 2 % oder -6.000 zu 1 %)	M+C	-,025	-,151	,068	,007	-,129	,611	-,015	-,079
A: (-3.000; 0,02) oder B: (-6.000; 0,01)	*M+C+S*	*,049*	*-,142*	*-,035*	*,026*	*-,045*	*-,056*	*,568*	
E14 (Alternative A ist mehrdeutig)	M+C	,069	,034	,056	,061	-,582	,043	-,051	,025
A: (4.000; 0,25), (2.000; 0,25) oder B: (6.000; 0,25)	*M+C+S*	*,116*	*,024*	*-,546*	*,093*	*,002*	*,027*	*,106*	
E15 (Alternative A ist mehrdeutig)	M+C	-,006	-,047	-,010	,000	,340	,370	-,031	,085
A: (-4.000; 0,25), (-2.000; 0,25) oder B: (-6.000; 0,25)	*M+C+S*	*,021*	*,013*	*,418*	*-,019*	*-,072*	*,077*	*,134*	
E16 („Lottospielerfrage“)	M+C	-,055	,026	,116	-,011	-,050	,099	-,010	,536
A: (5; 1) oder B: (5.000; 0,001)	*M+C+S*	*-,020*	*,038*	*,009*	*,074*	*,055*	*,469*	*,016*	
E17 („Versicherungsfrage“)	M+C	,009	,036	,113	,092	,036	,082	,079	-,543
A: (-5; 1) oder B: (-5.000; 0,001)	*M+C+S*	*,018*	*,013*	*,058*	*,054*	*,136*	*-,520*	*,163*	
E18 (Alternative B ist mehrdeutig)	M+C	,050	,276	,022	,079	-,069	-,043	-,281	-,082
A: (0; 1) oder B: (100; 0,65),(-100; 0,35)	*M+C+S*	*,099*	*,171*	*-,002*	*,117*	*,118*	*-,189*	*-,172*	
E19 (sicherer Verlust von 100 oder -200 zu 80 %)	M+C	-,029	,245	,181	-,099	,038	-,212	,165	-,055
A: (-100; 1) oder B: (-200; 0,8)	*M+C+S*	*-,002*	*,318*	*-,050*	*-,162*	*,176*	*,049*	*-,124*	
E20 (E20 = E1, nur A und B vertauscht dargestellt)	M+C	,295	-,049	,053	-,075	-,056	,050	-,017	-,055
A: (3.000; 1) oder B: (4.000; 0,8)	*M+C+S*	*,280*	*-,012*	*-,037*	*-,026*	*,077*	*-,081*	*-,009*	
E21 (sichere Rendite von 10 % oder 15 % zu 75 %)	M+C	,257	,007	,123	-,039	-,017	-,015	-,003	,053
A: (10 %; 1) oder B: (15 %; 0,75)	*M+C+S*	*,272*	*-,013*	*,015*	*-,026*	*,073*	*,070*	*,028*	
E22 (Verlust von -10 % oder -15 % zu 75 %)	M+C	-,037	,408	-,030	-,084	-,009	-,104	-,029	,070
A: (-10 %; 1) oder B: (-15 %; 0,75)	*M+C+S*	*-,023*	*,410*	*-,025*	*-,060*	*-,023*	*,025*	*-,139*	
E23 (sichere Rendite von 10 % oder 45 % zu 25 %)	M+C	,082	-,019	,226	-,060	,083	,090	-,040	,250
A: (10 %; 1) oder B: (45 %; 0,25)	*M+C+S*	*,131*	*,005*	*,110*	*-,065*	*,121*	*,330*	*,085*	
E24 (Verlust von -10 % oder -45 % zu 25 %)	M+C	-,009	,399	-,051	,000	,033	-,043	-,180	-,079
A: (-10 %; 1) oder B: (-45 %; 0,25)	*M+C+S*	*,018*	*,358*	*,094*	*,056*	*-,025*	*-,211*	*-,204*	
Statistiken									
Stichprobeneignung nach KAISER-MEYER-OLKIN		bei M+C: ,727				*bei M+C+S: ,718*			
Bartlett-Test auf Sphärizität – Ungefähres χ^2		bei M+C: 3489,921				*bei M+C+S: 5685,130*			
Bartlett-Test auf Sphärizität – Signifikanz nach BARTLETT		bei M+C:,001				*bei M+C+S: ,001*			
Rotierte Summe der quadriert. Ladungen – % der Varianz	M+C	8,891	8,293	6,211	5,874	5,690	5,641	5,587	5,501
Rotierte Summe der quadriert. Ladungen – % der Varianz	*M+C+S*	*9,429*	*8,155*	*6,230*	*6,168*	*5,788*	*5,617*	*5,604*	
Rotierte Summe der quadriert. Ladungen – Kumulierte %		bei M+C: 51,689				*bei M+C+S: 46,990*			

Extraktionsmethode: Hauptkomponentenanalyse, Rotationsmethode: Varimax mit Kaiser-Normalisierung; M+C – Datenbasis der Faktorenanalyse: Manager und Controller; *M+C+S – Datenbasis der Faktorenanalyse: Manager, Controller und Studenten*

Tab. 7-29: Koeffizientenmatrix der Faktorenanalysen mit Rotation für die acht Hauptkomponenten mit der Datenbasis der Manager und Controller und die sieben Hauptkomponenten mit der Datenbasis der Manager, Controller und Studenten

Entscheidungskriterien in E1 bis E24		Komponenten aus der Faktorenanalyse (Eigenwert > 1)							
		1	2	3	4	5	6	7	8
Prospect (Gewinn-/Verlustaussicht)	τ_b	,059	**-,725****	,248	,161	,015	,034	,024	,044
(z. B. bei E1: positiv als 1 codiert)	Sig.	,732	,001	,146	,347	,932	,842	,887	,798
Entscheidung nach höchstem Wert	τ_b	,164	,138	-,138	,264	,138	,163	-,264	,163
(z. B. bei E1: 4.000 codiert als 1)	Sig.	,348	,427	,427	,129	,427	,348	,129	,348
Wert der Option A	τ_b	,117	**-,611****	,070	,147	,193	-,070	,085	,070
(z. B. bei E1: 3.000)	Sig.	,447	,001	,649	,336	,206	,649	,578	,649
Wert der Option B	τ_b	,004	**-,405****	,226	,286	,085	-,056	,004	,056
(z. B. bei E1: 4.000)	Sig.	,980	,007	,128	,055	,566	,708	,980	,708
|Wert Option A - Wert Option B|	τ_b	**-,327***	,074	-,074	-,012	,081	**,446****	-,151	,143
(z. B. bei E1: |3.000 - 4.000|)	Sig.	,034	,631	,631	,940	,595	,004	,324	,349
Wert Option A / Wert Option B	τ_b	-,158	-,178	-,032	-,170	-,032	-,081	,194	**,404****
(z. B. bei E1: 3.000 / 4.000)	Sig.	,314	,256	,836	,278	,836	,606	,216	,010
Entscheidung nach höchster Sicherheit	τ_b	-,238	-,046	,081	-,197	,278	,290	,151	,324
(z. B. bei E1: 100 % codiert als 1)	Sig.	,172	,790	,641	,257	,110	,096	,386	,062
Wahrscheinlichkeit der Option A	τ_b	,289	-,004	-,022	,139	-,283	**-,436****	,013	-,202
(z. B. bei E1: 100 %)	Sig.	,700	,329	,719	,504	,681	,064	,123	,181
Wahrscheinlichkeit der Option B	τ_b	,219	-,090	-,060	,083	-,143	**-,459****	,060	-,113
(z. B. bei E1: 80 %)	Sig.	,147	,548	,689	,582	,342	,002	,689	,453
p(Option B) - p(Option A)	τ_b	,202	,095	,019	,148	-,262	,049	-,171	-,179
(z. B. bei E1: 100 % - 80 %)	Sig.	,184	,531	,900	,328	,084	,745	,259	,239
p(Option B) / p(Option A)	τ_b	-,061	-,153	-,056	-,105	,064	-,290	,241	,209
(z. B. bei E1: 100 % / 80 %)	Sig.	,700	,329	,719	,504	,681	,064	,123	,181
Entscheidung nach max. Erwartungswert	τ_b	,182	**-,739****	,031	-,270	,173	-,102	-,075	,058
(z. B. bei E1: 3.200 codiert als 1)	Sig.	,272	,001	,851	,102	,296	,538	,649	,727
Erwartungswert der Option A	τ_b	,088	**-,693****	-,022	,088	,139	-,051	,080	-,044
(z. B. bei E1: 3.000 · 1 = 3.000)	Sig.	,551	,001	,882	,551	,345	,728	,585	,766
Erwartungswert der Option B	τ_b	,073	**-,676****	-,022	,080	,153	-,073	,095	-,065
(z. B. bei E1: 4.000 · 0,8 = 3.200)	Sig.	,619	,001	,882	,585	,297	,620	,519	,655
|EW(Option A) - EW(Option B)|	τ_b	,024	-,157	-,157	,028	-,085	**-,343***	,141	,254
(z. B. bei E1: |3.000 - 3.200|)	Sig.	,876	,312	,312	,856	,587	,028	,365	,103
EW(Option A) / EW(Option B)	τ_b	-,252	,082	,074	-,074	,058	**,518****	-,066	-,016
(z. B. bei E1: 3.000 / 3.200)	Sig.	,111	,602	,639	,639	,715	,001	,676	,917

jeweils Werteanzahl N = 24 (entsprechend der 24 Entscheidungssituationen); τ_b – KENDALLs Tau B; Sig. – Signifikanz; p – Wahrscheinlichkeit einer Option; EW – Erwartungswert einer Option (Wert x Wahrscheinlichkeit); | x | – Betrag von x

Tab. 7-30: Korrelationsmatrix der Entscheidungskriterien in E1 bis E24 zu den acht Komponenten

Die Komponenten 3, 4, 5 und 7 zeigen keine Korrelationen zu den untersuchten Entscheidungskriterien aus den 24 Entscheidungssituationen, so dass für diese Komponenten keine sinnvollen Interpretationen ihres Beitrags zur Erklärung des untersuchten Risikoentscheidungsverhaltens abgeleitet werden können.

Durch die Rotation der Komponenten bei der Faktorenanalyse ergeben sich teilweise völlig andere Korrelationen zu den untersuchten Entscheidungskriterien aus den 24 Entscheidungssituationen (vgl. Tab. 7-31). Komponente 1 korreliert mit der Entscheidung nach dem höchsten Erwartungswert und (wie Komponente 6) mit dem Betrag der Differenz der Erwartungswerte aus den Optionen A und B. Die Komponenten 2 und 4 korrelieren zur Entscheidung mit der größten Sicherheit bzw. Wahrscheinlichkeit und zu den Wahrscheinlichkeiten in den Optionen A und B. Komponente 6 korreliert zu den Beträgen der Wertdifferenzen aus Option A und B, zur Wahrscheinlichkeit in der Option A, zum Verhältnis der Wahrscheinlichkeiten aus Option B und A, (wie Komponente 1) zum Betrag der Differenz der Erwartungswerte aus den Optionen A und B und zum Verhältnis der Erwartungswerte aus den Optionen A und B. Komponente 8 korreliert zu den Wertdifferenzen der Wahrscheinlichkeiten zwischen den Optionen A und B.

Entscheidungskriterien in E1 bis E24		Rotierte Komponenten aus der Faktorenanalyse (Eigenwert > 1)							
		1	2	3	4	5	6	7	8
Prospect (Gewinn-/Verlustaussicht)	τ_b	,209	-,297	,258	,102	-,054	-,117	-,137	,088
(z. B. bei E1: positiv als 1 codiert)	Sig.	,220	,082	,131	,550	,754	,494	,425	,608
Entscheidung nach höchstem Wert	τ_b	-,013	-,113	-,188	-,088	-,289	,239	,164	,239
(z. B. bei E1: 4.000 codiert als 1)	Sig.	,942	,516	,279	,613	,097	,170	,348	,170
Wert der Option A	τ_b	,209	-,163	,116	,120	-,039	-,221	-,113	-,016
(z. B. bei E1: 3.000)	Sig.	,172	,288	,448	,433	,800	,149	,463	,919
Wert der Option B	τ_b	,085	-,097	,137	,089	-,160	-,193	-,108	,071
(z. B. bei E1: 4.000)	Sig.	,566	,517	,356	,549	,284	,195	,469	,635
|Wert Option A - Wert Option B|	τ_b	-,097	-,264	,019	,124	-,229	**,381***	,163	,097
(z. B. bei E1: |3.000 - 4.000|)	Sig.	,527	,085	,899	,418	,136	,013	,288	,527
Wert Option A / Wert Option B	τ_b	,137	-,150	-,202	,004	,089	-,247	,158	-,114
(z. B. bei E1: 3.000 / 4.000)	Sig.	,380	,340	,197	,979	,570	,115	,314	,470
Entscheidung nach höchster Sicherheit	τ_b	-,023	**-,418***	-,209	**,429***	-,023	,023	,302	-,180
(z. B. bei E1: 100 % codiert als 1)	Sig.	,894	,016	,230	,014	,894	,894	,083	,301
Wahrscheinlichkeit der Option A	τ_b	,105	**,305***	,030	**-,313***	-,053	**-,358***	-,200	-,094
(z. B. bei E1: 100 %)	Sig.	,484	,043	,841	,038	,726	,017	,185	,532
Wahrscheinlichkeit der Option B	τ_b	,013	**,406***	,166	**-,379***	,094	-,158	-,117	,045
(z. B. bei E1: 80 %)	Sig.	,933	,012	,302	,019	,558	,329	,468	,780
p(Option B) - p(Option A)	τ_b	-,042	,145	,095	-,236	,163	,213	-,008	**,366***
(z. B. bei E1: 100 % - 80 %)	Sig.	,783	,341	,531	,120	,281	,160	,960	,016
p(Option B) / p(Option A)	τ_b	,161	,060	-,153	,060	-,008	**-,399***	,012	-,287
(z. B. bei E1: 100 % / 80 %)	Sig.	,304	,700	,329	,700	,959	,011	,938	,068
Entscheidung nach max. Erwartungswert	τ_b	**,456****	-,177	-,004	,133	,066	,009	-,258	,031
(z. B. bei E1: 3.200 codiert als 1)	Sig.	,006	,283	,979	,421	,688	,957	,120	,851
Erwartungswert der Option A	τ_b	,212	-,143	,182	,040	-,015	-,157	-,183	-,117
(z. B. bei E1: 3.000 · 1 = 3.000)	Sig.	,150	,333	,214	,785	,921	,285	,214	,426
Erwartungswert der Option B	τ_b	,196	-,120	,167	,055	-,036	-,179	-,204	-,131
(z. B. bei E1: 4.000 · 0,8 = 3.200)	Sig.	,180	,413	,254	,710	,804	,224	,164	,371
|EW(Option A) - EW(Option B)|	τ_b	**,318***	,065	-,198	-,153	,060	**-,388***	,057	-,101
(z. B. bei E1: |3.000 - 3.200|)	Sig.	,041	,679	,204	,325	,698	,013	,717	,517
EW(Option A) / EW(Option B)	τ_b	-,247	-,235	,091	,177	-,115	**,425****	,087	,041
(z. B. bei E1: 3.000 / 3.200)	Sig.	,118	,137	,566	,262	,465	,007	,584	,794

jeweils Werteanzahl N = 24 (entsprechend der 24 Entscheidungssituationen); τ_b – KENDALLs Tau B; Sig. – Signifikanz; p – Wahrscheinlichkeit einer Option; EW – Erwartungswert einer Option (Wert x Wahrscheinlichkeit); | x | – Betrag von x

Tab. 7-31: Korrelationsmatrix der Entscheidungskriterien in E1 bis E24 zu den acht rotierten Komponenten

Die Komponenten 3, 5 und 7 zeigen in der rotierten Lösung keine Korrelationen zu den untersuchten Entscheidungskriterien aus den 24 Entscheidungssituationen, so dass für diese Komponenten keine sinnvolle Interpretation ihres Beitrags zur Erklärung des untersuchten Risikoentscheidungsverhaltens abgeleitet werden kann.

Zusammenfassend können bei der Faktorenanalyse mit acht Komponenten nur für vier bzw. fünf Komponenten sinnvolle Interpretationen ihres Beitrags zur Erklärung des untersuchten Risikoentscheidungsverhaltens abgeleitet werden. Der Varianzerklärungsanteil der Komponenten 3 bis 8 liegt nur wenig über dem Erklärungsanteil einer der ursprünglichen Entscheidungssituation. Auch bei einer reinen Zufallsverteilung mit 1.000 zufälligen Antworten auf die 24 Entscheidungssituationen besitzen 11 Komponenten einen Eigenwert > 1 (vgl. Abb. 7-8), die zusammen 51,786 % der Gesamtvarianz erklären. Dieses Beispiel zeigt, dass es wenig sinnvoll ist, alle Komponenten mit einem Eigenwert > 1 pauschal in die Faktorenanalyse einzubeziehen. Somit ist eine erneute Faktorenanalyse sinnvoll, die im nachfolgenden Kapitel nur mit den Komponenten durchgeführt wird, die sich nach dem Knick- bzw. Ellenbogen-Kriterium deutlich von den anderen Komponenten unterscheiden.

7.6.3 Reduktion der Faktorenanalyse auf zwei Komponenten

Im Screeplot (vgl. Abb. 7-5) ist deutlich die Dominanz der ersten beiden Faktoren bzw. Komponenten zu erkennen, während die anderen Komponenten (auch diejenigen mit einem Eigenwert > 1) sich nicht signifikant voneinander unterscheiden. Die Faktorenanalyse ist nach dem Knickkriterium (auch Elbow-Kriterium genannt), das ursprünglich von THORNDIKE (1953, S. 275) angewandt wurde, hier nur mit den zwei dominierenden Hauptkomponenten sinnvoll (vgl. z. B. BACKHAUS ET AL. 2006, S. 296 f.).

In den Komponentendiagrammen (vgl. Abb. 7-9) sowie der Koeffizientenmatrix (vgl. Tab. 7-32) der Komponentenwerte wird deutlich, dass bei der Faktorenanalyse ohne Rotation der Komponenten das Prospect (Gewinn- oder Verlustaussicht) jeweils am Vorzeichen der Koeffizientenwerte in Komponente 2 erkennbar ist. Bei der Faktorenanalyse mit Rotation der Komponenten zeigen alle Entscheidungssituationen mit einem positiven Prospect (E1, E3, E5, E6, E8, E9, E10, E12, E14, E16, E20, E21 und E23) deutlich höhere Koeffizientenwerte in Komponente 1 (Ausnahmen stellen nur E12 und E16 dar) und alle Entscheidungssituationen mit einem negativen Prospect (E2, E4, E7, E11, E13, E15, E17, E19, E22 und E24) deutlich höhere Koeffizientenwerte in Komponente 2. Entscheidungssituation E18 weist eine Gewinn- und Verlustaussicht (ein positives und ein negatives Prospect) auf und kann deshalb weder ausschließlich Komponente 1 noch Komponente 2 zugeordnet werden.

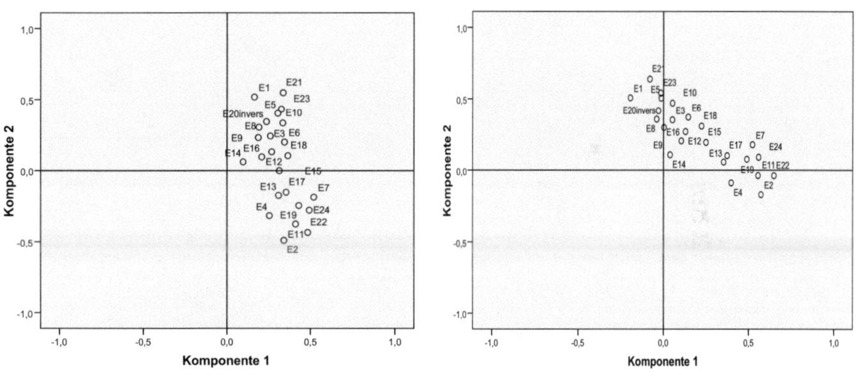

Abb. 7-9: Komponentendiagramm ohne Rotation (links) und mit Rotation (rechts) bei der M+C-Datenbasis

Aufgrund der eindeutigen Abbildung der Prospects in den rotierten Komponenten 1 und 2 werden alle weiteren Analysen zum Risikoentscheidungsverhalten mit diesen Komponenten durchgeführt. Komponente 1 (kurz als K1 bezeichnet) kennzeichnet das Risikoentscheidungsverhalten bei positiven Prospects (d. h. bei Gewinnaussichten) und Komponente 2 (kurz als K2 bezeichnet) kennzeichnet das Risikoentscheidungsverhalten bei negativen Prospects (d. h. bei Verlustaussichten).

Werden die zwei dominierenden Hauptkomponenten der Faktorenanalysen K1 und K2, die einerseits mit der Datenbasis der Manager und Controller und andererseits mit der Datenbasis der Manager, Controller und Studenten identifiziert werden, mittels Korrelationsanalysen verglichen, zeigen sich auf 1 %-Niveau signifikante Übereinstimmungen zwischen den korrespondierenden Komponenten (vgl. Tab. 7-35).

Entscheidungssituationen des Risikofragebogens	Daten-basis	Komponenten aus der Faktorenanalyse 1	2	1rot.	2rot.	1	2	1rot.	2rot.
E1 (3.000 sicher oder 4.000 zu 80 %)	M+C	,124	-,201	**,222**	-,080				
A: (3.000; 1) oder B: (4.000; 0,8)	*M+C+S*					*,259*	*-,043*	***,244***	*-,097*
E2 (-3.000 sicher oder -4.000 zu 80 %)	M+C	,074	,228	-,084	**,224**				
A: (-3.000; 1) oder B: (-4.000; 0,8)	*M+C+S*					*-,143*	*,203*	*-,097*	***,228***
E3 (Wahrscheinlichkeiten von E1 durch 4)	M+C	,110	-,048	**,116**	,030				
A: (3.000; 0,25) oder B: (4.000; 0,2)	*M+C+S*					*,085*	*,069*	***,097***	*,050*
E4 (Wahrscheinlichkeiten von E2 durch 4)	M+C	,060	,148	-,045	**,153**				
A: (-3.000; 0,25) oder B: (-4.000; 0,2)	*M+C+S*					*-,059*	*,135*	*-,029*	***,145***
E5 (zweistufig wie E1 oder E3 interpretierbar)	M+C	,157	-,129	**,203**	-,004				
A: ((3.000; 1); 0,25) oder B: ((4.000; 0,8); 0,25)	*M+C+S*					*,208*	*,033*	***,211***	*-,011*
E6 (sicherer Gewinn von 1000 und Entscheidung)	M+C	,146	-,037	**,137**	,062				
A: 1.000 + (500; 1) oder B: 1.000 + (1.000; 0,5)	*M+C+S*					*,102*	*,111*	***,123***	*,087*
E7 (sicherer Gewinn von 1000 und Entscheidung)	M+C	,170	,130	,052	**,207**				
A: 2.000 + (-500; 1) oder B: 2.000 + (-1.000; 0,5)	*M+C+S*					*-,002*	*,221*	*,044*	***,216***
E8 (Alternative B ist mehrdeutig)	M+C	,088	-,078	**,118**	-,006				
A: (2.400; 1) oder B: (2.500; 0,33), (2.400; 0,66)	*M+C+S*					*,113*	*,063*	***,124***	*,038*
E9 (= E7 minus jeweils 2.400 zu 0,66)	M+C	,083	-,051	**,097**	,012				
A: (2.400; 0,34) oder B: (2.500; 0,33)	*M+C+S*					*,065*	*,072*	***,079***	*,056*
E10 (3.000 zu 90 % oder 6.000 zu 45 %)	M+C	,158	-,094	**,182**	,024				
A: (3.000; 0,9) oder B: (6.000; 0,45)	*M+C+S*					*,153*	*,088*	***,168***	*,054*
E11 (-3.000 zu 90 % oder -6.000 zu 45 %)	M+C	,113	,187	-,027	**,217**				
A: (-3.000; 0,9) oder B: (-6.000; 0,45)	*M+C+S*					*-,056*	*,214*	*-,009*	***,221***
E12 (3.000 zu 2 % oder 6.000 zu 1 %)	M+C	,101	-,002	**,080**	,061				
A: (3.000; 0,02) oder B: (6.000; 0,01)	*M+C+S*					*,032*	*,095*	*,051*	*,086*
E13 (-3.000 zu 2 % oder -6.000 zu 1 %)	M+C	,104	,087	,027	**,133**				
A: (-3.000; 0,02) oder B: (-6.000; 0,01)	*M+C+S*					*,019*	*,123*	*,045*	***,116***
E14 (Alternative A ist mehrdeutig)	M+C	,059	-,034	**,068**	,010				
A: (4.000; 0,25), (2.000; 0,25) oder B: (6.000; 0,25)	*M+C+S*					*,054*	*-,020*	***,049***	*-,031*
E15 (Alternative A ist mehrdeutig)	M+C	,101	,052	,047	**,104**				
A: (-4.000; 0,25), (-2.000; 0,25) oder B: (-6.000; 0,25)	*M+C+S*					*,034*	*,135*	*,062*	***,125***
E16 („Lottospielerfrage")	M+C	,073	,009	,052	,053				
A: (5; 1) oder B: (5.000; 0,001)	*M+C+S*					*,041*	*,084*	*,057*	*,073*
E17 („Versicherungsfrage")	M+C	,122	,081	,045	**,140**				
A: (-5; 1) oder B: (-5.000; 0,001)	*M+C+S*					*,028*	*,127*	*,054*	***,118***
E18 (Alternative B ist mehrdeutig)	M+C	,149	-,006	,120	,088				
A: (0; 1) oder B: (100; 0,65), (-100; 0,35)	*M+C+S*					*,117*	*,116*	*,138*	*,088*
E19 (sicherer Verlust von 100 oder -200 zu 80 %)	M+C	,133	,141	,017	**,193**				
A: (-100; 1) oder B: (-200; 0,8)	*M+C+S*					*-,025*	*,194*	*,017*	***,195***
E20 (E20 = E1, nur A und B vertauscht dargestellt)	M+C	,145	-,202	**,239**	-,068				
A: (3.000; 1) oder B: (4.000; 0,8)	*M+C+S*					*,265*	*-,007*	***,258***	*-,063*
E21 (sichere Rendite von 10 % oder 15 % zu 75 %)	M+C	,185	-,184	**,259**	-,029				
A: (10 %; 1) oder B: (15 %; 0,75)	*M+C+S*					*,271*	*,021*	***,269***	*-,036*
E22 (Verlust von -10 % oder -15 % zu 75 %)	M+C	,133	,220	-,033	**,255**				
A: (-10 %; 1) oder B: (-15 %; 0,75)	*M+C+S*					*-,102*	*,242*	*-,049*	***,258***
E23 (sichere Rendite von 10 % oder 45 % zu 25 %)	M+C	,154	-,115	**,192**	,006				
A: (10 %; 1) oder B: (45 %; 0,25)	*M+C+S*					*,175*	*,088*	***,189***	*,049*
E24 (Verlust von -10 % oder -45 % zu 25 %)	M+C	,152	,159	,020	**,219**				
A: (-10 %; 1) oder B: (-45 %; 0,25)	*M+C+S*					*-,035*	*,219*	*,012*	***,221***
Statistiken									
Stichprobeneignung nach KAISER-MEYER-OLKIN				bei M+C: ,727				*bei M+C+S: ,718*	
Bartlett-Test auf Sphärizität – Ungefähres χ^2				bei M+C: 3489,921				*bei M+C+S: 5685,130*	
Bartlett-Test auf Sphärizität – Signifikanz nach BARTLETT				bei M+C:,001				*bei M+C+S: ,001*	
Rotierte Summe der quadriert. Ladungen – % der Varianz	M+C	11,020	10,328	10,753	10,595				
Rotierte Summe der quadriert. Ladungen – % der Varianz	*M+C+S*					*10,324*	*9,862*	*10,304*	*9,882*
Rotierte Summe der quadriert. Ladungen – Kumulierte %				bei M+C: 21,348				*bei M+C+S: 20,186*	

Extraktionsmethode: Hauptkomponentenanalyse, Rotationsmethode: Varimax mit Kaiser-Normalisierung; M+C – Datenbasis der Faktorenanalyse: Manager und Controller; *M+C+S – Datenbasis der Faktorenanalyse: Manager, Controller und Studenten; rot. – rotiert*

Tab. 7-32: Koeffizientenmatrix der zwei dominierenden Hauptkomponenten der Faktorenanalyse ohne und mit Rotation

Identifizierte Risiko-verhaltenskomponenten					1 K1 aus M+C-Daten	2 K2 aus M+C-Daten	3 K1 aus M+C+S-Daten
1	K1 aus M+C-Daten	μ	-,126				
		σ	,4467				
		N	2540				
2	K2 aus M+C-Daten	μ	,090	τ_b	-,045*		
		σ	,4629	p	,024		
		N	2540	N	2540		
3	K1 aus M+C+S-Daten	μ	-,149	τ_b	**,997****	-,056**	
		σ	,4588	p	,001	,005	
		N	2540	N	2540	2540	
4	K2 aus M+C+S-Daten	μ	,194	τ_b	,002	**,991****	-,012
		σ	,4742	p	,906	,001	,538
		N	2540	N	2540	2540	2540

mit: K1 – Komponente 1 aus der Faktorenanalyse (Risikoentscheidungsverhalten bei Gewinnaussichten); K2 – Komponente 2 aus der Faktorenanalyse (Risikoentscheidungsverhalten bei Verlustaussichten); M+C – Datenbasis der Faktorenanalyse: Manager und Controller; M+C+S – Datenbasis der Faktorenanalyse: Manager, Controller und Studenten; τ_b – KENDALL's Tau-B (Korrelationskoeffizient); p – p-Wert der Signifikanz (2-seitig); N – Anzahl der Datensätze

Tab. 7-33: Korrelationen der zwei dominierenden Hauptkomponenten der Faktorenanalyse (mit Rotation) mit der Datenbasis der Manager und Controller und mit der Datenbasis der Manager, Controller und Studenten

Werden in Tab. 7-33 die Mittelwerte von K1 aus M+C-Daten (μ = -0,126) mit K1 aus M+C+S-Daten (μ = -0,149) sowie die Mittelwerte von K2 aus M+C-Daten (μ = 0,090) mit K2 aus M+C+S-Daten (μ = 0,194) verglichen, scheinen die bei den M+C+S-Daten hinzugenommenen Studenten (S) eine negative Verschiebung des Mittelwerts von K1 und eine positive Verschiebung des Mittelwerts von K2 zu bewirken. Erst die nach Teilnehmergruppen getrennte Analyse der Komponenten in Tab. 7-34 zeigt beispielsweise bei den Managern auf Geschäftsleitungsebene, dass die Mittelwertverschiebung bei Komponente K1 (M+C-Daten: μ = -0,194 und M+C+S-Daten: μ = -0,222) und bei Komponente K2 (M+C-Daten: μ = 0,054 und M+C+S-Daten: μ = 0,134) überwiegend modellbedingt ist.

		Datensatz-anzahl	Mittelwert	Standard-abweichung	Schiefe	Kurtosis
Manager auf Geschäftsleitungs-ebene	K1 aus M+C-Daten	1092	-,194	,4524	,592	-,287
	K2 aus M+C-Daten	1092	,054	,4836	-,100	-,785
	K1 aus M+C+S-Daten	1092	-,222	,4605	,629	-,300
	K2 aus M+C+S-Daten	1092	,134	,4901	-,157	-,768
Manager auf mittlerer Ebene	K1 aus M+C-Daten	164	-,076	,4177	,456	-,313
	K2 aus M+C-Daten	164	,122	,4503	-,322	-,365
	K1 aus M+C+S-Daten	164	-,097	,4310	,457	-,344
	K2 aus M+C+S-Daten	164	,233	,4527	-,424	-,327
Controller	K1 aus M+C-Daten	123	-,079	,4585	,463	-,500
	K2 aus M+C-Daten	123	-,005	,4751	-,154	-,662
	K1 aus M+C+S-Daten	123	-,101	,4656	,448	-,590
	K2 aus M+C+S-Daten	123	,103	,4874	-,256	-,611
Studenten	K1 aus M+C+S-Daten	1101	-,089	,4500	,414	-,552
	K2 aus M+C+S-Daten	1101	,251	,4495	-,284	-,543
Gesamt	K1 aus M+C-Daten	**2540**	**-,126**	**,4467**	**,453**	**-,444**
	K2 aus M+C-Daten	**2540**	**,090**	**,4629**	**-,189**	**-,654**
	K1 aus M+C+S-Daten	**2540**	**-,149**	**,4588**	**,487**	**-,479**
	K2 aus M+C+S-Daten	**2540**	**,194**	**,4742**	**-,266**	**-,620**

Tab. 7-34: Verteilungsparameter der zwei dominierenden Hauptkomponenten der Faktorenanalyse (mit Rotation) mit der Datenbasis der Manager und Controller und mit der Datenbasis der Manager, Controller und Studenten

Die Bedeutung der Mittelwertverschiebung wird in Kapitel 7.7 diskutiert, da nachfolgend zunächst die identifizierten Komponenten K1 und K2 überprüft werden.

7.6.4 Überprüfung der Komponenten K1 und K2

In Tab. 6-5 (S. 127) finden sich Hypothesen zum Antwortverhalten von Individuen in den 24 Entscheidungssituationen unter bestimmten theoretischen Annahmen. Tab. 7-35 zeigt, aufgrund der signifikanten Korrelationen der Komponente 2 in der nichtrotierten Lösung und der Komponenten 1 und 2 in der rotierten Lösung, dass das Prospect die entscheidende Komponente im Risikoentscheidungsverhalten darstellt. Die signifikanten Korrelationen der Werte und Erwartungswerte der Optionen A und B sind jeweils auf die Vorzeichen und somit wiederum auf das Prospect zurückzuführen.

Entscheidungskriterien in E1 bis E24		Komponenten aus der Faktorenanalyse: Nicht Rotiert		Rotiert	
		1	2	1	2
Prospect (Gewinn-/Verlustaussicht)	τ_b	,059	**-,725****	**,683****	**-,745****
(z. B. bei E1: positiv als 1 codiert)	Sig.	,732	,001	,001	,001
Entscheidung nach höchstem Wert	τ_b	,164	,138	-,088	,213
(z. B. bei E1: 4.000 codiert als 1)	Sig.	,348	,427	,613	,219
Wert der Option A	τ_b	,117	**-,611****	**,578****	**-,588****
(z. B. bei E1: 3.000)	Sig.	,447	,001	,001	,001
Wert der Option B	τ_b	,004	**-,405****	**,379***	**-,405****
(z. B. bei E1: 4.000)	Sig.	,980	,007	,011	,007
|Wert Option A - Wert Option B|	τ_b	**-,327***	,074	-,148	,027
(z. B. bei E1: |3.000 - 4.000|)	Sig.	,034	,631	,336	,859
Wert Option A / Wert Option B	τ_b	-,158	-,178	,077	-,234
(z. B. bei E1: 3.000 / 4.000)	Sig.	,314	,256	,624	,135
Entscheidung nach höchster Sicherheit	τ_b	-,238	-,046	-,035	-,070
(z. B. bei E1: 100 % codiert als 1)	Sig.	,172	,790	,841	,689
Wahrscheinlichkeit der Option A	τ_b	,219	-,090	,139	-,060
(z. B. bei E1: 100 %)	Sig.	,147	,548	,355	,689
Wahrscheinlichkeit der Option B	τ_b	,289	-,004	,077	,031
(z. B. bei E1: 80 %)	Sig.	,074	,978	,635	,845
p(Option B) - p(Option A)	τ_b	,202	,095	-,053	,148
(z. B. bei E1: 100 % - 80 %)	Sig.	,184	,531	,726	,328
p(Option B) / p(Option A)	τ_b	-,061	-,153	,117	-,177
(z. B. bei E1: 100 % / 80 %)	Sig.	,700	,329	,456	,258
Entscheidung nach max. Erwartungswert	τ_b	,182	**-,739****	**,732****	**-,713****
(z. B. bei E1: 3.200 codiert als 1)	Sig.	,272	,001	,001	,001
Erwartungswert der Option A	τ_b	,088	**-,693****	**,618****	**-,672****
(z. B. bei E1: 3.000 · 1 = 3.000)	Sig.	,551	,001	,001	,001
Erwartungswert der Option B	τ_b	,073	**-,676****	**,601****	**-,640****
(z. B. bei E1: 4.000 · 0,8 = 3.200)	Sig.	,619	,001	,001	,001
|EW(Option A) - EW(Option B)|	τ_b	,024	-,157	,109	-,133
(z. B. bei E1: |3.000 - 3.200|)	Sig.	,876	,312	,484	,393
EW(Option A) / EW(Option B)	τ_b	-,252	,082	-,132	,041
(z. B. bei E1: 3.000 / 3.200)	Sig.	,111	,602	,404	,794

jeweils Werteanzahl N = 24 (entsprechend der 24 Entscheidungssituationen); τ_b – KENDALLs Tau B; Sig. – Signifikanz; * – Korrelation ist signifikant auf 5 %-Niveau (2-seitig); ** – Korrelation ist signifikant auf 1 %-Niveau (2-seitig); p – Wahrscheinlichkeit einer Option; EW – Erwartungswert einer Option (Wert x Wahrscheinlichkeit); | x | – Betrag von x

Tab. 7-35: Korrelationsmatrix der Entscheidungskriterien in E1 bis E24 zu den Komponenten K1 und K2

Für jeden Testteilnehmer kann mit den Komponenten K1 und K2 ein Risikoverhaltenswert für das Risikoentscheidungsverhalten bei einem positiven Prospect, d. h. bei einer Gewinnaussicht (K1), und ein Risikoverhaltenswert bei einem negativen Prospect, d. h. bei einer Verlustaussicht (K2), zwischen -1 und 1 bzw. zwischen -100 % (absolut risikovermeidend) und 100 % (absolut risikofreudig) berechnet werden.

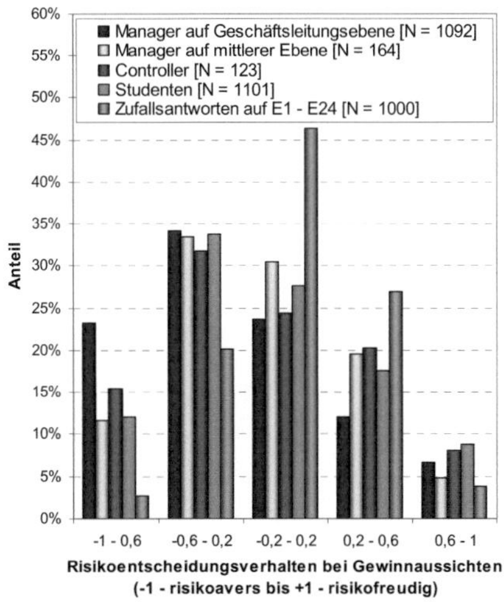

Abb. 7-10: Verteilung des Risikoentscheidungsverhaltens der Testteilnehmer bei Gewinnaussichten (K1)

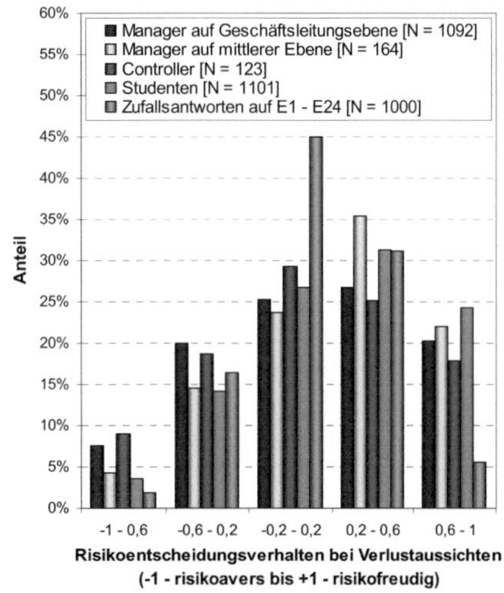

Abb. 7-11: Verteilung des Risikoentscheidungsverhaltens der Testteilnehmer bei Verlustaussichten (K2)

Die Verteilungen von K1 (vgl. Abb. 7-10) und K2 (vgl. Abb. 7-11) für die Teilstichproben der Testteilnehmer zeigen mit dem MANN-WHITNEY-U-Test und dem KOLMOGOROV-SMIRNOV-Z-Test jeweils eine auf mindestens 1 %-Niveau signifikante Abweichung gegenüber einer Zufallsverteilung, die auf 1.000 zufälligen Antworten bei den 24 Entscheidungssituationen basiert.

Da bei jeder der 24 Entscheidungssituationen nur zwei Alternativen existieren, kann bei den einzelnen Entscheidungssituationen nur entweder risikovermeidend oder risikofreudig, aber nicht risikoneutral entschieden werden. Die Komponenten K1 und K2 stellen gewichtete Summen der mit 0 und 1 codierten Antworten auf die Entscheidungssituationen dar. Somit können in den Komponenten Werte um 0 auftreten (vgl. Tab. 7-36 und Tab. 7-37), die ein in der Summe scheinbar neutrales Entscheidungsverhalten eines Individuums vermuten lassen. Diese Vermutung ist jedoch nur korrekt, wenn ein risikoneutral entscheidendes Individuum mangels risikoneutraler Alternativen bei den einzelnen Entscheidungssituationen abwechselnd eine risikovermeidende und eine risikofreudige Alternative wählt, so dass sich eine Quasi-Gleichverteilung der Häufigkeit von risikovermeidenden und risikofreudigen Antworten ergibt.

Die Verteilung des Risikoentscheidungsverhaltens bei Gewinnaussichten (K1) weist ein Überwiegen des risikoaversen Verhaltens mit einem negativen Mittelwert (μ = -0,169) bei einer positiven Schiefe (γ = 0,539) auf. Die Verteilung des Risikoentscheidungsverhaltens bei Verlustaussichten (K2) zeigt hingegen ein Überwiegen des risikofreudigen Verhaltens mit einen positiven Mittelwert (μ = 0,064) bei einer negativen Schiefe (γ = -0,154).

Der χ^2-Test zeigt, dass sich die Teilstichproben im Risikoentscheidungsverhalten bei Gewinnaussichten signifikant unterscheiden (χ^2 nach PEARSON = 68,448; $p \leq 0{,}001$; CRAMER's V = 0,096; $p \leq 0{,}001$; GOODMAN-KRUSKAL-τ von K1 = 0,006; $p \leq 0{,}001$, GOODMAN-KRUSKAL-τ der Position = 0,018; $p \leq 0{,}001$).

Risikoverhalten bei Gewinnaussichten (K1) (klassiert)			GL	MM	C	S	Gesamt
sehr risikovermeidend	-1 – -0,6	Anzahl	254	19	19	133	425
		% innerhalb der Risikoklasse	59,8 %	4,5 %	4,5 %	31,3 %	100,0 %
		% innerhalb der Position	23,3 %	11,6 %	15,4 %	12,1 %	17,1 %
		% der Gesamtzahl	10,2 %	,8 %	,8 %	5,4 %	17,1 %
risikovermeidend	-0,6 – -0,2	Anzahl	374	55	39	372	840
		% innerhalb der Risikoklasse	44,5 %	6,5 %	4,6 %	44,3 %	100,0 %
		% innerhalb der Position	34,2 %	33,5 %	31,7 %	33,8 %	33,9 %
		% der Gesamtzahl	15,1 %	2,2 %	1,6 %	15,0 %	33,9 %
risikoneutral	-0,2 – 0,2	Anzahl	259	50	30	305	644
		% innerhalb der Risikoklasse	40,2 %	7,8 %	4,7 %	47,4 %	100,0 %
		% innerhalb der Position	23,7 %	30,5 %	24,4 %	27,7 %	26,0 %
		% der Gesamtzahl	10,4 %	2,0 %	1,2 %	12,3 %	26,0 %
risikofreudig	0,2 – 0,6	Anzahl	132	32	25	194	383
		% innerhalb der Risikoklasse	34,5 %	8,4 %	6,5 %	50,7 %	100,0 %
		% innerhalb der Position	12,1 %	19,5 %	20,3 %	17,6 %	15,4 %
		% der Gesamtzahl	5,3 %	1,3 %	1,0 %	7,8 %	15,4 %
sehr risikofreudig	0,6 – 1	Anzahl	73	8	10	97	188
		% innerhalb der Risikoklasse	38,8 %	4,3 %	5,3 %	51,6 %	100,0 %
		% innerhalb der Position	6,7 %	4,9 %	8,1 %	8,8 %	7,6 %
		% der Gesamtzahl	2,9 %	,3 %	,4 %	3,9 %	7,6 %
Gesamt		Anzahl	1092	164	123	1101	2480
		% innerhalb der Risikoklasse	44,0 %	6,6 %	5,0 %	44,4 %	100,0 %
		% innerhalb der Position	100,0 %	100,0 %	100,0 %	100,0 %	100,0 %
		% der Gesamtzahl	44,0 %	6,6 %	5,0 %	44,4 %	100,0 %

mit: GL – Manager auf Geschäftsleitungsebene; MM – Manager auf mittlerer Ebene (Bereichs- und Abteilungsleiter); C – Controller (und controllingnahe Funktionen); S – Studenten

Tab. 7-36: Häufigkeitsverteilung des Risikoentscheidungsverhaltens der Testteilnehmer bei Gewinnaussichten (K1)

Risikoverhalten bei Verlustaussichten (K2) (klassiert)			GL	MM	C	S	Gesamt
sehr risikovermeidend	-1 – -0,6	Anzahl	83	7	11	39	140
		% innerhalb der Risikoklasse	59,3 %	5,0 %	7,9 %	27,9 %	100,0 %
		% innerhalb der Position	7,6 %	4,3 %	8,9 %	3,5 %	5,6 %
		% der Gesamtzahl	3,3 %	,3 %	,4 %	1,6 %	5,6 %
risikovermeidend	-0,6 – -0,2	Anzahl	219	24	23	155	421
		% innerhalb der Risikoklasse	52,0 %	5,7 %	5,5 %	36,8 %	100,0 %
		% innerhalb der Position	20,1 %	14,6 %	18,7 %	14,1 %	17,0 %
		% der Gesamtzahl	8,8 %	1,0 %	,9 %	6,3 %	17,0 %
risikoneutral	-0,2 – 0,2	Anzahl	276	39	36	294	645
		% innerhalb der Risikoklasse	42,8 %	6,0 %	5,6 %	45,6 %	100,0 %
		% innerhalb der Position	25,3 %	23,8 %	29,3 %	26,7 %	26,0 %
		% der Gesamtzahl	11,1 %	1,6 %	1,5 %	11,9 %	26,0 %
risikofreudig	0,2 – 0,6	Anzahl	292	58	31	345	726
		% innerhalb der Risikoklasse	40,2 %	8,0 %	4,3 %	47,5 %	100,0 %
		% innerhalb der Position	26,7 %	35,4 %	25,2 %	31,3 %	29,3 %
		% der Gesamtzahl	11,8 %	2,3 %	1,3 %	13,9 %	29,3 %
sehr risikofreudig	0,6 – 1	Anzahl	222	36	22	268	548
		% innerhalb der Risikoklasse	40,5 %	6,6 %	4,0 %	48,9 %	100,0 %
		% innerhalb der Position	20,3 %	22,0 %	17,9 %	24,3 %	22,1 %
		% der Gesamtzahl	9,0 %	1,5 %	,9 %	10,8 %	22,1 %
Gesamt		Anzahl	1092	164	123	1101	2480
		% innerhalb der Risikoklasse	44,0 %	6,6 %	5,0 %	44,4 %	100,0 %
		% innerhalb der Position	100,0 %	100,0 %	100,0 %	100,0 %	100,0 %
		% der Gesamtzahl	44,0 %	6,6 %	5,0 %	44,4 %	100,0 %

mit: GL – Manager auf Geschäftsleitungsebene; MM – Manager auf mittlerer Ebene (Bereichs- und Abteilungsleiter); C – Controller (und controllingnahe Funktionen); S – Studenten

Tab. 7-37: Häufigkeitsverteilung des Risikoentscheidungsverhaltens der Testteilnehmer bei Verlustaussichten (K2)

Der χ^2-Test zeigt, dass sich die Teilstichproben im Risikoentscheidungsverhalten bei Verlustaussichten signifikant unterscheiden (χ^2 nach PEARSON = 44,289; p ≤ 0,001; CRAMER's V = 0,077; p ≤ 0,001; GOODMAN-KRUSKAL-τ von K2 = 0,003; p ≤ 0,001; GOODMAN-KRUSKAL-τ der Position = 0,011; p ≤ 0,001).

Zusammenfassend kann festgehalten werden, dass die 24 binären Entscheidungssituationen des Fragebogens zum Risikoentscheidungsverhalten mittels einer Faktorenanalyse zu zwei Risikoverhaltenskomponenten aggregiert werden können, wobei eine Komponente das Risikoverhalten eines Individuums bei Gewinnaussichten und die andere Komponente das Risikoverhalten bei Verlustaussichten erfasst. Der Versuch einer noch höheren Aggregation der 24 Entscheidungssituationen in nur eine Risikoverhaltenskomponente führt zu keinen signifikanten Ergebnissen. Somit kann die Unterscheidung von Risikoverhalten bei Gewinnaussichten und Risikoverhalten bei Verlustaussichten durch die Prospect-Theorie von KAHNEMAN / TVERSKY (1979, S. 274 ff.) in dieser Hinsicht als absolut grundlegend zur Beschreibung von Risikoentscheidungsverhalten gewürdigt werden.

7.7 Clusteranalyse zur Klassifizierung in Risikoverhaltensgruppen

Die aus der Kritik zum Stand der Forschung beschriebene Forschungslücke in der Prospect-Theorie (vgl. Kapitel 5.2) lautet, dass eine Kombination des Risikoverhaltens bei Gewinnaussichten mit dem Risikoverhalten bei Verlustaussichten zur Bestimmung des Anteils an Individuen, die wirklich analog zur Prospect-Theorie entscheiden, bisher nicht vorgenommen wurde. Nachfolgend werden deshalb die Risikoverhaltenskomponenten K1 und K2 kombiniert, um Risikoverhaltensgruppen identifizieren zu können.

Der Unterschied in den Mittelwerten der Komponenten K1 und K2, je nach Datenbasis (M+C – Manager und Controller oder M+C+S – Manager, Controller und Studenten) bei der Faktorenanalyse in Tab. 7-34 hat jedoch gezeigt, dass kein eindeutiger Trennwert zwischen den Gruppen festgelegt werden kann.[143] Somit ist ein robustes Kriterium notwendig, um bei einer Kombination von K1 und K2 die Testteilnehmer in Risikoverhaltensgruppen einteilen zu können.

Mittels Clusteranalyse können die beiden Hauptkomponenten aus der Faktorenanalyse kombiniert werden, ohne dass vorab ein Trennwert festgelegt werden muss. Lediglich die Anzahl der zu identifizierenden Cluster bzw. Gruppen ist festzulegen.

Der Versuch einer Identifikation von zwei Clustern führt zu keinem signifikanten Ergebnis. Auch mit drei Clustern ist keine sinnvolle Kombination von K1 und K2 möglich, da die drei Cluster jeweils etwa einen 120°-Sektor einnehmen. Nur die Identifikation von vier bzw. fünf Clustern führt zu sinnvollen Ergebnissen. Mit den Datensätzen der Manager und Controller kann somit entweder ein 4-Gruppen-Risikoverhaltensmodell oder ein 5-Gruppen-Risikoverhaltensmodell identifiziert werden (vgl. Abb. 7-12). Die Identifikation von fünf Risikoverhaltensgruppen

[143] Da die Komponenten K1 und K2 das Risikoverhalten innerhalb der Prospects von -1 (absolut risikoavers) bis +1 (absolut risikofreudig) abbilden, wäre rein logisch für eine Identifikation von vier Risikoverhaltensgruppen jeweils der Nullpunkt als Trennwert denkbar, wenn keine Verzerrungen innerhalb der Komponenten bestehen. Doch gerade letzteres kann nicht ausgeschlossen werden.

trennt die vier grundlegenden Risikoverhaltensgruppen durch eine in der Mitte liegende „diffuse“ Risikoverhaltensgruppe deutlicher voneinander ab als im Modell mit vier Clustern.

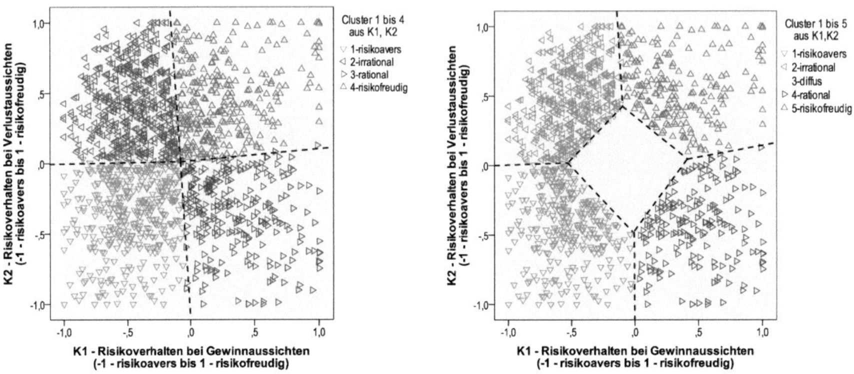

Abb. 7-12: Streudiagramme der Cluster im 4-Gruppen-Risikoverhaltensmodell (links) und im 5-Gruppen-Risikoverhaltensmodell (rechts)

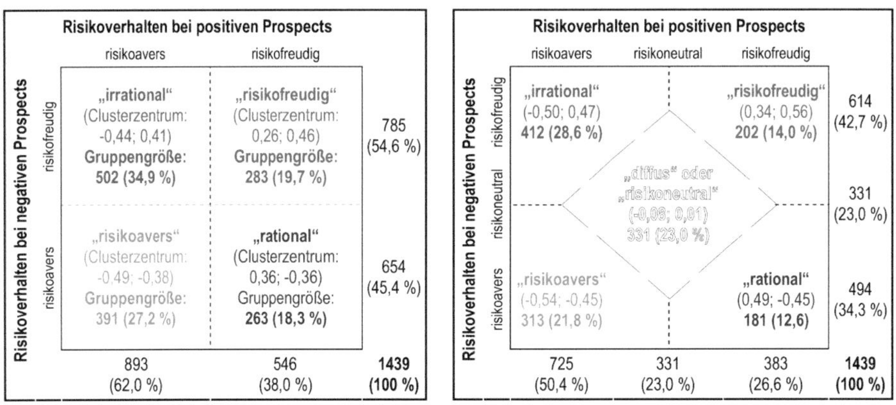

Abb. 7-13: Verteilung der Testteilnehmer im 4-Gruppen-Risikoverhaltensmodell (links) und im 5-Gruppen-Risikoverhaltensmodell (rechts)

Die Clusteranalyse in vier Cluster ist für K1 mit F = 1086,375 und für K2 mit F = 1074,882 jeweils auf 1 %-Niveau signifikant (mit $p \leq 0{,}001$). Ebenso ist die Clusteranalyse in fünf Cluster für K1 mit F = 1078,618 und für K2 mit F = 1089,192 jeweils auf 1 %-Niveau signifikant (mit $p \leq 0{,}001$).

Mit den Datensätzen der Manager, Controller und Studenten ist nur die Identifikation eines 4-Gruppen-Risikoverhaltensmodells sinnvoll, da im 5-Gruppen-Risikoverhaltensmodell die „diffuse“ Gruppe zwischen der „risikoaversen“ und der „irrationalen“ Gruppe liegt.

Im 4-Gruppen-Risikoverhaltensmodell ergeben sich folgende Größen der Risikoverhaltensgruppen für die 1439 Testteilnehmer (vgl. Abb. 7-13 und Tab. 7-38):

391 Testteilnehmer (= 27,2 %) zeigen sowohl bei Verlust- als auch bei Gewinnaussichten ein mehrheitlich risikovermeidendes Verhalten. Im Gegensatz dazu entscheiden 283 Testteilnehmer (= 19,7 %) sowohl bei Verlust- als auch bei Gewinnaussichten mehrheitlich risikofreudig.

263 Testteilnehmer (= 18,3 %) entscheiden überwiegend nach dem höchsten Erwartungswert und werden deshalb im Folgenden als „rational" bezeichnet. Dies äußert sich bei dem gewählten Fragebogendesign in einem risikofreudigen Verhalten bei Gewinnaussichten und einem risikoaversen Entscheidungsverhalten bei Verlustaussichten. Dem entgegen vermeiden 502 Testteilnehmer (= 34,9 %) bei Gewinnaussichten überwiegend Risiken, die einen höheren Erwartungswert aufweisen als die sichere(re) Alternative, und sie versuchen hingegen bei Verlustaussichten durch das verstärkte Eingehen von Risiken mit geringeren Erwartungswerten als die sichere(re) Alternative den Verlust zu verringern. Deshalb wird diese Gruppe im Folgenden als „irrational" bezeichnet, obwohl durchaus Nutzenfunktionen gefunden werden können, nach denen auch das Entscheiden dieser Gruppe rational sein kann.

Position Besitzanteil am Unternehmen		**Risikoverhaltensgruppe** **1** **„risikoavers"**	**2** **„irrational"**	**3** **„rational"**	**4** **„risikofreudig"**	**Gesamt**
Manager ohne (= 0 %)	N	40	58	26	33	157
Unternehmensanteile	%	25,5 %	36,9 %	16,6 %	21,0 %	100,0 %
Manager mit Minderheitsbeteiligung	N	27	34	13	17	91
(< 50 %) am Unternehmen	%	29,7 %	37,4 %	14,3 %	18,7 %	100,0 %
Manager mit Mehrheitsbeteiligung	N	26	41	16	16	99
(≥ 50 %) am Unternehmen	%	26,3 %	**41,4 %**	16,2 %	16,2 %	100,0 %
Manager, die gleichzeitig Inhaber	N	67	84	36	43	230
(= 100 %) sind	%	29,1 %	36,5 %	15,7 %	18,7 %	100,0 %
Manager mit unbekanntem	N	**122**	124	62	57	365
Unternehmensanteil	%	**33,4 %**	34,0 %	17,0 %	15,6 %	100,0 %
Manager mit Mehrheitsanteilen	N	39	40	33	38	150
(> 50 %) der Familie am Unternehmen	%	26,0 %	26,7 %	22,0 %	**25,3 %**	100,0 %
Manager auf Geschäftsleitungsebene	N	321	381	186	204	1092
(insgesamt)	%	29,4 %	34,9 %	17,0 %	18,7 %	100,0 %
Manager auf mittlerer Ebene	N	25	61	37	41	164
(Bereichs- und Abteilungsleiter)	%	15,2 %	37,2 %	22,6 %	25,0 %	100,0 %
Controller	N	32	36	33	22	123
(und controllingnahe Funktionen)	%	26,0 %	29,3 %	**26,8 %**	17,9 %	100,0 %
Gesamt	N	391	502	263	283	1439
	%	27,2 %	34,9 %	18,3 %	19,7 %	100,0 %

mit: N – Anzahl; % – Prozentualer Anteil innerhalb der Zeile

Tab. 7-38: Gruppenverteilung im 4-Gruppen-Risikoverhaltensmodell nach Position und Besitzanteil am Unternehmen

Im 5-Gruppen-Risikoverhaltensmodell ergeben sich folgende Größen der Risikoverhaltensgruppen für die 1439 Testteilnehmer (vgl. Abb. 7-13 und Tab. 7-39):

313 Testteilnehmer (= 21,8 %) zeigen sowohl bei Verlust- als auch bei Gewinnaussichten ein mehrheitlich risikovermeidendes Verhalten. Im Gegensatz dazu entscheiden 202 Testteilnehmer (= 14,0 %) sowohl bei Verlust- als auch bei Gewinnaussichten mehrheitlich risikofreudig. 181 Testteilnehmer (= 12,6 %) entscheiden überwiegend nach dem höchsten Erwartungswert und somit nach der klassischen Theorie auch „rational". Dies äußert sich in einem risikofreudigen Verhalten bei Gewinnaussichten und einem risikovermeidenden Entscheidungsverhalten bei Verlustaussichten. Dem entgegen entscheiden 313 Testteilnehmer (= 21,8 %) „irrational". Sie vermeiden bei Gewinnaussichten überwiegend Risiken, die einen höheren Erwartungswert aufweisen als die sichere Alternative und versuchen hingegen bei Verlustaussichten durch das verstärkte Eingehen von Risiken mit schlechteren Erwartungswerten den Verlust zu verringern. Entweder „diffus" oder in der durch K1 und K2 jeweils gewichteten Summe „risikoneutral", das

jedoch mit den binären Entscheidungssituationen E1 bis E24 nicht direkt messbar ist, entscheiden 331 Testteilnehmer (= 23,0 %).

Position Besitzanteil am Unternehmen		Risikoverhaltensgruppe 1 „risiko-avers"	2 „irrational"	3 „diffus"	4 „rational"	5 „risiko-freudig"	Gesamt
Manager ohne (= 0 %) Unternehmensanteile	N	34	48	33	18	24	157
	%	21,7 %	30,6 %	21,0 %	11,5 %	15,3 %	100,0 %
Manager mit Minderheitsbeteiligung (< 50 %) am Unternehmen	N	21	27	20	10	13	91
	%	23,1 %	29,7 %	22,0 %	11,0 %	14,3 %	100,0 %
Manager mit Mehrheitsbeteiligung (≥ 50 %) am Unternehmen	N	18	34	23	12	12	99
	%	18,2 %	**34,3 %**	23,2 %	12,1 %	12,1 %	100,0 %
Manager, die gleichzeitig Inhaber (= 100 %) sind	N	55	71	48	27	29	230
	%	23,9 %	30,9 %	20,9 %	11,7 %	12,6 %	100,0 %
Manager mit unbekanntem Unternehmensanteil	N	105	98	83	39	40	365
	%	**28,8 %**	26,8 %	22,7 %	10,7 %	11,0 %	100,0 %
Manager mit Mehrheitsanteilen (> 50 %) der Familie am Unternehmen	N	28	34	39	22	27	150
	%	18,7 %	22,7 %	26,0 %	14,7 %	**18,0 %**	100,0 %
Manager auf Geschäftsleitungsebene (insgesamt)	N	261	312	246	128	145	1092
	%	23,9 %	28,6 %	22,5 %	11,7 %	13,3 %	100,0 %
Manager auf mittlerer Ebene (Bereichs- und Abteilungsleiter)	N	19	50	44	24	27	164
	%	11,6 %	30,5 %	**26,8 %**	14,6 %	16,5 %	100,0 %
Controller (und controllingnahe Funktionen)	N	25	27	30	25	16	123
	%	20,3 %	22,0 %	24,4 %	**20,3 %**	13,0 %	100,0 %
Gesamt	N	313	412	331	181	202	1439
	%	21,8 %	28,6 %	23,0 %	12,6 %	14,0 %	100,0 %

mit: N – Anzahl; % – Prozentualer Anteil innerhalb der Zeile

Tab. 7-39: Gruppenverteilung im 5-Gruppen-Risikoverhaltensmodell nach Position und Besitzanteil am Unternehmen

Die Gruppengrößen der Risikoverhaltensgruppen unterscheiden sich insgesamt zwischen den Managern auf Geschäftsleitungsebene mit unterschiedlichen Besitzanteilen am Unternehmen nicht signifikant (im 4-Gruppen-Risikoverhaltensmodell: χ^2 nach PEARSON = 17,572; p = 0,286; CRAMER's V = 0,073; p = 0,286 und im 5-Gruppen-Risikoverhaltensmodell: χ^2 nach PEARSON = 18,608; p = 0,547; CRAMER's V = 0,065; p = 0,547).

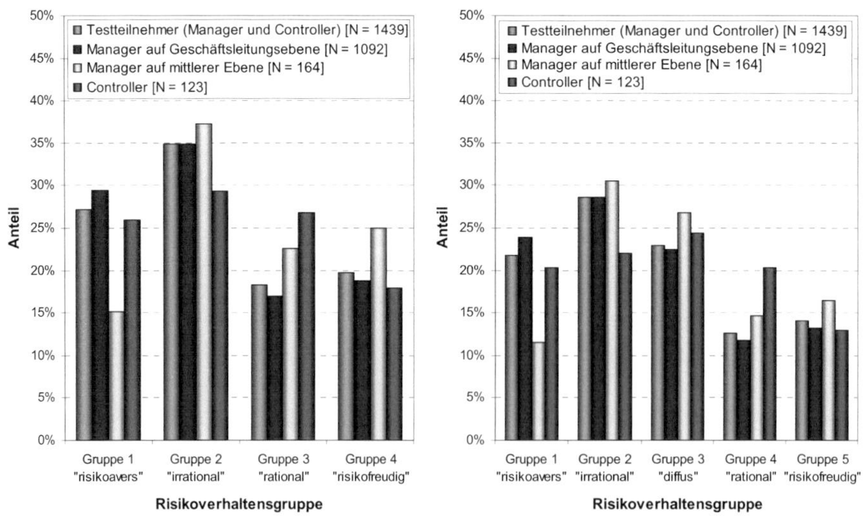

Abb. 7-14: Risikoverhaltensgruppengrößen nach Modell und Teilnehmergruppe

Dagegen unterscheiden sich insgesamt die Gruppengrößen der Risikoverhaltensgruppen zwischen den Positionen (Manager auf Geschäftsleitungsebene, Manager auf mittlerer Ebene und Controller) signifikant (im 4-Gruppen-Risikoverhaltensmodell: χ^2 nach PEARSON = 26,650; p = 0,002; CRAMER's V = 0,079; p = 0,002 und für den 5-Gruppen-Risikoverhaltensmodell: χ^2 nach PEARSON = 31,740; p = 0,002; CRAMER's V = 0,086; p = 0,002).

Wie bereits beim Einzelvergleich der 24 Entscheidungssituationen zeigt sich auch beim Vergleich der Gruppengrößen, dass Controller unter Risiko statistisch signifikant rationaler entscheiden als Manager jeder Ebene. Dies zeigt sich an dem 26,8 %-igen (im 4-Gruppen-Risikoverhaltensmodell) bzw. dem 20,3 %-igen (im 5-Gruppen-Risikoverhaltensmodell) Anteil der Controller in der rationalen Gruppe im Vergleich zu dem 17,0 %-igen (im 4-Gruppen-Risikoverhaltensmodell) bzw. dem 11,7 %-igen (im 5-Gruppen-Risikoverhaltensmodell) Anteil der Manager auf Geschäftsleitungsebene in dieser Gruppe (vgl. Abb. 7-14).

Ebenfalls konsistent mit dem Einzelvergleich der 24 Entscheidungssituationen zeigt sich auch beim Vergleich der Gruppengrößen eine statistisch signifikant zunehmende Risikoneigung bei Managern auf mittlerer Ebene im Vergleich zu Managern auf Geschäftsleitungsebene.

Die Qualität der Risikogruppenbildung aus der 2-Komponenten-Faktorenanalyse wird im folgenden Kapitel mittels einer Diskriminanzanalyse überprüft.

7.8 Diskriminanzanalyse

Die durch die Faktorenanalyse gewonnenen zwei Hauptkomponenten weisen nur eine Varianzerklärung von 21,4 % auf. Deshalb erscheint eine Überprüfung der mittels Clusteranalyse nach der Faktorenanalyse vorgenommenen Klassifizierung in die vier bzw. fünf Risikoverhaltensgruppen durch eine Diskriminanzanalyse auf Basis der Gruppenvariablen mit allen 24 Entscheidungssituationen sinnvoll.

Die Streudiagramme (vgl. Abb. 7-15) der Diskriminanzanalyse unterscheiden sich in den durch die Faktorenanalyse und anschließende Clusteranalyse erzielten Risikoverhaltensgruppierungen (vgl. Abb. 7-12) im Wesentlichen nur durch die Rotation und die unterschiedliche Normierung.

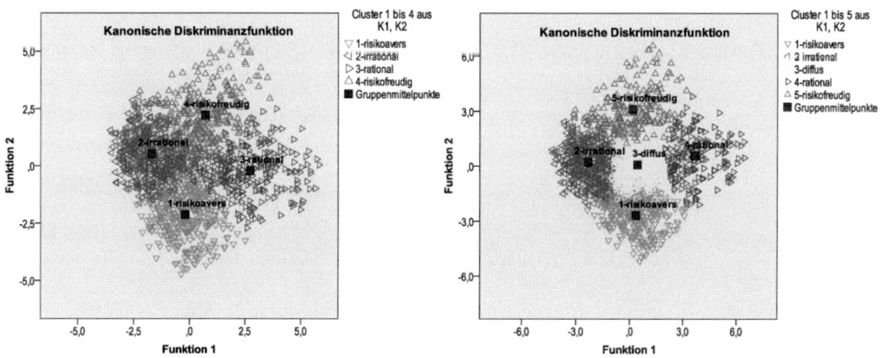

Abb. 7-15: Streudiagramme für die Überprüfung der Klassifikation in vier (links) und fünf (rechts) Risikoverhaltensgruppen mittels Diskriminanzanalyse

Die Klassifizierungsergebnisse der Diskriminanzanalyse für das 4-Gruppen-Risikoverhaltensmodell (vgl. Tab. 7-40) zeigen, dass trotz der nur 21,4 %-igen Varianzerklärung der zwei Hauptkomponenten der Faktorenanalyse 91,5 % der ursprünglich gruppierten Fälle korrekt klassifiziert wurden.

Mit einer zu 93,3 % korrekten Klassifizierung der ursprünglich gruppierten Fälle zeigt das 5-Gruppen-Risikoverhaltensmodell eine noch höhere Klassifizierungsgüte als das 4-Gruppen-Risikoverhaltensmodell (vgl. Tab. 7-42).

			Vorhergesagte Gruppenzugehörigkeit				
		Cluster 1 bis 4 aus K1, K2	1 risikoavers	2 irrational	3 rational	4 risikofreudig	Gesamt
Original	N	1-risikoavers	366	22	2	1	391
		2-irrational	14	479	0	9	502
		3-rational	14	3	238	8	263
		4-risikofreudig	0	41	9	233	283
	%	1-risikoavers	93,6	5,6	,5	,3	100,0
		2-irrational	2,8	95,4	,0	1,8	100,0
		3-rational	5,3	1,1	90,5	3,0	100,0
		4-risikofreudig	,0	14,5	3,2	82,3	100,0

Tab. 7-40: Klassifizierungsergebnisse der Diskriminanzanalyse für das 4-Gruppen-Risikoverhaltensmodell

Eigenwerte					Statistiken			
Funktion	Eigenwert	% der Varianz	Kumulierte %	Kanonische Korrelation	Test der Funktion(en)	Wilks-λ	χ^2	Signifikanz
1	2,471[a]	51,2	51,2	,844	1 bis 3	,083	3543,397	,001
2	2,302[a]	47,7	98,9	,835	2 bis 3	,288	1771,213	,001
3	,051[a]	1,1	100,0	,220	3	,952	70,414	,001

Tab. 7-41: Eigenwerte und Statistiken der Diskriminanzfunktionen des 4-Gruppen-Risikoverhaltensmodells

			Vorhergesagte Gruppenzugehörigkeit					
		Cluster 1 bis 5 aus K1, K2	1 risikoavers	2 irrational	3 diffus	4 rational	5 risikofreudig	Gesamt
Original	N	1-risikoavers	300	7	5	1	0	313
		2-irrational	3	399	9	0	1	412
		3-diffus	12	10	302	2	5	331
		4-rational	0	0	11	168	2	181
		5-risikofreudig	0	15	13	1	173	202
	%	1-risikoavers	95,8	2,2	1,6	,3	,0	100,0
		2-irrational	,7	96,8	2,2	,0	,2	100,0
		3-diffus	3,6	3,0	91,2	,6	1,5	100,0
		4-rational	,0	,0	6,1	92,8	1,1	100,0
		5-risikofreudig	,0	7,4	6,4	,5	85,6	100,0

Tab. 7-42: Klassifizierungsergebnisse des 5-Gruppen-Risikoverhaltensmodells

Eigenwerte					Statistiken			
Funktion	Eigenwert	% der Varianz	Kumulierte %	Kanonische Korrelation	Test der Funktion(en)	Wilks-λ	χ^2	Signifikanz
1	3,315[a]	51,7	51,7	,876	1 bis 4	,052	4196,602	,001
2	2,993[a]	46,7	98,4	,866	2 bis 4	,226	2115,441	,001
3	,059[a]	,9	99,3	,236	3 bis 4	,903	144,573	,001
4	,045[a]	,7	100,0	,208	4	,957	62,725	,001

Tab. 7-43: Eigenwerte und Statistiken der Diskriminanzfunktionen des 5-Gruppen-Risikoverhaltensmodells

Zusammenfassend kann aus den Ergebnissen der Diskriminanzanalyse geschlussfolgert werden, dass die mittels Faktorenanalyse der zwei Hauptkomponenten K1 und K2 und der anschließenden Clusteranalyse analysierten 4- bzw. 5-Gruppen-Risikoverhaltensmodelle, trotz der nur 21,4 %-igen Varianzerklärung der zwei Hauptkomponenten K1 und K2 zu 91,5 % bzw. 93,3 %, korrekt sind.

Als **Ergebnis der bisherigen Datenanalyse** sind nun für weitere Analysen **drei Ebenen mit unterschiedlicher Datenaggregation** verfügbar:

1. die Antworten auf die **24 Entscheidungssituationen**,
2. die daraus mittels Faktorenanalyse identifizierten zwei **Risikoverhaltenskomponenten K1 (Risikoentscheidungsverhalten bei Gewinnaussichten)** und **K2 (Risikoentscheidungsverhalten bei Verlustaussichten)** sowie
3. die aus der Kombination von K1 und K2 mittels Clusteranalyse identifizierten und mittels Diskriminanzanalyse validierten **4 bzw. 5- Risikoverhaltengruppen**.

Nachfolgend wird, soweit wie es im Einzelnen sinnvoll und möglich ist, der Einfluss von Kontextvariablen auf das Risikoentscheidungsverhalten auf diesen drei Ebenen ermittelt.

7.9 Individuelle Kontextfaktoren des Risikoentscheidungsverhaltens

7.9.1 Übersicht der Korrelationen des Risikoverhaltens mit Kontextvariablen

Bevor in den folgenden Kapiteln die in der Studie untersuchten Kontextfaktoren bzw. -variablen des Risikoverhaltens für die Manager auf Geschäftsleitungsebene (vgl. Tab. 7-44), die Manager auf mittlerer Ebene (vgl. Tab. 7-45) und die Controller (vgl. Tab. 7-46) einzeln analysiert werden, wird in diesem Kapitel zunächst eine korrelative Übersicht des Risikoverhaltens mit den Kontextvariablen wiedergegeben. Dies hat den Vorteil, dass auch Korrelationen zwischen den Kontextvariablen aufgezeigt werden können, die in den weiteren Analysen nicht vertiefend untersucht werden. Signifikante Korrelationen sind in den Übersichten jeweils „fett" markiert.

Das Risikoentscheidungsverhalten der Manager auf Geschäftsleitungsebene weist bei Gewinnaussichten (K1) signifikant positive Korrelationen zur Selbsteinschätzung des Risikoverhaltens ($\varrho = 0{,}307$; $p \leq 0{,}001$) und zu den Besitzanteilen der eigenen Familie am Unternehmen ($\varrho = 0{,}085$; $p = 0{,}005$) sowie signifikant negative Korrelationen zum Alter ($\varrho = -0{,}068$; $p \leq 0{,}001$) und zur Berufserfahrung ($\varrho = -0{,}057$; $p = 0{,}007$) auf.

Das Risikoentscheidungsverhalten bei Verlustaussichten (K2) zeigt nur eine signifikant positive Korrelationen zur Selbsteinschätzung des Risikoverhaltens ($\varrho = 0{,}111$; $p \leq 0{,}001$), die aber deutlich geringer ist, als die Korrelation zum Risikoentscheidungsverhalten bei Gewinnaussichten (K1).

Manager, die mehr nach Erwartungswert entscheiden, sind sich bei ihren Entscheidungen sicherer ($\varrho = 0{,}189$; $p \leq 0{,}001$), und Manager, die sich sicherer bei ihren Entscheidungen sind, halten sich für risikofreudiger ($\varrho = 0{,}074$; $p = 0{,}007$).

Weder bei den Managern auf Geschäftsleitungsebene (vgl. Tab. 7-44) noch bei den Controllern (vgl. Tab. 7-46) ist ein signifikanter Zusammenhang zwischen dem Ausbildungsniveau und dem Risikoentscheidungsverhalten erkennbar. Weiterhin sind mittels Kontingenzanalyse zwischen Ausbildungsrichtung (kaufmännisch oder technisch) und dem Risikoentscheidungsverhalten von Managern keine signifikanten Unterschiede feststellbar (χ^2 nach PEARSON = 12,081; $p = 0{,}937$).

	Manager auf Geschäftsleitungsebene				1 Risikoentscheidungsverhalten bei Gewinnaussichten (K1)	2 Risikoentscheidungsverhalten bei Verlustaussichten (K2)	3 Selbsteinschätzung Risikoverhalten (= Risikoeinstellung)	4 Alter (in Jahren)	5 Berufserfahrung (in Jahren)	6 Ausbildungsniveau (1 – Berufsausbildung, 2 – Studium, 3 – Promotion)	7 Geschlecht (1 – männlich, 2 – weiblich)	8 Entscheidungssicherheit (0 – völlig unsicher bis 1 – immer sicher)	9 Entscheidungsart (0 – nur nach Gefühl bis 1 – nur nach Erwartungswert)	10 Teamentscheidungsverhalten (0 – immer allein bis 1 – immer im Team)	11 Anzahl der Geschäftsführer im Unternehmen	12 Gesellschafter- bzw. Anteilseigneranzahl	13 Besitzanteil am Unternehmen
1	**Risikoverhalten bei Gewinnaussichten (K1)**	μ	-,194														
		σ	,4522														
		N	1092														
2	**Risikoverhalten bei Verlustaussichten (K2)**	μ	,055	τ_b	,015												
		σ	,4838	p	,461												
		N	1092	N	1092												
3	**Selbsteinschätzung Risikoverhalten (= Risikoeinstellung)**	μ	-,068	τ_b	**,307****	**,111****											
		σ	,4093	p	,001	,001											
		N	1087	N	1087	1087											
4	**Alter** (in Jahren)	μ	46,73	τ_b	**-,068****	-,005	**-,060***										
		σ	8,880	p	,001	,791	,012										
		N	1078	N	1078	1078	1077										
5	**Berufserfahrung** (in Jahren)	μ	23,19	τ_b	**-,057****	-,007	-,035	**,690****									
		σ	9,622	p	,007	,756	,145	,001									
		N	1063	N	1063	1063	1062	1062									
6	**Ausbildungsniveau** (1 – Berufsausbildung, 2 – Studium, 3 – Promotion)	μ	1,80	τ_b	-,042	-,014	-,017	**,165****	-,020								
		σ	,748	p	,350	,757	,740	,001	,682								
		N	294	N	294	294	291	287	280								
7	**Geschlecht** (1 – männlich, 2 – weiblich)	μ	1,09	τ_b	,034	,016	-,034	**-,051***	**-,073****	-,028							
		σ	,284	p	,172	,508	,235	,045	,005	,614							
		N	1088	N	1088	1088	1084	1077	1062	293							
8	**Entscheidungssicherheit** (0 – völlig unsicher bis 1 – immer sicher)	μ	,341	τ_b	,006	-,001	**,074****	,044	,049	-,002	,002						
		σ	,3107	p	,797	,974	,007	,071	,051	,976	,944						
		N	1088	N	1088	1088	1087	1078	1063	292	1085						
9	**Entscheidungsart** (0 – nur nach Gefühl bis 1 – nur nach Erwartungswert)	μ	,091	τ_b	,044	-,032	-,006	**,048***	,036	,011	**-,083****	**,189****					
		σ	,3663	p	,060	,179	,820	,045	,144	,835	,004	,001					
		N	1088	N	1088	1088	1087	1078	1063	292	1085	1088					
10	**Teamentscheidungsverhalten** (0 – immer allein bis 1 – immer im Team)	μ	-,166	τ_b	,006	,034	-,013	,024	-,007	**,164****	,057	,037	,024				
		σ	,4202	p	,814	,167	,652	,334	,766	,005	,059	,210	,392				
		N	964	N	964	964	964	963	962	236	963	964	964				
11	**Anzahl der Geschäftsführer im Unternehmen**	μ	1,59	τ_b	,017	-,022	-,043	**-,137****	**-,137****	,082	,006	-,034	-,003	**,199****			
		σ	,796	p	,564	,464	,215	,001	,001	,136	,867	,337	,935	,001			
		N	697	N	697	697	692	683	671	273	693	693	693	583			
12	**Gesellschafter- bzw. Anteilseigneranzahl**	μ	2,44	τ_b	,020	,040	,011	-,013	-,034	**,129***	-,060	,007	,022	**,174****	**,277****		
		σ	2,706	p	,490	,166	,737	,656	,258	,015	,089	,842	,504	,001	,001		
		N	686	N	686	686	681	672	661	267	682	682	682	574	686		
13	**Besitzanteil am Unternehmen**	μ	,5446	τ_b	-,029	-,022	,005	,009	,048	**-,182****	**,093****	-,033	-,023	**-,216****	**-,413****	**-,428****	
		σ	,41278	p	,305	,437	,888	,764	,106	,001	,007	,334	,492	,001	,001	,001	
		N	658	N	658	658	654	644	634	250	654	654	654	562	613	611	
14	**Besitzanteile der eigenen Familie am Unternehmen**	μ	,2181	τ_b	**,085****	-,035	,001	**-,067***	**-,097****	-,015	-,020	-,005	,024	,032	**,157****	**,167****	,035
		σ	,40057	p	,005	,253	,967	,032	,002	,798	,593	,895	,497	,400	,001	,001	,319
		N	683	N	683	683	678	669	657	267	679	679	679	571	682	676	614

mit: μ – Mittelwert der Variable; σ – Standardabweichung der Variable; τ_b – KENDALL's Tau-B (Korrelationskoeffizient); p – p-Wert der Signifikanz (2-seitig); ** – signifikant auf 1 %-Niveau; * – signifikant auf 5 %-Niveau; N – Anzahl der Datensätze

Tab. 7-44: Bivariate Korrelationen zwischen Risikoverhalten und Kontextvariablen bei den Managern auf Geschäftsleitungsebene

In Tab. 7-45 ist bei den Managern auf mittlerer Ebene unter anderem eine signifikant positive Korrelation der Selbsteinschätzung des Risikoverhaltens mit dem Risikoverhalten bei Gewinnaussichten (ϱ = 0,251; p ≤ 0,001) und bei Verlustaussichten (ϱ = 0,199; p ≤ 0,001) erkennbar.

Manager auf mittlerer Ebene					1	2	3	4	5	6	7	8
					Risikoentscheidungsverhalten bei Gewinnaussichten (K1)	Risikoentscheidungsverhalten bei Verlustaussichten (K2)	Selbsteinschätzung Risikoverhalten (=Risikoeinstellung)	Alter (in Jahren)	Berufserfahrung (in Jahren)	Geschlecht (1 – männlich, 2 – weiblich)	Entscheidungssicherheit (0 – völlig unsicher bis 1 – immer sicher)	Entscheidungsart (0 – nur nach Gefühl bis 1 – nur nach Erwartungswert)
1	**Risikoverhalten bei**	μ	-,073									
	Gewinnaussichten	σ	,4167									
	(K1)	N	164									
2	**Risikoverhalten bei**	μ	,122	τ_b	-,094							
	Verlustaussichten	σ	,4503	p	,073							
	(K2)	N	164	N	164							
3	**Selbsteinschätzung**	μ	-,091	τ_b	,251**	,199**						
	Risikoverhalten	σ	,4229	p	,001	,001						
	(= Risikoeinstellung)	N	160	N	160	160						
4	**Alter**	μ	40,27	τ_b	-,048	,109	,120					
	(in Jahren)	σ	8,090	p	,399	,058	,071					
		N	143	N	143	143	140					
5	**Berufserfahrung**	μ	15,96	τ_b	-,055	,073	,084	,674**				
	(in Jahren)	σ	8,728	p	,352	,217	,219	,001				
		N	134	N	134	134	132	133				
6	**Geschlecht**	μ	1,16	τ_b	-,036	-,049	-,092	-,218**	-,145			
	(1 – männlich,	σ	,370	p	,601	,478	,254	,002	,051			
	2 – weiblich)	N	142	N	142	142	138	137	128			
7	**Entscheidungs-**	μ	,244	τ_b	,082	-,058	,185*	,003	,069	-,122		
	sicherheit (0 – völlig un-	σ	,3253	p	,186	,355	,010	,965	,328	,134		
	sicher bis 1 – immer sicher)	N	164	N	164	164	160	143	134	142		
8	**Entscheidungsart**	μ	,070	τ_b	,053	-,129*	,021	,058	,090	,007	,301**	
	(0 – nur nach Gefühl bis 1 –	σ	,3833	p	,381	,033	,765	,384	,192	,933	,001	
	nur nach Erwartungswert)	N	164	N	164	164	160	143	134	142	164	
9	**Teamentscheidungs-**	μ	-,096	τ_b	,033	,041	,104	-,268*	-,270*	,171	-,006	,036
	verhalten (0 – immer allein	σ	,3989	p	,774	,721	,430	,021	,021	,220	,964	,786
	bis 1 – immer im Team)	N	47	N	47	47	47	47	47	47	47	47

mit: μ – Mittelwert der Variable; σ – Standardabweichung der Variable; τ_b – KENDALL's Tau-B; p – p-Wert der Signifikanz (2-seitig); ** – sig. auf 1 %-Niveau; * – sig. auf 5 %-Niveau; N – Anzahl der Datensätze

Tab. 7-45: Bivariate Korrelationen zwischen Risikoverhalten und Kontextvariablen bei den Managern auf mittlerer Ebene

Bei den Controllern korreliert die Selbsteinschätzung des Risikoverhaltens signifikant positiv mit dem Risikoverhalten bei Gewinnaussichten (ϱ = 0,222; p = 0,002), jedoch nicht mit dem Risikoverhalten bei Verlustaussichten (vgl. Tab. 7-46). Controller, die mehr nach dem Erwartungswert als nach Gefühl entscheiden, zeigen eine signifikant höhere Risikofreude bei Gewinnaussichten (ϱ = 0,259; p ≤ 0,001).

Controller (und controllingnahe Funktionen)					1	2	3	4	5	6	7	8	9	10	11	12	13
					Risikoentscheidungsverhalten bei Gewinnaussichten (K1)	**Risikoentscheidungsverhalten bei Verlustaussichten (K2)**	**Selbsteinschätzung Risikoverhalten (= Risikoeinstellung)**	**Alter** (in Jahren)	**Berufserfahrung** (in Jahren)	**Ausbildungsniveau** (1 – Berufsausbildung, 2 – Studium, 3 – Promotion)	**Geschlecht** (1 – männlich, 2 – weiblich)	**Entscheidungssicherheit** (0 – völlig unsicher bis 1 – immer sicher)	**Entscheidungsart** (0 – nur nach Gefühl bis 1 – nur nach Erwartungswert)	**Teamentscheidungsverhalten** (0 – immer allein bis 1 – immer im Team)	**Anzahl der Geschäftsführer im Unternehmen**	**Gesellschafter- bzw. Anteilseigneranzahl**	**Besitzanteil am Unternehmen**
1	**Risikoverhalten bei Gewinnaussichten (K1)**	μ	-,086														
		σ	,4620														
		N	123														
2	**Risikoverhalten bei Verlustaussichten (K2)**	μ	-,011	τb	-,103												
		σ	,4720	p	,091												
		N	123	N	123												
3	**Selbsteinschätzung Risikoverhalten (= Risikoeinstellung)**	μ	-,112	τb	**,222****	,033											
		σ	,3622	p	,002	,643											
		N	121	N	121	121											
4	**Alter** (in Jahren)	μ	39,77	τb	-,056	,055	-,045										
		σ	9,099	p	,383	,390	,550										
		N	116	N	116	116	114										
5	**Berufserfahrung** (in Jahren)	μ	14,62	τb	-,020	,074	-,033	**,781****									
		σ	9,287	p	,755	,255	,670	,001									
		N	111	N	111	111	109	111									
6	**Ausbildungsniveau** (1 – Berufsausbildung, 2 – Studium, 3 – Promotion)	μ	2,19	τb	,160	-,053	-,382	**-,492***	**-,575***								
		σ	,655	p	,444	,799	,106	,026	,016								
		N	16	N	16	16	16	15	13								
7	**Geschlecht** (1 – männlich, 2 – weiblich)	μ	1,21	τb	-,129	-,063	-,133	-,040	-,091.								
		σ	,407	p	,086	,398	,129	,611	,256.								
		N	121	N	121	121	119	115	110	16							
8	**Entscheidungssicherheit** (0 – völlig unsicher bis 1 – immer sicher)	μ	,260	τb	,008	,014	,095	,112	,093	,376	-,090						
		σ	,3482	p	,911	,850	,259	,138	,230	,130	,310						
		N	121	N	121	121	120	114	109	16	119						
9	**Entscheidungsart** (0 – nur nach Gefühl bis 1 – nur nach Erwartungswert)	μ	,094	τb	**,259****	-,071	,109	,090	,119	-,053	**-,219***	**,262****					
		σ	,3711	p	,001	,317	,186	,227	,118	,823	,012	,002					
		N	122	N	122	122	121	115	110	16	120	121					
10	**Teamentscheidungsverhalten** (0 – immer allein bis 1 – immer im Team)	μ	,000	τb	,153	-,140	,038	-,134	-,175	-,158	,159	-,214	-,157				
		σ	,4330	p	,170	,207	,765	,234	,123	,643	,237	,105	,220				
		N	49	N	49	49	49	49	49	9	49	49	49				
11	**Anzahl der Geschäftsführer im Unternehmen**	μ	2,37	τb	-,091	,062	,128	,155	,142	**-,576***	-,320	-,231	,152	,367			
		σ	1,043	p	,554	,688	,461	,333	,379	,030	,082	,208	,394	,078			
		N	27	N	27	27	27	26	25	13	27	27	27	20			
12	**Gesellschafter- bzw. Anteilseigneranzahl**	μ	3,64	τb	-,180	-,065	**-,373***	,169	,174	,231	,230	,068	-,288	,061	,105		
		σ	6,006	p	,246	,675	,034	,295	,288	,385	,215	,713	,115	,770	,547		
		N	25	N	25	25	25	24	23	12	25	25	25	19	25		
13	**Besitzanteil am Unternehmen**	μ	,1760	τb	,135	,105	,093	,166	,118	-,252	,050	-,155	-,213	-,352	-,208	-,056	
		σ	,21204	p	,413	,525	,620	,339	,506	,352	,800	,430	,264	,143	,270	,761	
		N	22	N	22	22	22	21	20	12	22	22	22	15	22	21	
14	**Besitzanteile der eigenen Familie am Unternehmen**	μ	,2400	τb	-,011	,011	,013	**-,369***	-,208	-,151	-,115	-,275	-,141	-,075	-,278	,046	,171
		σ	,43589	p	,949	,949	,945	,038	,247	,606	,574	,177	,476	,752	,148	,807	,384
		N	25	N	25	25	25	24	23	12	25	25	25	18	25	24	22

mit: μ – Mittelwert der Variable; σ – Standardabweichung der Variable; τb – KENDALL's Tau-B (Korrelationskoeffizient); p – p-Wert der Signifikanz (2-seitig); ** – signifikant auf 1 %-Niveau; * – signifikant auf 5 %-Niveau; N – Anzahl der Datensätze

Tab. 7-46: Bivariate Korrelationen zwischen Risikoverhalten und Kontextvariablen bei den Controllern

Nachfolgend werden die Einflüsse der Kontextvariablen auf das Risikoverhalten untersucht.

7.9.2 Selbsteinschätzung und im Test gezeigtes Risikoentscheidungsverhalten

Die Testteilnehmer wurden gebeten, ihr Risikoverhalten auf einer Skala von „sehr risikovermeidend", über „risikovermeidend", „risikoneutral", „risikofreudig" bis „sehr risikofreudig" selber einzuschätzen. Diese Selbsteinschätzung des Risikoverhaltens wird zur Unterscheidung des im Test gezeigten Risikoentscheidungsverhaltens als Risikoeinstellung bezeichnet.

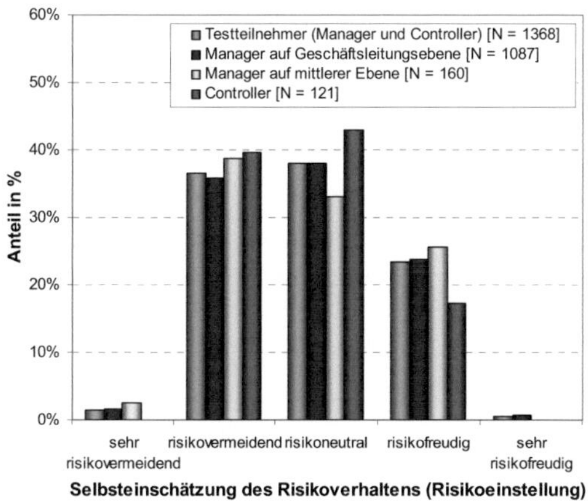

Abb. 7-16: Häufigkeiten der Risikoeinstellungen der Testteilnehmer

Risikoeinstellung (Selbsteinschätzung des eigenen Risikoverhaltens)			GL	MM	C	Gesamt
sehr risikovermeidend	-1	Anzahl	17	4	0	21
		% innerhalb der Risikoklasse	81,0 %	19,0 %	,0 %	100,0 %
		% innerhalb der Position	1,6 %	2,5 %	,0 %	1,5 %
		% der Gesamtzahl	1,2 %	,3 %	,0 %	1,5 %
risikovermeidend	-0,5	Anzahl	389	62	48	499
		% innerhalb der Risikoklasse	78,0 %	12,4 %	9,6 %	100,0 %
		% innerhalb der Position	35,8 %	38,8 %	39,7 %	36,5 %
		% der Gesamtzahl	28,4 %	4,5 %	3,5 %	36,5 %
risikoneutral	0	Anzahl	414	53	52	519
		% innerhalb der Risikoklasse	79,8 %	10,2 %	10,0 %	100,0 %
		% innerhalb der Position	38,1 %	33,1 %	43,0 %	37,9 %
		% der Gesamtzahl	30,3 %	3,9 %	3,8 %	37,9 %
risikofreudig	0,5	Anzahl	259	41	21	321
		% innerhalb der Risikoklasse	80,7 %	12,8 %	6,5 %	100,0 %
		% innerhalb der Position	23,8 %	25,6 %	17,4 %	23,5 %
		% der Gesamtzahl	18,9 %	3,0 %	1,5 %	23,5 %
sehr risikofreudig	1	Anzahl	8	0	0	8
		% innerhalb der Risikoklasse	100,0 %	,0 %	,0 %	100,0 %
		% innerhalb der Position	,7 %	,0 %	,0 %	,6 %
		% der Gesamtzahl	,6 %	,0 %	,0 %	,6 %
Gesamt		Anzahl	1087	160	121	1368
		% innerhalb der Risikoklasse	79,5 %	11,7 %	8,8 %	100,0 %
		% innerhalb der Position	100,0 %	100,0 %	100,0 %	100,0 %
		% der Gesamtzahl	79,5 %	11,7 %	8,8 %	100,0 %

mit: GL – Manager auf Geschäftsleitungsebene; MM – Manager auf mittlerer Ebene (Bereichs- und Abteilungsleiter); C – Controller (und controllingnahe Funktionen)

Tab. 7-47: Häufigkeiten der Risikoeinstellungen der Testteilnehmer

Die Ergebnisse zeigen, dass sich 1,5 % der Testteilnehmer für sehr risikovermeidend, 36,5 % für risikovermeidend, 37,9 % für risikoneutral, 23,5 % für risikofreudig und 0,6 % für sehr risikofreudig halten (vgl. Tab. 7-47 und Abb. 7-16). Die Verteilung der Risikoeinstellung weist somit, ebenso wie das Risikoverhalten bei Gewinnaussichten (K1), ein Überwiegen der Risikoaversion und somit eine positive Schiefe (γ = 0,170) auf. Der Mittelwert der Risikoeinstellung (μ = -0,074) liegt zwischen den Mittelwerten des Risikoverhaltens bei Gewinnaussichten (μ = -0,169) und bei Verlustaussichten (μ = 0,064).

Anders als bei dem im Test in K1 und K2 gezeigten Risikoentscheidungsverhalten unterscheiden sich die Manager auf Geschäftsleitungsebene, das mittlere Management und die Controller nicht signifikant in ihrer Selbsteinschätzung des Risikoverhaltens (χ^2 nach PEARSON = 9,705; p = 0,286).

Die Häufigkeitsverteilungen der Risikoeinstellung und des Risikoverhaltens zeigen zwar eine ähnliche Verteilung (vgl. Tab. 7-47, Tab. 7-36 und Tab. 7-37 sowie Abb. 7-16, Abb. 7-10 und Abb. 7-11). Die Kontingenzanalyse zeigt jedoch deutlich, dass weniger als die Hälfte der Manager auf Geschäftsleitungsebene das eigene Risikoverhalten weitestgehend richtig einschätzt (vgl. Tab. 7-48 und Tab. 7-49).

			K1 - Risikoverhalten bei Gewinnaussichten (Klassiert)					Gesamt
			sehr risikoavers	risikoavers	risiko-neutral	risikofreudig	sehr risikofreudig	
Risikoeinstellung (RE)	sehr risikoavers	Anzahl	13	5	3	1	0	22
		% innerhalb von RE	59,1 %	22,7 %	13,6 %	4,5 %	,0 %	100,0 %
		% innerhalb von K1	5,2 %	1,0 %	,8 %	,5 %	,0 %	1,5 %
		% der Gesamtzahl	,9 %	,4 %	,2 %	,1 %	,0 %	1,5 %
	risikoavers	Anzahl	141	218	114	37	12	522
		% innerhalb von RE	27,0 %	41,8 %	21,8 %	7,1 %	2,3 %	100,0 %
		% innerhalb von K1	56,0 %	43,0 %	30,8 %	18,8 %	11,8 %	36,6 %
		% der Gesamtzahl	9,9 %	15,3 %	8,0 %	2,6 %	,8 %	36,6 %
	risiko-neutral	Anzahl	77	197	153	75	36	538
		% innerhalb von RE	14,3 %	36,6 %	28,4 %	13,9 %	6,7 %	100,0 %
		% innerhalb von K1	30,6 %	38,9 %	41,4 %	38,1 %	35,3 %	37,7 %
		% der Gesamtzahl	5,4 %	13,8 %	10,7 %	5,3 %	2,5 %	37,7 %
	risikofreudig	Anzahl	21	87	99	82	49	338
		% innerhalb von RE	6,2 %	25,7 %	29,3 %	24,3 %	14,5 %	100,0 %
		% innerhalb von K1	8,3 %	17,2 %	26,8 %	41,6 %	48,0 %	23,7 %
		% der Gesamtzahl	1,5 %	6,1 %	6,9 %	5,7 %	3,4 %	23,7 %
	sehr risikofreudig	Anzahl	0	0	1	2	5	8
		% innerhalb von RE	,0 %	,0 %	12,5 %	25,0 %	62,5 %	100,0 %
		% innerhalb von K1	,0 %	,0 %	,3 %	1,0 %	4,9 %	,6 %
		% der Gesamtzahl	,0 %	,0 %	,1 %	,1 %	,4 %	,6 %
Gesamt		Anzahl	252	507	370	197	102	1428
		% innerhalb von RE	17,6 %	35,5 %	25,9 %	13,8 %	7,1 %	100,0 %
		% innerhalb von K1	100,0 %	100,0 %	100,0 %	100,0 %	100,0 %	100,0 %
		% der Gesamtzahl	17,6 %	35,5 %	25,9 %	13,8 %	7,1 %	100,0 %

Tab. 7-48: Risikoeinstellung und Risikoverhalten der Testteilnehmer bei Gewinnaussichten

37,4 % der Manager halten sich für risikoavers, aber nur 26,5 % der Manager entscheiden bei Gewinnaussichten und nur 14,3 % bei Verlustaussichten auch überwiegend risikovermeidend und somit konsistent mit ihrer Risikoeinstellung.

38,1 % der Manager geben an, dass sie risikoneutral entscheiden. 10,8 % der Manager entscheiden auch „konsistent" dazu bei Gewinnaussichten und 11,7 % bei Verlustaussichten „diffus", d. h. annähernd gleich häufig risikoavers oder risikofreudig, da ein risikoneutrales Entscheiden im binären Fragebogen nicht möglich ist.

24,5 % der Manager halten sich für risikofreudig, aber nur 9,6 % der Manager entscheiden bei Gewinnaussichten und nur 12,0 % bei Verlustaussichten auch überwiegend risikofreudig und somit konsistent mit ihrer Risikoeinstellung.

Somit stimmen die Selbsteinschätzung des Risikoverhaltens (d. h. die Risikoeinstellung) bei 46,9 % (= 26,5 % + 10,8 % + 9,6 %) der Manager mit dem Risikoentscheidungsverhalten bei Gewinnaussichten und 38,0 % (= 14,3 % + 11,7 % + 12,0 %) mit dem Risikoentscheidungsverhalten bei Verlustaussichten überein. Die Selbsteinschätzung des Risikoverhaltens orientiert sich demnach mehr am Risikoverhalten bei Gewinnaussichten als bei Verlustaussichten.

			K2 - Risikoverhalten bei Verlustaussichten (Klassiert)					Gesamt
			sehr risikoavers	risikoavers	risiko-neutral	risikofreudig	sehr risikofreudig	
Risikoeinstellung (RE)	sehr risikoavers	Anzahl	9	6	2	3	2	22
		% innerhalb von RE	40,9 %	27,3 %	9,1 %	13,6 %	9,1 %	100,0 %
		% innerhalb von K2	6,8 %	2,0 %	,5 %	,8 %	,9 %	1,5 %
		% der Gesamtzahl	,6 %	,4 %	,1 %	,2 %	,1 %	1,5 %
	risikoavers	Anzahl	56	134	142	125	65	522
		% innerhalb von RE	10,7 %	25,7 %	27,2 %	23,9 %	12,5 %	100,0 %
		% innerhalb von K2	42,1 %	43,8 %	35,7 %	33,0 %	30,7 %	36,6 %
		% der Gesamtzahl	3,9 %	9,4 %	9,9 %	8,8 %	4,6 %	36,6 %
	risiko-neutral	Anzahl	44	103	167	146	78	538
		% innerhalb von RE	8,2 %	19,1 %	31,0 %	27,1 %	14,5 %	100,0 %
		% innerhalb von K2	33,1 %	33,7 %	42,0 %	38,5 %	36,8 %	37,7 %
		% der Gesamtzahl	3,1 %	7,2 %	11,7 %	10,2 %	5,5 %	37,7 %
	risikofreudig	Anzahl	23	63	85	103	64	338
		% innerhalb von RE	6,8 %	18,6 %	25,1 %	30,5 %	18,9 %	100,0 %
		% innerhalb von K2	17,3 %	20,6 %	21,4 %	27,2 %	30,2 %	23,7 %
		% der Gesamtzahl	1,6 %	4,4 %	6,0 %	7,2 %	4,5 %	23,7 %
	sehr risikofreudig	Anzahl	1	0	2	2	3	8
		% innerhalb von RE	12,5 %	,0 %	25,0 %	25,0 %	37,5 %	100,0 %
		% innerhalb von K2	,8 %	,0 %	,5 %	,5 %	1,4 %	,6 %
		% der Gesamtzahl	,1 %	,0 %	,1 %	,1 %	,2 %	,6 %
Gesamt		Anzahl	133	306	398	379	212	1428
		% innerhalb von RE	9,3 %	21,4 %	27,9 %	26,5 %	14,8 %	100,0 %
		% innerhalb von K2	100,0 %	100,0 %	100,0 %	100,0 %	100,0 %	100,0 %
		% der Gesamtzahl	9,3 %	21,4 %	27,9 %	26,5 %	14,8 %	100,0 %

Tab. 7-49: Risikoeinstellung und Risikoverhalten der Testteilnehmer bei Verlustaussichten

In Tab. 7-48 und Tab. 7-49 wird mit der Risikoeinstellung überwiegend übereinstimmendes Risikoverhalten „**fett**" markiert und relativ eindeutig konträres Verhalten „*kursiv*" dargestellt.

Da die Übergänge zwischen risikovermeidend und risikoneutral sowie risikoneutral und risikofreudig fließend sind (mit „Umriss“ gekennzeichnet), ist eine sinnvolle Festlegung der Toleranzbereiche schwierig.

Die statistische Überprüfung zeigt, dass Risikoeinstellung und Risikoverhalten bei Gewinnaussichten (χ^2 nach PEARSON = 228,803; $p \leq 0{,}001$) sowie Risikoeinstellung und Risikoverhalten bei Verlustaussichten (χ^2 nach PEARSON = 56,407; $p \leq 0{,}001$) voneinander abhängig sind. Die Korrelationen zwischen Risikoeinstellung und Risikoverhalten bei Gewinnaussichten (KENDALL's τ_b = 0,288; $p \leq 0{,}001$) sowie die Korrelationen zwischen Risikoeinstellung und Risikoverhalten bei Verlustaussichten (KENDALL's τ_b = 0,110; $p \leq 0{,}001$) zeigen jeweils einen signifikanten positiven linearen Zusammenhang (vgl. Tab. 7-50).

Problematisch beim Vergleich der Risikoeinstellung mit dem Risikoverhalten ist jedoch, dass den wenigsten Testteilnehmern die Bedeutung des Prospects (Gewinn- oder Verlustaussicht) hinsichtlich ihrer Risikoeinstellung bewusst sein dürfte.

Manager mit unbekanntem Unternehmensanteil sind im Fragebogen anonym geblieben und können deshalb hinsichtlich ihres Besitzanteils am Unternehmen nicht näher identifiziert werden. Sie stellen im Idealfall den gewichteten Durchschnitt aller anderen Managergruppen auf Geschäftsleitungsebene dar, deren Besitzanteile am Unternehmen bekannt sind. So sind bezüglich ihres Risikoverhaltens bei Gewinnaussichten (K1), außer zu den Familienunternehmen, und bezüglich ihres Risikoverhaltens bei Verlustaussichten (K2), außer zu den Managern mit Mehrheitsbeteiligung am Unternehmen, keine signifikanten Unterschiede feststellbar. Lediglich bei der Risikoeinstellung ist ihr Wunsch, anonym zu bleiben, an der im Vergleich zu allen anderen Managern auf Geschäftsleitungsebene im Mittel signifikant höheren Risikoaversion, erkennbar (vgl. Abb. 7-17 und Tab. 7–52).

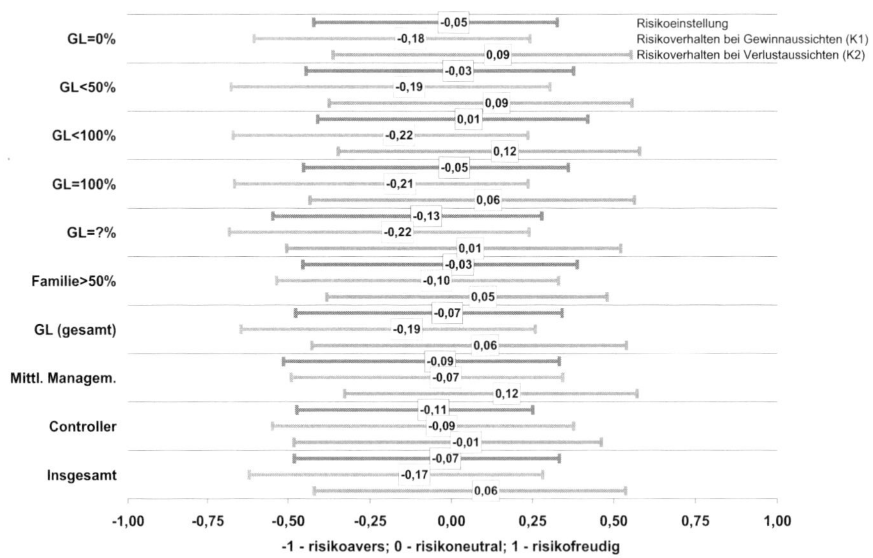

mit GL – Manager auf Geschäftsleitungsebene; x % - Unternehmensanteil; Familie > 50 % - Manager auf Geschäftsleitungs ebene, deren Familie eine Mehrheitsbeteiligung am Unternehmen aufweist; Mittl. Managem. – Manager auf mittlerer Ebene

Abb. 7-17: Mittelwerte und Standardabweichungen von Risikoeinstellung und -verhalten der Manager

Position Besitzanteil am Unternehmen		Risikoeinstellung (Selbsteinschätzung)	Risikoverhalten bei Gewinnaussichten (K1)	Risikoverhalten bei Verlustaussichten (K2)
Manager ohne (= 0 %) Unternehmensanteile	μ	-,048	-,180	,095
	σ	,3746	,4229	,4589
	τ_b[144]		,218**	,260**
	Sig.		,001	,001
	N	157	157	157
Manager mit Minderheitsbeteiligung (< 50 %) am Unternehmen	μ	-,034	-,186	,091
	σ	,4115	,4899	,4664
	τ_b		,342**	,183*
	Sig.		,001	,026
	N	89	91	91
Manager mit Mehrheitsbeteiligung (≥ 50 %) am Unternehmen	μ	,005	-,217	,116
	σ	,4155	,4532	,4637
	τ_b		,348**	-,012
	Sig.		,001	,881
	N	98	99	99
Manager, die gleichzeitig Inhaber (= 100 %) sind	μ	-,046	-,214	,065
	σ	,4070	,4514	,4990
	τ_b		,334**	,057
	Sig.		,001	,262
	N	229	230	230
Manager mit unbekanntem Unternehmensanteil	μ	-,133	-,221	,009
	σ	,4121	,4609	,5126
	τ_b		,307**	,123**
	Sig.		,001	,002
	N	365	365	365
Manager mit Mehrheitsanteilen (> 50 %) der Familie am Unternehmen	μ	-,034	-,102	,048
	σ	,4218	,4319	,4313
	τ_b		,326**	,040
	Sig.		,001	,525
	N	149	150	150
Manager auf Geschäftsleitungsebene (insgesamt)	μ	-,068	-,194	,055
	σ	,4093	,4522	,4838
	τ_b		,307**	,111**
	Sig.		,001	,001
	N	1087	1092	1092
Manager auf mittlerer Ebene (Bereichs- und Abteilungsleiter)	μ	-,091	-,073	,122
	σ	,4229	,4167	,4503
	τ_b		,251**	,199**
	Sig.		,001	,001
	N	160	164	164
Controller (und controllingnahe Funktionen)	μ	-,112	-,086	-,011
	σ	,3622	,4620	,4720
	τ_b		,222**	,033
	Sig.		,002	,643
	N	121	123	123
Gesamt	μ	-,075	-,170	,057
	σ	,4070	,4512	,4795
	τ_b		,288**	,110**
	Sig.		,001	,001
	N	1428	1439	1439

mit: μ – Mittelwert der Teilstichprobe; σ – Standardabweichung der Teilstichprobe; τ_b. – KENDALL's Tau-B (Korrelationskoeffizient); Sig. – Signifikanz (2-seitig); ** – signifikant auf 1 %-Niveau; * – signifikant auf 5 %-Niveau; N – Anzahl der Daten

Tab. 7-50: Bivariate Korrelationen zwischen Risikoeinstellung und Risikoverhalten

144 τ_b = 0,1 – schwacher Effekt; τ_b = 0,3 – mittlerer Effekt; $\tau_b \geq$ 0,5 – starker Effekt (BORTZ 2005, S. 218).

Position Besitzanteil am Unternehmen		**Risikoeinstellung zu Risikoverhalten bei Gewinnaussichten** (K1)	**Risikoeinstellung zu Risikoverhalten bei Verlustaussichten** (K2)	**Risikoverhalten bei Gewinnaussichten** (K1) **zu Risikoverhalten bei Verlustaussichten** (K2)
Manager ohne (= 0 %) Unternehmensanteile	μ	,1326	-,1427	-,2754
	T	3,447	-3,669	-5,391
	Sig.	**,001**	**,001**	**,001**
Manager mit Minderheitsbeteiligung (< 50 %)	μ	,1496	-,1276	-,2764
	T	2,864	-2,245	-4,161
	Sig.	**,005**	**,027**	**,001**
Manager mit Mehrheitsbeteiligung (≥ 50 %)	μ	,2228	-,1146	-,3327
	T	4,779	-1,838	-5,066
	Sig.	**,001**	,069	**,001**
Manager, die gleichzeitig Inhaber (= 100 %) sind	μ	,1672	-,1071	-,2788
	T	5,495	-2,630	-6,194
	Sig.	**,001**	**,009**	**,001**
Manager mit unbekanntem Unternehmensanteil	μ	,0880	-,1423	-,2303
	T	3,528	-4,559	-6,662
	Sig.	**,001**	**,001**	**,001**
Manager mit Mehrheitsanteilen (> 50 %) der Familie am Unternehmen	μ	,0649	-,0793	-,1501
	T	1,753	-1,654	-2,925
	Sig.	,082	,100	**,004**
Manager auf Geschäftsleitungsebene (insgesamt)	μ	,1252	-,1226	-,2491
	T	8,742	-6,958	-12,556
	Sig.	**,001**	**,001**	**,001**
Manager auf mittlerer Ebene (Bereichs- und Abteilungsleiter)	μ	-,0157	-,2153	-,1950
	T	-,406	-5,030	-3,846
	Sig.	,685	**,001**	**,001**
Controller (und controllingnahe Funktionen)	μ	-,0197	-,1000	-,0748
	T	-,435	-1,889	-1,157
	Sig.	,664	,061	,250
Gesamt	μ	,0953	-,1380	-,2330
	T	7,510	-8,996	-13,383
	Sig.	**,001**	**,001**	**,001**

mit: μ – Mittelwerte der Differenzen; T – Testwert; Sig. – Signifikanz

Tab. 7-51: Statistiken zu Mittelwertvergleich von Risikoeinstellung und -verhalten der Manager

Manager aus Familienunternehmen unterscheiden sich zwar nicht signifikant in ihrer Risikoeinstellung von anderen Managern auf Geschäftsleitungsebene, aber ihr Risikoverhalten bei Gewinnaussichten (K1) ist risikofreudiger als bei allen anderen Managern auf Geschäftsleitungsebene. Signifikant sind die Unterschiede zu den Managern mit Mehrheitsbeteiligung und den Alleininhabern.

Bei Gewinnaussichten verhalten sich die Manager auf Geschäftsleitungsebene im Mittel signifikant risikoaverser als die Manager auf mittlerer Ebene und die Controller (vgl. Tab. 7–52).

Die Varianzanalysemodelle zum Vergleich der Managergruppen beim Risikoverhalten bei Verlustaussichten (K2) sind nicht signifikant (Tab. 7-53 und Tab. 7-54), so dass diesbezüglich keine Aussagen getroffen werden können.

	Gruppe I	Vergleichsgruppe J	Risikoeinstellung (Selbstauskunft)		Risikoverhalten bei Gewinnaussichten (K1)		Verlustaussichten (K2)	
			Differenz I – J	Sig.	Differenz I – J	Sig.	Differenz I – J	Sig.
0 %	**Manager ohne (= 0 %) Unternehmensanteile**	< 50 %	-,014	,794	,005	,929	,004	,947
		≥ 50 %	-,053	,311	,036	,529	-,021	,731
		100 %	-,002	,964	,034	,469	,030	,542
		? %	**,085***	,028	,040	,344	,086	,061
		F > 50 %	-,014	,759	-,079	,125	,047	,392
		MM	,043	,347	**-,107***	,033	-,027	,618
		C	,064	,194	-,095	,079	,106	,067
< 50 %	**Manager mit Minderheitsbeteiligung (< 50 %) am Unternehmen**	0 %	,014	,794	-,005	,929	-,004	,947
		≥ 50 %	-,039	,513	,031	,634	-,025	,716
		100 %	,012	,811	,028	,610	,026	,661
		? %	**,099***	,039	,035	,503	,081	,147
		F > 50 %	,000	,998	-,084	,160	,043	,504
		MM	,057	,289	-,112	,056	-,031	,622
		C	,078	,169	-,100	,106	,101	,126
≥ 50 %	**Manager mit Mehrheitsbeteiligung (≥ 50 %) am Unternehmen**	0 %	,053	,311	-,036	,529	,021	,731
		< 50 %	,039	,513	-,031	,634	,025	,716
		100 %	,051	,298	-,003	,961	,051	,372
		? %	**,138***	,003	,004	,934	**,107***	,049
		F > 50 %	,039	,464	**-,115***	,048	,068	,274
		MM	,096	,066	**-,143***	,012	-,006	,927
		C	**,117***	,034	**-,131***	,030	,127	,050
100 %	**Manager, die gleichzeitig Inhaber (= 100 %) sind**	0 %	,002	,964	-,034	,469	-,030	,542
		< 50 %	-,012	,811	-,028	,610	-,026	,661
		≥ 50 %	-,051	,298	,003	,961	-,051	,372
		? %	**,087***	,011	,007	,856	,055	,170
		F > 50 %	-,012	,773	**-,112***	,017	,017	,742
		MM	,045	,284	**-,141***	,002	-,057	,245
		C	,066	,150	**-,129***	,010	,075	,159
? %	**Manager mit unbekanntem Unternehmensanteil**	0 %	**-,085***	,028	-,040	,344	-,086	,061
		< 50 %	**-,099***	,039	-,035	,503	-,081	,147
		≥ 50 %	**-,138***	,003	-,004	,934	**-,107***	,049
		100 %	**-,087***	,011	-,007	,856	-,055	,170
		F > 50 %	**-,099***	,012	**-,119***	,006	-,039	,404
		MM	-,042	,272	**-,148***	,001	**-,112***	,013
		C	-,021	,617	**-,135***	,004	,020	,687
F>50%	**Manager mit Mehrheitsanteilen (> 50 %) der Familie am Unternehmen**	0 %	,014	,759	,079	,125	-,047	,392
		< 50 %	,000	,998	,084	,160	-,043	,504
		≥ 50 %	-,039	,464	**,115***	,048	-,068	,274
		100 %	,012	,773	**,112***	,017	-,017	,742
		? %	**,099***	,012	**,119***	,006	,039	,404
		MM	,057	,217	-,029	,573	-,073	,175
		C	,078	,116	-,016	,764	,059	,312
MM	**Manager auf mittlerer Ebene** (Bereichs- und Abteilungsleiter)	0 %	-,043	,347	**,107***	,033	,027	,618
		< 50 %	-,057	,289	,112	,056	,031	,622
		≥ 50 %	-,096	,066	**,143***	,012	,006	,927
		100 %	-,045	,284	**,141***	,002	,057	,245
		? %	,042	,272	**,148***	,001	**,112***	,013
		F > 50 %	-,057	,217	,029	,573	,073	,175
		C	,021	,668	,012	,820	**,132***	,021
C	**Controller** (und controllingnahe Funktionen)	0 %	-,064	,194	,095	,079	-,106	,067
		< 50 %	-,078	,169	,100	,106	-,101	,126
		≥ 50 %	**-,117***	,034	**,131***	,030	-,127	,050
		100 %	-,066	,150	**,129***	,010	-,075	,159
		? %	,021	,617	**,135***	,004	-,020	,687
		F > 50 %	-,078	,116	,016	,764	-,059	,312
		MM	-,021	,668	-,012	,820	**-,132***	,021
Manager auf Geschäftsleitungsebene (insgesamt)		MM	,023	,513	**-,121***	,001	-,066	,098
		C	,043	,265	**-,108***	,011	,066	,149

Tab. 7-52: Vergleich der Managergruppen bezüglich Risikoeinstellung und -verhalten

Tests auf Univariate und Zwischensubjekteffekte für die abhängige Variable: Risikoeinstellung						
	R^2	Quadrat-summe	Mittel der Quadrate	F	Signifikanz	Partielles η^2 [145]
Kontrast bzw. Korrigiertes Modell	,012	2,771	,396	2,407	,019	,012
Konstanter Term		4,292	4,292	26,100	,001	,019
Unternehmensanteil & Position		2,771	,396	2,407	,019	,012
Fehler		223,624	,164			
Gesamt		234,000				

Tests auf Univariate und Zwischensubjekteffekte für Risikoverhalten bei Gewinnaussichten (K1)						
	R^2	Quadrat-summe	Mittel der Quadrate	F	Signifikanz	Partielles η^2
Kontrast bzw. Korrigiertes Modell	,017	4,753	,679	3,376	,001	,017
Konstanter Term		29,487	29,487	146,606	,001	,097
Unternehmensanteil & Position		4,753	,679	3,376	,001	,017
Fehler		275,754	,201			
Gesamt		320,344				

Tests auf Univariate und Zwischensubjekteffekte für Risikoverhalten bei Verlustaussichten (K2)						
	R^2	Quadrat-summe	Mittel der Quadrate	F	Signifikanz	Partielles η^2
Kontrast bzw. Korrigiertes Modell	,009	2,776	,397	1,731	,098	,009
Konstanter Term		5,159	5,159	22,520	,001	,016
Unternehmensanteil & Position		2,776	,397	1,731	,098	,009
Fehler		314,093	,229			
Gesamt		321,372				

Tab. 7-53: Statistiken zu den Varianzanalysen zwischen Unternehmensanteil & Position, Risikoeinstellung und -verhalten

Tests auf Univariate und Zwischensubjekteffekte für die abhängige Variable: Risikoeinstellung						
	R^2	Quadrat-summe	Mittel der Quadrate	F	Signifikanz	Partielles η^2
Kontrast bzw. Korrigiertes Modell	,001	,253[a]	,126	,763	,467	,001
Konstanter Term		4,733	4,733	28,567	,001	,020
Position (GL, MM, C)		,253	,126	,763	,467	,001
Fehler		226,142	,166			
Gesamt		234,000				

Tests auf Univariate und Zwischensubjekteffekte für Risikoverhalten bei Gewinnaussichten (K1)						
	R^2	Quadrat-summe	Mittel der Quadrate	F	Signifikanz	Partielles η^2
Kontrast bzw. Korrigiertes Modell	,011	3,038[a]	1,519	7,532	,001	,011
Konstanter Term		8,222	8,222	40,776	,001	,029
Position (GL, MM, C)		3,038	1,519	7,532	,001	,011
Fehler		277,469	,202			
Gesamt		320,344				

Tests auf Univariate und Zwischensubjekteffekte für Risikoverhalten bei Verlustaussichten (K2)						
	R^2	Quadrat-summe	Mittel der Quadrate	F	Signifikanz	Partielles η^2
Kontrast bzw. Korrigiertes Modell	,004	1,252[a]	,626	2,730	,066	,004
Konstanter Term		1,819	1,819	7,931	,005	,006
Position (GL, MM, C)		1,252	,626	2,730	,066	,004
Fehler		315,617	,229			
Gesamt		321,372				

Tab. 7-54: Statistiken zu den Varianzanalysen zwischen Position (GL, MM, C), Risikoeinstellung und -verhalten

[145] $\eta^2 \approx 0{,}01$ – schwacher Effekt; $\eta^2 \approx 0{,}06$ – mittlerer Effekt; $\eta^2 \approx 0{,}12$ – starker Effekt; berechnet aus $\eta^2 = \varepsilon^2 / (1+\varepsilon^2)$ mit $\varepsilon^2 \approx 0{,}01$ – schwacher Effekt; $\varepsilon^2 \approx 0{,}06$ – mittlerer Effekt; $\varepsilon^2 \approx 0{,}14$ – starker Effekt (vgl. BORTZ 2005, S. 259).

Tab. 7-55 zeigt die Selbsteinschätzungen des Risikoverhaltens (d. h. die Risikoeinstellung) innerhalb der Risikoverhaltensgruppen im 5-Gruppen-Risikoverhaltensmodell für die Manager auf Geschäftsleitungsebene. Aussagen zur korrekten Einschätzung des eigenen Risikoverhaltens sind nur für die „risikoaverse" und die „risikofreudige" Gruppe möglich, da die „irrationale" und „rationale" Gruppe je nach Prospekt risikoavers oder risikofreudig entscheiden und risikoneutral entscheidende Manager aufgrund des binären Fragebogens idealerweise nur „diffus" (also in etwa gleich verteilt risikoavers und risikofreudig) entscheiden.

			Risikoverhaltensgruppe (RVG)					Gesamt
			1 „risiko-avers"	2 „irrational"	3 „diffus"	4 „rational"	5 „risiko-freudig"	
Risikoeinstellung (RE)	sehr risikoavers	Anzahl	12	3	1	1	0	17
		% innerhalb von RE	70,6 %	17,6 %	5,9 %	5,9 %	,0 %	100,0 %
		% innerhalb von RVG	4,6 %	1,0 %	,4 %	,8 %	,0 %	1,6 %
		% der Gesamtzahl	1,1 %	,3 %	,1 %	,1 %	,0 %	1,6 %
	risikoavers	Anzahl	134	137	72	26	20	389
		% innerhalb von RE	34,4 %	35,2 %	18,5 %	6,7 %	5,1 %	100,0 %
		% innerhalb von RVG	51,5 %	44,3 %	29,4 %	20,3 %	13,8 %	35,8 %
		% der Gesamtzahl	12,3 %	12,6 %	6,6 %	2,4 %	1,8 %	35,8 %
	risiko-neutral	Anzahl	89	119	101	54	51	414
		% innerhalb von RE	21,5 %	28,7 %	24,4 %	13,0 %	12,3 %	100,0 %
		% innerhalb von RVG	34,2 %	38,5 %	41,2 %	42,2 %	35,2 %	38,1 %
		% der Gesamtzahl	8,2 %	10,9 %	9,3 %	5,0 %	4,7 %	38,1 %
	risikofreudig	Anzahl	25	50	70	45	69	259
		% innerhalb von RE	9,7 %	19,3 %	27,0 %	17,4 %	26,6 %	100,0 %
		% innerhalb von RVG	9,6 %	16,2 %	28,6 %	35,2 %	47,6 %	23,8 %
		% der Gesamtzahl	2,3 %	4,6 %	6,4 %	4,1 %	6,3 %	23,8 %
	sehr risikofreudig	Anzahl	0	0	1	2	5	8
		% innerhalb von RE	,0 %	,0 %	12,5 %	25,0 %	62,5 %	100,0 %
		% innerhalb von RVG	,0 %	,0 %	,4 %	1,6 %	3,4 %	,7 %
		% der Gesamtzahl	,0 %	,0 %	,1 %	,2 %	,5 %	,7 %
Gesamt		Anzahl	133	260	309	245	128	145
		% innerhalb von RE	9,3 %	23,9 %	28,4 %	22,5 %	11,8 %	13,3 %
		% innerhalb von RVG	100,0 %	100,0 %	100,0 %	100,0 %	100,0 %	100,0 %
		% der Gesamtzahl	9,3 %	23,9 %	28,4 %	22,5 %	11,8 %	13,3 %

Tab. 7-55: Risikoeinstellungen der Manager auf Geschäftsleitungsebene in den Risikoverhaltensgruppen

Zusammenfassend kann festgestellt werden, dass nur 56,1 % der „risikoavers" und 51,0 % der „risikofreudig" entscheidenden Manager ihr Risikoverhalten weitestgehend korrekt einschätzen. Die „irrational" und die „rational" entscheidenden Manager orientieren sich bei der Selbsteinschätzung ihres Risikoverhaltens eher an ihrem Risikoverhalten bei Gewinnaussichten bzw. halten sich teilweise für risikoneutral. 41,2 % der Manager in der „diffus" entscheidenden Gruppe schätzen ihr Risikoverhalten neutral ein.

7.9.3 Einfluss des Alters auf das Risikoverhalten

Das mittlere Alter der Testteilnehmer beträgt 45 Jahre. Die Manager auf Geschäftsleitungsebene sind mit einem mittleren Alter von 46,7 Jahren signifikant älter als die Manager auf mittlerer Ebene mit einem mittleren Alter von 40,3 Jahren und die Controller mit einem mittleren Alter von 39,8 Jahren (vgl. Tab. 7-56 und Abb. 7-18).

Position Besitzanteil am Unternehmen	N	μ	σ	min	max	Perzentile 25.	50.	75.
Manager ohne Unternehmensanteile (= 0 %)	152	48,60	8,226	30	72	42,00	48,00	55,00
Manager mit Minderheitsbeteiligung (< 50 %)	89	45,76	8,520	31	66	39,50	46,00	51,00
Manager mit Mehrheitsbeteiligung (≥ 50 %)	97	46,42	7,384	28	70	41,50	47,00	51,00
Manager und gleichzeitig Inhaber (= 100 %)	228	47,70	8,407	27	71	42,00	47,00	54,00
Manager mit unbekanntem Unternehmensanteil	365	46,02	8,699	23	70	40,00	45,00	52,00
Manager mit Anteilen > 50 % der Familie	147	45,84	11,218	23	78	38,00	44,00	53,00
Manager auf Geschäftsleitungsebene	**1078**	**46,73**	**8,880**	**23**	**78**	**40,00**	**46,00**	**53,00**
Manager auf mittlerer Ebene	143	40,27	8,090	24	65	35,00	40,00	45,00
Controller (und controllingnahe Funktionen)	116	39,77	9,099	20	65	32,00	38,00	45,00
Unbekannt	60	35,12	9,243	18	58	28,00	32,50	42,50
Gesamt	**1397**	**44,99**	**9,434**	**18**	**78**	**38,00**	**45,00**	**51,00**

Tab. 7-56: Deskriptive Statistiken zum Alter der Testteilnehmer

Das Alter der 1439 Testteilnehmer (Gesamtstichprobe) und der 1092 Manager auf Geschäftsleitungsebene (Teilstichprobe) ist jeweils nach dem KOLMOGOROV-SMIRNOV-Anpassungstest statistisch signifikant normalverteilt auf 5 %-Niveau (p = 0,027 bzw. p = 0,023). Bei den Managern auf mittlerer Ebene und bei den Controllern liegen auf 5 %-Niveau keine Normalverteilungen vor (p = 0,452 bzw. p = 0,261). Dies ist für die Bewertung der Signifikanzen bei allen Tests zu beachten, die eine Normalverteilung erfordern.

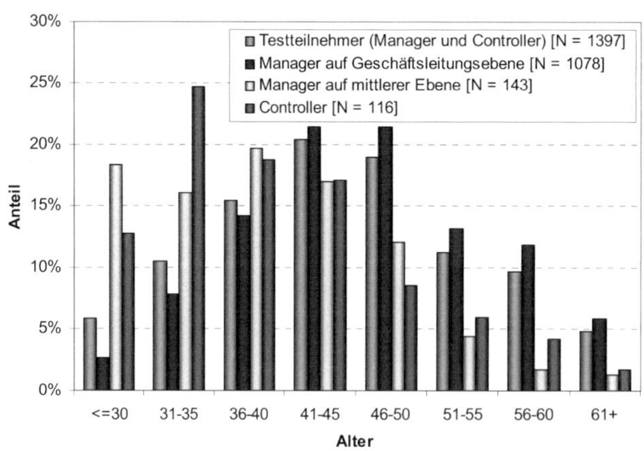

Abb. 7-18: Altersverteilung der Manager und Controller

Position Besitzanteil am Unternehmen		**Alter** (in Jahren)	**Risikoeinstellung** (Selbst-einschätzung)	**Risikoverhalten** **bei Gewinnaussichten** (K1)	**bei Verlustaussichten** (K2)
Manager ohne (= 0 %) Unternehmensanteile	μ	48,60	-,048	-,180	,095
	σ	8,226	,3746	,4229	,4589
	τ_b[146]		-,070	-,024	-,012
	p		,274	,662	,828
	N	152	157	157	157
Manager mit Minderheitsbeteiligung (< 50 %) am Unternehmen	μ	45,76	-,034	-,186	,091
	σ	8,520	,4115	,4899	,4664
	τ_b		-,157	-,137	-,005
	p		,061	,062	,949
	N	89	89	91	91
Manager mit Mehrheitsbeteiligung (≥ 50 %) am Unternehmen	μ	46,42	,005	-,217	,116
	σ	7,384	,4155	,4532	,4637
	τ_b		,061	,001	,064
	p		,446	,998	,362
	N	97	98	99	99
Manager, die gleichzeitig Inhaber (= 100 %) sind	μ	47,70	-,046	-,214	,065
	σ	8,407	,4070	,4514	,4990
	τ_b		-,021	-,058	-,037
	p		,692	,200	,415
	N	228	229	230	230
Manager mit unbekanntem Unternehmensanteil	μ	46,02	-,133	-,221	,009
	σ	8,699	,4121	,4609	,5126
	τ_b		**-,117******	-,061	-,017
	p		,004	,086	,625
	N	365	365	365	365
Manager mit Mehrheitsanteilen (> 50 %) der Familie am Unternehmen	μ	45,84	-,034	-,102	,048
	σ	11,218	,4218	,4319	,4313
	τ_b		-,035	**-,157******	,029
	p		,585	,005	,607
	N	147	149	150	150
Manager auf Geschäftsleitungsebene (insgesamt)	μ	46,73	-,068	-,194	,055
	σ	8,880	,4093	,4522	,4838
	τ_b		**-,060***	**-,068******	-,005
	p		,012	,001	,791
	N	1078	1087	1092	1092
Manager auf mittlerer Ebene (Bereichs- und Abteilungsleiter)	μ	40,27	-,091	-,073	,122
	σ	8,090	,4229	,4167	,4503
	τ_b		,120	-,048	,109
	p		,071	,399	,058
	N	143	160	164	164
Controller (und controllingnahe Funktionen)	μ	39,77	-,112	-,086	-,011
	σ	9,099	,3622	,4620	,4720
	τ_b		-,045	-,056	,055
	p		,550	,383	,390
	N	116	121	123	123
Gesamt	μ	45,43	-,075	-,170	,057
	σ	9,201	,4070	,4512	,4795
	τ_b		-,037	**-,090******	-,006
	p		,075	,001	,738
	N	1397	1428	1439	1439

mit: μ – Mittelwert der Teilstichprobe; σ – Standardabweichung der Teilstichprobe; τ_b – KENDALL's Tau-B (Korrelationskoeffizient); p – p-Wert der Signifikanz (2-seitig); ** – signifikant auf 1 %-Niveau; * – signifikant auf 5 %-Niveau; N – Anzahl der Datensätze

Tab. 7-57: Bivariate Korrelationen zwischen Alter und Risikoeinstellung sowie Risikoverhalten

[146] $\tau_b = 0{,}1$ – schwacher Effekt; $\tau_b = 0{,}3$ – mittlerer Effekt; $\tau_b \geq 0{,}5$ – starker Effekt (vgl. BORTZ 2005, S. 218).

Risikoverhaltensgruppe	Manager auf Geschäftsleitungsebene			Manager auf mittlerer Ebene			Controller		
	μ	σ	N	μ	σ	N	μ	σ	N
1-risikoavers	47,69	9,047	260	39,76	8,664	17	39,50	9,325	24
2-irrational	47,29	8,509	305	40,74	6,692	42	43,31	9,116	26
3-diffus	46,50	9,203	242	40,86	8,587	42	37,31	8,966	26
4-rational	44,44	9,120	128	35,60	8,726	20	40,92	9,454	24
5-risikofreudig	46,24	8,262	143	42,86	7,479	22	36,69	6,877	16
Gesamt	46,73	8,880	1078	40,27	8,090	143	39,77	9,099	116

Tab. 7-58: Deskriptive Statistiken des Alters in den Risikoverhaltensgruppen

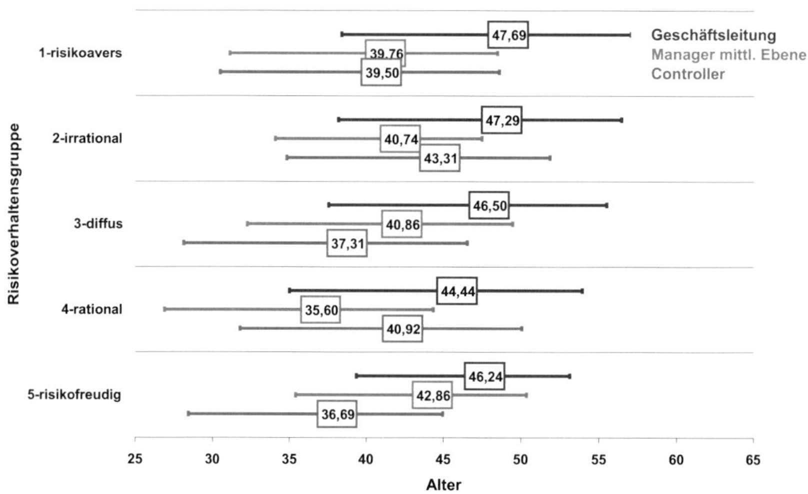

Abb. 7-19: Mittelwerte und Standardabweichungen des Alters in den Risikoverhaltensgruppen nach Position

Gruppe I	Vergleichs-gruppe J	Manager auf Geschäftsleitungsebene Differenz I – J	Sig.	Manager auf mittlerer Ebene Differenz I – J	Sig.	Controller Differenz I – J	Sig.
1-risikoavers	2-irrational	,403	,589	-,973	,670	-3,808	,135
	3-diffus	1,193	,131	-1,092	,633	2,192	,388
	4-rational	**3,251***	,001	4,165	,114	-1,417	,584
	5-risikofreudig	1,451	,115	-3,099	,228	2,813	,331
2-irrational	1-risikoavers	-,403	,589	,973	,670	3,808	,135
	3-diffus	,789	,300	-,119	,945	**6,000***	,017
	4-rational	**2,848***	,002	**5,138***	,018	2,391	,346
	5-risikofreudig	1,047	,243	-2,126	,310	**6,620***	,021
3-diffus	1-risikoavers	-1,193	,131	1,092	,633	-2,192	,388
	2-irrational	-,789	,300	,119	,945	**-6,000***	,017
	4-rational	**2,058***	,033	**5,257***	,016	-3,609	,156
	5-risikofreudig	,258	,782	-2,006	,338	,620	,827
4-rational	1-risikoavers	**-3,251***	,001	-4,165	,114	1,417	,584
	2-irrational	**-2,848***	,002	**-5,138***	,018	-2,391	,346
	3-diffus	**-2,058***	,033	**-5,257***	,016	3,609	,156
	5-risikofreudig	-1,800	,095	**-7,264***	,004	4,229	,145
5-risikofreudig	1-risikoavers	-1,451	,115	3,099	,228	-2,813	,331
	2-irrational	-1,047	,243	2,126	,310	**-6,620***	,021
	3-diffus	-,258	,782	2,006	,338	-,620	,827
	4-rational	1,800	,095	**7,264***	,004	-4,229	,145

mit: Sig. – Signifikanz; ** – signifikant auf 1 %-Niveau; * – signifikant auf 5 %-Niveau

Tab. 7-59: Mittlere Altersdifferenzen zwischen den Risikoverhaltensgruppen

Tests auf Univariate und Zwischensubjekteffekte für die Risikoverhaltensgruppen der Geschäftsleitung						
	R^2	Quadrat-summe	Mittel der Quadrate	F	Signifikanz	Partielles η^2
Kontrast bzw. Korrigiertes Modell	,012	1053,502[a]	263,375	3,369	,009	,012
Konstanter Term		2067762,438	2067762,438	26450,404	,001	,961
Risikoverhaltensgruppe		1053,502	263,375	3,369	,009	,012
Fehler		83881,861	78,175			
Gesamt		2438775,000				

Tests auf Univariate und Zwischensubjekteffekte für die Risikoverhaltensgruppen der Manager auf mittlerer Ebene						
	R^2	Quadrat-summe	Mittel der Quadrate	F	Signifikanz	Partielles η^2
Kontrast bzw. Korrigiertes Modell	,066	612,190[b]	153,048	2,433	,050	,066
Konstanter Term		197771,334	197771,334	3143,671	,001	,958
Risikoverhaltensgruppe		612,190	153,048	2,433	,050	,066
Fehler		8681,712	62,911			
Gesamt		241144,000				

Tests auf Univariate und Zwischensubjekteffekte für die Risikoverhaltensgruppen der Controller						
	R^2	Quadrat-summe	Mittel der Quadrate	F	Signifikanz	Partielles η^2
Kontrast bzw. Korrigiertes Modell	,070	668,368[c]	167,092	2,095	,086	,070
Konstanter Term		175496,727	175496,727	2200,562	,001	,952
Risikoverhaltensgruppe		668,368	167,092	2,095	,086	,070
Fehler		8852,348	79,751			
Gesamt		192967,000				

Tab. 7-60: Statistiken zu den Varianzanalysen zwischen Position (GL, MM, C), Alter und Risikoverhaltensgruppe

Bei den bivariaten Korrelationen zeigen nur die Manager auf Geschäftsleitungsebene eine auf 5 %-Niveau signifikante, schwache, negative Korrelation der Risikoeinstellung und des Risikoverhaltens bei Gewinnaussichten (K1) mit dem Alter (vgl. Tab. 7-57). Somit schätzt sich ein Manager auf Geschäftsleitungsebene im Mittel umso weniger risikofreudig ein, je älter er ist, und zeigt bei Gewinnaussichten auch ein entsprechendes Verhalten.

Bei Verlustaussichten ist bei allen Testteilnehmern kein Zusammenhang zwischen dem Risikoverhalten und dem Alter erkennbar.

Bei den Managern auf mittlerer Ebene und den Controllern sind keine statistisch signifikanten Zusammenhänge zwischen dem Alter und dem Risikoverhalten vorhanden.

Ein Vergleich des mittleren Alters der Risikoverhaltensgruppen zeigt bei den Managern mit zunehmendem Alter folgende Reihenfolge der Gruppen: „rational", „risikofreudig", „diffus", „irrational" und „risikoavers" (vgl. Tab. 7-58 und Abb. 7-19). Die „rational" entscheidende Gruppe ist bei den Managern auf Geschäftsleitungsebene signifikant jünger als die „irrational" und die „risikoavers" entscheidenden Gruppen (vgl. Tab. 7-59).

Zusammenfassend kann festgestellt werden, dass das Risikoentscheidungsverhalten bei Gewinnaussichten (K1) insgesamt bei den Managern und Controllern (τ_b = -0,090; p ≤ 0,001; N = 1397) und speziell bei den Managern auf Geschäftsleitungsebene (τ_b = -0,068; p ≤ 0,001; N = 1078) eine signifikant negative Korrelation mit dem Alter zeigt.

Damit unterstützen die Ergebnisse die Studien von MACCRIMMON / WEHRUNG (1986, S. 259 f. bzw. 1990, S. 432), STEWART ET AL. (1999, S. 201) und JIANAKOPLOS / BEMASEK (2006, S. 996), die ebenfalls eine Zunahme der Risikoaversion mit dem Alter der Manager feststellen können.

7.9.4 Einfluss der Berufserfahrung auf das Risikoentscheidungsverhalten

Die mittlere Berufserfahrung der Testteilnehmer beträgt 21,5 Jahre. Die Manager auf Geschäftsleitungsebene weisen eine signifikant höhere mittlere Berufserfahrung von 23,2 Jahren auf als die Manager auf mittlerer Ebene mit einer mittleren Berufserfahrung von 16,0 Jahren sowie die Controller mit einer mittleren Berufserfahrung von 14,6 Jahren (vgl. Tab. 7–61 und Abb. 7-20).

Position **Besitzanteil am Unternehmen**	**N**	**μ**	**σ**	**min**	**max**	**Perzentile** **25.**	 **50.**	 **75.**
Manager ohne Unternehmensanteile (= 0 %)	148	24,61	9,032	6	47	19,00	23,00	30,00
Manager mit Minderheitsbeteiligung (< 50 %)	87	21,94	9,861	4	50	15,00	22,00	30,00
Manager mit Mehrheitsbeteiligung (≥ 50 %)	96	22,96	8,195	6	50	18,00	24,00	30,00
Manager und gleichzeitig Inhaber (= 100 %)	225	25,03	9,240	7	55	19,50	25,00	30,00
Manager mit unbekanntem Unternehmensanteil	362	22,40	9,395	3	45	15,00	21,50	30,00
Manager mit Anteilen > 50 % der Familie	145	21,79	11,452	2	56	14,00	20,00	30,00
Manager auf Geschäftsleitungsebene	**1063**	**23,19**	**9,622**	**2**	**56**	**16,00**	**22,00**	**30,00**
Manager auf mittlerer Ebene	134	15,96	8,728	2	45	10,00	15,00	20,00
Controller (und controllingnahe Funktionen)	111	14,62	9,287	1	43	7,00	14,00	20,00
Unbekannt	41	12,61	9,455	1	36	4,50	10,00	20,00
Gesamt	**1349**	**21,45**	**10,087**	**1**	**56**	**15,00**	**20,00**	**29,00**

Tab. 7-61: Deskriptive Statistiken zur Berufserfahrung der Testteilnehmer

Die Berufserfahrung ist in der Gesamtstichprobe der 1439 Testteilnehmer und in der Teilstichprobe der 1092 Manager auf Geschäftsleitungsebene jeweils nach dem KOLMOGOROV-SMIRNOV-Anpassungstest statistisch signifikant normalverteilt auf 1 %-Niveau ($p \leq 0{,}001$ bzw. $p \leq 0{,}001$). Bei den Managern auf mittlerer Ebene und bei den Controllern liegen auf 5 %-Niveau keine Normalverteilungen vor ($p = 0{,}153$ bzw. $p = 0{,}171$). Dies ist für die Bewertung der Signifikanzen bei allen Tests zu beachten, die eine Normalverteilung erfordern.

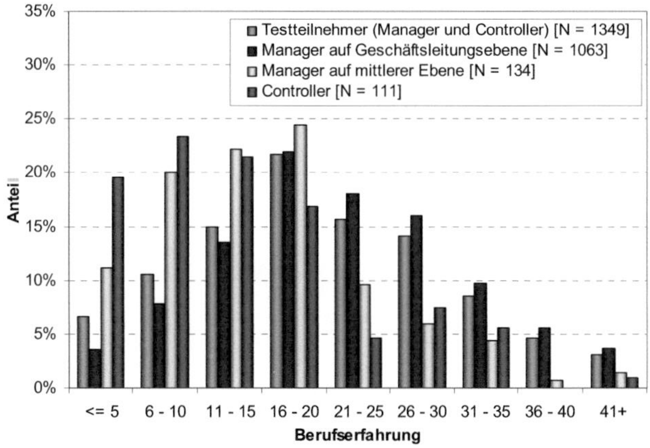

Abb. 7-20: Verteilung der Berufserfahrung der Manager und Controller

Trotz der auf 1 %-Niveau ($p \leq 0{,}001$) statistisch signifikanten Korrelation zwischen Alter und Berufserfahrung ist, anders als beim Alter, kein statistisch signifikanter Zusammenhang zwischen Berufserfahrung und Risikoeinstellung feststellbar.

Analog zum Alter existiert auch zwischen der Berufserfahrung und dem Risikoverhalten bei Gewinnaussichten bei den Managern auf Geschäftsleitungsebene ein auf 1 %-Niveau statistisch signifikanter, negativer, linearer Zusammenhang (vgl. Tab. 7-57 für den Alterseffekt und Tab. 7-62 für den Berufserfahrungseffekt). Ein Manager auf Geschäftsleitungsebene entscheidet somit im Mittel mit zunehmender Berufserfahrung auch zunehmend risikoaverser. Der Effekt ist jedoch nur bei den Teilstichproben der Manager mit Minderheitsbeteiligung (< 50 %) am Unternehmen und der Manager mit Mehrheitsanteilen (> 50 %) der Familie am Unternehmen signifikant.

Zwischen der Berufserfahrung und dem Risikoverhalten bei Verlustaussichten besteht kein signifikanter Zusammenhang.

Bei den Managern auf mittlerer Ebene und den Controllern sind keine statistisch signifikanten Zusammenhänge zwischen der Berufserfahrung, der Risikoeinstellung und dem Risikoverhalten erkennbar.

Aufgrund der auf 1 %-Niveau ($p \leq 0{,}001$) statistisch signifikanten Korrelation zwischen Alter und Berufserfahrung wird auf die Analyse der Risikogruppengrößen verzichtet und auf die entsprechenden Ergebnisse bei der Analyse des Alterseinflusses verwiesen.

Position Besitzanteil am Unternehmen		Berufs-erfahrung (in Jahren)	Alter (in Jahren)	Risikoein-stellung (Selbst-einschätzung)	Risikoverhalten bei Gewinn-aussichten (K1)	Risikoverhalten bei Verlust-aussichten (K2)
Manager ohne (= 0 %) Unternehmensanteile	τ_b		**,688****	-,085	-,056	-,011
	p		,001	,196	,323	,839
	N	148	148	148	148	148
Manager mit Minderheits-beteiligung (< 50 %) am Unternehmen	τ_b		**,720****	-,111	**-,148***	,027
	p		,001	,192	,048	,719
	N	87	87	87	87	87
Manager mit Mehrheits-beteiligung (≥ 50 %) am Unternehmen	τ_b		**,594****	,132	,072	,023
	p		,001	,106	,310	,750
	N	96	96	96	96	96
Manager, die gleichzeitig Inhaber (= 100 %) sind	τ_b		**,678****	,030	-,034	-,033
	p		,001	,572	,456	,474
	N	225	225	225	225	225
Manager mit unbekanntem Unternehmensanteil	τ_b		**,664****	-,079	-,045	,002
	p		,001	,056	,210	,945
	N	362	362	362	362	362
Manager mit Mehrheits-anteilen (> 50 %) der Familie am Unternehmen	τ_b		**,776****	-,050	**-,149****	-,024
	p		,001	,444	,009	,674
	N	145	144	144	145	145
Manager auf Geschäftsleitungsebene (insgesamt)	τ_b		**,690****	-,035	**-,057****	-,007
	p		,001	,145	,007	,756
	N	1063	1062	1062	1063	1063
Manager auf mittlerer Ebene (Bereichs- und Abteilungsleiter)	τ_b		**,674****	,084	-,055	,073
	p		,001	,219	,352	,217
	N	134	133	132	134	134
Controller (und controllingnahe Funktionen)	τ_b		**,781****	-,033	-,020	,074
	p		,001	,670	,755	,255
	N	111	111	109	111	111
Gesamt	τ_b		**,716****	-,024	**-,076****	-,002
	p		,001	,268	,001	,910
	N	1349	1347	1344	1349	1349

mit: τ_b. – KENDALL's Tau-B (Korrelationskoeffizient); p – p-Wert der Signifikanz (2-seitig); ** – signifikant auf 1 %-Niveau; * – signifikant auf 5 %-Niveau; N – Anzahl der Datensätze

Tab. 7-62: Bivariate Korrelationen zwischen Berufserfahrung, Alter, Risikoeinstellung und Risikoverhalten

Zusammenfassend kann festgestellt werden, dass zwischen der Berufserfahrung und dem Risikoentscheidungsverhalten bei Gewinnaussichten insgesamt bei den Managern und Controllern (τ_b = -0,076; p ≤ 0,001; N = 1349) und speziell bei den Managern auf Geschäftsleitungsebene (τ_b = -0,057; p = 0,007; N = 1063) eine signifikant negative Korrelation besteht.

Damit unterstützen die Ergebnisse die Studien von LAUGHHUNN / PAYNE / CRUM (1980, S. 1246 f.) und MACCRIMMON / WEHRUNG (1986, S. 259 f.), die ebenfalls eine Zunahme der Risikoaversion mit steigender Berufserfahrung der Manager feststellen können.

7.9.5 Einfluss des Geschlechts auf das Risikoentscheidungsverhalten

An der Studie haben insgesamt 160 Frauen (11,4 % der Testteilnehmer) und 1241 Männer (88,6 % der Testteilnehmer) teilgenommen.[147] Aufgrund der geringen absoluten Anzahl der Frauen ist ein Vergleich der Geschlechter bis auf Manager, die gleichzeitig Inhaber sind, und Manager mit unbekanntem Unternehmensanteil nur auf Positionsebene (Manager auf Geschäftsleitungsebene, Manager auf mittlerer Ebene und Controller) sinnvoll.

Da signifikante Altersunterschiede zwischen den Geschlechtern bei den Managern auf Geschäftsleitungsebene und bei den Managern auf mittlerer Ebene bestehen, erfolgt der Vergleich der Geschlechter nur mit den Testteilnehmern bis zu einem Alter von 65 Jahren, wodurch die mittleren Altersunterschiede zwischen den Geschlechtern auf Geschäftsleitungsebene eliminiert werden, aber auch 11 ältere Manager (nur Männer) aus der Analyse ausgeschlossen werden.

Auf der Ebene der 24 Entscheidungssituationen zeigen bei den Managern auf Geschäftsleitungsebene nur in E3 die Männer ein signifikant risikofreudigeres Verhalten als die Frauen, während bei E23 die Frauen signifikant risikofreudiger als die Männer entscheiden. Bei den Managern auf mittlerer Ebene zeigen die Männer in E3 und E15 ein signifikant risikofreudigeres Verhalten als die Frauen. Bei den Controllern entscheiden die Männer nur in E3 signifikant risikofreudiger als die Frauen.

Die Risikoeinstellung der Testteilnehmerinnen und Testteilnehmer ist im Mittel risikoavers mit einer signifikant stärkeren Tendenz hin zur Risikoneutralität bei den Testteilnehmern. Somit halten sich im Mittel die Testteilnehmerinnen für signifikant risikoaverser als die Testteilnehmer. Dieser Effekt ist jedoch nur in der gesamten Stichprobe zu beobachten, nicht aber in einer der Teilstichproben (hinsichtlich Besitzanteil oder Position) signifikant feststellbar (vgl. Tab. 7-64).

Bei den Managern sind im Mittel keine signifikanten Unterschiede im Risikoentscheidungsverhalten zwischen den Geschlechtern feststellbar. Außer bei den Managern mit unbekanntem Unternehmensanteil (d. h. bei anonym gebliebenen Testteilnehmern) entscheiden die Managerinnen im Mittel signifikant risikofreudiger als die Manager, obwohl sie sich tendenziell für risikoaverser halten als die Manager. Im Mittel ist beim Risikoentscheidungsverhalten, sowohl bei Gewinnaussichten als auch bei Verlustaussichten, die Tendenz erkennbar, dass die Managerinnen auf Geschäftsleitungsebene risikofreudiger entscheiden als die Manager auf dieser Ebene (vgl. Tab. 7-64).

Die Controllerinnen zeigen beim Risikoentscheidungsverhalten bei Gewinnaussichten im Mittel ein signifikant risikoaverseres Verhalten als die Controller (vgl. Tab. 7-64).

Wegen der geringen Datenanzahl bei den Managerinnen auf mittlerer Ebene und den Controllerinnen ist ein Geschlechtervergleich der Risikoverhaltensgruppen auf diesen Ebenen statistisch nicht sinnvoll. Dennoch werden die Ergebnisse der Vollständigkeit halber in Tab. 7-65 und Tab. 7-66 wiedergegeben.

[147] 38 der 1439 Testteilnehmer haben ihr Geschlecht im Fragebogen nicht angegeben.

Entscheidungssituationen des Risikofragebogens (mit Entscheidungen für: Option A (Wert; Wahrscheinlichkeit) oder Option B (Wert; Wahrscheinlichkeit))	**Geschlecht**	**Manager auf Geschäfts-leitungsebene** [m: N = 959; w: N = 96]			**Manager auf mittlerer Ebene** [m: N = 114; w: N = 23]			**Controller** [m: N = 959; w: N = 96]			**Gesamt** [m: N = 1209; w: N = 158]		
		μ	σ	p	μ	σ	p	μ	σ	p	μ	σ	p
E1 (3.000 sicher oder 4.000 zu 80 %)	m	,27	,443	,780	,38	,487	,792	,32	,470	,654	,28	,449	,890
A: (3.000; 1) oder B: (4.000; 0,8)	w	,28	,452		,35	,487		,27	,456		,28	,453	
E2 (-3.000 sicher oder -4.000 zu 80 %)	m	,72	,449	,639	,68	,470	,851	,62	,487	,366	,71	,454	,651
A: (-3.000; 1) oder B: (-4.000; 0,8)	w	,70	,462		,70	,470		,73	,456		,73	,446	
E3 (Wahrscheinlichkeiten von E1 durch 4)	m	,66	,473	**,032**	,79	,409	**,015**	,80	,405	,814	,69	,464	**,007**
A: (3.000; 0,25) oder B: (4.000; 0,2)	w	,55	,500		,55	,510		,77	,429		,58	,495	
E4 (Wahrscheinlichkeiten von E2 durch 4)	m	,41	,493	,393	,48	,502	,531	,46	,501	,753	,43	,495	,669
A: (-3.000; 0,25) oder B: (-4.000; 0,2)	w	,46	,501		,41	,503		,50	,512		,45	,499	
E5 (zweistufig wie E1 oder E3 interpretierbar)	m	,39	,489	,217	,46	,500	,085	,42	,497	,610	,41	,492	,928
A: ((3.000; 1); 0,25) oder B: ((4.000; 0,8); 0,25)	w	,46	,501		,26	,449		,36	,492		,41	,494	
E6 (sicherer Gewinn von 1000 und Entscheidung)	m	,48	,500	,454	,46	,500	,572	,45	,500	,459	,47	,500	,879
A: 1.000 + (500; 1) oder B: 1.000 + (1.000; 0,5)	w	,52	,502		,39	,499		,36	,492		,47	,501	
E7 (sicherer Gewinn von 1000 und Entscheidung)	m	,57	,496	,202	,64	,482	,915	,53	,502	,546	,58	,494	,227
A: 2.000 + (-500; 1) oder B: 2.000 + (-1.000; 0,5)	w	,64	,484		,65	,487		,45	,510		,63	,485	
E8 (Alternative B ist mehrdeutig)	m	,28	,449	,083	,43	,497	,735	,43	,498	,341	,31	,463	,447
A: (2.400; 1) oder B: (2.500; 0,33), (2.400; 0,66)	w	,36	,484		,39	,499		,32	,477		,34	,476	
E9 (= E7 minus jeweils 2.400 zu 0,66)	m	,77	,419	,598	,82	,389	,539	,84	,370	,467	,78	,412	,618
A: (2.400; 0,34) oder B: (2.500; 0,33)	w	,75	,435		,87	,344		,77	,429		,77	,425	
E10 (3.000 zu 90 % oder 6.000 zu 45 %)	m	,16	,371	,408	,17	,374	,563	,19	,397	,257	,17	,374	,200
A: (3.000; 0,9) oder B: (6.000; 0,45)	w	,20	,401		,22	,422		,09	,294		,21	,408	
E11 (-3.000 zu 90 % oder -6.000 zu 45 %)	m	,53	,499	,676	,62	,487	,369	,56	,499	,381	,55	,498	,985
A: (-3.000; 0,9) oder B: (-6.000; 0,45)	w	,55	,500		,52	,511		,45	,510		,54	,500	
E12 (3.000 zu 2 % oder 6.000 zu 1 %)	m	,73	,445	,362	,80	,403	,530	,84	,370	,775	,74	,437	,528
A: (3.000; 0,02) oder B: (6.000; 0,01)	w	,77	,423		,74	,449		,86	,351		,77	,425	
E13 (-3.000 zu 2 % oder -6.000 zu 1 %)	m	,37	,483	,597	,37	,485	,072	,32	,470	,969	,37	,482	,748
A: (-3.000; 0,02) oder B: (-6.000; 0,01)	w	,40	,492		,17	,388		,32	,477		,35	,480	
E14 (Alternative A ist mehrdeutig)	m	,62	,486	,250	,35	,479	,449	,42	,496	,388	,57	,496	,613
A: (4.000; 0,25), (2.000; 0,25) oder B: (6.000; 0,25)	w	,68	,470		,43	,507		,32	,477		,59	,494	
E15 (Alternative A ist mehrdeutig)	m	,27	,447	,463	,47	,502	**,002**	,34	,475	,868	,30	,458	,123
A: (-4.000; 0,25), (-2.000; 0,25) oder B: (-6.000; 0,25)	w	,24	,429		,13	,344		,32	,477		,24	,429	
E16 („Lottospielerfrage“)	m	,52	,500	,502	,63	,485	,853	,62	,487	,614	,54	,499	,234
A: (5; 1) oder B: (5.000; 0,001)	w	,55	,500		,65	,487		,68	,477		,59	,494	
E17 („Versicherungsfrage“)	m	,39	,487	,848	,37	,485	,853	,32	,470	,196	,38	,486	,418
A: (-5; 1) oder B: (-5.000; 0,001)	w	,40	,492		,35	,487		,18	,395		,35	,478	
E18 (Alternative B ist mehrdeutig)	m	,80	,403	,896	,83	,374	,669	,80	,405	,255	,80	,400	,309
A: (0; 1) oder B: (100; 0,65),(-100; 0,35)	w	,80	,401		,87	,344		,68	,477		,77	,425	
E19 (sicherer Verlust von -100 oder -200 zu 80 %)	m	,39	,487	,333	,42	,496	,616	,29	,456	,871	,39	,487	,286
A: (-100; 1) oder B: (-200; 0,8)	w	,44	,499		,48	,511		,27	,456		,43	,497	
E20 (E20 = E1, nur A und B vertauscht dargestellt)	m	,33	,471	,826	,36	,483	,798	,47	,502	,592	,35	,476	,730
A: (3.000; 1) oder B: (4.000; 0,8)	w	,34	,477		,39	,499		,41	,503		,36	,482	
E21 (sichere Rendite von 10 % oder 15 % zu 75 %)	m	,28	,448	,553	,39	,489	,665	,43	,498	**,031**	,30	,460	,247
A: (10 %; 1) oder B: (15 %; 0,75)	w	,25	,435		,43	,507		,18	,395		,26	,440	
E22 (Verlust von -10 % oder -15 % zu 75 %)	m	,56	,497	,475	,59	,494	,176	,53	,502	,822	,56	,496	,864
A: (-10 %; 1) oder B: (-15 %; 0,75)	w	,52	,502		,74	,449		,50	,512		,57	,497	
E23 (sichere Rendite von 10 % oder 45% zu 25 %)	m	,20	,401	**,006**	,31	,464	,960	,35	,481	**,015**	,23	,421	,311
A: (10 %; 1) oder B: (45 %; 0,25)	w	,32	,470		,30	,470		,09	,294		,27	,443	
E24 (Verlust von -10 % oder -45 % zu 25 %)	m	,40	,490	,343	,46	,500	,568	,47	,502	,209	,41	,493	,691
A: (-10 %; 1) oder B: (-45 %; 0,25)	w	,45	,500		,52	,511		,32	,477		,43	,497	

mit: μ – Mittelwert der Teilstichprobe; σ – Standardabweichung innerhalb der Teilstichprobe; p – Signifikanz der Mittelwertgleichheit aus t-Test; m – männlich; w – weiblich

Tab. 7-63: Geschlechtervergleich der Antworten auf die 24 Entscheidungssituationen

Position Besitzanteil am Unternehmen		**Risikoeinstellung** (Selbsteinschätzung)			**Risikoverhalten** **bei Gewinnaussichten** (K1)			**bei Verlustaussichten** (K2)		
		μ	σ	N	μ	σ	N	μ	σ	N
Manager ohne (= 0 %) Unternehmensanteile	männlich	-,063	,3712	142	-,165	,4232	142	,078	,4603	142
	weiblich	,071	,4499	7	-,440	,3254	7	,219	,5341	7
	gesamt	-,057	,3746	149	-,178	,4223	149	,085	,4630	149
	Differenz m - w	-,135			,275			-,141		
	Signifikanz p	,354			,093			,434		
Manager mit Minderheitsbeteiligung (< 50 %) am Unternehmen	männlich	-,024	,4076	85	-,169	,4839	85	,097	,4627	85
	weiblich	,000	,7071	2	-,093	,9390	2	,415	,1386	2
	gesamt	-,023	,4100	87	-,167	,4890	87	,104	,4601	87
	Differenz m - w	-,024			-,076			-,318		
	Signifikanz p	,937			,830			,336		
Manager mit Mehrheitsbeteiligung (≥ 50 %) am Unternehmen	männlich	,006	,4304	86	-,222	,4636	86	,109	,4651	86
	weiblich	,063	,3204	8	-,146	,4667	8	,192	,5387	8
	gesamt	,011	,4211	94	-,215	,4618	94	,116	,4691	94
	Differenz m - w	-,057			-,076			-,082		
	Signifikanz p	,718			,660			,637		
Manager, die gleichzeitig Inhaber (= 100 %) sind	männlich	-,032	,4064	201	-,211	,4591	201	,061	,5015	201
	weiblich	-,152	,4111	23	-,225	,4333	23	,046	,4718	23
	gesamt	-,045	,4076	224	-,212	,4556	224	,060	,4975	224
	Differenz m - w	,120			,015			,015		
	Signifikanz p	,182			,885			,891		
Manager mit unbekanntem Unternehmensanteil	männlich	-,124	,4121	314	-,237	,4558	314	,002	,5131	314
	weiblich	-,149	,4026	47	-,089	,4877	47	,077	,5239	47
	gesamt	-,127	,4104	361	-,218	,4621	361	,011	,5144	361
	Differenz m - w	,025			**-,148***			-,075		
	Signifikanz p	,701			,040			,349		
Manager mit Mehrheitsanteilen (> 50 %) der Familie am Unternehmen	männlich	-,027	,4097	130	-,100	,4376	131	,047	,4194	131
	weiblich	-,167	,5000	9	,056	,4431	9	-,024	,5531	9
	gesamt	-,036	,4155	139	-,090	,4380	140	,042	,4271	140
	Differenz m - w	,140			-,155			,071		
	Signifikanz p	,331			,305			,630		
Manager auf Geschäftsleitungsebene (insgesamt)	männlich	-,062	,4077	958	-,195	,4538	959	,050	,4827	959
	weiblich	-,115	,4135	96	-,139	,4696	96	,087	,5059	96
	gesamt	-,067	,4083	1054	-,190	,4554	1055	,053	,4847	1055
	Differenz m - w	,052			-,056			-,037		
	Signifikanz p	,230			,249			,471		
Manager auf mittlerer Ebene (Bereichs- und Abteilungsleiter)	männlich	-,076	,4308	112	-,058	,4014	114	,127	,4813	114
	weiblich	-,182	,4239	22	-,133	,4629	23	,096	,3561	23
	gesamt	-,093	,4299	134	-,071	,4115	137	,122	,4616	137
	Differenz m - w	,106			,074			,031		
	Signifikanz p	,292			,432			,769		
Controller (und controllingnahe Funktionen)	männlich	-,088	,3771	91	-,031	,4843	93	,008	,4931	93
	weiblich	-,227	,2979	22	-,273	,3363	22	-,066	,4237	22
	gesamt	-,115	,3660	113	-,077	,4683	115	-,006	,4797	115
	Differenz m - w	,139			**,242***			,073		
	Signifikanz p	,109			,029			,521		
Gesamt	männlich	-,064	,4085	1204	-,166	,4564	1209	,060	,4847	1209
	weiblich	-,143	,3965	157	-,172	,4390	158	,077	,4691	158
	gesamt	-,073	,4078	1361	-,166	,4543	1367	,062	,4828	1367
	Differenz m - w	**,079***			,006			-,017		
	Signifikanz p	,022			,880			,676		

mit: μ – Mittelwert der Teilstichprobe; σ – Standardabweichung der Teilstichprobe; N – Anzahl der Datensätze p – p-Wert der Signifikanz (2-seitig); ** – signifikant auf 1 %-Niveau; * – signifikant auf 5 %-Niveau;

Tab. 7-64: Risikoeinstellung und Risikoverhalten (K1, K2) in Abhängigkeit vom Geschlecht

Auch im 4-Gruppen-Risikoverhaltensmodell (vgl. Tab. 7-65) zeigen sich keine signifikanten Unterschiede im Risikoentscheidungsverhalten, weder insgesamt (χ^2 nach PEARSON = 0,572; p = 0,903; CRAMER's V = 0,020; p = 0,903) noch auf Geschäftsleitungsebene (χ^2 nach PEARSON = 4,128; p = 0,248; CRAMER's V = 0,063; p = 0,248), noch auf mittlerer Ebene (χ^2 nach PEARSON = 0,431; p = 0,934; CRAMER's V = 0,056; p = 0,934) noch bei den Controllern (χ^2 nach PEARSON = 5,555; p = 0,135; CRAMER's V = 0,220; p = 0,135).

Position			Risikoverhaltensgruppe 1 „risikoavers"	2 „irrational"	3 „rational"	4 „risikofreudig"	Gesamt
Manager auf Geschäftsleitungsebene (insgesamt)	**männlich**	N	285	333	167	174	959
		%	29,7 %	34,7 %	17,4 %	18,1 %	100,0 %
	weiblich	N	21	33	18	24	96
		%	21,9 %	34,4 %	18,8 %	25,0 %	100,0 %
Manager auf mittlerer Ebene (Bereichs- und Abteilungsleiter)	**männlich**	N	18	42	24	30	114
		%	15,8 %	36,8 %	21,1 %	26,3 %	100,0 %
	weiblich	N	4	8	6	5	23
		%	17,4 %	34,8 %	26,1 %	21,7 %	100,0 %
Controller (und controllingnahe Funktionen)	**männlich**	N	19	26	29	19	93
		%	20,4 %	28,0 %	31,2 %	20,4 %	100,0 %
	weiblich	N	9	7	3	3	22
		%	40,9 %	31,8 %	13,6 %	13,6 %	100,0 %
Gesamt	**männlich**	N	330	416	225	238	1209
		%	27,3 %	34,4 %	18,6 %	19,7 %	100,0 %
	weiblich	N	39	57	29	33	158
		%	24,7 %	36,1 %	18,4 %	20,9 %	100,0 %

mit: N – absolute Anzahl; % – prozentualer Anteil

Tab. 7-65: Risikogruppenverteilung im 4-Gruppen-Risikoverhaltensmodell nach Geschlecht und Position

Ebenfalls im 5-Gruppen-Risikoverhaltensmodell (vgl. Tab. 7-66) zeigen sich keine signifikanten Unterschiede im Risikoentscheidungsverhalten, weder insgesamt (χ^2 nach PEARSON = 2,651; p = 0,618; CRAMER's V = 0,044; p = 0,618) noch auf Geschäftsleitungsebene (χ^2 nach PEARSON = 6,027; p = 0,197; CRAMER's V = 0,076; p = 0,197), noch auf mittlerer Ebene (χ^2 nach PEARSON = 3,042; p = 0,551; CRAMER's V = 0,149; p = 0,551) noch bei den Controllern (χ^2 nach PEARSON = 8,371; p = 0,079; CRAMER's V = 0,270; p = 0,079).

Position			Risikoverhaltensgruppe 1 „risikoavers"	2 „irrational"	3 „diffus"	4 „rational"	5 „risikofreudig"	Gesamt
Manager auf Geschäftsleitungsebene (insgesamt)	**männlich**	N	231	277	214	116	121	959
		%	24,1 %	28,9 %	22,3 %	12,1 %	12,6 %	100,0 %
	weiblich	N	20	22	23	11	20	96
		%	20,8 %	22,9 %	24,0 %	11,5 %	20,8 %	100,0 %
Manager auf mittlerer Ebene (Bereichs- und Abteilungsleiter)	**männlich**	N	13	34	31	15	21	114
		%	11,4 %	29,8 %	27,2 %	13,2 %	18,4 %	100,0 %
	weiblich	N	3	7	8	4	1	23
		%	13,0 %	30,4 %	34,8 %	17,4 %	4,3 %	100,0 %
Controller (und controllingnahe Funktionen)	**männlich**	N	15	21	20	21	16	93
		%	16,1 %	22,6 %	21,5 %	22,6 %	17,2 %	100,0 %
	weiblich	N	8	5	6	3	0	22
		%	36,4 %	22,7 %	27,3 %	13,6 %	,0 %	100,0 %
Gesamt	**männlich**	N	264	348	269	156	172	1209
		%	21,8 %	28,8 %	22,2 %	12,9 %	14,2 %	100,0 %
	weiblich	N	34	41	44	18	21	158
		%	21,5 %	25,9 %	27,8 %	11,4 %	13,3 %	100,0 %

mit: N – absolute Anzahl; % – prozentualer Anteil

Tab. 7-66: Risikogruppenverteilung im 5-Gruppen-Risikoverhaltensmodell nach Geschlecht und Position

Zusammenfassend kann festgestellt werden, dass kein signifikanter Unterschied im Risikoentscheidungsverhalten zwischen Managerinnen und Managern nachgewiesen werden kann. Dies unterstützt die die Ergebnisse der Studien von MASTERS / MEIER (1988, S. 33 f.) und SONFIELD ET AL. (2001, S. 169 f.), die ebenfalls keine signifikanten Unterschiede im Risikoverhalten von Managerinnen und Managern feststellen können.

7.10 Risikoentscheidungsverhalten von Managern im Vergleich zu Kontrollgruppen

7.10.1 Risikoverhalten von Managern, Controllern und Controlling-Studenten

7.10.1.1 Risikoentscheidungsverhalten von Managern und Controllern

Falls Controller im Unternehmen die Funktion der „Rationalitätssicherung" erfüllen, sollten sie rationaler als Manager entscheiden.

Tab. 7-67 zeigt jedoch bei 8 der 24 Entscheidungssituationen mindestens auf 5 %-Niveau statistisch signifikante Abweichungen zwischen Managern auf Geschäftsleitungsebene und Controllern. In sechs von 14 Entscheidungssituationen (E1 bis E5, E8, E9, E18 bis E24), bei denen sich der Erwartungswert der beiden Alternativen deutlich unterscheidet, entscheiden Controller mindestens auf 5 %-Niveau signifikant rationaler als Manager auf Geschäftsleitungsebene, d. h. die Entscheidungen der Controller erfolgen signifikanter nach dem maximalen Erwartungswert.

In drei von zehn Entscheidungssituationen, die einen identischen Erwartungswert bei beiden Alternativen aufweisen (E6, E7, E10 bis E17), entscheiden sich Manager und Controller zum Teil signifikant uneinheitlich ohne erkennbares Muster.

Wegen der signifikanten Altersunterschiede zwischen den Managern auf Geschäftsleitungsebene und den Managern auf mittlerer Ebene bzw. den Controllern in der Gesamtstichprobe wird im Folgenden für die Untersuchung der Unterschiede zwischen Managern und Controllern eine Teilstichprobe ausgewählt, die nur Testteilnehmer im Alter von 39 bis 50 Jahren enthält und in der sich das Alter zwischen den Positionen auf 5 %-Niveau nicht signifikant unterscheidet (vgl. Tab. 7-68).

Wie schon mit allen Testteilnehmern ohne Kontrolle des Alterseffekts in Tab. 7-38 zeigt sich auch mit Kontrolle des Alterseffekts zwischen den Positionen (vgl. Tab. 7-69) im 4-Gruppen-Risikoverhaltensmodell ein signifikant höherer relativer Anteil der Controller in der „rationalen" Gruppe mit 36,6 % als der relative Anteil der Manager in dieser Gruppe mit 16,5 % (auf Geschäftsleitungsebene) bzw. 15,4 % (auf mittlerer Ebene). Dem gegenüber ist der relative Anteil der Controller in der „irrationalen" Gruppe mit 24,4 % signifikant geringer als der relative Anteil der Manager in dieser Gruppe mit 37,7 % (auf Geschäftsleitungsebene) bzw. 41,5 % (auf mittlerer Ebene).

Entscheidungssituationen des Risikofragebogens (mit Entscheidungen für: Option A (Wert; Wahrscheinlichkeit) oder Option B (Wert; Wahrscheinlichkeit))		**Manager auf Geschäfts-leitungsebene [N = 1092]**	**Manager auf mittlerer Ebene [N = 164]**	**Controller [N = 123]**		**Vergleich von Managern auf Geschäftsleitungsebene mit Managern auf mittlerer Ebene**	**Vergleich von Managern auf mittlerer Ebene mit Controllern**	**Managern auf Geschäfts-leitungsebene mit Controllern**
E1 (3.000 sicher oder 4.000 zu 80 %)	μ	,27	,35	,31	p	**,029**	,590	,223
A: (3.000; 1) oder B: (4.000; 0,8)	σ	,442	,478	,464				
E2 (-3.000 sicher oder -4.000 zu 80 %)	μ	,72	,70	,66	p	,571	,444	,136
A: (-3.000; 1) oder B: (-4.000; 0,8)	σ	,448	,459	,476				
E3 (Wahrscheinlichkeiten von E1 durch 4)	μ	,65	,77	,78	p	**,004**	,761	**,004**
A: (3.000; 0,25) oder B: (4.000; 0,2)	σ	,477	,424	,416				
E4 (Wahrscheinlichkeiten von E2 durch 4)	μ	,42	,45	,46	p	,328	,959	,354
A: (-3.000; 0,25) oder B: (-4.000; 0,2)	σ	,494	,499	,501				
E5 (zweistufig wie E1 oder E3 interpretierbar)	μ	,40	,41	,40	p	,634	,945	,740
A: ((3.000; 1); 0,25) oder B: ((4.000; 0,8); 0,25)	σ	,489	,494	,492				
E6 (sicherer Gewinn von 1000 und Entscheidung)	μ	,49	,45	,42	p	,337	,707	,188
A: 1.000 + (500; 1) oder B: 1.000 + (1.000; 0,5)	σ	,500	,499	,496				
E7 (sicherer Gewinn von 1000 und Entscheidung)	μ	,57	,63	,51	p	,127	,053	,283
A: 2.000 + (-500; 1) oder B: 2.000 + (-1.000; 0,5)	σ	,495	,483	,502				
E8 (Alternative B ist mehrdeutig)	μ	,29	,43	,41	p	**,000**	,757	**,004**
A: (2.400; 1) oder B: (2.500; 0,33), (2.400; 0,66)	σ	,453	,497	,495				
E9 (= E7 minus jeweils 2.400 zu 0,66)	μ	,76	,83	,83	p	,066	1,000	,106
A: (2.400; 0,34) oder B: (2.500; 0,33)	σ	,424	,377	,378				
E10 (3.000 zu 90 % oder 6.000 zu 45 %)	μ	,17	,20	,18	p	,575	,827	,832
A: (3.000; 0,9) oder B: (6.000; 0,45)	σ	,376	,398	,385				
E11 (-3.000 zu 90 % oder -6.000 zu 45 %)	μ	,53	,59	,54	p	,131	,430	,731
A: (-3.000; 0,9) oder B: (-6.000; 0,45)	σ	,499	,494	,501				
E12 (3.000 zu 2 % oder 6.000 zu 1 %)	μ	,73	,80	,85	p	**,038**	,374	**,005**
A: (3.000; 0,02) oder B: (6.000; 0,01)	σ	,445	,398	,363				
E13 (-3.000 zu 2 % oder -6.000 zu 1 %)	μ	,37	,32	,34	p	,151	,564	,581
A: (-3.000; 0,02) oder B: (-6.000; 0,01)	σ	,484	,469	,476				
E14 (Alternative A ist mehrdeutig)	μ	,62	,35	,39	p	**,000**	,440	**,000**
A: (4.000; 0,25), (2.000; 0,25) oder B: (6.000; 0,25)	σ	,486	,480	,490				
E15 (Alternative A ist mehrdeutig)	μ	,27	,43	,34	p	**,000**	,147	,076
A: (-4.000; 0,25), (-2.000; 0,25) oder B: (-6.000; 0,25)	σ	,444	,497	,477				
E16 („Lottospielerfrage")	μ	,52	,63	,62	p	**,009**	,674	,073
A: (5; 1) oder B: (5.000; 0,001)	σ	,500	,483	,488				
E17 („Versicherungsfrage")	μ	,38	,37	,30	p	,756	,210	,069
A: (-5; 1) oder B: (-5.000; 0,001)	σ	,487	,485	,460				
E18 (Alternative B ist mehrdeutig)	μ	,79	,84	,76	p	,145	,101	,465
A: (0; 1) oder B: (100; 0,65),(-100; 0,35)	σ	,405	,366	,431				
E19 (sicherer Verlust von 100 oder -200 zu 80 %)	μ	,39	,43	,28	p	,420	**,009**	**,011**
A: (-100; 1) oder B: (-200; 0,8)	σ	,489	,497	,449				
E20 (E20 = E1, nur A und B vertauscht dargestellt)	μ	,33	,36	,44	p	,415	,192	**,016**
A: (3.000; 1) oder B: (4.000; 0,8)	σ	,471	,482	,498				
E21 (sichere Rendite von 10 % oder 15 % zu 75 %)	μ	,27	,38	,38	p	**,006**	,944	**,012**
A: (10 %; 1) oder B: (15 %; 0,75)	σ	,446	,486	,488				
E22 (Verlust von -10 % oder -15 % zu 75 %)	μ	,56	,61	,50	p	,218	,074	,249
A: (-10 %; 1) oder B: (-15 %; 0,75)	σ	,497	,489	,502				
E23 (sichere Rendite von 10 % oder 45 % zu 25 %)	μ	,21	,33	,33	p	**,002**	,814	**,002**
A: (10 %; 1) oder B: (45 %; 0,25)	σ	,408	,470	,470				
E24 (Verlust von -10 % oder -45 % zu 25 %)	μ	,40	,46	,43	p	,175	,707	,474
A: (-10 %; 1) oder B: (-45 %; 0,25)	σ	,491	,500	,497				

mit: μ – Mittelwert der Teilstichprobe; σ – Standardabweichung in der Teilstichprobe; p – Signifikanz der Mittelwertgleichheit aus t-Test

Tab. 7-67: Vergleich der Antworten auf die 24 Entscheidungssituationen der Manager und Controller

Position Besitzanteil am Unternehmen	N	μ	σ	min	max	Perzentile 25.	50.	75.
Manager ohne Unternehmensanteile (= 0 %)	83	44,76	3,560	39	50	42,00	45,00	48,00
Manager mit Minderheitsbeteiligung (< 50 %)	48	44,88	3,901	39	50	41,00	45,50	49,00
Manager mit Mehrheitsbeteiligung (≥ 50 %)	55	45,11	3,207	39	50	43,00	45,00	48,00
Manager und gleichzeitig Inhaber (= 100 %)	116	44,77	3,361	39	50	42,00	45,00	48,00
Manager mit unbekanntem Unternehmensanteil	192	44,64	3,377	39	50	42,00	44,00	48,00
Manager mit Anteilen > 50 % der Familie	58	44,14	3,263	39	50	42,00	43,50	46,25
Manager auf Geschäftsleitungsebene	**552**	**44,70**	**3,415**	**39**	**50**	**42,00**	**45,00**	**48,00**
Manager auf mittlerer Ebene	65	43,86	3,030	39	50	42,00	44,00	46,00
Controller (und controllingnahe Funktionen)	41	43,80	3,509	39	50	41,00	43,00	48,00
Unbekannt	11	45,64	2,976	41	50	43,00	45,00	49,00
Gesamt	**669**	**44,58**	**3,389**	**39**	**50**	**42,00**	**44,00**	**48,00**

Tab. 7-68: Deskriptive Statistiken zum Alter der Testteilnehmer in der Altersgruppe 39 bis 50

Position Besitzanteil am Unternehmen		Risikoverhaltensgruppe 1 „risikoavers"	2 „irrational"	3 „rational"	4 „risikofreudig"	Gesamt
Manager ohne (= 0 %)	N	16	38	11	18	83
Unternehmensanteile	%	19,3 %	**45,8 %**	13,3 %	21,7 %	100,0 %
Manager mit Minderheitsbeteiligung	N	13	17	7	11	48
(< 50 %) am Unternehmen	%	27,1 %	**35,4 %**	14,6 %	22,9 %	100,0 %
Manager mit Mehrheitsbeteiligung	N	14	24	9	8	55
(≥ 50 %) am Unternehmen	%	25,5 %	**43,6 %**	16,4 %	14,5 %	100,0 %
Manager, die gleichzeitig Inhaber	N	29	43	18	26	116
(= 100 %) sind	%	25,0 %	**37,1 %**	15,5 %	22,4 %	100,0 %
Manager mit unbekanntem	N	64	67	33	28	192
Unternehmensanteil	%	33,3 %	**34,9 %**	17,2 %	14,6 %	100,0 %
Manager mit Mehrheitsanteilen	N	10	19	13	16	58
(> 50 %) der Familie am Unternehmen	%	17,2 %	**32,8 %**	22,4 %	27,6 %	100,0 %
Manager auf Geschäftsleitungsebene	N	146	208	91	107	552
(insgesamt)	%	26,4 %	**37,7 %**	16,5 %	19,4 %	100,0 %
Manager auf mittlerer Ebene	N	10	27	10	18	65
(Bereichs- und Abteilungsleiter)	%	15,4 %	**41,5 %**	15,4 %	27,7 %	100,0 %
Controller	N	7	10	15	9	41
(und controllingnahe Funktionen)	%	17,1 %	24,4 %	**36,6 %**	22,0 %	100,0 %
Gesamt	N	163	245	116	134	658
	%	24,8 %	**37,2 %**	17,6 %	20,4 %	100,0 %

mit: N – Anzahl; % – prozentualer Anteil

Tab. 7-69: Risikogruppenverteilung im 4-Gruppen-Risikoverhaltensmodell nach Position und Besitzanteil am Unternehmen für die Altersgruppe 39 bis 50 Jahre

Ebenfalls zeigt sich im 5-Gruppen-Risikoverhaltensmodell mit Kontrolle des Alterseffekts zwischen den Positionen (vgl. Tab. 7-70) wie bereits zuvor mit allen Testteilnehmern ohne Kontrolle des Alterseffekts in Tab. 7-39 ein signifikant höherer relativer Anteil der Controller in der „rationalen" Gruppe mit 31,7 % als der relative Anteil der Manager in dieser Gruppe mit 11,6 % (auf Geschäftsleitungsebene) bzw. 9,2 % (auf mittlerer Ebene). Dem gegenüber ist der relative Anteil der Controller in der „irrationalen" Gruppe mit 22,0 % signifikant geringer als der relative Anteil der Manager in dieser Gruppe mit 30,8 % (auf Geschäftsleitungsebene) bzw. 35,4 % (auf mittlerer Ebene).

Position Besitzanteil am Unternehmen		Risikoverhaltensgruppe 1 „risiko-avers“	2 „irrational“	3 „diffus“	4 „rational“	5 „risiko-freudig“	Gesamt
Manager ohne (= 0 %)	N	12	30	21	10	10	83
Unternehmensanteile	%	14,5 %	**36,1 %**	25,3 %	12,0 %	12,0 %	100,0 %
Manager mit Minderheitsbeteiligung	N	9	14	10	5	10	48
(< 50 %) am Unternehmen	%	18,8 %	**29,2 %**	20,8 %	10,4 %	20,8 %	100,0 %
Manager mit Mehrheitsbeteiligung	N	13	20	6	9	7	55
(≥ 50 %) am Unternehmen	%	23,6 %	**36,4 %**	10,9 %	16,4 %	12,7 %	100,0 %
Manager, die gleichzeitig Inhaber	N	25	37	23	13	18	116
(= 100 %) sind	%	21,6 %	**31,9 %**	19,8 %	11,2 %	15,5 %	100,0 %
Manager mit unbekanntem	N	57	53	43	20	19	192
Unternehmensanteil	%	**29,7 %**	27,6 %	22,4 %	10,4 %	9,9 %	100,0 %
Manager mit Mehrheitsanteilen	N	8	16	16	7	11	58
(> 50 %) der Familie am Unternehmen	%	13,8 %	**27,6 %**	**27,6 %**	12,1 %	19,0 %	100,0 %
Manager auf Geschäftsleitungsebene	N	124	170	119	64	75	552
(insgesamt)	%	22,5 %	**30,8 %**	21,6 %	11,6 %	13,6 %	100,0 %
Manager auf mittlerer Ebene	N	7	23	17	6	12	65
(Bereichs- und Abteilungsleiter)	%	10,8 %	**35,4 %**	26,2 %	9,2 %	18,5 %	100,0 %
Controller	N	5	9	7	13	7	41
(und controllingnahe Funktionen)	%	12,2 %	22,0 %	17,1 %	**31,7 %**	17,1 %	100,0 %
Gesamt	N	136	202	143	83	94	658
	%	20,7 %	**30,7 %**	21,7 %	12,6 %	14,3 %	100,0 %

mit: N – Anzahl; % – prozentualer Anteil

Tab. 7-70: Risikogruppenverteilung im 5-Gruppen-Risikoverhaltensmodell nach Position und Besitzanteil am Unternehmen für die Altersgruppe 39 bis 50 Jahre

Die Gruppengrößen der Risikoverhaltensgruppen unterscheiden sich insgesamt zwischen den Managern auf Geschäftsleitungsebene mit unterschiedlichen Besitzanteilen am Unternehmen nicht signifikant (im 4-Gruppen-Risikoverhaltensmodell: χ^2 nach PEARSON = 17,879; p = 0,269; CRAMER's V = 0,104; p = 0,269 und im 5-Gruppen-Risikoverhaltensmodell: χ^2 nach PEARSON = 22,942; p = 0,292; CRAMER's V = 0,102; p = 0,292).

Dagegen unterscheiden sich insgesamt die Gruppengrößen der Risikoverhaltensgruppen zwischen den Positionen (Manager auf Geschäftsleitungsebene, Manager auf mittlerer Ebene und Controller) signifikant (im 4-Gruppen-Risikoverhaltensmodell: χ^2 nach PEARSON = 17,067; p = 0,009; CRAMER's V = 0,114; p = 0,009 und für den 5-Gruppen-Risikoverhaltensmodell: χ^2 nach PEARSON = 21,957; p = 0,005; CRAMER's V = 0,129; p = 0,005).

Wie bereits beim Einzelvergleich der 24 Entscheidungssituationen zeigt sich auch beim Vergleich der Gruppengrößen, dass Controller unter Risiko statistisch signifikant rationaler entscheiden als Manager jeder Ebene. Dies zeigt sich an dem 26,8 %-igen (im 4-Gruppen-Risikoverhaltensmodell) bzw. 20,3 %-igen (im 5-Gruppen-Risikoverhaltensmodell) Anteil der Controller in der rationalen Gruppe im Vergleich zu dem 17,0 %-igen (im 4-Gruppen-Risikoverhaltensmodell) bzw. 11,7 %-igen (im 5-Gruppen-Risikoverhaltensmodell) Anteil bei den Managern auf Geschäftsleitungsebene in dieser Gruppe.

Ebenfalls konsistent mit dem Einzelvergleich der 24 Entscheidungssituationen zeigt sich auch beim Vergleich der Gruppengrößen eine signifikant zunehmende Risikofreude bei Managern auf mittlerer Ebene im Vergleich zu Managern auf Geschäftsleitungsebene.

Zusammenfassend kann festgestellt werden, dass signifikante Unterschiede im Risikoentscheidungsverhalten von Managern und Controllern bestehen. Dies unterstützt die Ergebnisse der Studie von HELLIAR ET AL. (2002, S. 170). Weiterhin kann festgestellt werden, dass Controller signifikant rationaler entscheiden als Manager, womit die These von WEBER / SCHÄFFER (1999, S. 731 ff.) und SCHÄFFER / WEBER (2001, S. 1 ff.) gestützt wird, dass eine der Aufgaben von Controllern im Unternehmen in der Rationalitätssicherung der Führung besteht.

7.10.2 Risikoverhalten von Managern und Controllern im Vergleich zu Studenten

7.10.2.1 Risikoverhalten von Managern und Studenten

Wie bereits in Kapitel 4.1.4.2 dargestellt, werden in empirischen Studien für die Ermittlung des Risikoentscheidungsverhaltens von Managern zum Teil Studenten als Substitute verwendet, da diese leichter verfügbar sind und weniger Anreize bedürfen. Die mit den Studenten erzielten Ergebnisse werden einfach auf Manager übertragen, ohne dass geprüft wird, ob die Ergebnisse überhaupt übertragbar sind bzw. welche Anpassungen (z. B. aufgrund des Alterseffekts) notwendig wären.

Im Folgenden wird deshalb untersucht, welche Unterschiede im Risikoentscheidungsverhalten von Managern und Studenten bestehen.

		N	μ	σ	min	max	Perzentile		
							25.	50.	75.
Manager auf GL-Ebene	Risikoeinstellung	1092	-,222	,4605	-1,0	1,0	-,578	-,298	,080
	K1 aus M+C+S-Daten	1092	,134	,4901	-1,0	1,0	-,244	,146	,511
	K2 aus M+C+S-Daten	1087	-,068	,4097	-1,0	1,0	-,500	,000	,000
	Entscheidungssicherheit	1088	,341	,3107	-1,0	1,0	,000	,500	,500
	Entscheidungsart	1088	,090	,3665	-1,0	1,0	,000	,000	,500
	Alter	1077	46,72	8,895	23	78	40,00	46,00	53,00
	Geschlecht (1 – ♂; 2; – ♀)	1090	1,09	,289	0	2	1,00	1,00	1,00
Manager auf mittlerer Ebene	Risikoeinstellung	164	-,097	,4310	-1,0	1,0	-,469	-,165	,170
	K1 aus M+C+S-Daten	164	,233	,4527	-1,0	1,0	-,120	,272	,553
	K2 aus M+C+S-Daten	160	-,094	,4203	-1,0	,5	-,500	,000	,375
	Entscheidungssicherheit	164	,244	,3253	-1,0	1,0	,000	,500	,500
	Entscheidungsart	164	,073	,3847	-1,0	,5	,000	,000	,500
	Alter	143	40,27	8,090	24	65	35,00	40,00	45,00
	Geschlecht (1 – ♂; 2; – ♀)	142	1,16	,370	1	2	1,00	1,00	1,00
Controller	Risikoeinstellung	123	-,101	,4656	-,9	1,0	-,496	-,165	,235
	K1 aus M+C+S-Daten	123	,103	,4874	-1,0	1,0	-,255	,132	,489
	K2 aus M+C+S-Daten	121	-,112	,3622	-,5	,5	-,500	,000	,000
	Entscheidungssicherheit	121	,260	,3482	-1,0	1,0	,000	,500	,500
	Entscheidungsart	122	,098	,3673	-1,0	1,0	,000	,000	,500
	Alter	116	39,89	9,088	20	65	32,25	38,50	45,00
	Geschlecht (1 – ♂; 2; – ♀)	121	1,21	,407	1	2	1,00	1,00	1,00
Studenten	Risikoeinstellung	1101	-,089	,4500	-1,0	1,0	-,440	-,147	,227
	K1 aus M+C+S-Daten	1101	,251	,4495	-1,0	1,0	-,074	,278	,593
	K2 aus M+C+S-Daten	1094	-,091	,4028	-1,0	1,0	-,500	,000	,000
	Entscheidungssicherheit	1096	,167	,3756	-1,0	1,0	,000	,000	,500
	Entscheidungsart	1096	-,041	,4071	-1,0	1,0	-,500	,000	,000
	Alter	1008	21,94	2,799	1	48	20,00	21,00	23,00
	Geschlecht (1 – ♂; 2; – ♀)	1101	1,14	,695	0	2	1,00	1,00	2,00

Tab. 7-71: Deskriptive Statistiken der der Manager, Controller und Studenten

Alle in Tab. 7-71 dargestellten Variablen sind in der Teilstichprobe der 1092 Manager auf Geschäftsleitungsebene und der 1101 Studenten nach dem KOLMOGOROV-SMIRNOV-Anpassungstest statistisch signifikant normalverteilt auf 5 %-Niveau.

Das mittlere Risikoentscheidungsverhalten von Managern und Studenten in den 24 Entscheidungssituationen ist in Tab. 7-72 dargestellt.

Das Entscheidungsverhalten der Studenten weicht im Mittel bei 15 der 24 Entscheidungssituationen signifikant (auf 5 %-Niveau) vom Entscheidungsverhalten der Manager ab. Dieser Effekt kann neben der Altersdifferenz auch durch die signifikant verschiedenen Geschlechteranteile der Stichproben bedingt sein. Der signifikante Altersunterschied kann aufgrund der natürlichen Stichprobenzusammensetzung nicht eliminiert werden. Bei den signifikant verschiedenen Geschlechteranteilen der Stichproben ist zu beachten, dass zwischen Managerinnen und Managern keine signifikanten Unterschiede im Risikoentscheidungsverhalten beobachtbar sind und dass Studentinnen zwar signifikant risikoaverser entscheiden als Studenten, aber da Studenten insgesamt signifikant risikofreudiger als Manager entscheiden, bewirkt der höhere Frauenanteil in der Studentenstichprobe eher eine Angleichung des mittleren Risikoverhaltens an die Manager.

Würden nur die Männer beider Stichproben verglichen werden, würde der Unterschied im Risikoverhalten von Managern und Studenten noch größer ausfallen.

Bei den 13 Entscheidungssituationen (E1 bis E9 und E18 bis E24), bei denen aufgrund der unterschiedlichen Erwartungswerte eine rationale Entscheidung für den jeweils höchsten Erwartungswert möglich ist, entscheiden die Studenten in sechs Fällen signifikant rationaler als die Manager (auf 5 %-Niveau). Dieses Ergebnis kann allerdings von der Risikoneigung überlagert sein, da bei fünf dieser sechs Entscheidungssituationen die risikoreichere Alternative auch die Alternative mit dem höchsten Erwartungswert darstellt.

Bei den acht Entscheidungssituationen (E10 bis E17), die einen identischen Erwartungswert bei beiden Alternativen aufweisen, entscheiden sich Studenten bis auf E14 signifikant risikofreudiger (auf 5 %-Niveau) als Manager.

Entscheidungssituationen des Risikofragebogens (mit Entscheidungen für: Option A (Wert; Wahrscheinlichkeit) oder Option B (Wert; Wahrscheinlichkeit))		**Manager auf Geschäfts-leitungsebene [N = 1092]**	**Manager auf mittlerer Ebene [N = 164]**	**Controller [N = 123]**	**Studenten [N = 1101]**	**Controlling-Studenten [N = 338]**		**Vergleich von Managern auf GL-Ebene mit Studenten**	**Vergleich von Managern auf mittl. Ebene mit Studenten**	**Vergleich von Controllern mit Controlling-Studenten**
E1 (3000 sicher oder 4000 zu 80 %)	μ	,27	,35	,31	,30	,30	p	**,042**	,269	,661
A: (3000; 1) oder B: (4000; 0.8)	σ	,442	,478	,464	,460	,457				
E2 (-3000 sicher oder -4000 zu 80 %)	μ	,72	,70	,66	,71	,70	p	,688	,720	,349
A: (-3000; 1) oder B: (-4000; 0.8)	σ	,448	,459	,476	,451	,457				
E3 (Wahrscheinlichkeiten von E1 durch 4)	μ	,65	,77	,78	,77	,82	p	**,000**	,878	,309
A: (3000; 0.25) oder B: (4000; 0.2)	σ	,477	,424	,416	,420	,383				
E4 (Wahrscheinlichkeiten von E2 durch 4)	μ	,42	,45	,46	,43	,37	p	,772	,406	,069
A: (-3000; 0.25) oder B: (-4000; 0.2)	σ	,494	,499	,501	,494	,483				
E5 (zweistufig wie E1 oder E3 interpretierbar)	μ	,40	,41	,40	,37	,37	p	,313	,318	,376
A: ((3000; 1); 0.25) oder B: ((4000; 0.8); 0.25)	σ	,489	,494	,492	,483	,481				
E6 (sicherer Gewinn von 1000 und Entscheidung)	μ	,49	,45	,42	,46	,46	p	,196	,762	,494
A: 1000 + (500; 1) oder B: 1000 + (1000; 0.5)	σ	,500	,499	,496	,498	,498				
E7 (sicherer Gewinn von 1000 und Entscheidung)	μ	,57	,63	,51	,60	,66	p	,213	,367	**,005**
A: 2000 + (-500; 1) oder B: 2000 + (-1000; 0.5)	σ	,495	,483	,502	,490	,472				
E8 (Alternative B ist mehrdeutig)	μ	,29	,43	,41	,59	,65	p	**,000**	**,000**	**,000**
A: (2400; 1) oder B: (2500; 0.33), (2400; 0.66)	σ	,453	,497	,495	,491	,478				
E9 (= E7 minus jeweils 2400 zu 0.66)	μ	,76	,83	,83	,83	,89	p	**,000**	,988	,098
A: (2400; 0.34) oder B: (2500; 0.33)	σ	,424	,377	,378	,377	,316				
E10 (3000 zu 90 % oder 6000 zu 45 %)	μ	,17	,20	,18	,22	,20	p	**,002**	,326	,642
A: (3000; 0.9) oder B: (6000; 0.45)	σ	,376	,398	,385	,416	,399				
E11 (-3000 zu 90 % oder -6000 zu 45 %)	μ	,53	,59	,54	,60	,68	p	**,001**	,872	**,008**
A: (-3000; 0.9) oder B: (-6000; 0.45)	σ	,499	,494	,501	,490	,468				
E12 (3000 zu 2 % oder 6000 zu 1 %)	μ	,73	,80	,85	,79	,86	p	**,001**	,646	,677
A: (3000; 0.02) oder B: (6000; 0.01)	σ	,445	,398	,363	,407	,347				
E13 (-3000 zu 2 % oder -6000 zu 1 %)	μ	,37	,32	,34	,41	,39	p	,105	**,025**	,440
A: (-3000; 0.02) oder B: (-6000; 0.01)	σ	,484	,469	,476	,490	,487				
E14 (Alternative A ist mehrdeutig)	μ	,62	,35	,39	,30	,27	p	**,000**	,161	**,006**
A: (4000; 0.25), (2000; 0.25) oder B: (6000; 0.25)	σ	,486	,480	,490	,456	,443				
E15 (Alternative A ist mehrdeutig)	μ	,27	,43	,34	,51	,54	p	**,000**	,055	**,000**
A: (-4000; 0.25), (-2000; 0.25) oder B: (-6000; 0.25)	σ	,444	,497	,477	,499	,498				
E16 („Lottospielerfrage")	μ	,52	,63	,62	,64	,68	p	**,000**	,977	,165
A: (5; 1) oder B: (5000; 0.001)	σ	,500	,483	,488	,481	,467				
E17 („Versicherungsfrage")	μ	,38	,37	,30	,43	,45	p	**,029**	,156	**,005**
A: (-5; 1) oder B: (-5000; 0.001)	σ	,487	,485	,460	,494	,498				
E18 (Alternative B ist mehrdeutig)	μ	,79	,84	,76	,78	,83	p	,597	,087	,120
A: (0; 1) oder B: (100; 0.65),(-100; 0.35)	σ	,405	,366	,431	,411	,378				
E19 (sicherer Verlust von 100 oder -200 zu 80 %)	μ	,39	,43	,28	,33	,33	p	**,003**	**,019**	,316
A: (-100; 1) oder B: (-200; 0.8)	σ	,489	,497	,449	,471	,469				
E20 (E20 = E1, nur A und B vertauscht dargestellt)	μ	,33	,36	,44	,37	,36	p	,055	,865	,100
A: (3000; 1) oder B: (4000; 0.8)	σ	,471	,482	,498	,482	,478				
E21 (sichere Rendite von 10 % oder 15 % zu 75 %)	μ	,27	,38	,38	,31	,29	p	**,035**	,105	**,064**
A: (10 %; 1) oder B: (15 %; 0.75)	σ	,446	,486	,488	,463	,454				
E22 (Verlust von -10 % oder -15 % zu 75 %)	μ	,56	,61	,50	,56	,59	p	,814	,265	,099
A: (-10 %; 1) oder B: (-15 %; 0.75)	σ	,497	,489	,502	,495	,492				
E23 (sichere Rendite von 10 % oder 45 % zu 25 %)	μ	,21	,33	,33	,40	,35	p	**,000**	,056	,687
A: (10 %; 1) oder B: (45 %; 0.25)	σ	,408	,470	,470	,489	,478				
E24 (Verlust von -10 % oder -45 % zu 25 %)	μ	,40	,46	,43	,50	,57	p	**,000**	,268	**,009**
A: (-10 %; 1) oder B: (-45 %; 0.25)	σ	,491	,500	,497	,499	,495				

mit: μ – Mittelwert der Teilstichprobe; σ – Standardabweichung in der Teilstichprobe; p – Signifikanz der Mittelwertgleichheit aus t-Test

Tab. 7-72: Vergleich der Antworten auf die 24 Entscheidungssituationen der Manager und Controller, der Manager und Studenten sowie der Controller und Controllingstudenten

In der mittleren Risikoeinstellung zwischen Managern und Studenten besteht kein signifikanter Unterschied. Managerinnen und Studentinnen schätzen sich aber selbst signifikant risikovermeidender als die Manager und Studenten ein (vgl. Tab. 7-73).

Studenten entscheiden sowohl bei Gewinnaussichten (K1; $d_{GL-S} = -0{,}133$; $p \leq 0{,}01$) als auch bei Verlustaussichten (K2; $d_{GL-S} = -0{,}116$; $p \leq 0{,}01$) signifikant risikofreudiger als Manager auf Geschäftsleitungsebene. Zwischen Studenten und Managern auf mittlerer Ebene sind hingegen keine signifikanten Unterschiede im Risikoentscheidungsverhalten feststellbar (vgl. Tab. 7-73).

Gruppe I	**Vergleichsgruppe J**	**Risikoverhalten bei Gewinnaussichten** (K1 aus M+C+S-Daten)		**Risikoverhalten bei Verlustaussichten** (K2 aus M+C+S-Daten)		**Risikoeinstellung** (Selbsteinschätzung)		**Entscheidungs-sicherheit** (Selbsteinschätzung)		**Entscheidungsart** (Selbsteinschätzung)		**Alter**		**Geschlecht** (1 – ♂; 2; – ♀)	
		I -J	Sig.	I -J	Sig.	I -J	Sig.	I -J	Sig.	I -J	Sig.	I -J	Sig.	I -J	Sig.
GL	**MM**	**-,125***	,001	**-,099***	,012	,026	,446	**,098***	,001	,016	,611	**6,45***	,000	-,075	,107
	C	**-,121***	,005	,031	,493	,044	,258	**,081***	,014	-,009	,813	**6,83***	,000	**-,119***	,016
	S	**-,133***	,000	**-,116***	,000	,024	,170	**,174***	,000	**,130***	,000	**24,78***	,000	**-,054***	,016
MM	**GL**	**,125***	,001	**,099***	,012	-,026	,446	**-,098***	,001	-,016	,611	**-6,45***	,000	,075	,107
	C	,004	,941	**,129***	,021	,018	,715	-,016	,690	-,025	,585	,38	,662	-,045	,487
	S	-,008	,829	-,018	,651	-,002	,946	**,077***	,008	**,114***	,000	**18,32***	,000	,021	,647
C	**GL**	**,121***	,005	-,031	,493	-,044	,258	**-,081***	,014	,009	,813	**-6,83***	,000	**,119***	,016
	MM	-,004	,941	**-,129***	,021	-,018	,715	,016	,690	,025	,585	-,38	,662	,045	,487
	S	-,012	,777	**-,147***	,001	-,020	,603	**,093***	,005	**,139***	,000	**17,95***	,000	,066	,186
S	**GL**	**,133***	,000	**,116***	,000	-,024	,170	**-,174***	,000	**-,130***	,000	**-24,78***	,000	**,054***	,016
	MM	,008	,829	,018	,651	,002	,946	**-,077***	,008	**-,114***	,000	**-18,32***	,000	-,021	,647
	C	,012	,777	**,147***	,001	,020	,603	**-,093***	,005	**-,139***	,000	**-17,95***	,000	-,066	,186

mit: GL – Manager auf Geschäftsleitungsebene; MM – Manager auf mittlerer Ebene (Bereichs- und Abteilungsleiter); C – Controller (und controllingnahe Funktionen); S – Studenten

Tab. 7-73: Paarweiser Vergleich des mittleren Risikoverhaltens der Manager, Controller und Studenten

Beim Vergleich der Risikoverhaltensgruppen in Tab. 7-74 ist zu beachten, dass diese auf der Faktoren- und Clusteranalyse der 2540 Datensätze der Manager, Controller und Studenten basieren. Deshalb weichen sie von den Gruppengrößen in Tab. 7-38 ab, die nur mit den 1439 Datensätzen der Manager und Controller ermittelt wurden.

Teilstichprobe		**Risikoverhaltensgruppe** 1 „risikoavers“	2 „irrational“	3 „rational“	4 „risikofreudig“	**Gesamt**
Manager auf Geschäftsleitungsebene	N	325	409	194	164	1092
(insgesamt)	%	**29,8 %**	37,5 %	17,8 %	15,0 %	100,0 %
Manager auf mittlerer Ebene	N	26	65	36	37	164
(Bereichs- und Abteilungsleiter)	%	15,9 %	**39,6 %**	22,0 %	**22,6 %**	100,0 %
Controller	N	27	41	34	21	123
(und controllingnahe Funktionen)	%	22,0 %	33,3 %	**27,6 %**	17,1 %	100,0 %
Studenten	N	169	442	245	245	1101
	%	15,3 %	**40,1 %**	22,3 %	**22,3 %**	100,0 %
Gesamt	N	547	957	509	467	2480
	%	22,1 %	38,6 %	20,5 %	18,8 %	100,0 %

mit: N – Anzahl; % – prozentualer Anteil innerhalb der Zeile

Tab. 7-74: Risikoverhaltensgruppenverteilungen der Manager, Controller und Studenten

Bei den Risikoverhaltensgruppenverteilungen in Tab. 7-74 und Abb. 7-21 wird deutlich, dass sich das Risikoentscheidungsverhalten von Studenten zwar signifikant vom Risikoentscheidungsverhalten von Managern auf Geschäftsleitungsebene und Controllern unterscheidet (χ^2 nach PEARSON = 82,231; p ≤ 0,001; CRAMER's V = 0,105; p ≤ 0,001; GOODMAN-KRUSKAL-τ der Teilstichprobe = 0,022; p ≤ 0,001; GOODMAN-KRUSKAL-τ der Gruppe = 0,010; p ≤ 0,001), aber nicht vom Risikoentscheidungsverhalten von Managern auf mittlerer Ebene (χ^2 nach PEARSON = 1,724; p = 0,632; CRAMER's V = 0,037; p = 0,632; GOODMAN-KRUSKAL-τ der Teilstichprobe = 0,001; p = 0,632; GOODMAN-KRUSKAL-τ der Gruppe = 0,001; p = 0,630).

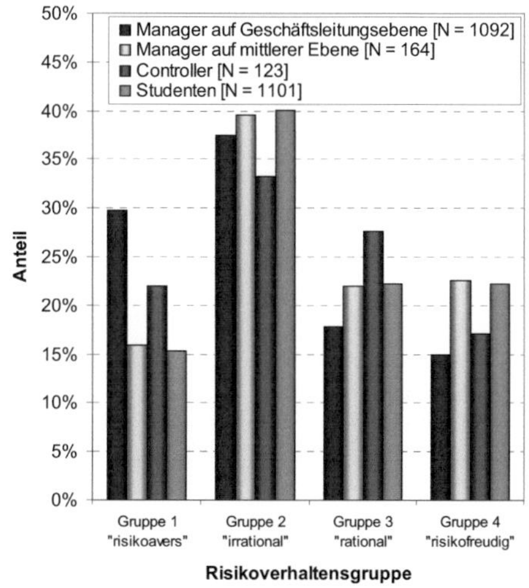

Abb. 7-21: Vergleich der Risikoverhaltensgruppengrößen für Manager, Controller und Studenten

Zusammenfassend kann festgestellt werden, dass signifikante Unterschiede im Risikoentscheidungsverhalten von Managern und Studenten bestehen. Studenten entscheiden signifikant risikofreudiger als Manager auf Geschäftsleitungsebene.

Die Ergebnisse unterstützen somit die Studien von ALDERFER / BIERMAN (1970, S. 344 ff.) und MASCLET ET AL. (2009, S. 477), die ebenfalls signifikante Unterschiede im Risikoentscheidungsverhalten von Managern und Studenten feststellen.

Somit eignen sich Studenten für die experimentelle Forschung zum Risikoentscheidungsverhalten von Managern auf Geschäftsleitungsebene nicht ohne entsprechende Anpassungen als gleichwertige Substitute.

7.10.2.2 Risikoverhalten von Controllern und Controlling-Studenten

Im Folgenden wird untersucht ob das Risikoverhalten von Controlling-Studenten für das Risikoverhalten von Controllern repräsentativ ist.

Tab. 7-72 zeigt bei acht der 24 Entscheidungssituationen statistisch signifikante Abweichungen zwischen Controllern und Controlling-Studenten. In den Risikoverhaltenskomponenten K1 und K2 ist das Entscheidungsverhalten der Controlling-Studenten (μ_{K1} = -0,083; μ_{K2} = 0,316) bei Gewinnaussichten (K1) und bei Verlustaussichten (K2) risikofreudiger als bei den Controllern

(μ_{K1} = -0,101; μ_{K2} = 0,103), aber nur bei Verlustaussichten signifikant risikofreudiger (d_{K2} = 0,212; $p \leq 0{,}001$).

Die höhere Risikoaversion bei den Controllern (Altersdurchschnitt: 39,4 Jahre) als bei den Controlling-Studenten (Altersdurchschnitt: 22,9 Jahre) könnte auf den allgemeinen Alterseffekt zurückzuführen sein.

Teilstichprobe		Risikoverhaltensgruppe 1 „risikoavers“	2 „irrational“	3 „rational“	4 „risikofreudig“	Gesamt
Controller (und controllingnahe Funktionen)	N	37	34	31	21	123
	%	**30,1 %**	27,6 %	**25,2 %**	17,1 %	100,0 %
Controlling-Studenten	N	70	125	53	90	338
	%	20,7 %	**37,0 %**	15,7 %	**26,6 %**	100,0 %
Gesamt	N	107	159	84	111	461
	%	23,2 %	34,5 %	18,2 %	24,1 %	100,0 %

mit: N – Anzahl; % – prozentualer Anteil innerhalb der Zeile

Tab. 7-75: Risikoverhaltensgruppenverteilungen der Manager, Controller und Studenten

Das Risikoentscheidungsverhalten von Controllern und Controlling-Studenten unterscheidet sich signifikant (χ^2 nach PEARSON = 13,600; p = 0,004; CRAMER's V = 0,172; $p \leq 0{,}001$; GOODMAN-KRUSKAL-τ der Teilstichprobe = 0,030; p = 0,004; GOODMAN-KRUSKAL-τ der Gruppe = 0,009; p = 0,004). Die Controller entscheiden signifikant risikoaverser und rationaler als die Controlling-Studenten, die wiederum signifikant risikofreudiger und irrationaler als die Controller entscheiden (vgl. Tab. 7-75 und Abb. 7-22).

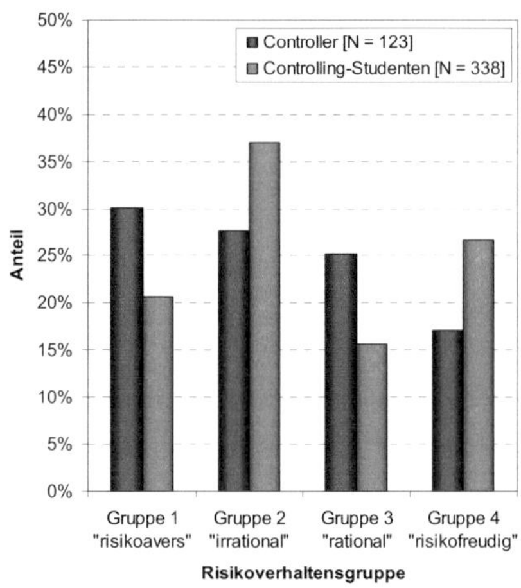

Abb. 7-22: Risikogruppenverteilung bei den Controllern und den Controlling-Studenten

Zusammenfassend kann festgestellt werden, dass Controller signifikant rationaler und risikoaverser entscheiden als Controlling-Studenten, die dementsprechend signifikant irrationaler und risikofreudiger als die Controller entscheiden. Aufgrund der signifikanten Unterschiede im Risikoentscheidungsverhalten von Controllern und Controlling-Studenten eignen sich Controlling-Studenten für die experimentelle Forschung zum Risikoentscheidungsverhalten von Controllern ohne entsprechende Anpassungen nicht als gleichwertige Substitute.

7.10.2.3 Vergleich von Studenten untereinander

Die Studenten weisen eine ähnlich niedrige Korrelation ihrer Risikoeinstellung zum Risikoverhalten auf wie die Manager und Controller, wobei die Risikoeinstellung eher das Risikoverhalten bei Gewinnaussichten als bei Verlustaussichten widerspiegelt (vgl. Tab. 7-76 zu Tab. 7-44 bis Tab. 7-46).

					1 Risikoverhalten bei Gewinnaussichten	2 Risikoverhalten bei Verlustaussichten	3 Risikoeinstellung	4 Entscheidungs-sicherheit	5 Entscheidungsart	6 Alter	7 Semester	8 Geschlecht	9 Abiturnote
1	**Risikoverhalten bei**	μ	-,089										
	Gewinnaussichten	σ	,4500										
	(K1 aus M+C+S-Daten)	N	1101										
2	**Risikoverhalten bei**	μ	,251	τb	-,068**								
	Verlustaussichten	σ	,4495	p	,001								
	(K2 aus M+C+S-Daten)	N	1101	N	1101								
3	**Risikoeinstellung**	μ	-,091	τb	,306**	,085**							
	(-1 – sehr risikoavers bis	σ	,4028	p	,000	,000							
	1 – sehr risikofreudig)	N	1094	N	1094	1094							
4	**Entscheidungssicherheit**	μ	,167	τb	,051*	,048*	,098**						
	(-1 – sehr unsicher bis	σ	,3756	p	,028	,039	,000						
	1 –sehr sicher)	N	1096	N	1096	1096	1090						
5	**Entscheidungsart**	μ	-,041	τb	,155**	-,070**	,142**	,260**					
	(-1 – immer nach Gefühl bis	σ	,4071	p	,000	,002	,000	,000					
	1 – nach Erwartungswert)	N	1096	N	1096	1096	1091	1092					
6	**Alter**	μ	21,94	τb	,032	-,032	-,040	,087**	,036				
	(in Jahren)	σ	2,799	p	,155	,155	,125	,001	,165				
		N	1008	N	1008	1008	1001	1003	1005				
7	**Semester**	μ	3,58	τb	,004	,008	-,099**	,061*	-,054*	,522**			
		σ	2,678	p	,861	,734	,000	,025	,044	,000			
		N	1003	N	1003	1003	997	998	999	937			
8	**Geschlecht**	μ	1,14	τb	-,089**	,019	-,087**	-,125**	-,108**	-,159**	-,099**		
	(1 – männlich;	σ	,695	p	,000	,416	,001	,000	,000	,000	,000		
	2 – weiblich)	N	1101	N	1101	1101	1094	1096	1096	1008	1003		
9	**Abiturnote**	μ	2,08	τb	-,004	-,007	,093**	,017	,040	,060*	-,113**	-,118**	
	(1 – sehr gut bis	σ	,542	p	,855	,782	,001	,547	,143	,021	,000	,000	
	4 - bestanden)	N	841	N	841	841	835	839	839	781	789	841	
10	**Vordiplomsnote**	μ	2,44	τb	,073	-,113**	,152**	,019	,108*	,154**	,227**	-,090	,331**
	(1 – sehr gut bis	σ	,517	p	,077	,006	,001	,700	,022	,001	,000	,071	,000
	4 - bestanden)	N	283	N	283	283	283	282	283	266	278	283	276

mit: μ – Mittelwert der Teilstichprobe; σ – Standardabweichung in der Teilstichprobe; N – Anzahl der Datensätze

Tab. 7-76: Bivariate Korrelationen des Risikoverhaltens mit Kontextvariablen bei den Studenten

Studenten, die eher nach Erwartungswerten als nach Gefühl entscheiden, fühlen sich sicherer in ihren Entscheidungen und halten sich eher für risikofreudig sowie entscheiden umso risikofreudiger. Aber bei Gewinnaussichten wird eher nach Erwartungswert und bei Verlustaussichten eher nach Gefühl entschieden (vgl. Tab. 7-76).

Wegen des signifikanten Altersunterschieds zwischen Studentinnen und Studenten in der Stichprobe wird eine partielle Korrelation mit Kontrolle des Alterseffekts vorgenommen. Die signifikanten Unterschiede in der Risikoeinstellung und im Risikoverhalten zwischen den Studentinnen und den Studenten bleiben auch bei partiellen Korrelationen unter Kontrolle des Alterseffekts bestehen (vgl. Tab. 7-77).

Partielle Korrelation mit Kontrolle des Alters					**1** Risikoverhalten bei Gewinnaussichten	**2** Risikoverhalten bei Verlustaussichten	**3** Risikoeinstellung	**4** Entscheidungs-sicherheit	**5** Entscheidungsart	**6** Alter	**7** Semester	**8** Geschlecht	**9** Abiturnote
1	**Risikoverhalten bei**	μ	-,089										
	Gewinnaussichten	σ	,4500										
	(K1 aus M+C+S-Daten)	N	1101										
2	**Risikoverhalten bei**	μ	,251	ρ	**-,098**								
	Verlustaussichten	σ	,4495	p	,002								
	(K2 aus M+C+S-Daten)	N	1101	F	1005								
3	**Risikoeinstellung**	μ	-,091	ρ	**,399**	**,121**							
	(-1 – sehr risikoavers bis	σ	,4028	p	,000	,000							
	1 – sehr risikofreudig)	N	1094	F	998	998							
4	**Entscheidungssicherheit**	μ	,167	ρ	**,071**	,052	**,123**						
	(-1 – sehr unsicher bis	σ	,3756	p	,026	,098	,000						
	1 –sehr sicher)	N	1096	F	1000	1000	998						
5	**Entscheidungsart**	μ	-,041	ρ	**,204**	**-,087**	**,155**	**,302**					
	(-1 – immer nach Gefühl bis	σ	,4071	p	,000	,006	,000	,000					
	1 – nach Erwartungswert)	N	1096	F	1002	1002	998	1000					
7	**Semester**	μ	3,58	ρ	,025	,025	**-,078**	,055	**-,074**				
		σ	2,678	p	,453	,446	,017	,093	,023				
		N	1003	F	934	934	934	934	934				
8	**Geschlecht**	μ	1,14	ρ	**-,105**	,015	**-,107**	**-,134**	**-,103**		-,061		
	(1 – männlich;	σ	,695	p	,001	,643	,001	,000	,001		,062		
	2 – weiblich)	N	1101	F	1005	1005	998	1000	1002		934		
9	**Abiturnote**	μ	2,08	ρ	-,016	-,003	**,109**	,014	,045		**-,212**	**-,126**	
	(1 – sehr gut bis	σ	,542	p	,657	,923	,002	,689	,214		,000	,000	
	4 - bestanden)	N	841	F	778	778	778	778	778		778	778	
10	**Vordiplomsnote**	μ	2,44	ρ	,092	-,154	**,201**	-,030	**,159**		,145	-,088	**,462**
	(1 – sehr gut bis	σ	,517	p	,137	,012	,001	,630	,009		,019	,155	,000
	4 - bestanden)	N	283	F	263	263	263	263	263		263	263	263

mit: μ – Mittelwert der Teilstichprobe; σ – Standardabweichung in der Teilstichprobe; N – Anzahl der Datensätze; ρ – Korrelation nach Pearson; p – Signifikanz; F – Freiheitsgrade

Tab. 7-77: Partielle Korrelationen des Risikoverhaltens mit Kontextvariablen bei den Studenten mit Kontrolle des Alterseffekts

Studenten mit besseren Abitur- und Vordiplomnoten halten sich für risikoaverser und entscheiden auch risikoaverser bei Gewinnaussichten als Studenten mit schlechteren Noten. Soweit der Vergleich an dieser Stelle zulässig sein sollte, ist dieses Ergebnis einerseits konträr zur klassischen Finanzmarkttheorie, die eine höhere Performance mit dem vermehrten Eingehen von Risiken postuliert und andererseits wird damit empirisch auf dieser Ebene die Theorie der Existenz eines Rendite-Risikoparadoxons unterstützt (vgl. BOWMAN 1980, S. 19 ff.). Im 4-Gruppen-Risikoverhaltensmodell sind jedoch keine signifikanten Unterschiede zwischen den Risikoverhaltensgruppen für die Abiturnote und die Vordiplomsnote feststellbar.

Im 4-Gruppen-Risikoverhaltensmodell, das mittels Clusteranalyse aus den Komponenten K1 (Risikoverhalten bei Gewinnaussichten) und K2 (Risikoverhalten bei Verlustaussichten) gebildet wurde, ergeben sich folgende Unterschiede zwischen den Studenten:
Die mittlere Risikoeinstellung unterscheidet sich signifikant ($p \leq 0{,}002$) in allen Gruppen („risikoaverse" Gruppe: μ = -0,289; „irrationale" Gruppe: μ = -0,190; „rationale" Gruppe: μ = 0,018; „risikofreudige" Gruppe: μ = 0,114). In der Reihenfolge der Gruppenmittelwerte zeigt

sich die deutlich stärkere Korrelation der Risikoeinstellung zum Risikoverhalten bei Gewinnaussichten als zum Risikoverhalten bei Verlustaussichten (vgl. Tab. 7-76).

Die mittlere empfundene Sicherheit bei den Entscheidungen (Entscheidungssicherheit) nimmt von der „risikoaversen" (μ = 0,122) über die „irrationale" (μ = 0,154) und die „rationale" (μ = 0,154) bis zur „risikofreudigen" Gruppe (μ = 0,197) zu, wobei nur die mittlere Differenz zwischen der „risikoaversen" und der „risikofreudigen" Gruppe signifikant ist (p = 0,047).

Nur die „rationale" Gruppe (μ = 0,086) entscheidet im Mittel mehr nach Erwartungswert als nach Gefühl (Entscheidungsart) und unterscheidet sich damit signifikant ($p \leq 0{,}002$) von der „risikoaversen" (μ = -0,113), der „irrationalen" (μ = -0,090) und der „risikofreudigen" Gruppe (μ = 0,029), die im Mittel mehr nach Gefühl entscheiden.

Die „rationale" Gruppe ist im Mittel älter als die anderen Gruppen („risikoaverse" Gruppe: μ = 21,84; „irrationale" Gruppe: μ = 21,81; „rationale" Gruppe: μ = 22,28; „risikofreudige" Gruppe: μ = 21,90), aber nur gegenüber der der „risikofreudigen" Gruppe signifikant älter (p = 0,044). Daraus könnte analog zu den Managern geschlussfolgert werden, dass sich rationales Verhalten mit dem Alter verstärkt entwickelt.

7.10.2.4 Risikoentscheidungsverhalten von Bachelor- und Masterstudenten

Die Datenerhebungen fanden von 2005 bis 2007 in der Zeit vor und nach der Umstellung der Diplomstudiengänge auf Bachelor und Master statt, weshalb die Begriffe hier parallel verwendet werden.

		N	μ	σ	min	max	Perzentile		
							25.	50.	75.
Bachelor- bzw. Vordiplomstudenten	Risikoeinstellung	549	-,055	,3958	-1,0	1,0	-,500	,000	,000
	K1 aus M+C+S-Daten	553	-,099	,4336	-1,0	1,0	-,420	-,151	,196
	K2 aus M+C+S-Daten	553	,221	,4402	-1,0	1,0	-,108	,231	,536
	Entscheidungssicherheit	550	,146	,3934	-1,0	1,0	,000	,000	,500
	Entscheidungsart	550	-,010	,3904	-1,0	1,0	,000	,000	,000
	Alter	508	20,9	2,51	1	34	19,3	20,0	22,0
	Geschlecht (1 – ♂; 2; – ♀)	496	1,41	,493	1	2	1,00	1,00	2,00
	Abiturnote	474	2,15	,554	1,0	4,0	1,80	2,10	2,60
	Vordiplomsnote	0							
	Semester	553	1,44	,901	1	4	1,0	1,0	1,0
Master- bzw. Diplomstudenten	Risikoeinstellung	448	-,135	,4057	-1,0	1,0	-,500	,000	,000
	K1 aus M+C+S-Daten	450	-,077	,4653	-,87	1,0	-,456	-,154	,279
	K2 aus M+C+S-Daten	450	,274	,4652	-,92	1,0	-,070	,316	,625
	Entscheidungssicherheit	448	,194	,3381	-1,0	1,0	,000	,000	,500
	Entscheidungsart	449	-,079	,4076	-1,0	1,0	-,500	,000	,000
	Alter	429	23,1	2,32	19	48	22,0	23,0	24,0
	Geschlecht (1 – ♂; 2; – ♀)	347	1,36	,481	1	2	1,00	1,00	2,00
	Abiturnote	315	1,96	,497	1,0	3,1	1,60	2,00	2,30
	Vordiplomsnote	276	2,44	,515	1,1	3,5	2,10	2,50	2,80
	Semester	450	6,21	1,56	5	15	5,00	6,00	7,00

Tab. 7-78: Deskriptive Statistiken der Bachelor- und Master-Studenten

Die Bachelor- bzw. Vordiplomstudenten halten sich zwar im Mittel für signifikant risikofreudiger ($p = 0{,}008$)[148] als die Master- bzw. Diplomstudenten, aber bis auf die zu erwartende signifikante Altersdifferenz ($p \leq 0{,}001$) sind keine weiteren signifikanten Unterschiede zwischen Bachelor- und Masterstudenten (auch bei getrennter Analyse der Geschlechter) feststellbar (vgl. Tab. 7-78).

Wird das Risikoverhalten der Bachelor- mit den Masterstudenten verglichen, zeigt sich entgegen der allgemeinen höheren Risikoaversion mit zunehmendem Alter (vgl. Kapitel 0) eine Zunahme der Risikofreude und eine Abnahme der Rationalität (vgl. Tab. 7-79 und Abb. 7-23). Insgesamt sind die Unterschiede im Risikoentscheidungsverhalten zwischen Bachelor- und Masterstudenten jedoch nicht signifikant (χ^2 nach PEARSON = 2,101; p = 0,552; CRAMER's V = 0,046; p = 0,552; GOODMAN-KRUSKAL-τ der Teilstichprobe = 0,002; p = 0,552; GOODMAN-KRUSKAL-τ der Gruppe = 0,001; p = 0,532).

Teilstichprobe		Risikoverhaltensgruppe 1 „risikoavers"	2 „irrational"	3 „rational"	4 „risikofreudig"	Gesamt
Bachelor- bzw. Vordiplomstudenten	N	139	181	106	127	553
	%	25,1 %	32,7 %	19,2 %	23,0 %	100,0 %
Master- bzw. Diplomstudenten	N	98	159	82	111	450
	%	21,8 %	35,3 %	18,2 %	24,7 %	100,0 %
Gesamt	N	237	340	188	238	1003
	%	23,6 %	33,9 %	18,7 %	23,7 %	100,0 %

mit: N – Anzahl; % – Prozentualer Anteil innerhalb der Zeile

Tab. 7-79: Risikoverhaltensgruppenverteilungen der Bachelor- und Master-Studenten

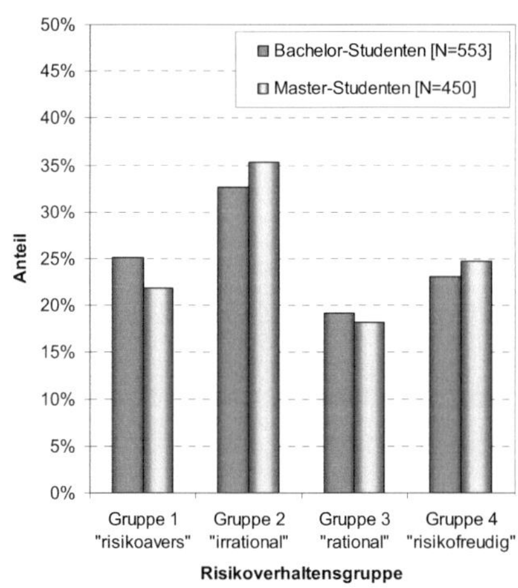

Abb. 7-23: Risikoverhaltensgruppenverteilungen der Bachelor- und Master-Studenten

Zusammenfassend kann festgestellt werden, dass Master-Studenten sich für signifikant risikoaverser als Bachelor-Studenten halten, aber keine signifikanten Unterschiede im Risikoentscheidungsverhalten zwischen beiden Gruppen bestehen.

148 Eine getrennte Analyse der Geschlechter zeigt, dass die zunehmende Risikoaversion beim Vergleich der Bachelor- mit den Masterstudenten nur bei Studenten signifikant ist ($p = 0{,}010$) aber nicht bei Studentinnen ($p = 0{,}180$).

7.10.2.5 Risikoverhalten in Abhängigkeit der Studienrichtung der Studenten

Die Aufspaltung der Studenten in die verschiedenen Studienrichtungen (vgl. Tab. 7-80) zeigt teilweise signifikante Unterschiede im Risikoentscheidungsverhalten (vgl. Tab. 7-81).

		N	μ	σ	min	max	Perzentile 25.	50.	75.
Wirtschaftsmathematik-Studenten	Risikoeinstellung	72	,000	,3658	-1,0	1,0	,000	,000	,000
	K1 aus M+C+S-Daten	72	-,053	,4471	-1,0	1,0	-,384	-,175	,335
	K2 aus M+C+S-Daten	72	,278	,4024	-,9	1,0	-,008	,341	,557
	Entscheidungssicherheit	70	,279	,3366	-,5	1,0	,000	,500	,500
	Entscheidungsart	72	-,028	,4432	-1,0	1,0	-,500	,000	,500
	Alter	63	20,54	1,925	18	28	19,00	20,00	22,00
	Geschlecht (1 – ♂; 2; – ♀)	61	1,51	,504	1	2	1,00	2,00	2,00
	Abiturnote	65	2,02	,547	1	3	1,60	2,00	2,35
	Vordiplomsnote	6	2,37	,647	1	3	1,98	2,35	2,90
	Semester	67	2,40	2,161	1	10	1,00	1,00	3,00
Wirtschaftsingenieur-Studenten	Risikoeinstellung	207	-,128	,3933	-1,0	,5	-,500	,000	,000
	K1 aus M+C+S-Daten	207	-,084	,4286	-,9	1,0	-,433	-,151	,227
	K2 aus M+C+S-Daten	207	,234	,4742	-1,0	1,0	-,156	,271	,625
	Entscheidungssicherheit	207	,208	,3346	-,5	1,0	,000	,500	,500
	Entscheidungsart	207	-,022	,3889	-1,0	1,0	,000	,000	,000
	Alter	199	22,16	2,015	18	30	21,00	22,00	23,00
	Geschlecht (1 – ♂; 2; – ♀)	183	1,20	,399	1	2	1,00	1,00	1,00
	Abiturnote	172	1,92	,479	1	3	1,60	1,90	2,30
	Vordiplomsnote	111	2,42	,488	1	4	2,20	2,40	2,80
	Semester	204	4,92	2,599	1	15	4,00	5,00	7,00
Wirtschaftsinformatik-Studenten	Risikoeinstellung	54	-,065	,4239	-1,0	1,0	-,500	,000	,000
	K1 aus M+C+S-Daten	54	-,093	,3974	-,8	1,0	-,343	-,120	,120
	K2 aus M+C+S-Daten	54	,305	,4912	-,8	1,0	,036	,380	,687
	Entscheidungssicherheit	54	,185	,3921	-,5	1,0	,000	,500	,500
	Entscheidungsart	54	-,019	,3881	-1,0	,5	,000	,000	,000
	Alter	50	22,04	2,267	19	28	20,00	21,00	23,25
	Geschlecht (1 – ♂; 2; – ♀)	50	1,08	,274	1	2	1,00	1,00	1,00
	Abiturnote	44	2,29	,533	1	3	2,00	2,40	2,68
	Vordiplomsnote	21	2,27	,723	1	3	1,70	2,30	2,95
	Semester	52	3,75	2,779	1	11	1,00	5,00	5,00
Wirtschaftspädagogik-Studenten	Risikoeinstellung	25	-,120	,3617	-,5	,5	-,500	,000	,000
	K1 aus M+C+S-Daten	25	-,193	,3982	-1,0	,7	-,481	-,158	,045
	K2 aus M+C+S-Daten	25	,394	,4389	-,5	1,0	,009	,438	,752
	Entscheidungssicherheit	25	-,040	,4546	-1,0	,5	-,500	,000	,500
	Entscheidungsart	24	-,104	,3895	-1,0	,5	-,500	,000	,000
	Alter	23	22,78	4,045	18	37	20,00	23,00	24,00
	Geschlecht (1 – ♂; 2; – ♀)	20	1,55	,510	1	2	1,00	2,00	2,00
	Abiturnote	18	2,38	,661	2	4	1,90	2,30	2,73
	Vordiplomsnote	6	2,37	,320	2	3	2,10	2,25	2,73
	Semester	24	3,08	2,394	1	7	1,00	1,00	5,00

Tab. 7-80: Deskriptive Statistiken der Studenten nach Studienrichtung

Bei der Risikoeinstellung unterscheiden sich nur die Wirtschaftsmathematik-Studenten mit ihrer im Mittel risikoneutralen Risikoeinstellung signifikant ($p = 0{,}032$) von den Studenten der nichtwirtschaftswissenschaftlichen Fachrichtungen, die sich von allen befragten Studenten im Mittel für am risikoaversesten halten. Auch beim Risikoverhalten bei Gewinnaussichten (K1) ist der Unterschied zwischen beiden Studienrichtungen signifikant (p = 0,022).[149] Weiterhin zeigen die Volkswirtschafts-Studenten im Mittel ein signifikant risikofreudigeres Entscheidungsverhalten bei Gewinnaussichten als die Studenten der nichtwirtschaftswissenschaftlichen Fachrichtungen (p = 0,005) sowie die Wirtschaftspädagogik-Studenten (p = 0,027).

		N	μ	σ	min	max	Perzentile		
							25.	50.	75.
Betriebswirtschafts-Studenten	Risikoeinstellung	140	-,129	,4214	-1,0	1,0	-,500	,000	,000
	K1 aus M+C+S-Daten	142	-,066	,4598	-1,0	1,0	-,426	-,130	,249
	K2 aus M+C+S-Daten	142	,273	,4597	-,9	1,0	-,015	,294	,602
	Entscheidungssicherheit	141	,131	,3518	-1,0	1,0	,000	,000	,500
	Entscheidungsart	141	-,106	,3475	-1,0	,5	-,500	,000	,000
	Alter	135	22,21	2,095	18	30	21,00	22,00	24,00
	Geschlecht (1 – ♂; 2; – ♀)	109	1,68	,469	1	2	1,00	2,00	2,00
	Abiturnote	103	2,00	,466	1	3	1,70	2,00	2,20
	Vordiplomsnote	60	2,51	,470	1	3	2,30	2,60	2,80
	Semester	135	4,58	2,284	1	9	3,00	5,00	6,00
Volkswirtschafts-Studenten	Risikoeinstellung	61	-,066	,3924	-1,0	,5	-,500	,000	,000
	K1 aus M+C+S-Daten	62	,045	,4827	-,8	1,0	-,438	,003	,533
	K2 aus M+C+S-Daten	62	,206	,4603	-,7	1,0	-,127	,250	,541
	Entscheidungssicherheit	61	,189	,4099	-1,0	,5	,000	,500	,500
	Entscheidungsart	60	-,017	,4691	-1,0	1,0	-,500	,000	,500
	Alter	60	23,15	4,539	18	48	20,00	22,00	24,75
	Geschlecht (1 – ♂; 2; – ♀)	57	1,40	,495	1	2	1,00	1,00	2,00
	Abiturnote	46	2,19	,478	1	3	1,85	2,15	2,60
	Vordiplomsnote	16	2,75	,590	2	4	2,10	3,00	3,28
	Semester	57	3,82	3,506	1	15	1,00	1,00	6,50
Verkehrswirtschafts-Studenten	Risikoeinstellung	35	-,029	,4012	-1,0	1,0	-,500	,000	,000
	K1 aus M+C+S-Daten	36	-,052	,4900	-,9	1,0	-,431	-,081	,236
	K2 aus M+C+S-Daten	36	,226	,4242	-,6	1,0	-,144	,288	,527
	Entscheidungssicherheit	36	,083	,3684	-,5	1,0	,000	,000	,500
	Entscheidungsart	36	,042	,4031	-1,0	,5	,000	,000	,500
	Alter	36	20,97	2,348	18	29	19,25	20,00	22,00
	Geschlecht (1 – ♂; 2; – ♀)	34	1,44	,504	1	2	1,00	1,00	2,00
	Abiturnote	28	2,21	,550	1	3	2,00	2,25	2,70
	Vordiplomsnote	6	2,80	,322	2	3	2,45	2,95	3,03
	Semester	32	2,59	2,538	1	9	1,00	1,00	4,75
Studenten nicht wirtschafts-wissenschaftl. Fachrichtungen	Risikoeinstellung	68	-,184	,3445	-1,0	,5	-,500	,000	,000
	K1 aus M+C+S-Daten	69	-,225	,4453	-1,0	1,0	-,539	-,291	,099
	K2 aus M+C+S-Daten	69	,231	,4133	-,9	,9	-,083	,277	,537
	Entscheidungssicherheit	69	,225	,3591	-,5	1,0	,000	,000	,500
	Entscheidungsart	69	-,007	,4330	-1,0	1,0	-,500	,000	,500
	Alter	65	22,32	3,877	1	34	21,00	22,00	24,00
	Geschlecht (1 – ♂; 2; – ♀)	59	1,46	,502	1	2	1,00	1,00	2,00
	Abiturnote	61	2,27	,569	1	4	2,00	2,30	2,70
	Vordiplomsnote	3	2,30	,693	2	3	1,50	2,70	2,70
	Semester	58	4,43	2,225	1	10	3,00	3,00	5,25

Tab. 7-80: Deskriptive Statistiken der Studenten nach Studienrichtung (fortgesetzt)

[149] Die Vergleiche der Studienrichtungen erfolgen mittels Varianzanalyse, wobei das Alter und das Semester wegen signifikanter Unterschiede zwischen den Studienrichtungen als Kovariate kontrolliert werden.

Beim Risikoentscheidungsverhalten bei Verlustaussichten (K2) sind keine signifikanten Unterschiede zwischen den Studienrichtungen feststellbar.

Bei den Volkswirtschafts-Studenten ist eine höhere „Rationalität" und geringere „Irrationalität" im Entscheidungsverhalten gegenüber den anderen Studienrichtungen zu erkennen (vgl. Tab. 7-79). Insgesamt sind die Unterschiede jedoch nicht signifikant (χ^2 nach PEARSON = 15,775; p = 0,782; CRAMER's V = 0,089; p = 0,782; GOODMAN-KRUSKAL-τ der Teilstichprobe = 0,003; p = 0,840; GOODMAN-KRUSKAL-τ der Gruppe = 0,009; p = 0,703).[150]

Teilstichprobe		Risikoverhaltensgruppe 1 „risikoavers"	2 „irrational"	3 „rational"	4 „risikofreudig"	Gesamt
Wirtschaftsmathematik-Studenten	N	9	31	21	11	72
	%	12,5 %	43,1 %	29,2 %	15,3 %	100,0 %
Wirtschaftsingenieur-Studenten	N	33	79	52	43	207
	%	15,9 %	38,2 %	25,1 %	20,8 %	100,0 %
Wirtschaftsinformatik-Studenten	N	7	25	9	13	54
	%	13,0 %	46,3 %	16,7 %	24,1 %	100,0 %
Wirtschaftspädagogik-Studenten	N	3	11	5	6	25
	%	12,0 %	44,0 %	20,0 %	24,0 %	100,0 %
Betriebswirtschafts-Studenten	N	21	58	30	33	142
	%	14,8 %	40,8 %	21,1 %	23,2 %	100,0 %
Volkswirtschafts-Studenten	N	7	18	20	17	62
	%	11,3 %	29,0 %	32,3 %	27,4 %	100,0 %
Verkehrswirtschafts-Studenten	N	6	15	8	7	36
	%	16,7 %	41,7 %	22,2 %	19,4 %	100,0 %
Studenten aus anderen, nicht wirtschafts-wissenschaftlichen Fachrichtungen	N	13	33	13	10	69
	%	18,8 %	47,8 %	18,8 %	14,5 %	100,0 %
Gesamt	N	99	270	158	140	667
	%	14,8 %	40,5 %	23,7 %	21,0 %	100,0 %

mit: N – Anzahl; % – Prozentualer Anteil innerhalb der Zeile

Tab. 7-81: Vergleich der Risikoverhaltensgruppengrößen zwischen verschiedenen Studienrichtungen

Zusammenfassend kann festgestellt werden, dass teilweise signifikante Unterschiede im Risikoentscheidungsverhalten bei Gewinnaussichten (K1) jedoch nicht bei Verlustaussichten (K2) zwischen den Studienrichtungen existieren.

7.11 Organisationale Kontextfaktoren des Risikoentscheidungsverhaltens

7.11.1 Übersicht der organisationalen Kontextfaktoren

Bevor in den folgenden Kapiteln die untersuchten organisationalen Kontextvariablen des Risikoverhaltens einzeln analysiert werden, wird in diesem Kapitel zunächst eine Übersicht des Risikoverhaltens mit den Kontextvariablen wiedergegeben (vgl. Tab. 7-82). Dies hat den Vorteil, dass auch Korrelationen zwischen den Kontextvariablen aufgezeigt werden können, die in den weiteren Analysen nicht vertiefend untersucht werden.

150 Auch bei der Kontingenzanalyse der Volkswirtschafts-Studenten mit jeweils nur einer anderen Studienrichtung sind keine signifikanten Unterschiede feststellbar. Dies kann in diesem Fall auch an den geringen absoluten Gruppengrößen liegen, d. h. mit mehr Testteilnehmern könnten die deutlichen Unterschiede eventuell signifikant sein, da χ^2 von der Stichprobengröße abhängt.

	Manager auf Geschäftsleitungsebene				1 Risikoentscheidungsverhalten bei Gewinnaussichten (K1)	2 Risikoentscheidungsverhalten bei Verlustaussichten (K2)	3 Selbsteinschätzung der Unternehmensperformance	4 Selbsteinschätzung Risikoverhalten (= Risikoeinstellung)	5 Umsatz	6 Umsatzwachstum (Umsatz 2007 / Umsatz 2006)	7 Mitarbeiteranzahl	8 Mitarbeiteranzahlwachstum (MA 2007 / MA 2006)	9 Bilanzsumme	10 Bilanzsummenwachstum (GK 2007 / GK 2006)	11 ROE	12 ROA	13 ROS
1	Risikoverhalten bei Gewinnaussichten (K1)	μ	-,194	τb													
		σ	,4522	p													
		N	1092	N													
2	Risikoverhalten bei Verlustaussichten (K2)	μ	,055	τb	,015												
		σ	,4838	p	,461												
		N	1092	N	1092												
3	Selbsteinschätzung der Unternehmens-performance	μ	,325	τb	,057*	-,016											
		σ	,3349	p	,018	,503											
		N	1080	N	1080	1080											
4	Selbsteinschätzung Risikoverhalten (= Risikoeinstellung)	μ	-,068	τb	,307**	,111**	,083**										
		σ	,4093	p	,000	,000	,003										
		N	1087	N	1087	1087	1079										
5	Umsatz (Mio. €)	μ	31,06	τb	,014	-,025	,016	-,011									
		σ	203,8	p	,575	,316	,590	,703									
		N	693	N	693	693	686	688									
6	Umsatzwachstum (Umsatz 2007 / Umsatz 2006)	μ	,128	τb	,028	,005	,114**	,025	-,040								
		σ	,2532	p	,373	,882	,002	,489	,198								
		N	467	N	467	467	463	464	466								
7	Mitarbeiteranzahl	μ	119	τb	,009	-,011	-,025	-,009	,708**	-,065*							
		σ	853,7	p	,736	,659	,409	,765	,000	,038							
		N	697	N	697	697	690	692	691	466							
8	Mitarbeiteranzahl-wachstum (MA 2007 / MA 2006)	μ	,062	τb	,005	-,025	,110**	,045	,139**	,205**	,151**						
		σ	,2382	p	,851	,382	,001	,176	,000	,000	,000						
		N	620	N	620	620	613	615	617	437	620						
9	Bilanzsumme (Tausend €)	μ	26,05	τb	-,019	,001	,020	-,036	,731**	-,038	,650**	,125**					
		σ	194,0	p	,503	,959	,539	,264	,000	,253	,000	,000					
		N	573	N	573	573	567	568	569	404	572	515					
10	Bilanzsummen-wachstum (GK 2007 / GK 2006)	μ	,141	τb	,041	,018	,078*	,028	-,027	,240**	-,056*	,135**	,012				
		σ	,3014	p	,141	,513	,019	,387	,342	,000	,047	,000	,670				
		N	569	N	569	569	563	564	566	403	568	515	569				
11	ROE	μ	,188	τb	-,032	,034	-,036	-,043	,248**	-,128**	,258**	-,046	,244**	-,116**			
		σ	,3056	p	,207	,181	,240	,148	,000	,000	,000	,119	,000	,000			
		N	442	N	700	700	694	695	687	463	692	615	569	565			
12	ROA	μ	,041	τb	,013	-,010	,114**	-,046	,037	,186**	,001	,076*	,025	,204**	-,003		
		σ	,1282	p	,693	,748	,002	,208	,242	,000	,979	,030	,428	,000	,937		
		N	542	N	442	442	439	439	441	328	441	410	437	437	438		
13	ROS	μ	,024	τb	,004	,008	,094**	-,063	,068*	,165**	,032	,079*	,049	,126**	,068*	,699**	
		σ	,0812	p	,890	,791	,006	,057	,018	,000	,268	,014	,087	,000	,020	,000	
		N	488	N	542	542	537	538	538	385	541	486	542	539	538	437	
14	Unternehmensalter	μ	28,34	τb	-,028	,004	,057	-,106**	,045	,134**	,037	,067*	,115**	,163**	,051	,570**	,760**
		σ	35,94	p	,348	,882	,115	,002	,135	,000	,228	,045	,000	,000	,096	,000	,000
		N	700	N	488	488	484	485	488	390	487	448	480	478	484	398	480

mit: μ – Mittelwert der Variable; σ – Standardabweichung der Variable; τb – KENDALL's Tau-B (Korrelationskoeffizient); p – p-Wert der Signifikanz (2-seitig); ** – signifikant auf 1 %-Niveau; * – signifikant auf 5 %-Niveau; N – Anzahl der Datensätze

Tab. 7-82: Bivariate Korrelationen zwischen dem Risikoverhalten der Manager und organisationalen Kontextvariablen

7.11.2 Einfluss der Geschäftsführeranzahl, der Gesellschafteranzahl und des Teamentscheidungsverhaltens auf das Risikoentscheidungsverhalten

Die Anzahl der Geschäftsführer und Gesellschafter der Unternehmen der Testteilnehmer wurde aus den Bilanzen und ggf. aus Datenbanken erhoben. Im Fragebogen wurden die Testteilnehmer gebeten, ihr eigenes Teamentscheidungsverhalten auf einer fünfstufigen LIKERT-Skala einzuschätzen: „Entscheidungen treffe ich:“ „immer allein“, „überwiegend allein“, „ca. zu gleichen Teilen allein und im Team“, „überwiegend im Team“, „immer im Team“.

Die Ergebnisse der Studie zeigen beim mittleren Teamentscheidungsverhalten (vgl. Tab. 7-83), dass sich die Manager, die gleichzeitig Inhaber sind, signifikant von allen anderen Managern ($p \leq 0{,}003$) unterscheiden. Manager mit unbekanntem Unternehmensanteil unterscheiden sich signifikant von den Managern ohne Unternehmensanteile ($p = 0{,}004$), den Managern mit Minderheitsbeteiligung ($p = 0{,}025$) und den Managern, die gleichzeitig Inhaber sind ($p = 0{,}003$). Weiterhin unterscheiden sich die Controller signifikant im mittleren Teamentscheidungsverhalten von den Managern auf Geschäftsleitungsebene ($p = 0{,}007$).

Position Besitzanteil am Unternehmen	N	μ	σ	min	max	Perzentile 25.	50.	75.
Manager ohne Unternehmensanteile (= 0 %)	122	-,057	,4225	-1,0	1,0	-,500	,000	,000
Manager mit Minderheitsbeteiligung (< 50 %)	77	-,065	,4164	-,5	1,0	-,500	,000	,500
Manager mit Mehrheitsbeteiligung (≥ 50 %)	89	-,135	,3826	-1,0	,5	-,500	,000	,000
Manager und gleichzeitig Inhaber (= 100 %)	204	-,292	,4234	-1,0	1,0	-,500	-,500	,000
Manager mit unbekanntem Unternehmensanteil	349	-,182	,4159	-1,0	1,0	-,500	,000	,000
Manager mit Anteilen > 50 % der Familie	123	-,110	,4025	-1,0	1,0	-,500	,000	,000
Manager auf Geschäftsleitungsebene	**964**	**-,166**	**,4202**	**-1,0**	**1,0**	**-,500**	**,000**	**,000**
Manager auf mittlerer Ebene	47	-,096	,3989	-,5	1,0	-,500	,000	,000
Controller (und controllingnahe Funktionen)	49	,000	,4330	-1,0	1,0	-,500	,000	,500
Unbekannt	16	-,063	,5123	-1,0	,5	-,500	,000	,500
Gesamt	**1076**	**-,154**	**,4225**	**-1,0**	**1,0**	**-,500**	**,000**	**,000**

Tab. 7-83: Deskriptive Statistiken zum Teamentscheidungsverhalten der Testteilnehmer

Tab. 7-84 zeigt insgesamt in eine leicht negative, aber keine signifikante Korrelation des Teamentscheidungsverhaltens mit der Risikoeinstellung und eine positive, aber keine signifikante Korrelation des Teamentscheidungsverhaltens mit dem Risikoentscheidungsverhalten. Auch mit den linearen und quadratischen Regressionsmodellen sind keine statistisch signifikanten Zusammenhänge zwischen dem Teamentscheidungsverhalten und dem Risikoverhalten nachweisbar.

Innerhalb der 4- bzw. 5-Gruppen-Risikoverhaltensmodelle zeigen die „rationale“ und die „risikofreudige“ Gruppe eine höhere Tendenz zum Entscheiden im Team als zum Alleinentscheiden im Vergleich zur „risikoaversen“, „irrationalen“ oder „diffusen“ Gruppe. Die Unterschiede sind jedoch nicht signifikant. Alle Analysen zeigen jedoch, dass das Risikoentscheidungsverhalten von Managern weitgehend unabhängig vom Teamentscheidungsverhalten ist.

Das Teamentscheidungsverhalten korreliert signifikant positiv mit der Anzahl der Geschäftsführer bzw. der Vorstände ($\tau_b = 0{,}194$; $p \leq 0{,}001$; $N = 603$) und der Gesellschafteranzahl im Unternehmen ($\tau_b = 0{,}168$; $p \leq 0{,}001$; $N = 593$). Die Anzahl der Geschäftsführer bzw. der Vorstände zeigen, wie in Tab. 7-44 dargestellt, keinerlei signifikante Korrelationen zum Risikoentscheidungsverhalten oder zur Performance. Auch im 4- bzw. 5-Gruppen-Risikoverhaltensmodell sind keine signifikanten Unterschiede zwischen den Risikoverhaltensgruppen bezüglich Anzahl der Geschäftsführer bzw. der Vorstände, Gesellschafteranzahl sowie Teamentscheidungsverhalten feststellbar.

Position Besitzanteil am Unternehmen		Teamentscheidungsverhalten (Selbsteinschätzung)	Risikoeinstellung (Selbsteinschätzung)	Risikoverhalten bei Gewinnaussichten (K1)	Risikoverhalten bei Verlustaussichten (K2)
Manager ohne (= 0 %) Unternehmensanteile	μ	-,057	-,048	-,180	,095
	σ	,4225	,3746	,4229	,4589
	τ_b		-,156	-,063	-,070
	p		,053	,365	,318
	N	122	157	157	157
Manager mit Minderheitsbeteiligung (< 50 %) am Unternehmen	μ	-,065	-,034	-,186	,091
	σ	,4164	,4115	,4899	,4664
	τ_b		,060	,160	,105
	p		,557	,071	,239
	N	77	89	91	91
Manager mit Mehrheitsbeteiligung (≥ 50 %) am Unternehmen	μ	-,135	,005	-,217	,116
	σ	,3826	,4155	,4532	,4637
	τ_b		,092	,036	,104
	p		,329	,663	,208
	N	89	98	99	99
Manager, die gleichzeitig Inhaber (= 100 %) sind	μ	-,292	-,046	-,214	,065
	σ	,4234	,4070	,4514	,4990
	τ_b		-,004	-,042	,050
	p		,954	,430	,349
	N	204	229	230	230
Manager mit unbekanntem Unternehmensanteil	μ	-,182	-,133	-,221	,009
	σ	,4159	,4121	,4609	,5126
	τ_b		-,033	-,002	,003
	p		,480	,956	,951
	N	349	365	365	365
Manager mit Mehrheitsanteilen (> 50 %) der Familie am Unternehmen	μ	-,110	-,034	-,102	,048
	σ	,4025	,4218	,4319	,4313
	τ_b		,023	-,013	,115
	p		,776	,849	,098
	N	123	149	150	150
Manager auf Geschäftsleitungsebene (insgesamt)	μ	-,166	-,068	-,194	,055
	σ	,4202	,4093	,4522	,4838
	τ_b		-,013	,006	,034
	p		,652	,814	,167
	N	964	1087	1092	1092
Manager auf mittlerer Ebene (Bereichs- und Abteilungsleiter)	μ	-,096	-,091	-,073	,122
	σ	,3989	,4229	,4167	,4503
	τ_b		,104	,033	,041
	p		,430	,774	,721
	N	47	160	164	164
Controller (und controllingnahe Funktionen)	μ	,000	-,112	-,086	-,011
	σ	,4330	,3622	,4620	,4720
	τ_b		,038	,153	-,140
	p		,765	,170	,207
	N	49	121	123	123
Gesamt	μ	-,156	-,075	-,170	,057
	σ	,4211	,4070	,4512	,4795
	τ_b		-,010	,018	,028
	p		,718	,435	,228
	N	1060	1428	1439	1439

mit: μ – Mittelwert der Teilstichprobe; σ – Standardabweichung der Teilstichprobe; τ_b – KENDALL's Tau-B (Korrelationskoeffizient); p – p-Wert der Signifikanz (2-seitig); ** – signifikant auf 1 %-Niveau; * – signifikant auf 5 %-Niveau; N – Anzahl der Datensätze

Tab. 7-84: Bivariate Korrelationen zwischen Teamentscheidungsverhalten und Risikoeinstellung sowie Risikoverhalten

Zusammenfassend kann festgestellt werden, dass zwischen dem Risikoentscheidungsverhalten und der Geschäftsführeranzahl bzw. der Anzahl der Vorstände, der Gesellschafteranzahl sowie dem Teamentscheidungsverhalten keine signifikanten Zusammenhänge erkennbar sind.

Dies widerspricht beispielsweise den Ergebnissen der Studien von BAKER / LAURY / WILLIAMS (2008, S. 374) und MASCLET ET AL. (2009, S. 474), die einen Einfluss der Teamgröße auf das Risikoverhalten von Managern feststellen.

7.11.3 Einfluss der Unternehmensgröße und des Unternehmenswachstums

7.11.3.1 Charakterisierung der Unternehmensgröße durch Umsatz, Mitarbeiterzahl und Bilanzsumme

Nach der Empfehlung der Europäischen Kommission erfolgt die Größeneinteilung von Unternehmen hinsichtlich Umsatz, Mitarbeiterzahl und Bilanzsumme (EU 2003, L 124/39). Somit erfolgt die Überprüfung der Zusammenhänge zwischen Unternehmensgröße und Risikoentscheidungsverhalten der Manager auch mit Umsatz, Mitarbeiterzahl und Bilanzsumme, die auf 1 %-Niveau signifikant miteinander korrelieren (vgl. Tab. 7-86, Tab. 7-88 und Tab. 7-90). Umsatz, Mitarbeiterzahl und Bilanzsumme der Unternehmen der Testteilnehmer wurden, soweit das Unternehmen bekannt war, aus Bilanzdaten ermittelt.

7.11.3.2 Umsatz und Risikoverhalten

Die mittleren Umsätze der Unternehmen der Manager auf Geschäftsleitungsebene, der Manager auf mittlerer Ebene sowie der Controller (vgl. Tab. 7-85) unterscheiden sich signifikant auf 1 %-Niveau ($p \leq 0,001$). Je höher der Besitzanteil eines Managers am Unternehmen ist, desto weniger Umsatz weist das Unternehmen im Mittel auf. Manager ohne Unternehmensanteile sind in großen Unternehmen mit signifikant mehr Umsatz anzutreffen als alle anderen Manager mit Besitzanteilen größer als 0 % am Unternehmen ($p \leq 0,001$).

Position **Besitzanteil am Unternehmen**	**N**	**μ**	**σ**	**min**	**max**	**Perzentile** **25.**	 **50.**	 **75.**
Manager ohne Unternehmensanteile (= 0 %)	154	106,32	420,423	,180	3.387	5,64	16,40	51,12
Manager mit Minderheitsbeteiligung (< 50 %)	89	13,44	37,417	,150	321	1,44	3,79	11,58
Manager mit Mehrheitsbeteiligung (≥ 50 %)	98	4,90	7,561	,135	44	,66	1,88	6,00
Manager und gleichzeitig Inhaber (= 100 %)	185	3,61	8,172	,070	85	,60	1,26	3,18
Manager mit unbekanntem Unternehmensanteil	17	39,52	78,611	,204	267	,40	2,20	31,24
Manager mit Anteilen > 50 % der Familie	150	14,24	45,099	,105	510	1,00	2,80	10,80
Manager auf Geschäftsleitungsebene	**693**	**31,06**	**203,782**	,070	**3.387**	**1,00**	**3,00**	**12,22**
Manager auf mittlerer Ebene	114	2.841	2.975	,500	7.123	112	1.442	7.123
Controller (und controllingnahe Funktionen)	103	15.937	23.868	,051	62.516	8,68	93,16	51.723
Unbekannt	10	6.583	20.247	1,000	64.197	5,78	57,27	451,22
Gesamt	**920**	**2.231**	**9.660**	**,051**	**64.197**	**1,350**	**5,800**	**42,872**

Tab. 7-85: Deskriptive Statistiken zum Umsatz [in Mio. €] der Unternehmen der Testteilnehmer

Die Umsätze der Unternehmen in der Gesamtstichprobe sowie in den Teilstichproben der Unternehmen mit Managern auf Geschäftsleitungsebene, Managern auf mittlerer Ebene und mit Controllern sind nach dem KOLMOGOROV-SMIRNOV-Anpassungstest statistisch signifikant normalverteilt auf 1 %-Niveau ($p \leq 0,001$).

Position Besitzanteil am Unternehmen		**Umsatz** [in Mio. €]	**Mitarbeiter-anzahl**	**Bilanz-summe** [in Mio. €]	**Risikoein-stellung** (Selbstein-schätzung)	**Risikoverhalten** **bei Gewinn-aussichten** (K1)	**bei Verlust-aussichten** (K2)
Manager ohne (= 0 %) Unternehmensanteile	μ	106,32	345,74	103039,85	-,048	-,180	,095
	σ	420,423	1759,229	407336,311	,3746	,4229	,4589
	τ_b		**,687****	**,687****	,006	-,013	-,001
	p		,000	,000	,924	,817	,981
	N	154	155	123	157	157	157
Manager mit Minderheitsbeteiligung (< 50 %) am Unternehmen	μ	13,44	82,40	5089,09	-,034	-,186	,091
	σ	37,417	269,813	9768,983	,4115	,4899	,4664
	τ_b		**,635****	**,761****	-,029	,013	-,049
	p		,000	,000	,726	,857	,498
	N	89	91	85	89	91	91
Manager mit Mehrheitsbeteiligung (≥ 50 %) am Unternehmen	μ	4,90	31,68	2580,49	,005	-,217	,116
	σ	7,561	45,024	3933,264	,4155	,4532	,4637
	τ_b		**,710****	**,716****	,019	,092	-,074
	p		,000	,000	,807	,182	,280
	N	98	99	94	98	99	99
Manager, die gleichzeitig Inhaber (= 100 %) sind	μ	3,61	24,39	2106,00	-,046	-,214	,065
	σ	8,172	47,375	3785,497	,4070	,4514	,4990
	τ_b		**,603****	**,672****	,031	-,015	-,062
	p		,000	,000	,586	,758	,213
	N	185	185	130	229	230	230
Manager mit unbekanntem Unternehmensanteil	μ	39,52	166,76	19258,27	-,133	-,221	,009
	σ	78,611	404,218	31396,806	,4121	,4609	,5126
	τ_b		**,756****	**,778****	-,009	,235	-,235
	p		,000	,002	,964	,187	,187
	N	17	17	10	365	365	365
Manager mit Mehrheitsanteilen (> 50 %) der Familie am Unternehmen	μ	14,24	76,59	8470,55	-,034	-,102	,048
	σ	45,099	259,655	50313,400	,4218	,4319	,4313
	τ_b		**,724****	**,682****	-,036	-,030	,044
	p		,000	,000	,563	,585	,428
	N	150	150	131	149	150	150
Manager auf Geschäftsleitungsebene (insgesamt)	μ	31,06	119,17	26047,20	-,068	-,194	,055
	σ	203,780	853,699	193989,790	,4093	,4522	,4838
	τ_b		**,708****	**,731****	-,011	,014	-,025
	p		,000	,000	,703	,575	,316
	N	693	697	573	1087	1092	1092
Manager auf mittlerer Ebene (Bereichs- und Abteilungsleiter)	μ	2841,08	5811,90		-,091	-,073	,122
	σ	2974,542	5541,268		,4229	,4167	,4503
	τ_b		**,497****		,061	,002	**,173****
	p		,000		,428	,974	,010
	N	114	115	0	160	164	164
Controller (und controllingnahe Funktionen)	μ	15936,50	56663,94	40659,78	-,112	-,086	-,011
	σ	23867,957	85272,329	79170,049	,3622	,4620	,4720
	τ_b		**,903****	**,660****	-,024	-,084	-,018
	p		,000	,000	,762	,222	,795
	N	103	103	20	121	123	123
Gesamt	μ	2183,37	7199,80	26540,03	-,075	-,170	,057
	σ	9490,759	33616,181	191229,762	,4070	,4512	,4795
	τ_b		**,784****	**,727****	-,013	,041	-,008
	p		,000	,000	,599	,063	,726
	N	910	915	593	1428	1439	1439

mit: μ – Mittelwert der Teilstichprobe; σ – Standardabweichung der Teilstichprobe; τ_b – KENDALL's Tau-B (Korrelationskoeffizient); p – p-Wert der Signifikanz (2-seitig); ** – signifikant auf 1 %-Niveau; * – signifikant auf 5 %-Niveau; N – Anzahl der Datensätze

Tab. 7-86: Bivariate Korrelationen zwischen Umsatz und Mitarbeiteranzahl sowie Bilanzsumme der Unternehmen und Risikoeinstellung sowie Risikoverhalten der Manager und Controller

Die bivariaten Korrelationen in Tab. 7-86 zeigen bis auf die signifikante Zunahme der Risikofreude bei Verlustaussichten bei den Managern auf mittlerer Ebene in umsatzstärkeren Unternehmen keine signifikanten Zusammenhänge zwischen Umsatz und Risikoentscheidungsverhalten.

Wird der Einfluss der Unternehmensgröße mittels partieller Korrelation unter Kontrolle des Alterseffekts untersucht, zeigen die Controller eine signifikant negative Korrelation (τ_b = -0,226; p = 0,027) zwischen Umsatz und Risikoverhalten bei Gewinnaussichten. Die Controller in großen Unternehmen sind somit signifikant risikoaverser als in kleineren Unternehmen.

Mit quadratischen Regressionsanalysen sind keine statistisch signifikanten Zusammenhänge zwischen dem Umsatz und dem Risikoverhalten nachweisbar.

Innerhalb der 4- bzw. 5-Gruppen-Risikoverhaltensmodelle unterscheiden sich die Risikoverhaltensgruppen nicht signifikant im Umsatz.

7.11.3.3 Mitarbeiterzahl und Risikoverhalten

Die mittleren Mitarbeiteranzahlen der Unternehmen der Manager auf Geschäftsleitungsebene, der Manager auf mittlerer Ebene und der Controller (vgl. Tab. 7-87) unterscheiden sich signifikant auf 5 %-Niveau (p ≤ 0,048). Je höher der Besitzanteil eines Managers am Unternehmen ist, desto weniger Mitarbeiter weist das Unternehmen im Mittel auf. Manager ohne Unternehmensanteile sind in großen Unternehmen mit signifikant mehr Mitarbeitern anzutreffen als alle anderen Manager mit Besitzanteilen größer als 0 % am Unternehmen (p ≤ 0,016).

Position **Besitzanteil am Unternehmen**	**N**	**µ**	**σ**	**min**	**max**	**Perzentile**		
						25.	**50.**	**75.**
Manager ohne Unternehmensanteile (= 0 %)	155	346	1.759	1	21.581	25	78	182
Manager mit Minderheitsbeteiligung (< 50 %)	91	82	270	1	2.492	10	30	62
Manager mit Mehrheitsbeteiligung (≥ 50 %)	99	32	45	1	304	6	14	41
Manager und gleichzeitig Inhaber (= 100 %)	185	24	47	1	419	5	10	28
Manager mit unbekanntem Unternehmensanteil	17	166	404	1	1.651	5	13	126
Manager mit Anteilen > 50 % der Familie	150	77	260	1	3.054	9	24	55
Manager auf Geschäftsleitungsebene	**697**	**119**	**854**	**1**	**21.581**	**7**	**23**	**67**
Manager auf mittlerer Ebene	115	5.812	5.541	1	42.455	499	7.757	7.757
Controller (und controllingnahe Funktionen)	103	56.664	85.272	1	243.736	65	499	183.697
Unbekannt	11	81.91	23.298	20	78.173	53	300	3.827
Gesamt	**926**	**7.212**	**33.504**	**1**	**243.736**	**10**	**36**	**183**

Tab. 7-87: Deskriptive Statistiken zur Mitarbeiteranzahl der Unternehmen der Testteilnehmer

Die Mitarbeiterzahlen der Unternehmen in der Gesamtstichprobe sowie in den Teilstichproben der Manager auf Geschäftsleitungsebene, der Manager auf mittlerer Ebene und der Controller auf Geschäftsleitungsebene sind nach dem KOLMOGOROV-SMIRNOV-Anpassungstest statistisch signifikant normalverteilt auf 1 %-Niveau (p ≤ 0,001).

Position Besitzanteil am Unternehmen		**Mitarbeiter-anzahl**	**Umsatz** [in Mio. €]	**Bilanz-summe** [in Mio. €]	**Risikoein-stellung** (Selbstein-schätzung)	**Risikoverhalten** **bei Gewinn-aussichten** (K1)	**bei Verlust-aussichten** (K2)
Manager ohne (= 0 %) Unternehmensanteile	μ	345,74	106,32	103039,85	-,048	-,180	,095
	σ	1759,229	420,423	407336,311	,3746	,4229	,4589
	τ_b		**,687****	**,638****	,009	,004	-,032
	p		,000	,000	,888	,947	,554
	N	155	154	123	157	157	157
Manager mit Minderheitsbeteiligung (< 50 %) am Unternehmen	μ	82,40	13,44	5089,09	-,034	-,186	,091
	σ	269,813	37,417	9768,983	,4115	,4899	,4664
	τ_b		**,635****	**,576****	,078	,024	,057
	p		,000	,000	,347	,734	,428
	N	91	89	85	89	91	91
Manager mit Mehrheitsbeteiligung (≥ 50 %) am Unternehmen	μ	31,68	4,90	2580,49	,005	-,217	,116
	σ	45,024	7,561	3933,264	,4155	,4532	,4637
	τ_b		**,710****	**,654****	-,010	,039	,003
	p		,000	,000	,899	,572	,966
	N	99	98	94	98	99	99
Manager, die gleichzeitig Inhaber (= 100 %) sind	μ	24,39	3,61	2106,00	-,046	-,214	,065
	σ	47,375	8,172	3785,497	,4070	,4514	,4990
	τ_b		**,603****	**,599****	-,010	-,023	-,033
	p		,000	,000	,868	,644	,509
	N	185	185	130	229	230	230
Manager mit unbekanntem Unternehmensanteil	μ	166,76	39,52	19258,27	-,133	-,221	,009
	σ	404,218	78,611	31396,806	,4121	,4609	,5126
	τ_b		**,756****	**,764****	-,185	,074	-,296
	p		,000	,002	,350	,680	,099
	N	17	17	10	365	365	365
Manager mit Mehrheitsanteilen (> 50 %) der Familie am Unternehmen	μ	76,59	14,24	8470,55	-,034	-,102	,048
	σ	259,655	45,099	50313,400	,4218	,4319	,4313
	τ_b		**,724****	**,613****	-,032	-,017	,019
	p		,000	,000	,609	,760	,726
	N	150	150	131	149	150	150
Manager auf Geschäftsleitungsebene (insgesamt)	μ	119,17	31,06	26047,20	-,068	-,194	,055
	σ	853,699	203,780	193989,790	,4093	,4522	,4838
	τ_b		**,708****	**,650****	-,009	,009	-,011
	p		,000	,000	,765	,736	,659
	N	697	693	573	1087	1092	1092
Manager auf mittlerer Ebene (Bereichs- und Abteilungsleiter)	μ	5811,90	2841,08		-,091	-,073	,122
	σ	5541,268	2974,542		,4229	,4167	,4503
	τ_b		**,497****		,139	,078	,093
	p		,000		,071	,244	,164
	N	115	114	0	160	164	164
Controller (und controllingnahe Funktionen)	μ	56663,94	15936,50	40659,78	-,112	-,086	-,011
	σ	85272,329	23867,957	79170,049	,3622	,4620	,4720
	τ_b		**,903****	**,522****	-,039	-,097	-,028
	p		,000	,001	,633	,160	,686
	N	103	103	20	121	123	123
Gesamt	μ	7199,80	2183,37	26540,03	-,075	-,170	,057
	σ	33616,181	9490,759	191229,762	,4070	,4512	,4795
	τ_b		**,784****	**,646****	-,015	,036	,003
	p		,000	,000	,553	,102	,892
	N	915	910	593	1428	1439	1439

mit: μ – Mittelwert der Teilstichprobe; σ – Standardabweichung der Teilstichprobe; τ_b – KENDALL's Tau-B (Korrelationskoeffizient); p – p-Wert der Signifikanz (2-seitig); ** – signifikant auf 1 %-Niveau; * – signifikant auf 5 %-Niveau; N – Anzahl der Datensätze

Tab. 7-88: Bivariate Korrelationen zwischen Mitarbeiteranzahl und Umsatz sowie Bilanzsumme der Unternehmen und Risikoeinstellung sowie Risikoverhalten der Manager und Controller

Die bivariaten Korrelationen in Tab. 7-88 zeigen keine signifikanten Zusammenhänge zwischen Mitarbeiteranzahl im Unternehmen und Risikoentscheidungsverhalten der Manager und Controller.

Auch mit quadratischen Regressionsanalysen sind keine statistisch signifikanten Zusammenhänge zwischen der Mitarbeiteranzahl und dem Risikoverhalten nachweisbar.

Innerhalb der 4- bzw. 5-Gruppen-Risikoverhaltensmodelle unterscheiden sich die Risikoverhaltensgruppen nicht signifikant in der Mitarbeiteranzahl.

7.11.3.4 Bilanzsumme und Risikoverhalten

Die mittleren Bilanzsummen der Unternehmen mit Managern auf Geschäftsleitungsebene und mit Controllern auf Geschäftsleitungsebene[151] (vgl. Tab. 7-89) unterscheiden sich nicht signifikant ($p = 0{,}737$). Jedoch je höher der Besitzanteil eines Managers am Unternehmen ist, desto kleiner ist die Bilanzsumme des Unternehmens im Mittel. Manager ohne Unternehmensanteile sind in großen Unternehmen mit einer signifikant ($p \leq 0{,}001$) höheren Bilanzsumme anzutreffen als alle anderen Manager mit Besitzanteilen größer als 0 % am Unternehmen.

Position **Besitzanteil am Unternehmen**	**N**	**μ**	**σ**	**min**	**max**	**Perzentile**		
						25.	**50.**	**75.**
Manager ohne Unternehmensanteile (= 0 %)	123	103.040	407.336	25	3.280.735	3589,87	9324,75	30233,8
Manager mit Minderheitsbeteiligung (< 50 %)	85	5.089	9.769	33	62.583	569,27	1937,57	5078,75
Manager mit Mehrheitsbeteiligung (≥ 50 %)	94	2.580	39.334	31	24.679	287,83	1035,55	2626,65
Manager und gleichzeitig Inhaber (= 100 %)	130	2.106	37.85	29	19.779	256,43	706,87	1805,88
Manager mit unbekanntem Unternehmensanteil	10	19.258	31.397	124	90.285	553,94	2741,01	29597,8
Manager mit Anteilen > 50 % der Familie	131	8.471	50.313	28	572.942	518,07	1493,21	3358,65
Manager auf Geschäftsleitungsebene	**573**	**26.047**	**193.990**	**25**	**3.280.735**	**487,31**	**1606,75**	**6568,00**
Manager auf mittlerer Ebene	0							
Controller (und controllingnahe Funktionen)	20	40.660	79.170	672	265.038	1.841,5	5.454,7	28576,0
Unbekannt	0							
Gesamt	**593**	**26.540**	**191.230**	**25**	**3.280.735**	**506,96**	**1655,11**	**6835,98**

Tab. 7-89: Deskriptive Statistiken zur Bilanzsumme [in Tausend €] der Unternehmen der Testteilnehmer

Die Bilanzsummen der Unternehmen in der Gesamtstichprobe sowie in den Teilstichproben der Unternehmen mit Managern auf Geschäftsleitungsebene und mit Controllern auf Geschäftsleitungsebene sind nach dem KOLMOGOROV-SMIRNOV-Anpassungstest statistisch signifikant normalverteilt auf 1 %-Niveau ($p \leq 0{,}001$) bzw. bei den Controllern auf 5 %-Niveau ($p = 0{,}013$).

[151] Bilanzkennzahlen wurden nur von Managern auf Geschäftsleitungsebene erhoben.

Position Besitzanteil am Unternehmen		**Bilanzsumme** [in Mio. €]	**Umsatz** [in Mio. €]	**Mitarbeiter-anzahl**	**Risikoein-stellung** (Selbstein-schätzung)	**Risikoverhalten** **bei Gewinn-aussichten** (K1)	**bei Verlust-aussichten** (K2)
Manager ohne (= 0 %) Unternehmensanteile	μ	103039,85	106,32	345,74	-,048	-,180	,095
	σ	407336,311	420,423	1759,229	,3746	,4229	,4589
	τ_b		,638**	,687**	,005	,004	-,032
	p		,000	,000	,940	,951	,603
	N	123	154	155	157	157	157
Manager mit Minderheitsbeteiligung (< 50 %) am Unternehmen	μ	5089,09	13,44	82,40	-,034	-,186	,091
	σ	9768,983	37,417	269,813	,4115	,4899	,4664
	τ_b		,576**	,761**	-,072	-,041	-,006
	p		,000	,000	,397	,582	,936
	N	85	89	91	89	91	91
Manager mit Mehrheitsbeteiligung (≥ 50 %) am Unternehmen	μ	2580,49	4,90	31,68	,005	-,217	,116
	σ	3933,264	7,561	45,024	,4155	,4532	,4637
	τ_b		,654**	,716**	-,042	,031	-,054
	p		,000	,000	,600	,655	,439
	N	94	98	99	98	99	99
Manager, die gleichzeitig Inhaber (= 100 %) sind	μ	2106,00	3,61	24,39	-,046	-,214	,065
	σ	3785,497	8,172	47,375	,4070	,4514	,4990
	τ_b		,599**	,672**	-,006	-,069	-,033
	p		,000	,000	,931	,247	,583
	N	130	185	185	229	230	230
Manager mit unbekanntem Unternehmensanteil	μ	19258,27	39,52	166,76	-,133	-,221	,009
	σ	31396,806	78,611	404,218	,4121	,4609	,5126
	τ_b		,764**	,778**	-,053	-,200	-,200
	p		,002	,002	,845	,421	,421
	N	10	17	17	365	365	365
Manager mit Mehrheitsanteilen (> 50 %) der Familie am Unternehmen	μ	8470,55	14,24	76,59	-,034	-,102	,048
	σ	50313,400	45,099	259,655	,4218	,4319	,4313
	τ_b		,613**	,682**	-,026	-,066	,082
	p		,000	,000	,696	,266	,164
	N	131	150	150	149	150	150
Manager auf Geschäftsleitungsebene (insgesamt)	μ	26047,20	31,06	119,17	-,068	-,194	,055
	σ	193989,790	203,780	853,699	,4093	,4522	,4838
	τ_b		,650**	,731**	-,036	-,019	,001
	p		,000	,000	,264	,503	,959
	N	573	693	697	1087	1092	1092
Manager auf mittlerer Ebene (Bereichs- und Abteilungsleiter)	μ		2841,08	5811,90	-,091	-,073	,122
	σ		2974,542	5541,268	,4229	,4167	,4503
	τ_b						
	p						
	N	0	114	115	160	164	164
Controller (und controllingnahe Funktionen)	μ	40659,78	15936,50	56663,94	-,112	-,086	-,011
	σ	79170,049	23867,957	85272,329	,3622	,4620	,4720
	τ_b		,522**	,660**	-,069	-,084	-,116
	p		,001	,000	,703	,604	,475
	N	20	103	103	121	123	123
Gesamt	μ	26540,03	2183,37	7199,80	-,075	-,170	,057
	σ	191229,762	9490,759	33616,181	,4070	,4512	,4795
	τ_b		,646**	,727**	-,035	-,022	-,001
	p		,000	,000	,275	,420	,968
	N	593	910	915	1428	1439	1439

mit: μ – Mittelwert der Teilstichprobe; σ – Standardabweichung der Teilstichprobe; τ_b – KENDALL's Tau-B (Korrelationskoeffizient); p – p-Wert der Signifikanz (2-seitig); ** – signifikant auf 1 %-Niveau; * – signifikant auf 5 %-Niveau; N – Anzahl der Datensätze

Tab. 7-90: Bivariate Korrelationen zwischen Bilanzsumme und Umsatz sowie Mitarbeiteranzahl der Unternehmen und Risikoeinstellung sowie Risikoverhalten der Manager und Controller

Die bivariaten Korrelationen in Tab. 7-90 zeigen keine signifikanten Zusammenhänge zwischen der Bilanzsumme der Unternehmen und dem Risikoentscheidungsverhalten der Manager und Controller.

Auch mit quadratischen Regressionsanalysen sind keine statistisch signifikanten Zusammenhänge zwischen der Bilanzsumme und dem Risikoverhalten nachweisbar.

Innerhalb der 4- bzw. 5-Gruppen-Risikoverhaltensmodelle unterscheiden sich die Risikoverhaltensgruppen nicht signifikant in der Bilanzsumme.

Zusammenfassend kann geschlussfolgert werden, dass bei Managern auf Geschäftsleitungsebene kein signifikanter Einfluss der Unternehmensgröße (operationalisiert durch den Umsatz, die Mitarbeiteranzahl oder die Bilanzsumme) auf das Risikoentscheidungsverhalten feststellbar ist. Damit sind die Untersuchungsergebnisse hinsichtlich des nicht nachweisbaren Einflusses der Unternehmensgröße auf das Risikoentscheidungsverhalten der Manager konsistent mit den Studienergebnissen von WILLIAMS / NARENDRAN (1999, S. 120) und GARRETT / COVIN / SLEVIN (2009, S. 785) aber inkonsistent mit den Studienergebnissen von MACCRIMMON / WEHRUNG (1986, S. 260 f.), die einen negativen Zusammenhang zwischen Unternehmensgröße und Risikoentscheidungsverhalten der Manager feststellen.

7.11.4 Einfluss des Unternehmensalters

Das Alter der Unternehmen der Testteilnehmer wurde, soweit das Unternehmen bekannt war, aus Datenbanken ermittelt.

Das Alter der Unternehmen in der Gesamtstichprobe und in den Teilstichproben ist nach dem KOLMOGOROV-SMIRNOV-Anpassungstest statistisch signifikant normalverteilt auf 1 %-Niveau ($p \leq 0{,}001$), außer bei den Managern mit unbekanntem Unternehmensanteil auf 5 %-Niveau ($p = 0{,}015$).

Unternehmensalter nach Position und Besitzanteil am Unternehmen	N	μ	σ	min	max	Perzentile 25.	50.	75.
Manager ohne Unternehmensanteile (= 0 %)	154	33,60	39,990	1	273	10,00	17,50	38,00
Manager mit Minderheitsbeteiligung (< 50 %)	91	23,05	28,833	1	147	7,00	14,00	20,00
Manager mit Mehrheitsbeteiligung (≥ 50 %)	99	15,69	21,205	2	140	6,00	10,00	18,00
Manager und gleichzeitig Inhaber (= 100 %)	185	24,67	33,467	1	322	8,00	15,00	26,50
Manager mit unbekanntem Unternehmensanteil	22	39,14	63,962	1	218	8,75	12,00	32,50
Manager mit Anteilen > 50 % der Familie	149	37,52	37,385	1	176	10,50	24,00	51,00
Manager auf Geschäftsleitungsebene	700	28,34	35,936	1	322	8,00	16,00	31,00
Manager auf mittlerer Ebene	55	24,69	28,515	2	152	15,00	18,00	21,00
Controller (und controllingnahe Funktionen)	96	32,04	49,999	2	254	10,00	11,00	18,75
Unbekannt	9	31,22	25,312	5	85	15,50	22,00	48,00
Gesamt	860	28,55	37,240	1	322	9,00	16,00	29,00

Tab. 7-91: Deskriptive Statistiken zum Unternehmensalter der Unternehmen der Testteilnehmer

Für die Unternehmen mit Managern auf Geschäftsleitungsebene im Test wurden Performancedaten zu deren Unternehmen erhoben, so dass auf dieser Ebene eine Analyse des Einflusses des Unternehmensalters nach Gewinnsituation möglich ist.

Unternehmensalter nach Gewinnsituation	N	μ	σ	min	max	Perzentile 25.	50.	75.
Unternehmen mit ROE > 12 %	111	26,09	28,169	2	172	10,00	16,00	29,00
Unternehmen mit JÜ > 0, aber ROE < 12 %	283	27,01	30,682	1	176	9,00	17,00	33,00
Unternehmen mit Gewinn (JÜ > 0)	122	22,52	35,376	1	273	6,00	12,50	21,00
Unternehmen mit Verlust (JÜ < 0)	426	26,59	29,813	1	176	9,00	16,00	32,00
Gesamt	700	28,34	35,936	1	322	8,00	16,00	31,00

Tab. 7-92: Deskriptive Statistiken zum Unternehmensalter der Unternehmen der Manager auf Geschäftsleitungsebene

Das Alter der Unternehmen in den Teilstichproben mit unterschiedlichen Gewinnen ist nach dem KOLMOGOROV-SMIRNOV-Anpassungstest statistisch signifikant normalverteilt auf 1 %-Niveau ($p \leq 0{,}001$).

Die Ergebnisse der Korrelationsanalysen des Unternehmensalters mit den Performance- und Risikovariablen in Tab. 7-93 zeigen bei den Unternehmen mit Verlusten im Jahr vor der Befragung einen signifikant positiven Zusammenhang ($\tau_b = 0{,}151$; $p = 0{,}015$; $N = 122$) zwischen dem experimentell ermittelten Risikoverhalten bei Verlustaussichten und dem Unternehmensalter. Manager in älteren Unternehmen mit Verlusten (zumindest in der kurzfristigen Vergangenheit) sind somit risikofreudiger als Manager von jüngeren Unternehmen.

Korrelationen zum Unternehmensalter		Risikoentscheidungsverhalten bei Gewinnaussichten (K1)	Risikoentscheidungsverhalten bei Verlustaussichten (K2)	Selbsteinschätzung der Unternehmensperformance	Selbsteinschätzung Risikoverhalten (= Risikoeinstellung)	Mittelwert(ROE(2005–2007))	Standardabw.(ROE(2005–2007))	Mittelwert(ROA(2005–2007))	Standardabw.(ROA(2005–2007))	Mittelwert(ROS(2005–2007))	Standardabw.(ROS(2005–2007))	ROE 2007	ROA 2007	ROS 2007	Jahresüberschuss 2007 [in Mio. €]
Unternehmen mit positivem Residualgewinn[152] (ROE > 12 %)	τ_b	,032	-,040	-,045	,016	-,048	-,098	-,002	**-,112***	,022	-,067	**-,108***	-,048	-,021	**,235****
	p	,430	,321	,349	,734	,350	,056	,964	,019	,663	,187	,011	,234	,608	,000
	N	283	283	281	280	177	177	204	204	183	183	255	281	263	283
Unternehmen mit Gewinn, aber negativem Residualgewinn (JÜ>0; ROE<12%)	τ_b	-,066	,054	-,063	-,112	-,051	**-,180***	,099	**-,164***	,078	-,054	,051	**,134***	,102	**,159***
	p	,314	,404	,408	,136	,525	,025	,209	,037	,353	,517	,435	,043	,143	,014
	N	111	111	110	110	74	74	78	78	69	69	111	108	98	111
Unternehmen mit Gewinn (JÜ > 0 im Jahr vor der Befragung)	τ_b	,000	,004	-,060	-,010	-,026	**-,119****	,045	**-,119****	,074	-,068	-,047	-,001	,010	**,190****
	p	,993	,897	,124	,787	,549	,006	,252	,002	,074	,103	,185	,988	,779	,000
	N	426	426	422	422	251	251	301	301	268	268	366	420	389	426
Unternehmen mit Verlust (JÜ < 0 im Jahr vor der Befragung)	τ_b	-,019	**,151***	-,001	-,017	,035	**-,257***	**,169***	**-,176***	,088	-,087	,055	**,136***	,120	-,107
	p	,762	,015	,990	,814	,753	,019	,029	,023	,312	,318	,502	,031	,090	,086
	N	122	122	122	122	41	41	80	80	63	63	72	118	95	122
Gesamt	τ_b	-,032	,034	-,036	-,043	-,005	**-,136****	**,083***	**-,147****	**,091***	**-,074***	-,003	**,068***	,051	**,175****
	p	,207	,181	,240	,148	,897	,001	,017	,000	,015	,048	,937	,020	,096	,000
	N	700	700	694	695	292	292	382	381	331	331	438	538	484	548

mit: JÜ – Jahresüberschuss, Standardabw. – Standardabweichung; τ_b – KENDALL's Tau-B (Korrelationskoeffizient); p – p-Wert der Signifikanz (2-seitig); ** – signifikant auf 1 %-Niveau; * – signifikant auf 5 %-Niveau; N – Anzahl der Datensätze

Tab. 7-93: Korrelationen des Unternehmensalters zu den Performance- und Risikovariablen

[152] Als Gewinnschwelle für den Residualgewinn wird der von DECHOW / HUTTON / SLOAN (1999, S. 12) empirisch ermittelte mittlere Zinssatz von 12 % verwendet.

Der Zusammenhang zwischen Unternehmensalter und ROA bei den Unternehmen mit Verlusten im Jahr vor der Befragung kann durch eine kubische Funktion approximiert werden (vgl. Abb. 7-25). Analog zu den hypothetischen Risiko-Lebenszykluskurven in Abb. 4-3, die aus dem Modell von HENDERSON / BENNER (2000, S. C4 ff.; 2001, S. 22 ff.) abgeleitet wurden, zeigen sich besonders bei jungen Unternehmen hohe Verluste.

Weiterhin ist zwischen Unternehmensalter und Standardabweichung des ROA ein signifikant negativer Zusammenhang erkennbar (vgl. Tab. 7-93, Abb. 7-24 und Abb. 7-25). Falls die Varianz bzw. die Standardabweichung des ROA das Unternehmensrisiko repräsentiert, weisen ältere Unternehmen ein geringeres Risiko auf als jüngere Unternehmen.

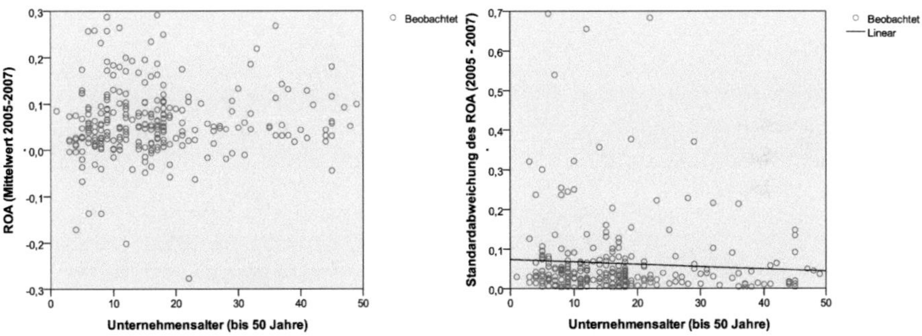

Abb. 7-24: ROA und Standardabweichung des ROA nach Unternehmensalter bei Unternehmen mit Gewinnen

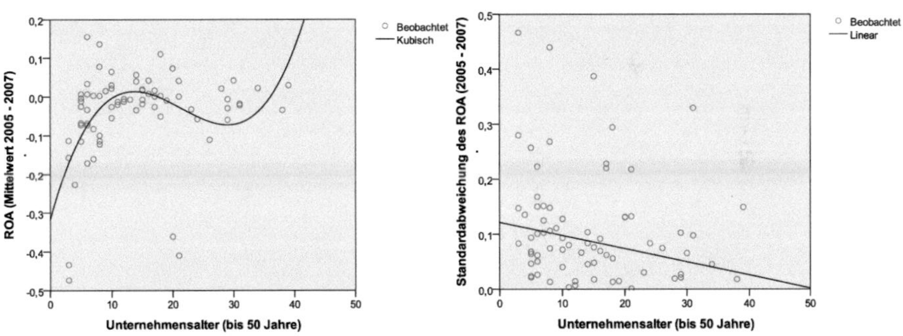

Abb. 7-25: ROA und Standardabweichung des ROA nach Unternehmensalter bei Unternehmen mit Verlusten

Zusammenfassend ist bei Unternehmen mit Verlusten im Jahr vor der Befragung ein signifikant positiver Zusammenhang ($\tau_b = 0,151$; $p = 0,015$; $N = 122$) zwischen dem Risikoentscheidungsverhalten der Manager bei Verlustaussichten und dem Unternehmensalter feststellbar. Manager in älteren Unternehmen mit Verlusten (zumindest in der kurzfristigen Vergangenheit) sind somit risikofreudiger als Manager von jüngeren Unternehmen.

7.11.5 Einfluss der Branche auf das Risikoverhalten, die Performance und Performance-Risiko-Assoziationen

Zur Sicherstellung der externen Validität mit den bisherigen Studien zu Performance-Risiko-Assoziationen bzw. zum Rendite-Risiko-Paradoxon (vgl. Kapitel 2.2.2, 3.3.5 und 4.1.1) werden in dieser Studie der ROE, ROA und ROS (bzw. deren Mittelwerte über eine Zeitreihe) als Performancemaße sowie die Standardabweichung des ROE, ROA und ROS als Risikomaße für das Unternehmensrisiko bzw. als Indikator für das Risikoverhalten des Managements verwendet.

In Tab. 7-94 und Tab. 7-95 sind die Mittelwerte und die Standardabweichungen der Performance der Unternehmen in den jeweiligen Branchen sowie das mittlere Risikoentscheidungsverhalten, die mittlere Risikoeinstellung und die mittlere Selbsteinschätzung der Performance durch die Manager angegeben.

Mittels Varianzanalyse sind zwischen den Branchen weder im Risikoentscheidungsverhalten bei Gewinnaussichten (K1: $F = 0{,}904$; $p = 0{,}603$; partielles $\varepsilon^2 = 0{,}024$) noch im Risikoentscheidungsverhalten bei Verlustaussichten (K2: $F = 1{,}208$; $p = 0{,}217$; partielles $\varepsilon^2 = 0{,}032$) signifikante Unterschiede feststellbar.

In Tab. 7-96 bis Tab. 7-101 werden die mittels Regressionen ermittelten linearen und quadratischen Zusammenhänge zwischen dem Mittelwert (hier über die Jahre 2005 bis 2007) der Renditevariablen ROE, ROA und ROS jeweils zu deren Standardabweichung in den untersuchten Branchen dargestellt. Es werden alle Branchen untersucht, in denen die entsprechenden Daten der befragten Unternehmen verfügbar sind. Signifikante Zusammenhänge werden jedoch nur für Branchen angegeben, die durchschnittlich mindestens 20 Datensätze aufweisen, da mit weniger Datensätzen eine Auswertung nicht sinnvoll erscheint.

	Branche nach WZ2008 (Branchen mit Datensatzanzahl ≥ 20 **„fett“** markiert)		**Mittelwert(ROE(2005–2007))**	**Standardabw.(ROE(2005–2007))**	**Mittelwert(ROA(2005–2007))**	**Standardabw.(ROA(2005–2007))**	**Mittelwert(ROS(2005–2007))**	**Standardabw.(ROS(2005–2007))**	**Selbsteinschätzung der eigenen Performance in der Branche**	**Selbsteinschätzung Risikoverhalten (= Risikoeinstellung)**	**Risikoentscheidungsverhalten bei Gewinnaussichten (K1)**	**Risikoentscheidungsverhalten bei Verlustaussichten (K2)**
B	Bergbau und Gewinnung von Steinen und Erden	μ	,021	,301	,001	,058	-,173	,078	,200	,100	-,043	,355
		σ	,3908	,2401	,1199	,0338	,3676	,0879	,5701	,2236	,3460	,3124
		N	3	3	4	4	4	4	5	5	5	5
C	**Verarbeitendes Gewerbe**	μ	,205	,191	,047	,068	,021	,033	,302	-,088	-,194	,044
		σ	,2753	,2250	,1191	,0996	,1082	,0444	,3445	,4066	,4476	,4788
		N	285	268	313	303	308	279	562	567	570	570
D	Energieversorgung	μ	,444	,062	,116	,050	,108	,013	,364	-,273	-,293	-,080
		σ	,4013	,1002	,1344	,0686	,1444	,0110	,3233	,2611	,4944	,6094
		N	8	7	9	8	9	8	11	11	11	11
E	Wasserversorgung; Abwasser- u. Abfallentsorgung u. Beseitigung v. Umweltverschmutzungen	μ	,290	,054	,104	,029	,056	,017	,300	-,150	-,396	-,182
		σ	,4166	,0700	,1246	,0284	,0430	,0144	,2582	,4116	,4094	,2585
		N	7	7	8	8	8	8	10	10	10	10
F	**Baugewerbe**	μ	,225	,215	,033	,077	,028	,056	,328	-,017	-,208	,103
		σ	,2590	,2718	,0637	,1082	,1228	,1234	,3219	,3972	,4124	,4768
		N	47	44	53	53	52	51	87	88	89	89
G	**Handel; Instandhaltung und Reparatur von Kraftfahrzeugen**	μ	,090	,186	,010	,047	,001	,015	,338	-,085	-,221	,028
		σ	,4102	,1935	,1024	,0626	,0694	,0184	,3137	,4009	,4335	,4378
		N	66	59	69	65	68	64	117	117	117	117
H	**Verkehr und Lagerei**	μ	,273	,222	,050	,081	,017	,048	,269	-,135	-,222	,120
		σ	,4218	,2445	,1041	,1155	,0776	,0849	,3203	,3975	,4256	,4610
		N	33	30	35	33	34	32	52	52	52	52
J	**Information und Kommunikation**	μ	,264	,176	,068	,066	,045	,032	,370	,065	-,094	,104
		σ	,3212	,2032	,0937	,0712	,0675	,0259	,3248	,3768	,4807	,5088
		N	25	24	28	28	27	23	54	54	54	54
K	**Erbringung von Finanz- und Versicherungsdienstleistungen**	μ	,099	,263	,021	,128	-,018	,050	,486	,107	-,146	,052
		σ	,4542	,2599	,1697	,1565	,2047	,0577	,3182	,4807	,5340	,4970
		N	40	36	41	37	41	34	70	70	71	71
L	Grundstücks- und Wohnungswesen	μ	,116	,052	,092	,047	,028		,333	-,333	-,023	,116
		σ							,2887	,2887	,2230	,5089
		N	1	1	1	1	1		3	3	3	3
M	Erbringung von freiberuflichen, wissenschaftlichen und technischen Dienstleistungen	μ	,198	,162	,008	,037	,060	,158	,389	-,184	-,195	-,018
		σ	,1099	,2279	,1029	,0455	,1195	,2942	,3234	,4153	,5794	,5416
		N	6	6	10	9	8	5	18	19	19	19
N	Erbringung von sonstigen wirtschaftlichen Dienstleistungen	μ	,043	,142	-,019	,073	-,076	,046	,184	-,053	-,096	,183
		σ	,1689	,1472	,1455	,0806	,2384	,1082	,3420	,4047	,4595	,5497
		N	9	9	12	12	10	10	19	19	19	19
	Gesamt	**μ**	**,192**	**,194**	**,040**	**,070**	**,017**	**,036**	**,323**	**-,067**	**-,192**	**,055**
		σ	**,3279**	**,2258**	**,1172**	**,1002**	**,1208**	**,0668**	**,3370**	**,4106**	**,4517**	**,4777**
		N	**530**	**494**	**583**	**561**	**570**	**518**	**1011**	**1018**	**1023**	**1023**

mit: μ – Mittelwert der Teilstichprobe; σ – Standardabweichung in der Teilstichprobe; N – Anzahl der Datensätze

Tab. 7-94: Performance, Risiko und Risikoverhalten in den Branchen

	Branche innerhalb des verarbeitenden Gewerbes (WZ2008) (Branchen mit Datensatzanzahl ≥ 20 „**fett**“ markiert)		**Mittelwert(ROE(2005–2007))**	**Standardabw.(ROE(2005–2007))**	**Mittelwert(ROA(2005–2007))**	**Standardabw.(ROA(2005–2007))**	**Mittelwert(ROS(2005–2007))**	**Standardabw.(ROS(2005–2007))**	**Selbsteinschätzung der eigenen Performance in der Branche**	**Selbsteinschätzung Risikoverhalten (= Risikoeinstellung)**	**Risikoentscheidungsverhalten bei Gewinnaussichten (K1)**	**Risikoentscheidungsverhalten bei Verlustaussichten (K1)**
CA	**Herstellung von Nahrungs- und Genussmitteln, Getränken und Tabakerzeugnissen**	μ	,160	,191	,039	,063	,008	,034	,351	,054	-,171	,039
		σ	,1837	,2178	,0664	,0617	,0607	,0441	,4059	,4214	,4157	,3946
		N	19	19	22	22	22	21	37	37	37	37
CB	Herstellung von Textilien, Bekleidung, Leder, Lederwaren und Schuhen	μ	,1441	,1288	,0279	,0554	,0141	,0404	,250	,000	-,162	,050
		σ	,2673	,0992	,0506	,0423	,0356	,0416	,2635	,4082	,4218	,5797
		N	9	7	10	9	10	9	10	10	11	11
CC	**Herstellung v. Holzwaren, Papier, Pappe u. Waren daraus, Herst. v. Druckerzeugnissen**	μ	,123	,253	,026	,061	,026	,037	,277	-,161	-,254	,176
		σ	,2465	,2615	,0668	,1090	,0552	,0472	,3292	,4168	,3726	,4505
		N	32	30	36	35	35	32	56	56	56	56
CD	Kokerei und Mineralölverarbeitung	μ	,061	,005	,023	,008	,014	,003	,500	-,500	-,140	-,209
		σ							,0000	,0000	,4837	,4292
		N	1	1	1	1	1	1	2	2	2	2
CE	Herstellung von chemischen Erzeugnissen	μ	,219	,131	,065	,032	,037	,014	,447	-,053	-,227	-,008
		σ	,2403	,1742	,0734	,0392	,0331	,0133	,2836	,3687	,4419	,5010
		N	13	12	12	12	13	11	19	19	20	20
CF	Herstellung von pharmazeutischen Erzeugnissen	μ	,413	,176	,115	,109	,111	,078	,400	-,100	-,179	,192
		σ	,4501	,1913	,1280	,0935	,0871	,0674	,2236	,4183	,6026	,3523
		N	4	4	4	4	4	4	5	5	5	5
CG	**Herst. v. Gummi-, Kunststoff, Glas u. Glaswaren, Keramik, Verarb. v. Steinen u. Erden**	μ	,114	,164	,012	,071	,025	,036	,283	-,174	-,278	,070
		σ	,3416	,1774	,1620	,0706	,0512	,0433	,3749	,4112	,4054	,4689
		N	29	27	35	33	33	28	46	46	46	46
CH	**Metallerzeugung und -bearbeitung, Herstellung von Metallerzeugnissen**	μ	,289	,192	,063	,059	,030	,038	,280	-,008	-,110	,034
		σ	,2306	,3101	,0767	,0705	,0636	,0645	,3297	,4251	,4979	,5048
		N	42	38	47	46	47	44	66	66	66	66
CI	**Herst. v. Datenverarbeitungsgeräten, elektronischen und optischen Erzeugnissen**	μ	,160	,217	-,002	,089	-,037	,036	,312	-,012	-,135	,133
		σ	,2965	,2064	,1880	,1278	,2577	,0434	,3139	,4001	,4322	,4189
		N	30	30	32	32	32	30	40	40	41	41
CJ	Herstellung von elektrischen Ausrüstungen	μ	,314	,266	,097	,135	,029	,039	,278	-,056	-,074	,114
		σ	,3660	,3098	,1574	,1850	,0453	,0592	,4278	,4162	,4802	,4727
		N	14	13	15	14	15	14	18	18	18	18
CK	**Maschinenbau**	μ	,272	,141	,089	,043	,044	,022	,304	-,088	-,103	,100
		σ	,1996	,1159	,0813	,0429	,0492	,0149	,3013	,3963	,4422	,5105
		N	34	31	34	31	34	31	51	51	51	51
CL	Fahrzeugbau	μ	,363	,286	,077	,087	,053	,030	,333	,056	-,166	,035
		σ	,3930	,3064	,0764	,1198	,0404	,0183	,2582	,3909	,3650	,4281
		N	6	6	6	6	6	4	6	9	9	9
CM	**Sonstige Herst. von Waren, Reparatur und Installation von Maschinen und Ausrüstungen**	μ	,183	,179	,052	,071	,017	,025	,311	-,013	-,188	,071
		σ	,2713	,2055	,1252	,1227	,1159	,0316	,3382	,3557	,4598	,4751
		N	52	50	59	58	56	50	74	76	76	76
C	**Verarbeitendes Gewerbe (gesamt)**	**μ**	**,205**	**,191**	**,047**	**,068**	**,021**	**,033**	**,302**	**-,088**	**-,194**	**,044**
		σ	**,2753**	**,2250**	**,1191**	**,0996**	**,1082**	**,0444**	**,3445**	**,4066**	**,4476**	**,4788**
		N	**285**	**268**	**313**	**303**	**308**	**279**	**562**	**567**	**570**	**570**

mit: μ – Mittelwert der Teilstichprobe; σ – Standardabweichung in der Teilstichprobe; N – Anzahl der Datensätze

Tab. 7-95: Performance, Risiko und Risikoverhalten im verarbeitenden Gewerbe

	Branche nach WZ2008 (Branchen mit Datensatzanzahl ≥ 20 „**fett**" markiert)	**Lineares Modell:** $\sigma(ROE) = a_1 * ROE + a_0$				**Quadratisches Modell:** $\sigma(ROE) = a_2 * ROE^2 + a_1 * ROE + a_0$			
		Modell test	**Koeffi-zienten**	**t**	**Sig.**	**Modell test**	**Koeffi-zienten**	**t**	**Sig.**
B	Bergbau und Gewinnung von Steinen und Erden	R^2 ,341	a_1 -,359	-,720	,603	R^2 1,000	a_1 -,477		
		F ,518	a_0 ,308	1,932	,304	F	a_2 2,213		
		Sig. ,603				Sig.	a_0 ,084		
C	**Verarbeitendes Gewerbe**	R^2 ,056	a_1 **-,212**	-3,963	,000	R^2 ,129	a_1 -,430	-6,223	,000
		F 15,70	a_0 ,232	13,70	,000	F 19,65	a_2 **,483**	4,727	,000
		Sig. ,000				Sig. ,000	a_0 ,226	13,82	,000
D	Energieversorgung	R^2 ,061	a_1 ,069	,569	,594	R^2 ,557	a_1 ,790	2,236	,089
		F ,324	a_0 ,037	,616	,565	F 2,513	a_2 -,738	-2,116	,102
		Sig. ,594				Sig. ,196	a_0 -,046	-,767	,486
E	Wasserversorgung; Abwasser- und Abfallentsorgung und Beseitigung von Umweltverschmutzungen	R^2 ,128	a_1 -,060	-,858	,430	R^2 ,234	a_1 -,206	-,982	,382
		F ,737	a_0 ,071	2,097	,090	F ,610	a_2 ,171	,742	,499
		Sig. ,430				Sig. ,587	a_0 ,074	2,062	,108
F	**Baugewerbe**	R^2 ,000	a_1 ,007	,040	,968	R^2 ,192	a_1 -,701	-2,517	,016
		F ,002	a_0 ,214	3,780	,000	F 4,881	a_2 **1,327**	3,124	,003
		Sig. ,968				Sig. ,013	a_0 ,232	4,489	,000
G	**Handel; Instandhaltung und Reparatur von Kraftfahrzeugen**	R^2 ,051	a_1 -,113	-1,754	,085	R^2 ,053	a_1 -,119	-1,769	,082
		F 3,077	a_0 ,197	7,693	,000	F 1,575	a_2 -,036	-,347	,730
		Sig. ,085				Sig. ,216	a_0 ,203	6,427	,000
H	**Verkehr und Lagerei**	R^2 ,010	a_1 -,076	-,530	,600	R^2 ,020	a_1 -,198	-,720	,478
		F ,281	a_0 ,243	4,103	,000	F ,274	a_2 ,180	,523	,605
		Sig. ,600				Sig. ,763	a_0 ,244	4,072	,000
J	**Information und Kommunikation**	R^2 ,138	a_1 -,232	-1,880	,073	R^2 ,386	a_1 -,767	-3,609	,002
		F 3,534	a_0 ,235	4,658	,000	F 6,602	a_2 **,763**	2,910	,008
		Sig. ,073				Sig. ,006	a_0 ,245	5,588	,000
K	**Erbringung von Finanz- und Versicherungs-dienstleistungen**	R^2 ,001	a_1 ,017	,154	,878	R^2 ,010	a_1 ,021	,189	,851
		F ,024	a_0 ,261	5,796	,000	F ,165	a_2 -,092	-,553	,584
		Sig. ,878				Sig. ,849	a_0 ,277	5,180	,000
M	Erbringung von freiberuflichen, wissenschaftlichen und technischen Dienstleistungen	R^2 ,521	a_1 1,497	2,088	,105	R^2 ,690	a_1 -3,228	-,858	,454
		F 4,359	a_0 -,134	-,842	,447	F 3,336	a_2 11,30	1,276	,292
		Sig. ,105				Sig. ,173	a_0 ,245	,739	,514
N	Erbringung von sonstigen wirtschaftlichen Dienstleistungen	R^2 ,002	a_1 -,039	-,117	,910	R^2 ,311	a_1 -,556	-1,287	,246
		F ,014	a_0 ,144	2,650	,033	F 1,355	a_2 2,327	1,641	,152
		Sig. ,910				Sig. ,327	a_0 ,103	1,876	,110
	Gesamt	R^2 ,029	a_1 **-,130**	-3,843	,000	R^2 ,042	a_1 -,173	-4,608	,000
		F 14,770	a_0 ,218	18,477	,000	F 10,809	a_2 **,139**	2,584	,010
		Sig. ,000				Sig. ,000	a_0 ,209	17,05	,000

mit: Sig. – Signifikanz

Tab. 7-96: Lineare und quadratische Rendite-Risiko-Modelle für den ROE nach Branchen

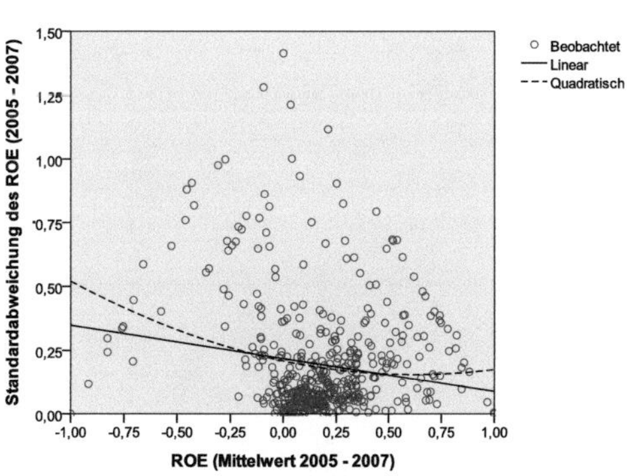

Abb. 7-26: Performance-Risiko-Zusammenhang beim ROE

	Branche nach WZ2008 (Branchen mit Datensatzanzahl ≥ 20 „**fett**" markiert)	**Lineares Modell: σ(ROE) = a_1 * ROE + a_0**						**Quadratisches Modell: σ(ROE) = a_2* ROE² + a_1 * ROE + a_0**					
		Modell test		**Koeffizienten**		**t**	**Sig.**	**Modell test**		**Koeffizienten**		**t**	**Sig.**
	Herstellung von Nahrungs-	R^2	,001	a_1	,032	,110	,914	R^2	,260	a_1	-,690	-1,735	,102
CA	**und Genussmitteln, Getränken**	F	,012	a_0	,186	2,694	,015	F	2,804	a_2	2,085	2,365	,031
	und Tabakerzeugnissen	Sig.	,914					Sig.	,090		,181	2,958	,009
	Herstellung von Textilien,	R^2	,712	a_1	**-,668**	-3,520	,017	R^2	,718	a_1	-,734	-2,325	,081
CB	Bekleidung, Leder,	F	12,387	a_0	,172	6,820	,001	F	5,090	a_2	,495	,278	,794
	Lederwaren und Schuhen	Sig.	,017					Sig.	,080	a_0	,168	5,192	,007
	Herstellung v. Holzwaren,	R^2	,171	a_1	**-,564**	-2,402	,023	R^2	,462	a_0	-,755	-3,792	,001
CC	**Papier, Pappe u. Waren daraus,**	F	5,768	a_0	,304	6,200	,000	F	11,594	a_2	**2,380**	3,823	,001
	Herst. v. Druckerzeugnissen	Sig.	,023					Sig.	,000	a_0	,217	4,715	,000
	Herstellung von chemischen	R^2	,266	a_1	-,359	-1,904	,086	R^2	,788	a_1	-1,150	-5,778	,000
CE	Erzeugnissen	F	3,627	a_0	,207	3,425	,006	F	16,74	a_2	**1,489**	4,709	,001
		Sig.	,086					Sig.	,001	a_0	,223	6,469	,000
	Herstellung von pharma-	R^2	,068	a_1	-,111	-,381	,740	R^2	,453	a_1	,709	,692	,615
CF	zeutischen Erzeugnissen	F	,145	a_0	,222	1,344	,311	F	,414	a_2	-,836	-,840	,555
		Sig.	,740					Sig.	,740	a_0	,153	,777	,579
	Herst. v. Gummi-, Kunststoff,	R^2	,024	a_1	-,101	-,785	,440	R^2	,228	a_1	-,259	-1,948	,063
CG	**Glas u. Glaswaren, Keramik,**	F	,616	a_0	,178	4,565	,000	F	3,542	a_2	**,496**	2,518	,019
	Verarb. v. Steinen u. Erden	Sig.	,440					Sig.	,045	a_0	,156	4,258	,000
	Metallerzeugung und -	R^2	,060	a_1	-,377	-1,517	,138	R^2	,242	a_1	-2,089	-3,299	,002
CH	**bearbeitung, Herstellung**	F	2,302	a_0	,291	3,556	,001	F	5,578	a_2	**2,607**	2,895	,006
	von Metallerzeugnissen	Sig.	,138					Sig.	,008	a_0	,457	4,859	,000
	Herst. v. Datenverarbeitungs-	R^2	,014	a_1	-,083	-,636	,530	R^2	,166	a_1	-,141	-1,128	,269
CI	**geräten, elektronischen und**	F	,404	a_0	,230	5,307	,000	F	2,691	a_2	,483	2,218	,035
	optischen Erzeugnissen	Sig.	,530					Sig.	,086	a_0	,186	4,118	,000
	Herstellung von elektrischen	R^2	,134	a_1	-,353	-1,302	,219	R^2	,140	a_1	-,518	-,791	,447
CJ	Ausrüstungen	F	1,696	a_0	,359	3,274	,007	F	,816	a_2	,204	,280	,785
		Sig.	,219					Sig.	,470	a_0	,369	3,076	,012
		R^2	,037	a_1	-,131	-1,058	,299	R^2	,038	a_1	-,085	-,281	,781
CK	**Maschinenbau**	F	1,120	a_0	,173	4,713	,000	F	,555	a_2	-,078	-,166	,869
		Sig.	,299					Sig.	,580	a_0	,169	3,714	,001
		R^2	,173	a_1	-,324	-,914	,412	R^2	,339	a_1	-1,500	-1,069	,363
CL	Fahrzeugbau	F	,836	a_0	,404	2,234	,089	F	,769	a_2	1,566	,868	,449
		Sig.	,412					Sig.	,538	a_0	,423	2,250	,110
	Sonstige Herst. von Waren,	R^2	,082	a_1	**-,216**	-2,069	,044	R^2	,228	a_1	-,475	-3,655	,001
CM	**Reparatur und Installation von**	F	4,279	a_0	,220	6,370	,000	F	6,958	a_2	**,574**	2,988	,004
	Maschinen und Ausrüstungen	Sig.	,044					Sig.	,002	a_0	,207	6,405	,000
	Verarbeitendes Gewerbe	R^2	,056	a_1	**-,212**	-3,963	,000	R^2	,129	a_1	-,430	-6,223	,000
C	**(gesamt)**	F	15,70	a_0	,232	13,70	,000	F	19,65	a_2	**,483**	4,727	,000
		Sig.	,000					Sig.	,000	a_0	,226	13,82	,000

mit: Sig. – Signifikanz

Tab. 7-97: Lineare und quadratische Rendite-Risiko-Modelle für den ROE innerhalb des verarbeitenden Gewerbes

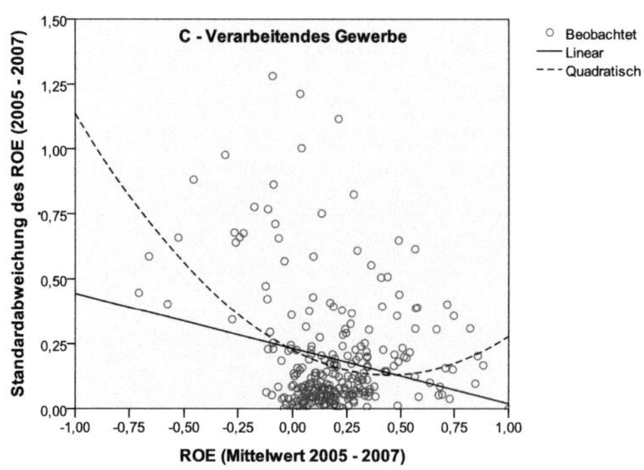

Abb. 7-27: Performance-Risiko-Zusammenhang im verarbeitenden Gewerbe beim ROE

Branche nach WZ2008 (Branchen mit Datensatzanzahl ≥ 20 **„fett"** markiert)		Lineares Modell: σ(ROA) = a_1 * ROA + a_0				Quadratisches Modell: σ(ROA) = a_2* ROA² + a_1 * ROA + a_0			
		Modelltest	Koeffizienten	t	Sig.	Modelltest	Koeffizienten	t	Sig.
B	Bergbau und Gewinnung von Steinen und Erden	R^2 ,085	a_1 ,082	,432	,708	R^2 ,824	a_1 -,073	-,522	,694
		F ,187	a_0 ,058	2,951	,098	F 2,347	a_2 2,766	2,051	,289
		Sig. ,708				Sig. ,419	a_0 ,029	1,509	,373
C	**Verarbeitendes Gewerbe**	R^2 ,045	a_1 **-,197**	-3,779	,000	R^2 ,325	a_1 -,140	-3,182	,002
		F 14,280	a_0 ,077	12,638	,000	F 72,359	a_2 **1,252**	11,161	,000
		Sig. ,000				Sig. ,000	a_0 ,057	10,49	,000
D	Energieversorgung	R^2 ,013	a_1 -,090	-,285	,785	R^2 ,096	a_1 -,939	-,725	,501
		F ,081	a_0 ,057	1,569	,168	F ,267	a_2 2,869	,678	,528
		Sig. ,785				Sig. ,776	a_0 ,087	1,490	,196
E	Wasserversorgung; Abwasser- und Abfallentsorgung und Beseitigung von Umweltverschmutzungen	R^2 ,151	a_1 ,089	1,034	,341	R^2 ,170	a_1 ,191	,607	,570
		F 1,068	a_0 ,020	1,492	,186	F ,514	a_2 -,395	-,341	,747
		Sig. ,341				Sig. ,627	a_0 ,019	1,281	,257
F	**Baugewerbe**	R^2 ,043	a_1 -,352	-1,511	,137	R^2 ,251	a_1 -,528	-2,475	,017
		F 2,282	a_0 ,089	5,369	,000	F 8,365	a_2 **6,198**	3,725	,000
		Sig. ,137				Sig. ,001	a_0 ,063	3,882	,000
G	**Handel; Instandhaltung und Reparatur von Kraftfahrzeugen**	R^2 ,200	a_1 **-,275**	-3,972	,000	R^2 ,200	a_1 -,266	-2,507	,015
		F 15,77	a_0 ,050	7,147	,000	F 7,772	a_2 ,042	,111	,912
		Sig. ,000				Sig. ,001	a_0 ,050	5,796	,000
H	**Verkehr und Lagerei**	R^2 ,075	a_1 ,305	1,588	,122	R^2 ,244	a_1 -,475	-1,358	,185
		F 2,523	a_0 ,064	2,846	,008	F 4,836	a_2 **2,841**	2,586	,015
		Sig. ,122				Sig. ,015	a_0 ,069	3,334	,002
J	**Information und Kommunikation**	R^2 ,002	a_1 ,032	,216	,831	R^2 ,132	a_1 -,446	-1,568	,129
		F ,047	a_0 ,064	3,744	,001	F 1,904	a_2 2,690	1,938	,064
		Sig. ,831				Sig. ,170	a_0 ,061	3,759	,001
K	**Erbringung von Finanz- und Versicherungs-dienstleistungen**	R^2 ,071	a_1 -,238	-1,632	,112	R^2 ,084	a_1 -,174	-1,009	,320
		F 2,663	a_0 ,133	5,241	,000	F 1,562	a_2 ,298	,707	,485
		Sig. ,112				Sig. ,224	a_0 ,122	4,194	,000
M	Erbringung von freiberuflichen, wissenschaftlichen und technischen Dienstleistungen	R^2 ,151	a_1 ,171	1,114	,302	R^2 ,236	a_1 ,350	1,296	,242
		F 1,242	a_0 ,034	2,238	,060	F ,925	a_2 1,237	,816	,445
		Sig. ,302				Sig. ,447	a_0 ,018	,752	,480
N	Erbringung von sonstigen wirtschaftlichen Dienstleistungen	R^2 ,023	a_1 -,084	-,486	,637	R^2 ,643	a_1 ,249	1,795	,106
		F ,236	a_0 ,072	2,949	,015	F 8,109	a_2 1,928	3,954	,003
		Sig. ,637				Sig. ,010	a_0 ,040	2,290	,048
	Gesamt	R^2 ,033	a_1 **-,165**	-4,366	,000	R^2 ,207	a_1 -,102	-2,949	,003
		F 19,060	a_0 ,077	17,243	,000	F 72,737	a_2 **1,070**	11,058	,000
		Sig. ,000				Sig. ,000	a_0 ,059	13,710	,000

mit: Sig. – Signifikanz

Tab. 7-98: Lineare und quadratische Rendite-Risiko-Modelle für den ROA nach Branchen

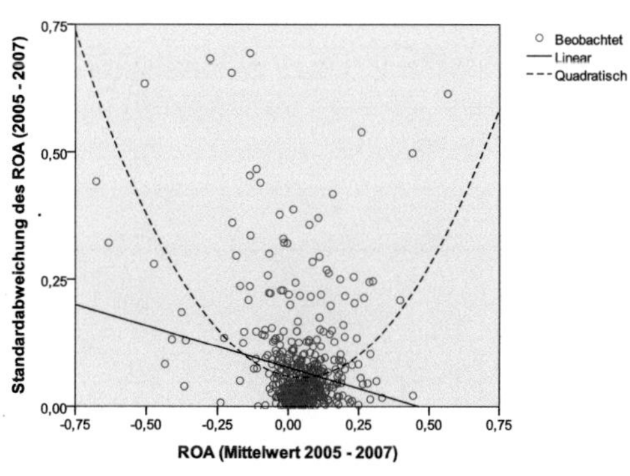

Abb. 7-28: Performance-Risiko-Zusammenhang beim ROA

Branche nach WZ2008 (Branchen mit Datensatzanzahl ≥ 20 „**fett**" markiert)		Lineares Modell: σ(ROA) = a_1 * ROA + a_0				Quadratisches Modell: σ(ROA) = a_2* ROA² + a_1 * ROA + a_0			
		Modelltest	Koeffizienten	t	Sig.	Modelltest	Koeffizienten	t	Sig.
CA	**Herstellung von Nahrungs- und Genussmitteln, Getränken und Tabakerzeugnissen**	R^2 ,078	a_1 ,260	1,304	,207	R^2 ,189	a_1 ,042	,967	,694
		F 1,700	a_0 ,052	3,463	,002	F 2,211	a_2 1,608	,124	,289
		Sig. ,207				Sig. ,137	2,973	,008	,373
CB	Herstellung von Textilien, Bekleidung, Leder, Lederwaren und Schuhen	R^2 ,205	a_1 -,358	-1,345	,220	R^2 ,900	a_1 -7,260	,000	,967
		F 1,810	a_0 ,066	4,253	,004	F 26,954	a_2 6,450	,001	,124
		Sig. ,220				Sig. ,001	a_0 6,700	,001	,008
CC	**Herstellung v. Holzwaren, Papier, Pappe u. Waren daraus, Herst. v. Druckerzeugnissen**	R^2 ,365	a_1 **-,983**	-4,352	,000	R^2 ,781	a_0 -7,951	,000	,000
		F 18,936	a_0 ,085	5,339	,000	F 57,106	a_2 **7,804**	,000	,001
		Sig. ,000				Sig. ,000	a_0 4,711	,000	,001
CE	Herstellung von chemischen Erzeugnissen	R^2 ,320	a_1 -,302	-2,171	,055	R^2 ,791	a_1 -5,716	,000	,000
		F 4,712	a_0 ,052	3,893	,003	F 16,994	a_2 4,497	,001	,000
		Sig. ,055				Sig. ,001	a_0 7,462	,000	,000
CF	Herstellung von pharmazeutischen Erzeugnissen	R^2 ,572	a_1 ,552	1,633	,244	R^2 ,994	a_1 -4,659	,135	,000
		F 2,668	a_0 ,046	,853	,484	F 84,549	a_2 8,478	,075	,001
		Sig. ,244				Sig. ,077	a_0 8,056	,079	,000
CG	**Herst. v. Gummi-, Kunststoff, Glas u. Glaswaren, Keramik, Verarb. v. Steinen u. Erden**	R^2 ,004	a_1 -,076	-,356	,724	R^2 ,295	a_1 -2,542	,016	,135
		F ,127	a_0 ,074	4,990	,000	F 6,288	a_2 3,522	,001	,075
		Sig. ,724				Sig. ,005	a_0 3,232	,003	,079
CH	**Metallerzeugung und -bearbeitung, Herstellung von Metallerzeugnissen**	R^2 ,069	a_1 -,249	-1,808	,077	R^2 ,141	a_1 -2,650	,011	,016
		F 3,269	a_0 ,074	5,657	,000	F 3,534	a_2 **1,899**	,064	,001
		Sig. ,077				Sig. ,038	a_0 5,401	,000	,003
CI	**Herst. v. Datenverarbeitungsgeräten, elektronischen und optischen Erzeugnissen**	R^2 ,580	a_1 **-,518**	-6,441	,000	R^2 ,650	a_1 -1,001	,325	,011
		F 41,484	a_0 ,088	5,887	,000	F 26,987	a_2 2,413	,022	,064
		Sig. ,000				Sig. ,000	a_0 3,412	,002	,000
CJ	Herstellung von elektrischen Ausrüstungen	R^2 ,200	a_1 ,509	1,732	,109	R^2 ,765	a_1 -3,137	,009	,325
		F 3,000	a_0 ,088	1,637	,128	F 17,871	a_2 5,138	,000	,022
		Sig. ,109				Sig. ,000	a_0 3,906	,002	,002
CK	**Maschinenbau**	R^2 ,162	a_1 **,220**	2,367	,025	R^2 ,174	a_1 1,390	,176	,009
		F 5,601	a_0 ,024	2,285	,030	F 2,949	a_2 -,640	,527	,000
		Sig. ,025				Sig. ,069	a_0 1,198	,241	,002
CL	Fahrzeugbau	R^2 ,115	a_1 -,531	-,720	,512	R^2 ,361	a_1 -1,242	,303	,176
		F ,518	a_0 ,128	1,668	,171	F ,847	a_2 1,075	,361	,527
		Sig. ,512				Sig. ,511	a_0 1,995	,140	,241
CM	**Sonstige Herst. von Waren, Reparatur und Installation von Maschinen und Ausrüstungen**	R^2 ,019	a_1 -,133	-1,031	,307	R^2 ,311	a_1 -1,818	,074	,303
		F 1,064	a_0 ,078	4,476	,000	F 12,413	a_2 4,831	,000	,361
		Sig. ,307				Sig. ,000	a_0 3,551	,001	,140
C	**Verarbeitendes Gewerbe (gesamt)**	R^2 ,045	a_1 **-,197**	-3,779	,000	R^2 ,325	a_1 -,140	-3,182	,002
		F 14,280	a_0 ,077	12,638	,000	F 72,359	a_2 **1,252**	11,161	,000
		Sig. ,000				Sig. ,000	a_0 ,057	10,49	,000

mit: Sig. – Signifikanz

Tab. 7-99: Lineare und quadratische Rendite-Risiko-Modelle für den ROA innerhalb des verarbeitenden Gewerbes

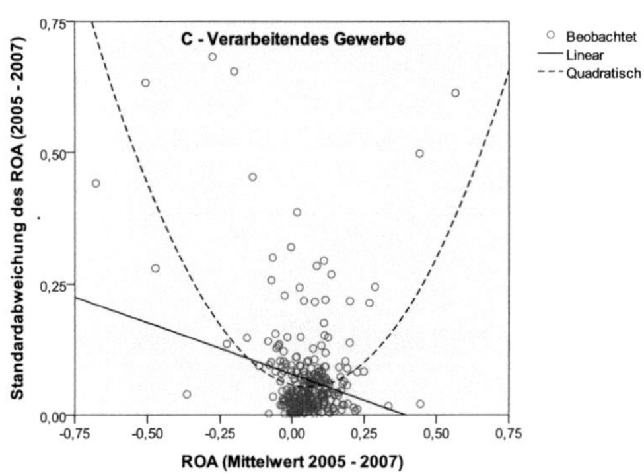

Abb. 7-29: Performance-Risiko-Zusammenhang im verarbeitenden Gewerbe beim ROA

	Branche nach WZ2008 (Branchen mit Datensatzanzahl ≥ 20 „**fett**" markiert)	Lineares Modell: $\sigma(ROS) = a_1 * ROS + a_0$ Modelltest	Koeffizienten	t	Sig.	Quadratisches Modell: $\sigma(ROS) = a_2 * ROS^2 + a_1 * ROS + a_0$ Modelltest	Koeffizienten	t	Sig.
B	Bergbau und Gewinnung von Steinen und Erden	R^2 ,943	a_1 -,232	-5,733	,029	R^2 ,947	a_1 -,122	-,299	,815
		F 32,862	a_0 ,037	2,540	,126	F 8,865	a_2 ,159	,273	,830
		Sig. ,029				Sig. ,231	a_0 ,036	1,695	,339
C	**Verarbeitendes Gewerbe**	R^2 ,021	a_1 **-,058**	-2,455	,015	R^2 ,040	a_1 -,146	-3,287	,001
		F 6,027	a_0 ,034	12,60	,000	F 5,786	a_2 **-,128**	-2,334	,020
		Sig. ,015				Sig. ,003	a_0 ,037	12,29	,000
D	Energieversorgung	R^2 ,107	a_1 -,051	-,847	,430	R^2 ,188	a_1 ,136	,501	,638
		F ,717	a_0 ,017	2,983	,025	F ,580	a_2 -,755	-,709	,510
		Sig. ,430				Sig. ,594	a_0 ,011	1,081	,329
E	Wasserversorgung; Abwasser- und Abfallentsorgung und Beseitigung von Umweltverschmutzungen	R^2 ,000	a_1 -,004	-,032	,975	R^2 ,047	a_1 -,150	-,458	,666
		F ,001	a_0 ,017	1,785	,125	F ,124	a_2 1,930	,497	,640
		Sig. ,975				Sig. ,886	a_0 ,016	1,530	,187
F	**Baugewerbe**	R^2 ,030	a_1 ,171	1,221	,228	R^2 ,471	a_1 -,217	-1,794	,079
		F 1,491	a_0 ,051	2,902	,006	F 21,406	a_2 **1,423**	6,335	,000
		Sig. ,228				Sig. ,000	a_0 ,039	2,972	,005
G	**Handel; Instandhaltung und Reparatur von Kraftfahrzeugen**	R^2 ,055	a_1 -,061	-1,898	,062	R^2 ,085	a_1 ,031	,427	,671
		F 3,602	a_0 ,015	6,697	,000	F 2,835	a_2 ,273	1,417	,161
		Sig. ,062				Sig. ,066	a_0 ,014	5,531	,000
H	**Verkehr und Lagerei**	R^2 ,072	a_1 -,289	-1,524	,138	R^2 ,386	a_1 -,549	-3,213	,003
		F 2,323	a_0 ,054	3,537	,001	F 9,097	a_2 2,778	3,847	,001
		Sig. ,138				Sig. ,001	a_0 ,041	3,172	,004
J	**Information und Kommunikation**	R^2 ,012	a_1 ,049	,509	,616	R^2 ,258	a_1 -,360	-1,998	,059
		F ,259	a_0 ,029	4,349	,000	F 3,475	a_2 2,542	2,573	,018
		Sig. ,616				Sig. ,051	a_0 ,034	5,402	,000
K	**Erbringung von Finanz- und Versicherungs-dienstleistungen**	R^2 ,331	a_1 **-,231**	-3,983	,000	R^2 ,360	a_1 -,150	-1,657	,108
		F 15,868	a_0 ,052	6,265	,000	F 8,722	a_2 **,243**	1,177	,248
		Sig. ,000				Sig. ,001	a_0 ,046	4,868	,000
M	Erbringung von freiberuflichen, wissenschaftlichen und technischen Dienstleistungen	R^2 ,958	a_1 2,178	8,241	,004	R^2 ,997	a_1 -,915	-1,554	,260
		F 67,919	a_0 -,074	-1,756	,177	F 355,5	a_2 8,281	5,307	,034
		Sig. ,004				Sig. ,003	a_0 ,046	1,748	,223
N	Erbringung von sonstigen wirtschaftlichen Dienstleistungen	R^2 ,994	a_1 -,453	-36,08	,000	R^2 ,994	a_1 -,487	-3,469	,010
		F 1301,6	a_0 ,011	3,826	,005	F 574,4	a_2 -,046	-,246	,813
		Sig. ,000				Sig. ,000	a_0 ,011	3,596	,009
	Gesamt	R^2 ,013	a_1 **-,065**	-2,583	,010	R^2 ,091	a_1 ,086	2,575	,010
		F 6,671	a_0 ,037	12,56	,000	F 25,668	a_2 **,321**	6,641	,000
		Sig. ,010				Sig. ,001	a_0 ,030	9,986	,000

mit: Sig. – Signifikanz

Tab. 7-100: Lineare und quadratische Rendite-Risiko-Modelle für den ROS nach Branchen

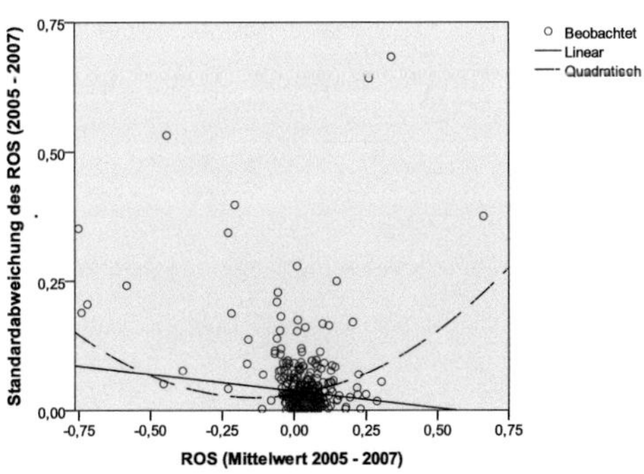

Abb. 7-30: Performance-Risiko-Zusammenhang beim ROS

	Branche nach WZ2008 (Branchen mit Datensatzanzahl ≥ 20 „**fett**" markiert)	Lineares Modell: $\sigma(ROS) = a_1 * ROS + a_0$ Modelltest	Koeffizienten	t	Sig.	Quadratisches Modell: $\sigma(ROS) = a_2 * ROS^2 + a_1 * ROS + a_0$ Modelltest	Koeffizienten	t	Sig.
CA	**Herstellung von Nahrungs- und Genussmitteln, Getränken und Tabakerzeugnissen**	R^2 ,440	a_1 **-,470**	-3,860	,001	R^2 ,701	a_1 -,181	-1,550	,138
		F 14,900	a_0 ,037	5,013	,000	F 21,111	a_2 **2,709**	3,969	,001
		Sig. ,001				Sig. ,000	,025	3,886	,001
CB	Herstellung von Textilien, Bekleidung, Leder, Lederwaren und Schuhen	R^2 ,111	a_1 -,367	-,933	,382	R^2 ,931	a_1 -1,156	-7,651	,000
		F ,870	a_0 ,046	3,024	,019	F 40,332	a_2 23,165	8,431	,000
		Sig. ,382				Sig. ,000	a_0 ,023	4,399	,005
CC	**Herstellung v. Holzwaren, Papier, Pappe u. Waren daraus, Herst. v. Druckerzeugnissen**	R^2 ,022	a_1 ,123	,830	,413	R^2 ,024	a_0 ,086	,352	,728
		F ,690	a_0 ,034	3,699	,001	F ,351	a_2 ,295	,188	,852
		Sig. ,413				Sig. ,707	a_0 ,034	3,593	,001
CE	Herstellung von chemischen Erzeugnissen	R^2 ,391	a_1 -,231	-2,403	,040	R^2 ,772	a_1 -,716	-4,894	,001
		F 5,777	a_0 ,022	4,743	,001	F 13,581	a_2 6,271	3,663	,006
		Sig. ,040				Sig. ,003	a_0 ,024	7,827	,000
CF	Herstellung von pharmazeutischen Erzeugnissen	R^2 ,782	a_1 ,684	2,676	,116	R^2 ,995	a_1 -,355	-2,092	,284
		F 7,160	a_0 ,002	,062	,956	F 97,894	a_2 5,479	6,478	,098
		Sig. ,116				Sig. ,071	a_0 ,019	2,406	,251
CG	**Herst. v. Gummi-, Kunststoff, Glas u. Glaswaren, Keramik, Verarb. v. Steinen u. Erden**	R^2 ,048	a_1 -,184	-1,143	,263	R^2 ,267	a_1 -,695	-2,946	,007
		F 1,307	a_0 ,040	4,484	,000	F 4,553	a_2 **3,739**	2,734	,011
		Sig. ,263				Sig. ,021	a_0 ,041	5,067	,000
CH	**Metallerzeugung und -bearbeitung, Herstellung von Metallerzeugnissen**	R^2 ,420	a_1 **-,706**	-5,516	,000	R^2 ,741	a_1 -,461	-4,951	,000
		F 30,424	a_0 ,057	6,869	,000	F 58,618	a_2 **4,863**	7,125	,000
		Sig. ,000				Sig. ,000	a_0 ,030	4,455	,000
CI	**Herst. v. Datenverarbeitungsgeräten, elektronischen und optischen Erzeugnissen**	R^2 ,043	a_1 ,034	1,128	,269	R^2 ,052	a_1 -,048	-,287	,776
		F 1,272	a_0 ,038	4,732	,000	F ,745	a_2 -,087	-,501	,620
		Sig. ,269				Sig. ,484	a_0 ,041	4,099	,000
CJ	Herstellung von elektrischen Ausrüstungen	R^2 ,230	a_1 -,622	-1,896	,082	R^2 ,627	a_1 -1,678	-4,297	,001
		F 3,594	a_0 ,055	3,311	,006	F 9,234	a_2 10,62	3,417	,006
		Sig. ,082				Sig. ,004	a_0 ,055	4,515	,001
CK	**Maschinenbau**	R^2 ,000	a_1 ,001	,011	,991	R^2 ,071	a_1 ,205	1,333	,193
		F ,000	a_0 ,022	5,462	,000	F 1,075	a_2 -1,492	-1,467	,154
		Sig. ,991				Sig. ,355	a_0 ,018	3,924	,001
CL	Fahrzeugbau	R^2 ,030	a_1 ,082	,248	,827	R^2 ,371	a_1 8,712	,744	,593
		F ,061	a_0 ,024	,963	,437	F ,295	a_2 -63,11	-,737	,596
		Sig. ,827				Sig. ,793	a_0 -,201	-,655	,631
CM	**Sonstige Herst. von Waren, Reparatur und Installation von Maschinen und Ausrüstungen**	R^2 ,426	a_1 **-,170**	-5,973	,000	R^2 ,567	a_1 -,020	-,441	,662
		F 35,679	a_0 ,027	7,941	,000	F 30,733	a_2 **,278**	3,901	,000
		Sig. ,000				Sig. ,000	a_0 ,021	6,160	,000
C	**Verarbeitendes Gewerbe (gesamt)**	R^2 ,021	a_1 **-,058**	-2,455	,015	R^2 ,040	a_1 -,146	-3,287	,001
		F 6,027	a_0 ,034	12,60	,000	F 5,786	a_2 **-,128**	-2,334	,020
		Sig. ,015				Sig. ,003	a_0 ,037	12,29	,000

mit: Sig. – Signifikanz

Tab. 7-101: Lineare und quadratische Rendite-Risiko-Modelle für den ROS innerhalb des verarbeitenden Gewerbes

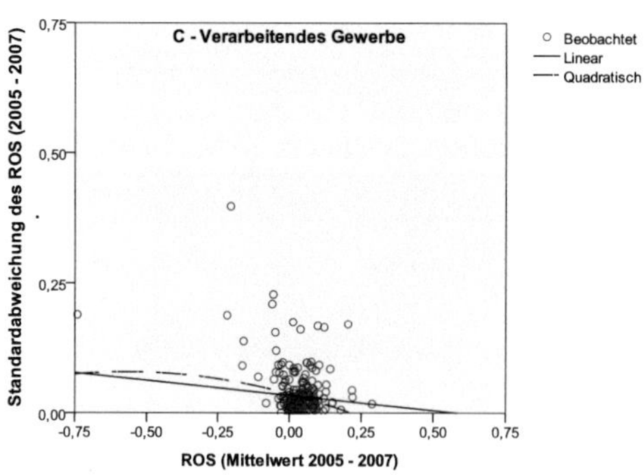

Abb. 7-31: Performance-Risiko-Zusammenhang im verarbeitenden Gewerbe beim ROS

Insgesamt ist für die untersuchten Unternehmen ein negativer linearer und ein positiver quadratischer Performance-Risiko-Zusammenhang mit allen drei Performancemaßen ROE, ROA und ROS zu beobachten (vgl. Tab. 7-96 bis Tab. 7-101 und Abb. 7-26 bis Abb. 7-31).

Ein negativer linearer Zusammenhang zwischen der Performance und deren Standardabweichung ist in 16,7 % der Branchen mit dem ROE, in 25,0 % der Branchen mit dem ROA und in 33,3 % der Branchen mit dem ROS festzustellen. Der quadratische Zusammenhang zwischen der Performance und deren Standardabweichung ist in 50,0 % der Branchen mit dem ROE, in 33,3 % der Branchen mit dem ROA und in 50,0 % der Branchen mit dem ROS zu beobachten (vgl. Tab. 7-100). Diese Ergebnisse zeigen den als Rendite-Risiko-Paradoxon bezeichneten Effekt (z. B. BOWMAN 1980, S. 19 f.; FIEGENBAUM 1997, S. 13) eines zumindest teilweise negativen Zusammenhangs zwischen der Performance und deren Standardabweichung, die als Unternehmensrisiko interpretiert wird. Die Zusammenhänge variieren jedoch in den Branchen je nach Risiko- und Performancemaß.

		σ(ROE) = f(μ(ROE))		σ(ROA) = f(μ(ROA))		σ(ROS) = f(μ(ROS))	
Branchen (mit Datensatzanzahl ≥ 20)		linear	quadrat.	linear	quadrat.	linear	quadrat.
CA	Herstellung von Nahrungs- und Genussmitteln ...	o	o	o	o	–	+
CC	Herstellung v. Holzwaren, Papier, Pappe ...	–	+	–	+	o	o
CG	Herstellung v. Gummi, Kunststoff, Glas ...	o	+	o	o	o	+
CH	Metallerzeugung und -bearbeitung ...	o	+	o	+	–	+
CI	Herst. v. Datenverarbeitungsgeräten, Elektronik ...	o	o	–	o	o	o
CK	Maschinenbau	o	o	+	o	o	o
CM	Sonstige Herstellung von Waren, Reparatur ...	–	+	o	o	–	+
C	Verarbeitendes Gewerbe (insgesamt)	–	+	–	+	–	–
F	Baugewerbe	o	+	o	+	o	+
G	Handel; Instandhaltung und Reparatur von KFZ	o	o	–	o	o	o
H	Verkehr und Lagerei	o	o	o	+	o	o
J	Information und Kommunikation	o	+	o	o	o	o
K	Finanz- und Versicherungsdienstleistungen	o	o	o	o	–	+
	Gesamt	–	+	–	+	–	+
	positiver Zusammenhang	0,0 %	50,0 %	8,3 %	33,3 %	0,0 %	50,0 %
	kein signifikanter Zusammenhang	83,3 %	50,0 %	66,7 %	66,7 %	66,7 %	50,0 %
	negativer Zusammenhang	16,7 %	0,0 %	25,0 %	0,0 %	33,3 %	0,0 %

Tab. 7-102: Übersicht der linearen und quadratischen Rendite-Risiko-Assoziationen

Zusammenfassend kann festgestellt werden, dass mit den Performancedaten der untersuchten Unternehmen der als Rendite-Risiko-Paradoxon bezeichnete Effekt aufgezeigt werden kann. Da es jedoch nicht das Ziel dieser Arbeit ist, das Rendite-Risiko-Paradoxon mittels Performancedaten-Zeitreihen nachzuweisen, sondern zu ermitteln, ob es durch das Risikoentscheidungsverhalten von Managern bestimmt sein kann, werden nachfolgend zunächst Simulationen durchgeführt, bevor die Unternehmensperformance und deren Standardabweichung mit dem experimentell ermittelten Risikoentscheidungsverhalten in Zusammenhang gebracht werden.

7.11.6 Simulation zur Darstellung des Einflusses des Risikoverhaltens auf Performance-Risiko-Zusammenhänge

7.11.6.1 Erklärungsversuche des Rendite-Risiko-Paradoxons mittels Simulationen

Vergleichend zu empirisch ermittelten Performance-Risiko-Assoziationen wurden z. B. von MARCH / SHAPIRA (1992, S. 175), DENRELL (2008, S. 436 ff.) und HENKEL (2008, S. 292 f.)

Simulationen eingesetzt, um die Entstehung von bestimmten Zusammenhängen unter unterschiedlichen Modell- und Parameterkonfigurationen vertiefend untersuchen zu können.

Aufbauend auf den theoretischen Grundlagen der Prospect-Theorie und den Ergebnissen der vorliegenden empirischen Studie zum Risikoentscheidungsverhalten werden nachfolgend Simulationen vorgenommen, um das Entstehen von positiven bzw. negativen Performance-Risiko-Zusammenhängen in den Mittelwert-Varianz-Beziehungen der empirischen Ergebnisse unter verschiedenen Bedingungen nachbilden zu können. Simuliert werden dafür die Auswirkungen des Entscheidungsverhaltens (Strategien) der vier in der eigenen Studie identifizierten Risikostrategiegruppen auf den Performance-Risiko-Zusammenhang bei Verwendung der Varianz als Risikomaß. Die Simulation kann somit eine mögliche Verbindung zwischen den Theorien zum Entscheidungsverhalten und den Ergebnissen der empirischen Studien über Performance-Risiko-Zusammenhänge herstellen.

7.11.6.2 Design und Parameter der Simulation

Simuliert werden die Mittelwert-Varianz-Beziehungen, die sich in einer fiktiven Branche mit 25[153] Unternehmen nach 10[154] Jahren ergeben, wenn die Unternehmen nach verschiedenen Risikostrategien handeln.

Die fünf Eingangsparameter der Simulation sind:

1. Risikooption 1,
2. mittlere Eintrittswahrscheinlichkeit der Risikooption 1,
3. Risikooption 2,
4. mittlere Eintrittswahrscheinlichkeit der Risikooption 2
5. min/max zufällige Abweichung.

Der Parameter „min/max zufällige Abweichung“ entspricht der operativen Risikoverteilung, für dessen Ermittlung GLEIßNER (2004, S. 210 ff.) z. B. die Monte-Carlo-Simulation einsetzt.

Die Restriktionen für eine sinnvolle Simulation[155] erfordern bei positiven Risikooptionen, dass die Risikooption 1 vom Betrag her kleiner als die Risikooption 2 ist und die Eintrittswahrscheinlichkeit der Risikooption 1 kleiner als die Eintrittswahrscheinlichkeit der Risikooption 2 ist.[156] Den Referenzpunkt für das Entscheidungsverhalten im Jahr t bildet der Branchendurchschnitt des Jahres t-1, der sich als Mittelwert der 25 Unternehmen in der Simulation ergibt. Die Anzahl der Unternehmen einer der vier Gruppen wird aus der Anzahl der Individuen in den entsprechenden Gruppen abgeleitet, die sich bei der Studie zum Entscheidungsverhalten unter Risiko ergeben hat. Lediglich die rational entscheidende Gruppe wurde mit drei Unternehmen überrepräsentiert, um die Tendenz der Verteilung dieser Gruppe angemessen darstellen zu können.

---

[153] Die Anzahl ist so gewählt, dass die jeweiligen Zusammenhänge in den Ergebnisdiagrammen ausreichend deutlich werden, ohne diese zu überladen.

[154] 10 Jahre sind der am häufigsten gewählte Untersuchungszeitraum in Performance-Risiko-Studien.

[155] Risikooption 1 < Risikooption 2 & mittlere Eintrittswahrscheinlichkeit der Risikooption 1 > mittlere Eintrittswahrscheinlichkeit der Risikooption 1.

[156] Bei negativen Risikooptionen entsprechend umgekehrt.

Für die vier Gruppen mit unterschiedlichem Entscheidungsverhalten wurde in der Simulation folgendes Verhalten angenommen:

1. **risikoavers**: die Unternehmen dieser Gruppe entscheiden sich sowohl bei positiven als auch bei negativen Prospects immer risikoavers für die weniger riskante Risikooption 1 (in der Simulation durch Quadrate (■) visualisiert),
2. **risikofreudig**: die Unternehmen dieser Gruppe entscheiden sich sowohl bei positiven als auch bei negativen Prospects immer risikofreudig für die riskantere Risikooption 2 (in der Simulation durch Karos (◆) visualisiert)
3. **rational**: die Unternehmen dieser Gruppe entscheiden sich bei positiven Prospects immer risikofreudig für die riskantere Risikooption 2 und bei negativen Prospects immer risikoavers für die weniger riskante Risikooption 1 (in der Simulation durch Dreiecke (▲) visualisiert)
4. **irrational**: die Unternehmen dieser Gruppe entscheiden sich bei positiven Prospects immer risikoavers für die weniger riskante Risikooption 1 und bei negativen Prospects immer risikofreudig für die riskantere Risikooption 2 (in der Simulation durch Dreiecke (▲) visualisiert).

Alle vier Gruppen zusammen werden als Punkte (●) in einem weiteren Diagramm (z. B. Abb. 7-32 links) mit Regressionsgerade und quadratischer Regressionskurve dargestellt.

Für jedes Unternehmen der Gruppen 3 und 4 muss zu jedem Simulationszeitpunkt t berechnet werden, ob sich das Unternehmen einem positiven oder negativen Prospect gegenüber sieht.

Dies geschieht für den Simulationszeitpunkt t anhand der Differenz der Unternehmensperformance zum Branchendurchschnitt[157] zum Zeitpunkt t-1. Die Unternehmen, bei denen die Differenz positiv ist, sehen sich somit einem positiven Prospect für ihre Strategiewahl zum Zeitpunkt t gegenüber. Die Unternehmen, bei denen die Differenz negativ ist, sehen sich dann entsprechend einem negativen Prospect für ihre Strategiewahl zum Zeitpunkt t gegenüber.

Die jeweilige Unternehmensperformance zum Zeitpunkt t resultiert einerseits aus der Höhe der Risikooption und der mittleren Eintrittswahrscheinlichkeit mit ihrer Wahrscheinlichkeitsverteilung und andererseits aus der zufälligen Abweichung der operativen Performance, die mit dem Parameter „min/max zufällige Abweichung“ für jedes Unternehmen individuell simuliert wird.[158]

Die Auswirkungen der Wahrscheinlichkeitsverteilungen werden in den Mittelwert-Varianz-Diagrammen (z. B. Abb. 7-32 rechts) für jede der vier simulierten Risikostrategien mit einer Regressionskurve verdeutlicht. Die zufälligen Abweichungen der operativen Performance jedes Unternehmens zeigen sich als Streuungen senkrecht zu den Regressionskurven. Die Regressionskurven stellen eine Art strategische Iso-Risikolinien dar, da sich die Unternehmen auf diesen Regressionskurven nicht in der Strategie oder den Risikooptionen unterscheiden, sondern nur durch die über die Wahrscheinlichkeitsverteilung der Risikooption(en) bewirkte zufällige Realisierung der Risikooption, die je nach Abweichung vom Erwartungswert als Glück oder Pech bezeichnet werden kann.

---

[157] Der jährliche Branchendurchschnitt ist der Mittelwert der jährlichen Performance aller 25 Unternehmen.

[158] Unternehmensperformance zum Zeitpunkt t = gewählte Risikooption • mittlere Eintrittswahrscheinlichkeit der Risikooption • Zufallswert aus der Wahrscheinlichkeitsverteilung + Höhe des operativen Risikos • Zufallswert aus der Wahrscheinlichkeitsverteilung des operativen Risikos.

7.11.6.3 Simulation mit positiven Risikooptionen

Als positive Risikooptionen werden Risikooptionen bezeichnet, bei denen der Erwartungswert der riskanteren Option über dem Erwartungswert der weniger riskanten Option liegt.
Im Folgenden werden beispielhaft einige Ergebnisse der Simulation mit positiven Risikooptionen über zehn Jahre vorgestellt, um das Zustandekommen der Mittelwert-Varianz-Zusammenhänge in einer Branche darzustellen, deren Unternehmen zwar deutlich in ihrer Strategie differieren, die sich aber weder intern (in der Organisation, Technologie etc.) noch extern (hinsichtlich ihrer Lieferanten, Kunden etc.) signifikant unterscheiden.

Eingangsparameter der Simulation:

1. Risikooption 1:	10 %
2. mittlere Eintrittswahrscheinlichkeit der Risikooption 1:	1
3. Risikooption 2:	20 %
4. mittlere Eintrittswahrscheinlichkeit der Risikooption 2:	**0,7**
5. min/max zufällige Abweichung:	5 %

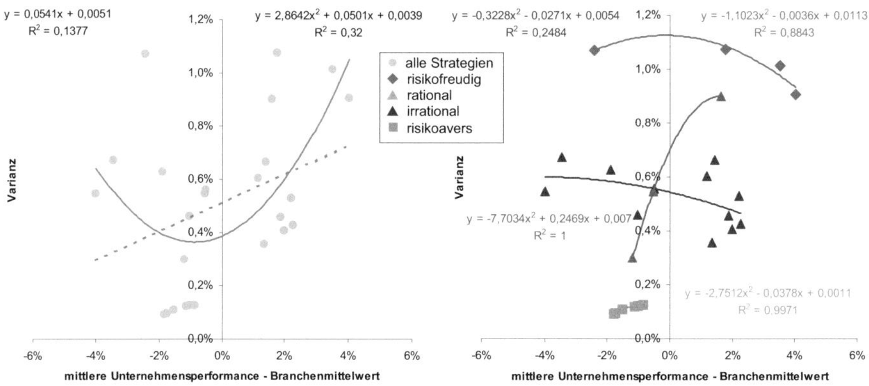

Abb. 7-32: Ergebnisse einer Simulation der Mittelwert-Varianz-Beziehung bei positiven Risikooptionen

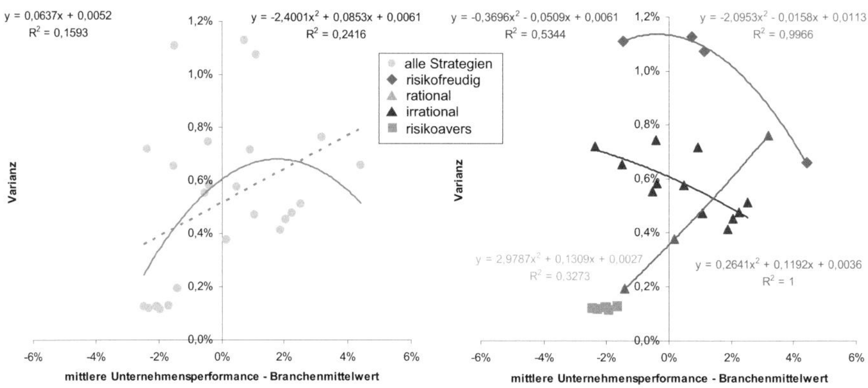

Abb. 7-33: Weitere Ergebnisse einer Simulation der Mittelwert-Varianz-Beziehung bei positiven Risikooptionen

Die Simulation mit Risiken, bei denen der Erwartungswert der riskanteren Option **über** dem Erwartungswert der weniger riskanten Option liegt (positive Risikooptionen), erzeugt für die

Mittelwert-Varianz-Beziehung der Branche einen **positiven linearen Performance-Risiko-Zusammenhang** (Abb. 7-32 links und Abb. 7-33 links). In Abb. 7-32 rechts und Abb. 7-33 rechts wird deutlich, dass in diesem Fall analog zur klassischen Theorie die risikofreudige Strategie zur höchsten mittleren Performance führt.

7.11.6.4 Simulation mit negativen Risikooptionen

Als negative Risikooptionen werden Risikooptionen bezeichnet, bei denen der Erwartungswert der riskanteren Option unter dem Erwartungswert der weniger riskanten Option liegt.

Im Folgenden werden beispielhaft einige Ergebnisse einer Simulation mit negativen Risikooptionen analog zur Simulation mit positiven Risikooptionen vorgestellt.

Eingangsparameter der Simulation:

1. Risikooption 1:	10 %
2. mittlere Eintrittswahrscheinlichkeit der Risikooption 1:	1
3. Risikooption 2:	20 %
4. mittlere Eintrittswahrscheinlichkeit der Risikooption 2:	**0,3**
5. min/max zufällige Abweichung:	5 %

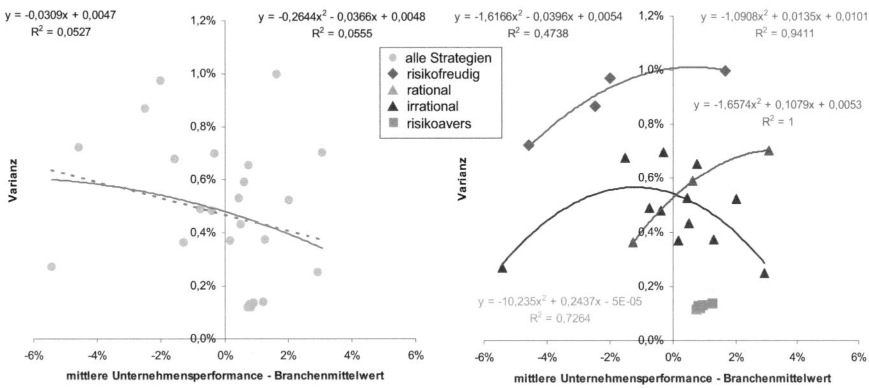

Abb. 7-34: Ergebnisse einer Simulation der Mittelwert-Varianz-Beziehung bei negativen Risikooptionen

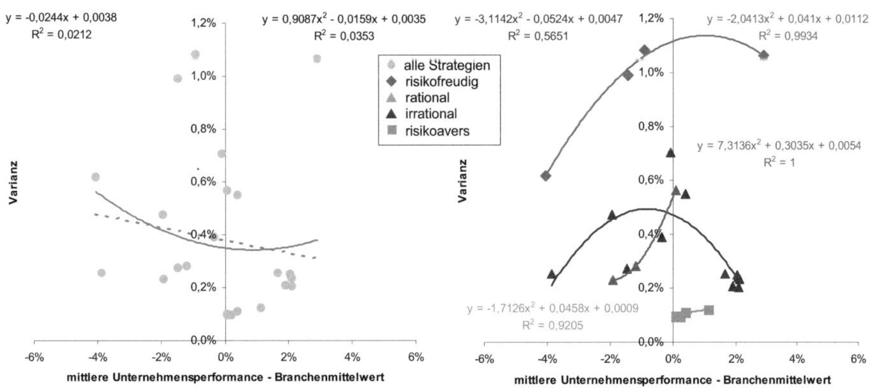

Abb. 7-35: Weitere Ergebnisse einer Simulation der Mittelwert-Varianz-Beziehung bei negativen Risikooptionen

Die Simulation mit Risiken, bei denen der Erwartungswert der riskanteren Option unter dem Erwartungswert der weniger riskanten Option liegt (negative Risikooptionen), erzeugt für die Mittelwert-Varianz-Beziehung der Branche einen negativen Performance-Risiko-Zusammenhang (Abb. 7-34 links und Abb. 7-35 links). In Abb. 7-34 rechts und Abb. 7-35 rechts wird deutlich, dass in diesem Fall die risikoaverse Strategie zur höchsten mittleren Performance führt. Das Rendite-Risiko-Paradoxon lässt sich somit beispielsweise auf das alleinige Vorhandensein von nur negativen oder zumindest auf das Überwiegen von negativen Risikooptionen in einer Branche zurückführen.

7.11.6.5 Erkenntnisse aus den Simulationsergebnissen über Performance-Risiko-Zusammenhänge

Durch die Dekomposition der Mittelwert-Varianz-Zusammenhänge (Abb. 7-32 bis Abb. 7-35 jeweils links) in die vier Strategietypen (Abb. 7-32 bis Abb. 7-35 jeweils rechts) können die Mittelwert-Varianz-Zusammenhänge besser verstanden werden.

Mit den Simulationen kann nicht nur das Entstehen der positiven und negativen linearen Zusammenhänge erklärt werden, sondern auch das Zustandekommen der positiven und negativen quadratischen Zusammenhänge. Von besonderer Bedeutung ist dabei die Erklärungsmöglichkeit der negativen quadratischen Zusammenhänge, die bisher mit der Prospect-Theorie nicht möglich war. Die negativen quadratischen Zusammenhänge treten unabhängig von den Risikooptionen vor allem aufgrund einer komprimierten Wahrscheinlichkeitsverteilung bei der risikofreudigen Strategie auf.

Im Gegensatz zu den Erklärungen für das Auftreten des quadratischen Zusammenhangs in der Literatur (mit eher aussichtslosen Risikooptionen für die Unternehmen unterhalb des Branchendurchschnitts und eher Erfolg versprechenden Risikooptionen für Unternehmen oberhalb des Branchendurchschnitts) zeigen die Simulationsergebnisse, dass sich der quadratische Zusammenhang auch beim Vorhandensein nur einer Risikooption (entweder eher Erfolg versprechend oder eher aussichtslos) einstellt, wenn sich lediglich die Risikostrategien der Unternehmen in einer Branche unterscheiden.

In den Diagrammen sind zwei Risikodimensionen erkennbar. Die erste Dimension bestimmt die Varianz der Unternehmensperformance auf der y-Achse durch die vektorielle Subtraktion der betragsmäßigen Differenz der Risikooptionen und der mittleren Eintrittswahrscheinlichkeit der riskanteren Risikooption. Die zweite Risikodimension ist durch die Wahrscheinlichkeitsverteilungen der Risikooptionen bedingt und wird in Form der Regressionskurven sichtbar. So besitzen einerseits die Unternehmen der risikoavers handelnden Gruppe nicht nur eine geringe Varianz, die wenig Risikokapital erfordert, sondern auch eine sehr viel geringere Streuung der Performancemittelwerte. Andererseits besitzt die risikofreudig handelnde Gruppe nicht nur eine hohe Varianz, für die entsprechend mehr Risikokapital benötigt wird, sondern auch eine hohe Streuung der Performancemittelwerte.

Unter Beachtung dieser zweiten Dimension des Risikos benötigt die rational handelnde Gruppe bei positiven Risikooptionen wegen der höheren Varianz als bei der irrational handelnden Gruppe mehr Risikokapital, kann aber durch ihre Strategie die zweite Dimension des Risikos, die Streuung der mittleren Performance, gegenüber der irrational handelnden Gruppe deutlich verringern.

Abb. 7-36 verdeutlicht mit der gepunkteten Linie die Performance-Risiko-Zusammenhänge, die sich jeweils bei negativen und bei positiven Risikooptionen innerhalb der gesamten Branche ergeben. Die Prospect-Theorie kann dagegen rein aus dem Entscheidungsverhalten der „irrational“

handelnden Gruppe, die sie als einzige der vier Gruppen beschreibt, den Performance-Risiko-Zusammenhang dieser Gruppe kaum erklären. Dies deuten in Abb. 7-36 die blauen gestrichelten Linien an, die entsprechend dem Übertragungsansatz der Prospect-Theorie auf Mittelwert-Varianz-Zusammenhänge von FIEGENBAUM (1997, S. 13)[159] auf die Verteilungskurve der irrational handelnden Gruppe gelegt wurden.

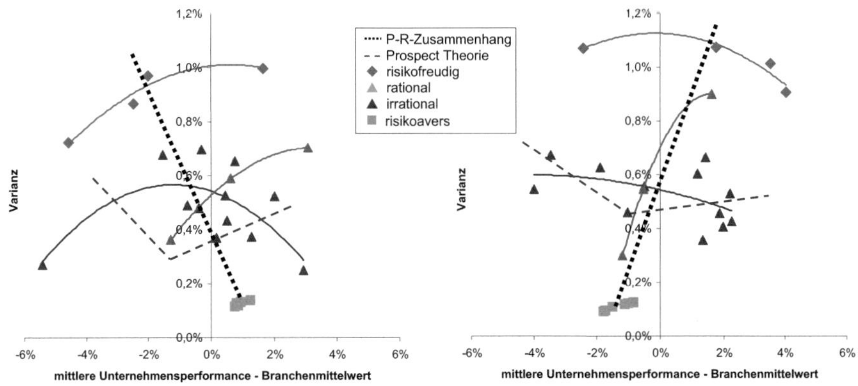

Abb. 7-36: Bestimmung der Performance-Risiko-Zusammenhänge durch negative und positive Risikooptionen

Werden jedoch für die risikoavers handelnde Gruppe Ausgangswerte der Performance oberhalb des Branchendurchschnitts und für die risikofreudig handelnde Gruppe Ausgangswerte der Performance unterhalb des Branchendurchschnitts angenommen, kann sich auch nach der Prospect-Theorie die in Abb. 7-36 links dargestellte Konstellation, jedoch ohne die rationale Gruppe, ergeben. Die Prospect-Theorie kann somit den durch negative Risikooptionen verursachten Zusammenhang unter bestimmten Voraussetzungen zumindest teilweise erklären.

Die Konstellation in Abb. 7-36 rechts mit einer risikofreudig handelnden Gruppe oberhalb des Branchendurchschnitts und einer risikoavers handelnden Gruppe unterhalb des Branchendurchschnitts ist mit der Prospect-Theorie nicht vereinbar. Die Prospect-Theorie kann somit den durch positive Risikooptionen verursachten Zusammenhang nicht erklären.

Werden nun beide Diagramme aus Abb. 7-36 unter der Annahme zusammengesetzt, dass in einer Branche ein Teil der Unternehmen nur über negative Risikooptionen und ein anderer über positive Risikooptionen verfügt, dann kann der entstehende quadratische Zusammenhang ohne Probleme mit der Simulation erklärt werden. Wird zur Erklärung der gleichen Situation jedoch die Prospect-Theorie herangezogen, dann darf nur die irrational handelnde Gruppe aus dem rechten Diagramm in das linke Diagramm übertragen werden. Damit ergeben sich ein stark ausgeprägter negativer Zusammenhang unterhalb des Branchendurchschnitts und ein schwach ausgeprägter positiver Zusammenhang oberhalb des Branchendurchschnitts. Das heißt wiederum, dass die Prospect-Theorie die entstehenden Performance-Risiko-Zusammenhänge nur unzureichend erklären kann.

Die Simulationen erlauben folgende Interpretationen zum Entstehen des Rendite-Risiko-Paradoxons. Das Überwiegen der linearen negativen Performance-Risiko-Zusammenhänge in den Branchen kann darin begründet sein, dass einerseits in allen Branchen das Eingehen von eher aussichtslosen Risikooptionen für Unternehmen möglich ist, dass aber andererseits nur in einem Teil der Branchen auch genügend Erfolg versprechende Risikooptionen existieren. BROMILEY (1991a, S. 55) argumentiert in diesem Sinn auch, dass das Interessante am risikofreudigen

159 näher erläutert in Kapitel 3.3.5

Verhalten von Unternehmen mit Schwierigkeiten ist, dass sie nicht nur mehr Risiken, sondern auch mehr schlechte Risiken (bad gambles) mit nur niedrigen Erwartungswerten eingehen. Hingegen sind für MAURER (2004b, S. B4) einerseits systematische Fehleinschätzungen der zu erwartenden Gewinne und des Risikos durch die Entscheidungsträger eine Erklärung für den negativen Performance-Risiko-Zusammenhang. Erwartete Gewinne werden überschätzt, da wenig wahrscheinliche negative Ergebnisse unterschätzt werden (vgl. FISCHHOFF ET AL. 1981). Auf diese Weise nehmen die Entscheidungsträger an, höhere Gewinne für höhere Risiken zu erhalten, oder die Entscheidungsträger sind sich des eingegangenen Risikos bewusst, akzeptieren dann jedoch ein höheres Risiko ohne eine angemessene Risikoprämie. Nach MAURER (2004b, S. B4) akzeptieren gute Manager ein hohes Risiko nicht einfach, wenn sie um höhere als nur durchschnittliche Gewinne bemüht sind. Stattdessen finden sie Unternehmens- und Marktstrategien, die höhere und stabilere Gewinne hervorbringen als ihre Wettbewerber. Diese Effekte können zu einem negativen Zusammenhang zwischen Performance und Risiko beitragen.

Zusammenfassend kann festgestellt werden, dass mit den Simulationen das Rendite-Risiko-Paradoxon auf Branchenebene (mit einem Mix von Risikoverhaltenstypen) eher auf die Risikooptionen als auf das Risikoentscheidungsverhalten zurückgeführt werden kann. Da die Verteilungen der einzelnen Risikoverhaltensgruppen negative Parabeln ergeben, kann innerhalb der Risikoverhaltensgruppen das Rendite-Risiko-Paradoxon auftreten.

7.11.7 Unternehmensperformance und Risikoverhalten

Die Unternehmenssituation im Vergleich zu den Wettbewerbern wird als Selbstauskunft von den Testteilnehmern auf einer fünfstufigen Skala von „sehr viel schlechter“ (codiert als = -1), „schlechter“ (= 0,5), „in etwa gleich“ (= 0), „besser“ (= 0,5) und „sehr viel besser“ (= 1) erfasst.

Position Besitzanteil am Unternehmen		Unternehmenssituation im Vergleich zu den Wettbewerbern (Selbsteinschätzung) „sehr viel schlechter“	„schlechter“	„in etwa gleich“	„besser“	„sehr viel besser“	Gesamt
Manager ohne (= 0 %)	N	0	6	62	77	11	156
Unternehmensanteile	%	,0 %	3,8 %	39,7 %	49,4 %	7,1 %	100,0 %
Manager mit Minderheitsbeteiligung	N	0	1	30	53	5	89
(< 50 %) am Unternehmen	%	,0 %	1,1 %	33,7 %	59,6 %	5,6 %	100,0 %
Manager mit Mehrheitsbeteiligung	N	0	3	32	56	6	97
(≥ 50 %) am Unternehmen	%	,0 %	3,1 %	33,0 %	57,7 %	6,2 %	100,0 %
Manager, die gleichzeitig Inhaber	N	0	6	84	121	17	228
(= 100 %) sind	%	,0 %	2,6 %	36,8 %	53,1 %	7,5 %	100,0 %
Manager mit unbekanntem	N	1	15	131	178	35	360
Unternehmensanteil	%	,3 %	4,2 %	36,4 %	49,4 %	9,7 %	100,0 %
Manager mit Mehrheitsanteilen	N	0	0	60	79	11	150
(> 50 %) der Familie am Unternehmen	%	,0 %	,0 %	40,0 %	52,7 %	7,3 %	100,0 %
Manager auf Geschäftsleitungsebene	N	1	31	399	564	85	1080
(insgesamt)	%	,1 %	2,9 %	36,9 %	52,2 %	7,9 %	100,0 %
Manager auf mittlerer Ebene	N	1	5	21	33	3	63
(Bereichs- und Abteilungsleiter)	%	1,6 %	7,9 %	33,3 %	52,4 %	4,8 %	100,0 %
Controller	N	0	4	28	39	9	80
(und controllingnahe Funktionen)	%	,0 %	5,0 %	35,0 %	48,8 %	11,3 %	100,0 %
Gesamt	N	2	40	448	636	97	1223
	%	,2 %	3,3 %	36,6 %	52,0 %	7,9 %	100,0 %

mit: N – Anzahl; % – prozentualer Anteil innerhalb der Zeile

Tab. 7-103: Unternehmenssituation im Vergleich zu den Wettbewerbern (Selbsteinschätzung)

59,9 % der Testteilnehmer geben die Unternehmenssituation als besser an, während nur 3,5 % die Unternehmenssituation als schlechter bewerten (vgl. Tab. 7-103). Damit unterscheidet sich die mittlere Einschätzung ($\mu = 0{,}318$) signifikant von einem ohne Bias zu erwartenden Mittelwert von 0 ($T = 33{,}354$; $p \leq 0{,}001$).

Weiterhin unterscheiden sich die Manager in ihrer mittleren Performanceeinschätzung weder untereinander nach Besitzanteilen und Position noch von den Controllern signifikant (χ^2 nach PEARSON = 30,616; p = 0,334; CRAMER's V = 0,079; p = 0,334).

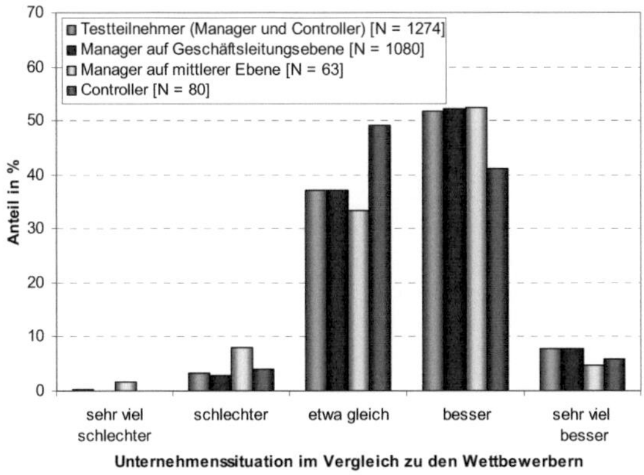

Abb. 7-37: Von den Testteilnehmern angegebene Unternehmenssituation

Position Besitzanteil am Unternehmen	N	μ	σ	min	max	Perzentile 25.	50.	75.
Manager ohne Unternehmensanteile (= 0 %)	156	,298	,3397	-,5	1,0	,000	,500	,500
Manager mit Minderheitsbeteiligung (< 50 %)	89	,348	,2958	-,5	1,0	,000	,500	,500
Manager mit Mehrheitsbeteiligung (≥ 50 %)	97	,335	,3205	-,5	1,0	,000	,500	,500
Manager und gleichzeitig Inhaber (= 100 %)	228	,327	,3279	-,5	1,0	,000	,500	,500
Manager mit unbekanntem Unternehmensanteil	360	,321	,3626	-1,0	1,0	,000	,500	,500
Manager mit Anteilen > 50 % der Familie	150	,337	,3038	,0	1,0	,000	,500	,500
Manager auf Geschäftsleitungsebene	**1080**	**,325**	**,3349**	**-1,0**	**1,0**	**,000**	**,500**	**,500**
Manager auf mittlerer Ebene	63	,254	,3901	-1,0	1,0	,000	,500	,500
Controller (und controllingnahe Funktionen)	80	,331	,3727	-,5	1,0	,000	,500	,500
Unbekannt	51	,245	,3372	-,5	1,0	,000	,000	,500
Gesamt	**1274**	**,318**	**,3406**	**-1,0**	**1,0**	**,000**	**,500**	**,500**

Tab. 7-104: Deskriptive Statistiken zur Bewertung der Unternehmenssituation durch die Testteilnehmer

Die Verteilung der Antworten ist ähnlich wie bei COOPER / WOO / DUNKELBERG (1988, S. 104), die 2994 US-amerikanische Entrepreneure durchschnittlich 12 Monate nach ihrer Unternehmensgründung bzw. Übernahme befragten, wobei die Erfolgsaussichten ihres eigenen Unternehmens im Vergleich zu ähnlichen Unternehmen von 5 % der Befragten als schlechter, 27 % als ähnlich und 68 % als besser eingeschätzt wurden. Weiterhin sprechen die Ergebnisse für den von OSKAMP (1965, S. 261 ff.) beobachteten Overconfidence-Bias.

Position Besitzanteil am Unternehmen		**Performance** (Selbsteinschätzung)	**„reale“ Performance** ROE	ROA	ROS	**Risikoeinstellung** (Selbsteinschätzung)	**Risikoverhalten bei Gewinnaussichten** (K1)	**bei Verlustaussichten** (K2)
Manager ohne (= 0 %) Unternehmensanteile	M	,298	,202	,028	,009	-,048	-,180	,095
	Σ	,3397	,4119	,1377	,1424	,3746	,4229	,4589
	τ_b		,113	**,142***	,036	,087	,092	,026
	P		,125	,050	,624	,232	,144	,679
	N	156	116	119	119	157	157	157
Manager mit Minderheitsbeteiligung (< 50 %) am Unternehmen	M	,348	,262	,051	,026	-,034	-,186	,091
	Σ	,2958	,3885	,1512	,1151	,4115	,4899	,4664
	τ_b		,051	,056	,106	-,086	-,053	-,132
	P		,609	,548	,299	,378	,536	,120
	N	89	68	76	65	89	91	91
Manager mit Mehrheitsbeteiligung (≥ 50 %) am Unternehmen	M	,335	,187	,029	-,018	,005	-,217	,116
	Σ	,3205	,4950	,1653	,1995	,4155	,4532	,4637
	τ_b		,122	,143	,043	-,003	,055	-,143
	P		,177	,090	,631	,973	,495	,078
	N	97	79	91	83	98	99	99
Manager, die gleichzeitig Inhaber (= 100 %) sind	M	,327	,242	,050	,032	-,046	-,214	,065
	Σ	,3279	,3912	,1172	,0531	,4070	,4514	,4990
	τ_b		,129	,044	,054	**,156****	,082	,059
	P		,093	,535	,488	,010	,118	,258
	N	228	109	126	105	229	230	230
Manager mit unbekanntem Unternehmensanteil	M	,321	,064	,044	,031	-,133	-,221	,009
	Σ	,3626	,4181	,0612	,0377	,4121	,4609	,5126
	τ_b		,408	,282	,138	,069	**,082***	-,016
	P		,161	,304	,664	,146	,046	,702
	N	360	9	10	8	365	365	365
Manager mit Mehrheitsanteilen (> 50 %) der Familie am Unternehmen	M	,337	,136	,039	,025	-,034	-,102	,048
	Σ	,3038	,3372	,1214	,0613	,4218	,4319	,4313
	τ_b		-,011	,020	,014	,143	-,005	-,043
	P		,890	,784	,854	,056	,942	,514
	N	150	103	121	112	149	150	150
Manager auf Geschäftsleitungsebene (insgesamt)	M	,325	,200	,039	,016	-,068	-,194	,055
	σ	,3349	,4052	,1357	,1225	,4093	,4522	,4838
	τ_b		**,097****	**,089****	,050	**,083****	**,057***	-,016
	p		,007	,009	,161	,003	,018	,503
	N	1080	484	543	492	1087	1092	1092
Manager auf mittlerer Ebene (Bereichs- und Abteilungsleiter)	μ	,254				-,091	-,073	,122
	σ	,3901				,4229	,4167	,4503
	τ_b					,191	,181	-,035
	p					,093	,068	,723
	N	63				160	164	164
Controller (und controllingnahe Funktionen)	μ	,331	,279	,074	,064	-,112	-,086	-,011
	σ	,3727	,2853	,1249	,0785	,3622	,4620	,4720
	τ_b		,308	,370	**,521***	,090	**,178***	,004
	p		,155	,068	,016	,377	,042	,960
	N	80	16	18	16	121	123	123
Gesamt	μ	,321	,203	,040	,017	-,075	-,170	,057
	σ	,3405	,4020	,1354	,1216	,4070	,4512	,4795
	τ_b		**,103****	**,096****	,062	**,082****	**,060****	-,018
	p		,004	,004	,077	,001	,006	,415
	N	1223	500	561	508	1428	1439	1439

mit: μ – Mittelwert der Teilstichprobe; σ – Standardabweichung der Teilstichprobe; τ_b – KENDALL's Tau-B (Korrelationskoeffizient); p – p-Wert der Signifikanz (2-seitig); ** – signifikant auf 1 %-Niveau; * – signifikant auf 5 %-Niveau; N – Anzahl der Datensätze

Tab. 7-105: Bivariate Korrelationen zwischen Selbsteinschätzung der Unternehmensperformance, Risikoeinstellung und Risikoverhalten

Da 77,9 % der Unternehmen im Jahr vor der Befragung einen positiven Jahresüberschuss realisierten und nur 22,1 % der Unternehmen einen Verlust, kann aus den Ergebnissen auch geschlussfolgert werden, dass für die befragten Manager der Referenzpunkt für die Unternehmensperformance eher die Gewinnschwelle als der Branchendurchschnitt oder der Residualgewinn darstellt.

Tab. 7-105 zeigt eine schwache aber signifikant positive Korrelation zwischen der Selbsteinschätzung der Unternehmensperformance und dem Risikoentscheidungsverhalten der Manager auf Geschäftsleitungsebene. Je besser ein Manager die Unternehmenssituation einschätzt, desto risikofreudiger entscheidet er bei Gewinnaussichten.

Zusammenfassend weist die Selbsteinschätzung der Unternehmensperformance durch die Manager eine deutliche Wahrnehmungsverzerrung auf (indem 59,9 % der Manager die Unternehmenssituation als besser, während nur 3,5 % die Unternehmenssituation als schlechter bewerten). Ferner weist die Selbsteinschätzung der Unternehmensperformance nur eine geringe Korrelation zur „realen" Performance und zum Risikoentscheidungsverhalten auf. Deshalb erscheint es im Folgenden angemessen den Einfluss der Performance auf das Risikoentscheidungsverhalten mit „realen" Performance-Kennzahlen zu erfassen.

7.11.8 Risikoentscheidungsverhalten und Rendite-Risiko-Paradoxon

7.11.8.1 Performance-Risiko-Assoziationen im Überblick

Von 570 der 700 namentlich bekannten Unternehmen sind aus den Geschäftsberichten im Unternehmensregister zumindest der Jahresüberschuss und die Bilanzsumme im Jahr vor der Befragung für Performanceanalysen verfügbar.

In Tab. 7-106 sind die Korrelationen der Selbsteinschätzung der Performance mit der „realen" Unternehmensperformance erstaunlich gering (τ_b = 0,75 - 0,143). Zwischen dem Risikoentscheidungsverhalten und den Performancevariablen sowie deren Standardabweichungen sind keine signifikanten Korrelationen erkennbar. Jedoch halten sich Manager für risikoaverser, je höher der Jahresüberschuss (τ_b = -0,077; p = 0,023) und der ROS (τ_b = -0,106; p = 0,002) sind.

In Tab. 7-107 ist am Mittelwert des ROE (2005 bis 2007) entweder zu erkennen, dass erfolgreiche Manager ein „risikoaverses" Verhalten zeigen oder, dass die „risikoaversen" Manager (μ_1 = 21,7 %, N = 91) signifikant erfolgreicher sind (d_{1-2} = 5,6 %; p = 0,046) als die „irrationalen" Manager (μ_2 = 16,1 %, N = 105) und somit ein Rendite-Risiko-Paradoxon existiert.

Dafür weisen die Unternehmen der „irrational" entscheidenden Manager eine signifikant geringere Standardabweichung des ROE auf als die Unternehmen aller anderen Manager.

alle Unternehmen (mit Managern auf Geschäftsleitungsebene für die Daten zum Jahresüberschuss 2007 verfügbar sind)					**1** Risikoentscheidungsverhalten bei Gewinnaussichten (K1)	**2** Risikoentscheidungsverhalten bei Verlustaussichten (K2)	**3** Selbsteinschätzung der Unternehmensperformance	**4** Selbsteinschätzung Risikoverhalten (= Risikoeinstellung)	**5** Mittelwert(ROE(2005–2007))	**6** Standardabw.(ROE(2005–2007))	**7** Mittelwert(ROA(2005–2007))	**8** Standardabw.(ROA(2005–2007))	**9** Mittelwert(ROS(2005–2007))	**10** Standardabw.(ROS(2005–2007))	**11** ROE 2007	**12** ROA 2007	**13** ROS 2007
1	**Risikoverhalten bei Gewinnaussichten (K1)**	μ	-,173														
		σ	,4492														
		N	570														
2	**Risikoverhalten bei Verlustaussichten (K2)**	μ	,079	τ_b	,011												
		σ	,4589	p	,587												
		N	570	N	1123												
3	**Selbsteinschätzung der Unternehmens-performance**	μ	,324	τ_b	**,066****	-,020											
		σ	,3243	p	,005	,400											
		N	564	N	1107	1107											
4	**Selbsteinschätzung Risikoverhalten (= Risikoeinstellung)**	μ	-,033	τ_b	**,304****	**,108****	**,083****										
		σ	,4060	p	,000	,000	,002										
		N	566	N	1118	1118	1106										
5	**Mittelwert des ROE (2005–2007)**	μ	,183	τ_b	-,003	-,032	**,108***	-,031									
		σ	,1967	p	,938	,398	,018	,489									
		N	305	N	305	305	302	301									
6	**Standardab-weichung des ROE (2005–2007)**	μ	,138	τ_b	,061	-,046	-,001	,032	**,092***								
		σ	,1269	p	,113	,233	,980	,476	,016								
		N	305	N	305	305	302	301	305								
7	**Mittelwert des ROA (2005–2007)**	μ	,041	τ_b	-,005	,003	**,143****	-,058	**,609****	-,027							
		σ	,0923	p	,880	,940	,000	,133	,000	,484							
		N	395	N	398	398	394	394	300	300							
8	**Standardab-weichung des ROA (2005–2007)**	μ	,067	τ_b	,061	-,047	-,031	,061	,033	**,539****	,007						
		σ	,0946	p	,072	,163	,440	,117	,395	,000	,844						
		N	395	N	397	397	393	393	300	300	397						
9	**Mittelwert des ROS (2005–2007)**	μ	,023	τ_b	-,055	,016	**,092***	-,067	**,410****	**-,177****	**,709****	**-,094***					
		σ	,0722	p	,125	,649	,031	,108	,000	,000	,000	,010					
		N	344	N	344	344	341	341	269	269	337	337					
10	**Standardab-weichung des ROS (2005–2007)**	μ	,032	τ_b	,013	-,036	-,076	,011	**-,103***	**,286****	-,038	**,565****	**,073***				
		σ	,0437	p	,710	,315	,077	,790	,012	,000	,295	,000	,043				
		N	344	N	344	344	341	341	269	269	337	337	344				
11	**ROE 2007**	μ	,189	τ_b	,016	-,010	**,118****	-,049	**,607****	**,100***	**,401****	,008	**,294****	-,051			
		σ	,3030	p	,608	,742	,001	,178	,000	,010	,000	,836	,000	,195			
		N	457	N	457	457	453	454	299	299	330	330	291	291			
12	**ROA 2007**	μ	,042	τ_b	,006	,011	**,101****	-,063	**,487****	-,011	**,548****	,033	**,450****	,030	**,694****		
		σ	,1282	p	,827	,707	,003	,055	,000	,780	,000	,324	,000	,416	,000		
		N	560	N	560	560	554	556	303	303	395	395	341	341	452		
13	**ROS 2007**	μ	,025	τ_b	-,028	,005	,069	**-,106****	**,361****	**-,116****	**,492****	-,010	**,602****	**,114****	**,557****	**,754****	
		σ	,0814	p	,345	,868	,052	,002	,000	,004	,000	,774	,000	,002	,000	,000	
		N	504	N	504	504	499	501	282	282	355	355	344	344	411	496	
14	**Jahresüberschuss 2007 [in Mio. €]**	μ	,957	τ_b	-,011	,003	**,075***	**-,077***	**,355****	**-,200****	**,412****	**-,187****	**,486****	**-,084***	**,440****	**,559****	**,603****
		σ	5,945	p	,701	,927	,023	,017	,000	,000	,000	,000	,000	,020	,000	,000	,000
		N	570	N	570	570	564	566	305	305	395	395	344	344	457	560	504

mit: μ – Mittelwert der Variable; σ – Standardabweichung der Variable; τ_b – KENDALL's Tau-B (Korrelationskoeffizient); p – p-Wert der Signifikanz (2-seitig); ** – signifikant auf 1 %-Niveau; * – signifikant auf 5 %-Niveau; N – Anzahl der Datensätze

Tab. 7-106: Bivariate Korrelationen zwischen den Performance- und Risikovariablen

alle Unternehmen (mit Managern auf Geschäftsleitungsebene für die Daten zum Jahresüberschuss 2007 verfügbar sind) / Risikoverhaltensgruppe		1 Risikoentscheidungsverhalten bei Gewinnaussichten (K1)	2 Risikoentscheidungsverhalten bei Verlustaussichten (K2)	3 Selbsteinschätzung der Unternehmensperformance	4 Selbsteinschätzung Risikoverhalten (= Risikoeinstellung)	5 Mittelwert(ROE(2005–2007))	6 Standardabw.(ROE(2005–2007))	7 Mittelwert(ROA(2005–2007))	8 Standardabw.(ROA(2005–2007))	9 Mittelwert(ROS(2005–2007))	10 Standardabw.(ROS(2005–2007))	11 ROE 2007	12 ROA 2007	13 ROS 2007	14 Jahresüberschuss 2007 [in Mio. €]
1 **„risikoavers"** (risikoavers bei Gewinn- und Verlustaussichten)	μ	**-,475**	**-,357**	,320	**-,177**	**,217**	**,148**	,041	,075	,021	,038	,208	,039	,024	1,233
	σ	,2144	,2641	,3291	,3530	,2301	,1405	,1022	,1088	,0971	,0473	,3336	,1387	,1006	8,461
	N	151	151	150	150	91	91	117	117	100	100	124	150	130	151
2 **„irrational"** (risikoavers bei Gewinnaussichten; risikofreudig bei Verlustaussichten)	μ	**-,467**	**,405**	,307	**-,101**	**,161**	**,111**	,042	,060	,026	,026	,184	,049	,029	,9993
	σ	,2047	,2514	,3162	,3956	,1473	,0990	,0929	,0904	,0705	,0358	,2564	,1093	,0774	5,664
	N	202	202	199	199	105	105	133	133	117	117	159	196	178	202
3 **„rational"** (risikofreudig bei Gewinnaussichten; risikoavers bei Verlustaussichten)	μ	**,365**	**-,346**	,375	**,104**	,157	**,160**	,034	,076	,013	,040	,175	,024	,012	,2857
	σ	,2814	,2244	,3128	,4202	,2187	,1435	,0983	,0904	,0442	,0644	,3592	,1715	,0816	3,073
	N	101	101	100	101	45	45	66	66	56	56	82	99	89	101
4 **„risikofreudig"** (risikofreudig bei Gewinn- und Verlustaussichten)	μ	**,262**	**,447**	,313	**,151**	,190	**,154**	,048	,062	,028	,028	,184	,049	,031	1,111
	σ	,2829	,2559	,3407	,3743	,1972	,1304	,0687	,0817	,0477	,0258	,2827	,0960	,0578	4,084
	N	116	116	115	116	64	64	79	79	71	71	92	115	107	116
Gesamt	**μ**	**-,173**	**,079**	**,324**	**-,033**	**,183**	**,138**	**,041**	**,067**	**,023**	**,032**	**,189**	**,042**	**,025**	**,9574**
	σ	**,4492**	**,4589**	**,3243**	**,4060**	**,1967**	**,1269**	**,0923**	**,0946**	**,0722**	**,0437**	**,3030**	**,1282**	**,0814**	**5,945**
	N	**570**	**570**	**564**	**566**	**305**	**305**	**395**	**395**	**344**	**344**	**457**	**560**	**504**	**570**

Risikoverhaltensgruppe	VG	Signifikanzen der Gruppenunterschiede P	p	p	p	p	p	p	p	p	p	p	p	p	p
1 **„risikoavers"** (risikoavers bei Gewinn- und Verlustaussichten)	2	,775	**,000**	,701	,068	**,046**	**,039**	,963	,224	,678	,055	,516	,484	,552	,716
	3	**,000**	,733	,189	**,000**	,091	,614	,616	,943	,469	,745	,444	,350	,293	,216
	4	**,000**	**,000**	,863	**,000**	,400	,770	,594	,365	,547	,141	,567	,531	,470	,869
2 **„irrational"** (risikoavers bei Gewinnaussichten; risikofreudig bei Verlustaussichten)	1	,775	**,000**	,701	,068	**,046**	**,039**	,963	,224	,678	,055	,516	,484	,552	,716
	3	**,000**	**,000**	,085	**,000**	,900	**,030**	,582	,272	,275	,052	,818	,110	,101	,326
	4	**,000**	,150	,864	**,000**	,347	**,031**	,614	,875	,806	,827	,995	,989	,833	,872
3 **„rational"** (risikofreudig bei Gewinnaussichten; risikoavers bei Verlustaussichten)	1	**,000**	,733	,189	**,000**	,091	,614	,616	,943	,469	,745	,444	,350	,293	,216
	2	**,000**	**,000**	,085	**,000**	,900	**,030**	,582	,272	,275	,052	,818	,110	,101	,326
	4	**,002**	**,000**	,163	,371	,378	,820	,354	,392	,231	,114	,842	,147	,096	,309
4 **„risikofreudig"** (risikofreudig bei Gewinn- und Verlustaussichten)	1	**,000**	**,000**	,863	**,000**	,400	,770	,594	,365	,547	,141	,567	,531	,470	,869
	2	**,000**	,150	,864	**,000**	,347	**,031**	,614	,875	,806	,827	,995	,989	,833	,872
	3	**,002**	,000	,163	,371	,378	,820	,354	,392	,231	,114	,842	,147	,096	,309

mit: VG – Vergleichsgruppe; p – p-Wert der Signifikanz

Tab. 7-107: Risikoverhaltensgruppen nach Performance- und Risikovariablen

Keine signifikanten Unterschiede zwischen den Risikoverhaltensgruppen bestehen bei folgenden Variablen: Umsatz 2007, Umsatz 2007 / Umsatz 2006, Mitarbeiteranzahl (MA) 2007, MA 2007 / MA 2006, ROA 2007 / ROA 2006, ROA 2007 <> ROA 2006, ROS 2007 / ROS 2006, ROS 2007 <> ROS 2006, Jahresüberschuss 2007 / Jahresüberschuss 2006, Jahresüberschuss 2007 <> Jahresüberschuss 2006, Jahresüberschuss 2007 <> 0, Bilanzsumme 2007, Bilanzsumme 2007 / Bilanzsumme 2006, Eigenkapital 2007, Eigenkapitalquote 2007, Unternehmensalter, Geschlecht, Entscheidungssicherheit, Teamentscheidungsverhalten, Geschäftsführeranzahl, Gesellschafteranzahl und Besitzanteil am Unternehmen, Wunsch nach Auswertung des Fragebogens.

Hingegen bestehen signifikante Unterschiede zwischen den Risikoverhaltensgruppen bei folgenden Variablen: Alter, Berufserfahrung, Entscheidungsart, Eigenkapitalquote 2007 / Eigenkapitalquote 2006 und Familienanteil am Unternehmen.

7.11.8.2 Performance-Risiko-Assoziationen von Unternehmen mit Gewinnen im Jahr vor der Befragung

Tab. 7-108 zeigt bei Unternehmen mit Gewinnen im Jahr vor der Befragung eine signifikant positive Korrelation (τ_b = 0,89; p = 0,021; N = 304) zwischen der Standardabweichung des ROA und dem Risikoentscheidungsverhalten bei Gewinnaussichten. Unternehmen mit Gewinnen zeigen somit eine höhere Varianz der Performance, je risikofreudiger die Manager auf Geschäftsleitungsebene sind.

Ein Vergleich der Risikoverhaltensgruppen hinsichtlich der erfolgreichsten Risikoverhaltensstrategie liefert unterschiedliche Ergebnisse. Werden die Unternehmen nach Gewinn oder Verlust im Jahr vor der Befragung unterteilt, erzielen, wie in Tab. 7-109 dargestellt, die „risikofreudigen“ Manager den höchsten mittleren ROE. Hingegen sind beim mittleren ROS die „risikoaversen“ Manager am erfolgreichsten. Werden die Unternehmen dagegen nach mittlerem Gewinn oder Verlust in den drei Jahren vor der Befragung unterteilt, sind beim mittleren ROE und beim mittleren ROS die „risikoavers“ entscheidenden Manager signifikant erfolgreicher als die „irrational“ entscheidenden Manager. Beim mittleren ROA sind hingegen die „rational“ entscheidenden Manager am erfolgreichsten. Somit sind je nach Performancemaß und Teilung der Stichprobe in kurzfristige oder langfristige Gewinner alle Risikostrategien verschieden erfolgreich. Nur die „irrational“ entscheidenden Manager weisen bei den Unternehmen mit Gewinnen im Mittel die geringsten Gewinne auf.

Keine signifikanten Unterschiede zwischen den Risikoverhaltensgruppen bestehen bei Unternehmen mit Gewinnen bei folgenden Variablen: Umsatz 2007, Umsatz 2007 / Umsatz 2006, Mitarbeiteranzahl (MA) 2007, ROA 2007 / ROA 2006, ROS 2007 / ROS 2006, Jahresüberschuss 2007 / Jahresüberschuss 2006, Bilanzsumme 2007, Bilanzsumme 2007 / Bilanzsumme 2006, Eigenkapital 2007, Eigenkapitalquote 2007, Unternehmensalter und Geschlecht Entscheidungssicherheit, Teamentscheidungsverhalten, Geschäftsführeranzahl, Gesellschafteranzahl und Besitzanteil am Unternehmen.

Hingegen bestehen signifikante Unterschiede zwischen den Risikoverhaltensgruppen bei folgenden Variablen: Alter, Berufserfahrung, Entscheidungsart, MA 2007 / MA 2006, Eigenkapitalquote 2007 / Eigenkapitalquote 2006 und Familienanteil am Unternehmen.

nur Unternehmen mit Gewinnen (d. h. Jahresüberschuss 2007 > 0)					1 Risikoentscheidungsverhalten bei Gewinnaussichten (K1)	2 Risikoentscheidungsverhalten bei Verlustaussichten (K2)	3 Selbsteinschätzung der Unternehmensperformance	4 Selbsteinschätzung Risikoverhalten (= Risikoeinstellung)	5 Mittelwert(ROE(2005–2007))	6 Standardabw.(ROE(2005–2007))	7 Mittelwert(ROA(2005–2007))	8 Standardabw.(ROA(2005–2007))	9 Mittelwert(ROS(2005–2007))	10 Standardabw.(ROS(2005–2007))	11 ROE 2007	12 ROA 2007	13 ROS 2007
1	Risikoverhalten bei Gewinnaussichten (K1)	μ	-,178														
		σ	,4482														
		N	430														
2	Risikoverhalten bei Verlustaussichten (K2)	μ	,080	τb	-,013												
		σ	,4523	p	,693												
		N	430	N	430												
3	Selbsteinschätzung der Unternehmensperformance	μ	,334	τb	,049	-,040											
		σ	,3242	p	,200	,301											
		N	425	N	425	425											
4	Selbsteinschätzung Risikoverhalten (= Risikoeinstellung)	μ	-,038	τb	,274**	,072	,087*										
		σ	,4070	p	,000	,052	,047										
		N	426	N	426	426	424										
5	Mittelwert des ROE (2005–2007)	μ	,220	τb	,052	-,025	,145**	,011									
		σ	,1759	p	,217	,552	,004	,815									
		N	254	N	254	254	251	250									
6	Standardabweichung des ROE (2005–2007)	μ	,125	τb	,066	-,037	,008	,053	,227**								
		σ	,1089	p	,115	,380	,870	,284	,000								
		N	254	N	254	254	251	250	254								
7	Mittelwert des ROA (2005–2007)	μ	,060	τb	,047	,005	,161**	-,017	,526**	,049							
		σ	,0714	p	,221	,906	,000	,704	,000	,250							
		N	304	N	304	304	300	300	250	250							
8	Standardabweichung des ROA (2005–2007)	μ	,059	τb	,089*	-,057	-,012	,063	,165**	,509**	,179**						
		σ	,0927	p	,021	,141	,797	,158	,000	,000	,000						
		N	304	N	304	304	300	300	250	250	304						
9	Mittelwert des ROS (2005–2007)	μ	,034	τb	-,044	,018	,087	-,074	,316**	-,117**	,657**	,019					
		σ	,0502	p	,279	,661	,072	,120	,000	,009	,000	,651					
		N	270	N	270	270	267	267	224	224	266	266					
10	Standardabweichung des ROS (2005–2007)	μ	,028	τb	,025	-,040	-,096*	,002	-,012	,231**	,073	,540**	,230**				
		σ	,0397	p	,541	,330	,047	,973	,793	,000	,074	,000	,000				
		N	270	N	270	270	267	267	224	224	266	266	270				
11	ROE 2007	μ	,274	τb	,034	-,035	,144**	-,033	,551**	,282**	,328**	,213**	,206**	,084			
		σ	,2326	p	,326	,311	,000	,414	,000	,000	,000	,000	,000	,052			
		N	370	N	370	370	367	367	248	248	269	269	242	242			
12	ROA 2007	μ	,083	τb	,023	,005	,099**	-,067	,399**	,121**	,492**	,310**	,362**	,233**	,587**		
		σ	,0793	p	,476	,871	,010	,073	,000	,004	,000	,000	,000	,000	,000		
		N	424	N	424	424	419	420	253	253	304	304	269	269	366		
13	ROS 2007	μ	,046	τb	-,024	,011	,064	-,114**	,244**	-,005	,407**	,202**	,588**	,385**	,426**	,652**	
		σ	,0505	p	,480	,754	,108	,003	,000	,903	,000	,000	,000	,000	,000	,000	
		N	393	N	393	393	389	390	236	236	280	280	270	270	340	388	
14	Jahresüberschuss 2007 [in Mio. €]	μ	1,251	τb	,006	-,004	,071	-,090*	,228**	-,122**	,294**	-,063	,417**	,069	,247**	,344**	,424**
		σ	5,897	p	,859	,894	,062	,015	,000	,004	,000	,103	,000	,091	,000	,000	,000
		N	430	N	430	430	425	426	254	254	304	304	270	270	370	424	393

mit: μ – Mittelwert der Variable; σ – Standardabweichung der Variable; τb – KENDALL's Tau-B (Korrelationskoeffizient); p – p-Wert der Signifikanz (2-seitig); ** – signifikant auf 1 %-Niveau; * – signifikant auf 5 %-Niveau; N – Anzahl der Datensätze

Tab. 7-108: Bivariate Korrelationen zwischen den Performance- und Risikovariablen für die Unternehmen mit Gewinnen (d. h. Jahresüberschuss 2007 > 0)

nur Unternehmen mit Gewinnen (d. h. Jahresüberschuss 2007 > 0)		1	2	3	4	5	6	7	8	9	10	11	12	13	14
Risikoverhaltensgruppe		Risikoentscheidungsverhalten bei Gewinnaussichten (K1)	Risikoentscheidungsverhalten bei Verlustaussichten (K2)	Selbsteinschätzung der Unternehmensperformance	Selbsteinschätzung Risikoverhalten (= Risikoeinstellung)	Mittelwert(ROE(2005–2007))	Standardabw.(ROE(2005–2007))	Mittelwert(ROA(2005–2007))	Standardabw.(ROA(2005–2007))	Mittelwert(ROS(2005–2007))	Standardabw.(ROS(2005–2007))	ROE 2007	ROA 2007	ROS 2007	Jahresüberschuss 2007 [in Mio. €]
1 **„risikoavers“** (risikoavers bei Gewinn- und Verlustaussichten)	μ	**-,460**	**-,352**	,328	-,164	**,249**	,124	,063	,067	**,042**	,030	,293	,086	**,050**	1,859
	σ	,2080	,2623	,3304	,3475	,1956	,1064	,0755	,1116	,0563	,0361	,2442	,0810	,0570	9,395
	N	117	117	116	116	78	78	95	95	83	83	103	117	106	117
2 **„irrational“** (risikoavers bei Gewinnaussichten; risikofreudig bei Verlustaussichten)	μ	**-,466**	**,399**	,313	-,107	**,180**	,107	,052	,045	,033	,022	,241	,078	,045	,9535
	σ	,2050	,2501	,3129	,4000	,1323	,0943	,0700	,0777	,0438	,0335	,2181	,0781	,0502	4,117
	N	157	157	155	154	92	92	104	104	94	94	133	152	142	157
3 **„rational“** (risikofreudig bei Gewinnaussichten; risikoavers bei Verlustaussichten)	μ	**,371**	**-,337**	,380	,111	,207	,146	,060	,072	**,016**	,035	,307	,084	**,034**	,4364
	σ	,2845	,2191	,3214	,4297	,2104	,1311	,0754	,0861	,0459	,0648	,2637	,0844	,0330	1,241
	N	72	72	71	72	36	36	49	49	42	42	63	72	65	72
4 **„risikofreudig“** (risikofreudig bei Gewinn- und Verlustaussichten)	μ	**,285**	**,440**	,343	,137	**,258**	,144	,071	,058	,039	,027	,280	,088	,050	1,657
	σ	,2858	,2552	,3397	,3830	,1757	,1182	,0629	,0873	,0514	,0265	,2084	,0751	,0528	4,666
	N	84	84	83	84	48	48	56	56	51	51	71	83	80	84
Gesamt	μ	**-,178**	**,080**	**,334**	**-,038**	**,220**	**,125**	**,060**	**,059**	**,034**	**,028**	**,274**	**,083**	**,046**	**1,251**
	σ	**,4482**	**,4523**	**,3242**	**,4070**	**,1759**	**,1089**	**,0714**	**,0927**	**,0502**	**,0397**	**,2326**	**,0793**	**,0505**	**5,897**
	N	**430**	**430**	**425**	**426**	**254**	**254**	**304**	**304**	**270**	**270**	**370**	**424**	**393**	**430**
		Signifikanzen der Gruppenunterschiede													
Risikoverhaltensgruppe	**VG**	p	p	p	p	p	p	p	p	p	p	p	p	p	p
1 **„risikoavers“** (risikoavers bei Gewinn- und Verlustaussichten)	**2**	,845	**,000**	,713	,236	**,010**	,312	,289	,087	,243	,194	,093	,366	,406	,209
	3	**,000**	,691	,282	**,000**	,226	,325	,802	,774	**,006**	,540	,709	,855	**,046**	,108
	4	**,000**	**,000**	,735	**,000**	,796	,313	,473	,556	,723	,639	,715	,859	,962	,811
2 **„irrational“** (risikoavers bei Gewinnaussichten; risikofreudig bei Verlustaussichten)	**1**	,845	**,000**	,713	,236	**,010**	,312	,289	,087	,243	,194	,093	,366	,406	,209
	3	**,000**	**,000**	,148	**,000**	,433	,073	,539	,091	,060	,094	,067	,559	,166	,538
	4	**,000**	,223	,490	**,000**	**,013**	,056	,102	,385	,516	,519	,263	,317	,416	,378
3 **„rational“** (risikofreudig bei Gewinnaussichten; risikoavers bei Verlustaussichten)	**1**	**,000**	,691	,282	**,000**	,226	,325	,802	,774	**,006**	,540	,709	,855	**,046**	,108
	2	**,000**	**,000**	,148	**,000**	,433	,073	,539	,091	,060	,094	,067	,559	,166	,538
	4	,025	**,000**	,482	,679	,187	,952	,399	,444	,027	,338	,502	,742	,055	,198
4 **„risikofreudig“** (risikofreudig bei Gewinn- und Verlustaussichten)	**1**	**,000**	**,000**	,735	**,000**	,796	,313	,473	,556	,723	,639	,715	,859	,962	,811
	2	**,000**	,223	,490	**,000**	**,013**	,056	,102	,385	,516	,519	,263	,317	,416	,378
	3	,025	**,000**	,482	,679	,187	,952	,399	,444	,027	,338	,502	,742	,055	,198

mit: VG – Vergleichsgruppe; p – p-Wert der Signifikanz

Tab. 7-109: Risikoverhaltensgruppen bei den Unternehmen mit Gewinnen (d. h. Jahresüberschuss 2007 > 0)

7.11.8.3 Performance-Risiko-Assoziationen von Unternehmen mit Verlusten im Jahr vor der Befragung

In Tab. 7-110 ist bei Unternehmen mit Verlusten im Jahr vor der Befragung eine signifikant negative Korrelation (τ_b = -0,151; p = 0,048; N = 80) zwischen der Standardabweichung des ROA (2005 bis 2007) und dem Risikoentscheidungsverhalten bei Gewinnaussichten (K1) festzustellen. Unternehmen mit Verlusten zeigen somit eine höhere Varianz der Performance, je risikoaverser die Manager auf Geschäftsleitungsebene sind.

Auch im 4-Gruppen-Risikoverhaltensmodell in Tab. 7-111 zeigt die „risikoaverse“ Gruppe eine signifikant höhere Standardabweichung des ROE 2007 (d_{1-4} = 16,2 %; p = 0,013; N_1 = 11; N_4 = 14) und des ROS 2007 (d_{1-4} = 5,2 %; p = 0,007; N_1 = 15; N_4 = 18) gegenüber der „risikofreudigen“ Gruppe. Die höhere Standardabweichung des ROA 2007 bei der „irrationalen“ Gruppe gegenüber der „risikofreudigen“ Gruppe (d_{2-4} = 6,1 %; p = 0,038; N_2 = 24; N_4 = 21) zeigt ebenso wie die signifikant negative Korrelation zwischen der Standardabweichung des ROA 2007 und dem Risikoentscheidungsverhalten bei Gewinnaussichten (K1), dass das experimentell ermittelte Risikoentscheidungsverhalten bei Gewinnaussichten (K1) auch für das „reale“ Risikoverhalten relevanter ist als das experimentell ermittelte Risikoentscheidungsverhalten bei Verlustaussichten (K2).

Weiterhin weist die „risikofreudige“ Gruppe im Mittel einen signifikant geringeren Verlust beim ROA 2007 (d_{1-4} = -8,3 %; p = 0,037; N_1 = 30; N_4 = 29), ROS 2007 (d_{1-4} = -7,6 %; p = 0,026; N_1 = 22; N_4 = 25) und beim Mittelwert des ROS (2005 bis 2007) (d_{1-4} = -9,4 %; p = 0,014; N_1 = 15; N_4 = 18) auf als die „risikoaverse“ Gruppe. Die Ergebnisse für die (sich bei Verlustaussichten ebenfalls risikoavers verhaltende) „rationale“ Gruppe zeigen kurzfristig beim ROA 2007 einen signifikant höheren Verlust, aber langfristig beim Mittelwert des ROS (2005 bis 2007) nur einen nichtsignifikanten geringeren Verlust als die „risikoaverse“ Gruppe.

Keine signifikanten Unterschiede zwischen den Risikoverhaltensgruppen bestehen bei Unternehmen mit Verlusten bei folgenden Variablen: Umsatz 2007, Umsatz 2007 / Umsatz 2006, Mitarbeiteranzahl (MA) 2007, MA 2007 / MA 2006, ROA 2007 / ROA 2006, Jahresüberschuss 2007 / Jahresüberschuss 2006, Bilanzsumme 2007, Bilanzsumme 2007 / Bilanzsumme 2006, Eigenkapital 2007, Eigenkapitalquote 2007, Eigenkapitalquote 2007 / Eigenkapitalquote 2006, Alter, Berufserfahrung, Entscheidungssicherheit, Entscheidungsart, Teamentscheidungsverhalten, Geschäftsführeranzahl, Gesellschafteranzahl, Besitzanteil am Unternehmen und Familienanteil am Unternehmen.

Hingegen bestehen signifikante Unterschiede zwischen den Risikoverhaltensgruppen bei folgenden Variablen: ROS 2007 / ROS 2006, Unternehmensalter und Geschlecht.

	nur Unternehmen mit Verlusten (d. h. Jahresüberschuss 2007 < 0)				1	2	3	4	5	6	7	8	9	10	11	12	13
					Risikoentscheidungsverhalten bei Gewinnaussichten (K1)	Risikoentscheidungsverhalten bei Verlustaussichten (K2)	Selbsteinschätzung der Unternehmensperformance	Selbsteinschätzung Risikoverhalten (= Risikoeinstellung)	Mittelwert(ROE(2005–2007))	Standardabw.(ROE(2005–2007))	Mittelwert(ROA(2005–2007))	Standardabw.(ROA(2005–2007))	Mittelwert(ROS(2005–2007))	Standardabw.(ROS(2005–2007))	ROE 2007	ROA 2007	ROS 2007
1	**Risikoverhalten bei Gewinnaussichten (K1)**	μ	-,147														
		σ	,4658														
		N	122														
2	**Risikoverhalten bei Verlustaussichten (K2)**	μ	,066	τ_b	-,006												
		σ	,4832	p	,926												
		N	122	N	122												
3	**Selbsteinschätzung der Unternehmens-performance**	μ	,287	τ_b	-,003	-,033											
		σ	,3209	p	,962	,650											
		N	122	N	122	122											
4	**Selbsteinschätzung Risikoverhalten (= Risikoeinstellung)**	μ	-,008	τ_b	,380**	,172*	,002										
		σ	,4065	p	,000	,014	,979										
		N	122	N	122	122	122										
5	**Mittelwert des ROE (2005–2007)**	μ	-,043	τ_b	-,101	,137	-,135	-,052									
		σ	,1589	p	,351	,208	,285	,668									
		N	41	N	41	41	41	41									
6	**Standardabweichung des ROE (2005–2007)**	μ	,230	τ_b	-,065	-,149	,072	-,154	-,051								
		σ	,1698	p	,552	,171	,566	,207	,637								
		N	41	N	41	41	41	41	41								
7	**Mittelwert des ROA (2005–2007)**	μ	-,038	τ_b	,005	,066	,090	,011	,769**	,031							
		σ	,1093	p	,950	,383	,318	,898	,000	,780							
		N	80	N	80	80	80	80	40	40							
8	**Standardabweichung des ROA (2005–2007)**	μ	,106	τ_b	-,151*	-,036	-,021	-,013	,079	,546**	-,018						
		σ	,0978	p	,048	,636	,813	,885	,470	,000	,816						
		N	80	N	80	80	80	80	40	40	80						
9	**Mittelwert des ROS (2005–2007)**	μ	-,035	τ_b	,108	,087	,058	,173	,677**	,029	,766**	-,034					
		σ	,1106	p	,213	,316	,570	,077	,000	,809	,000	,702					
		N	63	N	63	63	63	63	35	35	60	60					
10	**Standardabweichung des ROS (2005–2007)**	μ	,055	τ_b	-,113	-,089	,096	-,036	,008	,281*	-,020	,554**	-,013				
		σ	,0555	p	,192	,305	,346	,715	,943	,018	,818	,000	,882				
		N	63	N	63	63	63	63	35	35	60	60	63				
11	**ROE 2007**	μ	-,256	τ_b	-,035	,105	-,184*	-,085	,298**	-,407**	,172	-,271**	,163	-,120			
		σ	,2449	p	,665	,193	,050	,352	,006	,000	,075	,005	,143	,282			
		N	72	N	72	72	72	72	41	41	51	51	39	39			
12	**ROA 2007**	μ	-,110	τ_b	,041	,067	-,064	-,052	,195	-,308**	,274**	-,384**	,266**	-,325**	,557**		
		σ	,1542	p	,507	,284	,389	,467	,077	,005	,000	,000	,002	,000	,000		
		N	118	N	118	118	118	118	40	40	80	80	61	61	71		
13	**ROS 2007**	μ	-,066	τ_b	,031	-,032	-,114	-,100	,203	-,216	,237**	-,347**	,277**	-,441**	,462**	,645**	
		σ	,1162	p	,653	,650	,166	,209	,081	,064	,006	,000	,001	,000	,000	,000	
		N	95	N	95	95	95	95	36	36	64	64	63	63	58	92	
14	**Jahresüberschuss 2007 [in Mio. €]**	μ	-,731	τ_b	,038	,015	-,115	-,060	,176	-,012	,123	,051	,163	-,186*	,290**	,282**	,361**
		σ	2,301	p	,538	,806	,112	,393	,106	,911	,105	,501	,058	,031	,000	,000	,000
		N	122	N	122	122	122	122	41	41	80	80	63	63	72	118	95

mit: μ – Mittelwert der Variable; σ – Standardabweichung der Variable; τ_b – KENDALL's Tau-B (Korrelationskoeffizient); p – p-Wert der Signifikanz (2-seitig); ** – signifikant auf 1 %-Niveau; * – signifikant auf 5 %-Niveau; N – Anzahl der Datensätze

Tab. 7-110: Bivariate Korrelationen zwischen den Performance- und Risikovariablen für die Unternehmen mit Verlusten (d. h. Jahresüberschuss 2007 < 0)

nur Unternehmen mit Verlusten (d. h. Jahresüberschuss 2007 < 0) Risikoverhaltensgruppe		1 Risikoentscheidungsverhalten bei Gewinnaussichten (K1)	2 Risikoentscheidungsverhalten bei Verlustaussichten (K2)	3 Selbsteinschätzung der Unternehmensperformance	4 Selbsteinschätzung Risikoverhalten (= Risikoeinstellung)	5 Mittelwert(ROE(2005–2007))	6 Standardabw.(ROE(2005–2007))	7 Mittelwert(ROA(2005–2007))	8 Standardabw.(ROA(2005–2007))	9 Mittelwert(ROS(2005–2007))	10 Standardabw.(ROS(2005–2007))	11 ROE 2007	12 ROA 2007	13 ROS 2007	14 Jahresüberschuss 2007 [in Mio. €]
1 **„risikoavers“** (risikoavers bei Gewinn- und Verlustaussichten)	μ	**-,530**	**-,367**	,306	**-,242**	-,048	**,329**	-,062	,115	**-,093**	**,083**	-,292	**-,143**	**-,104**	-1,032
	σ	,2289	,2750	,3336	,3622	,2664	,2221	,1478	,0912	,1780	,0743	,3384	,1715	,1592	3,112
	N	31	31	31	31	11	11	20	20	15	15	18	30	22	31
2 **„irrational“** (risikoavers bei Gewinnaussichten; risikofreudig bei Verlustaussichten)	μ	**-,474**	**,411**	,278	**-,028**	-,045	,189	-,033	**,134**	-,044	,050	-,205	-,090	-,070	-,518
	σ	,2150	,2612	,3261	,3769	,1242	,1229	,1024	,1129	,1098	,0434	,1539	,1008	,1074	1,537
	N	36	36	36	36	9	9	24	24	18	18	20	35	27	36
3 **„rational“** (risikofreudig bei Gewinnaussichten; risikoavers bei Verlustaussichten)	μ	**,375**	**-,367**	,327	**,077**	-,093	,268	-,053	,094	**-,002**	,062	-,340	**-,162**	-,064	-1,080
	σ	,2824	,2485	,2808	,4169	,0645	,1762	,1222	,1082	,0375	,0660	,2320	,2363	,1328	3,067
	N	26	26	26	26	7	7	15	15	12	12	16	24	21	26
4 **„risikofreudig“** (risikofreudig bei Gewinn- und Verlustaussichten)	μ	**,198**	**,487**	,241	**,190**	-,013	**,160**	-,010	**,073**	**,001**	**,031**	-,203	**-,060**	**-,028**	-,360
	σ	,2750	,2624	,3438	,3639	,0967	,1073	,0480	,0691	,0202	,0252	,2192	,0640	,0259	,855
	N	29	29	29	29	14	14	21	21	18	18	18	29	25	29
Gesamt	μ	**-,147**	**,066**	**,287**	**-,008**	**-,043**	**,230**	**-,038**	**,106**	**-,035**	**,055**	**-,256**	**-,110**	**-,066**	**-,731**
	σ	**,4658**	**,4832**	**,3209**	**,4065**	**,1589**	**,1698**	**,1093**	**,0978**	**,1106**	**,0555**	**,2449**	**,1542**	**,1162**	**2,301**
	N	**122**	**122**	**122**	**122**	**41**	**41**	**80**	**80**	**63**	**63**	**72**	**118**	**95**	**122**

Risikoverhaltensgruppe	VG	Signifikanzen der Gruppenunterschiede p	p	p	p	p	p	p	p	p	p	p	p	p	p
1 **„risikoavers“** (risikoavers bei Gewinn- und Verlustaussichten)	2	,361	**,000**	,718	**,023**	,966	,059	,379	,517	,200	,081	,274	,162	,302	,365
	3	**,000**	,991	,812	**,002**	,575	,439	,793	,535	**,032**	,316	,573	,643	,256	,939
	4	**,000**	**,000**	,438	**,000**	,594	**,013**	,129	,169	**,014**	**,007**	,274	**,037**	**,026**	,262
2 **„irrational“** (risikoavers bei Gewinnaussichten; risikofreudig bei Verlustaussichten)	1	,361	**,000**	,718	**,023**	,966	,059	,379	,517	,200	,081	,274	,162	,302	,365
	3	**,000**	**,000**	,556	,285	,565	,331	,590	,217	,291	,540	,104	,074	,862	,346
	4	**,000**	,247	,653	**,023**	,647	,673	,481	**,038**	,204	,294	,976	,431	,195	,786
3 **„rational“** (risikofreudig bei Gewinnaussichten; risikoavers bei Verlustaussichten)	1	**,000**	,991	,812	**,002**	,575	,439	,793	,535	**,032**	,316	,573	,643	,256	,939
	2	**,000**	**,000**	,556	,285	,565	,331	,590	,217	,291	,540	,104	,074	,862	,346
	4	**,009**	**,000**	,329	,273	,296	,151	,253	,516	,934	,123	,106	**,016**	,295	,251
4 **„risikofreudig“** (risikofreudig bei Gewinn- und Verlustaussichten)	1	**,000**	**,000**	,438	**,000**	,594	**,013**	,129	,169	**,014**	**,007**	,274	**,037**	**,026**	,262
	2	**,000**	,247	,653	**,023**	,647	,673	,481	**,038**	,204	,294	,976	,431	,195	,786
	3	**,009**	**,000**	,329	,273	,296	,151	,253	,516	,934	,123	,106	**,016**	,295	,251

mit: VG – Vergleichsgruppe; p – p-Wert der Signifikanz

Tab. 7-111: Risikoverhaltensgruppen bei den Unternehmen mit Verlusten (d. h. Jahresüberschuss 2007 < 0)

Ein Vergleich der Manager aus Unternehmen mit Gewinnen (d. h. Jahresüberschuss 2007 $\geq$ 0) gegenüber Managern aus Unternehmen mit Verlusten (d. h. Jahresüberschuss 2007 < 0) zeigt mittels Varianzanalyse keine signifikanten Unterschiede in der mittleren Selbsteinschätzung der Performance gegenüber den Wettbewerbern, in der mittleren Risikoeinstellung, im mittleren Risikoentscheidungsverhalten bei Gewinnaussichten oder im mittleren Risikoentscheidungsverhalten bei Verlustaussichten.[160]

---

160 Statistiken: mittlere Selbsteinschätzung der Performance gegenüber den Wettbewerbern (mittlere Differenz = 0,050; p = 0,131), mittlere Risikoeinstellung (mittlere Differenz = -0,026; p = 0,527), mittleres Risikoverhalten bei Gewinnaussichten (mittlere Differenz = -0,028; p = 0,543), mittleres Risikoverhalten bei Verlustaussichten (mittlere Differenz = 0,008; p = 0,857).

Dagegen zeigt ein Vergleich 1.: der Manager aus Unternehmen mit einem positiven Residualgewinn (d. h. ROE 2007 ≥ 12 %) gegenüber 2.: Managern aus Unternehmen mit einem Jahresüberschuss 2007 ≥ 0, aber einem Residualgewinn < 0 (d. h. 0 % ≥ ROE 2007 ≥ 12 %) und 3.: Managern aus Unternehmen mit Verlusten (d. h. Jahresüberschuss 2007 < 0) mittels Varianzanalyse bei der mittleren Selbsteinschätzung der Performance gegenüber den Wettbewerbern signifikante Unterschiede zwischen 1. und 2. aber nicht zwischen 1. und 3. sowie 2. und 3. Die Manager aus Unternehmen mit Verlusten beurteilen somit im Mittel entweder ihre Lage besser oder stellen sich besser dar als die Manager aus Unternehmen mit Gewinnen unterhalb eines ROE von 12 %.
Weiterhin sind keine signifikanten Unterschiede in der mittleren Risikoeinstellung, im mittleren Risikoverhalten bei Gewinnaussichten und im mittleren Risikoverhalten bei Verlustaussichten feststellbar.[161]

Zusammenfassend kann festgestellt werden, dass in Tab. 7-107 am Mittelwert des ROE (2005 bis 2007) entweder zu erkennen ist, dass erfolgreiche Manager ein „risikoaverses" Verhalten zeigen oder, dass die „risikoaversen" Manager signifikant erfolgreicher sind als die „irrationalen" Manager, also ein Rendite-Risiko-Paradoxon existiert.

Für Manager in Unternehmen mit Gewinnen können je nach Performancemaß und Unterscheidung von Gewinnern und Verlierern alle Risikoverhaltensstrategien jeweils am erfolgreichsten sein, bis auf die „irrationale" Risikoverhaltensstrategie, die meist eine signifikant schlechtere Performance als die jeweils beste Risikoverhaltensstrategie zeigt.

Für Manager in Unternehmen mit Verlusten ist im Mittel gegenüber den anderen Risikoverhaltensstrategien eine „risikofreudige" Strategie am erfolgreichsten, da sie sowohl dazu beitragen kann, die Verluste als auch Varianz der Performance (d. h. das Unternehmensrisiko) zu reduzieren.

7.12 Zusammenfassende Darstellung der empirischen Untersuchungsergebnisse in einem Strukturgleichungsmodell

Die Analyse von kausalen Zusammenhängen zwischen den Performance- und Risikovariablen sowie deren Kontextvariablen erfolgt mit einem Strukturgleichungsmodell (vgl. Abb. 7-38). Die Identifikation des Modells erfolgt mit der Maximum-Likelihood-Methode, da diese im Gegensatz zu den Methoden der kleinsten Quadrate auch mit fehlenden Werten umgehen kann. Da mit den Strukturgleichungsmodellen keine Analysen quadratischer Zusammenhänge möglich sind, aber die Standardabweichungen des ROE und ROA quadratische Zusammenhänge zum ROE bzw. ROA aufweisen, erscheint es sinnvoll, getrennte Analysen unterhalb und oberhalb des Minimums der quadratischen Funktionen durchzuführen. Als Referenzpunkt für die Unterteilung scheint ferner die Gewinnschwelle des Jahresüberschusses sinnvoll, da das experimentell ermittelte

[161] Statistiken: mittlere Selbsteinschätzung der Performance gegenüber den Wettbewerbern (mittlere Differenz 1 - 2 = 0,123; p = 0,000; mittlere Differenz 1 - 3 = 0,073; p = 0,062; mittlere Differenz 2 - 3 = -0,050; p = 0,273), mittlere Risikoeinstellung (mittlere Differenz 1 - 2 = -0,034; p = 0,439; mittlere Differenz 1 - 3 = -0,057; p = 0,253; mittlere Differenz 2 - 3 = -0,023; p = 0,694), mittleres Risikoverhalten bei Gewinnaussichten (mittlere Differenz 1 - 2 = 0,064; p = 0,193; mittlere Differenz 1 – 3 = -0,016; p = 0,775; mittlere Differenz 2 - 3 = -0,080; p = 0,211), mittleres Risikoverhalten bei Verlustaussichten (mittlere Differenz 1 - 2 = -0,002; p = 0,966; mittlere Differenz 1 - 3 = 0,031; p = 0,579; mittlere Differenz 2 - 3 = 0,033; p = 0,608).

Risikoentscheidungsverhalten eindeutig nach diesem Referenzpunkt bei Gewinn- und Verlustaussichten unterschieden werden muss.

Als Maß für einen akzeptablen Fit zwischen dem hypothetischen Modell und den Stichprobendaten empfehlen WHEATON ET AL. (1977, S. 84 ff.) den Quotienten aus Chi-Quadrat zu den Freiheitsgraden (χ^2 / df) mit einem Verhältnis von mindestens 5 zu 1. CARMINES / MCIVER (1981, S. 80) halten hingegen Verhältnisse von 2 zu 1 bis 3 zu 1 als angemessen. ARBUCKLE (2008, S. 587) zitiert ohne Nennung neuerer Forschung MARSH / HOCEVAR (1985) mit: „...different researchers have recommended using ratios as low as 2 or as high as 5 to indicate a reasonable fit."

Ein weiteres Maß zur Bestimmung des Modell-Fits, das auch die Komplexität eines Modells berücksichtigt, stellt nach ARBUCKLE (2008, S. 589 f.) das RMS (root mean square error of approximation) von STEIGER / LIND (1980) dar. Es wird aus der Wurzel des Quotienten des Testwerts F durch die Freiheitsgrade berechnet ($(F / df)^{1/2}$). BROWNE / CUDECK (1993), die das Maß als RMSEA bezeichnen, halten einen RMSEA-Wert von 0,08 oder weniger für einen angemessenen Approximationsfehler und ein Modell mit einem RMSEA-Wert größer als 0,1 für ablehnenswert.

Das identifizierte Modell weist einen χ^2 / df-Wert von 2,809 (1331,578 / 474) und einen RMSEA-Wert von 0,065 auf und ist somit nach CARMINES / MCIVER (1981, S. 80), MARSH / HOCEVAR (1985) und BROWNE / CUDECK (1993) nicht abzulehnen.

Kritisch am Strukturgleichungsmodell (vgl. Abb. 7-38) ist dennoch, dass die Zusammenhänge zwischen ROE, ROA und ROS sowie zwischen den Standardabweichungen des ROE, ROA und ROS zwar zueinander hoch korreliert sind, aber nicht kausal. Die Pfade zwischen diesen Variablen sind im Strukturgleichungsmodell dennoch zur Erreichung der notwendigen Modellgüte nützlich. Andererseits kann der Jahresüberschuss, der eine kausale Beziehung zum ROE, ROA und ROS aufweist, nur mit einer der Variablen verbunden werden, da das Modell sonst instabil wird.

Weiterhin sind Strukturgleichungsmodelle sehr empfindlich gegenüber Kolinearitäten, weshalb nicht alle Variablen, die signifikante bivariate Korrelationen aufweisen (vgl. Tab. 7-44, Tab. 7-82 und Tab. 7-108), in das Modell übernommen werden können. Beispielsweise weist die Berufserfahrung zwar eine hohe Korrelation zum Risikoverhalten bei Gewinnaussichten auf, verläuft aber kolinear zum Alter, so dass das Modell nur eine signifikante, direkte Beziehung von einer der beiden Variablen zum Risikoverhalten bei Gewinnaussichten zulässt.

Im Strukturgleichungsmodell (vgl. Abb. 7-38) ist, ebenso wie bei den Korrelationsanalysen (vgl. Tab. 7-44), ein stärkerer Zusammenhang zwischen der Risikoeinstellung und dem Risikoverhalten bei Gewinnaussichten ($r = 0{,}37$; $p \leq 0{,}001$) als beim Risikoverhalten bei Verlustaussichten ($r = 0{,}10$; $p = 0{,}042$) erkennbar.

Die in Tab. 7-108 signifikante Korrelation zwischen der Standardabweichung des ROA und dem Risikoverhalten bei Gewinnaussichten ($\tau_b = 0{,}89$; $p = 0{,}021$) ist im Strukturgleichungsmodell nicht signifikant. Stattdessen ist der in den Korrelationsanalysen nicht signifikante Zusammenhang zwischen der Standardabweichung des ROS und dem Risikoentscheidungsverhalten ($\tau_b = 0{,}25$; $p = 0{,}541$) im Strukturgleichungsmodell signifikant ($r = 0{,}12$; $p \leq 0{,}037$).

Das Strukturgleichungsmodell zeigt, analog zu den Korrelationsanalysen, einen negativen Einfluss des Alters auf das Risikoverhalten bei Gewinnaussichten ($r = -0{,}09$; $p = 0{,}033$). Der positive Einfluss der Entscheidungsart auf das Risikoverhalten bei Gewinnaussichten ($r = 0{,}15$; $p \leq 0{,}001$) bedeutet, dass Manager, die mehr nach Erwartungswert als nach Gefühl entscheiden, risikofreudiger entscheiden. Die Höhe der Besitzanteile der Familie am Unternehmen weist einen negativen Einfluss auf das Risikoverhalten bei Verlustaussichten auf (r = -0,10; p = 0,043). Je höher der Besitzanteil der Familie ist, desto risikoaverser wird bei Verlustaussichten entschieden.

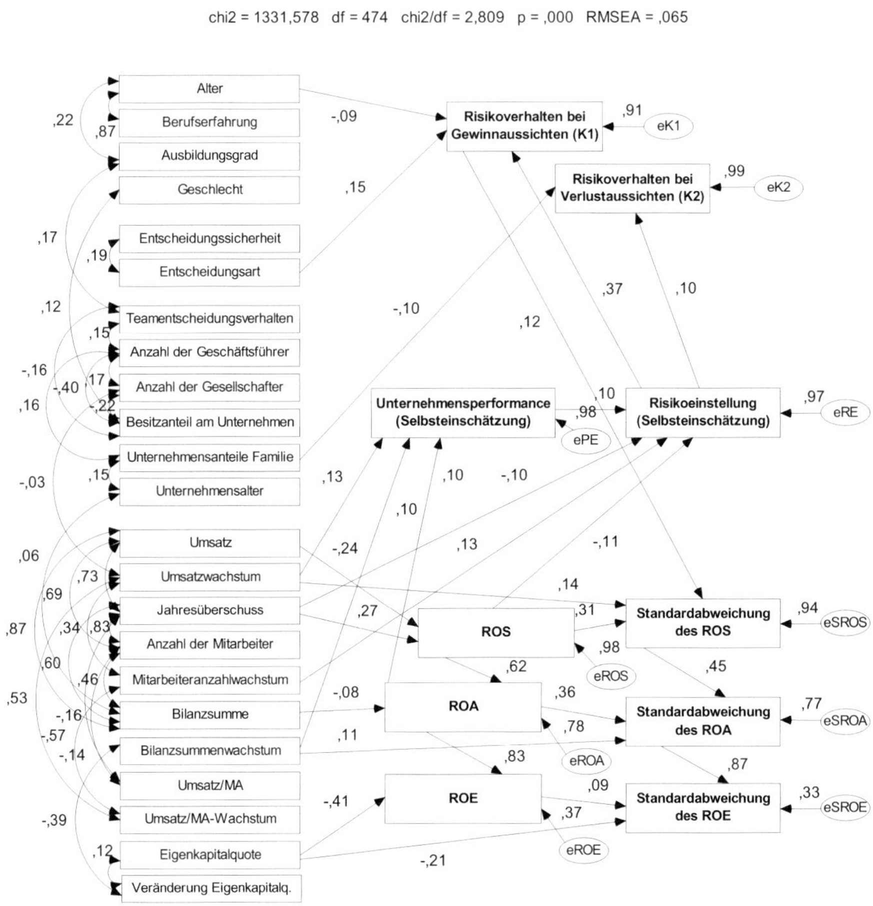

Abb. 7-38: Strukturgleichungsmodell bei einem positiven Jahresüberschuss im Jahr vor der Befragung

Einen negativen Einfluss auf die Selbsteinschätzung des Risikoverhaltens (d. h. die Risikoeinstellung) weisen der Jahresüberschuss (r = -0,10; p = 0,045) und der ROS (r = -0,11; p = 0,028) auf. Dies deutet ein Rendite-Risiko-Paradoxon an, da je besser die Performance des Unternehmens ist, desto risikoaverser sind die Manager (in ihrer Selbsteinschätzung). Konträr dazu halten sich Manager, die die Unternehmensperformance als besser einschätzen (r = 0,10; p = 0,035) und neue Mitarbeiter eingestellt haben (r = 0,13; p = 0,010), für risikofreudiger.

Die Höhe der Performanceeinschätzung durch die Manager resultiert nach dem Strukturgleichungsmodell aus dem ROA (r = 0,10; p = 0,037), dem Umsatzwachstum (r = 0,13; p = 0,016) und dem Bilanzsummenwachstum (r = 0,10; p = 0,048).

Nachfolgend sind in Tab. 7-112 bis Tab. 7-115 die im Strukturgleichungsmodell (vgl. Abb. 7-38) identifizierten Zusammenhänge aufgeführt.

Beziehungen zwischen den exogenen und endogenen Variablen			Regressions-gewichte	Standard-fehler	Signifikanz (p-Wert)	Standardi-sierte Regressions gewichte
K1	<---	Alter	-,005	,002	,033	**-,094**
K1	<---	Entscheidungsart	,197	,056	,000	**,155**
K1	<---	Risikoeinstellung	,407	,049	,000	**,369**
K1	<---	eK1	1,000			,912
K2	<---	Risikoeinstellung	,108	,053	,043	**,097**
K2	<---	Unternehmensanteil Familie	-,111	,054	,042	**-,098**
K2	<---	eK2	1,000			,990
Unternehmensperformance	<---	ROA	,407	,195	,037	**,100**
Unternehmensperformance	<---	Umsatz2007/2006	,180	,075	,016	**,132**
Unternehmensperformance	<---	Bilanzsumme2007/2006	,108	,054	,048	**,097**
Unternehmensperformance	<---	ePE	1,000			**,981**
Risikoeinstellung	<---	Unternehmensperformance	,126	,060	,035	**,100**
Risikoeinstellung	<---	Mitarbeiteranzahl2007/2006	,241	,093	,010	**,127**
Risikoeinstellung	<---	Jahresüberschuss	,000	,000	,045	**-,098**
Risikoeinstellung	<---	ROS	-,884	,401	,028	**-,109**
Risikoeinstellung	<---	eRE	1,000			,975
ROS	<---	Jahresüberschuss	,000	,000	,000	**,275**
ROS	<---	Umsatz	,000	,000	,000	**-,237**
ROS	<---	eROS	1,000			,982
Standardabweichung ROS	<---	ROS	,248	,047	,000	**,310**
Standardabweichung ROS	<---	Umsatz2007/2006	,023	,010	,025	**,136**
Standardabweichung ROS	<---	K1	,010	,005	,037	**,117**
Standardabweichung ROS	<---	eSROS	1,000			,935
ROA	<---	Bilanzsumme	,000	,000	,045	**-,079**
ROA	<---	ROS	,985	,061	,000	**,623**
ROA	<---	eROA	1,000			,776
Standardabweichung ROA	<---	ROA	,415	,053	,000	**,356**
Standardabweichung ROA	<---	Bilanzsumme2007/2006	,034	,015	,021	**,108**
Standardabweichung ROA	<---	Standardabweichung ROS	1,032	,111	,000	**,448**
Standardabweichung ROA	<---	eSROA	1,000			,775
ROE	<---	EKzuGK2007	-,676	,035	,000	**-,413**
ROE	<---	ROA	3,332	,103	,000	**,833**
ROE	<---	eROE	1,000			,369
Standardabweichung ROE	<---	ROE	,058	,020	,004	**,093**
Standardabweichung ROE	<---	Eigenkapitalquote2007/2006	-,217	,022	,000	**-,214**
Standardabweichung ROE	<---	Standardabweichung ROA	1,854	,105	,000	**,873**
Standardabweichung ROE	<---	eSROE	1,000			,328

Tab. 7-112: Regressionsgewichte zwischen den exogenen und endogenen Variablen

Endogene Variablen	Regressionsgewichte	Quadratische multiple Korrelationen
K1	,025	,169
K2	,054	,019
Unternehmensperformance	,130	,037
Risikoeinstellung	-,023	,050
ROS	,022	,036
Standardabweichung ROS	,008	,126
ROA	,019	,398
Standardabweichung ROA	-,005	,400
ROE	,127	,864
Standardabweichung ROE	,056	,892

Tab. 7-113: Regressionsgewichte der endogenen Variablen

Exogene Variablen	Geschätzte Mittelwerte	Standardfehler	Signifikanz (p-Wert)
Umsatz in TEUR	40146		
eROS	,022		
Jahresüberschuss	1250670	292360	,000
Bilanzsumme	36966933		
eROA	,019		
Bilanzsumme2007/2006	,164	,014	,000
Umsatz2007/2006	,132	,013	,000
ePE	,130		
Mitarbeiteranzahl2007/2006	,056	,011	,000
eRE	-,023		
Alter	47,348	,425	,000
eK1	,025		
Entscheidungsart	,089	,017	,000
eSROS	,008		
Eigenkapitalquote	,323	,010	,000
eSROA	-,005		
eROE	,127		
eK2	,054		
Unternehmensanteil Familie	,221	,020	,000
eSROE	,056		
Geschlecht	1,056	,011	,000
Unternehmensanteil	,495	,020	,000
Umsatz/MA2007/2006	,087	,014	,000
Ausbildungsniveau	1,822	,051	,000
Teamentscheidungsverhalten	-,117	,022	,000
Geschäftsführeranzahl	1,586	,037	,000
Mitarbeiteranzahl	145,481	53,099	,006
Umsatz/Mitarbeiter	270,640	25,338	,000
Entscheidungssicherheit	,351	,014	,000
Berufserfahrung	23,987	,466	,000
Gesellschafteranzahl	2,424	,139	,000
Eigenkapitalquote2007/2006	,021	,005	,000
Unternehmensalter	26,571	1,444	,000

Tab. 7-114: Geschätzte Mittelwerte der exogenen Variablen

Beziehungen zwischen den exogenen Variablen			Kovarianzen	Standard-fehler	Signifikanz (p-Wert)	Korre-lationen
JÜ2007	<-->	Umsatz	1132774691853			,733
GK2007	<-->	Umsatz	56197273356440			,874
GK2007	<-->	Jahresüberschuss	915236335039487			,600
MA2006zu2007	<-->	Umsatz2007/2006	,017	,003	,000	,336
Teamentscheidungsverhalten	<-->	Geschäftsführeranzahl	,045	,016	,004	,146
Gesellschafteranzahl	<-->	Unternehmensanteil	-,258	,057	,000	-,224
EKzuGK2006zu2007	<-->	GKWachstum2006zu2007	-,012	,002	,000	-,389
UmsatzMA2006zu2007	<-->	MA2006zu2007	-,032	,003	,000	-,573
Mitarbeiteranzahl	<-->	GK2007	127323553832			,459
EKzuGK2006zu2007	<-->	EKzuGK2007	,002	,001	,013	,121
Ausbildungsniveau	<-->	Alter	1,366	,219	,000	,216
Berufserfahrung	<-->	Alter	72,146	5,351	,000	,867
Teamentscheidungsverhalten	<-->	Ausbildungsniveau	,052	,024	,035	,175
Entscheidungssicherheit	<-->	Entscheidungsart	,020	,005	,000	,194
Unternehmensalter	<-->	Unternehmensanteil Familie	1,739	,590	,003	,146
Mitarbeiteranzahl	<-->	Jahresüberschuss	5538908584			,832
Mitarbeiteranzahl	<-->	Umsatz	192421962			,686
Geschäftsführeranzahl	<-->	Gesellschafteranzahl	,382	,106	,000	,174
Teamentscheidungsverhalten	<-->	Unternehmensanteil	-,026	,009	,003	-,157
Geschäftsführeranzahl	<-->	Unternehmensanteil	-,121	,017	,000	-,398
Geschäftsführeranzahl	<-->	Unternehmensanteil Familie	,048	,015	,000	,158
Unternehmensanteil	<-->	Geschlecht	,011	,004	,010	,119
Umsatz/MA2007/2006	<-->	Umsatz2007/2006	,033	,004	,000	,534
Mitarbeiteranzahl	<-->	Umsatz/MA	-91821			-,159
Umsatz/MA	<-->	Jahresüberschuss	-438307244			-,138
Gesellschafteranzahl	<-->	Umsatz2007/2006	-,022	,011	,034	-,033
Unternehmensalter	<-->	GK2007	470210565			,063

Tab. 7-115: Kovarianzen und Korrelationen zwischen den exogenen Variablen

Zusammenfassend wird das Strukturgleichungsmodell trotz der übersichtlichen Darstellung wichtiger Studienergebnisse kritisch bewertet, da einerseits nicht alle zuvor mittels Korrelations- und Varianzanalysen ermittelten Zusammenhänge abgebildet werden können. Andererseits erscheinen indirekte Abhängigkeiten im Strukturgleichungsmodell als scheinbar direkte Zusammenhänge.

7.13 Überprüfung der Hypothesen

7.13.1 Überprüfung der aus den Theorien zum Risikoentscheidungsverhalten abgeleiteten Hypothesen

7.13.1.1 Überprüfung von Hypothese 1: Grundlegende Risikoaversion

Da das Entscheidungsverhalten hinsichtlich Risikoaversion bzw. Risikofreude bei den Entscheidungssituationen E1 bis E5, E8, E9 und E18 bis E24 vom Erwartungswert dominiert sein kann, dürfen nur die Entscheidungssituationen E6, E7 und E10 bis E17 mit gleichen Erwartungswerten in den Alternativen zum Test der Hypothese 1: „Wenn sich Manager zwischen mehreren, verschieden risikoreichen Alternativen entscheiden müssen, dann wählen sie nicht die Alternative mit dem geringsten Risiko, d. h. sie verhalten sich nicht risikoavers", herangezogen werden.

Die Mittelwerte der Entscheidungssituationen E6, E7 und E10 bis E17 weichen bei allen Testteilnehmern und den entsprechenden Untergruppen statistisch signifikant von 0 ab (auf 5 %-Niveau; vgl. Tab. 7-10). Des Weiteren liegen die Antwortmittelwerte auf die Entscheidungssituationen E7, E11, E12, E14 und E16 bei den Managern der Geschäftsleitung sogar über 0,5, d. h. das überwiegende Entscheidungsverhalten bei diesen Entscheidungssituationen ist risikofreudig (vgl. Tab. 7-10).

Die Mittelwerte der (die 24 Entscheidungssituationen aggregierenden) Risikoverhaltenskomponenten K1 (bei Gewinnaussichten) mit -0,169 und K2 (bei Verlustaussichten) mit 0,154 liegen bei einer Klassifikation analog zur fünfstufigen Skala bei der Selbsteinschätzung des Risikoentscheidungsverhaltens im risikoneutralen Bereich (von -0,2 bis 0,2). Vom Testwert -0,2 als Grenze zwischen risikoneutralem und risikoaversem Bereich (von -1 bis -0,2) weichen K1 und K2 signifikant ab ($p \leq 0{,}001$).

Ferner dürfte es nur eine risikovermeidende Gruppe und keine risikofreudige, rationale und irrationale Gruppe geben, die zusammen 72,8 % der Testteilnehmer umfassen, während nur 27,2 % der Testteilnehmer überwiegend (streng genommen müssten sie immer) risikovermeidend entscheiden (vgl. Tab. 7-38).

Somit kann die **Hypothese 1 nicht verworfen** werden.

7.13.1.2 Überprüfung von Hypothese 2: Rationales Entscheiden nach maximalem Erwartungswert

Für die Überprüfung von Hypothese 2: „Manager verhalten sich nicht rational in dem Sinn, dass sie bei verschieden risikoreichen Alternativen nicht die Alternative mit dem höchsten Erwartungswert wählen.", dürfen nur die Entscheidungssituationen E1 bis E5, E8, E9 und E18 bis E24 mit jeweils höheren Erwartungswerten in den Alternativen B herangezogen werden.

Beispielsweise sind die Entscheidungssituationen E1 und E2 hinsichtlich der Nutzenmaximierung einfach und eindeutig. Weiterhin handelt es sich um rein hypothetische Entscheidungssituation, die für die Probanden keinerlei negative praktische Auswirkungen haben, die Bedauern (regret) oder Enttäuschung (disappointment) auslösen könnten. Nach der klassischen Theorie ist ein eindeutiges, nutzen-maximierendes, rationales Entscheidungsverhalten zu erwarten.

Wäre das Entscheidungsverhalten von Managern unter Risiko abhängig vom höchsten Erwartungswert, dürften die Mittelwerte der Antworten auf die Entscheidungssituationen E1 bis E5, E8, E9 und E18 bis E24 statistisch nicht signifikant von 1 abweichen.

Alle 14 Mittelwerte bei allen Testteilnehmern und den entsprechenden Untergruppen weichen statistisch signifikant von 1 ab (auf 5 %-Niveau). Zudem liegen die Antwortmittelwerte auf die Entscheidungssituationen E1, E4, E5, E8, E19 bis E21, E23 und E24 bei den Managern der Geschäftsleitung sogar unter 0,5, d. h. das überwiegende Entscheidungsverhalten bei diesen Entscheidungssituationen ist irrational hinsichtlich der Wahl des maximalen Erwartungswertes (vgl. Tab. 7-10).

Die Mittelwerte der (die 24 Entscheidungssituationen aggregierenden) Risikoverhaltenskomponenten K1 (bei Gewinnaussichten) mit -0,169 und K2 (bei Verlustaussichten) mit 0,154 liegen bei einer Klassifikation analog zur fünfstufigen Skala bei der Selbsteinschätzung des Risikoentscheidungsverhaltens im risikoneutralen Bereich (von -0,2 bis 0,2). Vom Testwert 0,2 als Grenze zwischen risikoneutralem und risikofreudigem Bereich (von 0,2 bis 1) weichen K1 und K2 signifikant ab ($p \leq 0{,}001$).

Des Weiteren dürfte es nur eine rationale Gruppe und keine irrationale, risikoaverse und risikofreudige Gruppe geben, die zusammen ca. 81,7 % der Testteilnehmer umfassen, während nur 18,3 % der Testteilnehmer überwiegend (streng genommen müssten sie immer) rational entscheiden (vgl. Tab. 7-38).

Somit kann die **Hypothese 2 nicht verworfen** werden.

7.13.1.3 Überprüfung von Hypothese 3a: Risikoaversion bei Gewinnaussichten

Die Entscheidungssituationen E1, E3, E5, E6, E8 bis E10, E12, E14, E16, E20, E21 und E23 erfragen das Entscheidungsverhalten bei positiven Prospects (d. h. bei Gewinnaussichten), welches konsistent mit der Prospect-Theorie nach Hypothese 3a folgendermaßen nicht sein sollte: „Wenn Manager eine Entscheidungssituation als positives Prospect (d. h. als Gewinnaussicht) interpretieren, dann verhalten sie sich nicht risikoavers.“

Alle 13 Mittelwerte bei allen Testteilnehmern und den entsprechenden Untergruppen weichen statistisch signifikant von 0 ab (auf 5 %-Niveau). Zusätzlich liegen die Mittelwerte der Antworten auf die Entscheidungssituationen E3, E9, E12, E14 und E16 bei den Managern der Geschäftsleitung sogar über 0,5, d. h. das überwiegende Entscheidungsverhalten bei diesen Entscheidungssituationen ist trotz der Gewinnaussicht risikofreudig (vgl. Tab. 7-10).

Der Mittelwert der, die 13 Entscheidungssituationen mit positiven Prospects aggregierenden, Risikoverhaltenskomponente K1 mit -0,169 liegt bei einer Klassifikation analog zur fünfstufigen Skala bei der Selbsteinschätzung des Risikoentscheidungsverhaltens im risikoneutralen Bereich (von -0,2 bis 0,2). Vom Testwert -0,2 als Grenze zwischen risikoneutralem und risikoaversem Bereich (von -1 bis -0,2) weicht K1 ($p \leq 0{,}001$) ab.

Weiterhin dürfte es nur eine irrationale Gruppe und keine rationale, risikofreudige und irrationale Gruppe geben, die zusammen 65,1 % der Testteilnehmer umfassen, während nur 34,9 % der Testteilnehmer überwiegend (streng genommen müssten sie immer) irrational entscheiden (vgl. Tab. 7 38).

Somit kann die **Hypothese 3a nicht verworfen** werden.

7.13.1.4 Überprüfung von Hypothese 3b: Risikofreude bei Verlustaussichten

Die Entscheidungssituationen E2, E4, E7, E11, E13, E15, E17, E19, E22 und E24 erfragen das Entscheidungsverhalten bei negativen Prospects (d. h. bei Verlustaussichten), welches konsistent mit der Prospect-Theorie nach Hypothese H3b folgendermaßen nicht sein sollte: „Wenn Manager eine Entscheidungssituation als negatives Prospect (d. h. als Verlustaussicht) interpretieren, dann verhalten sie sich nicht risikofreudig."

Alle 10 Mittelwerte bei allen Testteilnehmern und den entsprechenden Untergruppen weichen statistisch signifikant von 1 ab (auf 5 %-Niveau). Zusätzlich liegen die Mittelwerte der Antworten auf die Entscheidungssituationen E13, E15, E17, E19 und E24 bei den Managern der Geschäftsleitung sogar unter 0,5, d. h. das überwiegende Entscheidungsverhalten bei diesen Entscheidungssituationen ist trotz der Verlustaussicht risikovermeidend (vgl. Tab. 7-10).

Der Mittelwert der (die 10 Entscheidungssituationen aggregierenden) Risikoverhaltenskomponente K2 (bei Verlustaussichten) mit 0,154 liegt bei einer Klassifikation analog zur fünfstufigen Skala bei der Selbsteinschätzung des Risikoentscheidungsverhaltens im risikoneutralen Bereich (von -0,2 bis 0,2). Vom Testwert 0,2 als Grenze zwischen risikoneutralem und risikofreudigem Bereich (von -0,2 bis 1) weicht K2 signifikant ($p \leq 0{,}001$) ab.

Des Weiteren dürfte es, wie bei Hypothese 3a, nur eine irrationale Gruppe und keine rationale, risikofreudige und irrationale Gruppe geben, die zusammen 65,1 % der Testteilnehmer umfassen, während nur 34,9 % der Testteilnehmer überwiegend (streng genommen müssten sie immer) irrational entscheiden (vgl. Abb. 7-13 und Tab. 7-38).

Somit kann die **Hypothese 3b nicht verworfen** werden.

7.13.1.5 Überprüfung von Hypothese 4: Risikoaversion bei extremen Verlusten

Nach Hypothese 4 dürfte kein Unterschied im Entscheidungsverhalten von Managern bei geringen bzw. moderaten Verlusten und extremen, möglicherweise unternehmensgefährdenden Verlusten festzustellen sein.

Die Überprüfung der Hypothese ist mittels des Vergleichs der Antworten auf Entscheidungssituationen E22 mit möglichen moderaten Verlusten und E24 mit möglichen extremen Verlusten möglich.

Wie in Tab. 7-18 dargestellt, überwiegt bei E22 zu 56,5 % risikofreudiges und bei E24 zu 58,6 % risikoaverses Entscheidungsverhalten. 43,6 % der Manager ändern ihr Verhalten von Risikofreude bei nichtkatastrophalen Verlusten (wie in E22) hin zur Risikoaversion bei katastrophalen Verlusten (wie in E24).

Somit ist die **Hypothese 4 zu verwerfen**.

7.13.1.6 Überprüfung von Hypothese 5: Entscheiden ohne Bedauern

Nach Hypothese 5 entscheiden Manager, ohne ein ex-post mögliches Bedauern oder Erfreuen über ihre Entscheidungen zu antizipieren, wenn sie Entscheidungen unter Risiko treffen.

Eine Gegenhypothese zur Hypothese 5 (d. h. Entscheiden mit antizipiertem Bedauern oder Erfreuen) ist, dass Manager nicht rational im Sinn der Erwartungsnutzenmaximierung entscheiden, also entsprechend Hypothese 2.

Da Hypothese 2 verworfen werden musste, Manager also mehrheitlich nicht rational entscheiden, kann als Ursache nicht ausgeschlossen werden, dass sie dies tun, weil sie ein ex-post mögliches Bedauern oder Erfreuen über ihre Entscheidungen antizipieren, falls sie Entscheidungen unter Risiko treffen.

Somit ist die **Hypothese 5 zu verwerfen**.

7.13.1.7 Überprüfung von Hypothese 6: Entscheiden ohne Enttäuschung

Nach Hypothese 6 entscheiden Manager ohne eine ex-post mögliche Enttäuschung oder Begeisterung über ihre Entscheidungen zu antizipieren, wenn sie Entscheidungen unter Risiko treffen.

Eine Gegenhypothese zur Hypothese 6 (d. h. Entscheiden mit antizipierter Enttäuschung oder Begeisterung) ist, dass Manager nicht rational im Sinn der Erwartungsnutzen-Theorie entscheiden, also entsprechend Hypothese 2.

Da Hypothese 2 verworfen werden musste, Manager also nicht rational entscheiden, kann als Ursache nicht ausgeschlossen werden, dass sie dies tun, weil sie ein ex-post mögliche Enttäuschung oder Begeisterung über ihre Entscheidungen antizipieren, falls sie Entscheidungen unter Risiko treffen.

Somit ist die **Hypothese 6 zu verwerfen**.

7.13.1.8 Überprüfung von Hypothese 7a: Besitzanteil am Unternehmen und Risikoverhalten

Die zu prüfende Hypothese 7a lautet: „Es besteht kein Zusammenhang zwischen dem Risikoentscheidungsverhalten von Managern und ihrem Besitzanteil am Unternehmen.“

Signifikante Unterschiede im mittleren Entscheidungsverhalten der Manager mit unterschiedlichen Besitzanteilen am Unternehmen existieren zwar in den Entscheidungssituationen E1, E2, E3, E5, E8, E9, E10, E14, E15, E16, E18, E21 und E24 (vgl. Tab. 7-11 bis Tab. 7-14).

Jedoch weichen die Mittelwerte der Risikoverhaltenskomponenten K1 und K2 sowie der Risikoeinstellung zwischen den Managern mit unterschiedlichen Besitzanteilen am Unternehmen nicht signifikant voneinander ab.

Auch im 4-Gruppen-Risikoverhaltensmodell (vgl. Tab. 7-38) und im 5-Gruppen-Risikoverhaltensmodell (vgl. Tab. 7-39) unterscheiden sich die Gruppengrößen der Risikoverhaltensgruppen von Managern mit unterschiedlichen Besitzanteilen am Unternehmen nicht signifikant.

Somit kann die **Hypothese 7a nicht verworfen** werden.

7.13.1.9 Überprüfung von Hypothese 7b: Managementebene und Risikoverhalten

Die zu prüfende Hypothese 7b lautet: „Es besteht kein Zusammenhang zwischen dem Risikoentscheidungsverhalten von Managern und ihrer Hierarchiestufe im Unternehmen.“

Beim Vergleich der mittleren Antworten auf die Entscheidungssituationen E1 bis E24 in Tab. 7-11 bis Tab. 7-14 wird deutlich, dass die Manager auf mittlerer Ebene im Mittel in den Entscheidungssituationen E3, E8, E9, E12, E15, E16, E21 und E23 signifikant risikofreudiger und nur in E14 signifikant risikoaverser als die Manager auf Geschäftsleitungsebene entscheiden.

In Tab. 7–52 wird deutlich, dass der Mittelwert der Risikoverhaltenskomponente K1 bei den Managern auf mittlerer Ebene signifikant höher ist als bei den Managern auf Geschäftsleitungsebene. Manager auf mittlerer Ebene entscheiden bei Gewinnaussichten signifikant risikofreudiger als Manager auf Geschäftsleitungsebene.

Im 4-Gruppen-Risikoverhaltensmodell (vgl. Tab. 7-38) und im 5-Gruppen-Risikoverhaltensmodell (vgl. Tab. 7-39) unterscheiden sich die Gruppengrößen der Risikoverhaltensgruppen der Manager auf Geschäftsleitungsebene und der Manager auf mittlerer Ebene signifikant.

Somit ist die **Hypothese 7b zu verwerfen.**

7.13.2 Überprüfung der Hypothesen zu den individuellen Kontextfaktoren des Risikoentscheidungsverhaltens

7.13.2.1 Überprüfung von Hypothese 8: Risikoeinstellung und -verhalten

Die zu prüfende Hypothese 8 lautet: „Zwischen der Risikoeinstellung und dem Risikoentscheidungsverhalten von Managern besteht kein Zusammenhang.“

Wie in Tab. 7-50 dargestellt, liegt bei allen Managern auf Geschäftsleitungsebene die Risikoeinstellung (d. h. das selbst eingeschätzte Risikoverhalten) im Mittel (μ = -0,075) zwischen dem im Test gezeigten Risikoverhalten bei Gewinnaussichten (μ = -0,170) und Verlustaussichten (μ = 0,057). Bei Gewinnaussichten sind die Manager risikoaverser und bei Verlustaussichten risikofreudiger als bei ihrer Selbsteinschätzung des Risikoverhaltens.

Die Korrelationsanalysen (vgl. Tab. 7-50) zeigen, dass die Risikoeinstellung einen mittleren linearen Zusammenhang zum Risikoverhalten bei Gewinnaussichten (τ_b = 0,307; $p \leq 0{,}001$; N = 1092) und einen schwachen Zusammenhang zum Risikoverhalten bei Verlustaussichten aufweist (τ_b = 0,111; $p \leq 0{,}001$; N = 1092).

Somit ist die **Hypothese 8 zu verwerfen**.

7.13.2.2 Überprüfung von Hypothese 9: Alter und Risikoverhalten

Die zu prüfende Hypothese 9 lautet: „Zwischen dem Alter und dem Risikoentscheidungsverhalten von Managern besteht kein Zusammenhang."

Bei allen Testteilnehmern (Manager, Controller und Studenten) ist eine signifikant negative Korrelation des Alters mit dem Risikoentscheidungsverhalten in K1 und K2, d. h. bei Gewinnaussichten (τ_b = -0,141; $p \leq 0{,}001$; N = 2404) und bei Verlustaussichten (τ_b = -0,113; $p \leq 0{,}001$; N = 2404), feststellbar.

In Tab. 7-44 und Tab. 7-57 ist eine signifikant negative Korrelation der Risikoeinstellung mit dem Alter (τ_b = -0,060; p = 0,012; N = 1078) bei den Managern auf Geschäftsleitungsebene erkennbar. Somit schätzt sich ein Manager auf Geschäftsleitungsebene umso weniger risikofreudig ein, je älter er ist.

Das Risikoentscheidungsverhalten zeigt bei Gewinnaussichten (K1) insgesamt bei den Managern und Controllern (τ_b = -0,090; $p \leq 0{,}001$; N = 1397) und speziell bei den Managern auf Geschäftsleitungsebene (τ_b = -0,068; $p \leq 0{,}001$; N = 1078) eine signifikant negative Korrelation mit dem Alter (vgl. Tab. 7-57).

Somit ist die **Hypothese 9 zu verwerfen**.

7.13.2.3 Überprüfung von Hypothese 10a: Berufserfahrung und Risikoverhalten

Die zu prüfende Hypothese 10a lautet: „Zwischen der Berufserfahrung und dem Risikoentscheidungsverhalten von Managern besteht kein Zusammenhang."

Wie zwischen dem Alter und dem Risikoentscheidungsverhalten bei Gewinnaussichten, existiert auch zwischen der Berufserfahrung und dem Risikoentscheidungsverhalten bei Gewinnaussichten insgesamt bei den Managern und Controllern (τ_b = -0,76; $p \leq 0{,}001$; N = 1349) und speziell bei den Managern auf Geschäftsleitungsebene (τ_b = -0,57; p = 0,007; N = 1063) eine signifikant negative Korrelation. Über je mehr Berufserfahrung ein Manager auf Geschäftsleitungsebene verfügt, desto risikovermeidender entscheidet er bei Gewinnaussichten (vgl. Tab. 7-62).

Somit ist die **Hypothese 10a zu verwerfen**.

7.13.2.4 Überprüfung von Hypothese 10b: Ausbildungsniveau und Risikoverhalten

Weiterhin zu prüfen ist die Hypothese 10b: „Zwischen dem Ausbildungsniveau und dem Risikoentscheidungsverhalten von Managern besteht kein Zusammenhang."

In Tab. 7-44 ist kein signifikanter Zusammenhang zwischen dem Ausbildungsniveau und dem Risikoentscheidungsverhalten von Managern erkennbar. Auch in den 4- bzw. 5-Gruppen-Risikoverhaltensmodellen sind keine signifikanten Unterschiede zwischen den Risikoverhaltensgruppen hinsichtlich Ausbildungsniveau feststellbar.

Somit kann die **Hypothese 10b nicht verworfen** werden.

7.13.2.5 Überprüfung von Hypothese 10c: Ausbildungsrichtung und Risikoverhalten

Ferner ist die Hypothese 10c zu prüfen: „Zwischen der Ausbildungsrichtung (kaufmännisch oder technisch) und dem Risikoentscheidungsverhalten von Managern besteht kein Zusammenhang."

Mittels Kontingenzanalyse sind zwischen Ausbildungsrichtung (kaufmännisch oder technisch) und dem Risikoentscheidungsverhalten von Managern keine signifikanten Unterschiede feststellbar (χ^2 nach Pearson = 12,081; p = 0,937).

Somit kann die **Hypothese 10c nicht verworfen** werden.

7.13.2.6 Überprüfung von Hypothese 11: Geschlecht und Risikoverhalten

Nach Hypothese 11 sollte kein geschlechtsspezifischer Unterschied im Risikoentscheidungsverhalten von Managern bestehen. Somit sollte es keine statistisch signifikanten Abweichungen in den Mittelwerten der Antworten auf die Entscheidungssituationen für beide Geschlechter geben.

Tab. 7-63 zeigt lediglich bei den Entscheidungssituationen E3, E15 und E23 statistisch signifikante Abweichungen der Geschlechter im Risikoentscheidungsverhalten. Bei den anderen 21 Entscheidungssituationen treten keine statistisch signifikanten Abweichungen auf.

In den Risikoentscheidungskomponenten K1 und K2 für die verschiedenen Managergruppen treten (außer bei den Managern mit unbekanntem Unternehmensanteil) keine statistisch signifikanten Unterschiede im Entscheidungsverhalten unter Risiko zwischen Frauen und Männern auf (vgl. Tab. 7-64).

Auch im 4- bzw. 5-Gruppenrisikoverhaltensmodell sind keine signifikanten Unterschiede der Risikoverhaltensgruppengrößen zwischen Frauen und Männern erkennbar (vgl. Tab. 7-65 und Tab. 7-66).

Somit kann die **Hypothese 11 nicht verworfen** werden.

7.13.3 Überprüfung der Hypothesen zum Risikoentscheidungsverhalten von Managern im Vergleich zu Kontrollgruppen

7.13.3.1 Überprüfung von Hypothese 12: Risikoverhalten von Managern und Controllern

Falls Controller im Unternehmen die Funktion der „Rationalitätssicherung" erfüllen, sollten sie rationaler als Manager entscheiden. Nach der negativ zu formulierenden Hypothese 12 muss geprüft werden, ob kein Unterschied zwischen dem Risikoentscheidungsverhalten von Managern und Controllern besteht.

Tab. 7-67 zeigt bei 8 der 24 Entscheidungssituationen signifikante Unterschiede im Risikoentscheidungsverhalten von Managern und Controllern. In sechs von 14 Entscheidungssituationen (E1 bis E5, E8, E9, E18 bis E24), bei denen sich der Erwartungswert der beiden Alternativen deutlich unterscheidet, entscheiden Controller mindestens auf 5 %-Niveau signifikant rationaler als Manager auf Geschäftsleitungsebene (d. h. die Entscheidungen der Controller erfolgen signifikanter nach dem maximalen Erwartungswert).

Das Risikoentscheidungsverhalten bei Gewinnaussichten (K1) unterscheidet sich im Mittel signifikant (d_{GL-C} = -0,121; $p \leq 0{,}001$) zwischen den Managern auf Geschäftsleitungsebene (μ_{GL} = -0,194) und den Controllern (μ_{GL} = -0,086; vgl. Tab. 7–52).

Aus den 4- bzw. 5-Gruppen-Risikoverhaltensmodellen in Tab. 7-38 und Tab. 7-39 sowie mit Kontrolle des Alterseffekts in Tab. 7-69 und Tab. 7-70 geht hervor, dass Controller signifikant rationaler als Manager entscheiden.

Somit ist die **Hypothese 12 zu verwerfen**.

7.13.3.2 Überprüfung von Hypothese 13a: Risikoverhalten von Managern und Studenten

Die zu prüfende Hypothese 13a lautet: „Zwischen dem Risikoentscheidungsverhalten von Managern und BWL-Studenten besteht kein Unterschied."

Tab. 7-72 zeigt, dass das Entscheidungsverhalten der Studenten im Mittel bei 15 der 24 Entscheidungssituationen signifikant vom Entscheidungsverhalten der Manager abweicht.

Studenten entscheiden sowohl bei Gewinnaussichten (K1; d_{GL-S} = -0,133; $p \leq 0{,}01$) als auch bei Verlustaussichten (K2; d_{GL-S} = -0,116; $p \leq 0{,}01$) signifikant risikofreudiger als Manager auf Geschäftsleitungsebene. Zwischen Studenten und Managern auf mittlerer Ebene sind hingegen keine signifikanten Unterschiede im Risikoentscheidungsverhalten feststellbar (vgl. Tab. 7-73).

Auch im 4-Gruppen-Risikoverhaltensmodell wird deutlich, dass sich das Risikoentscheidungsverhalten von Studenten zwar signifikant vom Risikoentscheidungsverhalten der Manager auf Geschäftsleitungsebene und der Controller unterscheidet (χ^2 nach Pearson = 82,231; $p \leq 0{,}001$), nicht aber vom Risikoentscheidungsverhalten der Manager auf mittlerer Ebene (χ^2 nach Pearson = 1,724; p = 0,632).

Somit ist die **Hypothese 13a zu verwerfen**.

7.13.3.3 Überprüfung von Hypothese 13b: Risikoverhalten von Controllern und Controlling-Studenten

Die zu prüfende Hypothese 13b lautet: „Zwischen dem Risikoentscheidungsverhalten von Controllern und Controlling-Studenten besteht kein Unterschied."

Tab. 7-72 zeigt bei 8 der 24 Entscheidungssituationen statistisch signifikante Abweichungen zwischen Controllern und Controlling-Studenten. In den Risikoverhaltenskomponenten K1 und K2 ist das Entscheidungsverhalten der Controlling-Studenten (μ_{K1} = -0,083; μ_{K2} = 0,316) bei Gewinnaussichten (K1) und bei Verlustaussichten (K2) risikofreudiger als bei den Controllern

(μ_{K1} = -0,101; μ_{K2} = 0,103), aber nur bei Verlustaussichten signifikant risikofreudiger (d_{K2} = 0,212; $p \leq 0{,}001$).

Im 4-Gruppen-Risikoverhaltensmodell zeigt sich, dass sich das Risikoentscheidungsverhalten von Controllern und Controlling-Studenten signifikant unterscheidet (χ^2 nach Pearson = 13,600; p = 0,004). Die Controller entscheiden signifikant risikoaverser und rationaler als die Controlling-Studenten, die wiederum signifikant risikofreudiger und irrationaler als die Controller entscheiden (vgl. Tab. 7-75).

Somit ist die **Hypothese 13b zu verwerfen**.

7.13.3.4 Überprüfung von Hypothese 14a: Risikoverhalten von Bachelor- und Masterstudenten

Die zu prüfende Hypothese 14a lautet: „Zwischen dem Risikoentscheidungsverhalten von Bachelor- und Masterstudenten in der Betriebswirtschaftslehre besteht kein Unterschied."

Die Bachelor-Studenten halten sich zwar im Mittel für signifikant risikofreudiger als die Master- bzw. Diplomstudenten, aber im Risikoentscheidungsverhalten sind zwischen Bachelor- und Masterstudenten keine Unterschiede feststellbar (χ^2 nach Pearson = 2,101; p = 0,552).

Somit kann die **Hypothese 14a nicht verworfen** werden.

7.13.3.5 Überprüfung von Hypothese 14b: Risikoverhalten in Abhängigkeit der Studienrichtung der Studenten

Die zu prüfende Hypothese 14b lautet: „Zwischen der Studienrichtung und dem Risikoentscheidungsverhalten von Studenten besteht kein Zusammenhang."

Bei der Risikoeinstellung unterscheiden sich nur die Wirtschaftsmathematik-Studenten mit ihrer im Mittel risikoneutralen Risikoeinstellung signifikant (p = 0,032) von den Studenten der nicht-wirtschaftswissenschaftlichen Fachrichtungen, die sich von allen befragten Studenten im Mittel für am risikoaversesten halten. Auch beim Risikoverhalten bei Gewinnaussichten (K1) ist der Unterschied zwischen beiden Studienrichtungen signifikant (p = 0,022).

Weiterhin zeigen die Volkswirtschafts-Studenten im Mittel ein signifikant risikofreudigeres Entscheidungsverhalten bei Gewinnaussichten (K1) als die Studenten der nicht-wirtschaftswissenschaftlichen Fachrichtungen (p = 0,005) sowie die Wirtschaftspädagogik-Studenten (p = 0,027).

Beim Risikoentscheidungsverhalten bei Verlustaussichten (K2) sind keine signifikanten Unterschiede zwischen den Studienrichtungen feststellbar.

Somit ist die **Hypothese 14b zu verwerfen**.

7.13.4 Überprüfung der Hypothesen zu den organisationalen Kontextfaktoren des Risikoentscheidungsverhaltens

7.13.4.1 Überprüfung von Hypothese 15a: Geschäftsführeranzahl und Risikoverhalten

Nach Hypothese 15a dürfte kein Zusammenhang zwischen Geschäftsführeranzahl im Unternehmen und dem Risikoentscheidungsverhalten von Managern bestehen.

Weder in Tab. 7-44 noch in Tab. 7-45 ist ein signifikanter Zusammenhang zwischen der Geschäftsführeranzahl im Unternehmen und dem Risikoentscheidungsverhalten von Managern erkennbar. Auch in den 4- bzw. 5-Gruppen-Risikoverhaltensmodellen sind keine signifikanten Unterschiede zwischen den Risikoverhaltensgruppen hinsichtlich Geschäftsführeranzahl festzustellen.

Somit kann die **Hypothese 15a nicht verworfen** werden.

7.13.4.2 Überprüfung von Hypothese 15b: Gesellschafteranzahl und Risikoverhalten

Nach Hypothese 15b sollte kein Zusammenhang zwischen Gesellschafteranzahl des Unternehmens und dem Risikoentscheidungsverhalten von Managern bestehen.

Weder in Tab. 7-44 noch in Tab. 7-45 ist ein signifikanter Zusammenhang zwischen der Gesellschafteranzahl des Unternehmens und dem Risikoentscheidungsverhalten von Managern erkennbar. Auch in den 4- bzw. 5-Gruppen-Risikoverhaltensmodellen sind keine signifikanten Unterschiede zwischen den Risikoverhaltensgruppen hinsichtlich Gesellschafteranzahl festzustellen.

Somit kann die **Hypothese 15b nicht verworfen** werden.

7.13.4.3 Überprüfung von Hypothese 15c: Teamentscheidungsverhalten und Risikoentscheidungsverhalten

Nach Hypothese 15c dürfte kein Zusammenhang zwischen dem Teamentscheidungsverhalten und dem Risikoentscheidungsverhalten von Managern bestehen.

Weder in Tab. 7-44, in Tab. 7-45 noch in Tab. 7-84 ist ein signifikanter Zusammenhang zwischen dem Teamentscheidungsverhalten und dem Risikoentscheidungsverhalten von Managern erkennbar. Auch in den 4- bzw. 5-Gruppen-Risikoverhaltensmodellen sind keine signifikanten Unterschiede zwischen den Risikoverhaltensgruppen hinsichtlich Teamentscheidungsverhalten festzustellen. Das Risikoentscheidungsverhalten von Managern scheint demnach weitgehend unabhängig vom Teamentscheidungsverhalten zu sein.

Somit kann die **Hypothese 15c nicht verworfen** werden.

7.13.4.4 Überprüfung von Hypothese 16: Unternehmensgröße und Risikoverhalten

Nach Hypothese 16 dürfte kein Zusammenhang zwischen der Unternehmensgröße und dem Risikoentscheidungsverhalten der Manager bestehen.

Tab. 7-82 zeigt keine Korrelationen zwischen dem Risikoentscheidungsverhalten bei Gewinn- oder Verlustaussichten und der Unternehmensgröße (operationalisiert als Umsatz, Mitarbeiteranzahl und Bilanzsumme nach EU 2003, L 124/39).

Auch im 4- bzw. 5-Gruppen-Risikoverhaltensmodell sind keine signifikanten Unterschiede in der Unternehmensgröße zwischen den Risikoverhaltensgruppen feststellbar.

Somit kann die **Hypothese 16 nicht verworfen** werden.

7.13.4.5 Überprüfung von Hypothese 17: Unternehmenswachstum und Risikoverhalten

Nach Hypothese 17 sollte kein Zusammenhang zwischen dem Unternehmenswachstum und dem Risikoentscheidungsverhalten der Manager bestehen.

Tab. 7-82 zeigt keine Korrelationen zwischen dem Risikoentscheidungsverhalten bei Gewinn- oder Verlustaussichten und dem Unternehmenswachstum (operationalisiert als Umsatzwachstum, Mitarbeiteranzahlwachstum und Bilanzsummenwachstum).

Auch im 4- bzw. 5-Gruppen-Risikoverhaltensmodell sind keine signifikanten Unterschiede im Unternehmenswachstum zwischen den Risikoverhaltensgruppen feststellbar (vgl. Tab. 7-107, Tab. 7-109 und Tab. 7-111).

Somit kann die **Hypothese 17 nicht verworfen** werden.

7.13.4.6 Überprüfung von Hypothese 18: Unternehmensalter und Risikoverhalten

Nach Hypothese 18 dürfte kein Zusammenhang zwischen dem Unternehmensalter und dem Risikoentscheidungsverhalten von Managern bestehen.

Wie in Tab. 7-93 dargestellt, ist bei den Unternehmen mit Verlusten im Jahr vor der Befragung ein signifikant positiver Zusammenhang (τ_b = 0,151; p = 0,015; N = 122) zwischen dem Risikoentscheidungsverhalten bei Verlustaussichten und dem Unternehmensalter feststellbar. Manager in älteren Unternehmen mit Verlusten (zumindest in der kurzfristigen Vergangenheit) sind somit risikofreudiger als Manager in jüngeren Unternehmen.

Somit ist die **Hypothese 18 zu verwerfen.**

7.13.4.7 Überprüfung von Hypothese 19: Branche und Risikoverhalten

Die zu prüfende Hypothese 19 lautet: „Das Risikoentscheidungsverhalten von Managern in verschiedenen Branchen unterscheidet sich nicht.“

Mittels Varianzanalyse sind zwischen den Branchen weder im Risikoentscheidungsverhalten bei Gewinnaussichten (K1; F = 0,904; p = 0,603; partielles ε^2 = 0,024) noch im Risikoentscheidungsverhalten bei Verlustaussichten (K2; F = 1,208; p = 0,217; partielles ε^2 = 0,032) signifikante Unterschiede feststellbar.

Somit kann die **Hypothese 19 nicht verworfen** werden.

7.13.4.8 Überprüfung von Hypothese 20a: Selbsteinschätzung der Unternehmensperformance im Vergleich zu den Wettbewerbern

Die zu prüfende Hypothese 20a lautet: „Die Managementeinschätzung der Performance des eigenen Unternehmens im Vergleich zum Branchendurchschnitt unterscheidet sich im Mittel nicht signifikant."

Wie in Tab. 7-103 dargestellt, geben 59,9 % der Manager die Unternehmenssituation als besser an, während nur 3,5 % die Unternehmenssituation als schlechter bewerten. Damit unterscheidet sich die Einschätzung der Unternehmenssituation (μ = 0,318; N = 1.080) signifikant vom Mittel- und Testwert 0 (T = 33,354; $p \leq 0{,}001$).

Somit ist die **Hypothese 20a zu verwerfen**.

7.13.4.9 Überprüfung von Hypothese 20b: Selbsteinschätzung der Unternehmensperformance und Risikoentscheidungsverhalten

Die zu prüfende Hypothese 20b lautet: „Zwischen der Selbsteinschätzung der Unternehmensperformance und dem Risikoentscheidungsverhalten von Managern besteht kein Zusammenhang."

Wie in Tab. 7-82 und Tab. 7-105 dargestellt, besteht eine sehr schwache, aber signifikant positive Korrelation (τ_b = 0,57; p = 0,018; N = 1092) zwischen der Selbsteinschätzung der Unternehmensperformance und dem Risikoentscheidungsverhalten der Manager auf Geschäftsleitungsebene. Je besser ein Manager die Unternehmenssituation einschätzt, desto risikofreudiger entscheidet er bei Gewinnaussichten.

Bei getrennter Analyse von Unternehmen mit Gewinnen (vgl. Tab. 7-108) und Verlusten (vgl. Tab. 7-110) im Jahr vor der Befragung ist jeweils kein Zusammenhang zwischen der Selbsteinschätzung der Unternehmensperformance und dem Risikoentscheidungsverhalten der Manager auf Geschäftsleitungsebene erkennbar.

Auch in den 4- bzw. 5-Gruppen-Risikoverhaltensmodellen sind keine signifikanten Unterschiede zwischen den Risikoverhaltensgruppen festzustellen (vgl. Tab. 7-107, Tab. 7-109 und Tab. 7-111).

Aufgrund der sehr schwachen, aber signifikant positiven Korrelation zwischen der Selbsteinschätzung der Unternehmensperformance und dem Risikoentscheidungsverhalten der Manager auf Geschäftsleitungsebene ist die **Hypothese 20b zu verwerfen**.

7.13.4.10 Überprüfung von Hypothese 21a: Unternehmensperformance und Risikoverhalten von Managern

Die zu testende Hypothese 21b lautet: „Es besteht kein Zusammenhang zwischen dem Risikoentscheidungsverhalten von Managern und der Unternehmensperformance." Mit dieser Hypothese soll getestet werden, ob ein, durch das Risikoverhalten von Managern verursachtes, Rendite-Risiko Paradoxon existiert.

In Tab. 7-107 ist am Mittelwert des ROE (2005 bis 2007) entweder zu erkennen, dass erfolgreiche Manager ein „risikoaverses" Verhalten zeigen oder, dass die „risikoavers" entscheidenden Manager (μ_2 = 21,7 %, N = 91) signifikant erfolgreicher sind ($d_{1\text{-}2}$ = 5,6 %; p = 0,046) als die „irrational" entscheidenden Manager (μ_2 = 16,1 %, N = 105), dass also ein Rendite-Risiko-Paradoxon existiert. Bei Unternehmen mit Gewinnen in Tab. 7-109 weisen „risikofreudig" (μ_4 = 25,8 %, N = 48) und „risikoavers" (μ_1 = 24,9 %, N = 78) entscheidende Manager einen signifikant höheren mittleren ROE (Mittelwert des ROE über die Jahre 2005 bis 2007) auf als „irrational" (μ_2 = 18,0 %, N = 92) entscheidende Manager (d_{4-2} = 7,8 %; p = 0,013; d_{1-2} = 6,9 %; p = 0,010).

In Tab. 7-111 bei Unternehmen mit Verlusten im Jahr vor der Befragung weist die „risikofreudige" Gruppe im Mittel einen signifikant geringeren Verlust beim ROA 2007 (d_{1-4} = -8,3 %; p = 0,037; N_1 = 30; N_4 = 29), ROS 2007 (d_{1-4} = -7,6 %; p = 0,026; N_1 = 22; N_4 = 25) und beim Mittelwert des ROS (2005 bis 2007) (d_{1-4} = -9,4 %; p = 0,014; N_1 = 15; N_4 = 18) auf als die „risikoaverse" Gruppe.

Somit ist die **Hypothese 21a zu verwerfen**.

7.13.4.11 Überprüfung von Hypothese 21b: Varianz der Unternehmensperformance und Risikoverhalten von Managern

Mit Hypothese 21b: „Es besteht kein Zusammenhang zwischen dem Risikoentscheidungsverhalten von Managern und der Varianz der Unternehmensperformance." soll getestet werden, ob das Risikoentscheidungsverhalten von Managern die Varianz der Unternehmensperformance beeinflusst. Da die Varianz in dieser Arbeit über den Zeitraum von drei Jahren ermittelt wird, ist dafür die Annahme notwendig, dass Manager über diesen Zeitraum stabile Risikopräferenzen aufweisen.

Tab. 7-108 zeigt bei Unternehmen mit Gewinnen im Jahr vor der Befragung eine signifikant positive Korrelation (τ_b = 0,89; p = 0,021; N = 304) zwischen der Standardabweichung des ROA und dem Risikoentscheidungsverhalten bei Gewinnaussichten. Unternehmen mit Gewinnen zeigen somit eine höhere Varianz der Performance, je risikofreudiger die Manager auf Geschäftsleitungsebene entscheiden.

Dagegen ist in Tab. 7-110 bei Unternehmen mit Verlusten im Jahr vor der Befragung eine signifikant negative Korrelation (τ_b = -0,151; p = 0,048; N = 80) zwischen der Standardabweichung des ROA und dem Risikoentscheidungsverhalten bei Gewinnaussichten festzustellen. Unternehmen mit Verlusten zeigen somit eine höhere Varianz der Performance, je risikoaverser die Manager auf Geschäftsleitungsebene entscheiden.

Auch im 4-Gruppen-Risikoverhaltensmodell in Tab. 7-111 zeigt die „risikoaverse" Gruppe eine signifikant höhere Standardabweichung des ROE 2007 (d_{1-4} = 16,2 %; p = 0,013; N_1 = 11; N_4 = 14) und des ROS 2007 (d_{1-4} = 5,2 %; p = 0,007; N_1 = 15; N_4 = 18) gegenüber der „risikofreudigen" Gruppe.

Somit ist die **Hypothese 21b zu verwerfen**.

7.13.5 Zusammenfassung der Hypothesentests

In Tab. 7-116 werden zusammenfassend die Ergebnisse der Hypothesentests und deren Interpretationen zur Übersicht wiedergegeben.

Hypothese	Testergebnis	Interpretation
Aus den Theorien zum Risikoentscheidungsverhalten abgeleitete Hypothesen		
H1	nicht verworfen	Manager verhalten sich mehrheitlich nicht risikoavers.
H2	nicht verworfen	Manager verhalten sich mehrheitlich nicht rational.
H3a	nicht verworfen	Manager verhalten sich bei Gewinnaussichten mehrheitlich nicht risikoavers, also konträr zur Prospect-Theorie.
H3b	nicht verworfen	Manager verhalten sich bei Verlustaussichten mehrheitlich nicht risikofreudig, also konträr zur Prospect-Theorie.
H4	verworfen	Manager verhalten sich bei moderaten Verlusten mehrheitlich risikofreudig und bei existenzgefährdenden Verlusten mehrheitlich risikoavers analog zur Threat-Rigidity-Theorie.
H5	verworfen	Es kann nicht ausgeschlossen werden, dass Manager ex-ante in ihren Entscheidungen ein ex-post Bedauern über ihre Entscheidungen analog zu den Regret-Theorien antizipieren.
H6	verworfen	Es kann nicht ausgeschlossen werden, dass Manager ex-ante in ihren Entscheidungen eine ex-post Enttäuschung über ihre Entscheidungen analog zu den Disappointment-Theorien antizipieren.
Hypothesen zu den individuellen Kontextfaktoren des Risikoentscheidungsverhaltens		
H7a	(nicht) verworfen	Der Besitzanteil am Unternehmen hat keinen systematischen Einfluss auf das Risikoverhalten von Managern (lediglich in einzelnen Entscheidungssituationen).
H7b	verworfen	Manager auf Geschäftsleitungsebene entscheiden signifikant risikoaverser als Manager auf mittlerer Ebene.
H8	verworfen	Zwischen Risikoeinstellung und -verhalten von Managern besteht ein Zusammenhang.
H9	verworfen	Mit zunehmendem Alter entscheiden Manager risikoaverser.
H10a	verworfen	Mit zunehmender Berufserfahrung entscheiden Manager risikoaverser.
H10b	nicht verworfen	Das Ausbildungsniveau hat keinen Einfluss auf das Risikoverhalten von Managern.
H10c	nicht verworfen	Die Ausbildungsrichtung hat keinen Einfluss auf das Risikoverhalten von Managern.
H11	nicht verworfen	Das Geschlecht hat keinen Einfluss auf das Risikoverhalten von Managern.
Hypothesen zum Vergleich des Risikoentscheidungsverhaltens von Managern mit Kontrollgruppen		
H12	verworfen	Controller entscheiden signifikant rationaler als Manager.
H13a	verworfen	Das Risikoverhalten von Managern und BWL-Studenten unterscheidet sich signifikant.
H13b	verworfen	Das Risikoverhalten von Controllern und Controlling-Studenten unterscheidet sich signifikant.
H14a	nicht verworfen	Zwischen dem Risikoverhalten von Bachelor- und Masterstudenten besteht kein Unterschied.
H14b	verworfen	Die Studienrichtung hat einen Einfluss auf das Risikoverhalten von Studenten.
Hypothesen zu den organisationalen Kontextfaktoren des Risikoentscheidungsverhaltens		
H15a	nicht verworfen	Die Geschäftsführeranzahl im Unternehmen hat keinen Einfluss auf das Risikoverhalten von Managern.
H15b	nicht verworfen	Die Gesellschafteranzahl im Unternehmen hat keinen Einfluss auf das Risikoverhalten von Managern.
H15c	nicht verworfen	Das Teamentscheidungsverhalten hat keinen Einfluss auf das Risikoverhalten von Managern.
H16	nicht verworfen	Die Unternehmensgröße hat keinen Einfluss auf das Risikoverhalten von Managern.
H17	nicht verworfen	Das Unternehmenswachstum hat keinen Einfluss auf das Risikoverhalten von Managern.
H18	verworfen	Das Unternehmensalter hat einen Einfluss auf das Risikoverhalten von Managern.
H19	nicht verworfen	Die Branche des Unternehmens hat keinen Einfluss auf das Risikoverhalten von Managern.
H20a	verworfen	Die Einschätzung der Performance des eigenen Unternehmens liegt im Mittel über dem Branchendurchschnitt.
H20b	verworfen	Die Selbsteinschätzung der Unternehmensperformance hat einen schwachen Einfluss auf das Risikoverhalten von Managern.
H21a	verworfen	Es besteht ein Zusammenhang zwischen dem Risikoverhalten von Managern und der Unternehmensperformance.
H21b	verworfen	Es besteht ein Zusammenhang zwischen dem Risikoverhalten von Managern und der Varianz bzw. Standardabweichung der Unternehmensperformance.

Tab. 7-116: Zusammenfassung der Hypothesentests

Nach der Darlegung der Ergebnisse der Hypothesentests werden die Ergebnisse der Arbeit im nachfolgenden Kapitel zusammengefasst.

8 Zusammenfassung und weiterer Forschungsbedarf

8.1 Zusammenfassung

8.1.1 Beantwortung der Forschungsfragen

Das Risikoentscheidungsverhalten von Managern und die Auswirkungen auf Performance-Risiko-Assoziationen werden in dieser Arbeit theoretisch, auf Basis bisheriger empirischer Studien und mit einer empirischen Studie zum Risikoentscheidungsverhalten mit insgesamt 2.540 Teilnehmern (davon 1.316 Manager und 123 Controller von mehr als 1.000 deutschen Unternehmen aus verschiedenen Branchen sowie einer Kontrollgruppe von 1.101 Studenten) untersucht.

Im Folgenden werden die in dieser Arbeit ermittelten Antworten auf die eingangs gestellten Forschungsfragen zusammenfassend dargestellt, bevor anschließend die Ergebnisse der empirischen Studie ausführlicher dargestellt werden.

- Verhalten sich Manager in Risikosituationen rational und risikoavers, wie es die normativen Entscheidungstheorien als Verhaltensideal vorgeben?

Überwiegend rational entscheiden in Risikosituationen 18,3 % der untersuchten Manager. 81,7 % der Manager zeigen hingegen ein von einem rationalen Verhaltensideal überwiegend abweichendes Risikoentscheidungsverhalten.

Überwiegend risikoavers entscheiden in Risikosituationen 27,2 % der untersuchten Manager. Dagegen ist bei 72,8 % der Manager ein von einem risikoaversen Verhalten überwiegend abweichendes Entscheidungsverhalten zu beobachten.

- Entscheiden Manager in Risikosituationen so, wie es die Prospect-Theorie als dominierende deskriptive Entscheidungstheorie beschreibt?

Eine Referenzpunktabhängigkeit (nach Gewinn- oder Verlustaussicht) im Risikoentscheidungsverhalten ist bei 53,2 % der Manager erkennbar, aber nur 34,9 % der Manager entscheiden in Risikosituationen überwiegend so, wie es die Prospect-Theorie postuliert.

- Stimmen das selbsteingeschätzte, das experimentell ermittelbare und das in der Unternehmenspraxis gezeigte Risikoentscheidungsverhalten von Managern überein?

Etwa die Hälfte der untersuchten Manager zeigt experimentell ein Risikoentscheidungsverhalten, das mit deren Selbsteinschätzung übereinstimmt. Zwischen der Varianz bzw. der Standardabweichung der Unternehmensperformance (auf die sich das in der Unternehmenspraxis gezeigte Risikoverhalten von Managern auswirken kann) und dem experimentell gezeigten Risikoentscheidungsverhalten von Managern besteht ein positiver Zusammenhang bei Unternehmen mit Gewinnen und ein negativer Zusammenhang bei Unternehmen mit Verlusten. Hingegen ist kein Zusammenhang zwischen der Selbsteinschätzung des Risikoverhaltens der Manager und der Varianz bzw. der Standardabweichung der Unternehmensperformance feststellbar.

- Welche Kontextfaktoren beeinflussen das Risikoentscheidungsverhalten von Managern?

Manager entscheiden mit zunehmendem Alter und mit zunehmender Berufserfahrung sowie auf höherer Hierarchiestufe im Unternehmen signifikant risikoaverser. Weiterhin besteht zwischen dem Risikoentscheidungsverhalten der Manager und der Unternehmensperformance sowie dem Unternehmensalter ein signifikanter Zusammenhang.

Keinen signifikanten Einfluss auf das Risikoentscheidungsverhalten der Manager weisen deren Ausbildungsniveau und Ausbildungsrichtung (technisch oder kaufmännisch) sowie deren Geschlecht auf. Ferner beeinflussen die Geschäftsführer- und Gesellschafteranzahl, das Teamentscheidungsverhalten, die Höhe des eigenen Unternehmensanteils, die Unternehmensgröße, das Unternehmenswachstum sowie die Branche das Risikoentscheidungsverhalten der Manager nicht signifikant.

- Verhalten sich Manager unter Risiko anders als Controller oder Studenten?

Manager entscheiden unter Risiko signifikant anders als Controller oder Studenten. Controller entscheiden signifikant rationaler als Manager. Studenten entscheiden signifikant risikofreudiger als Manager.

- Welche Zusammenhänge bestehen zwischen dem Risikoentscheidungsverhalten von Managern und der Unternehmensperformance?

Die mittlere Eigenkapitalrendite in den drei Jahren vor der Befragung ist bei Unternehmen mit Managern mit einem risikoaversen Entscheidungsverhalten signifikant höher als bei Unternehmen mit Managern mit einem irrationalen Risikoentscheidungsverhalten.

Bei Unternehmen mit Gewinnen im Jahr vor der Befragung ist die mittlere Eigenkapitalrendite in den drei Jahren vor der Befragung bei Unternehmen mit Managern mit einem risikoaversen oder risikofreudigen Entscheidungsverhalten signifikant höher als bei Unternehmen mit Managern mit einem irrationalen Risikoentscheidungsverhalten.

Bei Unternehmen mit Verlusten im Jahr vor der Befragung sind die Gesamtkapital- und die Umsatzrendite im Jahr vor der Befragung sowie die mittlere Umsatzrendite in den drei Jahren vor der Befragung bei Unternehmen mit Managern mit einem risikofreudigen Entscheidungsverhalten signifikant höher als bei Unternehmen mit Managern mit einem irrationalen Risikoentscheidungsverhalten. Letztere weisen somit signifikant höhere Verluste auf als erstere.

- Existiert ein Rendite-Risiko-Paradoxon, das durch das Risikoentscheidungsverhalten von Managern bewirkt wird?

Die signifikant höhere mittlere Eigenkapitalrendite in den drei Jahren vor der Befragung bei Unternehmen mit Managern mit einem risikoaversen Entscheidungsverhalten gegenüber Unternehmen mit Managern mit einem irrationalen Risikoentscheidungsverhalten ist entweder darauf zurückzuführen, dass Manager zu einem eher risikoaversen Verhalten tendieren, nachdem sie erfolgreich wurden, oder dass die von vorn herein risikoaversen Manager signifikant erfolgreicher werden als die in Bezug auf Risiken irrational entscheidenden Manager. Dies deutet die Existenz eines Rendite-Risiko-Paradoxons an, das durch das Risikoentscheidungsverhalten von Managern bedingt sein kann.

8.1.2 Ergebnisse der empirischen Studie zum Risikoentscheidungsverhalten im Management-Kontext

Die empirische Studie mit 1.316 Managern, 123 Controllern und 1.101 Studenten umfasst einen Fragebogen mit 24 binären Entscheidungssituationen, Fragen zur Selbsteinschätzung des Risikoverhaltens und zur Unternehmensperformance sowie Fragen zu Kontextvariablen wie Alter, Berufserfahrung, Geschlecht, Unternehmen, Position, Selbsteinschätzung des Risikoverhaltens und der Unternehmensperformance. Des Weiteren umfasst die empirische Studie Datenbankauswertungen zur Unternehmensperformance und weiteren Kontextvariablen wie Unternehmensanteil, Gesellschafter- und Geschäftsführeranzahl, Branche und Unternehmensalter.

Der Fragebogen und die anschließenden Datenbankauswertungen erfassen, neben Kontextfaktoren, Performance und Risiko auf verschiedenen Ebenen. Diese Ebenen sind 1. das „hypothetische" Risikoentscheidungsverhalten im Fragebogen bei einer vorgegebenen hypothetischen Performance (mittels 24 hypothetischer Entscheidungssituationen), 2. die „subjektive" Ebene mit der Selbsteinschätzung der Performance des Unternehmens und der Selbsteinschätzung des Risikoentscheidungsverhaltens der Manager (wobei Manager, die gleichzeitig alleinige Inhaber des Unternehmens sind, quasi das Risikoentscheidungsverhalten des Unternehmens bestimmen) und 3. die „reale", „objektive" Unternehmensperformance (z. B. als Jahresüberschuss, Residualgewinn, ROE, ROA, ROS) sowie das „reale", „objektive" Unternehmensrisiko (z. B. als Standardabweichung oder Varianz der Performance).

Die Ergebnisse der Befragung zeigen, dass die 24 binären Entscheidungssituationen des Fragebogens zum Risikoentscheidungsverhalten mittels einer Faktorenanalyse zu minimal zwei Risikoverhaltenskomponenten aggregiert werden können, wobei die eine Komponente das Risikoverhalten eines Individuums bei Gewinnaussichten und die andere Komponente das Risikoverhalten eines Individuums bei Verlustaussichten erfasst. Der Versuch einer noch höheren Aggregation der 24 Entscheidungssituationen in nur eine Risikoverhaltenskomponente führt zu keinen signifikanten Ergebnissen. Somit kann die von KAHNEMAN / TVERSKY (1979, S. 274 ff.) in der Prospect-Theorie formulierte Referenzpunktabhängigkeit des Risikoverhaltens hinsichtlich Gewinn- oder Verlustaussichten als absolut grundlegend zur Beschreibung von Risikoentscheidungsverhalten gewürdigt werden.

Weiterhin können die beiden identifizierten Risikoverhaltenskomponenten (Risikoverhalten bei Gewinnaussichten und Risikoverhalten bei Verlustaussichten) mittels Clusteranalyse in vier (1. „risikoavers", 2. „irrational", 3. „rational" und 4. „risikofreudig") bzw. fünf Grundtypen (1. „risikoavers", 2. „irrational", 3. „diffus", 4. „rational" und 5. „risikofreudig") hinsichtlich ihres Risikoentscheidungsverhaltens gruppiert werden.

Nachfolgend werden die Risikoverhaltensgruppen aufsteigend entsprechend ihrer mittleren Selbsteinschätzung des eigenen Risikoverhaltens von „risikoavers" bis „risikofreudig" dargestellt:

Die „risikoaverse" Gruppe hält sich im Mittel für risikoavers und entscheidet auch unabhängig vom Prospect bei Gewinn- und Verlustaussichten weitestgehend risikoavers. Im 4-Gruppen-Risikoverhaltensmodell verhalten sich 27,2 % und im 5-Gruppen-Risikoverhaltensmodell verhalten sich 21,8 % der Manager risikoavers.

Die als „irrational" (d. h. in dieser Studie nicht erwartungswertmaximierend) bezeichnete Gruppe hält sich im Mittel für risikoavers und entscheidet bei dem für die Studie gewählten

Fragebogendesign bei Gewinnaussichten überwiegend risikoavers sowie bei Verlustaussichten risikofreudig. Dieses Risikoverhalten wird von der Prospect-Theorie beschrieben. Im 4-Gruppen-Risikoverhaltensmodell verhalten sich 34,9 % und im 5-Gruppen-Risikoverhaltensmodell verhalten sich 28,6 % der Manager „irrational".

Die als „diffus" bezeichnete Gruppe hält sich im Mittel für risikoneutral und entscheidet unabhängig vom Prospekt bei Gewinn- und Verlustaussichten etwa gleich verteilt risikoavers oder risikofreudig, da im binären Fragebogen keine risikoneutralen Antworten möglich waren. Diese Gruppe wird nur im 5-Gruppen-Risikoverhaltensmodell identifiziert und umfasst in diesem Modell 23,0 % der Manager.

Die als „rational" (d. h. in dieser Studie erwartungswertmaximierend) bezeichnete Gruppe hält sich im Mittel für risikofreudig und entscheidet überwiegend bei dem für die Studie gewählten Fragebogendesign bei Gewinnaussichten risikofreudig sowie bei Verlustaussichten risikoavers. Dieses Risikoverhalten ist konträr zur Prospect-Theorie. Im 4-Gruppen-Risikoverhaltensmodell verhalten sich 18,3 % und im 5-Gruppen-Risikoverhaltensmodell verhalten sich 12,6 % der Manager rational.

Die „risikofreudige" Gruppe hält sich im Mittel für risikofreudig und entscheidet auch unabhängig vom Prospect bei Gewinn- und Verlustaussichten weitestgehend „risikofreudig". Im 4-Gruppen-Risikoverhaltensmodell verhalten sich 19,7 % und im 5-Gruppen-Risikoverhaltensmodell verhalten sich 14,0 % der Manager risikofreudig.

Diese Ergebnisse der Studie bedeuten somit einerseits, dass nur 18,3 % der befragten Manager ein zur Erwartungsnutzen-Theorie konformes Entscheidungsverhalten unter Risiko zeigen. Andererseits kann auch das von der Prospect-Theorie angenommene Entscheidungsverhalten unter Risiko mit der vorliegenden Studie nur für 34,9 % der Manager als zutreffend bestätigt werden.

Die empirischen Ergebnisse bestätigen zudem, dass Manager im Risikoverhalten im Mittel einen signifikanten Bias aufweisen, der beispielsweise im Sicherheits- und Reflexionseffekt beobachtet werden kann. Der Overconfidence-Bias zeigt sich beispielsweise analog zu COOPER / WOO / DUNKELBERG (1988, S. 104) darin, dass 59,9 % der Testteilnehmer die eigene Unternehmenssituation besser als die der Wettbewerber bewerten.

Wie bereits von MACCRIMMON / WEHRUNG (1986, S. 263 f.) festgestellt, entscheiden Manager auf Geschäftsleitungsebene bei Gewinnaussichten risikofreudiger, je besser sie die Unternehmenssituation einschätzen.

Analog zu LAUGHHUNN / PAYNE / CRUM (1980, S. 1248) ist eine Verhaltensänderung von überwiegender Risikofreude bei nichtkatastrophalen Verlusten (wie in Entscheidungssituation E22 des Fragebogens) hin zur überwiegenden Risikoaversion bei drohenden existenzgefährdenden Verlusten (wie in E24) nachweisbar. Die Risikoaversion der Testteilnehmer bei existenzgefährdenden Verlusten erfolgt konsistent zur Threat-Rigidity-Theorie (vgl. STAW / SANDELANDS / DUTTON 1981, S. 501 ff.).

In der Studie konnte nur etwa bei der Hälfte der befragten Manager eine Übereinstimmung der Einschätzung des eigenen Risikoverhaltens mit dem im Experiment gezeigten Risikoentscheidungsverhalten festgestellt werden.

Manager auf Geschäftsleitungsebene entscheiden bei Gewinnaussichten mit zunehmendem Alter und dementsprechend mit zunehmender Berufserfahrung risikovermeidender. Die Studienergebnisse sind somit konsistent mit den Studien von MACCRIMMON / WEHRUNG (1986, S. 259 f. bzw. 1990, S. 432), STEWART ET AL. (1999, S. 201) und JIANAKOPLOS / BEMASEK (2006, S. 996), die ebenfalls eine Zunahme der Risikoaversion mit zunehmendem Alter der Manager feststellen, sowie mit MACCRIMMON / WEHRUNG (1986, S. 259 f.), die eine höhere Risikoaversion mit zunehmender Berufserfahrung ermitteln. Das Ausbildungsniveau und die Ausbildungsrichtung weisen, wie bei LAUGHHUNN / PAYNE / CRUM (1980, S. 1246 f.), BUSENITZ / BARNEY (1997, S. 21) und WILLIAMS / NARENDRAN (1999, S. 120), keinen Einfluss auf das Risikoentscheidungsverhalten der Manager auf.

Hinsichtlich des Risikoverhaltens von Managerinnen und Managern unterstützen die Studienergebnisse die Forschungsergebnisse von MASTERS / MEIER (1988, S. 33 f.), JOHNSON / POWELL (1994, S. 134 f.) und SONFIELD ET AL. (2001, S. 169 ff.), die ebenfalls im Managementkontext keinen signifikanten Unterschied im Risikoverhalten von Frauen und Männern nachweisen können, obwohl JOHNSON / POWELL (1994, S. 131 f.) in der „Normalbevölkerung“ die durch zahlreiche sozialwissenschaftlichen Forschungen bestätigte höhere Risikoneigung der Männer gegenüber den Frauen bestätigt. Somit kann geschlussfolgert werden, dass entweder nach JOHNSON / POWELL (1994, S. 134) die Managementausbildung geschlechtsspezifische Unterschiede im Risikoverhalten eliminiert oder, dass ein gender-bestimmter (häufig in Anlehnung an das biologische Geschlecht als „männlich“ bezeichneter) Risikoverhaltenstypus im Management vorherrschen könnte.

Die Studie findet insgesamt konsistent mit BROCKHAUS (1980, S. 516), MASTERS / MEIER (1988, S. 33 f.), PALICH / BAGBY (1995, S. 432) und BUSENITZ / BARNEY (1997, S. 21) keinen signifikanten Einfluss des Besitzanteils am Unternehmen auf das Risikoentscheidungsverhalten. Werden analog zu BROCKHAUS (1980, S. 510) Führungskräfte, die bedeutende Anteile eines Unternehmens besitzen und nicht in einem anderen Unternehmen angestellt sind, als Entrepreneure bezeichnet und Führungskräfte, die keine (bedeutenden) Anteile am Unternehmen halten, also quasi „nur“ angestellt sind, als Manager bezeichnet, zeigt die Studie somit auch keine signifikanten Unterschiede im Risikoentscheidungsverhalten zwischen Entrepreneuren (Unternehmensinhabern) und (nur angestellten) Managern.

Ein signifikanter Unterschied im Risikoentscheidungsverhalten besteht zwischen den verschiedenen Hierarchiestufen des Managements. Analog zu den Studienergebnissen von LAUGHHUNN / PAYNE / CRUM (1980, S. 1246 f.) und MACCRIMMON / WEHRUNG (1986, S. 259 f.) entscheiden Manager auf mittlerer Ebene signifikant risikofreudiger als Manager auf Geschäftsleitungsebene (auch nach Elimination des Alterseffekts).

Ein Einfluss der Geschäftsführer- und Gesellschafteranzahl, des Teamentscheidungsverhaltens, der Unternehmensgröße und des Unternehmenswachstums sowie der Branche auf das Risikoentscheidungsverhalten der Manager kann in der Studie nicht festgestellt werden. Damit sind die Ergebnisse beim Teameinfluss konträr zu BAKER / LAURY / WILLIAMS (2008, S. 374) und MASCLET ET AL. (2009, S. 474) und bei der Unternehmensgröße konträr zu MACCRIMMON / WEHRUNG (1986, S. 260 f.; 1990, S. 430 f.), aber konsistent zu den Studienergebnissen von WILLIAMS / NARENDRAN (1999, S. 120) und GARRETT / COVIN / SLEVIN (2009, S. 785).

Bei Unternehmen mit Verlusten im Jahr vor der Befragung ist ein signifikant positiver Zusammenhang zwischen dem Risikoentscheidungsverhalten der Manager bei Verlustaussichten und dem Unternehmensalter feststellbar. Manager in älteren Unternehmen mit Verlusten (zumindest in der kurzfristigen Vergangenheit) sind somit risikofreudiger als Manager in jüngeren Unternehmen. Analog zu HENDERSON / BENNER (2000, S. C4 ff.; 2001, S. 22 ff.) zeigen sich besonders bei jungen Unternehmen hohe Verluste.

Die Studie weist nach, dass Controller statistisch signifikant rationaler als Manager entscheiden und somit zur Sicherung der Rationalität der Unternehmensführung beitragen können, wie von WEBER / SCHÄFFER (1999, S. 731 ff.) und SCHÄFFER / WEBER (2001, S. 1 ff.) postuliert wird.

Ebenso wie von ALDERFER / BIERMAN (1970, S. 344 ff.) und MASCLET ET AL. (2009, S. 477) festgestellt, weicht auch in dieser Studie das Risikoentscheidungsverhalten der Studenten signifikant von dem der Manager ab. Studenten entscheiden signifikant risikofreudiger als die Manager.

8.2 Implikationen für die Forschung zum Entscheidungsverhalten unter Risiko

8.2.1 Kontextfreies hypothetisches Risikoverhalten von Managern

Die durchgeführte empirische Studie zum hypothetischen Risikoverhalten von Managern wurde bewusst kontextfrei gehalten, um unter anderem zu ermitteln, ob das grundlegende Risikoentscheidungsverhalten von Managern rational ist. Die Ergebnisse der Studie zeigen, dass nur 18,3 % der Manager grundlegend rational entscheiden. Es gab jedoch durch das Design der Studie keinerlei Anreize oder einen Kontext, um nicht rational zu entscheiden. Somit kann geschlussfolgert werden, dass Manager entweder in der Studie Entscheidungen treffen, die relativ konsistent zu ihrem realen Risikoentscheidungsverhalten in der Managementpraxis sind, oder dass das Risikoentscheidungsverhalten weitestgehend eine grundlegende persönliche Eigenschaft ist, die nur geringfügig vom realen Managementkontext beeinflusst wird.

8.2.2 Aggregation von Entscheidungssituationen auf individueller Ebene

Die Aggregation von Antworten auf Entscheidungssituationen, beispielsweise mittels Faktorenanalyse, zeigt Zusammenhänge im Verhalten zwischen bestimmten Entscheidungssituationen besonders bezüglich des Prospects auf. Weiterhin kann eine Aggregation auf einige wenige Risikoverhaltensmaße (in diesem Fall auf die zwei Dimensionen des Risikoverhaltens bei Gewinn- und Verlustaussichten) erfolgen und so die Robustheit von Risikoverhaltensanalysen erhöht werden. Ferner ist so auch mit mehreren Entscheidungssituationen, die jeweils nur auf einer binären Lotterie basieren, eine Abschätzung der Entscheidungsunsicherheit und/oder Risikoneutralität möglich.

8.2.3 Vorschlag eines neuen zweidimensionalen Risikoverhaltensmodells

Der in dieser Arbeit entwickelte Ansatz der individuellen Analyse des Risikoverhaltens in Kombination der Prospects erlaubt die Integration von verschiedenen Entscheidungstheorien in ein neues zweidimensionales Risikoverhaltensmodell (vgl. Abb. 8-1).

In diesem Modell ist die Vereinigung der grundlegenden Risikoeinstellungen (risikoavers, risikoneutral und risikofreudig) mit der Erwartungsnutzen-Theorie, der Prospect-Theorie (Originalversion sowie Cumulative-Prospect-Theorie), den Regret-Theorien, den Disappointment-Theorien und der Threat-Rigidity-Theorie in einem zweidimensionalen Risikoverhaltensmodell möglich.

Risikoeinstellung bei negativen Prospects \ Risikoeinstellung bei positiven Prospects	risikoavers	risikoneutral	risikofreudig
risikofreudig	(Prospect-Theorie, Regret-Theorien, Disappointment-Theorien)		Risikofreude (unabhängig vom Prospect)
risikoneutral		Risikoneutralität (unabhängig vom Prospect)	
risikoavers	Risikoaversion (unabhängig vom Prospect)	(Threat-Rigidity-Theorie - Aussagen nur für negative Prospects!)	(Erwartungsnutzen-Theorie)

Abb. 8-1: Zweidimensionales Risikoverhaltensmodell zur Integration verschiedener Risikoverhaltenstheorien

8.3 Implikationen für die Managementpraxis

8.3.1 Gibt es ein optimales Risikoentscheidungsverhalten?

Rein theoretisch ist das rationale Verhalten das optimale Risikoentscheidungsverhalten. Die Studienergebnisse zeigen jedoch, dass in der Unternehmenspraxis neben der „rationalen" auch die „risikofreudige" und die „risikoaverse" Strategie je nach Performancemaß am erfolgreichsten sein können. Nur die „irrationale" Strategie führt im Vergleich zu den anderen Risikoverhaltensstrategien im Mittel zu suboptimalen Ergebnissen.

Bei Unternehmen mit Verlusten führt nach den Studienergebnissen eine „risikofreudige" Strategie vor allem im Vergleich zu einer „risikoaversen" Strategie zur Verlustreduktion bei einem gleichzeitig geringeren Unternehmensrisiko (d. h. Varianz der Performance).

Dennoch sind unabhängig von ihrem Risikoverhalten alle in der Umfrage erfassten Entrepreneure als erfolgreich zu bezeichnen, da ihre Unternehmen bisher, quasi als eine Minderheit aller gegründeten oder übernommenen Unternehmen, erfolgreich überlebt haben. Deshalb ist anzunehmen, dass alle Risikoverhaltenstypen in einem bestimmten Umfeld erfolgreiche Risikostrategien darstellen können. Die Erfassung der Risikoeinstellung und des verhaltens von (endgültig) gescheiterten Managern würde Rückschlüsse erlauben, ob ihr Scheitern eventuell auch auf ihre Risikoeinstellung und/oder ihr Risikoverhalten zurückzuführen ist und ob somit im Umkehrschluss diesbezüglich ein optimales Risikoverhalten existiert.

8.3.2 Empfehlungen für die Managementpraxis

Die Ergebnisse der Studie zeigen, dass nur 56,1 % der risikoavers und 51,0 % der risikofreudig entscheidenden Manager ihr Risikoentscheidungsverhalten weitestgehend korrekt einschätzen. Die „irrational" und die rational entscheidenden Manager halten sich überwiegend entweder für risikoneutral oder orientieren sich bei der Selbsteinschätzung ihres Risikoverhaltens eher an ihrem Risikoverhalten bei Gewinnaussichten. So schätzen sich 44,3 % der „irrational" entscheidenden Manager als risikoavers und 35,2 % der rational entscheidenden Manager als risikofreudig ein. Ob den 38,5 % der „irrational" und den 42,2 % der rational entscheidenden Manager, die angeben risikoneutral zu sein, bewusst ist, dass sie in Gewinn- und Verlustsituationen unterschiedlich entscheiden, ist fraglich. Da jedoch wie dargestellt das Risikoentscheidungsverhalten die Performance beeinflusst, muss ein Manager, um es optimieren zu können, dieses erst einmal richtig einschätzen können.

Zudem sollten Manager die psychischen Einflussfaktoren auf die Risikoeinstellung, -wahrnehmung, und -beurteilung sowie das Entscheidungsverhalten im Allgemeinen verstehen und ihren eigenen Bias in der Risikowahrnehmung und -beurteilung sowie im eigenen Risikoverhalten kennen (z. B. GLEIßNER 2003, S. 60 f.).

Weiterhin können identische (Risiko-)Informationen, je nach Risikoverhaltenstyp eines Managers, ein völlig unterschiedliches Risikoverhalten auslösen. Deshalb kann es sinnvoll sein, dass Controller Risikoinformationen entsprechend des Risikoverhaltenstyps des Empfängers aufbereiten. Die Erkenntnis der generellen Bedeutung von Risikoverhalten im Allgemeinen und von Verhaltensanomalien im Speziellen im Controlling zeigt sich in der zunehmenden Forschung im Behavioral Accounting sowie speziell im deutschsprachigen Raum im verhaltensorientierten Controlling, wenngleich z. B. HIRSCH (2007, S. 181 f.) zurecht kritisiert, dass Verhaltensanomalien in der Controllingliteratur bisher nur unzureichend berücksichtigt werden.

Nach HELLIAR ET AL. (2001, S. 90) sollte die multidimensionale Sichtweise des Risikos durch Manager berücksichtigt werden, womit Risiko scheinbar kaum in einer einzigen Kennzahl erfasst werden kann. Verschiedene Risikomaße sollten alle für ein Unternehmen relevanten Risiken erfassen. Eine einseitige Konzentration bei der Risikobeurteilung beispielsweise auf die Finanzrisiken könnte zu unangemessenen Entscheidungen des Managements führen.

GLEIßNER (2004, S. 205 ff.; 2008, S. 141 ff.) bietet mit seinem Ansatz, der auf der simulationsbasierten Aggregation von potentiellen Unternehmensplanungsabweichungen aufbaut, eine Möglichkeit verschiedene Risiken in einer Risikokennzahl auf Unternehmensebene zu erfassen. Diese Risikokennzahl ist der risikogerechte Eigenkapitalbedarf (RAC) bei einem vorgegebenen oder gewählten Rating bzw. Konfidenzniveau. Der Ansatz von GLEIßNER erfasst Risiko sowohl als positive (Chance) als auch als negative (Verlust) potentielle Planabweichung von einem Planungserwartungswert.

Ein formaler Risikomanagementprozess sollte Manager in Unternehmen unterstützen, Risiken richtig zu erkennen, zu bewerten, zu aggregieren und zu bewältigen oder sinnvolle für das Unternehmen tragbare Risiken einzugehen. Sinnvolle tragbare Risiken sollten somit nicht unnötig gemieden werden, aber unsinnige und nicht tragbare Risiken begrenzt, bzw. vermieden werden.

Wie kann jedoch bewertet werden, welche Risiken sinnvoll und für das Unternehmen tragbar sind?
Der bereits erwähnte Ansatz von GLEIßNER (2004, S. 205 ff.; 2008, S. 141 ff.) ermöglicht es, mit einer simulationsbasierten Aggregation von potentiellen Unternehmensplanungsabweichungen (d. h. Risiken) den Eigenkapitalbedarf bei einem vorgegebenen oder gewählten Rating bzw. Konfidenzniveau zu ermitteln. Somit kann auch simuliert werden, welchen Einfluss einzelne Risiken (z. B. durch neue F&E-Projekte) nicht nur einzeln, sondern aggregiert mit den anderen Risiken auf den Eigenkapitalbedarf des Unternehmens aufweisen. Weiterhin kann simuliert werden, wie stark z. B. Versicherungen das Gesamtunternehmensrisiko und damit auch den risikogerechten Eigenkapitalbedarf verringern können oder ob es sinnvoller ist, die

entsprechenden Risiken selbst zu tragen, da die Kosten der Versicherung(en) den zu erwartenden mittleren Gewinn verringern.

8.3.3 Risikotypangepasste Gestaltung von Anreizsystemen

Bisherige Anreizsysteme gehen meist davon aus, dass Manager grundlegend risikoavers entscheiden und dass das Eingehen von Risiken mit entsprechenden Anreizsystemen oder Aktienoptionen honoriert werden muss (z. B. JENSEN / MECKLING 1976, S. 353). Die Ergebnisse der empirischen Studie zeigen jedoch, dass dies nur für die 27,2 % der Manager angemessen erscheint, die unabhängig vom Prospect risikoavers entscheiden. Bei 18,3 % der Manager, die unabhängig vom Prospect risikofreudig entscheiden und somit keine zusätzlichen Anreize zum Eingehen von Risiken benötigen, sollte im Gegenteil geprüft werden, ob sie nicht zu unangemessen hohe Risiken eingehen. In diesem Fall erscheint eher ein Anreiz zur Risikobegrenzung angemessen. Diffiziler ist die richtige Anreizgestaltung bei den 34,9 % der Manager, die bei Gewinnaussichten risikoavers und bei Verlustaussichten risikofreudig entscheiden. Während bei diesen Managern bei Gewinnaussichten ein Anreiz zum Eingehen von Risiken angemessen erscheint, sollte bei Verlustaussichten eher ein Anreiz zur Risikobegrenzung bestehen, um den Escalation-of-Commitment-Effekt zu vermeiden.

Ziel der Anreizgestaltung unter Berücksichtigung der Risikoeinstellung sollte es jedoch sein, dass Manager weitestgehend rational entscheiden. In Abhängigkeit des Prospects, des Risikoportfolios und der Risikotragfähigkeit des Unternehmens, der Branchensituation etc. kann es in einem Kontext rational sein, ein bestimmtes Risiko einzugehen, genauso wie es in einem anderen Kontext rational sein kann, das gleiche Risiko zu vermeiden (z. B. eine mit hoher Sicherheit erfolgversprechende Investition, die ggf. aber die Risikotragfähigkeit des Unternehmens übersteigt). Dieses Rationalitätskriterium erfüllen die 18,3 % der Manager, die in der vorliegenden empirischen Studie, die das grundlegende Risikoentscheidungsverhalten möglichst frei von Kontextvariablen erfassen möchte, sinnvolle Risiken bei Gewinnaussichten eingehen und nicht sinnvolle Risiken bei Verlustaussichten vermeiden.

Wird Risiko als abschätzbare aber letztendlich nicht eindeutig vorhersehbare Planabweichung verstanden, sind einzelne negative Ergebnisabweichungen unabhängig vom Risikoverhalten unvermeidbar. Ein guter Manager kann deshalb sicher langfristig an seinen Erfolgen gemessen werden, kurzfristig bzw. vereinzelt sind bei einer realistischen Planung selbst bei optimalen Entscheidungen negative Ergebnisabweichungen ganz natürlich und unvermeidbar. Im Gegenteil, sollte es über einem längeren Zeitraum nie zu negativen Ergebnisabweichungen kommen, ist die Planung sehr wahrscheinlich zu konservativ ausgelegt und sollte entsprechend angepasst d. h. normalisiert werden.

Anreizsysteme sollten somit neben dem angemessenen Risikoverhalten und dem langfristigen Erfolg auch eine realistische Planung honorieren, die sich in der relativen Gleichverteilung von positiven und negativen Ergebnisabweichungen im Verhältnis zur Planung zeigt.

8.4 Grenzen der Arbeit

8.4.1 Grenzen aufgrund der theoretischen Basis

In der Literatur zum Entscheidungsverhalten besteht der Konsens, dass weder die normativen Entscheidungstheorien (z. B. Erwartungsnutzen-Theorien) noch die wegen deren Unzulänglichkeiten entwickelten deskriptiven Theorien (z. B. Prospect-Theorie, Threat-Rigidity-Theorie, Regret-Theorien, Disappointment-Theorien) bisher auch nur annähernd alle Aspekte des Entscheidungsverhaltens im Allgemeinen und des Risikoverhaltens im Speziellen erfassen können. Somit kann auch die vorliegende Arbeit nicht auf einer vollständigen theoretischen Basis aufbauen, sondern nur die vorhanden theoretischen Ansätze nutzen und so weit wie möglich verknüpfen.

8.4.2 Grenzen der empirischen Erhebung

Das generelle Problem von Experimenten bzw. Fragebögen ist die externe Validität. Die in der empirischen Studie ermittelten Risikoverhaltensgruppen sind durch das Design des binären Fragebogens geprägt. Deshalb ist vor allem die externe Validität des Risikoentscheidungsverhaltens der als „diffus", „rational" und „irrational" bezeichneten Risikoverhaltensgruppen sehr vorsichtig zu interpretieren, da risikofreudiges Verhalten bei Gewinnaussichten und risikoaverses Verhalten bei Verlustaussichten, bzw. umgekehrt, über das gewählte Fragebogendesign hinaus pauschal weder rationales noch irrationales Entscheidungsverhalten bedeuten. Somit ist nur eine Abschätzung des „realen" Risikoentscheidungsverhaltens zulässig, wobei es jedoch für die weitere Forschung interessant wäre, welche theoretischen Konstrukte eine besonders hohe Korrelation zur Managementpraxis aufweisen.

Obwohl MacCrimmon / Wehrung (1986, S. 197; 1990, S. 426) eine signifikante Korrelation zwischen beruflichem und privatem Risikoverhalten nachweisen, wurden die Manager in der Studie nicht explizit darauf hingewiesen, dass das berufliche Entscheidungsverhalten in der Studie relevant ist. Implizit konnte dies jedoch erwartet werden, da die Manager aus dem Anschreiben entnehmen konnten, dass sie nur wegen ihres beruflichen Hintergrunds um Teilnahme an der Studie gebeten wurden.

Der in dieser Arbeit verwendete binäre Fragebogen erlaubt nur die Wahl zwischen zwei Optionen A oder B. Eine Wahl dazwischen oder eine Enthaltung ist besonders beim Online-Fragbogen nicht möglich. Ein zukünftiger Fragebogen sollte auch risikoneutrale Optionen enthalten, um risikoneutrales Verhalten direkt erfassen zu können. Weiterhin sollte eine Enthaltung möglich sein, womit die Unentschlossenheit von Probanden bei bestimmten Entscheidungssituationen erfasst werden kann.

Die Umfrage weist ferner einen Survival-Bias auf, da nur aktive, also bisher ausreichend erfolgreiche Manager erfasst werden konnten. Eine Erfassung der Risikoeinstellung und des Risikoverhaltens von (endgültig) gescheiterten Managern würde Rückschlüsse erlauben, ob ihr Scheitern eventuell auch auf ihre Risikoeinstellung und/oder ihr Risikoverhalten zurückzuführen ist.

Der verwendete Fragebogen lässt weiterhin keine Rückschlüsse auf die Referenzpunkte von Managern in ihrem Risikoentscheidungsverhalten zu, d. h. ab welchen Werten, Wahrscheinlichkeiten und/oder Erwartungswerten unabhängig vom Prospect beispielsweise Risikofreude in Risikoaversion umschlägt.

Um die zeitliche Stabilität des Risikoverhaltens vor allem in Konjunktur- und Krisenzeiten feststellen zu können, sind weitere identische Umfragen notwendig.

8.5 Weiterer Forschungsbedarf

8.5.1 Weiterer Forschungsbedarf auf theoretischer Ebene

Deskriptive Entscheidungstheorien erheben den Anspruch, das „reale" Risikoverhalten von Individuen besser zu beschreiben als die normativen Entscheidungstheorien. Jedoch kann keine der zahlreichen deskriptiven Theorien (z. B. Prospect-Theorie, Threat-Rigidity-Theorie, Regret-Theorien, Disappointment-Theorien) bisher auch nur annähernd alle Aspekte des Risikoverhaltens erfassen. Somit ist weiterer Forschungsbedarf bei der deskriptiven Theoriebildung gegeben. Eine Integration der verschiedenen Theorien könnte hierbei zielführend sein.

Die Kausalketten zwischen Risikoeinstellung, Risikowahrnehmung und Risikoverhalten sowie den Kontextfaktoren werden auf modelltheoretischer Ebene nur unzureichend erfasst. Baird / Thomas (1990, S. 21 ff.) bemerken zu Recht, dass ein allgemein akzeptiertes Modell des strategischen Eingehens von Risiken fehlt, welches die Zusammenhänge zwischen Entscheidungsträgern, Organisationsprozessen sowie Markt- und Branchenprozessen erfasst, die die Bewertung und das strategische Eingehen von Risiken beeinflussen.

8.5.2 Weiterer Forschungsbedarf auf empirischer Ebene

Die Übertragbarkeit der Ergebnisse des relativ abstrakten Fragebogens auf das reale Entscheidungsverhalten in der Unternehmenspraxis sollte mittels Fallstudien oder paralleler Erhebung weiterer Risikomaße überprüft werden. Diese Risikomaße sollten nach MacCrimmon / Wehrung (1985, S. 5 ff.; 1986, S. 51 ff.; 1990, S. 422) auch das Risikoverhalten in realen Situationen (z. B. gehaltene riskante Anlagen, Schulden, abgeschlossene Versicherungen, Spielneigung, Anzahl freiwilliger Jobwechsel) sein. Die mit dem Fragebogen in dieser Arbeit bereits erfassten Risikoverhaltenkategorien: 1. Risikoverhalten in standardisierten hypothetischen Situationen, 2. Risikoeinstellung (als Selbsteinschätzung des Risikoverhaltens) und 3. Varianz bzw. Standardabweichung der Unternehmensperformance sollten mit weiteren Risikomaßen verifiziert werden.

Der Einfluss von Kontextfaktoren auf die Risikoeinstellung, die Risikobewertung und das Risikoverhalten ist ebenso unzureichend empirisch erforscht wie die Kausalkette zwischen den Variablen im Managementkontext. In diesem Zusammenhang sollten Einflüsse auf das Entscheidungsverhalten, wie der Umfang und die Risiken von einzelnen Entscheidungssituationen (Projekten, Aufträgen etc.), die reale Unternehmenssituation im Vergleich zu den Wettbewerbern, Konjunkturaussichten etc. erfasst werden.

Offene Fragen sind ferner, wie Manager finanzielle, operative, strategische und weitere Risiken in Relation zu ihrer Funktion im Unternehmen wahrnehmen, sie mental integrieren und sich ihnen gegenüber verhalten?

Anhang

Anhangsverzeichnis

A1 Fragebögen

A1.1 Anschreiben der Befragung per Brief 2007

[Adressfeld]

Dresden, 26.11.2007

Forschungsprojekt „Entscheidungsverhalten von Managern unter Unsicherheit und Risiko“

Sehr geehrte Frau [Name], bzw. Sehr geehrter Herr [Name],

Sie wissen sicher, dass Ihr **Erfolg** unter anderem von Ihrem **Risikoverhalten** abhängt? Welcher Risikotyp sind Sie? Wie verhalten Sie sich in unsicheren Gewinn- oder Verlustsituationen? Ist Ihr Entscheidungsverhalten in Risikosituationen eigentlich optimal?

Diese Fragen untersucht die **TU Dresden** in einem **praxisorientierten Forschungsprojekt**. Auf der Basis von Experimenten und Befragungen der Nobel-Preisträger Allais und Kahneman wird ermittelt, wie sich Manager in Gewinn- oder Verlustsituationen verhalten.

In unserer Studie werden **Manager aus Unternehmen** verschiedener Branchen, Größenklassen und Nationalitäten berücksichtigt. Wir bitten Sie um nur ca. **10 Minuten** Ihrer Zeit, die Sie zum Ausfüllen unseres beigefügten **Fragebogens** benötigen. Kopien des Fragebogens können Sie gern auch an Ihre Kollegen und Mitarbeiter weitergeben.

Für Ihre Teilnahme an der Studie senden wir Ihnen auf Wunsch gern eine **individuelle, abteilungs- bzw. unternehmensbezogene** (falls Sie auch Kollegen und Mitarbeiter zum Ausfüllen des Fragebogens gewinnen konnten) **sowie eine zusammenfassende Auswertung** zu; in diesem Fall bitten wir Sie, uns Ihre Kontaktdaten (z. B. Ihre Visitenkarte) mit dem ausgefüllten Fragebogen zu senden.

Der Lehrstuhl für Betriebliches Rechnungswesen/Controlling der TU Dresden arbeitet nach den Vorschriften des **Bundesdatenschutzgesetzes** und allen anderen datenschutzrechtlichen Bestimmungen (siehe beigelegtes Datenschutzblatt).

Wir wären Ihnen dankbar, wenn Sie den **Fragebogen** bis zum **10.12.2007** an uns zurücksenden oder online unter:
http://wwiln.wiwi.tu-dresden.de/phpESP/public/survey.php?name=Risikotest
ausfüllen könnten. Für **Rückfragen** stehen wir Ihnen jederzeit gern zur Verfügung.

Im Voraus bedanken wir uns herzlich bei Ihnen und würden uns über Ihre Mitwirkung sehr freuen.

Mit besten Grüßen

A1.2 Anschreiben zur Befragung per E-Mail 2008

Forschungsprojekt:
„Entscheidungsverhalten von Unternehmern und Managern unter Unsicherheit und Risiko“

Sehr geehrte Frau [Name] bzw. Sehr geehrter Herr [Name],

Sie wissen sicher, dass Ihr **Erfolg** unter anderem von Ihrem **Risikoverhalten** abhängt? Welcher Risikotyp sind Sie? Wie verhalten Sie sich in unsicheren Gewinn- oder Verlustsituationen? Ist Ihr Entscheidungsverhalten in Risikosituationen eigentlich optimal?

Diese Fragen untersucht die **TU Dresden** in einem **praxisorientierten Forschungsprojekt**. Auf der Basis von Experimenten und Befragungen der Nobel-Preisträger Allais und Kahneman wird ermittelt, wie sich Unternehmer und Manager in Gewinn- oder Verlustsituationen verhalten.

In unserer Studie werden Unternehmen verschiedener Branchen und Größenklassen berücksichtigt.
Wir bitten Sie um **nur ca. 10 Minuten** Ihrer Zeit, die Sie **zum Ausfüllen unseres Fragebogens** benötigen.

Für Ihre Teilnahme an der **anonymen Studie** senden wir Ihnen auf Wunsch gern eine kostenfreie **Auswertung** zu. In diesem Fall bitten wir Sie, uns Ihre **Kontaktdaten** mitzuteilen.

Der Lehrstuhl für Betriebliches Rechnungswesen/Controlling der TU Dresden arbeitet nach den Vorschriften des **Bundesdatenschutzgesetz**es und allen anderen datenschutzrechtlichen Bestimmungen. Ihre Daten werden somit absolut vertraulich behandelt.

Wir wären Ihnen sehr dankbar, wenn Sie den Fragebogen entweder direkt online unter: http://wwiln.wiwi.tu-dresden.de/phpESP/public/survey.php?name=Risikotest ausfüllen könnten; oder unter http://web-redaktion.tu-dresden.de/.../risikofragebogen.pdf herunterladen, ausdrucken und ausgefüllt per E-Mail, Fax oder Briefpost zurücksenden würden.

Wundern Sie sich bitte nicht, dass die Entscheidungssituationen im Fragebogen kaum mit den Entscheidungssituationen in Ihrem Unternehmen vergleichbar sind. Nur mit diesem abstrakten Fragebogen können wir das Entscheidungsverhalten relativ unabhängig von anderen, in der Praxis meist viel wichtigeren Einflüssen erfassen.

Gern stehen wir Ihnen jederzeit für **Rückfragen** zur Verfügung.
Im Voraus bedanken wir uns herzlich bei Ihnen und würden uns über Ihre Mitwirkung sehr freuen.

Mit freundlichen Grüßen

A1.3 Fragebogen Typ 1

Fragebogen 1 zum Entscheidungsverhalten unter Unsicherheit und Risiko	_____ Datum	_____ Unternehmen	_____ Abteilung	_____ Position
	_____ Nationalität	_____ Geschlecht	_____ Alter	_____ Berufserfahrung

Entscheiden Sie sich jeweils zwischen A und B. **Alle Entscheidungssituationen 1., 2., 3. usw. sind unabhängig voneinander! Es gibt keine richtigen und keine falschen Entscheidungen!**

1. Treffen Sie eine Entscheidung zwischen A: einem sicheren (100 %) Gewinn von +3.000 und B: einer Chance auf einen Gewinn von +4.000 mit 80 % Wahrscheinlichkeit bei einem Risiko von 20 % nichts (d. h. 0) zu gewinnen

❑ **A:**	+3.000 zu	100 %	❑ **B:**	+4.000	zu	80 %
				0	zu	20 %

2. Treffen Sie eine Entscheidung zwischen A: einem sicheren (100 %) Verlust von 3000 (d. h. –3.000) und B: einem Risiko von einem Verlust von 4.000 (d. h. –4.000) mit 80 % Wahrscheinlichkeit aber auch mit der Chance von 20 % nichts (d. h. 0) zu verlieren

❑ **A:**	–3.000 zu	100 %	❑ **B:**	–4.000	zu	80 %
				0	zu	20 %

3.

❑ **A:**	+3.000 zu	25 %	❑ **B:**	+4.000	zu	20 %
	0 zu	75 %		0	zu	80 %

4.

❑ **A:**	–3.000 zu	25 %	❑ **B:**	–4.000	zu	20 %
	0 zu	75 %		0	zu	80 %

5. Bei einem Projekt kann in der ersten Projektphase kein Gewinn (d. h. nur 0) erzielt werden. Deshalb besteht zu 75 % die Wahrscheinlichkeit, dass das Projekt nach der ersten Projektphase beendet wird. Die Wahrscheinlichkeit, dass die zweite Projektphase realisiert wird, beträgt somit nur 25 %. In der zweiten Projektphase bestehen die Alternativen A und B. Die Entscheidung zwischen A und B ist jedoch schon vor Beginn des ganzen Projektes zu treffen, wenn noch ungewiss ist, ob die zweite Projektphase überhaupt stattfindet.

❑ **A:**	+3.000 zu	100 %	❑ **B:**	+4.000	zu	80 %
				0	zu	20 %

6. Bei einem Projekt erhalten Sie einen sicheren Gewinn von +1000. Zusätzlich müssen Sie sich noch zwischen A und B entscheiden.

❑ **A:**	+500 zu	100 %	❑ **B:**	+1.000	zu	50 %
				0	zu	50 %

7. Bei einem Projekt erhalten Sie einen sicheren Gewinn von +2000. Zusätzlich müssen Sie sich noch zwischen A und B entscheiden.

❑ **A:**	–500 zu	100 %	❑ **B:**	–1.000	zu	50 %
				0	zu	50 %

8.

❑ **A:**	+2.400 zu	100 %	❑ **B:**	+2.500	zu	33 %
				+2.400	zu	66 %
				0	zu	1 %

9.

❑ **A:**	+2.400 zu	34 %	❑ **B:**	+2.500	zu	33 %
	0 zu	66 %		0	zu	67 %

10.

❑ **A:**	+3.000 zu	90 %	❑ **B:**	+6.000	zu	45 %
	0 zu	10 %		0	zu	55 %

11.

❑ **A:**	–3.000 zu	90 %	❑ **B:**	–6.000	zu	45 %
	0 zu	10 %		0	zu	55 %

12.	❑ **A:**	+3.000	zu	0,2 %	❑ **B:**	+6.000	zu	0,1 %
		0	zu	99,8 %		0	zu	99,9 %
13.	❑ **A:**	–3.000	zu	0,2 %	❑ **B:**	–6.000	zu	0,1 %
		0	zu	99,8 %		0	zu	99,9 %
14.	❑ **A:**	+4.000	zu	25 %	❑ **B:**	+6.000	zu	25 %
		+2.000	zu	25 %		0	zu	75 %
		0	zu	50 %				
15.	❑ **A:**	–4.000	zu	25 %	❑ **B:**	–6.000	zu	25 %
		–2.000	zu	25 %		0	zu	75 %
		0	zu	50 %				
16.	❑ **A:**	+5	zu	100 %	❑ **B:**	+5.000	zu	0,1 %
						0	zu	99,9 %
17.	❑ **A:**	–5	zu	100 %	❑ **B:**	–5.000	zu	0,1 %
						0	zu	99,9 %
18.	❑ **A:**	0	zu	100 %	❑ **B:**	+100	zu	65 %
						–100	zu	35 %
19.	❑ **A:**	–100	zu	100 %	❑ **B:**	–200	zu	80 %
						0	zu	20 %
20.	❑ **A:**	+4.000	zu	80 %	❑ **B:**	+3.000	zu	100 %
		0	zu	20 %				
		Rendite	Wahrscheinlichkeit			Rendite	Wahrscheinlichkeit	
21.	❑ **A:**	+10 %	zu	100 %	❑ **B:**	+15 %	zu	75 %
						0 %	zu	25 %
		Rendite	Wahrscheinlichkeit			Rendite	Wahrscheinlichkeit	
22.	❑ **A:**	–10 %	zu	100 %	❑ **B:**	–15 %	zu	75 %
						0 %	zu	25 %
		Rendite	Wahrscheinlichkeit			Rendite	Wahrscheinlichkeit	
23.	❑ **A:**	+10 %	zu	100 %	❑ **B:**	+45 %	zu	25 %
						0 %	zu	75 %
		Rendite	Wahrscheinlichkeit			Rendite	Wahrscheinlichkeit	
24.	❑ **A:**	–10 %	zu	100 %	❑ **B:**	–45 %	zu	25 %
						0 %	zu	75 %

Ich halte mich für:

sehr risikovermeidend	risikovermeidend	risikoneutral	risikofreudig	sehr risikofreudig
❑	❑	❑	❑	❑

Bei meinen Entscheidungen war ich:

völlig unsicher	überwiegend unsicher	ca. zu gleichen Teilen sicher und unsicher	überwiegend sicher	immer sicher
❑	❑	❑	❑	❑

Meine Entscheidungen erfolgten:

immer nach Gefühl	überwiegend nach Gefühl	ca. zu gleichen Teilen nach Gefühl und nach Erwartungswert	überwiegend nach dem höchsten Erwartungswert	immer nach dem höchsten Erwartungswert
❑	❑	❑	❑	❑

Wie schätzen Sie die Situation Ihres Unternehmens im Vergleich zu den Wettbewerbern ein:

sehr viel schlechter	schlechter	ähnlich	besser	sehr viel besser
❑	❑	❑	❑	❑

Vielen Dank für das Ausfüllen des Fragebogens!

A1.4 Fragebogen Typ 2

Fragebogen 2 zum Entscheidungsverhalten unter Unsicherheit und Risiko				
	Datum	Unternehmen	Abteilung	Position
	Nationalität	Geschlecht	Alter	Berufserfahrung

Entscheiden Sie sich jeweils zwischen A und B. **Alle Entscheidungssituationen 1., 2., 3. usw. sind unabhängig voneinander! Es gibt keine richtigen und keine falschen Entscheidungen!**

1. Treffen Sie eine Entscheidung zwischen A: einem sicheren (100 %) Gewinn von +3.000 und B: einer Chance auf einen Gewinn von +4.000 mit 80 % Wahrscheinlichkeit bei einem Risiko von 20 % nichts (d. h. 0) zu gewinnen

❑ **A:**	+4.000 zu	80 %		❑ **B:**	+3.000 zu	100 %
	0 zu	20 %				

2. Treffen Sie eine Entscheidung zwischen A: einem sicheren (100 %) Verlust von 3000 (d. h. –3.000) und B: einem Risiko von einem Verlust von 4.000 (d. h. –4.000) mit 80 % Wahrscheinlichkeit aber auch mit der Chance von 20 % nichts (d. h. 0) zu verlieren

❑ **A:**	–4.000 zu	80 %		❑ **B:**	–3.000 zu	100 %
	0 zu	20 %				

3.

❑ **A:**	+4.000 zu	20 %		❑ **B:**	+3.000 zu	25 %
	0 zu	80 %			0 zu	75 %

4.

❑ **A:**	–4.000 zu	20 %		❑ **B:**	–3.000 zu	25 %
	0 zu	80 %			0 zu	75 %

5. Bei einem Projekt kann in der ersten Projektphase kein Gewinn (d. h. nur 0) erzielt werden. Deshalb besteht zu 75 % die Wahrscheinlichkeit, dass das Projekt nach der ersten Projektphase beendet wird. Die Wahrscheinlichkeit, dass die zweite Projektphase realisiert wird, beträgt somit nur 25 %. In der zweiten Projektphase bestehen die Alternativen A und B. Die Entscheidung zwischen A und B ist jedoch schon vor Beginn des ganzen Projektes zu treffen, wenn noch ungewiss ist, ob die zweite Projektphase überhaupt stattfindet.

❑ **A:**	+4.000 zu	80 %		❑ **B:**	+3.000 zu	100 %
	0 zu	20 %				

6. Bei einem Projekt erhalten Sie einen sicheren Gewinn von +1000. Zusätzlich müssen Sie sich noch zwischen A und B entscheiden.

❑ **A:**	+1.000 zu	50 %		❑ **B:**	+500 zu	100 %
	0 zu	50 %				

7. Bei einem Projekt erhalten Sie einen sicheren Gewinn von +2000. Zusätzlich müssen Sie sich noch zwischen A und B entscheiden.

❑ **A:**	–1.000 zu	50 %		❑ **B:**	–500 zu	100 %
	0 zu	50 %				

8.

❑ **A:**	+2.500 zu	33 %		❑ **B:**	+2.400 zu	100 %
	+2.400 zu	66 %				
	0 zu	1 %				

9.

❑ **A:**	+2.500 zu	33 %		❑ **B:**	+2.400 zu	34 %
	0 zu	67 %			0 zu	66 %

10.

❑ **A:**	+6.000 zu	45 %		❑ **B:**	+3.000 zu	90 %
	0 zu	55 %			0 zu	10 %

11.

❑ **A:**	–6.000 zu	45 %		❑ **B:**	–3.000 zu	90 %
	0 zu	55 %			0 zu	10 %

12.	❑ **A:**	+6.000	zu	0,1 %	❑ **B:**	+3.000	zu	0,2 %
		0	zu	99,9 %		0	zu	99,8 %
13.	❑ **A:**	–6.000	zu	0,1 %	❑ **B:**	–3.000	zu	0,2 %
		0	zu	99,9 %		0	zu	99,8 %
14.	❑ **A:**	+6.000	zu	25 %	❑ **B:**	+4.000	zu	25 %
		0	zu	75 %		+2.000	zu	25 %
						0	zu	50 %
15.	❑ **A:**	–6.000	zu	25 %	❑ **B:**	–4.000	zu	25 %
		0	zu	75 %		–2.000	zu	25 %
						0	zu	50 %
16.	❑ **A:**	+5.000	zu	0,1 %	❑ **B:**	+5	zu	100 %
		0	zu	99,9 %				
17.	❑ **A:**	–5.000	zu	0,1 %	❑ **B:**	–5	zu	100 %
		0	zu	99,9 %				
18.	❑ **A:**	+100	zu	65 %	❑ **B:**	0	zu	100 %
		–100	zu	35 %				
19.	❑ **A:**	–200	zu	80 %	❑ **B:**	–100	zu	100 %
		0	zu	20 %				
20.	❑ **A:**	+3.000	zu	100 %	❑ **B:**	+4.000	zu	80 %
						0	zu	20 %
		Rendite	Wahrscheinlichkeit			Rendite	Wahrscheinlichkeit	
21.	❑ **A:**	+15 %	zu	75 %	❑ **B:**	+10 %	zu	100 %
		0 %	zu	25 %				
		Rendite	Wahrscheinlichkeit			Rendite	Wahrscheinlichkeit	
22.	❑ **A:**	–15 %	zu	75 %	❑ **B:**	–10 %	zu	100 %
		0 %	zu	25 %				
		Rendite	Wahrscheinlichkeit			Rendite	Wahrscheinlichkeit	
23.	❑ **A:**	+45 %	zu	25 %	❑ **B:**	+10 %	zu	100 %
		0 %	zu	75 %				
		Rendite	Wahrscheinlichkeit			Rendite	Wahrscheinlichkeit	
24.	❑ **A:**	–45 %	zu	25 %	❑ **B:**	–10 %	zu	100 %
		0 %	zu	75 %				

Ich halte mich für:

sehr risikovermeidend	risikovermeidend	risikoneutral	risikofreudig	sehr risikofreudig
❑	❑	❑	❑	❑

Bei meinen Entscheidungen war ich:

völlig unsicher	überwiegend unsicher	ca. zu gleichen Teilen sicher und unsicher	überwiegend sicher	immer sicher
❑	❑	❑	❑	❑

Meine Entscheidungen erfolgten:

immer nach Gefühl	überwiegend nach Gefühl	ca. zu gleichen Teilen nach Gefühl und nach Erwartungswert	überwiegend nach dem höchsten Erwartungswert	immer nach dem höchsten Erwartungswert
❑	❑	❑	❑	❑

Wie schätzen Sie die Situation Ihres Unternehmens im Vergleich zu den Wettbewerbern ein:

sehr viel schlechter	schlechter	ähnlich	besser	sehr viel besser
❑	❑	❑	❑	❑

Vielen Dank für das Ausfüllen des Fragebogens!

A1.5 Fragebogen Typ 3

Fragebogen 3 zum Entscheidungsverhalten unter Unsicherheit und Risiko	Datum	Unternehmen	Abteilung	Position
	Nationalität	Geschlecht	Alter	Berufserfahrung

Entscheiden Sie sich jeweils zwischen A und B. **Alle Entscheidungssituationen 1., 2., 3. usw. sind unabhängig voneinander! Es gibt keine richtigen und keine falschen Entscheidungen!**

1. Treffen Sie eine Entscheidung zwischen A: einem sicheren (100 %) Gewinn von +3.000 und B: einer Chance auf einen Gewinn von +4.000 mit 80 % Wahrscheinlichkeit bei einem Risiko von 20 % nichts (d. h. 0) zu gewinnen

❑ **A:** +3.000 zu 100 % ❑ **B:** +4.000 zu 80 %

2. Treffen Sie eine Entscheidung zwischen A: einem sicheren (100 %) Verlust von 3000 (d. h. –3.000) und B: einem Risiko von einem Verlust von 4.000 (d. h. –4.000) mit 80 % Wahrscheinlichkeit aber auch mit der Chance von 20 % nichts (d. h. 0) zu verlieren

❑ **A:** –3.000 zu 100 % ❑ **B:** –4.000 zu 80 %

3. ❑ **A:** +3.000 zu 25 % ❑ **B:** +4.000 zu 20 %

4. ❑ **A:** –3.000 zu 25 % ❑ **B:** –4.000 zu 20 %

5. Bei einem Projekt kann in der ersten Projektphase kein Gewinn (d. h. nur 0) erzielt werden. Deshalb besteht zu 75 % die Wahrscheinlichkeit, dass das Projekt nach der ersten Projektphase beendet wird. Die Wahrscheinlichkeit, dass die zweite Projektphase realisiert wird, beträgt somit nur 25 %. In der zweiten Projektphase bestehen die Alternativen A und B. Die Entscheidung zwischen A und B ist jedoch schon vor Beginn des ganzen Projektes zu treffen, wenn noch ungewiss ist, ob die zweite Projektphase überhaupt stattfindet.

❑ **A:** +3.000 zu 100 % ❑ **B:** +4.000 zu 80 %

6. Bei einem Projekt erhalten Sie einen sicheren Gewinn von +1000. Zusätzlich müssen Sie sich noch zwischen A und B entscheiden.

❑ **A:** +500 zu 100 % ❑ **B:** +1.000 zu 50 %

7. Bei einem Projekt erhalten Sie einen sicheren Gewinn von +2000. Zusätzlich müssen Sie sich noch zwischen A und B entscheiden.

❑ **A:** –500 zu 100 % ❑ **B:** –1.000 zu 50 %

8. ❑ **A:** +2.400 zu 100 % ❑ **B:** +2.500 zu 33 %
+2.400 zu 66 %

9. ❑ **A:** +2.400 zu 34 % ❑ **B:** +2.500 zu 33 %

10. ❑ **A:** +3.000 zu 90 % ❑ **B:** +6.000 zu 45 %

11. ❑ **A:** –3.000 zu 90 % ❑ **B:** –6.000 zu 45 %

12.	❑ **A:**	+3.000	zu	0,2 %	❑ **B:**	+6.000	zu	0,1 %
13.	❑ **A:**	–3.000	zu	0,2 %	❑ **B:**	–6.000	zu	0,1 %
14.	❑ **A:**	+4.000 +2.000	zu zu	25 % 25 %	❑ **B:**	+6.000	zu	25 %
15.	❑ **A:**	–4.000 –2.000	zu zu	25 % 25 %	❑ **B:**	–6.000	zu	25 %
16.	❑ **A:**	+5	zu	100 %	❑ **B:**	+5.000	zu	0,1 %
17.	❑ **A:**	–5	zu	100 %	❑ **B:**	–5.000	zu	0,1 %
18.	❑ **A:**	0	zu	100 %	❑ **B:**	+100 –100	zu zu	65 % 35 %
19.	❑ **A:**	–100	zu	100 %	❑ **B:**	–200	zu	80 %
20.	❑ **A:**	+4.000	zu	80 %	❑ **B:**	+3.000	zu	100 %
		Rendite	Wahrscheinlichkeit			Rendite	Wahrscheinlichkeit	
21.	❑ **A:**	+10 %	zu	100 %	❑ **B:**	+15 %	zu	75 %
		Rendite	Wahrscheinlichkeit			Rendite	Wahrscheinlichkeit	
22.	❑ **A:**	–10 %	zu	100 %	❑ **B:**	–15 %	zu	75 %
		Rendite	Wahrscheinlichkeit			Rendite	Wahrscheinlichkeit	
23.	❑ **A:**	+10 %	zu	100 %	❑ **B:**	+45 %	zu	25 %
		Rendite	Wahrscheinlichkeit			Rendite	Wahrscheinlichkeit	
24.	❑ **A:**	–10 %	zu	100 %	❑ **B:**	–45 %	zu	25 %

Ich halte mich für:

sehr risikovermeidend	risikovermeidend	risikoneutral	risikofreudig	sehr risikofreudig
❑	❑	❑	❑	❑

Bei meinen Entscheidungen war ich:

völlig unsicher	überwiegend unsicher	ca. zu gleichen Teilen sicher und unsicher	überwiegend sicher	immer sicher
❑	❑	❑	❑	❑

Meine Entscheidungen erfolgten:

immer nach Gefühl	überwiegend nach Gefühl	ca. zu gleichen Teilen nach Gefühl und nach Erwartungswert	überwiegend nach dem höchsten Erwartungswert	immer nach dem höchsten Erwartungswert
❑	❑	❑	❑	❑

Wie schätzen Sie die Situation Ihres Unternehmens im Vergleich zu den Wettbewerbern ein:

sehr viel schlechter	schlechter	ähnlich	besser	sehr viel besser
❑	❑	❑	❑	❑

Vielen Dank für das Ausfüllen des Fragebogens!

A1.6 Fragebogen Typ 4

Fragebogen 4 zum Entscheidungsverhalten unter Unsicherheit und Risiko	Datum	Unternehmen	Abteilung	Position
	Nationalität	Geschlecht	Alter	Berufserfahrung

Entscheiden Sie sich jeweils zwischen A und B. **Alle Entscheidungssituationen 1., 2., 3. usw. sind unabhängig voneinander! Es gibt keine richtigen und keine falschen Entscheidungen!**

1. Treffen Sie eine Entscheidung zwischen A: einem sicheren (100 %) Gewinn von +3.000 und B: einer Chance auf einen Gewinn von +4.000 mit 80 % Wahrscheinlichkeit bei einem Risiko von 20 % nichts (d. h. 0) zu gewinnen

❑ **A:** +4.000 zu 80 % ❑ **B:** +3.000 zu 100 %

2. Treffen Sie eine Entscheidung zwischen A: einem sicheren (100 %) Verlust von 3000 (d. h. –3.000) und B: einem Risiko von einem Verlust von 4.000 (d. h. –4.000) mit 80 % Wahrscheinlichkeit aber auch mit der Chance von 20 % nichts (d. h. 0) zu verlieren

❑ **A:** –4.000 zu 80 % ❑ **B:** –3.000 zu 100 %

3. ❑ **A:** +4.000 zu 20 % ❑ **B:** +3.000 zu 25 %

4. ❑ **A:** –4.000 zu 20 % ❑ **B:** –3.000 zu 25 %

5. Bei einem Projekt kann in der ersten Projektphase kein Gewinn (d. h. nur 0) erzielt werden. Deshalb besteht zu 75 % die Wahrscheinlichkeit, dass das Projekt nach der ersten Projektphase beendet wird. Die Wahrscheinlichkeit, dass die zweite Projektphase realisiert wird, beträgt somit nur 25 %. In der zweiten Projektphase bestehen die Alternativen A und B. Die Entscheidung zwischen A und B ist jedoch schon vor Beginn des ganzen Projektes zu treffen, wenn noch ungewiss ist, ob die zweite Projektphase überhaupt stattfindet.

❑ **A:** +4.000 zu 80 % ❑ **B:** +3.000 zu 100 %

6. Bei einem Projekt erhalten Sie einen sicheren Gewinn von +1000. Zusätzlich müssen Sie sich noch zwischen A und B entscheiden.

❑ **A:** +1.000 zu 50 % ❑ **B:** +500 zu 100 %

7. Bei einem Projekt erhalten Sie einen sicheren Gewinn von +2000. Zusätzlich müssen Sie sich noch zwischen A und B entscheiden.

❑ **A:** –1.000 zu 50 % ❑ **B:** –500 zu 100 %

8. ❑ **A:** +2.500 zu 33 %, +2.400 zu 66 % ❑ **B:** +2.400 zu 100 %

9. ❑ **A:** +2.500 zu 33 % ❑ **B:** +2.400 zu 34 %

10. ❑ **A:** +6.000 zu 45 % ❑ **B:** +3.000 zu 90 %

11. ❑ **A:** –6.000 zu 45 % ❑ **B:** –3.000 zu 90 %

12.	❑ **A:**	+6.000	zu	0,1 %	❑ **B:**	+3.000	zu	0,2 %
13.	❑ **A:**	–6.000	zu	0,1 %	❑ **B:**	–3.000	zu	0,2 %
14.	❑ **A:**	+6.000	zu	25 %	❑ **B:**	+4.000 +2.000	zu zu	25 % 25 %
15.	❑ **A:**	–6.000	zu	25 %	❑ **B:**	–4.000 –2.000	zu zu	25 % 25 %
16.	❑ **A:**	+5.000	zu	0,1 %	❑ **B:**	+5	zu	100 %
17.	❑ **A:**	–5.000	zu	0,1 %	❑ **B:**	–5	zu	100 %
18.	❑ **A:**	+100 –100	zu zu	65 % 35 %	❑ **B:**	0	zu	100 %
19.	❑ **A:**	–200	zu	80 %	❑ **B:**	–100	zu	100 %
20.	❑ **A:**	+3.000	zu	100 %	❑ **B:**	+4.000	zu	80 %
		Rendite	Wahrscheinlichkeit			Rendite	Wahrscheinlichkeit	
21.	❑ **A:**	+15 %	zu	75 %	❑ **B:**	+10 %	zu	100 %
		Rendite	Wahrscheinlichkeit			Rendite	Wahrscheinlichkeit	
22.	❑ **A:**	–15 %	zu	75 %	❑ **B:**	–10 %	zu	100 %
		Rendite	Wahrscheinlichkeit			Rendite	Wahrscheinlichkeit	
23.	❑ **A:**	+45 %	zu	25 %	❑ **B:**	+10 %	zu	100 %
		Rendite	Wahrscheinlichkeit			Rendite	Wahrscheinlichkeit	
24.	❑ **A:**	–45 %	zu	25 %	❑ **B:**	–10 %	zu	100 %

Ich halte mich für:

sehr risikovermeidend	risikovermeidend	risikoneutral	risikofreudig	sehr risikofreudig
❑	❑	❑	❑	❑

Bei meinen Entscheidungen war ich:

völlig unsicher	überwiegend unsicher	ca. zu gleichen Teilen sicher und unsicher	überwiegend sicher	immer sicher
❑	❑	❑	❑	❑

Meine Entscheidungen erfolgten:

immer nach Gefühl	überwiegend nach Gefühl	ca. zu gleichen Teilen nach Gefühl und nach Erwartungswert	überwiegend nach dem höchsten Erwartungswert	immer nach dem höchsten Erwartungswert
❑	❑	❑	❑	❑

Wie schätzen Sie die Situation Ihres Unternehmens im Vergleich zu den Wettbewerbern ein:

sehr viel schlechter	schlechter	ähnlich	besser	sehr viel besser
❑	❑	❑	❑	❑

Vielen Dank für das Ausfüllen des Fragebogens!

A2 Umatzverteilung der befragten Unternehmen

Unternehmenskategorie	Umsatzkategorien [in Mio. Euro]		GL	BL	AL	C	Unbek.	Σ	Unternehmen in D[162]
Kleinst- (Mikro-) unternehmen	bis 0,250	N	43	0	0	1	0	**44**	90.117
		A	3,9 %	0,0 %	0,0 %	0,8 %	0,0 %	**3,1 %**	6,5 %
	0,250 – 0,500	N	53	1	0	1	0	**55**	173.765
		A	4,9 %	0,7 %	0,0 %	0,8 %	0,0 %	**3,8 %**	12,6 %
	0,500 – 1	N	88	2	1	3	1	**95**	177.063
		A	8,06 %	1,45 %	3,85 %	2,44 %	1,67 %	**6,60 %**	12,8 %
Klein-unternehmen	1 – 2,5	N	138	2	0	9	0	**149**	174.802
		A	12,6 %	1,4 %	0,0 %	7,3 %	0,0 %	**10,4 %**	12,6 %
	2,5 – 5	N	95	1	1	3	1	**101**	84.148
		A	8,70 %	0,72 %	3,85 %	2,44 %	1,67 %	**7,02 %**	6,1 %
	5 – 10	N	77	1	0	11	1	**90**	51.742
		A	7,1 %	0,7 %	0,0 %	8,9 %	1,7 %	**6,3 %**	3,7 %
Mittlere Unternehmen	10 – 25	N	99	5	1	7	0	**112**	36.162
		A	9,1 %	3,6 %	3,8 %	5,7 %	0,0 %	**7,8 %**	2,6 %
	25 – 50	N	43	2	0	6	2	**53**	14.039
		A	3,9 %	1,4 %	0,0 %	4,9 %	3,3 %	**3,7 %**	1,0 %
Große Unternehmen	50 – 100	N	29	11	0	14	2	**56**	8.220
		A	2,7 %	8,0 %	0,0 %	11,4 %	3,3 %	**3,9 %**	0,59 %
	100 – 250	N	18	3	0	1	1	**23**	5.260
		A	1,6 %	2,2 %	0,0 %	0,8 %	1,7 %	**1,6 %**	0,38 %
	250 – 500	N	6	1	1	4	0	**12**	2.003
		A	0,5 %	0,7 %	3,8 %	3,3 %	0,0 %	**0,8 %**	0,14 %
	500 – 1.000	N	2	12	0	5	0	**19**	1.075
		A	0,2 %	8,7 %	0,0 %	4,1 %	0,0 %	**1,3 %**	0,08 %
	1.000 – 2.500	N	0	22	3	5	1	**31**	771
		A	0,0 %	15,9 %	11,5 %	4,1 %	1,7 %	**2,2 %**	0,06 %
	2.500 – 5.000	N	3	9	0	0	0	**12**	298
		A	0,3 %	6,5 %	0,0 %	0,0 %	0,0 %	**0,8 %**	0,02 %
	über 5.000	N	0	29	6	33	1	**69**	287
		A	0,0 %	21,0 %	23,1 %	26,8 %	1,7 %	**4,8 %**	0,02 %
	Unbekannt	N	398	37	13	20	50	**518**	564.094
		A	36,4 %	26,8 %	50,0 %	16,3 %	83,3 %	**36,0 %**	40,8 %
	Σ	**N**	**1092**	**138**	**26**	**123**	**60**	**1439**	**1.383.846**
		A	**100,0 %**	**100,0 %**	**100,0 %**	**100,0 %**	**100,0 %**	**100,0 %**	**100,0 %**

mit: GL – Geschäftsleitung; BL – Bereichsleiter; AL – Abteilungsleiter; C – Controller; Unbek. – – Position nicht angegeben; D – Deutschland; N – absolute Anzahl; A – Anteil der jeweiligen Position (hier der Spalte); *kursiv* – Hilfsklassifikationen

Tab. A1-1: Umsatzverteilung der befragten Unternehmen

A3 Mitarbeiterverteilung der befragten Unternehmen

Unternehmenskategorie	Mitarbeiteranzahl		GL	BL	AL	C	Unbek.	Σ	Deutschland
Kleinst- (Mikro-) unternehmen	0 – 4	N	98	2	0	4	0	**104**	
		A	9,0 %	1,4 %	0,0 %	3,3 %	0,0 %	**7,2 %**	
	5 – 9	N	110	0	1	1	0	**112**	3.250.928
		A	10,1 %	0,0 %	3,8 %	0,8 %	0,0 %	**7,8 %**	91,5 %
Kleine Unternehmen	11 – 24	N	150	4	1	8	1	**164**	
		A	13,7 %	2,9 %	3,8 %	6,5 %	1,7 %	**11,4 %**	
	25 – 49	N	124	4	0	11	1	**140**	237.636
		A	11,4 %	2,9 %	0,0 %	8,9 %	1,7 %	**9,7 %**	6,7 %
Mittlere Unternehmen	50 – 99	N	89	1	0	5	2	**97**	
		A	8,2 %	0,7 %	0,0 %	4,1 %	3,3 %	**6,7 %**	
	100 – 249	N	75	9	1	13	0	**98**	51.383
		A	6,9 %	6,5 %	3,8 %	10,6 %	0,0 %	**6,8 %**	1,4 %
Große Unternehmen	250 – 499	N	29	8	0	14	3	**54**	
		A	2,7 %	5,8 %	0,0 %	11,4 %	5,0 %	**3,8 %**	
	≥ 500	N	22	74	10	47	4	**157**	11.293
		A	2,0 %	53,6 %	38,5 %	38,2 %	6,7 %	**10,9 %**	0,3 %
	Unbekannt	N	395	36	13	20	49	**513**	
		A	36,2 %	26,1 %	50,0 %	16,3 %	81,7 %	**35,6 %**	
	Σ	**N**	**1092**	**138**	**26**	**123**	**60**	**1439**	**3.551.240**
		A	**100,0 %**	**100,0 %**	**100,0 %**	**100,0 %**	**100,0 %**	**100,0 %**	**100,0 %**

mit: GL – Geschäftsleitung; BL – Bereichsleiter; AL – Abteilungsleiter; C – Controller; Unbek. – – Position nicht angegeben; D – Deutschland; N – absolute Anzahl; A – Anteil der jeweiligen Position (hier der Spalte); *kursiv* – Hilfsklassifikationen

Tab. A1-2: Mitarbeiterverteilung der befragten Unternehmen

[162] Vgl. STATISTISCHES BUNDESAMT (2008b).

A4 Branchenverteilung nach Abteilungen

Branche WZ2008			GL	BL	AL	C	Unbek.	Summe
B08	Gewinnung von Steinen und Erden, sonstiger Bergbau	N	1	0	0	0	0	**1**
		A	0,1 %	0,0 %	0,0 %	0,0 %	0,0 %	**0,1 %**
B09	Erbringung von Dienstleistungen für den Bergbau und für die Gewinnung von Steinen und Erden	N	4	0	0	0	0	**4**
		A	0,4 %	0,0 %	0,0 %	0,0 %	0,0 %	**0,3 %**
C0	*Verarbeitendes Gewerbe – ohne nähere Angabe*	N	10	1	0	0	1	**12**
		A	0,9 %	0,7 %	0,0 %	0,0 %	1,7 %	**0,8 %**
C10	Herstellung von Nahrungs- und Futtermitteln	N	32	0	0	2	0	**34**
		A	2,9 %	0,0 %	0,0 %	1,6 %	0,0 %	**2,4 %**
C11	Getränkeherstellung	N	5	0	0	0	0	**5**
		A	0,5 %	0,0 %	0,0 %	0,0 %	0,0 %	**0,3 %**
C13	Herstellung von Textilien	N	8	0	0	0	0	**8**
		A	0,7 %	0,0 %	0,0 %	0,0 %	0,0 %	**0,6 %**
C14	Herstellung von Bekleidung	N	2	0	0	2	0	**4**
		A	0,2 %	0,0 %	0,0 %	1,6 %	0,0 %	**0,3 %**
C15	Herstellung von Leder, Lederwaren und Schuhen	N	1	0	0	0	0	**1**
		A	0,1 %	0,0 %	0,0 %	0,0 %	0,0 %	**0,1 %**
C16	Herstellung von Holz-, Flecht-, Korb- und Korkwaren (ohne Möbel)	N	16	0	0	1	0	**17**
		A	1,5 %	0,0 %	0,0 %	0,8 %	0,0 %	**1,2 %**
C17	Herstellung von Papier, Pappe und Waren daraus	N	6	4	0	1	0	**11**
		A	0,5 %	2,9 %	0,0 %	0,8 %	0,0 %	**0,8 %**
C18	Herstellung von Druckerzeugnissen; Vervielfältigung von bespielten Ton-, Bild- und Datenträgern	N	33	1	0	0	0	**34**
		A	3,0 %	0,7 %	0,0 %	0,0 %	0,0 %	**2,4 %**
C19	Kokerei und Mineralölverarbeitung	N	2	0	0	0	0	**2**
		A	0,2 %	0,0 %	0,0 %	0,0 %	0,0 %	**0,1 %**
C20	Herstellung von chemischen Erzeugnissen	N	20	20	1	0	0	**41**
		A	1,8 %	14,5 %	3,8 %	0,0 %	0,0 %	**2,8 %**
C21	Herstellung von pharmazeutischen Erzeugnissen	N	4	0	0	2	0	**6**
		A	0,4 %	0,0 %	0,0 %	1,6 %	0,0 %	**0,4 %**
C22	Herstellung von Gummi- und Kunststoffwaren	N	17	2	0	1	1	**21**
		A	1,6 %	1,4 %	0,0 %	0,8 %	1,7 %	**1,5 %**
C23	Herstellung von Glas und Glaswaren, Keramik, Verarbeitung von Steinen und Erden	N	27	1	0	2	0	**30**
		A	2,5 %	0,7 %	0,0 %	1,6 %	0,0 %	**2,1 %**
C24	Metallerzeugung und -bearbeitung	N	11	0	0	30	1	**42**
		A	1,0 %	0,0 %	0,0 %	24,4 %	1,7 %	**2,9 %**
C25	Herstellung von Metallerzeugnissen	N	52	1	0	4	2	**59**
		A	4,8 %	0,7 %	0,0 %	3,3 %	3,3 %	**4,1 %**
C26	Herstellung von Datenverarbeitungsgeräten, elektronischen und optischen Erzeugnissen	N	41	0	0	1	0	**42**
		A	3,8 %	0,0 %	0,0 %	0,8 %	0,0 %	**2,9 %**
C27	Herstellung von elektrischen Ausrüstungen	N	18	2	0	3	0	**23**
		A	1,6 %	1,4 %	0,0 %	2,4 %	0,0 %	**1,6 %**
C28	Maschinenbau	N	46	8	2	7	0	**63**
		A	4,2 %	5,8 %	7,7 %	5,7 %	0,0 %	**4,4 %**
C29	Herstellung von Kraftwagen und Kraftwagenteilen	N	7	29	7	3	0	**46**
		A	0,6 %	21,0 %	26,9 %	2,4 %	0,0 %	**3,2 %**
C30	Sonstiger Fahrzeugbau	N	2	0	0	1	0	**3**
		A	0,2 %	0,0 %	0,0 %	0,8 %	0,0 %	**0,2 %**
C31	Herstellung von Möbeln	N	13	0	0	2	0	**15**
		A	1,2 %	0,0 %	0,0 %	1,6 %	0,0 %	**1,0 %**
C32	Herstellung von sonstigen Waren	N	18	1	0	0	0	**19**
		A	1,6 %	0,7 %	0,0 %	0,0 %	0,0 %	**1,3 %**
C33	Reparatur und Installation von Maschinen und Ausrüstungen	N	42	6	0	10	1	**59**
		A	3,8 %	4,3 %	0,0 %	8,1 %	1,7 %	**4,1 %**
C9	*Verarbeitendes Gewerbe – Zuordnung aufgrund des Befragungszeitpunktes*	N	121	6	0	2	4	**133**
		A	11,1 %	4,3 %	0,0 %	1,6 %	6,7 %	**9,2 %**
D35	Energieversorgung	N	10	1	1	2	1	**15**
		A	0,9 %	0,7 %	3,8 %	1,6 %	1,7 %	**1,0 %**
E36	Wasserversorgung	N	2	0	0	1	0	**3**
		A	0,2 %	0,0 %	0,0 %	0,8 %	0,0 %	**0,2 %**
E38	Sammlung, Behandlung und Beseitigung von Abfällen; Rückgewinnung	N	7	0	0	0	0	**7**
		A	0,6 %	0,0 %	0,0 %	0,0 %	0,0 %	**0,5 %**
F4	*Bau – ohne nähere Angabe*	N	18	1	0	0	0	**19**
		A	1,6 %	0,7 %	0,0 %	0,0 %	0,0 %	**1,3 %**
F41	Hochbau	N	9	0	0	0	0	**9**
		A	0,8 %	0,0 %	0,0 %	0,0 %	0,0 %	**0,6 %**
F42	Tiefbau	N	14	1	0	0	0	**15**
		A	1,3 %	0,7 %	0,0 %	0,0 %	0,0 %	**1,0 %**
F43	Vorbereitende Baustellenarbeiten, Bauinstallation und sonstiges Ausbaugewerbe	N	46	1	0	3	0	**50**
		A	4,2 %	0,7 %	0,0 %	2,4 %	0,0 %	**3,5 %**

G4	*Handel – ohne nähere Angabe*	N	13	0	0	1	1	**15**
		A	1,2 %	0,0 %	0,0 %	0,8 %	1,7 %	**1,0 %**
G45	Handel mit Kraftfahrzeugen; Instandhaltung und Reparatur von Kraftfahrzeugen	N	10	0	0	0	0	**10**
		A	0,9 %	0,0 %	0,0 %	0,0 %	0,0 %	**0,7 %**
G46	Großhandel (ohne Handel mit Kraftfahrzeugen)	N	63	4	1	6	1	**75**
		A	5,8 %	2,9 %	3,8 %	4,9 %	1,7 %	**5,2 %**
G47	Einzelhandel (ohne Handel mit Kraftfahrzeugen)	N	28	0	0	2	0	**30**
		A	2,6 %	0,0 %	0,0 %	1,6 %	0,0 %	**2,1 %**
H49	Landverkehr und Transport in Rohrfernleitungen	N	19	0	0	3	0	**22**
		A	1,7 %	0,0 %	0,0 %	2,4 %	0,0 %	**1,5 %**
H50	Schifffahrt	N	1	0	0	0	0	**1**
		A	0,1 %	0,0 %	0,0 %	0,0 %	0,0 %	**0,1 %**
H52	Lagerei sowie Erbringung von sonstigen Dienstleistungen für den Verkehr	N	27	1	1	1	0	**30**
		A	2,5 %	0,7 %	3,8 %	0,8 %	0,0 %	**2,1 %**
H53	Post-, Kurier- und Expressdienste	N	4	0	0	0	0	**4**
		A	0,4 %	0,0 %	0,0 %	0,0 %	0,0 %	**0,3 %**
I56	Gastronomie	N	0	12	0	1	0	**13**
		A	0,0 %	8,7 %	0,0 %	0,8 %	0,0 %	**0,9 %**
J58	Verlagswesen	N	33	0	0	3	0	**36**
		A	3,0 %	0,0 %	0,0 %	2,4 %	0,0 %	**2,5 %**
J59	Herst., Verleih u. Vertrieb v. Filmen u. Fernsehprogrammen; Kinos; Tonstudios u. Verlegen v. Musik	N	5	0	0	0	0	**5**
		A	0,5 %	0,0 %	0,0 %	0,0 %	0,0 %	**0,3 %**
J61	Telekommunikation	N	5	1	0	1	1	**8**
		A	0,5 %	0,7 %	0,0 %	0,8 %	1,7 %	**0,6 %**
J62	Erbringung von Dienstleistungen der Informationstechnologie	N	10	2	0	2	0	**14**
		A	0,9 %	1,4 %	0,0 %	1,6 %	0,0 %	**1,0 %**
J63	Informationsdienstleistungen	N	1	0	0	0	0	**1**
		A	0,1 %	0,0 %	0,0 %	0,0 %	0,0 %	**0,1 %**
K64	Erbringung von Finanzdienstleistungen	N	6	3	0	6	2	**17**
		A	0,5 %	2,2 %	0,0 %	4,9 %	3,3 %	**1,2 %**
K65	Versicherungen, Rückversicherungen und Pensionskassen (ohne Sozialversicherung)	N	2	1	1	1	1	**6**
		A	0,2 %	0,7 %	3,8 %	0,8 %	1,7 %	**0,4 %**
K66	Mit Finanz- und Versicherungsdienstleistungen verbundene Tätigkeiten	N	61	2	0	1	2	**66**
		A	5,6 %	1,4 %	0,0 %	0,8 %	3,3 %	**4,6 %**
L68	Grundstücks- und Wohnungswesen	N	3	0	0	0	0	**3**
		A	0,3 %	0,0 %	0,0 %	0,0 %	0,0 %	**0,2 %**
M69	Rechts- und Steuerberatung, Wirtschaftsprüfung	N	1	0	2	2	1	**6**
		A	0,1 %	0,0 %	7,7 %	1,6 %	1,7 %	**0,4 %**
M70	Verwaltung und Führung von Unternehmen und Betrieben; Unternehmensberatung	N	7	1	1	0	0	**9**
		A	0,6 %	0,7 %	3,8 %	0,0 %	0,0 %	**0,6 %**
M71	Architektur- und Ingenieurbüros; technische, physikalische und chemische Untersuchung	N	6	0	0	1	0	**7**
		A	0,5 %	0,0 %	0,0 %	0,8 %	0,0 %	**0,5 %**
M72	Forschung und Entwicklung	N	2	0	0	2	0	**4**
		A	0,2 %	0,0 %	0,0 %	1,6 %	0,0 %	**0,3 %**
M73	Werbung und Marktforschung	N	1	0	0	0	0	**1**
		A	0,1 %	0,0 %	0,0 %	0,0 %	0,0 %	**0,1 %**
N0	*Dienstleister – ohne nähere Angabe*	N	4	2	0	0	0	**6**
		A	0,4 %	1,4 %	0,0 %	0,0 %	0,0 %	**0,4 %**
N77	Vermietung von beweglichen Sachen	N	1	0	0	0	0	**1**
		A	0,1 %	0,0 %	0,0 %	0,0 %	0,0 %	**0,1 %**
N79	Reisebüros, Reiseveranstalter und Erbringung sonstiger Reservierungsdienstleistungen	N	11	0	0	0	0	**11**
		A	1,0 %	0,0 %	0,0 %	0,0 %	0,0 %	**0,8 %**
N82	Erbringung von wirtschaftlichen Dienstleistungen für Unternehmen und Privatpersonen a. n. g.	N	3	0	0	0	0	**3**
		A	0,3 %	0,0 %	0,0 %	0,0 %	0,0 %	**0,2 %**
O84	Öffentliche Verwaltung, Verteidigung; Sozialversicherung	N	2	1	0	0	0	**3**
		A	0,2 %	0,7 %	0,0 %	0,0 %	0,0 %	**0,2 %**
P85	Erziehung und Unterricht	N	1	0	0	0	0	**1**
		A	0,1 %	0,0 %	0,0 %	0,0 %	0,0 %	**0,1 %**
–	*Unbekannt*	N	97	22	9	8	40	**176**
		A	8,9 %	15,9 %	34,6 %	6,5 %	66,7 %	**12,2 %**
	Summe	N	**1092**	**138**	**26**	**123**	**60**	**1439**
		A	**100,0 %**	**100,0 %**	**100,0 %**	**100,0 %**	**100,0 %**	**100,0 %**

mit: GL – Geschäftsleitung; BL – Bereichsleiter; AL – Abteilungsleiter; C – Controller; Unbek. – Position nicht angegeben; N – absolute Anzahl; A – Anteil der jeweiligen Position (hier der Spalte); *kursiv* – Hilfsklassifikationen

Tab. A1-3: Branchenverteilung der befragten Unternehmen

A5 Statistiken

A5-1 Tests der Zwischensubjekteffekte und auf Univariate des Vergleichs der mittleren Antworten auf die Entscheidungssituationen nach Besitzanteil und Position

Tests der Zwischensubjekteffekte nach Besitzanteil am Unternehmen und Position im Unternehmen

Quelle	Abhängige Variable	Quadratsumme vom Typ III	df	Mittel der Quadrate	F	Sig.	Partielles Eta-Quadrat
Korrigiertes Modell	E1	2,418[a]	7	,345	1,715	,101	,009
	E2	2,060[b]	7	,294	1,448	,182	,007
	E3	7,891[c]	7	1,127	5,259	,000	,027
	E4	1,386[d]	7	,198	,808	,580	,004
	E5	2,294[e]	7	,328	1,370	,214	,007
	E6	1,335[f]	7	,191	,763	,618	,004
	E7	1,478[g]	7	,211	,863	,535	,004
	E8	6,995[h]	7	,999	4,687	,000	,024
	E9	1,821[i]	7	,260	1,528	,154	,008
	E10	,984[j]	7	,141	,980	,444	,005
	E11	,519[k]	7	,074	,297	,955	,002
	E12	3,456[l]	7	,494	2,643	,010	,014
	E13	1,090[m]	7	,156	,669	,699	,003
	E14	17,188[n]	7	2,455	10,532	,000	,052
	E15	7,940[o]	7	1,134	5,579	,000	,028
	E16	5,715[p]	7	,816	3,332	,002	,017
	E17	1,385[q]	7	,198	,844	,551	,004
	E18	2,196[r]	7	,314	1,943	,060	,010
	E19	2,437[s]	7	,348	1,472	,173	,008
	E20	1,834[t]	7	,262	1,163	,321	,006
	E21	4,258[u]	7	,608	2,940	,005	,015
	E22	2,184[v]	7	,312	1,267	,263	,007
	E23	3,682[w]	7	,526	2,951	,005	,015
	E24	2,839[x]	7	,406	1,680	,110	,009
Konstanter Term	E1	92,183	1	92,183	457,635	,000	,253
	E2	592,646	1	592,646	2915,004	,000	,684
	E3	543,315	1	543,315	2534,359	,000	,653
	E4	214,524	1	214,524	876,054	,000	,394
	E5	188,489	1	188,489	787,959	,000	,369
	E6	246,043	1	246,043	984,576	,000	,422
	E7	377,707	1	377,707	1542,882	,000	,534
	E8	124,351	1	124,351	583,295	,000	,302
	E9	704,136	1	704,136	4134,661	,000	,754
	E10	32,449	1	32,449	226,295	,000	,144
	E11	332,342	1	332,342	1331,094	,000	,497
	E12	636,032	1	636,032	3405,091	,000	,716
	E13	155,096	1	155,096	666,358	,000	,331
	E14	333,576	1	333,576	1430,724	,000	,515
	E15	114,742	1	114,742	564,364	,000	,295
	E16	348,997	1	348,997	1424,458	,000	,514
	E17	160,809	1	160,809	685,872	,000	,337
	E18	726,449	1	726,449	4499,676	,000	,769
	E19	162,521	1	162,521	687,099	,000	,338
	E20	139,339	1	139,339	618,454	,000	,315
	E21	106,144	1	106,144	512,893	,000	,276
	E22	360,385	1	360,385	1463,352	,000	,521
	E23	66,166	1	66,166	371,213	,000	,216
	E24	201,378	1	201,378	834,321	,000	,382
Besitzanteil& Position	E1	2,418	7	,345	1,715	,101	,009
	E2	2,060	7	,294	1,448	,182	,007
	E3	7,891	7	1,127	5,259	,000	,027
	E4	1,386	7	,198	,808	,580	,004
	E5	2,294	7	,328	1,370	,214	,007
	E6	1,335	7	,191	,763	,618	,004
	E7	1,478	7	,211	,863	,535	,004
	E8	6,995	7	,999	4,687	,000	,024
	E9	1,821	7	,260	1,528	,154	,008
	E10	,984	7	,141	,980	,444	,005
	E11	,519	7	,074	,297	,955	,002
	E12	3,456	7	,494	2,643	,010	,014
	E13	1,090	7	,156	,669	,699	,003
	E14	17,188	7	2,455	10,532	,000	,052
	E15	7,940	7	1,134	5,579	,000	,028
	E16	5,715	7	,816	3,332	,002	,017
	E17	1,385	7	,198	,844	,551	,004
	E18	2,196	7	,314	1,943	,060	,010
	E19	2,437	7	,348	1,472	,173	,008
	E20	1,834	7	,262	1,163	,321	,006
	E21	4,258	7	,608	2,940	,005	,015
	E22	2,184	7	,312	1,267	,263	,007
	E23	3,682	7	,526	2,951	,005	,015
	E24	2,839	7	,406	1,680	,110	,009

Fehler	E1	271,531	1348	,201
	E2	274,060	1348	,203
	E3	288,984	1348	,214
	E4	330,091	1348	,245
	E5	322,457	1348	,239
	E6	336,862	1348	,250
	E7	329,999	1348	,245
	E8	287,377	1348	,213
	E9	229,565	1348	,170
	E10	193,290	1348	,143
	E11	336,563	1348	,250
	E12	251,791	1348	,187
	E13	313,750	1348	,233
	E14	314,289	1348	,233
	E15	274,065	1348	,203
	E16	330,264	1348	,245
	E17	316,051	1348	,234
	E18	217,627	1348	,161
	E19	318,846	1348	,237
	E20	303,708	1348	,225
	E21	278,971	1348	,207
	E22	331,977	1348	,246
	E23	240,273	1348	,178
	E24	325,364	1348	,241
Gesamt	E1	381,000	1356	
	E2	970,000	1356	
	E3	917,000	1356	
	E4	577,000	1356	
	E5	539,000	1356	
	E6	645,000	1356	
	E7	779,000	1356	
	E8	432,000	1356	
	E9	1060,000	1356	
	E10	235,000	1356	
	E11	729,000	1356	
	E12	1015,000	1356	
	E13	497,000	1356	
	E14	779,000	1356	
	E15	400,000	1356	
	E16	742,000	1356	
	E17	507,000	1356	
	E18	1080,000	1356	
	E19	523,000	1356	
	E20	465,000	1356	
	E21	403,000	1356	
	E22	759,000	1356	
	E23	319,000	1356	
	E24	557,000	1356	
Korrigierte Gesamtvariation	E1	273,949	1355	
	E2	276,121	1355	
	E3	296,875	1355	
	E4	331,477	1355	
	E5	324,751	1355	
	E6	338,197	1355	
	E7	331,477	1355	
	E8	294,372	1355	
	E9	231,386	1355	
	E10	194,274	1355	
	E11	337,082	1355	
	E12	255,247	1355	
	E13	314,840	1355	
	E14	331,477	1355	
	E15	282,006	1355	
	E16	335,979	1355	
	E17	317,436	1355	
	E18	219,823	1355	
	E19	321,282	1355	
	E20	305,542	1355	
	E21	283,229	1355	
	E22	334,162	1355	
	E23	243,955	1355	
	E24	328,203	1355	

a. R-Quadrat = ,009 (korrigiertes R-Quadrat = ,004), b. R-Quadrat = ,007 (korrigiertes R-Quadrat = ,002), c. R-Quadrat = ,027 (korrigiertes R-Quadrat = ,022), d. R-Quadrat = ,004 (korrigiertes R-Quadrat = -,001), e. R-Quadrat = ,007 (korrigiertes R-Quadrat = ,002), f. R-Quadrat = ,004 (korrigiertes R-Quadrat = -,001), g. R-Quadrat = ,004 (korrigiertes R-Quadrat = -,001), h. R-Quadrat = ,024 (korrigiertes R-Quadrat = ,019), i. R-Quadrat = ,008 (korrigiertes R-Quadrat = ,003), j. R-Quadrat = ,005 (korrigiertes R-Quadrat = ,000), k. R-Quadrat = ,002 (korrigiertes R-Quadrat = -,004), l. R-Quadrat = ,014 (korrigiertes R-Quadrat = ,008), m. R-Quadrat = ,003 (korrigiertes R-Quadrat = -,002), n. R-Quadrat = ,052 (korrigiertes R-Quadrat = ,047), o. R-Quadrat = ,028 (korrigiertes R-Quadrat = ,023), p. R-Quadrat = ,017 (korrigiertes R-Quadrat = ,012), q. R-Quadrat = ,004 (korrigiertes R-Quadrat = -,001), r. R-Quadrat = ,010 (korrigiertes R-Quadrat = ,005), s. R-Quadrat = ,008 (korrigiertes R-Quadrat = ,002), t. R-Quadrat = ,006 (korrigiertes R-Quadrat = ,001), u. R-Quadrat = ,015 (korrigiertes R-Quadrat = ,010), v. R-Quadrat = ,007 (korrigiertes R-Quadrat = ,001), w. R-Quadrat = ,015 (korrigiertes R-Quadrat = ,010), x. R-Quadrat = ,009 (korrigiertes R-Quadrat = ,004)

Tests der Zwischensubjekteffekte zwischen den Positionen (Manager auf Geschäftsleitungsebene, Manager auf mittlerer Ebene und Controller):

Tests der Zwischensubjekteffekte nach Position im Unternehmen

Quelle	Abhängige Variable	Quadratsumme vom Typ III	df	Mittel der Quadrate	F	Sig.	Partielles Eta-Quadrat
Korrigiertes Modell	E1	,759[a]	2	,379	1,879	,153	,003
	E2	,489[b]	2	,244	1,200	,302	,002
	E3	3,299[c]	2	1,650	7,603	,001	,011
	E4	,307[d]	2	,153	,627	,534	,001
	E5	,037[e]	2	,019	,077	,926	,000
	E6	,725[f]	2	,362	1,453	,234	,002
	E7	1,095[g]	2	,548	2,242	,107	,003
	E8	4,480[h]	2	2,240	10,455	,000	,015
	E9	1,260[i]	2	,630	3,703	,025	,005
	E10	,154[j]	2	,077	,536	,585	,001
	E11	,263[k]	2	,131	,528	,590	,001
	E12	2,637[l]	2	1,319	7,063	,001	,010
	E13	,284[m]	2	,142	,612	,543	,001
	E14	13,583[n]	2	6,791	28,905	,000	,041
	E15	3,987[o]	2	1,993	9,700	,000	,014
	E16	2,885[p]	2	1,443	5,860	,003	,009
	E17	,754[q]	2	,377	1,611	,200	,002
	E18	,443[r]	2	,221	1,366	,256	,002
	E19	1,995[s]	2	,998	4,228	,015	,006
	E20	1,008[t]	2	,504	2,238	,107	,003
	E21	2,474[u]	2	1,237	5,961	,003	,009
	E22	,590[v]	2	,295	1,196	,303	,002
	E23	3,209[w]	2	1,605	9,017	,000	,013
	E24	,469[x]	2	,235	,969	,380	,001
Konstanter Term	E1	53,318	1	53,318	264,060	,000	,163
	E2	278,692	1	278,692	1368,021	,000	,503
	E3	309,990	1	309,990	1428,649	,000	,514
	E4	113,134	1	113,134	462,212	,000	,255
	E5	93,380	1	93,380	389,091	,000	,223
	E6	116,333	1	116,333	466,406	,000	,256
	E7	185,750	1	185,750	760,693	,000	,360
	E8	84,997	1	84,997	396,703	,000	,227
	E9	384,917	1	384,917	2263,069	,000	,626
	E10	18,632	1	18,632	129,864	,000	,088
	E11	172,888	1	172,888	694,491	,000	,339
	E12	369,198	1	369,198	1977,455	,000	,594
	E13	70,846	1	70,846	304,731	,000	,184
	E14	122,861	1	122,861	522,914	,000	,279
	E15	70,637	1	70,637	343,758	,000	,203
	E16	206,138	1	206,138	837,317	,000	,382
	E17	70,746	1	70,746	302,256	,000	,183
	E18	369,950	1	369,950	2281,623	,000	,628
	E19	75,377	1	75,377	319,416	,000	,191
	E20	80,021	1	80,021	355,519	,000	,208
	E21	69,189	1	69,189	333,434	,000	,198
	E22	178,668	1	178,668	724,696	,000	,349
	E23	48,664	1	48,664	273,492	,000	,168
	E24	106,857	1	106,857	441,142	,000	,246
Position	E1	,759	2	,379	1,879	,153	,003
	E2	,489	2	,244	1,200	,302	,002
	E3	3,299	2	1,650	7,603	,001	,011
	E4	,307	2	,153	,627	,534	,001
	E5	,037	2	,019	,077	,926	,000
	E6	,725	2	,362	1,453	,234	,002
	E7	1,095	2	,548	2,242	,107	,003
	E8	4,480	2	2,240	10,455	,000	,015
	E9	1,260	2	,630	3,703	,025	,005
	E10	,154	2	,077	,536	,585	,001
	E11	,263	2	,131	,528	,590	,001
	E12	2,637	2	1,319	7,063	,001	,010
	E13	,284	2	,142	,612	,543	,001
	E14	13,583	2	6,791	28,905	,000	,041
	E15	3,987	2	1,993	9,700	,000	,014
	E16	2,885	2	1,443	5,860	,003	,009
	E17	,754	2	,377	1,611	,200	,002
	E18	,443	2	,221	1,366	,256	,002
	E19	1,995	2	,998	4,228	,015	,006
	E20	1,008	2	,504	2,238	,107	,003
	E21	2,474	2	1,237	5,961	,003	,009
	E22	,590	2	,295	1,196	,303	,002
	E23	3,209	2	1,605	9,017	,000	,013
	E24	,469	2	,235	,969	,380	,001

Fehler	E1	273,191	1353	,202
	E2	275,632	1353	,204
	E3	293,576	1353	,217
	E4	331,170	1353	,245
	E5	324,714	1353	,240
	E6	337,472	1353	,249
	E7	330,382	1353	,244
	E8	289,892	1353	,214
	E9	230,127	1353	,170
	E10	194,120	1353	,143
	E11	336,810	1353	,249
	E12	252,610	1353	,187
	E13	314,555	1353	,232
	E14	317,894	1353	,235
	E15	278,019	1353	,205
	E16	333,094	1353	,246
	E17	316,682	1353	,234
	E18	219,380	1353	,162
	E19	319,287	1353	,236
	E20	304,534	1353	,225
	E21	280,755	1353	,208
	E22	333,572	1353	,247
	E23	240,746	1353	,178
	E24	327,734	1353	,242
Gesamt	E1	381,000	1356	
	E2	970,000	1356	
	E3	917,000	1356	
	E4	577,000	1356	
	E5	539,000	1356	
	E6	645,000	1356	
	E7	779,000	1356	
	E8	432,000	1356	
	E9	1060,000	1356	
	E10	235,000	1356	
	E11	729,000	1356	
	E12	1015,000	1356	
	E13	497,000	1356	
	E14	779,000	1356	
	E15	400,000	1356	
	E16	742,000	1356	
	E17	507,000	1356	
	E18	1080,000	1356	
	E19	523,000	1356	
	E20	465,000	1356	
	E21	403,000	1356	
	E22	759,000	1356	
	E23	319,000	1356	
	E24	557,000	1356	
Korrigierte Gesamtvariation	E1	273,949	1355	
	E2	276,121	1355	
	E3	296,875	1355	
	E4	331,477	1355	
	E5	324,751	1355	
	E6	338,197	1355	
	E7	331,477	1355	
	E8	294,372	1355	
	E9	231,386	1355	
	E10	194,274	1355	
	E11	337,082	1355	
	E12	255,247	1355	
	E13	314,840	1355	
	E14	331,477	1355	
	E15	282,006	1355	
	E16	335,979	1355	
	E17	317,436	1355	
	E18	219,823	1355	
	E19	321,282	1355	
	E20	305,542	1355	
	E21	283,229	1355	
	E22	334,162	1355	
	E23	243,955	1355	
	E24	328,203	1355	

a. R-Quadrat = ,003 (korrigiertes R-Quadrat = ,001), b. R-Quadrat = ,002 (korrigiertes R-Quadrat = ,000), c. R-Quadrat = ,011 (korrigiertes R-Quadrat = ,010), d. R-Quadrat = ,001 (korrigiertes R-Quadrat = -,001), e. R-Quadrat = ,000 (korrigiertes R-Quadrat = -,001), f. R-Quadrat = ,002 (korrigiertes R-Quadrat = ,001), g. R-Quadrat = ,003 (korrigiertes R-Quadrat = ,002), h. R-Quadrat = ,015 (korrigiertes R-Quadrat = ,014), i. R-Quadrat = ,005 (korrigiertes R-Quadrat = ,004), j. R-Quadrat = ,001 (korrigiertes R-Quadrat = -,001), k. R-Quadrat = ,001 (korrigiertes R-Quadrat = -,001), l. R-Quadrat = ,010 (korrigiertes R-Quadrat = ,009), m. R-Quadrat = ,001 (korrigiertes R-Quadrat = -,001), n. R-Quadrat = ,041 (korrigiertes R-Quadrat = ,040), o. R-Quadrat = ,014 (korrigiertes R-Quadrat = ,013), p. R-Quadrat = ,009 (korrigiertes R-Quadrat = ,007), q. R-Quadrat = ,002 (korrigiertes R-Quadrat = ,001), r. R-Quadrat = ,002 (korrigiertes R-Quadrat = ,001), s. R-Quadrat = ,006 (korrigiertes R-Quadrat = ,005), t. R-Quadrat = ,003 (korrigiertes R-Quadrat = ,002), u. R-Quadrat = ,009 (korrigiertes R-Quadrat = ,007), v. R-Quadrat = ,002 (korrigiertes R-Quadrat = ,000), w. R-Quadrat = ,013 (korrigiertes R-Quadrat = ,012), x. R-Quadrat = ,001 (korrigiertes R-Quadrat = ,000)

Literaturverzeichnis

AAA FINANCIAL ACCOUNTING STANDARDS COMMITTEE (HERZ, Robert H. / IANNACONI, Teresa E. / MAINES, Laureen A. / PALEPU, Krishna / RYAN, Stephen G. / SCHIPPER, Katherine / SCHRAND, Catherine M. / SKINNER, Douglas J. / VINCENT, Linda; 2001): Equality Valuation Models and Measuring Goodwill Impairment, in: Accounting Horizons, June 2001, Vol. 15 Issue 2, pp. 161-170.

AAKER, David A. / JACOBSON, Robert (1987): The Role of Risk in Explaining Differences in Profitability, in: Academy of Management Journal, 1987, Vol. 30 Issue 2, pp. 277-296.

ADERS, Christian (2001): Value Based Management: Vom Discounted Cashflow zu den operativen Werttreibern, Munich Workshop for Accounting and Auditing, LMU München, 26. November 2001.

AHLBRECHT, Martin / WEBER, Martin (1997): An empirical study on intertemporal decision making under risk, in: Management Science, June 1997, Vol. 43 Issue 6, pp. 813-826.

AHMED, S. U. (1985): nAch, risk-taking propensity, locus of control and entrepreneurship, in: Personality and Individual Differences, Vol. 6, Issue 6, pp. 781-782.

ALBACH, Horst (1987): Investitionspolitik erfolgreicher Unternehmen, in: Zeitschrift für betriebswirtschaftliche Forschung, 57. Jahrgang 1987, Heft 7, S. 636-661.

ALDRICH, H. / AUSTER, E. R. (1986): Even dwarfs started small: Liabilities of age and size and their strategic implications, in: Research in Organizational Behavior, Vol. 8, pp. 165-198.

ALLAIS, M. (1953): Le Comportement de l'Homme Rationnel devant le Risque, Critique des Postulats et Axiomes de l'Ecole Américaine, in Econometrica, Vol. 21, pp. 503-546.

ALDERFER, Clayton / BIERMAN JR., Harold (1970): Choices with Risk: Beyond the Mean and Variance, in: Journal of Business; July 1970, Vol. 43 Issue 3, pp. 341-354.

ALLISON, Graham T. (1971): Essence of Decision: Explaining the Cuban Missile, Little, Brown & Co., Boston, 1971.

AMBURGEY, Terry L. / KELLY, Dawn / BARNETT, William P. (1993): Resetting The Clock: The Dynamics of Organizational Change and Failure, in: Administrative Science Quarterly, March 1993, Vol. 38 Issue 1, pp. 51-73.

AMIT, Raphael / LIVNAT, Joshua (1988): Diversification and the Risk-Return Trade-off, in: Academy of Management Journal; March 1988, Vol. 31 Issue 1, pp. 154-165.

ANDERSON, Paul (1983): Marketing, Scientific Progress, and Scientific Method, in: Journal of Marketing, Fall 1983, Vol. 47 Issue 4, pp. 18-31.

ANDREWS, Kenneth, R. (1980): The concept of corporate strategy, 2nd ed., Richard D Irwin, Homewood, IL. 1980.

ANSOFF, Harry Igor (1965); Corporate strategy, McGraw-Hill, New York, 1965.

ANSOFF, Harry Igor (1966); Management-Strategie, Moderne Industrie, München, 1966.

ARBUCKLE, James L. (2008): Amos 17.0 User's Guide, Amos Development Corporation, Crawfordville, FL, [URL: http://www.washington.edu/uware/spss/docs/Amos17.0UserGuide. pdf].

ARGOTE, Linda / GREVE, Henrich (2007): A Behavioral Theory of the Firm – 40 Years and Counting: Introduction and Impact in: Organization Science; May/Jun2007, Vol. 18 Issue 3, pp. 337-349.

ARMOUR, Henry Ogden / TEECE, David J. (1978): Organizational structure and economic performance: a test of the multidivisional hypothesis, in: Bell Journal of Economics, Spring 1978, Vol. 9 Issue 1, pp. 106-122.

ARROW, Kenneth J. (1971): Essays in the Theory of Risk-Bearing, Markham, Chicago 1971.

ARROW, Kenneth J. (1986): Rationality of Self and Others in an Economic System, in: Journal of Business; October 1986 Part 2 of 2, Vol. 59 Issue 4, pp. 385-399.

ATKINSON, Anthony A. / BALAKRISHNAN, Ramji / BOOTH, Peter / COTE, Jane M. / GROOT, Tom / MALMI, Teemu / ROBERTS, Hanno / ENRICO, Uliana / WU, Anne (1997): New Directions in Management Accounting Research, Journal of Management Accounting Research; 1997, Vol. 9, pp. 79-108.

BACKHAUS, Klaus / ERICHSON, Bernd / PLINKE, Wolff / Weiber, Rolf (2006): Multivariate Analysemethoden – eine anwendungsorientierte Einführung, Springer, Berlin, Heidelberg (u. a.) 2006.

BAIRD, Inga Skromme / THOMAS, Howard (1985): Toward a Contingency Model of Strategic Risk Taking, in: Academy of Management Review, 1985 Vol. 10 Issue 2, pp. 230-243.

BAIRD, Inga Skromme / THOMAS, Howard (1990): What is Risk anyway? In: BETTIS, Richard A. / THOMAS, Howard (Hrsg,) (1990): Risk, Strategy, and Management; JAI Press Inc., Greenwich, Connecticut, 2000, pp. 21-52.

BAKER II, Ronald / LAURY, Susan / WILLIAMS, Arlington (2008): Comparing Small-Group and Individual Behavior in Lottery-Choice Experiments, in: Southern Economic Journal; October 2008, Vol. 75 Issue 2, pp. 367-382.

BAMBERG, Günter / COENENBERG, Adolf Gerhard / KRAPP, Michael (2008): Betriebswirtschaftliche Entscheidungslehre, 14., überarb. Aufl., Vahlen, München, 2008.

BARNES, Jim / REINMUTH, James (1976): Comparing Imputed and Actual Utility Functions in a Competitive Bidding Setting, in: Decision Sciences; October 1976, Vol. 7 Issue 4, pp. 801-812.

BARON, Jonathan / RITOV, Ilana (1994): Reference Points and Omission Bias, Organizational Behavior & Human Decision Processes; September 1994, Vol. 59 Issue 3, pp. 475-498.

BAUCUS, D. A. / GOLEC, J. H. / COOPER, J. R. (1993): Estimating Risk-Return Relationships: An Analysis of Measures, in: Strategic Management Journal, Vol. 14, pp. 387-396.

BAUMOL, William J. (1963): An Expected Gain-Confidence Limit Criterion for Portfolio Selection, in: Management Science, 10. Jg., 1963, Heft 1, S. 174-182.

BAWA, V. S. (1975): Optimal rules for ordering uncertain prospects, in Journal of Financial Economics 2 pp. 95-121.

BEAVER, William / KETTLER, Paul / SCHOLES, Myron (1970): The Association Between Market Determined and Accounting Determined Risk Measures, in Accounting Review, October 1970, Vol. 45 Issue 4, pp. 654-682.

BECKMANN, Daniela / MENKHOFF, Lukas (2008): Will Women Be Women? Analyzing the Gender Difference among Financial Experts, in: Kyklos; August 2008, Vol. 61 Issue 3, pp. 364-384.

BEGLEY, Thomas M. / BOYD, David P. A. (1987): Comparison of Entrepreneurs and Managers of Small Business Firms in: Journal of Management, Spring 1987, Vol. 13 Issue 1, pp. 99-108.

BELL, David (1985): Disappointment in Decision Making Under Uncertainty, in: Operations Research; January / February 1985, Vol. 33 Issue 1, pp. 1-27.

BELLU, Renato / DAVIDSSON, Per / GOLDFARB, Connie (1990): Toward a theory of entrepreneurial behaviour; empirical evidence from Israel, Italy and Sweden, in: Entrepreneurship & Regional Development; April 1990, Vol. 2 Issue: Number 2 pp. 195-209.

BELLU, Renato (1993): Task role motivation and attributional style as predictors of entrepreneurial performance: female sample findings, in: Entrepreneurship & Regional Development; October 1993, Vol. 5 Issue: Number 4 pp. 331-344.

BEN-AKIVA, Moshe / MCFADDEN, Daniel / GÄRLING, Tommy / GOPINATH, Dinesh / WALKER, Joan / BOLDUC, Denis / BÖRSCH-SUPAN, Axel / DELQUIÉEACUTE, Philippe / LARICHEV, Oleg / MORIKAWA, Taka / POLYDOROPOULOU, Amalia / RAO, Vithala (1999): Extended Framework for Modelling Choice Behavior, in; Marketing Letters; August 1999, Vol. 10 Issue 3, pp. 187-203.

BEN-NER, Avner / KRAMER, Amit / LEVY, Ori (2008): Economic and hypothetical dictator game experiments: Incentive effects at the individual level, in: Journal of Socio-Economics; October 2008, Vol. 37 Issue 5, pp. 1775-1784.

BEN-ZION, Uri / SHALIT, Sol S. (1975): Size, Leverage, and Dividend Record as Determinants of Equity Risk, in: Journal of Finance, September 1975, Vol. 30 Issue 4, pp. 1015-1026.

BERNOULLI, Daniel (1738, 1954): Specimen Theoriae Novae de Mensura Sortis, in: Commentarii Academiae Scientiarum Imperials Petropolitanea; 1738 Vol. 5, pp. 175-192, translated by Sommer, Louise (1954): Exposition of a new theory on the measurement of risk, in Econometrica, Vol. 22, Issue 1, pp. 23-36.

BETTIS, Richard A. / HALL, William K. (1981): Risks and Industry Effects in Large Diversified Firms, in: Academy of Management Proceedings, 1981, pp. 17-20

BETTIS, Richard A. / HALL, William K. (1982): Diversification Strategy, Accounting Determined Risk, and Accounting Determined Return, in: Academy of Management Journal, 1982 Vol. 25 Issue 2, pp. 254-264.

BETTIS, Richard A. (1981): Modern financial theory, corporate strategy and public policy: three conundrums, in: Academy of Management Review, 8(3), 1983, pp. 406-415.

BETTIS, Richard A. / MAHAJAN, Vijay (1985): Risk/Return Performance of Diversified Firms, in: Management Science, July 1985, Vol. 31 Issue 7, pp. 785-792.

BETTIS, Richard A. / THOMAS, Howard (Hrsg,) (1990): Risk, Strategy, and Management; JAI Press Inc., Greenwich, Connecticut, 2000.

BIEL, Alfred / BLACHFELLNER, Manfred / DEYHLE, Albrecht (Hrsg.: Internationaler Controller-Verein) (2002): Wertorientierte Unternehmensführung - Value Based Management, Verlag für Controllingwissen, Offenburg, 2002.

BIETA, Volker u. a. (2004): Szenarienplanung im Risikomanagement - Mit der Spieltheorie die Risiken der Zukunft erfolgreich steuern, 1. Aufl., Wiley-VCH, Weinheim 2004.

BIRNBERG, Jacob / SHIELDS, Michael / YOUNG, S. Mark (1990): The Case for Multiple Methods in Empirical management Accounting Research (With an Illustration from Budget Setting), in: Journal of Management Accounting Research; September 1990, Vol. 2, pp. 33-66.

BITZ, Michael [Hrsg.] (2005): Vahlens Kompendium der Betriebswirtschaftslehre, Band 1 und 2; 5. völlig überarb. Auflage, Vahlen, München 2005.

BOLTON, Gary E. / KWASNICA, Anthony M. (2002): Introduction to the Special Issue on Experimental Economics in Practice, in: Interfaces; September/October 2002, Vol. 32 Issue 5, pp. 1-3.

BORGER, Klaus (2008): KfW-ifo-Mittelstandsbarometer: Februar 2008, [URL: http:// www.kfw.de/ DE_Home/Service/Download_Center/Allgemeine_Publikationen/Research/KfW-ifo-Mi.jsp].

BÖRSIG, Clemens / COENENBERG, Adolf Gerhard (Hrsg.) (2003): Bewertung von Unternehmen, Strategie – Markt – Risiko, Schäffer-Poeschel, Stuttgart, 2003.

BORTZ, Jürgen (2005): Statistik für Human- und Sozialwissenschaftler, 6., vollst. überarb. und aktualisierte Aufl., Springer Medizin, Heidelberg 2005.

BORTZ, Jürgen / DÖRING, Nicola (2006): Forschungsmethoden und Evaluation für Human- und Sozialwissenschaftler, 4., überarb. Aufl., Springer Medizin Verl., Heidelberg 2006

BOWMAN, Edward H. (1980): A Risk-Return Paradox for Strategic Management, in: Sloan Management Review, Spring 1980, Vol. 21, Issue 3, pp. 17-31.

BOWMAN, Edward H. (1982): Risk Seeking by Troubled Firms, in: Sloan Management Review, Summer 1982, Vol. 23 Issue 4, pp. 33-42.

BOWMAN, Edward H. (1984): Content Analysis of Annual Reports for Corporate Strategy and Risk: Interfaces, 1984 Vol. 14 Issue 1, pp. 61-71

BOYER, Ty W. (2006): The development of risk-taking: A multi-perspective review, in: Developmental Review, Vol. 26, Issue 3, September 2006, pp. 291-345.

BROCKHAUS, Sr., Robert (1980): Risk Taking Propensity of Entrepreneurs, in: Academy of Management Journal; September 1980, Vol. 23 Issue 3, pp. 509-520.

BROMILEY, Philip (1991a): Testing a Causal Model of Corporate Risk Taking and Performance, in: Academy of Management Journal, 1991 Vol. 34 Issue 1, pp. 37-59.

BROMILEY, Philip (1991b): Paradox or at Least Variance found: A Comment on 'Mean-Variance Approaches to Risk-Return Relationships in Strategy: Paradox Lost, in Management Science, 1991 Vol. 37 Issue 9, pp. 1206-1210.

BROMILEY, Philip / CURLEY, Shawn P. (1992): Individual differences in risk taking, YATES, J. Frank [Hrsg.] (1992): Risk-Taking Behavior, John Wiley & Sons, Oxford 1992, pp. 87-132.

BROWNE, Michael W. / CUDECK, Robert (1993): Alternative ways of assessing model fit, in: BOLLEN, Kenneth A. / LONG, J. Scott [eds.] (1993): Testing structural equation models, Sage Publications, Newbury Park, CA, pp. 136-162.

BURNS, Tom / STALKER, George M. (1961): The management of innovation, Tavistock, London 1961.

BURNS, Tom / STALKER, George M. (1994): The management of innovation, 3. ed., Oxford Univ. Press, Oxford [u. a.] 1994.

BUSENITZ, Lowell / BARNEY, Jay (1997): Differences between entrepreneurs and managers in large organizations: Biases and heuristics in strategic decision-making, in: Journal of Business Venturing; January 1997, Vol. 12 Issue 1, pp. 9-30.

BYRNES, James P. / Miller, David C. (1999): Gender differences in risk taking: A meta-analysis, in: Psychological Bulletin; May 1999, Vol. 125 Issue 3, pp. 367-383.

CALLAHAN, Carolyn / GABRIEL, E. Ann / SAINTY, Barbara (2006): A Review and Classification of Experimental Economics Research in Accounting, in: Journal of Accounting Literature; 2006, Vol. 25, pp. 59-126.

CAMERER, Colin F. / KUNREUTHER, Howard (1989a): Experimental Markets for Insurance, in: Journal of Risk & Uncertainty; September 1989, Vol. 2 Issue 3, pp. 265-299.

CAMERER, Colin F. / KUNREUTHER, Howard (1989b): Decision Processes for Low Probability Events: Policy Implications, in: Journal of Policy Analysis & Management; Fall 1989, Vol. 8 Issue 4, pp. 565-592.

CAMERER, Colin F. / HOGARTH, Robin M. (1999): The Effects of Financial Incentives in Experiments: A Review and Capital-Labor-Production Framework, in: Journal of Risk & Uncertainty; December 1999, Vol. 19 Issue 1-3, pp. 7-42.

CAMPBELL, Donald T. / FISKE, Donald W. (1959): Convergent and discriminant validation by the multitrait-multimethod matrix, in: Psychological Bulletin, Vol. 56 Issue 2, March 1959, pp. 81-105.

CAMPBELL, Donald T. / STANLEY, Julian C. (1963): Experimental and quasi-experimental designs for research, Houghton, Mifflin and Company, Boston MA 1963, 84 pp.

CARLAND, James W., III / CARLAND, James W. / CARLAND, JoAnn C. / PEARCE, J. W. (1995): Risk taking propensity among entrepreneurs, small business owners, and managers, in: Journal of Business and Entrepreneurship, Vol. 7, pp. 15-23.

CARLAND, JoAnn C. / CARLAND, James W. (1991): An empirical investigation into the distinctions between male and female entrepreneurs and managers, in: International Small Business Journal, Vol. 9, pp. 62-72.

CARMINES, Edward G. / MCIVER, John P. (1981): Analyzing models with unobserved variables, in: BOHRNSTEDT, George W. / BORGATTA, Edgar F. [eds.] (1981): Social measurement: Current issues, Sage, Beverly Hills, CA, pp. 65-115.

CHAKRAVARTHY, Balaji S. (1986): Measuring Strategic Performance, in: Strategic Management Journal, Vol. 7 1986, Issue 5, pp. 437-458.

CHANDLER, Alfred D., Jr. (1962): Strategy and structure – chapters in the history of the industrial enterprise, MIT Press, Cambridge 1962.

CHANDLER, Alfred D., Jr. (1998): Strategy and structure – chapters in the history of the industrial enterprise, 20. print., MIT Press, Cambridge 1998.

CHAPMAN, C. Richard (1973): Prior probability bias in information seeking and opinion revision, in: The American Journal of Psychology, Vol. 86(2), June 1973. pp. 269-282.

CHARNESS, Gary / CHEN, Kay-Yut (2002): Minimum Advertised-Price Policy Rules and Retailer Behavior: An Experiment by Hewlett-Packard, in: Interfaces; Sep/Oct 2002, Vol. 32 Issue 5, pp. 62-73.

CHEN, Kay-Yut (2005): An economics wind tunnel: The science of business engineering, in: MORGAN, John [Hrsg.] (2005): Experimental and behavioral economics - Advances in applied microeconomics Vol. 13, S. 133-167.

CHILD, John (1972): Organizational Structure, Environment and Performance: The Role of Strategic Choice, Sociology; January 1972, Vol. 6 Issue 1, pp. 1-22.

CHOU, Pin-Huang / CHOU, Robin / KO, Kuan-Cheng (2009): Prospect theory and the risk-return paradox: some recent evidence, in: Review of Quantitative Finance & Accounting; October 2009, Vol. 33 Issue 3, pp. 193-208.

CLARK, Russell D. (1974): Risk Taking in Groups: A Social Psychological Analysis, in: Journal of Risk & Insurance; March 1974, Vol. 41 Issue 1, pp. 75-92.

COENENBERG, Adolf Gerhard (2003a): Jahresabschluss und Jahresabschlussanalyse; Betriebswirtschaftliche, handelsrechtliche, steuerrechtliche und internationale Grundsätze - HGB, IAS/IFRS, US-GAAP, DRS; 19. völlig überarbeitete und erweiterte Auflage, Schäffer-Poeschel, Stuttgart, 2003.

COENENBERG, Adolf Gerhard (2003b): Bewertung von Unternehmen: Konzeption und Perspektiven in: BÖRSIG, Clemens / COENENBERG, Adolf Gerhard (Hrsg.) (2003): Bewertung von Unternehmen, Strategie – Markt – Risiko, Schäffer-Poeschel, Stuttgart, 2003, S. 25-46.

COENENBERG, Adolf G. / FISCHER, Thomas M. / GÜNTHER, Thomas (2009): Kostenrechnung und Kostenanalyse, 7. überarb. und erw. Auflage, Schäffer-Poeschel, Stuttgart 2009.

COHEN, Jacob (1988): Statistical power analysis for the behavioral sciences, 2. ed., Erlbaum, Hillsdale, N.J. [u. a.] 1988.

COHEN, Jacob (2003): Applied multiple regression correlation analysis for the behavioral sciences, 3. ed., Erlbaum, Mahwah, NJ [u. a.] 2003.

COLLINS, James M. / RUEFLI, Timothy W. (1992): Strategic Risk: An Ordinal Approach, in: Management Science; December 1992, Vol. 38 Issue 12, pp. 1707-1731.

COLODNY, Robert G. [Hrsg.] (1965): Beyond the Edge of Certainty - Essays in Contemporary Science and Philosophy, Prentice-Hall, Englewood Cliffs, New York 1965.

CONRAD, Gordon R. / PLOTKIN, Irving H. (1968): Risk/return: U.S. industry pattern, in: Harvard Business Review; March/April 1968, Vol. 46 Issue 2, pp. 90-99.

COOK, Thomas D. / CAMPBELL, Donald T. (1979): Quasi-experimentation – design & analysis issues for field settings, Houghton Mifflin, Boston [u. a.] 1979.

COOPER, Arnold C. / DUNKELBERG, William C. / WOO, Carolyn Y. (1988): Entrepreneurs' Perceived Chances for Success, in: Journal of Business Venturing, Spring 1988, Vol. 3 Issue 2, pp. 97-108.

COOTNER, Paul H. / HOLLAND, Daniel M. (1970): Rate of return and business risk, in: Bell Journal of Economics & Management Science, Autumn 1970, Vol. 1 Issue 2, pp. 211-226.

COPELAND, Thomas E. / KOLLER, Tim / MURRIN, Jack (2002): Unternehmenswert; Methoden und Strategien für eine wertorientierte Unternehmensführung, 3. völlig überarbeitete und erweiterte Auflage, Campus, Frankfurt, 2003.

CUMMINGS, Larry L. / HARNETT, Donald L. / STEVENS, O. J. (1971): Risk, Fate, Conciliation and Trust: An International Study of Attitudinal Differences Among Executives, in: Academy of Management Journal; September 1971, Vol. 14 Issue 3, pp. 285-304.

CYERT, Richard M. / MARCH, James G. (1963): A behavioral theory of the firm, Prentice-Hall, Englewood Cliffs, NJ, 1963.

CYERT, Richard M. / MARCH, James G. (1995): Eine verhaltenswissenschaftliche Theorie der Unternehmung, Dt. Ausgabe, 2. Aufl., Schäffer-Poeschel, Stuttgart 1995.

DANIEL, Wayne W. (1975): Nonresponse in Sociological Surveys: A Review of Some Methods for Handling the Problem, in: Sociological Methods & Research; February 1975, Vol. 3 Issue 3, pp. 291-307.

DAS, T. K. / BING-SHENG, Teng (1997): Time and Entrepreneurial Risk Behavior, in: Entrepreneurship: Theory & Practice, Winter 1997, Vol. 22, Issue 2, pp. 69-88.

DAS, T. K. / BING-SHENG, Teng (2001): Strategic risk behaviour and its temporalities: between risk propensity and decision context, in: Journal of Management Studies; June 2001, Vol. 38, Issue 4, pp. 515-534.

DECHOW, Patricia M. / HUTTON, Amy P. / SLOAN, Richard G. (1999): An Empirical Assessment of the Residual Income Valuation Model, in: Journal of Accounting and Economics, January 1999, Vol. 26 Issue 1-3, pp. 1-34.

DEEPHOUSE, David L. / WISEMAN, Robert M. (2000): Comparing alternative explanations for accounting risk-return relations, in: Journal of Economic Behavior & Organization; August 2000, Vol. 42 Issue 4, pp. 463-282.

DE FINETTI, Bruno (1937): La prévision : ses lois logiques, ses sources subjectives, in: Annales de l'institut Henri Poincaré, 7 no. 1 1937, pp. 1-68.

DEKEL, EDDIE (1986): An Axiomatic Characterization of Preferences under Uncertainty: Weakening the Independence Axiom, in: Journal of Economic Theory; October 1986, Vol. 40 Issue 1, pp. 304-318.

DENRELL, Jerker (2008): Organizational risk taking: adaptation versus variable risk preferences, in: Industrial & Corporate Change; June 2008, Vol. 17 Issue 3, pp. 427-466.

DESEI, Vinit (2008): Constrained Growth: How Experience, Legitimacy, and Age Influence Risk Taking in Organizations, in: Organization Science; July/August 2008, Vol. 19 Issue 4, pp. 594-608.

DICKSON, Gordon C. A. (1981): A comparison of attitudes towards risk among business managers, in: Journal of Occupational Psychology; September 1981, Vol. 54 Issue 3, pp. 157-164.

DIEKMANN, Andreas / VOSS, Thomas (Hrsg.) (2004): Rational-Choice-Theorie in den Sozialwissenschaften - Anwendungen und Probleme, R. Oldenbourg Verlag, München 2004.

DIEKMANN, Andreas / VOSS, Thomas (2004): Die Theorie des rationalen Handelns. Stand und Perspektiven, in: Diekmann, Andreas / Voss, Thomas (Hrsg.) (2004): Rational-Choice-Theorie in den Sozialwissenschaften - Anwendungen und Probleme, R. Oldenbourg Verlag, München 2004, S. 13-29.

DILLMAN, Don A. (2007): Mail and internet surveys – the tailored design method, 2. ed., updated with new internet, visual, and mixed-mode guide, Wiley, Hoboken, NJ 2007.

DOOLEY, Larry M. / LINDNER, James R. (2003): The handling of nonresponse error, in: Human Resource Development Quarterly; Spring 2003, Vol. 14 Issue 1, pp. 99-110.

DONALDSON, Lex (2001): The contingency theory of organizations, Sage, Thousand Oaks CA [u. a.] 2001.

EECKHOUDT, Louis / REY, Béatrice / SCHLESINGER, Harris (2007): A Good Sign for Multivariate Risk Taking, in: Management Science; January 2007, Vol. 53 Issue 1, pp. 117-124.

EISENFÜHR, Franz / WEBER, Martin (2003): Rationales Entscheiden; Springer, Berlin, Heidelberg [u. a.] 2003.

ELGERS, Pieter T. (1980): Accounting-Based Risk Predictions: A Re-examination, in: Accounting Review, July 1980, Vol. 55 Issue 3, pp. 389-408.

ELLSBERG, Daniel (1961): Risk, Ambiguity, and the Savage Axioms, in: The Quarterly Journal of Economics, November 1961, Vol. 75, No. 4, pp. 643-669.

ELSTER, Jon (1979): Risk, uncertainty and nuclear power, in: Social Science Information, June 1979 Vol. 18, pp. 371-400.

EU (2003): COMMISSION RECOMMENDATION of 6 May 2003 concerning the definition of micro, small and medium-sized enterprises, in: Official Journal of the European Union 20.5.2003, L 124/36 – 41; http://eur-lex.europa.eu/LexUriServ/LexUriServ.do?uri=OJ:L: 2003:124:0036:0041:en:PDF

FAMA, Eugene F. (1980): Agency Problems and the Theory of the Firm, Journal of Political Economy; April 80, Vol. 88 Issue 2, pp. 288-307.

FAMA, Eugene F. / FRENCH, Kenneth R. (1992): The Cross-Section of Expected Stock Returns, in Journal of Finance, 1992 Vol. 67, Issue 2, pp. 427-465.

FAMA, Eugene F. / FRENCH, Kenneth R. (2000): Forecasting Profitability and Earnings, in: Journal of Business; April 2000, Vol. 73, Issue 2, pp. 161-175.

FARAGÓ, Klára / KISS, Orhidea / BOROS, János (2008): Risk-taking in entrepreneurs, compared to criminals and students: The role of uncertainty and stakes, in: Journal of Socio-Economics; December 2008, Vol. 37 Issue 6, pp. 2231-2241.

FARRELLY, Gail E. / FERRIS, Kenneth R. / REICHENSTEIN, William R. (1985): Perceived Risk, Market Risk, and Accounting Determined Risk Measures, in Accounting Review, April 1985, Vol. 60 Issue 2, pp. 278-288.

FEHR, Ernst / GÄCHTER, Simon (2002): Do Incentive Contracts Undermine Voluntary Cooperation? Zurich IEER Working Paper No. 34, April 2002

FELLNER, Gerlinde / MACIEJOVSKY, Boris (2007): Risk attitude and market behavior: Evidence from experimental asset markets, in: Journal of Economic Psychology; Jun2007, Vol. 28 Issue 3, pp. 338-350.

FENNEMA, Hein / WAKKER, Peter (1997): Original and Cumulative Prospect Theory: A Discussion of Empirical Differences, in: Journal of Behavioral Decision Making; March 1997, Vol. 10 Issue 1, pp. 53-64.

FEYERABEND Paul K. (1965) Problems of Empiricism, in: COLODNY, Robert G. [Hrsg.] (1965): Beyond the Edge of Certainty - Essays in Contemporary Science and Philosophy, Prentice-Hall, Englewood Cliffs, New York 1965, pp. 145-260.

FIEGENBAUM, Avi / THOMAS, Howard (1985): An Examination of the Structural Stability of Bowman's Risk-Return Paradox, in: Academy of Management Proceedings, 1985, pp. 7-11.

FIEGENBAUM, Avi / THOMAS, Howard (1986): Dynamic and Risk Measurement Perspectives on Bowman's Risk-Return Paradox for Strategic Management, in: Strategic Management Journal, 1986 Vol. 7 Issue 5, pp. 395-407.

FIEGENBAUM, Avi / THOMAS, Howard (1988): Attitudes Toward Risk and the Risk-Return Paradox: Prospect Theory Explanations, in: Academy of Management Journal, 1988 Vol. 31 Issue 1, pp. 85-106.

FIEGENBAUM, Avi (1997): Competitive Strategy and Attitude Toward Risk Taking: Integration and Modelling, in: Academy of Management Proceedings, 1997, pp. 12-15.

FIEGENBAUM, Avi / THOMAS, Howard (2004): Strategic risk and competitive advantage: an integrative perspective, in: European Management Review 2004, Vol. 1, Issue1, pp. 84-95.

FISCHHOFF, Baruch (1975): Hindsight is not equal to foresight: The effect of outcome knowledge on judgment under uncertainty, in: Journal of Experimental Psychology: Human Perception and Performance, Vol. 1(3), August 1975. pp. 288-299.

FISCHHOFF, Baruch / BEYTH, Ruth (1975): "I Knew It Would Happen". Remembered Probabilities of Once--Future Things, in: Organizational Behavior & Human Performance; February 1975, Vol. 13 Issue 1, pp. 1-16.

FISCHHOFF, Baruch / WATSON, Stephen / HOPE, Chris (1984): Defining Risk, in: Policy Sciences; October 1984, Vol. 17 Issue 2, pp. 123-139.

FISCHHOFF, Baruch / LICHTENSTEIN, S. / SLOVIC, Paul / DERBY, S. / KEENEY, R. L. (1981): Acceptable Risk, Cambridge University Press, New York, 1981.

FISHBURN, Peter C. (1983): Transitive Measurable Utility, in: Journal of Economic Theory, December 1983, Vol. 31 Issue 2, pp. 293-317.

FISHER, I. N. / HALL, G. R. (1969): Risk and Corporate Rates of Return, in: Quarterly Journal of Economics, Vol. 83, 1969, Issue 1, pp. 79-92.

FRANCIS, Jennifer / OLSSON, Per / OSWALD, D. (2000): Comparing the Accuracy and Explain- ability of Dividend, Free Cash Flow, and Abnormal Earnings Equity Value Estimates Journal of Accounting Research, Spring 2000, Vol. 38 Issue 1, pp. 45-70.

FRIEDMAN, Daniel / CASSAR, Alessandra / SELTEN, Reinhard (2004): Economics lab – an intensive course in experimental economics, Routledge, London [u. a.] 2004.

FRIEDMAN, Daniel / CASSAR, Alessandra (2004): Choice anomalies, in: FRIEDMAN, Daniel / CASSAR, Alessandra / SELTEN, Reinhard (2004): Economics lab – an intensive course in experimental economics, S. 148-160.

FRIEDMAN, Milton / SAVAGE, Leonard Jimmie (1948): The Utility Analysis of Choices Involving Risk, in: The Journal of Political Economy, Vol. 56, No. 4, Aug., 1948, pp. 279-304.

FRITZ, Wolfgang (1992): Marktorientierte Unternehmensführung und Unternehmenserfolg – Grundlagen und Ergebnisse einer empirischen Untersuchung, Schäffer-Poeschel, Stuttgart 1992.

GARRETT, Robert / COVIN, Jeffrey G. / SLEVIN, Dennis P. (2009): Market responsiveness, top management risk taking, and the role of strategic learning as determinants of market pioneering, in: Journal of Business Research; August 2009, Vol. 62 Issue 8, pp. 782-788.

GIGERENZER, Gerd [Hrsg.] (2002): Bounded rationality – the adaptive toolbox [report of the 84th Dahlem Workshop on Bounded Rationality ..., Berlin, March 14-19, 1999], 1. paperback ed. MIT Press, Cambridge, Mass. [u. a.] 2002.

GLEIßNER, Werner / MEIER, Günter (1999): Risikoaggregation mittels Monte-Carlo-Simulation, in: Versicherungswirtschaft, 54. Jg., 1999, Heft 13, S. 926-929.

GLEIßNER, Werner: (2000): Faustregeln für Unternehmer, Leitfaden für strategische Kompetenz und Entscheidungsfindung, Gabler; Wiesbaden, 2000.

GLEIßNER, Werner / MEIER; Günter (Hrsg.) (2001): Wertorientiertes Risikomanagement für Industrie und Handel, Gabler, Wiesbaden, 2001.

GLEIßNER, Werner: (2004): Future Value, 12 Module für eine strategische wertorientierte Unternehmensführung, Gabler; Wiesbaden, 2004.

GLEIßNER, Werner: (2008): Grundlagen des Risikomanagements im Unternehmen, Franz Vahlen, München, 2008.

GNEEZY, Uri / RUSTICHINI, Aldo (2000): Pay enough or don't pay at all, in: Quarterly Journal of Economics, August 2000, Vol. 115, pp. 791-810.

GOODING, Richard Z. / GOEL, Sanjay / WISEMAN, Robert M. (1996): Fixed versus Variable Reference Points in the Risk-Return Relationship; in: Journal of Economic Behavior and Organization, Vol. 29, Issue 2, pp. 331-350.

GRAYSON, Charles Jackson (1960): Decisions under uncertainty - Drilling decisions by oil and gas operators, Harvard University, Boston, 1960.

GREEN, P. E. (1963): Risk Attitudes and Chemical Investment Decisions, in: Chemical Engineering Progress, Vol. 59, No. 1 January 1963, pp. 35-40.

GUL, Faruk (1991): A Theory of Disappointment Aversion, in: Econometrica; May 1991, Vol. 59 Issue 3, pp. 667-686.

GÜNTERBERG, Brigitte / WALLAU, Frank (2008): Beschäftigungsbeitrag des Mittelstands 2007 in Deutschland - Ergebnisse einer Sonderauswertung, Institut für Mittelstandsforschung Bonn, Working Paper 05/08, Oktober 2008.

GÜNTHER, Thomas (1997): Unternehmenswertorientiertes Controlling, Vahlen, München 1997.

HACHMEISTER, Dirk (1997): Der Cash Flow Return on Investment als Erfolgsgröße einer wertorientierten Unternehmensführung, in: Zeitschrift für betriebswirtschaftliche Forschung, 1997, S. 556-579.

HALL, Marshall / WEISS, Leonard (1967): Firm Size and Profitability; in: Review of Economics & Statistics; August 1967, Vol. 49 Issue 3, pp. 319-331.

HALTER, A. N. / DEAN, G. W. (1971): Decisions under Uncertainty, South Western Publishing, Cincinnati, Ohio 1971.

HANNAN, Michael T. / FREEMAN, John (1984): Structural Inertia and Organizational Change, in: American Sociological Review; April 1984, Vol. 49 Issue 2, pp. 149-165.

HARRISON, F. L. (1977): Decision-Making in Conditions of Extreme Uncertainty, in: Journal of Management Studies; May 1977, Vol. 14 Issue 2, pp. 169-178.

HARTUNG, Joachim / ELPELT, Bärbel / KLÖSENER, Karl-Heinz (1999): Statistik, Lehr- und Handbuch der angewandten Statistik, 12. unwesentlich veränderte Auflage, Oldenbourg, München; Wien, 1999.

HEIDMANN, Marcus / SCHAFFER, Utz / STRAHRINGER, Susann (2008): Exploring the Role of Management Accounting Systems in Strategic Sensemaking, in: Information Systems Management; Summer2008, Vol. 25 Issue 3, pp. 244-257.

HELLIAR, Christine / LONIE, Alasdair / POWER, David / SINCLAIR, C. Donald (2001): Attitudes of UK managers to risk and uncertainty, The Institute of Chartered Accountants of Scotland, Bell and Bain Ltd, Glasgow.

HELLIAR, Christine / LONIE, Alasdair / POWER, David / SINCLAIR, C. Donald (2002): Managerial attitudes to risk: a comparison of Scottish chartered accountants and U.K. managers, in: Journal of International Accounting, Auditing & Taxation; 2002, Vol. 11 Issue 2, pp. 165-190.

HENDERSON, Andrew D. / BENNER, Mary J. (2000): The Evolution of Risk and Return: Modeling the Temporal Unfolding of Gains and Losses, in: Academy of Management Proceedings, pp. C1-C6.

HENDERSON, Andrew D. / BENNER, Mary J. (2001): The Evolution of Risk and Return in High Velocity Settings; pp. 1-39; URL: http://www-management.wharton.upenn.edu/benner/documents/Evolution.pdf.

HENKEL, Joachim (2000): The Risk-Return Fallacy; in: Schmalenbach Business Review, Vol. 52, 2000, pp. 363-373.

HENKEL, Joachim (2003): The Risk-Return Paradox for Strategic Management: Disentangling True and Spurious Effects; Paper at the Academy of Management Meeting 2003, Seattle, April 30th 2003.

HENKEL, Joachim (2009): The risk-return paradox for strategic management: disentangling true and spurious effects, in: Strategic Management Journal; March 2009, Vol. 30 Issue 3, pp. 287-303.

HERTWIG, Ralph / ORTMANN, Andreas (2001): Experimental practices in economics: a methodological challenge for psychologists? In: Behavioral and Brain Sciences 24, pp. 383-451.

HERZOG, Thomas R. (1996): Research methods and data analysis in the social sciences, HarperCollinsCollegePublishers, New York 1996.

HILLSON, David A. (2005) Describing Probability: The Limitations of Natural Language, in: EMEA Proceedings, PMI Global Congress, Edinburgh, UK 2005.

HIRSCH, Bernhard (2007): Controlling und Entscheidungen - zur verhaltenswissenschaftlichen Fundierung des Controllings, Zugl.: Vallendar, School of Management, Habil.-Schr., 2006, Mohr Siebeck, Tübingen, 2007.

HIRSHLEIFER, Jack (1965): Investment Decision Under Uncertainty: Choice-Theoretic Approaches, in: Quarterly Journal of Economics; November 1965, Vol. 79 Issue 4, pp. 509-536.

HOLMSTROM, Bengt (1979): Moral hazard and observability, in: Bell Journal of Economics; Spring 1979, Vol. 10 Issue 1, pp. 74-91.

HOLTHAUSEN, Duncan M. (1981): A Risk-Return Model with Risk and Return Measured as Deviations from a Target Return, in: American Economic Review, March 1981, Vol. 71 Issue 1, pp. 182-189.

HORVÁTH, Péter (2009): Controlling, 11., vollst. überarb. Aufl., Vahlen, München 2009.

HURDLE, Gloria J. (1974): Leverage, Risk, Market Structure and Profitability, in: Review of Economics & Statistics; November 1974, Vol. 56 Issue 4, pp. 478-483.

JACOBSON, Robert (1987): The Validity of ROI as a Measure of Business Performance, in American Economic Review, 1987, Vol. 77, June 1987, Issue 3, pp. 470-478.

JACKSON, D. N. (1976): Personality Inventory Manual, Research Psychologists Press, Goshen, NY. 1976.

JANIS, Irving L. (1982): Victims of Groupthink – A psychological study of foreign policy decisions and fiascos, 2nd ed., Houghton Mifflin, Boston 1982.

JEGERS, Marc (1989): The Risk-Return Relation at the Firm and Industry Level: An Empirical Analysis Using Belgian Accounting Data, in: Applied Economics; Vol. 21, 1989, pp. 913-920.

JEGERS, Marc (1991): Prospect Theory and the Risk-Return Relation: Some Belgian Evidence, in: Academy of Management Journal; Vol. 34, 1991, Issue 1, pp. 215-225.

JEMISON, David B. (1987): Risk and the Relationship Among Strategy, Organizational Processes, and Performance, in: Management Science; September 1987, Vol. 33 Issue 9, pp. 1087-1101.

JENSEN, Michael / MECKLING, William (1976): Theory of the firm: Managerial behavior, agency costs, and ownership structure, in: Journal of Financial Economics, Vol. 3 (1976), Nr. 4, S. 305-360.

JESKE, Klaus-Jürgen (2008): Risikoentscheidungsverhalten von Führungskräften - Eine empirische Untersuchung in der deutschen Versicherungswirtschaft, Verlag Versicherungswirtschaft, Karlsruhe 2008.

JESKE, Klaus-Jürgen / WERNER, Ute (2008): Impacts on decision making of executives - Probabilities versus outcomes, in: Journal of Neuroscience, Psychology, & Economics; 2008, Vol. 1 Issue 1, pp. 49-65.

JOHNSON, Dana J. (1989): The Risk Behavior of Equity of Firms Approaching Bankruptcy, in: Journal of Financial Research; Spring 1989, Vol. 12 Issue 1, pp. 33-50

JOHNSON, HAZEL J. (1994): Prospect Theory in the Commercial Banking Industry, in: Journal of Financial and Strategic Decisions, Vol. 7 Number 1 Spring 1994, pp. 73-89.

JOHNSON, J. E. V. / POWELL, P. L. (1994): Decision Making, Risk and Gender: Are Managers Different? In: British Journal of Management; June 94, Vol. 5 Issue 2, pp. 123-138.

KAHNEMAN, Daniel / TVERSKY, Amos (1972): Subjective probability: A judgment of representativeness, in: Cognitive Psychology, Vol. 3(3), July 1972, pp. 430-454.

KAHNEMAN, Daniel / TVERSKY, Amos (1973): Availability: A heuristic for judging frequency and probability, in: Cognitive Psychology, Vol. 5(2), September 1973. pp. 207-232.

KAHNEMAN, Daniel / TVERSKY, Amos (1979): Prospect Theory: An Analysis of Decision Under Risk; in: Econometrica; Vol. 47 Issue 2, pp. 263-292.

KAHNEMAN, Daniel / LOVALLO, D. (1993): Timed Decisions and Bold Forecasts: A Cognitive Perspective on Risk Taking; in: Management Science, January 1993, Vol. 39 Issue 1, pp. 17-31.

KAHNEMAN, Daniel / TVERSKY, Amos [Hrsg.] (2000): Choices, Values, and Frames; Cambridge University Press, 2000.

KAISER, Henry F. / RICE, John (1974): Little Jiffy, Mark IV, in: Educational and Psychological Measurement, Vol. 34 Issue 1, Spring, 1974. pp. 111-117.

KAISH, Stanley / GILAD, Benjamin (1991): Characteristics of Opportunities Search of Entrepreneurs Versus Executives: Sources, Interests, General Alertness, in: Journal of Business Venturing, Vol. 6 Issue 1, January 1991, pp. 45-61.

KIESER, Alfred / KUBICEK, Herbert (1977): Organisation, de Gruyter, Berlin [u. a.] 1977.

KNETSCH, Jack L. (1989): The Endowment Effect and Evidence of Nonreversible Indifference Curves, in: American Economic Review; December 1989, Vol. 79 Issue 5, pp. 1277-1284.

KNIGHT, Frank H. (1921): Risk, Uncertainty and Profit; Hart, Schaffner & Marx; Houghton Mifflin Company, Boston; [URL: http:// www.econlib.org/library/Knight/knRUPtoc. html].

KNIGHT, Frank H. (2006): Risk, Uncertainty and Profit; Dover Publications, Mineola, New York 2006.

KUBICEK, Herbert (1975): Empirische Organisationsforschung - Konzeption und Methodik, Poeschel, Stuttgart 1975.

KÜHBERGER, Anton / SCHULTE-MECKLENBECK, Michael / PERNER, Josef (2002): Framing decisions: Hypothetical and real, in: Organizational Behavior and Human Decision Processes, Vol. 89(2), November 2002, pp. 1162-1175.

KUNREUTHER, Howard / HOGARTH, Robin / MESZAROS, Jacqueline (1993): Insurer Ambiguity and Market Failure, in: Journal of Risk & Uncertainty; August 1993, Vol. 7 Issue 1, pp. 71-87.

KÜPPER, Hans-Ulrich (2008): Controlling - Konzeption, Aufgaben, Instrumente, 5. überarb. Aufl. Schäffer-Poeschel, Stuttgart 2008.

KUPSCH, Peter (1973): Das Risiko im Entscheidungsprozess, in Reihe: Die Betriebswirtschaft in Forschung und Praxis, Band 14, Gabler, Wiesbaden, 1973.

KUTSCH, E. / HALL, M. (2005): Intervening conditions on the management of project risk: Dealing with uncertainty in information technology projects, in: International Journal of Project Management; November 2005, Vol. 23 Issue 8, pp. 591-599.

LAMNEK, Siegfried (1993): Qualitative Sozialforschung, Band 1 Methodologie, Psychologie Verlags Union, Weinheim 1993.

LANGER, Ellen J. (1975): The illusion of control, in: Journal of Personality and Social Psychology, Vol. 32(2), August, 1975. pp. 311-328.

LANT, Theresa (1992): Aspiration Level Adaptation: An Empirical Exploration, in: Management Science; May 1992, Vol. 38 Issue 5, pp. 623-644.

LANT, Theresa / MILLIKEN, Frances (1992): The Role of Managerial Learning and Interpretation in Strategic Persistence and Reorientation: an Empirical Exploration, in: Strategic Management Journal; November 1992, Vol. 13 Issue 8, pp. 585-608.

LANT, Theresa / SHAPIRA, Zur (2008): Managerial reasoning about aspirations and expectations, in: Journal of Economic Behavior & Organization; April 2008, Vol. 66 Issue 1, pp. 60-73.

LAUGHHUNN, Dan J. / PAYNE, John W. / CRUM, Roy (1980): Managerial Risk Preferences for Below-Target Returns, in: Management Science, Vol. 26 Issue 12, pp. 1238-1249.

LAUGHHUNN, Dan J. / CRUM, Roy / PAYNE, John W. (1983): Risk attitudes in the telecommunications industry, in: Bell Journal of Economics; Autumn 1983, Vol. 14 Issue 2, pp. 517-521.

LAWRENCE, Paul R. / LORSCH, Jay W. (1969): Organization and environment – managing differentiation and integration, 1st paperbound print, Irwin, Homewood, Ill. 1969.

LAUX, Helmut (2007): Entscheidungstheorie, 7., überarb. und erw. Aufl., Springer, Berlin, Heidelberg [u. a.], 2007.

LEHNER, Johannes M. (2000): Shifts of Reference Points for Framing of Strategic Decisions and Changing Risk-Return Associations, Management Science, 2000, Vol. 46 Issue 1, pp. 63-76.

LEITNER, Friedrich (1915): Die Unternehmungsrisiken, in Reihe: Einzelwirtschaftliche Abhandlung, Heft 3, Verlag Reimer, Berlin 1915.

LIBBY, Robert / FISHBURN, Peter C. (1977): Behavioral Models of Risk Taking in Business Decisions: A Survey and Evaluation, in: Journal of Accounting, Autumn 1977, Vol. 15 Issue 2, 1977, pp. 272-292.

LICHTENSTEIN, Sarah / SLOVIC, Paul (1971): Reversals of preference between bids and choices in gambling decisions, in: Journal of Experimental Psychology, Vol. 89(1), July 1971. pp. 46-55.

LIKERT, Rensis (1932): A technique for the measurement of attitudes, in: Archives of Psychology, Vol. 22 No. 140, 1932. pp. 1-55.

LILLIS, Anne M. / MUNDY, Julia (2005): Cross-Sectional Field Studies in Management Accounting Research--Closing the Gaps between Surveys and Case Studies, in: Journal of Management Accounting Research, 2005, Vol. 17, pp. 119-141.

LINDMAN, Harold R. (1971): Inconsistent preferences among gambles, in: Journal of Experimental Psychology, Vol. 89(2), August 1971. pp. 390-397.

LIPSHITZ, Raanan / STRAUSS, Orna (1997): Organizational Behavior & Human Decision Processes; February 1997, Vol. 69 Issue 2, pp. 149-163.

LOOMES, Graham / SUGDEN, Robert (1982): Regret Theory: An Alternative Theory of Rational Choice under Uncertainty, in Economic Journal; December 1982, Vol. 92 Issue 368, pp. 805-824.

LOPES, Lola L. (1994): Psychology and economics: Perspectives on risk, cooperation, and the marketplace, in: Annual Review of Psychology, Vol. 45, 1994. pp. 197-227.

LORANGE, Peter / NORMAN, Victor (1973): Risk preference in Scandinavian shipping, in: Applied Economics; March 1973, Vol. 5 Issue 1, pp. 49-60.

LORD, Charles G. / ROSS, Lee / LEPPER, Mark R. (1979): Biased assimilation and attitude polarization: The effects of prior theories on subsequently considered evidence, in: Journal of Personality and Social Psychology, Vol. 37(11), Nov, 1979. pp. 2098-2109.

LUCE, R. Duncan / FISHBURN, Peter C. (1991): Rank-and Sign-Dependent Linear Utility Models for Finite First-Order Gambles, in: Journal of Risk & Uncertainty; January 1991, Vol. 4 Issue 1, pp. 29-59.

LÜCKE, W. (1955): Investitionsrechnung auf der Basis von Ausgaben oder Kosten? in: Zeitschrift für handelswissenschaftliche Forschung, 7. Jahrgang 1955, S. 310-324.

LUTTMAN, Suzanne M. / SILHAN, Peter A. (1995): Determinants of earnings variability, in: Journal of Applied Business Research, 1995, Vol. 11 Issue 1, pp. 117-124.

MACCRIMMON, Kenneth R. / WEHRUNG, Donald A. (1985): A portfolio of risk measures, in: Theory and Decision, Vol. 19(1), July 1985. pp. 1-29.

MACCRIMMON, Kenneth R. / WEHRUNG, Donald A. (1986): Taking risks: The management of uncertainty, With W. T. Stanbury New York: Macmillan, Free Press, London, 1986.

MACCRIMMON, Kenneth R. / WEHRUNG, Donald A. (1990), Characteristics of Risk Taking Executives, in: Management Science; April 1990, Vol. 36 Issue 4, pp. 422-435.

MACHINA, Mark J. (1982): "Expected Utility" Analysis without the Independence Axiom, in: Econometrica, Vol. 50, No. 2, March 1982, pp. 277-323.

MACKO, Anna / TYSZKA, Tadeusz (2009): Entrepreneurship and Risk Taking; in: Applied Psychology: An International Review; July 2009, Vol. 58 Issue 3, pp. 469-487.

MARQUIS, Donald G. (1962): Individual Responsibility and Group Decisions Involving Risk, in: Industrial Management Review; Spring 1962, Vol. 3 Issue 2, pp. 8-23.

MARCH, James G. / SHAPIRA, Zur (1987): Managerial perspectives on risk and risk taking, in: Management Science, November 1987, Vol. 33 Issue 11, pp. 1404-1418.

MARCH, James G. / SHAPIRA, Zur (1992): Variable risk preferences and the focus of attention, in: Psychological Review, Vol. 99(1), January 1992. pp. 172-183.

MARISK BA (2009): Mindestanforderungen an das Risikomanagement – MaRisk, in: Rundschreiben 15/2009 (BA) der Bundesanstalt für Finanzdienstleistungsaufsicht (BaFin), BA 54-FR 2210-2008/0001, Bonn/Frankfurt a. M., den 14.08.2009.

MARKOWITZ, Harry M. (1952a): Portfolio Selection, in: Journal of Finance, March 1952, Vol. 7 Issue 1, pp. 77-91.

MARKOWITZ, Harry M. (1952b): The Utility of Wealth, in: The Journal of Political Economy, Vol. 60, No. 2. April 1952, pp. 151-158.

MARSH, Herbert W. / HOCEVAR, Dennis (1985): Application of confirmatory factor analysis to the study of self-concept: First- and higher-order factor models and their invariance across groups, in: Psychological Bulletin, 97: pp. 562–582.

MARSH, Terry A. / SWANSON, Douglas S. (1984): Risk-Return Tradeoffs for Strategic Management, in: Sloan Management Review, Spring 1984, Vol. 25 Issue 3, pp. 35–51.

MARTIN, Albert (1989): Die empirische Forschung in der Betriebswirtschaftslehre - eine Untersuchung über die Logik der Hypothesenprüfung, der empirische Forschungspraxis und der Möglichkeit einer theoretischen Fundierung realwissenschaftlicher Untersuchungen, Poeschel, Stuttgart 1989.

MARTINEZ, Richard / ARTZ, Kendall (2006): An Examination of Firm Slack and Risk-taking in Regulated and Deregulated Airlines, in: Journal of Managerial Issues; Spring 2006, Vol. 18 Issue 1, pp. 11-31

MASCLET, David / COLOMBIER, Nathalie / DENANT-BOEMONT, Laurent / LOHÉAC, Youenn (2009): Group and individual risk preferences: A lottery-choice experiment with self-employed and salaried workers, in: Journal of Economic Behavior & Organization; June 2009, Vol. 70 Issue 3, pp. 470-484.

MASTERS, Robert / MEIER, Robert (1988): Sex Differences and Risk-Taking Propensity of Entrepreneurs, in: Journal of Small Business Management; January 1988, Vol. 26 Issue 1, pp. 31-35.

MAURER, Frantz (2004a): Ordinal Strategic Risk and Return: A Fresh Look at Bowman's Paradox, 64th Academy of Management Meeting, New Orleans, Louisiana, USA, August 6-11, 2004.

MAURER, Frantz (2004b): Ordinal Strategic Risk and Return: A Fresh Look at Bowman's Paradox, in: Academy of Management Proceedings, 2004, pp. B1-B6.

MEEHL, Paul E. / ROSEN, Albert (1955): Antecedent probability and the efficiency of psychometric signs, patterns, or cutting scores, in: Psychological Bulletin, Vol. 52(3), May 1955. pp. 194-216.

MEIER-PESTI, Katja / PENZ, Elfriede (2008): Sex or gender? Expanding the sex-based view by introducing masculinity and femininity as predictors of financial risk taking, in: Journal of Economic Psychology; April 2008, Vol. 29 Issue 2, pp. 180-196.

MEYER, H. H. / WALKER, W. B. / LITWIN, G. H. (1961). Motive patterns and risk preferences associated with entrepreneurship, in: The Journal of Abnormal and Social Psychology, Vol. 63(3), November 1961. pp. 570-574.

MILLER, Danny / CHEN, Ming-Jer (1994): Sources and Consequences of Competitive Inertia: A Study of the U.S. Airline Industry, in: Administrative Science Quarterly; March 1994, Vol. 39 Issue 1, pp. 1-23.

MILLER, Danny / CHEN, Ming-Jer (2004): Variable Organizational Risk Preferences: Tests of the March-Shapira Model, in: Academy of Management Journal; February 2004, Vol. 47 Issue 1, pp. 105-115.

MILLER, Delbert C. (1992): Handbook of research design and social measurement, 5. ed., 3. print, Sage, Newbury Park [u. a.], 1992.

MILLER, Kent D. / BROMILEY, Philip (1990): Strategic Risk and Corporate Performance: An Analysis of Alternative Risk Measures, in: Academy of Management Journal; Vol. 33 Issue 4, pp. 756-779.

MILLER, Kent D. / LEIBLEIN, Michael J. (1996): Corporate risk-return relations: Returns variability versus downside risk, in: Academy of Management Journal; Vol. 39 Issue 1, pp. 91-122.

MILLER, Kent D. (2009): Organizational Risk after Modernism, in: Organization Studies, Vol. 30 Issue 2/3, pp. 157-180.

MINER, John B. / RAJU, Nambury S. (2004): Risk Propensity Differences between Managers and Entrepreneurs and Between Low- and High-Growth Entrepreneurs: A Reply in a More Conservative Vein, in: Journal of Applied Psychology, Vol. 89, Issue 1, February 2004, pp. 3-13.

MODELL, Sven (2005): Triangulation between case study and survey methods in management accounting research: An assessment of validity implications, in: Management Accounting Research, Vol. 16, Issue 2, June 2005, pp. 231-254.

MODELL, Sven (2009): In defence of triangulation: A critical realist approach to mixed methods research in management accounting in: Management Accounting Research, Vol. 20, Issue 3, September 2009, pp. 208-221.

MODELL, Sven (2010): Bridging the paradigm divide in management accounting research: The role of mixed methods approaches, in: Management Accounting Research; June 2010, Vol. 21 Issue: Number 2 pp. 124-129.

MORGAN, John [Hrsg.] (2005): Experimental and behavioral economics - Advances in applied microeconomics Vol. 13, Elsevier JAI, Amsterdam, Heidelberg [u. a.] 2005.

MUKHERJI, Ananda / DESAI, Ashay / WRIGHT, Peter (2008): A Contingent Relationship Between Risk and Return: Toward A Behavioral Model of Decision Making, in: Journal of Behavioral & Applied Management, May 2008, Vol. 9 Issue 3, pp. 240-257.

NEUMANN, Manfred / BOBEL, Ingo / Haid, Alfred (1979): Profitability, Risk and Market Structure in West German Industries, in: Journal of Industrial Economics; March 1979, Vol. 27 Issue 3, pp. 227-242.

NICKLISCH, Heinrich (1912): Allgemeine kaufmännische Betriebslehre als Privatwirtschaftslehre des Handels und der Industrie, Band 1, Leipzig 1912.

NWOGUGU, Michael (2005a): Towards multi-factor models of decision making and risk: A critique of Prospect Theory and related approaches, part I, in: The Journal of Risk Finance, Vol. 6 Issue 2, pp. 150-162.

NWOGUGU, Michael (2005b): Towards multi-factor models of decision making and risk: A critique of Prospect Theory and related approaches, part II, in: The Journal of Risk Finance, Vol. 6 Issue 2, pp. 163-173.

OEHLER, Andreas / UNSER, Matthias (2002): Finanzwirtschaftliches Risikomanagement, Springer, Berlin, Heidelberg [u. a.] 2002.

OHLSON, James A. (1995): Earnings, Book Values, and Dividends in Equity Valuation, in: Contemporary Accounting Research; Spring 1995, Vol. 11 Issue 2, 661-687.

ORPEN, Christopher (1983): Risk-Taking Attitudes Among Indian, United States, and Japanese Managers, in: Journal of Social Psychology; August 1983, Vol. 120 Issue 2, pp. 283-284.

OSBORN, Richard / JACKSON, Daniel (1988): Leaders, Riverboat Gamblers, Or Purposeful Unintended Consequences In The Management Of Complex, Dangerous Technologies, in: Academy of Management Journal; December 1988, Vol. 31 Issue 4, pp. 924-947.

OSKAMP, Stuart (1965): Overconfidence in case-study judgments, in: Journal of Consulting Psychology, Vol. 29 Issue 3, June 1965, pp. 261-265.

OVIATT, Benjamin M. / BAUERSCHMIDT, Alan D. (1991): Business Risk and Return: A Test of Simultaneous Relationships, in: Management Science, November 1991, Vol. 37 Issue 11, pp. 1405-1423.

PABLO, Amy / SITKIN, Sirn / JEMISON, David (1996): Acquisition Decision-Making Processes: The Central Role of Risk, in: Journal of Management; Winter 1996, Vol. 22 Issue 5, pp. 723-746.

PABLO, Amy L. (1997): Reconciling predictions of decision making under risk: Insights from a reconceptualized model of risk behaviour, in: Journal of Managerial Psychology; 1997, Vol. 12 Issue 1/2, pp. 4-20.

PALICH, Leslie E. / BAGBY, D. Ray (1995): Using Cognitive Theory to Explain Entrepreneurial Risk-Taking: Challenging Conventional Wisdom, in: Journal of Business Venturing; Nov95, Vol. 10 Issue 6, pp. 425-439.

PALMER, Timothy B. / WISEMAN, Robert M. (1999): Decoupling Risk Taking From Income Stream Uncertainty: A Holistic Model of Risk, in: Strategic Management Journal; Nov99, Vol. 20 Issue 11, pp. 1037-1062.

PARHANKANGAS, Annaleena / HELLSTRÖM, Tomas (2007): How experience and perceptions shape risky behaviour: Evidence from the venture capital industry, in: Venture Capital; July-September 2007, Vol. 9 Issue 3, pp. 183-205.

PERLITZ, Manfred / LÖBLER, Helge (1985): Brauchen Unternehmen zum Innovieren Krisen, in Zeitschrift für Betriebswirtschaft, 55. Jahrgang 1985, Heft 5, S. 424-450.

PERLITZ, Manfred / LÖBLER, Helge (1989): Das Innovationsverhalten in der mittelständischen Industrie; das Risk/Return-Paradoxon; in Reihe: Schriften zur Mittelstandsforschung, Nr. 27; Poeschel, Stuttgart, 1989.

PERROW, Charles B. (1966): Technology and Organizational Structure, in: Proceedings of the 19th Annual Meeting of the Industrial Relations Research Association, December 1966, pp. 156-163.

PETERS, Thomas J. / WATERMAN, Robert H. (1982): In search of excellence: lessons from America's best-run companies, Harper & Row, New York [u. a.], 1982.

PICOT, Arnold / DIETL, Helmut / FRANCK, Egon (2008): Organisation – eine ökonomische Perspektive, 5., aktualisierte u. überarb. Aufl., Schäffer-Poeschel, Stuttgart 2008.

PITZ, Gordon F. / DOWNING, Leslie / REINHOLD, Helen (1967): Sequential Effects in the Revision of Subjective Probabilities, Canadian Journal of Psychology/Revue canadienne de psychologie, Vol. 21(5), 1967. pp. 381-393.

PITZ, Gordon F. (1969): The Influence of Prior Probabilities on Information Seeking and Decision-making, in: Organizational Behavior & Human Performance; August 1969, Vol. 4 Issue 3, pp. 213-226.

POKORNY, Kathrin (2008): Pay—but do not pay too much: An experimental study on the impact of incentives, in: Journal of Economic Behavior & Organization; May 2008, Vol. 66 Issue 2, pp. 251-264.

POPPER, Karl R. (1959): The Logic of Scientific Discovery, 1st English edition, Hutchinson & Co., New York. 1959.

POPPER, Karl R. (1972): Objective Knowledge, Clarendon Press Oxford, U.K., 1972.

PORTER, Michael E. (1980): Competitive Strategy – Techniques for Analyzing Industries and Competitors, Free Press, New York. 1980.

RAFFÉE, Hans [Hrsg.] (1979): Wissenschaftstheoretische Grundfragen der Wirtschaftswissenschaften, Vahlen, München, 1979.

RAFFÉE, Hans (2005): Gegenstand, Methoden und Konzepte der Betriebswirtschaftslehre, in: BITZ, Michael [Hrsg.] (2005): Vahlens Kompendium der Betriebswirtschaftslehre, Band 1 und 2; 5., völlig überarb. Aufl., Vahlen, München 2005, pp. 1-46.

RAMEZANI, Cyrus A. / SOENEN, Luc / JUNG, Alan (2002): Growth, Corporate Profitability, and Value Creation, in: Financial Analysts Journal, November/December 2002, Vol. 58 Issue 6, pp. 56-66.

RAMSEY, Frank P. (1926): Truth and Probability, in: Braithwaite Richard B. (ed.) (1931): The Foundations of Mathematics and other Logical Essays, Ch. VII, p.156-198, London: Kegan, Paul, Trench, Trubner & Co., New York: Harcourt, Brace and Company.

RAY, Dennis M. (1982): An empirical examination of the characteristics and attributes of entrepreneurs, franchise owners and managers engaged in retail ventures, unpublished doctoral dissertation, University of South Carolina, Columbia 1982.

RAY, Dennis M. (1994): The Role of Risk-Taking in Singapore, in: Journal of Business Venturing; March 1994, Vol. 9 Issue 2, pp. 157-177.

REYNOLDS, Paul D. / CAMP, S. Michael / BYGRAVE, William D. / AUTIO, Erkko / HAY, Michael (2002): Global Entrepreneurship Monitor 2001 Executive Report, Babson College, IBM, London Business School, Kauffman Center for Entrepreneurial Leadership, Kansas City, Mo. 2002.

RICHARD, J. C. (1989): A comparison of the social characteristics, personalities, and managerial styles of managers and entrepreneurs, unpublished doctoral dissertation, University of Windsor, Windsor, Ontario, Canada 1989.

RITOV, Ilana / BARON, Jonathan (1992): Status-Quo and Omission Biases Journal of Risk and Uncertainty, February 1992, Vol. 5, Issue 1, pp. 49-61.

ROHRMANN, Bernd (1978): Empirische Studien zur Entwicklung von Antwortskalen für die sozialwissenschaftliche Forschung, in: Zeitschrift für Sozialpsychologie, 1978, Vol 9, pp. 222-245.

ROSS, STEPHEN A. (1973): The Economic Theory of Agency: The Principal's Problem, in: American Economic Review; May 1973, Vol. 63 Issue 2, pp. 134-139.

ROSS, Stephen (1976): The Arbitrage Theory of Capital Asset Pricing, in: Journal of Economic Theory, 1976, S. 341-360.

ROWE, William D. (1977): An Anatomy of Risk, John Wiley and Sons, New York 1977.

RUEFLI, Timothy W. (1990): Mean-Variance Approaches to Risk-Return-Relationships in Strategy: Paradox Lost, in: Management Science; March 1990, Vol. 36 Issue 3, pp. 368-380.

RUEFLI, Timothy W. / COLLINS, James M. / LACUGNA, Joseph R. (1999): Risk measures in strategic management research: Auld lang syne? In: Strategic Management Journal; February 1999, Vol. 20 Issue 2, pp. 167-194.

RYDVAL, Ondrej / ORTMANN, Andreas (2004): How financial incentives and cognitive abilities affect task performance in laboratory settings: an illustration, in: Economics Letters; Dec2004, Vol. 85 Issue 3, pp. 315-320.

SAMUELSON, William / ZECKHAUSER, Richard (1988): Status Quo Bias in Decision Making, Journal of Risk & Uncertainty; March 1988, Vol. 1 Issue 1, pp.7-59.

SARBANES-OXLEY ACT (2002): Sarbanes-Oxley Act of 2002, Bill Text, 107th Congress (2001-2002), H.R.3763.ENR, 2002.

SAVAGE, Leonard J (1954, 1972): The Foundations of Statistics, New York, John Wiley & Sons.

SCHÄFFER, Utz / WEBER, Jürgen (2001): Controlling als Rationalitätssicherung der Führung – Zum Stand unserer Forschung, in: Weber, Jürgen / Schäffer, Utz (Hrsg.): Rationalitätssicherung der Führung – Beiträge zu einer Theorie des Controlling, Wiesbaden, 2001, S. 1-6.

SCHMOOK, Renate (2004): Prospect-Theorie - Determinanten der Entscheidung: Anzahl der Entscheidungen, Risikobeurteilung, Ergebniserwartung und Kontrollillusion als Determinanten des Entscheidungsverhaltens in unterschiedlichen materiellen und immateriellen Kontexten, zugl.: Diss. Univ. Halle-Wittenberg, Verlag: dissertation.de, 2004.

SCHREYÖGG, Georg (1995): Umwelt, Technologie und Organisationsstruktur – eine Analyse des kontingenztheoretischen Ansatzes, 3., nachgeführte Aufl., Haupt-Verlag, Bern, Stuttgart [u. a.] 1995.

SCHREYÖGG, Georg (2008): Organisation - Grundlagen moderner Organisationsgestaltung - mit Fallstudien, 5. vollst. überarb. und erw. Aufl., Gabler, Wiesbaden 2008.

SEDLMEIER, Peter / RENKEWITZ, Frank (2008): Forschungsmethoden und Statistik in der Psychologie, Pearson Studium, München [u. a.] 2008.

SELTEN, Reinhard (2002): What is Bounded Rationality? In: GIGERENZER, Gerd [Hrsg.] (2002): Bounded rationality – the adaptive toolbox [report of the 84th Dahlem Workshop on Bounded Rationality ..., Berlin, March 14-19, 1999], 1. paperback ed. MIT Press, Cambridge, Mass. [u. a.] 2002.

SETH, Salma / SEN, Anima (1995): Behavioural characteristics of women entrepreneurs and executives vis-a-vis their male counterparts: An empirical study, in: Social Science International, Vol. 11 Issue 1-2, January 1995, pp. 18-33.

SEXTON, Donald L. / BOWMAN, Nancy B. (1983): Comparative entrepreneurship characteristics of students: Preliminary results, in: J. Hornaday, J. Timmons, & K. Vesper (Eds.), Frontiers of entrepreneurship research (pp. 213-225). Wellesley, MA: Babson College.

SHAPIRA, Zur (1975): Measuring Subjective Probabilities by the Magnitude Production Method, in: Organizational Behavior & Human Performance; December 1975, Vol. 14 Issue 3, pp. 314-320.

SHAPIRA, Zur (1993): Ambiguity and Risk Taking in Organizations, in: Journal of Risk & Uncertainty; August 1993, Vol. 7 Issue 1, pp. 89-94.

SHAPIRA, Zur: (1995), Risk Taking: a managerial perspective, Russell Sage Foundation, New York, NY.

SHARPE, William F. (1964): Capital Asset Prices: A Theory of Market Equilibrium under Conditions of Risk, in: Journal of Finance, September 1964, Vol. 19 Issue 3, pp. 425-442.

SHIMIZU, Katsuhiko (2007): Prospect Theory, Behavioral Theory, and the Threat-Rigidity Thesis: Combinative Effects on Organizational Decisions to Divest Formerly Acquired Units, in: Academy of Management Journal; December 2007, Vol. 50 Issue 6, pp. 1495-1514.

SIMON, Herbert A. (1957): Models of Man - social and rational, John Wiley, New York 1957.

SIMON, Herbert A. (1959): Theories of Decision-Making in Economics and Behavioral Science, in: American Economic Review; June 1959, Vol. 49 Issue 3, pp. 253-283.

SIMON, Herbert, A. (1960): Administrative Behavior - A Study of Decision-Making Processes in Administrative Organization, 2. ed., 8. print, Macmillan, New York.

SIMON, Herbert, A. (1986): Rationality in Psychology and Economics, Journal of Business; October 1986 Part 2 of 2, Vol. 59 Issue 4, pp. 209-224.

SINHA, Tapen. (1994): Prospect theory and the risk return association: Another look, Journal of Economic Behavior and Organization, 24 (2), pp. 225-231.

SINN, Hans-Werner (1989): Economic decisions under uncertainty, 2. ed., Physica, Heidelberg, 1989.

SITKIN, Sim / PABLO, Amy (1992): Reconceptualizing the determinants of risk behaviour, in Academy of Management Review; January 1992, Vol. 17 Issue 1, pp. 9-38.

SITKIN, Sim B. / WEINGART, Laurie R. (1995): Determinants of risky decision-making behavior: A test of the mediating role of risk perceptions and propensity, in: Academy of Management Journal, Vol. 38(6), December 1995, pp. 1573-1592.

SLOVIC, Paul / LICHTENSTEIN, Sarah (1968): Relative importance of probabilities and payoffs in risk taking, in: Journal of Experimental Psychology, Vol. 78(3, Pt.2), November 1968, pp. 1-18.

SLOVIC, Paul (1987): Perception of risk, in: Science, Vol. 236(4799), April 1987, pp. 280-285.

SMITH, Vernon L. (1976): Experimental economics: induced value theory. American Economic Review Proceedings 66, pp. 247-279.

SMITH, Vernon L. (1982): Microeconomic systems as an experimental science. American Economic Review 72, pp. 923-955.

SMITH, Vernon L. / WALKER, James M. (1993): Monetary rewards and decision cost in experimental economics. Economic Inquiry April 1993, Vol. 31 Issue 2, pp. 245-261.

SONFIELD, MATTHEW / LUSSIER, ROBERT / CORMAN, JOEL / MCKINNEY, MARY (2001): Gender Comparisons in Strategic Decision-Making: An Empirical Analysis of the Entrepreneurial Strategy Matrix, in: Journal of Small Business Management; April 2001, Vol. 39 Issue 2, pp. 165-173.

SPÖHRING, Walter (1989): Qualitative Sozialforschung, Teubner, Stuttgart 1989.

SPREMANN, Klaus (2002): Finanzanalyse und Unternehmensbewertung; R. Oldenbourg, München, Wien, 2002.

SPRINKLE, Geoffrey B. (2003): Perspectives on experimental research in managerial accounting, in: Accounting, Organizations and Society, Vol. 28, Issues 2 3, February April 2003, pp. 287-318.

STARMER, Chris / SUGDEN, Robert (1989): Violations of the independence axiom in common ratio problems: An experimental test of some competing hypotheses, in: Annals of Operations Research; December 1989, Vol. 19 Issue: Number 1 pp. 79-102.

STATISTISCHES BUNDESAMT (2008a): Klassifikation der Wirtschaftszweige - Mit Erläuterungen, Internet: www.destatis.de, Wiesbaden, 12/2008

STATISTISCHES BUNDESAMT (2008b): Unternehmen und Betriebe – Deutschland – Unternehmen nach Beschäftigungsgrößenklassen, Stand 31.12.2008; http://www.statistik-portal.de/Statistik-Portal/de_ent01_bund.asp

STAW, Barry M. (1981): The Escalation of Commitment To a Course of Action, in: Academy of Management Review; October 1981, Vol. 6 Issue 4, pp. 577-587.

STAW, Barry / SANDELANDS, Lance / DUTTON, Jane (1981): Threat-Rigidity Effects in Organizational Behavior: A Multilevel Analysis, in: Administrative Science Quarterly; December 1981, Vol. 26 Issue 4, pp. 501-524.

STEIGER, John. H. / LIND, John C. (1980): Statistically-based tests for the number of common factors, Paper presented at the Annual Spring Meeting of the Psychometric Society, Iowa City. May 30 1980.

STELTER, Daniel (1999): Wertorientierte Anreizsysteme für Führungskräfte und Mitarbeiter; in Blüher, Wolfgang / Siegbert, Theo (Hrsg.): Unternehmenssteuerung und Anreizsysteme; Schäffer-Poeschel, Stuttgart; 1999, S. 207-241.

STEWART, Bennet, G. III (1991): The Quest for Value, A Guide for Senior Managers, Harper Business, New York, 1991.

STEWART, Wayne H. Jr. / WATSON, Warren E. / CARLAND, Joann C. / CARLAND, James W. (1999): A Proclivity for Entrepreneurship: A Comparison of Entrepreneurs, Small Business Owners, and Corporate Managers, in: Journal of Business Venturing; March 1999, Vol. 14 Issue 2, pp. 189-214.

STEWART, Wayne H. Jr. / ROTH, Philip L. (2001): Risk propensity differences between entrepreneurs and managers: A meta-analytic review, in: Journal of Applied Psychology, Vol. 86(1), February 2001, pp. 145-153.

STEWART, Wayne H. Jr. / ROTH, Philip L. (2004): Data Quality Affects Meta-Analytic Conclusions: A Response to Miner and Raju (2004) Concerning Entrepreneurial Risk Propensity, in: Journal of Applied Psychology, Vol. 89(1), February 2004, pp. 14-21.

STRACK, Rainer / VILLIS, Ulrich (2001): RAVE™: Die nächste Generation im Shareholder Value Management; Zeitschrift für Betriebswirtschaft, 2001, Vol. 71, Issue 1, pp. 67-84.

SWALM, Ralph O. (1966): Utility Theory - Insights into Risk Taking, in: Harvard Business Review, Nov/Dec 1966, Vol. 44 Issue 6, pp. 123-136.

TAYLOR, Ronald N. / DUNNETTE, Marvin D. (1974): Influence of dogmatism, risk-taking propensity, and intelligence on decision-making strategies for a sample of industrial managers, in: Journal of Applied Psychology, Vol. 59(4), August 1974, pp. 420-423.

THALER, Richard H. (1980): Toward a positive theory of consumer choice, in: Journal of Economic Behavior & Organization, Vol. 1, Issue 1, March 1980, pp. 39-60.

THALER, Richard H. / JOHNSON, Eric (1990): Gambling with the House Money and Trying to Break Even: The Effects of Prior Outcomes on Risky Choice, in: Management Science; June 90, Vol. 36 Issue 6, pp. 643-660.

THALER, Richard H. (1992): The winner's curse - Paradoxes and anomalies of economic life, Free Press [u. a.], New York 1992.

THALER, Richard H. / TVERSKY, Amos / KAHNEMAN, Daniel / SCHWARTZ (1997): The Effect of Myopia and Loss Aversion on Risk Taking: An Experimental Test, in: Quarterly Journal of Economics; May 1997, Vol. 112 Issue 2, pp. 647-661.

THORNDIKE, Robert (1953): Who belongs in the family? In: Psychometrika; December 1953, Vol. 18 Issue: Number 4 pp. 267-276.

TOBIN, James (1958): Liquidity Preferences as Behavior Toward Risk, in: Review of Economic Studies, 1958, Vol. 25 Issue 2, pp. 65-85.

TREACY, Michael (1980): Profitability Patterns and Firm Size, unveröffentlichte Studie der Sloan School of Management, M.I.T., January 1980, pp. 1-44, in: BOWMAN, E. (1980), S. 23, sowie in: BOWMAN, E. (1982), S. 35.

TVERSKY, Amos / KAHNEMAN, Daniel (1971): Belief in the law of small numbers, in: Psychological Bulletin, Vol. 76(2), August 1971. pp. 105-110.

TVERSKY, Amos / KAHNEMAN, Daniel (1973): Availability: A heuristic for judging frequency and probability, in: Cognitive Psychology, Vol. 5(2), September 1973, pp. 207-232.

TVERSKY, Amos / KAHNEMAN, Daniel (1974): Judgment under uncertainty: Heuristics and biases, in: Science, Vol. 185(4157), September 1974, pp. 1124-1131.

TVERSKY, Amos / KAHNEMAN, Daniel (1981): The framing of decisions and the psychology of choice, in: Science, Vol. 211(4481), January 1981, pp. 453-458.

TVERSKY, Amos / KAHNEMAN, Daniel (1986): Rational Choice and the Framing of Decisions, in: Journal of Business; October 1986 Part 2 of 2, Vol. 59 Issue 4, pp. S251-S278.

TVERSKY, Amos / SATTATH, Shmuel / SLOVIC, Paul (1988): Contingent weighting in judgment and choice, in: Psychological Review, Vol. 95(3), July 1988. pp. 371-384.

TVERSKY, Amos / SLOVIC, Paul / KAHNEMAN, Daniel (1990): The Causes of Preference Reversal, in: American Economic Review, March 1990, Vol. 80, Issue 1, pp. 204-217.

TVERSKY, Amos / KAHNEMAN, Daniel (1991): Loss Aversion in riskless choice- a reference-dependent model, in: Quarterly Journal of Economics; November 1991, Vol. 106 Issue 4, pp. 1039-1061.

TVERSKY, Amos / KAHNEMAN, Daniel (1992): Advances in Prospect Theory: Cumulative Representation of Uncertainty, in: Journal of Risk & Uncertainty; October 1992, Vol. 5 Issue 4, pp. 297-323.

TVERSKY, Amos / WAKKER, Peter (1995): Risk Attitudes and Decision Weights, in: Econometrica; November 1995, Vol. 63 Issue 6, pp. 1255 – 1280

TVERSKY, Amos / KAHNEMAN, Daniel (2000): Advances in Prospect Theory, Cumulative Representation of Uncertainty, in: KAHNEMAN, Daniel / TVERSKY, Amos (Hrsg.) (2000): Choices, Values, and Frames; Cambridge University Press, 2000.

UNSER, Matthias (1999): Behavioral Finance am Aktienmarkt – empirische Analysen zum Risikoverhalten individueller Anleger, Uhlenbruch, Bad Soden/Ts. 1999.

VELIYATH, Rajaram (1996): Business risk and performance: An examination of industry effects, in: Journal of Applied Business Research, Summer 1996, Vol. 12 Issue 3, pp. 37-47.

VLEK, Charles / STALLEN, Pieter-Jan (1980): Rational and personal aspects of risk, in: Acta Psychologica, Vol. 45(1-3), August 1980. pp. 273-300.

VON NEUMANN, John / MORGENSTERN, Oskar (1944): Theory of Games and Economic Behavior, Princeton University Press, Princeton, N.J. 1944.

VROOM, Victor H. / PAHL, Bernd (1971): Relationship Between Age and Risk Taking Among Managers, in: Journal of Applied Psychology; October 1971, Vol. 55 Issue 5, pp. 399-405.

WAGENHOFER, Alfred (1999): Anreizkompatible Gestaltung des Rechnungswesens; in: BLÜHER, Wolfgang / SIEGBERT, Theo (Hrsg.): Unternehmenssteuerung und Anreizsysteme; Schäffer-Poeschel, Stuttgart; 1999, S. 183-205.

WALLACH, Michael / KOGAN, Nathan (1959): Sex differences and judgment processes, in: Journal of Personality; December 1959, Vol. 27 Issue 4, pp. 555-564.

WALLACH, Michael / KOGAN, Nathan (1961): Aspects of judgment and decision making: Interrelationships and changes with age; in: Behavioral Science, 6, 1961. pp. 23-36.

WALLS, Michael R. (1995): An examination of risk propensities in an organizational context: Differences by discipline and position, in: Orion; 1995, Vol. 11 Issue 1/2, pp. 41-57.

WASON, Peter C. (1960): On the failure to eliminate hypotheses in a conceptual task, in: Quarterly Journal of Experimental Psychology. 12, 1960, pp. 129-140.

WATZLAWICK, Paul / BEAVIN, Janet H. / JACKSON, Don D. (1967): Pragmatics of Human Communication. A Study of Interactional Patterns, Pathologies, and Paradoxes. New York 1967.

WEBER, Jürgen / HIRSCH, Bernhard / RAMBUSCH, René / SCHLÜTER, Hendrik / SILL, Frauke / SPATZ, Almuth C. (2006): Controlling 2006 – Stand und Perspektiven, Vallendar 2006.

WEBER, Jürgen / SCHÄFFER, Utz (Hrsg.) (2001): Rationalitätssicherung der Führung – Beiträge zu einer Theorie des Controlling, Wiesbaden, 2001.

WEBER, Jürgen / SCHÄFFER, Utz (1999): Sicherstellung der Rationalität von Führung als Funktion des Controlling, in: Die Betriebswirtschaft, 59. Jahrgang, 1999, Heft 6, S. 731-746.

WEBER, Jürgen / SCHÄFFER, Utz (2008): Einführung in das Controlling, 12., überarb. und aktualisierte Aufl., Schäffer-Poeschel, Stuttgart 2008.

WESTERMANN, Rainer (2000): Wissenschaftstheorie und Experimentalmethodik : ein Lehrbuch zur psychologischen Methodenlehre, Hogrefe, Verl. für Psychologie, Göttingen, Bern [u. a.] 2000.

WHEATON, B. / MUTHÉN, B. / ALWIN, D. F. / SUMMERS, G. F. (1977): Assessing reliability and stability in panel models, in HEISE, D. R. [ed.] (1977): Sociological methodology, Jossey-Bass, San Francisco, pp. 84–136.

WIEMANN, Volker / MELLEWIGT, Thomas (1998): Das Risiko-Rendite Paradoxon. Stand der Forschung und Ergebnisse einer empirischen Untersuchung, in: Zeitschrift für betriebswirtschaftliche Forschung, Jahrgang 50 1998, Nr. 6, S. 552-572.

WIERSEMA, Margarethe F. / BANTEL, Karen A. (1992): Top Management Team Demography and Corporate Strategic Change, in: Academy of Management Journal; Mar1992, Vol. 35 Issue 1, pp. 91-121.

WILLIAMS, Arthur C. (1966): Attitudes toward Speculative Risks as an Indicator of Attitudes toward Pure Risks, in: Journal of Risk and Insurance, 1966, Vol. 33, pp. 577-586.

WILLIAMS, Steve / NARENDRAN, Sunitha (1999): Determinants of Managerial Risk: Exploring Personality and Cultural Influences, in: Journal of Social Psychology; February 1999, Vol. 139 Issue 1, pp. 102-125.

WILLIAMS, Steve / WONG WEE VOON, Yvonne (1999): The Effects of Mood on Managerial Risk Perceptions: Exploring Affect and the Dimensions of Risk, in: Journal of Social Psychology; June 1999, Vol. 139 Issue 3, pp. 268-287.

WILLIAMS, Steve / ZAINUBA, Mohamed / JACKSON, Robert (2008): Determinants of Managerial Risk Perceptions and Intentions, in: Journal of Management Research, August 2008, Vol. 8 Issue 2, pp. 59-75.

WINFREY, Frank L. / BUDD, James L. (1997): Reframing strategic risk; in: S.A.M. Advanced Management Journal, Fall 1997, Vol. 62 Issue 4, pp. 13-22.

WISEMAN, Robert M. / BROMILEY, Philip (1991): Risk-Return Associations: Paradox or Artifact? An Empirically Tested Explanation, in: Strategic Management Journal, 1991, Vol. 12 Issue 3, pp. 231-241.

WISEMAN, Robert M. / BROMILEY, Philip (1996): Toward a Model of Risk in Declining Organizations: An Empirical Examination of Risk, Performance and Decline. in: Organization Science: in: Journal of the Institute of Management Sciences; September/October 1996, Vol. 7 Issue 5, pp. 524-543.

WISEMAN, David B. / LEVIN, Irwin P. (1996): Comparing risky decision making under conditions of real and hypothetical consequences, in: Organizational Behavior and Human Decision Processes, Vol. 66(3), June 1996. pp. 241-250.

WISEMAN, Robert M. / BROMILEY, Philip (1991): Risk-Return Associations: Paradox or Artifact? An Empirically Tested Explanation, in: Strategic Management Journal, 1991, Vol. 12 Issue 3, pp. 231-241.

WISEMAN, Robert M. / BROMILEY, Philip (1996): Toward a Model of Risk in Declining Organizations: An Empirical Examination of Risk, Performance and Decline. in: Organization Science: in: Journal of the Institute of Management Sciences; September/October 1996, Vol. 7 Issue 5, pp. 524-543.

WISEMAN, Robert / GOMEZ-MEJIA, Luis R. (1998): A Behavioral Agency Model of Managerial Risk Taking, in: Academy of Management Review; January 1998, Vol. 23 Issue 1, pp. 133-153.

WOODWARD, Joan (1958): Management and technology (Problems of progress in industry), Her Majesty's Stationery Office, London, 1958.

WOODWARD, Joan (1994): Industrial organization: theory and practice, 2. ed., Oxford Univ. Press, Oxford, 1994.

YAARI, Menahem E. (1987): The Dual Theory of Choice under Risk, in: Econometrica, Vol. 55, No. 1, January, 1987, pp. 95-115.

YATES, J. Frank [ed.] (1992): Risk-Taking Behavior, John Wiley & Sons, Oxford 1992.

YATES, J. Frank / STONE, Eric R. (1992): The Risk Construct, in: YATES, J. Frank [Hrsg.] (1992) Risk-Taking Behavior, John Wiley & Sons, Oxford 1992, pp. 1-25.